执行单位
政协菏泽市委员会办公室
菏泽市牡丹发展服务中心
菏泽市精品旅游促进会

菏泽牡丹谱

王卫东 主编

图书在版编目（CIP）数据

菏泽牡丹谱 / 王卫东主编. -- 北京：中国林业出版社, 2025.3. -- ISBN 978-7-5219-3120-4

Ⅰ.S685.11

中国国家版本馆CIP数据核字第20256VR166号

菏泽牡丹谱
HEZE MUDANPU

责任编辑：张华　孙瑶　王全
装帧设计：刘临川

出版发行：中国林业出版社
　　　　　（100009，北京市西城区刘海胡同7号，电话010-83143566）
网址：https://www.cfph.net
印刷：北京雅昌艺术印刷有限公司
版次：2025年3月第1版
印次：2025年3月第1次印刷
开本：889mm×1194mm　1/16
印张：51.5
字数：1220千字
定价：520.00元

《菏泽牡丹谱》编辑委员会

指导委员会
主　　任：张　伦　李春英　王卫东
委　　员：周生宏　曹　临　冯艳丽　黄秀玲　时圣恩　耿振华
　　　　　付守明　侯　婕

执行单位
　　　　　中国人民政治协商会议菏泽市委员会
　　　　　菏泽市牡丹发展服务中心
　　　　　菏泽市精品旅游促进会

执行委员会
主　　编：王卫东
副 主 编：耿振华　付守明　蔡维超　陶福占
编　　委：邵新宇　荣宏君　孙文海　高勤喜　李丰刚　于文革
　　　　　蒋俊光　张　峰　刘朝霞　李璐璐　张　力　白茂华
　　　　　葛广亮　刘继国　赵峥嵘　刘复季
编　　务：梁　栋　刘　泉　唐　悦　赵冰洁　申　强　桑　田
　　　　　李　睦　张　宇　张永珊　张　鑫　闫闪闪　高　剑
　　　　　李晓燕　刘兰英

专家委员会
主　　任：王莲英
委　　员：王　雁　张秀新　何丽霞　荣宏君　陈长文　孙文海
　　　　　赵孝庆　高勤喜　李丰刚　赵孝知　赵建修　赵孝崇
　　　　　赵弟行　赵信勇　陈学湘　刘爱青　张长征　曹养乾
　　　　　庞志勇
编　　撰：陶福占　荣宏君　梁　栋　庞志勇
摄　　影：桑秋华　何丽霞　李丰刚　高勤喜　刘爱青　赵春雷
　　　　　杨会岩　李清道　侯延昌　孙　涛

序

牡丹，一种起源于两千多万年前的古老植物，历经多次气候剧变，繁衍生息至今。经过国内外植物学家的深入调研发现，牡丹的9个野生种全部原产中国，所以中国是牡丹的故乡。牡丹花大、色艳、香浓、形美，雍容华贵，寓意吉祥，千百年来深受人们的喜爱，是国人心目中名副其实的"国花"。

随着时代的发展与变迁，牡丹品种不断丰富，牡丹的栽培中心也不断迁移。唐代牡丹中心是长安（今西安），宋代牡丹中心是洛阳。由于北方长期战乱，洛阳牡丹遭到了巨大破坏，牡丹栽培中心由此南移，先后转移到河南陈州（今周口市淮阳区）、四川彭州、安徽亳州等地。斗转星移，沧海桑田，明清时期，牡丹栽培中心转移到了山东曹州，也就是今天的菏泽。

菏泽是"中国牡丹之都"，是中原牡丹品种群的主产区，也是我国牡丹种植的核心区。近年来，菏泽牡丹人满怀崇花爱花之心，在推动牡丹种植、加工及牡丹文化研究等领域都取得了长足发展。特别是在牡丹品种方面，菏泽牡丹花色全、品种多、面积广，每年都选育出大量新品，有力推动了我国牡丹事业的发展。在此基础上，菏泽总结工作成果亮点，开展历史文化钩沉，编撰了一部新时代的《菏泽牡丹谱》，这是我国牡丹行业、花卉事业中的一件大事、好事、喜事。中国花卉协会牡丹芍药分会受《菏泽牡丹谱》编辑委员会委托，为其作序，以襄盛举。

菏泽，传说是伏羲之桑梓，尧舜之故里，先为商汤之京畿，继属曹国之疆土。这里是最早的中华史前文明发源地之一，祖源文化、黄河文化、水浒文化、牡丹文化在这里交相辉映，蓬勃发展。菏泽作为数百年的牡丹栽培中心，涌现出一代代优秀的花农，培育出各具特色的牡丹新品种，孕育了灿烂的牡丹文化。

明清时期，菏泽培育出著名的'何园红''何园白''状元红''豆绿''赵粉'等牡丹名品。其中，'赵粉''豆绿'还成为我国著名的牡丹四大名品。从1840年到新中国成立的一百余年，中华民族历经磨难，各地的牡丹都遭到了毁灭性的打击，全国牡丹资源损失严重。菏泽不是战争中心，幸运地保留下来118个老牡丹品种，占当时全国保留下来老品种的70%，为中国牡丹起到了重要的保种保源作用。在1973年中央电视台拍摄的《泰山南北》纪录片中，曾盛赞"天下牡丹出菏泽"。当今时代，通过太空育种等新的育种方式，菏泽培育了诸多牡丹新品种。从中国花卉协会每年登录的新品种数量上看，菏泽是产生新品种的主力军，加之国内外引进的品种，可统计的就多达1308个。

五千年的中华文化博大精深、光辉灿烂，两千多年的牡丹文化是中华文化的重要组成部分，恰似皇冠上的明珠。而牡丹谱则是牡丹文化当中最真实、最宝贵的原始记录。宋代，欧阳修著《洛阳牡丹记》，是中国现存的第一部牡丹谱；伟大的爱国诗人陆游作《天彭牡丹谱》，使得四川彭州牡丹名闻天下；明代，薛凤翔编《亳州牡丹史》，让人们领略到了亳州牡丹的风采；清代，苏毓眉的《曹南牡丹谱》和余鹏年的《曹州牡丹谱》等名谱传世，见证了菏泽牡丹的繁荣发展。今天，菏泽承古拓新，继往开来，由政协菏泽市委员会办公室牵头，菏泽市牡丹发展服务中心等单位全力推动，众多牡丹专家学者参与支持，搜集总结了1308个品种，准确描写品种特征，深入挖掘牡丹历史文化，精心编撰了《菏泽牡丹谱》。这样一部优秀的牡丹专著的问世，对彰显菏泽"中国牡丹之都"城市形象至关重要，对保护和传承牡丹种质资源至关重要，在"一带一路"时代背景下，对打造跨文化交际平台载体、推动我国对外交流和文化传播至关重要。

中国花卉协会牡丹芍药分会与菏泽结缘很早、很深。早在1955年，著名牡丹专家周家琪和喻衡两位教授就前往菏泽，考察牡丹种植。1965年，王莲英（现任分会名誉会长）跟随其导师周家琪教授来到菏泽，看到壮观的大田牡丹，深感震撼。1982年，菏泽成立了牡丹研究会，聘请了周家琪、喻衡等著名专家参与。1987年，菏泽牡丹从业者向王莲英教授和秦魁杰教授建议，组建一个全国范围的牡丹芍药协会，更好地统筹牡丹芍药行业，共推牡丹当选"国花"。1989年，中国花卉协会牡丹芍药分会的前身——中国牡丹芍药协会成立。次年，协会第一届年会在菏泽召开。自协会成立以来的三十多年间，每年都到菏泽参加牡丹会议、组织品种鉴定、举办牡丹插花艺术活动等，全程参与和见证了菏泽牡丹事业的发展。

2013年11月26日，习近平总书记亲临菏泽考察，对牡丹产业寄予厚望重托，为全国牡丹产业发展指明了方向，注入了强劲动力。勤劳智慧的菏泽人牢记总书记重托，不仅培育出大量牡丹新品种，巩固了全国牡丹栽培中心的地位，还生产出各式各样的牡丹精粹产品，使之借助市场对牡丹"富贵吉祥"的天然认知心理，飞往祖国各地，飘向四面八方：晶莹透明的牡丹油走进市民百姓的厨房，真空保鲜的不凋花走进千家万户的厅堂，味道佳美的各色牡丹食物、饮品走上男女老幼的餐桌，护肤美容的牡丹化妆品亲近无数女性的脸庞。目前，菏泽牡丹产业已经从单一种植、种苗、切花、观赏，向医药化工、日用化工、食品加工、营养保健、畜牧养殖、工艺美术、旅游观光、食用菌、新型材料等多个领域不断延伸，形成了一二三产全产业链融合发展的格局。菏泽牡丹深加工产品已达261个，涵盖医药、日化、食品、保健等十一大类，牡丹、芍药等花卉全产业链年综合产值达130亿元。

为放大牡丹效应，菏泽以花为媒，连年面向全球举办世界牡丹大会等花事活动，开展牡丹系列奖项评选，搭建了菏泽走向世界的"牡丹桥"，提升了"中国牡丹之都"的知名度、美誉度和影响力，带动了乡村振兴和经济社会发展。

地因花而名，花因地而荣。今天的菏泽牡丹，连阡接陌、艳若蒸霞；今天的菏泽城市，生机勃发、前景无限。我们坚信，牡丹这朵富贵吉祥之花在菏泽这方沃土一定会越开越艳，菏泽高质量发展的道路一定会越走越宽！爱花爱美、蓬勃向上的中华民族，一定会越来越兴旺、越来越美好！

中国花卉协会牡丹芍药分会
2025年1月

前言

菏泽古称曹州，与江苏、安徽、河南接壤，是丝绸之路经济带和中原城市群的重要节点城市，是中国牡丹之都和武术之乡、书画之乡、戏曲之乡、民间艺术之乡。

牡丹是菏泽最靓丽的城市名片，栽培历史悠久，始于隋，兴于唐宋，至明清成为中国牡丹栽培中心。菏泽人民在丰富的牡丹花事活动和劳动实践中积淀了厚重的牡丹知识底蕴，形成了源远流长的牡丹文化，拓展了牡丹发展领域，使菏泽成为现代牡丹产业发祥地和世界牡丹种质资源最丰富的地区。近年来，特别是习近平总书记视察以来，菏泽市委、市政府牢记"立足资源禀赋，做好特色文章"的谆谆嘱托，依托牡丹，强产业惠民生；延伸牡丹，兴文化聚人气；超越牡丹，育品牌促振兴，推动牡丹事业在发展区域经济、引领城市文明、加快实现"突破菏泽、后来居上"的任务目标中发挥着越来越重要的作用。牡丹之于菏泽，早已不是一种自然花卉，而是一个富民产业、一张城市名片、一种精神寄托和文化传承。

牡丹业界同仁、菏泽各级领导和广大干部群众对菏泽牡丹极为关心关注，希望编辑出版一部集史料性、知识性、科普性、观赏性与艺术性于一体的大型牡丹专著——《菏泽牡丹谱》，为学术研究提供查询工具，为牡丹历史提供文献佐证，为打造"中国牡丹之都"城市品牌提供文化注脚，为共推牡丹成为国花提供有力支撑。本书就是在这样的时代背景和社会期待下编撰的。

本书分菏泽牡丹品种和历代曹州牡丹文献上下两编。上编通过对菏泽现有牡丹品种家底的系统梳理，采取图文并茂的方式，重点介绍九大色系、十大花型、1308个品种；下编坚持"知古鉴今，向史而新"的历史观，对菏泽牡丹谱记、专著、诗词等深入挖掘和钩沉、整理和规范，按照时间脉络，对相关史料辑注点校，力争全面展示菏泽牡丹历史。

古人因牡丹品种繁盛、国色天香而感到赏心悦目、心旷神怡，不禁赋诗作文，书写了牡丹历史；今人因牡丹历史厚重、寓意吉祥美好而愈发珍爱，倍加呵护，倾情牡丹育种，丰富了种质资源。可以说，牡丹品种与牡丹文化两个部分虽分别叙述，却相互联系，共同组成了《菏泽牡丹谱》的文化生命有机整体。

本书按照学术严谨、史实准确的原则，力求内容全面、表达严谨、语言简练、编排生动。但由于水平有限，加之时间紧、任务重，涉及内容多，不可避免地存在一些遗漏之处，望各位读者批评指正。

王卫东

2024年12月

特色鲜明的菏泽牡丹名园

曹州牡丹园"全"、古今园"奇"、百花园"精"、凝香园"香"、菏泽牡丹园"新"、中国牡丹园"艳"、冠宇牡丹园"醉"、天香公园"雅",还有绿美牡丹园、国花牡丹园等牡丹名园,身处其中,令人心旷神怡,美不胜收。

曹州牡丹园是国家AAAA级旅游景区,也是世界上面积最大、品种最多的牡丹园。

曹州牡丹园
CAOZHOU MUDANYUAN

菏泽牡丹

HEZE MUDAN

原名"万花村",源于明代,以传统稀有珍贵牡丹品种多、花色齐全,分布合理便于观赏而驰名,蒲松龄笔下葛巾、玉版的故事就源于此地。

百花园 BAIHUA YUAN

古今园 GUJIN YUAN

拥有300多种精品牡丹,有用松柏编塑的城楼、牌坊、狮、虎等艺术造型,传承久远,惟妙惟肖。

凝香园 NINGXIANG YUAN

俗称"何家花园",是我国古代北方名园,距今有近千年的历史。园中牡丹以硕大色艳、花型独特、色系全、品种多而闻名。

菏泽牡丹园 HEZE MUDANYUAN

占地400余亩(约27公顷),牡丹古树众多,被国家林业和草原局确定为菏泽市牡丹国家级林木种质资源库。

中国牡丹园 ZHONGGUO MUDANYUAN

占地1200亩(约80公顷),主要景点有牡丹及芍药观赏区、名人蜡像馆、青少年拓展基地等。

花大小

大型花：花盛开时横径 20cm 以上；
中型花：花盛开时横径 15～20cm；
小型花：花盛开时横径 15cm 以下。

株高（以 5～8 年生植株高度为标准）

 植株高度 80cm 以上；

 植株高度 40～80cm；

 植株高度 40cm 以下。

株形

 枝条开展角度 30°以内，枝直伸向上；

 枝条开展角度 30°～50°，枝斜伸向上；

 枝条开展角度 50°以上，枝斜向四周伸展。

花期

 4 月 5 日之前；

 4 月 5～15 日；

 4 月 15 日之后。

以菏泽市牡丹生长状况为划分标准

九大色系

白色系　　粉色系　　红色系　　紫色系

蓝色系　　黄色系　　绿色系　　复色系

十大花型

单瓣型　　荷花型　　菊花型　　蔷薇型　　托桂型

金环型　　皇冠型　　绣球型　　千层台阁型　　楼子台阁型

冠宇牡丹园

GUANYU MUDANYUAN

占地1065余亩（约71公顷），4~5月，660多个牡丹品种相继开放，色艳花香，令人陶醉。

天香公园

TIANXIANG GONGYUAN

园内景观以牡丹为主，拥有'玉版白''豆绿''贵妃插翠'等珍贵牡丹品种180余个。园内林木扶疏、花水相间，建筑古朴典雅，小道曲径通幽，天香亭百龙盘柱，天香湖碧波荡漾，置身其中妙趣横生。

目 录

序

前 言

总论 …………………………………………………………………… **001**

上编　菏泽牡丹品种 ………………………………………………… **015**

白色系 ………………………………………………………… 017
粉色系 ………………………………………………………… 083
红色系 ………………………………………………………… 235
紫色系 ………………………………………………………… 363
黑色系 ………………………………………………………… 537
蓝色系 ………………………………………………………… 571
黄色系 ………………………………………………………… 613
绿色系 ………………………………………………………… 629
复色系 ………………………………………………………… 637

下编　历代曹州牡丹文献 …… 647

弁言 …… 648

曹州牡丹古谱 …… 650

曹州牡丹史料——专著类 …… 708

曹州牡丹史料——报刊类 …… 738

题咏菏泽牡丹诗词 …… 764

文抄 …… 794

参考书目 …… 800

索引 …… 804

总论

牡丹（Paeonia × suffruticosa Andr.）是芍药科（Paeoniaceae）芍药属（Paeonia）植物。牡丹花大色艳，富丽堂皇，居我国十大传统花卉之首。在唐代，牡丹就声名鹊起，被称为"国色天香"，北宋时被推为"花王"。因国人的崇尚和珍爱，牡丹亦有"国貌""国艳"等美誉，到了明清时期，牡丹开始被称作"国花"。1994年和2019年，在中国花卉协会组织的两次国花评选活动中，牡丹均获最高票，成为中国人民心目中当之无愧的"国花"。

牡丹是中国特有的名贵花卉，历经千年栽培选育，形成了品类齐全、数量庞大的园艺品种体系，主要分四大品种群，即中原牡丹品种群、西北牡丹品种群、江南牡丹品种群和西南牡丹品种群，其中，中原牡丹品种群是规模最大、品种最多、栽培历史最为悠久的种群。

中原牡丹品种群主要分布于黄河中下游及华北地区，菏泽是其核心区。古老的黄河孕育了华夏文明，也为菏泽牡丹栽培提供了沃土。经过千百年的发展，菏泽在明清时期已成为中国牡丹的栽培中心，并一直延续至今。

一、世界牡丹源于中国

牡丹是世界上最重要的花卉资源之一。世界各地的牡丹都源自中国，皆为中国9个牡丹野生种的后代。19世纪70年代，生物学先驱——英国的达尔文著述的《动物和植物在家养情况下的变异》一书中专门提到，牡丹在中国已经栽培了1400年。早在唐代，中国牡丹就已经传入日本；明清时期，传入欧洲；19世纪，传入美国。中国牡丹在日本、欧洲和美洲各自独立繁衍、演化，形成了不同于中国牡丹的品种群。

自20世纪40年代起，由牡丹和芍药杂交，又形成了独特的伊藤系列新品种。这些杂交品种亦草亦木，兼具牡丹和芍药品种的特性，花色、花型丰富多彩，深受各国人民喜爱。

欧洲盛开的第一株牡丹——菏泽传统品种'胡红'

法国用中国滇牡丹杂交培育出的欧洲品种'金阁'（王超英供图）

二、中国牡丹的品种培育和发展

牡丹在中国最初无名，与芍药混称。牡丹与芍药花叶相似，牡丹是木本，芍药为草本，故牡丹最初被称为"木芍药"。据目前所掌握的历史文献及考古发掘报告，牡丹最初是作为药材出现在东汉早期的医简上的，人们对牡丹药用价值的认识和利用至少有2000多年的历史了。1972年，在甘肃省武威市柏树乡出土的东汉早期医简中，记载了用牡丹治疗血瘀病的处方。中国早期的医药经典《神农本草经》中也有牡丹能活血化瘀、治疗痈疮、安定五脏的记载。明代李时珍《本草纲目》及清代徐大椿《神农本草经百种录》等后世医书，也对牡丹的药用价值作了很高的评价。现在大家耳熟能详的保健药——六味地黄丸，其六味中的一味即为牡丹皮。

中国牡丹的观赏栽培历史始于魏晋南北朝时期，牡丹从此进入人工栽培阶段，距今已有1600多年的历史了。牡丹品种的形成，则始于隋，当时各地牡丹品种被收集栽植于御苑，自此牡丹由民间进入皇家，由山间田园进入城市。

牡丹的9个野生原种都是单瓣花，虽然颜色鲜艳亮丽，但花瓣层次少，观赏性不强。经过长期的人工栽培繁育，唐代开始出现重瓣牡丹品种，牡丹的花色、花型也不断丰富起来。此后，牡丹由起初的单纯药用，开始转为观赏、药用并重。唐代诗人刘禹锡《赏牡丹》有"唯有牡丹真国色，花开时节动京城"千古名句，白居易《牡丹芳》诗云"花开花落二十日，一城之人皆若狂"，可见当时牡丹花开之盛况。这一时期，牡丹不仅备受皇家推崇，也深为民间喜爱，形成了历史上首次全国性观赏热潮。

中国9个牡丹野生种（中国农业科学院牡丹研究中心供图）

牡丹园艺化栽培早，形成花谱晚，是牡丹发展史上的普遍现象。宋代，牡丹中心由长安转移到洛阳后，欧阳修撰写出现存的第一部牡丹花谱——《洛阳牡丹记》，记录了牡丹品种24个，开创了为牡丹单独作谱的先河。

北宋末年，金人南侵，洛阳陷落，洛阳牡丹遭受巨大破坏，牡丹种植中心南移至四川天彭，陆游作《天彭牡丹谱》，记录了牡丹品种65个。

明代，菏泽和亳州成为中国牡丹的栽培中心。明王象晋著《群芳谱》，共记录牡丹品种180个，其中有具体描述的仅155个；明薛凤翔的《亳州牡丹史》记录亳州牡丹品种276个，达到牡丹历史上品种数量的顶峰，但书中有具体性状特征描述的牡丹品种也只有150多个。

清赵世学的《新增桑篱园牡丹谱》（亦名《铁梨寨牡丹谱》），收录牡丹品种202个，全部作了品种描述，是古代牡丹谱中介绍牡丹品种最多的一本谱录，也是古代最重要的五本谱录之一，不仅为研究菏泽牡丹提供了丰富的资料，而且对整个中国牡丹品种和牡丹发展历史的研究，亦有着重要的参考价值。

中国牡丹经千百年发展，到了清代，品种总数已有500多个，达到中国古代牡丹品种数量的巅峰，其中菏泽拥有300多个品种，成为古代中国历史上栽培牡丹品种最多的地区。近代以来，洛阳的中原牡丹品种主要来自山东菏泽。2001—2024年，菏泽仅向国外出口牡丹种苗就达3364万株。

2005—2007年，由中国科学院植物研究所组织实施的国家自然科学基金面上项目"中国牡丹栽培品种种质资源评价的研究"取得巨大进展，研究发现，中国牡丹品种种质资源由1696个品种构成，其中保存在山东省菏泽市的中原牡丹品种806个，占中国牡丹品种总数量的47.52%；研究认为"菏泽是中国牡丹品种资源的发源地、分布中心和保存中心"。

三、菏泽牡丹的历史传承

菏泽牡丹观赏栽培始于隋、兴于唐宋，至明清已成为中国牡丹的栽培中心，至今已有1400多年的历史，拥有九大色系、十大花型、1308个品种，自古享有"曹州牡丹甲天下"的美誉，菏泽因此而成为名扬四海的"中国牡丹之都"。

（一）上古时期菏泽历史文化和野生牡丹的传说

上古有九泽，其中有四泽在滔滔黄河之畔，泱泱齐鲁之滨，这四泽曰菏泽、雷泽、大野泽、孟渚泽，古四泽遗址都在今天的菏泽境内，孕育了华夏早期的文明。

2013年，习近平总书记视察菏泽时指出："菏泽，传说是伏羲之桑梓，尧舜之故里，先为商汤之京畿，继属曹国之疆土，孙膑、吴起、范蠡、曹植、黄巢、宋江等历史人物都同这里有密切关联，有深厚的历史文化积淀。"

菏泽地处黄河下游，滔滔黄河孕育了菏泽悠久的历史和文明，积淀形成了深厚肥沃的土壤，养育出菏泽牡丹绚丽的花朵，也流传着动人的牡丹故事和传说。

据宋虞汝明《古琴疏》载，夏代"帝相元年，条谷贡桐、芍药。帝命羿植桐于云和，命武罗伯植芍药于后苑"。帝相是夏朝的第五位君主，在位时间为公元前1943年至公元前1916年，都城是帝丘，在今天的菏泽市鄄城县一带，古代牡丹与芍药同名，二者从生产应用到历史文化相辅相成，形成了和而不同的生态关系，是相伴相生的姊妹花。

西晋皇甫谧《帝王世纪》、南朝梁任昉《述异记》和明修《巨野县志》等古文献记载："炎帝神农氏，生于尚羊，都于陈，采药尝百草于成阳山和巨野金山。"据菏泽牡丹学者李保光先生考证：神农在成阳山和巨野金山发现了野生牡丹的药用功能，菏泽当地也流传着巨野金山上有野牡丹生长的传说，这与中国科学院院士洪德元认为中原地区存在一个野生种的论断不谋而合。

菏泽还流传着女娲娘娘在雷泽湖畔造牡丹和用牡丹根为民众解除病痛的传说，为此，菏泽花农在卢堌堆兴建了花神庙纪念女娲。

（二）隋、唐、宋、元时期菏泽牡丹的栽培情况

隋代，菏泽出现了著名牡丹花师齐鲁桓；唐代，上到王公贵族，下到平民百姓，对牡丹的热爱达到如痴如狂的状态；宋代是中国牡丹发展史的又一个辉煌时期，牡丹栽培面积更大、品种更多，种牡丹、赏牡丹更加兴盛起来，观赏牡丹被引种至全国各大城市，其栽培中心形成"一大多小"的格局。

唐宋时期，从皇家到民间对牡丹充满了狂热的喜爱，王公大臣与平民百姓都以拥有牡丹为荣。此时期，菏泽籍名人众多，或是达官显贵，或是文坛翘楚，他们致仕归养时，将京城名花牡丹带回家，是再正常不过的了。

元代，由于战争破坏，牡丹种植和观赏进入低潮，但由于元朝统治者也喜欢牡丹，所以很多牡丹品种被幸运地收集、保留了下来。

（三）明、清时期菏泽牡丹的栽培情况

明代菏泽开始成为全国的牡丹栽培中心，明孝宗弘治年间（1488—1505），菏泽牡丹栽培就已相当繁盛。尤其在清代，全国牡丹以曹州（今菏泽）为盛。著名牡丹专家李嘉珏主编的《中国牡丹》，以其严谨性和权威性被列入"中国国家地理"丛书，书中提出：从明迄清，菏泽牡丹的持续发展，为中国牡丹的发展作出了巨大贡献。

明万历三十年（1602）进士谢肇淛著博物学著作《五杂俎》，记载："余过濮州曹南一路，百里之中，香气迎鼻，盖家家圃畦中俱种之，若蔬菜然。"明代万历年间（1573—1620），谢肇淛作为当时治理黄河河务的官员，从濮州（治所在今菏泽鄄城旧城镇）到曹南（今菏泽）走了一百多里路，发现方圆百里内，菏泽家家户户都种牡丹，他不由地惊叹，菏泽人种植牡丹就像种植蔬菜一样。

明代，另一个全国牡丹栽培中心是安徽亳州，亳州许多牡丹品种引自菏泽，薛凤翔在《亳州牡丹史》一书载有亳州牡丹品种276个，其中'金玉交辉''状元红'等20余个品种就来自菏泽。根据薛凤翔记载，在明武宗正德年间（1506—1521），亳州牡丹才开始发展起来。《亳州牡丹史》对从曹州引种的牡丹品种高度评价："金玉交辉此曹州所出，为第一品"；"更有绿花一种，色如豆绿，大叶，千层起楼，出自邓氏，真为异品，世所罕见。花叟石孺先得接头，后复移根，俱未生，岂尤物为造化所忌欤！又有万叠雪峰，千叶白花，亦曹之神物，亳尚未有"；"状元红，弘治年间得自曹县，又名曹县状元红"。清康熙时期朱琦所撰《兖州府曹县志》详细记载了菏泽和亳州民间的牡丹交流盛况。

明清时期，菏泽大田牡丹连阡接陌，诸多牡丹名园星罗棋布，城南有绮园，城北有万花村园、郝花园、毛花园、赵花园、桑篱园、铁梨寨花园，城东有何园、张花园、巢云园等牡丹园，

花开时节，一望无际，姹紫嫣红。其中，明代的何园又名凝香园、正春园，菏泽当地称其为何家花园，为明万历年间工部尚书何应瑞家的花园。何应瑞致仕返乡，看到自家园中的牡丹感慨万端，作七律《牡丹限韵》一首："廿年梦想故园花，今到开时始到家。几许新名添旧谱，因多旧种变新芽。摇风百态娇无定，坠露丛芳影乱斜。为语东皇留醉客，好教晴日护丹霞。"据民国时期统计，1940年何家花园还有牡丹一百多亩，几十个品种。至今菏泽保存的明代牡丹花园还有凝香园、百花园和古今园。

明朝末年，亳州、洛阳战火动荡，民众死伤无数，流离失所，牡丹也遭受巨大破坏。与亳州、洛阳两地牡丹衰落相比，菏泽牡丹幸运地被保留下来，这为全国牡丹的恢复和发展起到了至关重要的作用。

清初进士王曰高，曾为康熙皇帝的启蒙老师，后官至礼部掌印给事中，王曰高特别喜爱牡丹，曾作过很多首关于菏泽牡丹的诗，尤其是他的《曹南牡丹四首》中的其三："洛阳自昔擅芳丛，姚魏天香冠六宫。一见曹南三百种，从今不数洛花红"，说明了菏泽牡丹在清初的盛况。

清赵孟俭《桑篱园牡丹谱》中记载菏泽当时的牡丹种植情况："鲁山之阳，范堤之外，连延不断数十里，而其间为园为圃者更不知其几。"清赵世学《新增桑篱园牡丹谱》："牡丹一种，驰名四海。赏花诸君北至燕冀，南至闽粤，中至苏杭，言牡丹者，莫不谆谆于吾曹焉"，清中期以后，菏泽牡丹达到鼎盛，此期，菏泽牡丹独领风骚，成为全国最大的栽培中心。在《聊斋志异》名篇《葛巾》中，蒲松龄把菏泽牡丹'葛巾紫''玉版白'❶神话为仙子，记载了洛阳书生常大用千里迢迢到菏泽看牡丹，流连忘返，乐不思蜀的故事。这也从文学视角印证了菏泽在当时已经是全国的牡丹中心，牡丹品种和种苗销往全国各地，享誉天下。

清康熙七年（1668），山东沾化苏毓眉来曹州任儒学学正，他撰写出《曹南牡丹谱》，列出77个牡丹品种；清乾隆五十六年（1791），安徽怀宁余鹏年来曹州任书院山长，编写了《曹州牡丹谱》，对56种牡丹详加介绍。他在该谱《附记七则》中说："曹州园户种花，如种黍粟，动以顷计。东郭二十里，盖连畦接畛也"，描述了清代菏泽城东二十里家家户户种牡丹，就像种黄米和小米一样成方连片的种植盛况。翁方纲有《题曹州牡丹谱》诗三首，诗中肯定了《曹州牡丹谱》是继欧阳修《洛阳牡丹记》、陆游《天彭牡丹谱》和张邦基《陈州牡丹记》之后的又一重要牡丹谱记。清末，菏泽牡丹依然鼎盛。清毛同长《毛氏牡丹花谱》记载：菏泽牡丹"贩运几遍中国"，每年运销全国各地多达十万株，仅广东一地即经销七八万株。清光绪六年（1880）《新修菏泽县志》记载："牡丹、芍药各百余种，土人植之，动辄数十百亩，利厚于五谷。每当仲春花发，国色天香。出城迤东，连阡接陌，艳若蒸霞。"该书也记载了菏泽城东"家家植牡丹，户户飘花香"的景象，而且有些大户动辄栽植百十亩，形成了成方连片的大规模种植。

1959年，喻衡先生在其所著的《曹州牡丹》中写道："近几百年来，曹州牡丹为我国唯一的牡丹生产基地"。明清以来，菏泽作为全国的牡丹生产基地，源源不断地向全国输送牡丹品种和种苗，满足了北京等大中城市的观赏需求。

（四）民国时期菏泽牡丹的栽培情况

民国时期至新中国成立前，菏泽花农历经千难万险，一直没有中断对牡丹栽培的保种保源。

---

❶ 也作玉板白。

牡丹仙子葛巾、玉版雕塑（王超英供图）

到了新中国成立前夕，由于战事和自然灾害等原因，国内牡丹资源遭受严重破坏，牡丹的品种和数量损失巨大。所幸菏泽受到影响较轻，得以保存下来牡丹品种118个，对中国牡丹资源尤其是中原牡丹资源，起到了保种保源的重大作用。此时的菏泽牡丹经历千余年的传承，积累了雄厚的基础，花可赏、根可入药，成为当地老百姓的重要经济来源。

（五）新中国成立后菏泽牡丹的栽培情况

1. 新中国成立到改革开放前，菏泽成为全国牡丹产业恢复的"起搏器"

新中国成立后，国内牡丹损毁严重，唯菏泽牡丹在面积与品种上独具优势。党和政府高度重视，鼓励支持各地恢复发展牡丹产业。在此时期，菏泽牡丹种植面积不断扩大，新品种培育成果丰硕，在自身发展的同时，还帮助其他省份城市建成了十几个牡丹园，对全国牡丹产业的恢复和发展起到了至关重要的作用。

（1）菏泽牡丹品种资源的系统收集、统一种植和繁育

为促进牡丹资源的保护与发展，1953年，菏泽牡丹乡开始组织成立了"互助组"发展牡丹，1954年成立初级社，1955年合作化高潮到来后，初级社转为高级社。1956年，国家提出发展中药材栽培，为菏泽牡丹开辟了新的发展空间。政府抽调栽培技术好、富有经验的老花农和热爱牡丹

的青年人组成"特产队",专门负责牡丹、芍药的栽培管理工作。当年,原菏泽县牡丹乡牡丹栽培面积就达到472.75亩。1958年人民公社成立后,为了加强技术交流,统一品种名称、规格、出售价格和对外宣传工作,人民公社成立牡丹委员会。1958年《曹州牡丹》出版,专门介绍当时菏泽牡丹快速发展的情况。

当时受牡丹种苗较少的限制,菏泽当地政府采取农业合作社集中种植的方式,把一家一户的牡丹收集起来,集中繁育,统一育种,极大地推动了菏泽牡丹的发展,栽培面积急速扩大,并迅速培育出新的优良品种(表1)。自1959年到1973年,菏泽陆续培育出200多个牡丹新品种,成为新中国培育出的第一批牡丹新品种。

表1　牡丹乡1954年秋至1955年夏牡丹栽培情况

（引自《曹州牡丹栽培调查报告》）

乡社名称	耕地面积（亩）			户数		
	总耕地亩数	牡丹种植亩数	百分数（%）	总户数	种植牡丹户数	百分数（%）
牡丹乡	6032	313	5.2	733	212	30
万花社	275.21	41.5	15.1	24	16	66.7

注：牡丹乡系曹州种植牡丹最集中的地区,万花社又系该乡种植牡丹最集中的一个生产合作社,表内牡丹乡的各项数字包括万花社在内。

（2）菏泽牡丹品种资源、人才和技术的输出及贡献

新中国成立初期,为了满足人民文化生活需要,全国都在恢复和建设公园景区,对牡丹的需求量很大,为此,菏泽向全国输出了一大批牡丹品种和种苗及专业技术人员,对全国牡丹产业的恢复起到了至关重要的作用。

第一,输出大量牡丹品种和种苗。菏泽牡丹向全国各地大中城市输出牡丹,每个城市少则一二百株,多则上千株,输出的城市主要有北京、天津、洛阳、太原、鞍山、旅顺、大连、郑州、开封、济南、青岛、西安、重庆、成都、长沙、贵阳、桂林、合肥、南京、上海、杭州、广州等地。

第二,输出大量技术人员。菏泽派出去的技术人员有到北京景山公园的王文德、到洛阳的赵孝崇、到合肥人民公园的赵福胜、到南京玄武湖公园的赵天修、到贵州遵义的赵守仁等,累计派出技术人员20余位,加上后来外地陆续聘走的技术人员,总计输出牡丹专业人才100多人。例如,自1951—1981年,在北京北海公园、景山公园管理牡丹的菏泽王梨庄技术员王文德,先后多次将菏泽牡丹200多个优良品种引种到景山公园。1945—1976年,北京故宫、北海、天坛、颐和园、中山公园、景山公园、香山植物园等重点风景游览区和机关、工厂、院校的牡丹均从菏泽引种。据不完全统计,北京这一时期引植菏泽牡丹多达12万株200多个品种。"北京栽种的牡丹百分之八九十来自菏泽",国内著名学者蒙曼,曾经对菏泽牡丹作出这样的评价,可以说这个评价是比较客观公正的。

第三,输出宝贵的栽培技术。菏泽在输出牡丹品种和人才的同时,也把成熟的牡丹栽培

技术传播到全国各地,对各地牡丹产业的恢复起到了至关重要的作用。1956年,洛阳牡丹专家王二道来菏泽学习,拜万花社赵楼特产队技术员赵守重为师,促进了牡丹栽培和育种技术的传播。

根据表2可以看到菏泽牡丹输出的缩影。

表2 牡丹乡万花农业社一社1956年经济收支概况

(引自喻衡《曹州牡丹》)

一般概况		收入			支出		
		项目	金额(元)	比重(%)	项目	金额(元)	比重(%)
总户数	494户	总值	259275.9	100	总值	259268.85	100
总人口	2153人	农作物	118149.08	45.57	农作物	26694.64	10.29
男劳动力	380人	畜牧	2561.45	0.99	畜牧	1580.07	0.61
女劳动力	458人	果树	1078.56	0.42	果树	130.67	0.05
土地	4066亩	副业	7390.26	2.85	副业	193.24	0.07
1.牡丹	244亩	特产	129583.68	49.98	特产	30956.15	11.96
2.芍药	84.8亩	1.牡丹花株	43245.99	*33.38	分给社员	176717.95	68.16
3.木瓜	3亩	2.丹皮	54486.39	*42.32	农税	6943.54	2.67
4.苗圃	3亩	3.芍药花株	12767.80	*9.85	公益金	3841.85	1.48
5.大田	3731.2亩	4.白芍	16433.57	*12.68	公益金	11525.54	4.44
每个劳动日	2.6855元	5.其他药材	77.30	*0.07	管理费	685.2	0.26
每人每年平均收入	136元	6.杂花	2503.55	1.93			
最高劳力每年收入	480元	其他	512.87	0.02			
最低劳力每年收入	300元						

注:①1956年出售"丹皮"平均每斤3.422元;白芍平均每斤1.388元。

②*系指占特产收入的百分数。

从表2中可以看出,仅占该社土地总面积8.23%、占支出11.96%的特产[1],其收入却约占该社总收入的一半(49.98%)。其中,牡丹只占全社土地总面积6%,而其收入约占全社全年总收入的1/3(37.69%)。连同芍药占该社土地总面积8%,而两者收入则为全社全年收入的48.96%。这些数字充分的说明,在当时不影响粮棉生产的情况下,发展牡丹、芍药等特产是增加农业社经济收入的一项重要措施,从而更加激发了当地政府和农民的积极性。

---

[1] 特产指牡丹、芍药、木瓜、苗圃。

（3）菏泽对其他牡丹产地种质资源的考查、引种和杂交育种

菏泽在收集、整理、杂交本地品种的同时，还在国内广泛考察引种，进行栽培和远缘杂交育种试验。1968年，菏泽地区药材公司考察引进了湖北牡丹、安徽铜陵牡丹和浙江东阳牡丹；1972年，又考察了湖南邵阳牡丹、湖北巴东牡丹和建始牡丹，并开展引种和育种工作。

（4）菏泽牡丹"下广催花"开创了大规模生产牡丹盆花的新时代，开辟了新的市场

"下广催花"是指菏泽花农南下广东、福建等地，培育冬季盛开的牡丹的简称，这是菏泽花农的一大创举，其历史可上溯至明末。花农在长期的生产实践中摸索总结出"下广催花"技术，为中国牡丹的发展开辟了一个新的生产和销售途径，牡丹由单纯的种苗生产和销售时代，开始进入大规模盆花生产的新时代，推动了南北方牡丹文化的交流和发展。

清赵守文《菏泽牡丹史》中记载："菏泽花农春节催花，京津、苏杭、福广皆有人去。"菏泽花农不仅到广州催花，还到了苏州、杭州、福建等经济富庶地区，开辟了南方新市场，还北上京津等地，开辟了北方冬季催花市场，新的市场被开发出来和持续繁荣，反过来又促进了菏泽牡丹的种苗生产，形成了牡丹产业产销两旺的良性循环。

新中国成立前后，由于战争等种种原因，"下广催花"中断了。1973年，原菏泽牡丹区赵楼牡丹园应广东省外贸公司邀请"下广催花"，菏泽花农开始在广东省佛山市顺德县容奇镇园林处催花，这是菏泽"下广"第二阶段。菏泽赵楼牡丹园开始发掘濒临失传的菏泽"下广催花"技术，并有所提升，当年春节在广州获得巨大成功。从此，赵楼牡丹园恢复了菏泽牡丹"下广催花"，催花牡丹远销我国香港、澳门以及东南亚各国。

1984年以后，菏泽一些个体户开始去广州陈村催花，掀起了"下广催花"的新高潮。据统计，1986年菏泽在广州催花就达到20万盆，深受广州市民欢迎。同年，菏泽催花技术在广州获得国家级成果鉴定。

2.改革开放后，菏泽成为国内牡丹的主产区和牡丹对外贸易的桥头堡

（1）国内牡丹资源的考察、引进和菏泽牡丹新品种的培育

1980年，赵楼牡丹园引种云南山区野生牡丹资源，发现了珍稀的野生黄牡丹和紫牡丹，引起了国内众多牡丹专家的关注，为国内牡丹远缘杂交育种奠定了基础。

经过几十年牡丹资源的考察、引种和杂交育种，20世纪50年代后，菏泽陆续培育出一些远缘杂交品种。1980年，据山东农业大学喻衡教授统计，新中国成立后全国共选育出牡丹新品种300多种，其中，菏泽就选育出252种。20世纪80年代，菏泽陆续又培育出了80多个牡丹新品种。

20世纪90年代，菏泽牡丹新品种迅速发展起来，很快形成了商品化种苗并输出到全国各地，年销量达到100多万株，推动了牡丹品种的普及与传播。

（2）菏泽牡丹获奖众多

厚积而薄发的菏泽牡丹，在20世纪70年代以后，积极参与国内外花卉博览会，频频亮相，屡获殊荣。

1978年，菏泽牡丹在澳门展出，引起澳门轰动，被称为400年之首见；在三次香港国际花展中，菏泽牡丹备受关注，夺得冠军奖1个、一等奖3个；1987年，第一届中国花卉博览会，菏泽牡丹新品种选育、牡丹大田催花技术研究两项科研成果获得国家科学进步奖，菏泽牡丹获得优秀展出一等奖，'粉中冠''冠世墨玉''紫瑶台'等品种荣获优质展品奖，获奖数量居全国牡丹

1999年昆明世界园艺博览会菏泽牡丹获奖证书及奖杯

类之首；在1992年法国波尔多市国际花卉博览会和美国匹兹堡国际发明博览会上，分别夺得竞赛总分银质奖和牡丹芍药银质奖；1999年昆明世界园艺博览会颁发的111枚牡丹单项奖中，菏泽牡丹独占鳌头，获得81个奖项；2019年中国北京世界园艺博览会，'红霞迎日'等19个牡丹作品获得大赛特等奖，'珊瑚台'等38个牡丹作品获得大赛金奖，菏泽牡丹获奖总数列全国牡丹参赛团体第一名；2021年第十届中国花卉博览会，菏泽牡丹、芍药共获奖126个，其中，金奖14个、银奖15个、铜奖50个、优秀奖47个，成绩列全国牡丹参赛团体第一名。初步统计，在第一到第十届全国花卉博览会上，菏泽牡丹夺得金、银、铜奖、科技进步奖、优质展品奖700多个。菏泽牡丹在国内外惊艳亮相，屡获大奖，提升了菏泽在国内外的影响力。

（3）菏泽牡丹专家为牡丹发展发挥了重要作用

菏泽牡丹的蓬勃发展与当地涌现出的一代代牡丹专家密不可分，著名的专家有赵守重、赵松阁、赵守仁、赵孝武、赵孝知、赵孝庆、赵建修、赵建朋、赵孝崇、赵忠庆、高勤喜、赵洪成、赵孝邦、李保光、孙景玉、孙文海、李丰刚、李晓奇等。这些牡丹专家辛勤耕耘、默默奉献，为牡丹事业倾注了大量的心血和汗水，在培育新品种、提高栽培技术、指导各地牡丹生产、整理出版牡丹专业资料等方面，为菏泽牡丹和中国牡丹的发展发挥了重要作用。

3. 21世纪以来，菏泽成为牡丹产业融合发展的新高地

早在20世纪90年代，菏泽就开始了对牡丹深加工的探索，开辟牡丹观赏和药用之外的应用新领域。1996年开始，原菏泽牡丹龙头企业——山东曹州牡丹花木开发总公司就和山东省科学院分析检测中心合作，开展了牡丹花成分分析研究，产生了一批有影响的科研成果。

2011年，国家卫生部批准了由菏泽瑞璞牡丹产业科技发展有限公司（简称菏泽瑞璞公司）申报的牡丹籽油成为新资源食品，这个里程碑式的事件吹响了牡丹精深加工的号角，开启了现代牡丹产业发展的序幕，引起国家领导同志的关注，在牡丹乃至全国花卉事业发展历程中意义重大，影响深远。

2014年6月，国家食品药品监督管理总局批准了由菏泽市食品药品监督管理局申报的材料，牡丹籽油、牡丹根、牡丹花等都列入了化妆品原料目录，从此，牡丹又迈入了化妆品新时代。

2021年，菏泽尧舜牡丹生物科技有限公司申报的牡丹籽油软胶囊获得了国家市场监督管理总局颁发的保健食品批准证书，这也是国内首家取得保健品蓝帽认证的牡丹产品。

至此，牡丹籽油的食品、化妆品、保健品的申报和批准都在菏泽完成了，这些工作为全国牡丹产业的大发展奠定了基础。蓬勃发展的菏泽牡丹产业，已经从单一种植、种苗、切花、观赏向医药化工、日用化工、食品加工、营养保健、畜牧养殖、工艺美术、旅游观光、食用菌、新型材料等九大领域不断延伸，开发出原料类、饮料类、食品类、保健类、油脂类、茶类、日化类、香熏类、饲料类、食用菌类、医疗器械类等十一大类260多个产品，形成了一二三产全产业链条融合发展的格局。

菏泽牡丹系列产品

菏泽牡丹工笔画

四、菏泽对牡丹事业的贡献

明清至今，菏泽牡丹持续繁荣兴盛，一直是全国牡丹栽培中心，为中国牡丹保种保源、丰富花色品种、完善栽培技术、促进南北方牡丹商贸和文化交流，作出了突出的贡献。

20世纪50年代末和60年代初期间，菏泽培育出新中国第一代牡丹新品种，迅速形成商品化并输出到全国各地牡丹景区、各大公园和机关单位花园，奠定了全国牡丹发展的基础。

改革开放后，菏泽新培育的几百个牡丹品种，成为市场商品化的主流牡丹品种，流通全国，深受欢迎。

2011年，菏泽率先在牡丹深加工领域取得里程碑式的突破，尤其是习近平总书记视察以来，菏泽在牡丹食品、牡丹化妆品、牡丹保健品方面取得开创性成果，2023年，菏泽牡丹产值已达到108亿元，对全国牡丹产业发展起到巨大的推动作用。

2023年4月，中国花卉协会牡丹芍药分会对2022年、2023年10余家单位和6位个人育种者申请的100余个牡丹、芍药新品种进行了审核，并于花期先后3次派专家进行实地审查、综合评定。最终，47个牡丹和12个芍药新品种通过审查评定，予以登录。本次登录的品种大多数通过杂交获得，兼顾了花色、花型及应用方式的多样性。本次鉴定登录了菏泽牡丹新品种28个，约占全国牡丹新品种登录总数的60%，登录芍药新品种12个，全部来自菏泽。截至2024年年底，菏泽已拥有九大色系、1308个品种的牡丹资源，其中，白色系123个，粉色系322个，红色系282个，紫色系366个，黑色系71个，蓝色系85个，黄色系32个，绿色系15个，复色系12个。每逢春至，万紫千红，无边花海，连阡接陌，令人仿佛置身一幅流光溢彩的缱绻画卷。

忆往昔，一代代牡丹专家心系牡丹，栉风沐雨，辛勤耕耘，播撒一路花香；看今朝，新一代菏泽牡丹人传承工匠精神，继往开来，不断创新，手绘盛世花开。在中华民族伟大复兴的新征程中，菏泽人凭借勤劳智慧一定会续写菏泽牡丹更靓丽的篇章，创造我国牡丹事业更伟大的辉煌。

菏泽牡丹谱
HEZE MUDANPU

黑色系
白色系
蓝色系
紫色系
粉色系
红色系
绿色系
黄色系
复色系

上编

菏泽牡丹品种

HEZE MUDAN PINZHONG

上编

菏泽牡丹品种

菏泽牡丹谱

White
白色系
（品种数：123种）

'白鹤红羽'
'Bai He Hong Yu'

　　花白色，单瓣型。瓣端浅齿裂，瓣基有紫红色三角形斑；雌雄蕊正常，花丝、花盘、柱头均为白色；花期中晚。

　　植株中高，株形半开展；中型长叶，叶表面浅绿色有紫晕；适于作切花。菏泽百花园孙景玉团队育出。

'白莲'
'Bai Lian'

　　花白色，单瓣型。花蕾长圆尖形，中型花；花瓣2～3轮，质硬而平展；雌雄蕊正常，花盘暗紫红色；花朵直上，成花率高，花期中。

　　植株中高，株形直立；一年生枝中长；小型长叶，侧小叶阔披针形，端渐尖，叶表面光滑。菏泽百花园孙景玉团队1995年育出。

'白雪公主'
'Bai Xue Gong Zhu'

花纯白色,单瓣型。中型花;花瓣3轮,质硬;雄蕊正常,花丝白色;雌蕊正常,花盘白色;花朵直上,成花率高,花期中。

植株高,株形直立;一年生枝长;小型长叶,侧小叶长卵形,叶缘上卷,缺刻少,端锐尖或突尖,叶表面粗糙,深绿色。菏泽百花园孙景玉团队1989年育出。

'白云'
'Bai Yun'

花白色，单瓣型。中型花；花瓣3轮，质硬，瓣基有淡红色斑；雌雄蕊正常，花盘乳白色；花朵直上或侧开，成花率特高，花期中。

植株中高，株形半开展；一年生枝长；中型圆叶，侧小叶圆卵形，叶缘缺刻少，端钝或突尖，叶表面斑皱。菏泽百花园孙景玉团队1998年育出。

'彩斑白'
'Cai Ban Bai'

花白色，单瓣型。花瓣硬亮，基部具明显紫红色斑；雌雄蕊正常，花丝紫色，花盘、柱头为紫红色；花梗长，花朵直上，花期中晚。

植株高，株形直立；中型长叶，叶表面绿色；成花率高，生长势强。菏泽百花园育出。

'凤丹白'
'Feng Dan Bai'

花白色，单瓣型。中型花；雌雄蕊正常，花丝、柱头、花盘均为紫红色；成花率高，花期早。

植株高，株形直立；新枝长，中粗，淡绿色；大型长叶，小叶长椭圆形至长卵状披针形，全缘；生长势强。安徽凤凰山品种。

'首饰盒' 'Shou Shi He'

花白色,微粉,单瓣型。花瓣2轮,瓣基有长三角形鲜红色斑;雌雄蕊正常,心皮淡黄绿色,花丝、花盘(全裂)白色,柱头黄色;花朵直立,成花率高,花期中。

植株中高,株形直立;中型长叶,小叶卵圆形,有缺刻,叶面粗糙,黄绿色;生长势强,易结实,适宜油用与庭园栽培;以'紫斑'为母本,自然杂交选育。菏泽市丹凤油牡丹种植专业合作社2018年育出。

'雪原紫光'
'Xue Yuan Zi Guang'

花白色,单瓣型。小型花;花瓣3轮,基部具紫色条斑;雄蕊少,雌蕊正常,花盘深紫色,柱头红色;花期中。

植株高,株形直立;中型长叶,叶片、叶柄均为翠绿色。菏泽赵楼牡丹园育出。

'玉娇'
'Yu Jiao'

花白色,单瓣型,有时金环型。花蕾圆形;外瓣3轮,大,质硬而平展圆润,瓣基具粉晕;内瓣小,稀疏,瓣端剪裂;内外瓣间围有一圈雄蕊;花朵直上或斜伸,花期中。

植株中高,株形半开展;中型圆叶,质硬而较稠密;生长势强,适宜庭园栽培。菏泽百花园孙景玉团队1989年育出。

'紫衣天使'
'Zi Yi Tian Shi'

花白色,单瓣型。中型花,偏大,外瓣3轮,花瓣较大,长倒卵形,基部有近长椭圆形紫红斑,斑周有放射状紫纹;柱头、花盘(全包)紫红色,花丝较长,基淡紫色;成花率高,花期中。

植株中高,株形半开展;中型长叶,小叶长尖,柄凹棕褐色;生长势强。菏泽百花园育出。

'白莲香'
'Bai Lian Xiang'

　　花初开粉白色，盛开白色，多花型，常见荷花型、托桂型、皇冠型。花蕾圆尖形，中型花；花瓣较大而质硬，瓣基有紫红色斑；雄蕊瓣化瓣中部褶叠而较小，近端部花瓣渐大，瓣端常残留花药；雌蕊退化变小或稍有瓣化；花朵直上，成花率高，花期早。

　　植株中高，株形直立；一年生枝较长，节间短，萌蘖枝多；中型长叶，叶柄斜伸，侧小叶卵形，叶缘略上卷，缺刻深，端渐尖，叶表面深绿色；耐盐碱，抗病。菏泽赵楼牡丹园1976年育出。

'冰山雪莲'
'Bing Shan Xue Lian'

　　花白色，荷花型。花蕾圆尖形，中型花；花瓣3~4轮，瓣端微内卷；雄蕊正常，量少，花丝紫色；雌蕊增生，花盘革质，柱头紫红色；花梗硬，挺直，花朵直立，花期晚。

　　植株中高，株形直立；中型长叶，适宜切花和庭园栽培；以'凤丹'为母本，自然杂交选育。菏泽瑞璞公司2019年育出。

'春雪'
'Chun Xue'

　　花白色，洁白晶莹如雪，多花型，常见荷花型。花蕾卵圆形；外瓣2~3轮，形大曲皱，质细而透明；雄蕊正常，花丝长，中下部深紫色，端白；雌蕊正常，花盘紫红色，柱头红色；成花率高，花梗直硬，花朵直上，花期早。

　　植株矮，株形开展；当年生枝短；中型长叶，稀疏，小叶长卵形，叶面粗糙，黄绿色，叶柄短；生长势强，适宜盆栽。菏泽赵楼牡丹园1968年育出。

'和田玉'
'He Tian Yu'

　　花白色，荷花型。花瓣倒广卵形；雌雄蕊正常；成花率高，花期晚。

　　植株中高，株形半开展；当年生枝50～70cm；大型长叶，顶小叶浅裂，侧小叶长卵形，表面黄绿色。生长势强，菏泽百花园2002年育出。

'柳叶白'
'Liu Ye Bai'

花白色，荷花型。花蕾长圆尖形，小型花；外瓣2轮，初开褶叠呈五角形，瓣基有淡紫晕；雌雄蕊正常，花盘、柱头紫红色；花朵直上，成花率高，花期晚。

植株中高，株形直立；一年生枝短；小型长叶，顶小叶顶端深裂，侧小叶狭长似柳叶，叶缘无缺刻，端渐尖，叶表面深绿色。菏泽李集牡丹园1990年育出。

'天鹅湖'
'Tian E Hu'

花白色，荷花型。大型花；雄蕊正常，花丝淡紫色；雌蕊正常，花盘、柱头紫红色；花朵直上，成花率高，花期中。

植株高，株形直立；一年生枝中长；大型长叶，侧小叶长卵形，叶缘缺刻少，端锐尖。菏泽百花园孙景玉团队1998年育出。

'雪莲'
'Xue Lian'

花纯白色，初开微带淡黄色，荷花型，偶呈菊花型。花蕾扁圆形，中型花；外瓣4～6轮，大小相似，瓣端圆整，瓣基有时微粉蓝色；雄蕊正常，花丝白色；雌蕊正常，偶有瓣化成绿色硬瓣，花盘、柱头均白色；花朵直上，成花率高，花期中。

植株高，株形直立；一年生枝长；中型圆叶，侧小叶卵圆形，叶缘缺刻少，端渐尖，下垂，叶表面黄绿色，多紫褐晕；有结实力。菏泽赵楼牡丹园1968年育出。

'玉板白'
'Yu Ban Bai'

花白色，荷花型。花蕾圆尖形，中型花；花瓣圆整，瓣基有菱形粉色斑；雄蕊偶有瓣化，花丝白色或浅粉色；雌蕊正常，花盘（半包）粉白色，柱头粉红色；花朵直上，成花率高，花期早。

植株矮，株形直立；一年生枝短，节间亦短，萌蘖枝较少；鳞芽圆尖形，大；中型长叶，叶柄斜伸，顶小叶顶端深裂，侧小叶长卵形，叶缘稍上卷，缺刻少而深，端渐尖，叶表面深绿色。传统品种。

'玉罗汉'
'Yu Luo Han'

花白色，荷花型。花蕾长圆尖形，小型花；花瓣长倒卵形；雄蕊正常，花丝紫色；雌蕊正常，花盘、柱头紫红色；花朵直上，成花率高，花期中。

植株中高，株形直立；一年生枝短；小型长叶，侧小叶卵形，叶缘缺刻多，端圆钝，叶表面深绿色。菏泽玉田苗圃赵弟轩2003年育出。

'月华'
'Yue Hua'

花白色，荷花型，有时呈菊花型。花蕾圆形，中型花；花瓣3~4轮，较大，质硬，瓣基有条形红斑；部分雄蕊变长，花丝紫色；雌蕊正常，柱头红色；花朵直上，成花率中，花期晚。

植株中高，株形直立；一年生枝中长；小型长叶，侧小叶披针形，叶缘全缘，端渐尖，叶表面深绿色，多紫晕。菏泽曹州牡丹园1996年育出。

'紫斑新润'
'Zi Ban Xin Run'

花粉白色,荷花型。花蕾圆形,小型花;花瓣基部有紫红色斑;雌雄蕊正常,花丝白色,柱头浅紫色;花朵直上,高于叶面,成花率高,花香淡,花期中。

植株中高,株形直立;当年生枝30~45cm;中型圆叶,小叶卵形,黄绿色;结实量高,生长势强。菏泽百花园孙文海团队2004年育出。

'紫线女'
'Zi Xian Nü'

花白色,荷花型。花蕾圆形,无侧蕾,中型花;花瓣中间常有紫色条纹;雌雄蕊正常,花丝、花盘、柱头均紫红色;花朵直上,高于叶面,成花率高,花香淡,花期早。

植株中高,株形直立;当年生枝20~30cm;小型长叶,小叶卵形,绿色;结实率高,生长势强。菏泽百花园孙文海团队2001年育出。

'白鹤童子'
'Bai He Tong Zi'

花白色，菊花型。花蕾圆形，中型花；花瓣基部无色斑；雌雄蕊正常，花丝、花盘白色，花盘革质，柱头淡黄色；花朵直上，高于叶丛，成花率高，花期中晚。

植株中高，株形半开展；结实率中，适宜盆花栽培；人工杂交育成，母本'白雪公主'，父本'飞雪迎夏'。菏泽百花园孙文海团队2023年育出。

'白蔷薇'
'Bai Qiang Wei'

花白色，菊花型。小型花；花瓣多轮，排列整齐，瓣端浅齿裂；雌雄蕊正常；花朵直立，高于叶面，成花率高，花期中。

植株高，株形半开展；小型长叶，侧小叶长卵形，边缘有缺刻，叶表面绿色有紫晕；生长势强。

'白天鹅'
'Bai Tian E'

花白色，菊花型。花蕾圆尖形，中型花；花瓣质地薄软，叠皱而上翘，边缘羽状剪裂；雄蕊正常，雌蕊正常或稍有瓣化，花盘浅紫色；花朵直上，成花率高，花期早。

植株中高，株形直立；一年生枝较长，节间长，萌蘖枝少；中型长叶，叶柄斜伸，侧小叶长卵形或阔披针形，叶缘缺刻少而深，端锐尖，叶表面绿稍有浅紫晕。菏泽赵楼牡丹园1990年育出。

'白王狮子'
'Bai Wang Shi Zi'

花纯白色，菊花型。大型花，花瓣宽大；雌雄蕊正常，柱头、花盘、花丝均为白色；花朵直上，成花率高，花期晚。

植株高，株形直立；大型圆叶，叶柄黄绿，斜展，叶表面黄绿有红晕；生长势强，抗性强。日本引进品种。

'白雁'
'Bai Yan'

花纯白色，菊花型。中型花；雌雄蕊正常，花盘、柱头为紫红色，花丝白色；成花率高，花期晚。

植株高，株形直立；新茎黄绿色；中型圆叶，叶柄下部青绿色、上部红色，幼叶黄绿色，叶背光滑；生长势强，萌蘖枝少。日本引进品种。

'白衣天使'
'Bai Yi Tian Shi'

花白色，菊花型。花蕾圆形，无侧蕾，中型花，偏大；花瓣基部无斑；雌雄蕊正常，花丝、花盘、柱头均为乳白色；花朵直上，高于叶面，成花率高，花香浓，花期中。

植株高，株形直立；当年生枝45～50cm；中型长叶，小叶长卵形，绿色；少量结实，生长势强；人工杂交育成，母本'白雪公主'，父本'白王狮子'。菏泽百花园孙文海团队2011年育出。

'白玉翠'
'Bai Yu Cui'

花白色,多花型。花蕾圆尖形,无侧蕾,中型花;花瓣基部无斑;雄蕊正常,花丝紫色;花盘紫色,柱头紫红色;花朵直上,高于叶面,成花率高,花香浓,花期早。

植株高,株形直立;当年生枝40~50cm;小型圆叶,小叶卵形,黄绿色;少量结实,生长势强。菏泽百花园孙景玉团队1998年育出。

'白月光'
'Bai Yue Guang'

花白色,菊花型。花蕾圆形,中型花;花瓣基部无斑;雄蕊正常,偶有瓣化,花丝白色;柱头乳黄色,花盘白色;花朵直上,高于叶面,花香浓,花期中晚。

植株中高,株形半开展;当年生枝35~40cm;中型圆叶,小叶卵形;少量结实,生长势强;人工杂交育成,母本'白雪公主',父本'飞雪迎夏'。菏泽百花园孙文海团队2012年育出。

'飞雪迎夏'
'Fei Xue Ying Xia'

花白色，菊花型。大型花；花瓣形大质软，端部多浅齿裂，内瓣狭长而褶皱；雄蕊正常，雌蕊增多变小，柱头、花盘紫红色；花朵直上，成花率高，花期中。

植株高，株形直立；当年生枝长；中型长叶，小叶长卵形，缺刻少，端锐尖，叶表面绿色有紫晕；生长势强，适宜切花和庭园栽培。菏泽百花园孙景玉团队育出。

'风花雪月'
'Feng Hua Xue Yue'

花白色，菊花型。花蕾圆形，中型花，偏大；花瓣基部有椭圆形深紫红色斑；雄蕊正常，花丝红色；雌蕊花盘浅黄色，柱头红色，心皮有毛；花朵斜伸，与叶片相平或近平，成花率高，花香浓，花期晚。

植株高，株形直立；一年生枝长30～40cm；中型长叶，小叶阔卵形；结实率中，生长势强。菏泽曹州牡丹园刘爱青2017年育出。

'菏皓'
'He Hao'

花白色，菊花型。中型花；花瓣多轮，瓣端多浅齿裂，瓣基有粉晕，内瓣窄长而褶皱；雄蕊正常或稍瓣化，雌蕊增多变小，花丝、柱头紫红色；花朵直上或稍侧开，高于叶面，成花率高，花期早。

植株高，株形直立；中型长叶，顶小叶3深裂，侧小叶卵形，有缺刻，叶表面粗糙，黄绿色有紫晕。菏泽市农业科学院育出。

'华粉新妆'
'Hua Fen Xin Zhuang'

花粉白色，菊花型。中型花；外瓣平展，瓣端有齿裂，瓣基有条形紫红色斑，内瓣稍内卷；雌雄蕊正常，花丝紫红色，花盘（半包）紫红色，柱头粉红色；花期中早。

植株高，株形直立；人工杂交选育，母本'凤丹白'，父本'日月锦'。菏泽市农业科学院育出。

'卷瓣白'
'Juan Ban Bai'

花纯白色，菊花型。中型花；花瓣多轮，质软卷皱；雄蕊基本正常，花丝紫红色；雌蕊基本正常，花盘紫红色，柱头红色；花朵直上，成花率高，花期中。

植株中高，株形直立；一年生枝中长；小型长叶，侧小叶长卵形，叶缘波曲，缺刻少，端渐尖，叶表面浅绿色。菏泽百花园孙景玉团队1996年育出。

'梨园春晓'
'Li Yuan Chun Xiao'

花白色，菊花型。花蕾圆形；花瓣基部有紫晕；雄蕊少量瓣化，花丝紫红；雌蕊少量瓣化，柱头粉红色，花盘（全包）紫红色；花态直上或侧开，高于叶面，成花率高，花期中。

植株中高，株形半开展；小型长叶，侧小叶卵形。生长势强，菏泽百花园孙文海团队2002年育出。

'莲鹤'
'Lian He'

花白色,菊花型。中型花,花蕾圆尖形;花瓣宽大圆整,瓣端有浅齿裂,瓣基无色斑;雌雄蕊正常,花丝、花盘、柱头均为白色;花期晚。

植株中高,株形直立;中型长叶,顶小叶3深裂,侧小叶卵形,叶表面绿色,有明显紫晕。日本引进品种。

'擎天白'
'Qing Tian Bai'

花白色,菊花型。花蕾圆尖形,偶有侧蕾;花瓣基部有浅红斑;雄蕊正常,花丝紫红色;雌蕊正常,花盘紫色,柱头紫红色;花朵高于叶面,成花率高,花期中。

植株高,株形直立;大型长叶,小叶长卵形;生长势强。菏泽百花园孙文海团队2017年育出。

'瑞璞无瑕'
'Rui Pu Wu Xia'

花纯白色，菊花型。花瓣5~6轮，层次分明，逐层渐小，内瓣2~3轮稍小，皱褶；雄蕊稍有瓣化，花丝深紫色；雌蕊增多，淡黄绿色，柱头紫红色；花梗挺直，花开直上，成花率稍高，花期中晚。

植株中高，株形直立；中型长叶，较稀疏，小叶长卵圆形，有缺刻，绿色；生长势强，适宜切花和庭园栽培。菏泽瑞璞公司2018年育出。

'天鹅绒'
'Tian E Rong'

花淡黄白色，菊花型。中型花；花瓣7~8轮，倒卵形，瓣端浅齿裂，瓣基无色斑；雄蕊正常，花丝紫红色；雌蕊正常，花盘（全包）、柱头紫红色；花朵侧开，成花率较高，花香，花期中。

植株中高，株形直立；一年生枝中长，萌蘖枝较多；大型长叶，叶柄斜伸，顶小叶顶端浅裂，侧小叶披针形，叶缘缺刻少，端锐尖，叶表面绿色。菏泽赵楼牡丹园育出。

'亭亭玉立'
'Ting Ting Yu Li'

花白色，菊花型。花蕾圆尖形，中型花；花瓣5轮，质薄而硬，排列匀称，瓣端浅齿裂；雄蕊正常，花丝白色；雌蕊正常，花盘（半包）白色，柱头红色；花朵直上，成花率高，花香，花期中晚。

植株高，株形直立；一年生枝长，节间亦长，萌蘖枝少；小型长叶，叶柄斜伸，顶小叶顶端深裂或全裂，侧小叶长卵形，叶表面绿色；抗逆性强。菏泽赵楼牡丹园1995年育出。

'五大洲'
'Wu Da Zhou'

花白色，纯洁无瑕，菊花型。花瓣6~8轮，瓣端圆整；雌雄蕊正常，花丝、柱头白色；花朵直上，成花率高，花期晚。

植株高，株形直立；中型长叶，侧小叶卵形，叶表面绿色有紫晕。日本引进品种。

'小白龙'
'Xiao Bai Long'

花白色，菊花型。花蕾圆形，偶有侧蕾，能正常开花，中型花；花瓣基部有深紫红色斑；雄蕊正常，花丝白色；雌蕊正常，花盘白色；花朵直上，高于叶面，成花率高，花香中等，花期晚。

植株高，株形直立；当年生枝40~50cm；小型长叶，小叶长卵形，绿色；结实率高，生长势强；人工杂交育成，母本紫斑牡丹，父本'白玉'。菏泽百花园孙文海团队2005年育出。

'一捻红'
'Yi Nian Hong'

花乳白色，菊花型。花瓣质地细腻、娇嫩，瓣上有不规则浅红色斑，如抹胭脂之状；雌雄蕊正常，花丝、柱头紫红色；花期晚。

植株中高，株形直立；小型圆叶，侧小叶卵形，叶表面黄绿色有紫晕。菏泽赵楼牡丹园育出。

'玉版华章'
'Yu Ban Hua Zhang'

花白色，菊花型。花蕾圆尖形，中型花；花瓣5~6轮，瓣基有淡粉晕；雄蕊部分瓣化，花丝深紫红色；雌蕊增生，花盘革质，柱头紫红色；花朵直立向上，花期中晚。

植株中高，株形直立；中型长叶，适宜切花和庭园栽培；以'凤丹'为母本，自然杂交选育后代。菏泽瑞璞公司2019年育出。

'月宫烛光'
'Yue Gong Zhu Guang'

　　花白色，菊花型。中型花；花瓣质硬而平展，瓣基有艳紫红色长斑；雄蕊正常，花丝紫红色；雌蕊稍小；花朵直上或侧开，成花率高，花期中。

　　植株高，株形直立；一年生枝长；小型长叶，侧小叶长卵形，叶缘缺刻少，端渐尖，表面浅绿色。菏泽古今园2000年育出。

'照雪映玉'
'Zhao Xue Ying Yu'

花白色，菊花型。花蕾圆尖形，大型花；花瓣瓣端齿裂深而密集，基部有浅粉晕；雄蕊少量瓣化，花丝紫红色；雌蕊正常或瓣化，柱头、花盘（残存或半包）紫红色，心皮密被毛；花朵直上，高于叶丛，花香浓，花期中晚。

植株中高，株形直立；当年生枝长；大型长叶，顶小叶全缘，侧小叶质软，长卵形，叶脉下凹，叶表面绿色，叶缘有紫晕，叶背无毛；少量结实，生长势强，抗逆、抗病，适宜盆栽、切花栽培。菏泽瑞璞公司2020年育出。

'白神'
'Bai Shen'

花纯白色，蔷薇型，有时呈菊花型。大型花，花瓣质地细腻；雌雄蕊正常，柱头、花盘、花丝均为淡黄白色；花朵直上，成花率高，花期中晚。

植株中高，株形半开展；叶柄上部红色，斜展，小叶圆尖，叶面有浅紫晕；生长势、分枝力弱，萌蘖枝少。日本引进品种。

'谷雨白龙'
'Gu Yu Bai Long'

花白色，蔷薇型。花蕾圆尖形，大型花；外花瓣倒卵圆形，瓣端齿裂浅且密集；雄蕊向心式瓣化，瓣化瓣扭曲，带形或狭长倒卵形，瓣端残留花药，花丝白色；雌蕊部分瓣化成黄白色瓣，花盘残存或无，革质、白色，心皮6～8枚，被毛，柱头淡黄白色；花朵直上，与叶面等高，成花率较高，花期中晚。

植株中高，株形半开展；大型圆叶，质厚，上表面绿色，叶缘处有紫晕，顶小叶中裂，侧小叶宽卵形；少量结实。菏泽鲁菏牡丹种植专业合作社2023年育出。

'太空白'
'Tai Kong Bai'

花乳白色，蔷薇型。大型花；外瓣3轮，质稍软而平展，瓣基有浅红晕；雄蕊大部分瓣化，内外瓣之间有一圈残留花药的针状小瓣花药；雌蕊增多变小或瓣化为直上的白色瓣，花盘乳白色；花朵侧开，成花率高，花期晚。

植株中高，株形半开展；一年生枝中长；小型长叶，侧小叶长卵形，叶缘下翻，缺刻少，端锐尖，叶表面深绿色。菏泽百花园孙文海团队2013年育出。

'白衣金带'
'Bai Yi Jin Dai'

花初开粉白色,盛开白色,托桂型。花蕾圆形;外瓣2轮宽大,内瓣稀少而曲皱;雄蕊部分瓣化;花朵斜伸,成花率高,花期中。

植株中高,株形半开展;一年生枝短;大型圆叶,较稀疏,叶面有紫晕;适宜庭园栽培。菏泽百花园孙景玉团队1982年育出。

'碧海龙须'
'Bi Hai Long Xu'

花白色,托桂型。花蕾扁圆形,绽口,大型花;花瓣基部有紫晕,外瓣齿裂浅且稀疏;雄蕊瓣化为卷曲条形瓣,上部白色,中下部浅紫色;雌蕊正常,花盘(全包)、柱头浅紫色;花朵直上,高于叶丛,花不香或淡香,成花率高,花期晚。

植株中高,株形半开展;少量结实,生长势强,抗逆抗病,适宜庭园观赏及切花栽培;人工杂交育成,母本'翡翠球',父本'翡翠'。菏泽百花园孙文海团队2023年育出。

'奇花异彩'
'Qi Hua Yi Cai'

花白色,托桂型。花蕾圆尖形;雄蕊瓣化为长条形瓣,基部有深紫红晕;雌蕊正常,柱头紫红色;花朵侧开,成花率高,花期特晚。

植株矮,株形开展;中型长叶,小叶卵形或宽卵形。生长势强,菏泽百花园孙景玉团队1999年育出。

菏泽牡丹谱

蕾长圆尖形，中型花；外瓣2…，小细长如菊，瓣基有粉红色；雄…皮小，花盘浅紫红色；花朵直上，成花率…。

植株高，…立；一年生枝长；小型长叶，顶小叶顶端深裂，侧小叶长卵形，端渐尖，叶表面深绿色。菏泽市李丰刚、赵孝庆1998年育出。

'金带白鹤'
'Jin Dai Bai He'

花白色，金环型。花蕾圆尖形；花瓣基部有粉晕；雄蕊部分瓣化成狭长倒卵形瓣，瓣端残留花药，花丝白色；花盘（半包）白色；花朵直上，成花率高，花清香，花期中。

植株中高，株形半开展；鳞芽卵圆形；大型长叶，顶小叶浅裂，侧小叶长卵形，叶表面叶绿色，背面有毛；抗逆性强，适宜盆栽或庭园绿化；人工杂交选育而成，母本'宋白'，父本'景玉'。菏泽百花园孙文海团队2005年育成。

'玉蝶展翅'
'Yu Die Zhan Chi'

花白色，微粉，金环型。雄蕊部分瓣化，雌蕊偶有瓣化或退化；中心花瓣常如玉蝶展翅而得名，花期中。

植株中高，株形直立；中型圆叶，叶片浓绿；生长势强，适宜切花和庭园栽培。菏泽瑞璞公司2017年育出。

'白鹤'
'Bai He'

花初开粉白色，盛开白色，皇冠型。中型花；外瓣稍大，质薄而平展，瓣基有红晕；雄蕊部分瓣化；雌蕊正常，花盘紫红色；花朵直上，成花率高，花期中。

植株中高，株形直立；一年生枝中长；小型长叶，侧小叶长卵形，叶缘缺刻多，叶缘上卷，端渐尖，叶表面浅绿色，有紫晕。菏泽百花园1992年育出。

'白鹤卧雪'
'Bai He Wo Xue'

花初开粉色，盛开白色，稍带蓝色，皇冠型。花蕾圆尖形，中型花；外瓣2轮，宽大，端部有不整齐齿裂，瓣基有浅紫晕；雄蕊瓣化瓣细碎稠密曲皱，端部常有残留花药；雌蕊退化或缩小，花盘（全包）紫红色，柱头紫红色；花朵直上，成花率高，花香，花期中。

植株中高，株形开展；一年生枝较长，节间长，萌蘖枝多，嫩枝红色；鳞芽圆尖形，新芽红褐色；中型圆叶，顶小叶顶端浅裂，侧小叶卵圆形，叶缘微上卷，缺刻少，叶表面黄绿有紫晕；耐湿热，抗寒，抗病。菏泽赵楼牡丹园1969年育出。

'白山黑水'
'Bai Shan Hei Shui'

花白色，皇冠型。大型花；外瓣2轮，形大质硬而平展，内瓣褶叠，基部具紫黑色斑，形小质硬，瓣端多齿裂；雄蕊大部瓣化；雌蕊退化变小；花梗稍短而硬，花朵直上或侧开，成花率高，花期晚。

植株矮，株形半开展；当年生枝粗而硬，短枝；中型圆叶，质厚而密，小叶圆卵形或卵形，缺刻多，端突尖或锐尖，叶面稍粗糙，深绿色；生长势强，适宜促成、抑制和庭园栽培。菏泽市国花牡丹研究所赵孝知团队2006年育出。

'白珊瑚'
'Bai Shan Hu'

花白色，微带粉色，皇冠型。外瓣2轮，较大；内瓣小而卷皱，瓣间杂有未完全瓣化的雄蕊，质地较软；花梗较粗，花朵浮于叶面，成花率高，花期中。

植株中高，株形直立；中型圆叶，黄绿色，叶脉较深；生长势强。菏泽百花园孙景玉团队育出。

'白玉'
'Bai Yu'

　　花初开粉白色，盛开白色，皇冠型。花蕾圆形，中型花；外瓣2轮，平展，瓣端浅齿裂，瓣基有紫晕；雄蕊瓣化瓣小，质软曲皱，排列匀称，紧密，花丝白色，瓣端常残留花药；雌蕊退化变小或瓣化成黄绿色彩瓣，花盘（残存）黄色，柱头淡黄色；花朵侧开，成花率高，花香，花期中。

　　植株矮，株形半开展；一年生枝较短，节间短，萌蘖枝较多；鳞芽圆形，端部常开裂，新芽乳白色；中型圆叶，叶柄平伸，顶小叶顶端浅裂，侧小叶卵圆形，叶缘缺刻少而浅，端钝，叶表面粗糙，绿有紫晕；较抗寒。传统品种。

'百园雪峰'
'Bai Yuan Xue Feng'

　　花白色，皇冠型。花蕾圆形，无侧蕾，大型花；瓣基有紫晕；雌雄蕊完全瓣化；花朵直上或侧开，花朵高于叶面，成花率高，花香浓，花期特晚。

　　植株中高，株形半展；当年生枝35~45cm；中型长叶，小叶卵形，深绿色；无结实，生长势强。菏泽百花园孙景玉团队1985年育出。

'北国风光'
'Bei Guo Feng Guang'

花白色，皇冠型，有时呈托桂型。外瓣2轮，花瓣宽大，平展；内瓣小，高耸叠起，瓣基有浅粉晕；花梗短，花藏于叶，花期晚。

植株矮小，株形开展；早春新芽枝叶均呈翠色；中型圆叶，翠绿色；生长势弱。菏泽赵楼牡丹园育出。

'碧玉簪'
'Bi Yu Zan'

花白色，皇冠型。小型花；外瓣2轮，质硬，瓣基有紫晕；雄蕊瓣化；雌蕊瓣化成白、紫、绿彩瓣；花朵直上或侧开，成花率高，花浓香，花期晚。

植株中高，株形直立；一年生枝中长；中型长叶，侧小叶长卵形，叶缘多缺刻，边下卷，叶表面粗糙，黄绿色。菏泽曹州牡丹园2003年育出。

'冰壶献玉'
'Bing Hu Xian Yu'

花初开浅粉白色，盛开白色，微带蓝色，皇冠型。花蕾圆形，中型花；外瓣2轮，大而平展，瓣端浅齿裂，瓣基有三角形紫晕；雄蕊瓣化瓣褶叠，瓣中央常有浅紫色脉纹，花丝紫红色；雌蕊退化变小或稍有瓣化，花盘（全包）紫红色，柱头紫红色；花朵侧开，成花率较高，花期中。

植株中高，株形开展；一年生枝长，节间短，萌蘖枝少，嫩枝紫红色；鳞芽圆形，顶端易开裂；中型圆叶，叶柄斜伸，顶小叶顶端深裂，侧小叶卵圆形，叶缘波状上卷，缺刻少而浅，叶表面粗糙，黄绿色；较抗寒。菏泽赵楼九队1968年育出。

'残雪' 'Can Xue'

花初开乳黄色，盛开白色，皇冠型。花蕾圆尖形，中型花；外瓣2轮，形大质硬，较圆整，瓣基有紫晕；雄蕊瓣化瓣曲皱，紧密，瓣端常残留花药；雌蕊退化变小或瓣化成黄绿色彩瓣；花朵直上，成花率较低，花期中。

植株中高，株形直立；一年生枝长，节间较短，萌蘖枝少；中型圆叶，叶柄斜伸，侧小叶卵圆形，叶缘缺刻少而浅，端钝，叶表面粗糙，黄绿色。菏泽赵楼牡丹园1989年育出。

'和田玉币' 'He Tian Yu Bi'

花白色，皇冠型。外瓣多轮，质细腻，内瓣稍小，皱褶高起呈半球形；雄蕊瓣化瓣稍大，瓣间有少量雄蕊残留，瓣基有红晕；花叶齐平，成花率中，花期中。

植株中，偏矮，株形半开展；当年生枝稍短，中型圆叶，小叶卵圆形，缺刻少，叶面粗糙，边缘上卷，浅绿色；生长势稍强，适宜盆栽和庭园栽培。菏泽瑞璞公司2018年育出。

'金桂飘香'
'Jin Gui Piao Xiang'

花乳白色,皇冠型。花蕾圆尖形,易绽口,中型花;外瓣3~4轮,厚硬,瓣基有紫斑;雄蕊大部分瓣化,少量正常杂于瓣中;雌蕊瓣化成绿色硬瓣或退化变小;花朵直上,成花率高,花期中。

植株中高,株形直立;一年生枝中长;中型圆叶,侧小叶圆形,叶缘缺刻少,边下卷,端钝尖,叶表面粗糙,黄绿色有紫晕。菏泽赵楼三队1970年育出。

'金星雪浪'
'Jin Xing Xue Lang'

花白色,皇冠型,有时呈托桂型。花蕾圆尖形,大型花;外瓣2轮,形大质硬,平展,瓣端浅齿裂,瓣基有三角形紫红色斑;雄蕊瓣化瓣狭长褶皱,稍紧密,端部残留较多花药;雌蕊稍有瓣化,花盘(全包)浅紫色,柱头淡黄色;花朵侧开,成花率中,花浓香,花期晚。

植株中高,株形开展;一年生枝较短,节间短,萌蘖枝多,嫩枝艳紫色;鳞芽长卵圆形,新芽黄褐色;中型圆叶,叶柄斜伸,顶小叶顶端中裂,侧小叶卵圆形,叶表面黄绿色;较抗寒。菏泽百花园孙景玉团队1990年育出。

'金玉玺'
'Jin Yu Xi'

花白色微带黄色,皇冠型。花蕾圆尖形,中型花;外瓣2轮,形大质薄,瓣基有淡紫晕;雄蕊瓣化瓣稠密,曲皱,端部有残留花药;雌蕊退化变小;花朵侧开,成花率高,花期中晚。

植株矮,株形半开展;一年生枝短,节间亦短,萌蘖枝少;中型长叶,叶柄平伸,侧小叶卵形,叶缘缺刻少而浅,端渐尖,叶表面黄绿色。传统品种。

'景玉'
'Jing Yu'

花初开粉白色,盛开白色,皇冠型。花蕾圆尖形,中型花;外瓣2轮,形大质薄,平展,瓣端多浅齿裂,瓣基有粉红晕;雄蕊瓣化瓣狭长而褶叠;雌蕊柱头退化变小,花盘(全包)紫色,柱头红色;花朵直上,成花率高,花期早。

植株高,株形直立;一年生枝长,节间亦长,萌蘖枝少,嫩枝红色;鳞芽狭尖形,新芽红褐色;中型长叶,叶柄斜伸,顶小叶顶端浅裂,侧小叶椭圆形或长卵形,叶缘缺刻少,端短尖,叶表面深绿稍有紫晕;较耐湿热,抗寒,抗病。菏泽百花园孙景玉团队1978年育出。

'静心白'
'Jing Xin Bai'

花白色，皇冠型。花蕾圆形，无侧蕾，大型花；花瓣基部无斑；雄蕊全部瓣化；花盘残存，柱头紫红色；花朵侧开，成花率高，花香浓，花期晚。

植株中高，株形半开展；当年生枝35～45cm；中型长叶，小叶长卵形，深绿色；无结实，生长势强；人工杂交育成，母本'绿幕隐玉'，父本'翡翠'。菏泽百花园孙文海团队2011年育出。

'昆山夜光'
'Kun Shan Ye Guang'

花白色，皇冠型。花蕾圆尖形，中型花；外瓣3～4轮，质硬而平展，瓣基有淡紫晕；雄蕊完全瓣化，瓣化瓣大而波曲；雌蕊瓣化成绿色彩瓣；花朵藏于叶中，成花率中，花浓香，花期晚。

植株中高，株形开展；一年生枝短，节间较短，萌蘖枝少，嫩枝紫红色；鳞芽圆尖形，新芽褐色；中型圆叶，顶小叶顶端中裂，侧小叶卵形，叶缘上卷，缺刻少，端突尖，叶表面深绿，背面灰绿；耐湿热，春寒花蕾易受冻害，抗病。传统品种。

'梨花雪'
'Li Hua Xue'

花白色,皇冠型。花蕾圆尖形,中型花;外瓣2轮,形大,质地细腻,有半透明质脉纹,瓣基无色斑;雄蕊瓣化瓣密集,皱曲;雌蕊瓣化成绿色彩瓣;花朵侧开,成花率高,花期中。

植株矮,株形开展;一年生枝短,节间亦短,萌蘖枝少;小型长叶,叶柄平伸,侧小叶卵形,叶缘下卷,缺刻少,叶面有斑皱,端锐尖,叶表面绿色有淡褐晕。传统品种。

'梨园春雪'
'Li Yuan Chun Xue'

花乳白色,皇冠型。小型花;外瓣质硬而平展,瓣基微有紫晕;雄蕊大部分瓣化或退化,少量杂于瓣间;雌蕊基本正常,花盘白色;花朵直上,成花率高,花期中晚。

植株中高,株形直立;一年生枝中长;中型圆叶,侧小叶卵圆形,叶缘上卷,缺刻少,端突尖,叶表面粗糙,有紫晕。菏泽百花园孙景玉团队1994年育出。

'琉璃贯珠'

'Liu Li Guan Zhu'

　　花白色，初开微粉，皇冠型或绣球型。花蕾圆形，中型花；外瓣2轮，质硬而平展，瓣端多齿裂；雄蕊全部瓣化；雌蕊基本正常，花盘紫色；花朵直上，成花率高，花期中。

　　植株高，株形直立；一年生枝中长；大型长叶，侧小叶卵形或长卵形，叶缘波曲，缺刻少，端突尖，叶表面浅绿色。菏泽百花园孙景玉团队1985年育出。

'青翠欲滴'
'Qing Cui Yu Di'

花淡黄白色，皇冠型。中型花；外瓣倒卵形，瓣端浅齿裂；雄蕊部分瓣化，花丝紫红色，端部残留花药；雌蕊正常或瓣化成白绿彩瓣，花盘（全包）白色，柱头紫红色；花朵侧开，成花率较高，花期中。

植株中高，株形直立；一年生枝中长，萌蘖枝较多；中型圆叶，叶柄斜伸，顶小叶顶端中裂，侧小叶宽卵形，叶缘缺刻多而深，端宽尖，叶表面绿色，叶背有毛。菏泽赵楼牡丹园育出。

'青山贯雪'
'Qing Shan Guan Xue'

花初开粉白色，盛开白色，皇冠型。花蕾圆尖形，小型花；外瓣2轮，质硬，瓣端齿裂，瓣基有浅紫红晕；雄蕊瓣化瓣稀疏；雌蕊瓣化成绿色彩瓣；花朵直上或侧开，成花率低，花期早。

植株矮，株形半开展；一年生枝短，节间亦短，萌蘖枝多；鳞芽圆形，芽端顶部开裂；小型长叶，叶柄斜伸，侧小叶长卵形，叶缘缺刻浅，端钝，叶表面黄绿色。传统品种。

'青山积雪' 'Qing Shan Ji Xue'

花初开浅粉色,盛开乳白色,皇冠型。外瓣宽大平展,瓣端浅齿裂,瓣基具紫晕;雄蕊全部瓣化,瓣化瓣密集隆起;雌蕊瓣化为绿色彩瓣,点缀花心;花朵侧开,成花率高,花期中。

植株中高,株形开展;枝较软,大型圆叶,侧小叶阔卵形,叶表面青绿色。

'清香白' 'Qing Xiang Bai'

花初开乳黄色,盛开白色,皇冠型,有时呈荷花型或托桂型。花蕾圆形,中型花;外瓣2~3轮,形大质硬,瓣端浅齿裂,瓣基有粉晕;雄蕊瓣化瓣曲皱,瓣端常残留花药;雌蕊退化变小或瓣化,花盘(半包)紫红色,柱头红色;花朵直上,成花率高,花淡香,花期早。

植株高,株形直立;一年生枝长,节间亦长,萌蘖枝多;鳞芽小,圆形;中型圆叶,叶柄斜伸,顶小叶顶端中裂,侧小叶卵形,叶缘略波状,缺刻多而浅,端短尖,叶表面粗糙,深绿色。菏泽赵楼牡丹园1975年育出。

'清香白玉翠'
'Qing Xiang Bai Yu Cui'

花初开浅粉紫色，盛开白色，多花型，有单瓣型、荷花型及皇冠型。花蕾卵圆形，中型花；花外瓣4轮，质硬，宽大圆整；成花率高，花期中。

植株较矮，株形半开展；小型圆叶，叶面皱褶，叶背密生茸毛；花朵耐日晒，结实力、分枝力、生长势均强。菏泽百花园孙景玉团队1973年育出。

'三奇集盛'
'San Qi Ji Sheng'

花白色，微带粉蓝色，皇冠型。外瓣2~3轮，花瓣较大，宽大平展；内瓣为雄蕊瓣化瓣，质软，曲皱密集，中心常有一紫色条纹；花梗中粗，较软，花朵侧开，成花率高，花期中。

植株矮，株形开展；中型圆叶，稀疏，小叶卵圆形，叶缘稍上卷，有紫晕；生长势较弱。传统品种。

'水晶白'
'Shui Jing Bai'

　　花白色，微粉，多花型，常见皇冠型，有时同株可开单瓣型、蔷薇型。中型花；外瓣2轮，质硬而平展，瓣基有艳紫晕；雄蕊大部分瓣化，少量杂于瓣间；雌蕊基本正常，花盘紫红色；花朵直上或侧开，成花率高，花期中。

　　植株中高，株形半开展；一年生枝短；中型圆叶，侧小叶圆卵形，叶缘缺刻多，波曲上卷，端突尖。菏泽百花园孙文海团队2002年育出。

'水晶球'
'Shui Jing Qiu'

花白色,皇冠型。中型花;外瓣倒卵形,2~3轮,内瓣曲皱,瓣端浅齿裂;雄蕊瓣化,与外瓣同色;雌蕊瓣化或退化;成花率高,花香,花期中。

植株中高,株形半开展;一年生枝中长;小型圆叶,叶柄斜伸,顶小叶顶端中裂,侧小叶卵形,叶表面绿色。菏泽百花园孙景玉团队育出。

'宋白'
'Song Bai'

花白色,皇冠型。花蕾圆尖形,中型花;外瓣2轮,形大,较平展,端部具齿裂,瓣基有粉红晕;雄蕊瓣化瓣细小,褶叠曲皱,较紧密,端部残留较多花药;雌蕊稍有瓣化;花朵直上或侧开,成花率高,花期中晚。

植株矮,株形开展;一年生枝短,节间亦短,萌蘖枝少;中型长叶,叶柄斜伸,顶小叶顶端下垂,侧小叶长卵形,叶缘稍上卷,缺刻少,端钝,叶表面黄绿色。传统品种。

'无瑕玉'
'Wu Xia Yu'

花白色,皇冠型。大型花;外瓣2轮,舒展,内瓣层叠紧凑,瓣基有深棕褐色斑,斑缘辐射纹;雄蕊多瓣化,雌蕊正常;花朵侧开,花期中晚。

植株高,株形半开展;中型圆叶,深绿色,顶小叶及第二对侧叶深裂或有缺刻,略上卷。菏泽赵楼牡丹园育出。

'五月白'
'Wu Yue Bai'

花白色,皇冠型。花蕾大圆形,中型花;外瓣2~3轮,形大而平展,瓣基有少量紫晕;雄蕊全部瓣化;雌蕊瓣化成端白、基部绿色的彩瓣;花朵侧开,稍藏于叶,成花率高,花期晚。

植株矮,株形半开展;一年生枝短;中型长叶,侧小叶长卵形,叶缘上卷,缺刻多,端圆钝。菏泽曹州牡丹园1996年育出。

'香玉'
'Xiang Yu'

花初开浅粉色，盛开洁白如玉，皇冠型，有时呈荷花型或托桂型。花蕾圆尖形，大型花；外瓣2轮，大而平整，瓣端浅齿裂，瓣基有紫晕；雄蕊瓣化瓣呈半球状，雌蕊退化变小或瓣化成绿色彩瓣；花朵直上，成花率高，花香，花期中。

植株高，株形直立；一年生枝长，节间亦长，萌蘖枝少，嫩枝红色；鳞芽大，圆尖形，新芽紫红色；大型圆叶，叶柄斜伸，顶小叶顶端深裂，侧小叶卵圆形，叶缘缺刻少而浅，端钝，叶表面粗糙，深绿色；耐湿热，耐盐碱，幼蕾期耐低温，抗病。菏泽赵楼牡丹园1979年育出。

'笑之'
'Xiao Zhi'

花白色，皇冠型。中型花；外瓣2轮，形大质硬而平展，基部具墨紫色小斑，内瓣形小质硬，褶皱而密集；雄蕊全部瓣化；雌蕊退化变小；花梗长而硬，花朵直上，成花率高，花期晚。

植株中高，株形直立；当年生枝细而硬，中长枝；中型圆叶，质硬而厚，较稠密，小叶圆卵形，缺刻少，端钝或突尖，叶面稍皱，浅绿色；生长势强，适宜促成、抑制、切花和庭园栽培。菏泽市国花牡丹研究所赵孝知2006年育出。

'雪瓣叠韵'
'Xue Ban Die Yun'

花白色，皇冠型。花蕾圆形，无侧蕾，大型花；花瓣基部有浅紫晕；雄蕊全部瓣化；花盘浅紫色，柱头紫红色；花朵直上或侧开，高于叶面，成花率高，花香浓，花期晚。

植株中高，株形半开展；当年生枝40~50cm；中型长叶，小叶长卵形，深绿色；无结实，生长势强；人工杂交育成，母本'绿幕隐玉'，父本'翡翠'。菏泽百花园孙文海团队2010年育出。

'雪豹' 'Xue Bao'

花白色，多花型。花蕾圆尖形，大型花；外花瓣倒卵形，瓣端齿裂，瓣基具紫红色斑块；雄蕊多数瓣化，花丝紫红色，瓣化瓣常有花药残留；雌蕊瓣化或退化，柱头浅黄色；花朵直上，高于叶面，成花率中，花期晚。

植株中高，株形直立；中型长叶，小叶阔卵形；少量结实，生长势强。菏泽曹州牡丹园育出。

'雪峰' 'Xue Feng'

花初开绿白色，盛开白色，皇冠型。外瓣2轮，质硬宽大；内瓣褶皱，基部有紫晕，中间有紫色脉纹；雌雄蕊全部瓣化；成花率高，花期中。

植株中高，株形半开展；中型长叶，质硬上卷，背面多茸毛；生长势中等，萌蘖枝少。菏泽百花园孙景玉团队育出。

'雪桂' 'Xue Gui'

花白色，皇冠型，有时呈托桂型。花蕾圆尖形，中型花；外瓣2轮，形大平展，有不规则齿裂，瓣基有紫红晕；雄蕊全部瓣化，瓣端常残留花药；雌蕊退化变小或瓣化成绿色彩瓣；花朵侧开，成花率较高，花期中。

植株中高，株形半开展；一年生枝较短，节间短，萌蘖枝多；鳞芽圆尖形；小型圆叶，叶柄平伸，侧小叶卵形，叶缘缺刻多而浅，端短尖，叶表面绿色；不易感染叶斑病。菏泽赵楼九队1974年育出。

'雪里紫玉'
'Xue Li Zi Yu'

花白色，微带紫色，皇冠型。花蕾圆尖形，中型花；外瓣2轮，形大，较平展，瓣端浅齿裂，瓣基有深紫色斑；雄蕊瓣化瓣较大，稀疏，瓣端残留少量花药；雌蕊瓣化成绿色彩瓣；花朵直上，成花率较高，花淡香，花期中晚。

植株矮，株形开展；一年生枝短，节间亦短，萌蘖枝多；中型长叶，叶柄斜伸，顶小叶顶端中裂，侧小叶椭圆形或长卵形，叶缘上卷，缺刻少，端锐尖，叶表面深绿色；抗叶斑病。菏泽赵楼牡丹园1972年育出。

'雪球'
'Xue Qiu'

花初开粉白色，盛开白色，皇冠型。花蕾圆形；外瓣2轮，形大平展，瓣基具浅紫红色斑；内瓣形小紧密，隆起呈半球状，少量雄蕊杂于瓣间；花梗长，花朵斜伸，成花率高，花期中。

植株矮，株形开展；一年生枝短；中型长叶，稠密；抗叶斑病，适宜庭园栽培。菏泽百花园孙景玉团队1982年育出。

'雪染砚池'
'Xue Ran Yan Chi'

花初开乳黄色，盛开白色，蔷薇型至皇冠型。花蕾长圆尖形；外瓣4轮，形大质硬而圆整，瓣基黑紫色大斑；内瓣褶叠，排列整齐；花梗细硬，花朵直上，花期中。

植株高，株形直立；成花率高，适宜切花。菏泽曹州牡丹园2011年育出。

'雪山青松'
'Xue Shan Qing Song'

花白色，微粉，皇冠型。花蕾圆形，中型花；外瓣3轮，质硬圆整；雄蕊全部瓣化；雌蕊常瓣化为绿色彩瓣；花朵侧开或侧垂，成花率高，花期晚。

植株矮，株形开展；一年生枝短；中型长叶，侧小叶长卵形，叶缘上卷，缺刻少，端渐尖，叶表面光滑，翠绿色。菏泽赵楼九队赵孝崇1978年育出。

'雪塔'
'Xue Ta'

花白色,皇冠型。中型花;外瓣3~4轮,倒卵形,瓣端浅齿裂,瓣基有浅红晕;雄蕊全部瓣化,雌蕊瓣化或退化;花朵侧开,成花率较高,花淡香。

植株中高,株形半开展;一年生枝中长,萌蘖枝较多,嫩枝橘红色;鳞芽圆尖形,新芽紫红色;大型长叶,叶柄斜伸,顶小叶顶端中裂,侧小叶长卵形,叶缘缺刻少,端锐尖,叶表面黄绿色;较抗寒。菏泽赵楼牡丹园1973年育出。

'雪原'
'Xue Yuan'

花白色，皇冠型。花蕾圆形；外瓣4轮，质硬，内瓣较窄短；雌蕊瓣化成绿色彩瓣；花梗短，花朵侧开，成花率高，花期中。

植株矮，株形开展；当年生枝粗壮；中型圆叶，小叶卵圆形，缺刻少，叶面粗糙，边缘上卷，深绿色有少量紫晕；适宜盆栽。菏泽赵楼牡丹园1990年育出。

'银冠紫玉'
'Yin Guan Zi Yu'

花白色，微带蓝色，皇冠型。外瓣3~4轮，圆润平展，基部有紫晕；内瓣褶皱，瓣间杂有雄蕊，雌蕊退化变小；花期中。

植株较矮，株形开展；中型长叶，稠密，小叶卵形，端渐尖，叶缘稍上卷；生长势强。菏泽百花园孙景玉团队育出。

'银月'
'Yin Yue'

花白色，皇冠型。花蕾圆尖形，中型花；外瓣2轮，圆整平展，质硬，瓣基有白色；雄蕊瓣化瓣曲皱而密集，部分端部残留花药；雌蕊稍有瓣化，花盘乳白色；花朵直上，成花率高，花期中晚。

植株高，株形直立；一年生枝长，节间亦长，萌蘖枝少；中型长叶，叶柄斜伸，侧小叶卵形或阔卵形，叶缘稍上卷，缺刻多而深，叶面稍皱，端突尖或渐尖，叶表面绿稍有紫晕。菏泽百花园孙景玉团队1993年育出。

'玉重楼'
'Yu Chong Lou'

花白色,皇冠型。花蕾圆形,无侧蕾,中型花;雄蕊全部瓣化;柱头紫色;花朵侧开,成花率高,花香浓,花期晚。

植株中高,株形半开展;当年生枝30~40cm;中型圆叶,小叶卵形,深绿色;无结实,生长势强;人工杂交育成,母本'绿幕隐玉',父本'翡翠'。菏泽百花园孙文海团队2012年育出。

'玉点翠'
'Yu Dian Cui'

花白色,微带粉色,皇冠型。外瓣2轮,较大,椭圆形,基部有紫红色斑;雄蕊大部分瓣化,花瓣较小,基部浅紫色,雌蕊瓣化成绿色彩瓣;花梗中粗,花朵直上,与叶面齐平,成花率较高,花期中。

植株中高,株形直立;中型长叶,小叶长卵形,叶缘稍上卷;生长势强。菏泽百花园孙景玉团队育出。

'玉冠' 'Yu Guan'

花白色,皇冠型。外瓣宽大平展,瓣端中齿裂,瓣基有浅紫晕,内瓣密集褶皱,瓣端及瓣中间有花药残留;雄蕊全部瓣化,雌蕊瓣化为红绿彩瓣;花期中晚。

植株矮,株形半开展;大型圆叶,叶柄斜伸,侧小叶阔卵形,边缘缺刻,微上卷,叶表面绿色。

'玉楼春雪' 'Yu Lou Chun Xue'

花淡黄白色,皇冠型。中型花;外瓣3~4轮,倒卵形,瓣端浅齿裂,瓣基有三角形紫红色斑;雄蕊大部分瓣化,花丝紫红色,端部残留花药;雌蕊正常,花盘(全包)黄色,柱头粉色;花朵侧开,成花率较高,花淡香,花期晚。

植株中高,株形直立;一年生枝中;中型圆叶,叶柄斜伸,顶小叶顶端中裂,侧小叶宽卵形,端宽尖,叶表面绿色。菏泽赵楼牡丹园育出。

'玉山翠云'
'Yu Shan Cui Yun'

花初开绿色，盛开白色，细腻润泽，皇冠型或绣球型。花蕾易绽口，中型花；外瓣1~2轮，较圆整，内瓣稍大而挺直，瓣缘有齿裂，瓣基有淡紫晕；雄蕊大部或全部瓣化；雌蕊退化；花朵侧开，花期中早。

植株中高，株形半开展；中型长叶，较稀疏，小叶长卵形，有缺刻，绿色；生长势中，适宜庭园栽培。菏泽瑞璞公司2018年育出。

'玉山青松'
'Yu Shan Qing Song'

花白色，微粉，皇冠型或蔷薇型。外瓣1~2轮，宽大圆整，内瓣稍小，皱褶高起，呈半球状，瓣基具紫红晕斑；雄蕊大部分瓣化，雌蕊瓣化成绿色彩瓣或绿心；花梗挺直，花朵直上，花期中晚。

植株中高，株形半开展；中型长叶，较稀疏，小叶长卵形，质厚，有缺刻，深绿色；生长势中，适宜切花和庭园栽培。菏泽市丹凤油牡丹种植专业合作社2017年育出。

'玉田飘香'
'Yu Tian Piao Xiang'

花初开黄粉色，盛开白色，皇冠型。外瓣多轮，质地硬，基部具粉晕；雄蕊大部分瓣化，雌蕊退化变小；花朵直上，成花率高，花期中晚。

植株中高，株形直立；中型长叶，小叶卵形，缺刻多而深，端锐尖或突尖，叶面绿色，脉纹明显。菏泽市赵弟轩1997年育出。

'紫巾白'
'Zi Jin Bai'

花白色,皇冠型。花蕾圆形,无侧蕾,中型花;花瓣基部有粉紫晕,瓣中有紫色条纹;雄蕊完全瓣化;花盘残存,紫色,柱头紫红色;花朵直上,高于叶面,成花率高,花香浓,花期中。

植株中高,株形直立;当年生枝35~45cm;中型圆叶,小叶卵形,深绿色;无结实,生长势强。菏泽百花园孙景玉团队1994年育出。

'百园雪浪'
'Bai Yuan Xue Lang'

花纯白色,绣球型或菊花型。花蕾圆形,无侧蕾,大型花;雄蕊正常,花丝白色;花盘黄色,柱头白色;花朵直上,高于叶面,花香浓,花期晚。

植株中高,株形半开展;当年生枝33~40cm;小型圆叶,小叶卵形,黄绿色;结实率低,生长势强;人工杂交育成,母本'白雪公主',父本'飞雪迎夏'。菏泽百花园孙文海团队2012年育出。

'冰山晚照'
'Bing Shan Wan Zhao'

花白色,绣球型。花蕾圆形;外瓣宽大圆整;内瓣皱卷,层叠高起,中心瓣稍大;雌蕊瓣化成绿色彩瓣;花朵直上或侧开,微藏花,成花率高,花期晚。

植株中高,株形半开展;中型长叶,小叶长卵形,缺刻少,深绿色;适宜盆栽及庭园栽培。菏泽赵楼牡丹园2002年育出。

'迟白' 'Chi Bai'

花白色,绣球型。中型花,花蕾圆形;外瓣形大平展,内瓣褶叠隆起;雄蕊全部瓣化,雌蕊瓣化成白绿彩瓣;花朵侧垂,成花率高,花期特晚。

植株矮,株形开展;中型长叶,小叶长卵形,缺刻多,边缘上卷,叶表面绿色有浅紫晕;生长势强。菏泽赵楼牡丹园育出。

'皓芳'
'Hao Fang'

花白色，绣球型。花蕾圆形，绿绽口，大型花；外瓣宽大，瓣基微粉紫，内瓣隆起；雄蕊、雌蕊退化；甜香型，花朵直立，花期晚而长。

植株中高，株形直立；大型圆叶，叶表面浓绿；人工杂交育成，母本'白玉'，父本'梨花雪'。菏泽市赵金岭2017年育出。

'鹤白'
'He Bai'

花白色，绣球型。花蕾圆尖形，青绿绽口，中型花；外瓣2~3轮，瓣基有紫晕；内瓣层叠高起；花朵破绽早，盛开慢，成花率较低，花期中。

植株高，株形直立；中型长叶，小叶长卵形，叶缘向上反卷，叶面多皱，叶背有茸毛；分枝力、生长势强，萌蘖枝多，易秋发。菏泽传统品种。

'梨花春雪'
'Li Hua Chun Xue'

花白色，绣球型。外瓣2轮，宽大平展，瓣基有紫晕；雄蕊全部瓣化，雌蕊瓣化或退化；花朵丰满，花期中。

植株中高，株形半开展；茎细而直，柄细直；叶椭圆形，深绿色；分枝力强。菏泽百花园孙景玉团队育出。

'绿容多变'
'Lü Rong Duo Bian'

花粉白色，绣球型。花蕾绽口；含苞待放时，外瓣黄绿色，盛开后变为粉白色；内外瓣大小相似，层层叠起如绣球；雌蕊瓣化为绿色彩瓣；花朵侧垂，花期晚。

植株矮，株形开展；一年生枝稍软；大型圆叶，小叶卵圆形，叶面粗糙，边缘上卷；生长势强，抗叶斑病，适宜庭园栽培。菏泽李集牡丹园1985年育出。

'绣球飘絮'
'Xiu Qiu Piao Xu'

花白色，绣球型。中型花；花瓣基部有粉晕；雄蕊全部瓣化；雄蕊全部瓣化为条形瓣，雌蕊瓣化或退化，柱头紫红色；花朵侧开，成花率高，花香浓，花期晚。

植株中高，株形半开展；当年生枝35～40cm；中型长叶，小叶长卵形，深绿色；无结实，生长势强；人工杂交育成，母本'绿幕隐玉'，父本'翡翠'。菏泽百花园孙文海团队2010年育出。

'雪中笑'
'Xue Zhong Xiao'

花白色，绣球型。花蕾圆形；外瓣多轮，质硬，大小瓣参差不齐，基部有淡紫晕；内瓣质软，与外瓣大小近似，曲皱而密集；雄蕊全部瓣化，雌蕊瓣化绿色彩瓣；花朵侧开，成花率高，花期晚。

植株中高，株形开展；当年生枝稍软；大型长叶，质软而较密，小叶卵形或长卵形，顶小叶下垂，叶面斑皱，叶缘稍上卷；生长势强。菏泽百花园孙景玉团队育出。

'玉麒麟'
'Yu Qi Lin'

花白色，绣球型。大型花，外瓣宽大，内瓣多，瓣端齿裂状；雌雄蕊全部瓣化；花朵直立或稍下垂，有浓香，花期中晚。

植株高，株形直立；大型长叶，小叶长尖，深绿，叶缘波状，背具茸毛；特耐水淹，品质优。菏泽赵楼赵文强2009年育出。

'白妙'
'Bai Miao'

花白色，千层台阁型。中型花；花瓣基部有蓝紫晕；柱头乳黄色，花丝上部白色，下部淡紫色，花盘紫色；花朵侧开，花期晚。

植株中高，株形半开展；茎青绿色，新枝长40~50cm；中型长叶，叶面黄绿泛红，幼叶紫红色；分枝力中，萌蘖枝多，生长势强，宜切花，适宜江南种植。日本引进品种。

'鹅翎白'
'E Ling Bai'

　　花白色,千层台阁型。下方花花瓣5~6轮,瓣基微有红晕,雄蕊正常,雌蕊增多;上方花小而完整;花梗挺直,花朵直立,花期晚。

　　植株中高,株形半开展;中型圆叶,小叶卵形,多有缺刻,深绿,叶尖易失绿;适宜切花和庭园栽培。菏泽瑞璞公司2017年育出。

'玉楼点翠'
'Yu Lou Dian Cui'

　　花白色,楼子台阁型。花蕾圆尖形,中型花;下方花花瓣质地软,端部具不规则齿裂,雄蕊瓣化或部分退化,雌蕊瓣化成彩瓣;上方花花瓣直立,瓣端不规则浅齿裂,瓣基有粉晕,雄蕊瓣化或部分退化,雌蕊部分退化或瓣化成嫩绿色瓣;花朵侧开或侧垂,花期晚。

　　植株高,株形开展;一年生枝长,节间亦长,萌蘖枝多,嫩枝暗红色;鳞芽圆尖形,新芽紫红色;大型长叶,叶柄平伸,顶小叶顶端中裂,侧小叶卵形或长卵形,叶缘上卷,缺刻深,端渐尖,叶表面深绿色;耐湿热,耐低温,抗叶斑病。菏泽赵楼牡丹园1966年育出。

上编 菏泽牡丹品种

菏泽牡丹谱

粉色系
Pink

（品种数：322种）

'大合欢'
'Da He Huan'

花粉红色，微带蓝，单瓣型。花蕾长卵形，大型花；花瓣2~3轮而形大，质软，瓣端多齿裂；雌雄蕊正常，花丝、花盘与柱头浅紫红色；花梗长，有紫晕，花朵直上或斜伸，花期中。

植株高，株形半开展；大型长叶，质厚硬，较稀疏，叶面粗糙，有紫晕，深绿色；生长势强，成花率高，适宜庭园栽培。菏泽百花园1980年育出。

'蝶舞花丛'
'Die Wu Hua Cong'

花粉色，单瓣型。花瓣2~3轮，宽大平展，基部有深紫红色斑；雌雄蕊正常；成花率高，花期中早。

植株中高，株形半开展；中型长叶，顶小叶中裂，侧小叶卵形，边缘有缺刻，叶表面绿色；生长势强。菏泽李集牡丹园孙学良育出。

'花叶双奇'
'Hua Ye Shuang Qi'

花粉色，单瓣型。花瓣2~3轮，瓣基红紫色斑，瓣中密布紫红色辐射纹；雌雄蕊正常，花丝乳白色，花盘（全包）白色，上部淡紫色，心皮淡黄色，柱头白色；花梗挺直，花开直上，花期晚。

植株中高，株形直立；中型圆叶，小叶卵圆形，有缺刻，叶色黄绿，叶柄凹红褐色；生长势强，适宜油用、切花和庭园栽培。菏泽瑞璞公司2018年育出。

'瑞璞3号'
'Rui Pu 3 Hao'

花粉红色，单瓣型。小型花；花瓣2~3轮，质厚硬，瓣基深红晕；雌雄蕊正常，花丝、花盘、柱头均深红色；成花率高，花期中。

植株高，株形直立；叶型类似'凤丹'，结实率高，抗病性强，适宜油用和切花栽培；人工杂交育成，母本'凤丹'，父本'似荷莲'。菏泽瑞璞公司2014年育出。

'桃花王'
'Tao Hua Wang'

花粉红色，单瓣型。中型花；花瓣2~3轮，瓣基紫色斑；雌雄蕊正常，花丝、花盘（半包）、柱头均深红色；花期中早。

植株中高，株形直立；中型长叶，叶柄凹深红褐色，顶小叶2中裂，侧小叶有1~2浅裂，叶缘红褐晕明显；有结实能力；生长势强，抗病性强，适宜油用和切花栽培；人工杂交育成，母本'凤丹'，父本'岛锦'。菏泽瑞璞公司2014年育出。

'小叶花蝴蝶'
'Xiao Ye Hua Hu Die'

花粉色，单瓣型。瓣上密布细小红点，基部具紫红色条状斑，瓣质硬；雌雄蕊正常，花丝、花盘（全包）、柱头均粉红色；花期中。

植株高，株形直立；中型圆叶。菏泽赵楼牡丹园育出。

'阳光蝴蝶'
'Yang Guang Hu Die'

花粉红色，单瓣型。花瓣2轮，瓣基有近卵形深紫红色斑，瓣缘浅粉色，具红粉相间的晕斑；雌雄蕊正常，花丝粉白色，花盘、柱头均淡黄色；花梗挺直，花朵直立，成花率高，花期中。

植株中高，株形直立；中型圆叶，小叶卵圆形，多缺刻，黄绿色，叶缘有红晕；生长势强，易结实，适宜油用及庭园栽培。菏泽市丹凤油牡丹种植专业合作社2018年育出。

'百花迎春'
'Bai Hua Ying Chun'

花粉色，荷花型。花蕾圆形，无侧蕾，中型花；花瓣基部有浅紫晕；雄蕊正常，花丝紫色；花盘紫红色，柱头紫红色；花态直上或侧开，高于叶面，成花率高，花香中等，花期早。

植株中高，株形半开展；当年生枝15～30cm；中型圆叶，小叶卵形，黄绿色；少量结实，生长势强。菏泽百花园孙文海团队2000年育出。

'彩莲'
'Cai Lian'

花粉白色，荷花型。花瓣瓣端色深，基部具紫红色斑，瓣质硬；雌雄蕊正常；花朵直上，花期中早。

植株中高，株形半开展；叶片中绿，侧小叶卵形；生长势强。菏泽曹州牡丹园高勤喜、杨会岩育出。

'彩云' 'Cai Yun'

花粉白色,荷花型。中型花;花瓣宽大,质厚硬,瓣基有较大紫红斑;雌雄蕊正常,花丝紫红色,花盘、柱头淡黄色;花朵直上,成花率高,花淡清香,花期晚。

植株高,株形直立;一年生枝长;中型长叶,侧小叶披针形,叶缘全缘,端锐尖,叶表面平展光滑,有红晕。菏泽曹州牡丹园2013年育出。

'晨红' 'Chen Hong'

花粉色,荷花型。花蕾圆尖形,中型花;花瓣倒卵形,瓣端浅齿裂,瓣基有红晕;雌雄蕊正常,花丝、花盘(全包)、柱头紫红色;花朵侧开,成花率较高,花淡香,花期中。

植株中高,株形半开展;一年生枝中,萌蘖枝较多,嫩枝红色;鳞芽圆尖形,新芽黄绿色;中型长叶,叶柄斜伸,顶小叶顶端浅裂,侧小叶长卵形,端渐尖,叶表面绿色;抗寒,抗病。菏泽赵楼牡丹园育出。

'春莲' 'Chun Lian'

花粉红色,荷花型。花蕾圆尖形,中型花;外瓣4轮,质地较薄并波皱,瓣基有红晕;雌雄蕊正常或稍瓣化,花盘紫红色;花朵直上微侧,成花率高,花期早。

植株矮,株形半开展;一年生枝短,节间亦短,浅绿色;鳞芽圆尖形,新芽黄绿色;小型长叶,侧小叶卵形或长卵形,叶缘波曲上卷,缺刻少而浅,端渐尖,叶表面绿色。菏泽赵楼牡丹园1990年育出。

'春秋粉'
'Chun Qiu Fen'

花粉色，荷花型。中型花；外花瓣倒卵形，瓣端浅齿裂；雌雄蕊正常；花梗细直，花朵直上或侧开，成花率高，花期中，秋天可开花。

植株中高，株形半开展；当年生枝15～30cm；小型长叶，小叶长卵形。菏泽百花园2014年育出。

'春水绿波'
'Chun Shui Lü Bo'

花初开青绿色，盛开粉色，荷花型。中型花；花瓣倒卵形，瓣端浅齿裂，瓣基无色斑；雄蕊正常，花丝紫红色；雌蕊正常，花盘（全包）紫红色，柱头红色；成花率较高，花期中。

植株中高，株形直立；一年生枝中，萌蘖枝少；大型长叶，叶柄斜伸，顶小叶顶端浅裂，侧小叶长卵形，叶缘缺刻少，端锐尖，叶表面黄绿色，叶背有毛；抗逆性中，抗病性中。菏泽赵楼牡丹园育出。

'翠羽丹霞'
'Cui Yu Dan Xia'

花粉红色，荷花型。小型花；花瓣4轮，内卷呈杯状，瓣基具墨紫色小斑；雌雄蕊正常，柱头鲜红色；花朵侧开；成花率高，花期早。

植株矮，株形开展；早春新枝翠绿色；中型圆叶，小叶卵圆形，有缺刻，叶面光滑，浅绿色；适宜盆栽与庭园栽培。菏泽市国花牡丹研究所2005年育出。

'大桃红'
'Da Tao Hong'

花粉红色，荷花型。花蕾长尖形，中型花；花瓣3~4轮，质硬微皱，瓣基无色斑；雌雄蕊正常，花盘深紫红色；花朵直上，成花率高，花期早。

植株高，株形直立；一年生枝长，节间亦长，绿色；小型长叶，叶柄斜伸，侧小叶披针形，叶缘缺刻少，微上卷，稍皱，端渐尖，叶表面绿色；抗逆性强。菏泽百花园孙景玉团队1989年育出。

'大金粉'
'Da Jin Fen'

花粉紫色，荷花型或菊花型。花蕾圆尖形，中型花；花瓣4~8轮，宽大圆整，瓣基有深紫色斑；雄蕊正常，偶有瓣化；雌蕊正常，花盘、柱头均紫红色；花朵侧开，成花率高，花期中。

植株中高，株形开展；一年生枝短，节间短，萌蘖枝多，嫩枝红色；鳞芽圆尖形，新芽红褐色；中型长叶，叶柄平伸，侧小叶披针形或卵圆形，叶缘缺刻较少，端渐尖，叶表面绿色有紫晕；抗寒。传统品种。

'大眼镜'
'Da Yan Jing'

花粉紫色，荷花型。花蕾圆尖形，中型花；花瓣基部有紫红色斑；雌雄蕊正常，花丝、花盘、柱头紫红色；花朵直上，高于叶面，成花率高，花香浓，花期早。

植株矮，株形半开展；当年生枝30～40cm；中型长叶，小叶长卵形，黄绿色；少量结实，生长势强。菏泽百花园孙文海团队2009年育出。

'淡雅妆'
'Dan Ya Zhuang'

花粉紫微带蓝色，荷花型。花蕾圆尖形，中型花；花瓣4～5轮，瓣端色浅；雄蕊正常，花丝紫红色；雌蕊5～8枚，花盘革质，柱头紫色；花梗硬，挺直，花朵直立向上，花期中晚。

植株中高，株形直立；中型长叶，适宜切花和庭园栽培；人工杂交育成，母本'凤丹'，父本'日月锦'。菏泽瑞璞公司2020年育出。

'粉娥多娇'
'Fen E Duo Jiao'

花粉白色，荷花型。花瓣2～3轮，宽大，基部具较大紫红斑；雌雄蕊正常，花盘、柱头均为紫红色；花梗短硬，花朵直上，成花率高，花期中早。

植株中高，株形半开展；中型圆叶，叶面平展，淡绿色；长势强。菏泽李集牡丹园育出。

'粉娥娇'
'Fen E Jiao'

花浅粉色稍带蓝色，荷花型。花蕾圆形，中型花；花瓣自外向内渐小，瓣基有深紫色斑；雌雄蕊正常，花盘粉色，柱头黄色；花朵直上，成花率中，花期中早。

植株高，株形直立；一年生枝长，节间亦长，萌蘖枝较多，嫩枝紫红色；鳞芽狭尖形，新芽灰褐色；中型圆叶，叶柄斜向上伸，侧小叶长卵圆形，叶缘稍上卷，叶表面黄绿；较抗寒。菏泽传统品种。

'粉荷'
'Fen He'

花粉红色，荷花型。小型花；花瓣3～4轮，排列整齐，质薄，似透明状，基部有深红晕；雌雄蕊正常；成花率高，花期早。

植株较矮，株形半开展；分枝力强，萌蘖枝多；中型圆叶，深绿色，叶面有紫红晕，顶小叶卵圆形，端钝；生长势中等。菏泽赵楼牡丹园育出。

'粉荷飘江'
'Fen He Piao Jiang'

花粉色，荷花型。中型花；花瓣3～4轮，瓣端浅齿裂；雄蕊正常或少数瓣化，花丝紫红色；雌蕊退化变小，心皮3～5枚，花盘（全包）紫红色，柱头淡黄色；花朵直上，成花率高，花淡香，花期中。

植株矮，株形开展；一年生枝中，萌蘖枝少；中型长叶，叶柄斜伸，顶小叶顶端浅裂，侧小叶宽卵形，叶缘缺刻少，端宽尖，叶表面深绿色，叶背有毛。菏泽赵楼牡丹园育出。

'粉娇容'
'Fen Jiao Rong'

花浅粉色，荷花型。花蕾圆形，小型花；花瓣3~4轮，质硬圆整，瓣基有大紫斑；雌雄蕊正常，花丝紫色，花盘、柱头均紫红色；花朵直上，成花率高，花期中。

植株中高，株形直立；一年生枝长；中型圆叶，侧小叶卵圆形，叶缘缺刻少而深，端锐尖，叶表面黄绿色，叶缘有紫晕；结实力强。菏泽曹州牡丹园2006年育出。

'粉莲'
'Fen Lian'

花粉色，荷花型。中型花；外瓣较整齐，瓣基色深；雌雄蕊正常，花盘全包，柱头紫红色；成花率高，花期中。

植株中高，株形半开展；新枝有棕褐晕；中型长叶，顶小叶深裂或全裂，侧小叶近卵形，深绿色；生长势强；菏泽百花园孙景玉团队育出。

'粉莲王'
'Fen Lian Wang'

花粉白色，荷花型。花蕾圆尖型，花瓣3~4轮，宽大圆整，瓣基有紫晕；雄蕊正常，花丝紫色；心皮5~8枚，花盘（全包）紫色，柱头紫色；花梗挺直，花朵直立，成花率高，花期中早。

植株中高，株形直立；中型长叶，小叶长卵形，全缘，叶深绿色；生长势强，适宜切花和庭园栽培。菏泽市丹凤油牡丹种植专业合作社2017年育出。

'浮云'
'Fu Yun'

花粉色，微紫，荷花型。中型花；花瓣4轮，瓣质厚硬，瓣基有紫晕；雌雄蕊正常，花丝紫色，心皮5枚，柱头粉红色；花朵直上，成花率高，花期中。

植株中高，株形半开展；一年生枝长；中型圆叶，侧小叶长卵形，叶缘有缺刻，端锐尖，叶表面深绿色，质厚。菏泽曹州牡丹园2011年育出。

'海棠红'
'Hai Tang Hong'

花粉红色，荷花型。花蕾长圆尖形，中型花；外瓣4～5轮，宽大圆润，瓣端浅齿裂；雄蕊正常，花丝紫红色；雌蕊正常，花盘（全包）深紫红色，柱头紫红色；花朵直上，成花率高，花期早。

植株中高，株形半开展；一年生枝长，节间亦长，萌蘖枝多；中型长叶，顶小叶顶端浅裂，侧小叶长卵形，叶缘微上卷，端渐尖，叶表面深绿有紫晕。菏泽赵楼牡丹园1991年育出。

'荷花翡翠'
'He Hua Fei cui'

花粉色，荷花型。花蕾圆形，中型花；雌雄蕊正常，花丝白色，花盘乳黄色，柱头黄色；花朵直上，高于叶面，成花率高，花香浓，花期中。

植株中高，株形直立；当年生枝35～45cm；中型圆叶，小叶卵形，黄绿色；少量结实，生长势强。菏泽百花园孙文海团队2008年育出。

'娇妍'
'Jiao Yan'

花粉红色，荷花型，有时呈菊花型、蔷薇型。花蕾扁圆形，中型花，偏大；花瓣质硬平展，层次清晰，端部粉红色，瓣基有红晕；雄蕊花丝伸长，少量瓣化；雌蕊基本正常，花盘、柱头深紫红色；花朵直上，成花率高，花期中早。

植株中高，株形半开展；一年生枝稍短，节间短，萌蘖枝多；大型圆叶，叶柄斜伸，侧小叶长椭圆形或卵形，叶缘缺刻少而浅，端钝，叶表面绿色；花朵耐日晒，单花期长。菏泽百花园孙景玉团队1973年育出。

'巨灵红'
'Ju Ling Hong'

花粉红色，荷花型。花蕾圆尖形，偶有侧蕾，能正常开花，大型花；雌雄蕊正常，花丝紫红色，花盘紫红色，花盘（全包）、柱头紫红色；花梗粗直而长，花朵直上，高于叶面，成花率高，花香浓，花期中。

植株高，株形直立；当年生枝40～60cm；大型圆叶，小叶长卵形，绿色；结实率高，生长势强。菏泽百花园孙文海、孙帅2002年育出。

'绝代佳人'
'Jue Dai Jia Ren'

花粉色，荷花型。大型花；花瓣5轮，质硬而平展，瓣基有紫色斑；雌雄蕊正常，花丝、花盘、柱头暗紫色；花朵直上或侧开，成花率高，花期中晚。

植株高，株形半开展；一年生枝中长；大型圆叶，侧小叶圆卵形，叶缘缺刻多，端突尖或锐尖，叶表面浅绿色，有紫晕。菏泽百花园2000年育出。

'梨花映玉'
'Li Hua Ying Yu'

花粉色，荷花型。花蕾圆尖形，中型花；花瓣基部有浅紫色斑；花丝淡黄白色；雌蕊正常，花盘（全包）、柱头均淡黄白色；花朵直上，高于叶丛，成花率高，花较香，花期中。

植株中高，株形直立；结实率高，生长势强，可作切花栽培。菏泽百花园孙文海团队2023年育出。

'美人花'
'Mei Ren Hua'

花粉红色，细腻有光泽，荷花型。花蕾圆形，中型花；花瓣4~5轮，匀称，瓣端有缺刻，瓣基紫黑色斑；雄蕊正常，花丝浅紫红色；雌蕊6~8枚，花盘革质，柱头浅紫红色；花梗硬，挺直，花朵直立向上，花期晚。

植株中高，株形直立；大型长叶，适宜切花和庭园栽培；以'凤丹'为母本，自然杂交选育。菏泽瑞璞公司2020年育出。

'木兰还妆'
'Mu Lan Huan Zhuang'

花浅红色，荷花型。花蕾圆尖形，中型花；花瓣3~4轮，瓣端色浅，瓣基有紫红斑；雄蕊正常，量少，花丝紫色；雌蕊增生，花盘革质，柱头紫红色；花梗硬，挺直，花朵直立，花期晚。

植株中高，株形直立；中型长叶，适宜切花和庭园栽培；人工杂交育成，母本'凤丹'，父本'花王'。菏泽瑞璞公司2019年育出。

'四相簪花'
'Si Xiang Zan Hua'

花粉色，多花型，荷花型或菊花型或千层台阁型。花蕾圆尖形，大型花；外瓣圆形，瓣基部具深粉晕；雄蕊部分瓣化，花丝紫红色；雌蕊正常或稍瓣化，花盘（半包）、柱头紫红色，心皮密被毛；花梗硬、直，花高于叶丛，花期晚。

植株高，株形直立；大型长叶，顶小叶中裂，侧小叶软，叶脉下凹，宽卵形，叶上表面绿色，叶缘有紫晕，叶背基部密被毛；不结实，生长势强，可做切花栽培；人工杂交育成，母本'凤丹'，父本'如花似玉'。菏泽瑞璞公司2019年育出。

'童子面'
'Tong Zi Mian'

花粉色，荷花型。大型花；花瓣4~6轮，层次分明，瓣基有明显红晕；雌雄蕊正常，心皮5~8枚，花丝、花盘、柱头深紫红色；花梗挺直，花朵直立，花期中晚。

植株中高，株形直立；大型长叶，小叶长卵形，缺刻少，柄凹红褐色；适宜切花和庭园栽培。菏泽瑞璞公司2017年育出。

'胭脂图'
'Yan Zhi Tu'

花粉红色,荷花型。中型花;花瓣倒卵形,瓣端浅齿裂,瓣基有椭圆形紫红色斑;雌雄蕊正常,花丝、花盘紫红色;花朵直上或侧开,成花率高,花淡香,花期早。

植株矮,株形开展;一年生枝短,萌蘖枝较多;小型长叶,叶柄斜伸,侧小叶长卵形,端锐尖,叶表面灰绿色,边缘有紫晕。菏泽赵楼牡丹园育出。

'争春'
'Zheng Chun'

花粉红色,多花型。花蕾圆尖形,中型花;外瓣质地较硬,瓣基有深粉晕;雌雄蕊正常或稍瓣化;花朵侧开,成花率高,花期早。

植株矮,株形开展;一年生枝短,节间亦短,萌蘖枝较少,嫩枝紫红色;鳞芽圆尖形,新芽紫红色;小型长叶,叶柄平伸,侧小叶长卵形,叶缘缺刻少而浅,端锐尖,稍下垂,叶表面绿,端尖部有深绿;较抗寒。菏泽赵楼牡丹园1983年育出。

'碧波夕照'
'Bi Bo Xi Zhao'

花粉紫色,花瓣端部颜色稍浅,菊花型。花瓣从外向内渐小;雌雄蕊正常,花丝、花盘、柱头均为紫红色;花梗较粗,花朵直上或侧开,成花率高,花期中。

植株中高,株形直立;中型圆叶,小叶缺刻较多;生长势强。菏泽赵楼牡丹园1990年育出。

'八千代椿'
'Ba Qian Dai Chun'

　　花粉红色，菊花型。中型花；花瓣多轮，排列整齐；雄蕊正常，雌蕊正常或退化，花丝浅紫色，花盘、柱头黄白色；成花率高，花期晚。

　　植株中高，株形直立；分枝力强，萌蘖枝中多，新茎紫红色；大型长叶，叶柄紫红色，幼叶黄绿色，有红晕，叶背脉基部有茸毛；长势中等，适宜促成栽培。日本引进品种。

'八束狮子'
'Ba Shu Shi Zi'

　　花粉红色，菊花型。大型花；花瓣多轮，层次清晰，瓣质较硬，基部有少量紫色斑；雌雄蕊正常，花盘、柱头均为红色；成花率高，花期中晚。

　　植株较高，株形半开展；大型圆叶，叶缘缺刻，叶脉明显，叶表面黄绿色，叶柄青绿色，柄凹处红色；生长势中等，分枝力强，萌蘖枝少。日本引进品种。

'百鸟朝凤'
'Bai Niao Chao Feng'

　　花粉红色，菊花型。花蕾长圆尖形，中型花；外瓣3轮，宽大圆整，瓣端有缺刻，瓣基有紫晕；雄蕊部分瓣化，花丝紫色；雌蕊退化变小，柱头紫色；花朵侧开，成花率高，花期中。

　　植株中高，株形直立；一年生枝中长；小型长叶，侧小叶狭长形，叶缘无缺刻，叶缘稍上卷，端渐尖。菏泽曹州牡丹园2003年育出。

'百园春景'
'Bai Yuan Chun Jing'

花粉色，菊花型。花蕾圆形，偶有侧蕾，中型花；花瓣基部有紫晕；雌雄蕊正常，花丝紫色，花盘（全包）、柱头紫红色；花朵直上，高于叶面，花香浓，花期中。

植株中高，株形直立；当年生枝40～50cm；小型长叶，小叶卵形，黄绿色；少量结实，生长势强。菏泽百花园孙景玉团队1992年育出。

'百园粉菊'
'Bai Yuan Fen Ju'

花粉色,菊花型。花蕾圆尖形,大型花;花瓣基部无斑;雌雄蕊正常,花丝紫红色,花盘、柱头均紫红色;花朵直上,高于叶面,花香浓,花期中。

植株中高,株形直立;当年生枝35~45cm;小型圆叶,小叶卵形,绿色;少量结实,生长势强。菏泽百花园孙文海团队2009年育出。

'百园芙蓉'
'Bai Yuan Fu Rong'

花淡粉色,菊花型。中型花;花瓣倒卵形,瓣端浅齿裂,瓣基有红晕;雄蕊部分瓣化,花丝紫红色;雌蕊正常,花盘、柱头紫红色;花朵侧开,花淡香,花期中。

植株中高,株形半开展;一年生枝中长;中型长叶,叶柄斜伸,顶小叶顶端浅裂,侧小叶卵形,端渐尖,叶表面绿色。菏泽百花园孙景玉团队育出。

'百园富丽'
'Bai Yuan Fu Li'

花粉红色,菊花型。花蕾圆形,偶有侧蕾,能正常开花,大型花;雌雄蕊正常,花丝紫红色,花盘紫红色,柱头红色;花梗粗硬,花朵直上,高于叶面,花香浓,成花率高,花期中。

植株中高,株形直立;当年生枝30~45cm;中型圆叶,侧小叶卵形,叶表面绿色;少量结实,生长势强;人工杂交育成,母本'胡红',父本'曹州红'。菏泽百花园孙文海团队2001年育出。

'百园红锦'
'Bai Yuan Hong Jin'

花粉红色，菊花型。花蕾圆形，大型花；雌雄蕊正常，花丝红色，花盘、柱头均紫红色；花朵直上，高于叶面，成花率高，花香浓，花期中。

植株中高，株形直立；当年生枝30～40cm；中型圆叶，侧小叶卵形，绿色；少量结实，生长势强。菏泽百花园孙文海、孙帅2003年育出。

'百园恋春'
'Bai Yuan Lian Chun'

花深粉色，菊花型。花蕾圆形，中型花；花瓣基部无色斑；雌雄蕊正常，花丝紫红色，花盘紫红色，柱头深红色；花朵直上，高于叶丛，成花率高，花较香，花期晚。

植株中高，株形直立；中型长叶；生长势强，适宜切花及庭园栽培。菏泽百花园孙文海、孙帅2023年育出。

'百园十八号'
'Bai Yuan Shi Ba Hao'

花粉色，菊花型。花蕾圆形，大型花；花瓣基部有粉红斑；雌雄蕊正常，花丝粉紫色，花盘、柱头均紫红色；花朵直上，高于叶面，成花率高，花浓香，花期中晚。

植株高，株形直立；当年生枝35~45cm；大型圆叶，小叶卵形，深绿色；少量结实，生长势强。菏泽百花园孙文海团队2004年育出。

'闭月羞花'
'Bi Yue Xiu Hua'

花浅银红色，菊花型。花蕾扁圆形，中型花；花瓣排列整齐，瓣基有浅红晕；雌雄蕊正常，花盘、柱头紫红色；花朵直上，成花率高，花期中早。

植株中高，株形直立；一年生枝略短，节间短，萌蘖枝较少；小型圆叶，叶柄斜伸，侧小叶卵圆形，叶缘稍波状，缺刻多，叶表面绿色有紫晕。菏泽百花园孙景玉、孙景联1974年育出。

'彩菊'
'Cai Ju'

花粉色，菊花型。中型花；花瓣7~8轮，倒卵形，瓣端深齿裂，瓣基有菱形紫红色斑；雄蕊正常，花丝淡黄色；雌蕊正常，花盘（全包）、柱头淡黄色；花朵侧开，成花率高，花淡香，花期中晚。

植株中高，株形直立；一年生枝长；中型长叶，叶柄斜伸，顶小叶顶端中裂，侧小叶宽卵形，叶缘缺刻多而深，端锐尖，叶表面绿色。菏泽百花园孙景玉团队育出。

'彩霞'
'Cai Xia'

　　花粉色，菊花型。花蕾大，圆形；外瓣平展，瓣端颜色浅；雌雄蕊正常；成花率高，花期中。

　　植株中高，株形半开展；当年生枝质硬，中长；中型长叶，稀疏，小叶卵圆形，边缘多齿裂，叶柄浅绿色；生长势强，适宜庭园栽培。菏泽赵楼牡丹园1979年育出。

'曹国夫人'
'Cao Guo Fu Ren'

　　花粉红色，菊花型。花蕾圆尖形，花瓣6~8轮，逐层渐小，质地薄软，外瓣2轮色淡，瓣端有齿裂；雄蕊少量向心式瓣化，花丝紫红色；心皮增多，柱头紫红色；花梗长直，亭亭玉立，花期中。

　　植株中高，株形直立；中型长叶，小叶长卵形，微上卷，黄绿色；生长势强，适宜切花、庭园栽培；人工杂交育成，母本'凤丹'，父本'迎日红'。菏泽瑞璞公司育出。

'嫦娥拜月'
'Chang E Bai Yue'

　　花粉红色，菊花型。花蕾圆尖形，中型花；花瓣5~6轮，瓣端多浅裂，瓣基有紫斑；雄蕊正常，花丝紫色；雌蕊增生，花盘革质，柱头紫红色；花梗硬，挺直，花朵直立，花期晚。

　　植株中高，株形直立；中型长叶，适宜切花和庭园栽培；以'凤丹'为母本，自然杂交选育。菏泽瑞璞公司2019年育出。

'嫦娥会'
'Chang E Hui'

花粉色，菊花型。花蕾圆尖形；花瓣多轮，瓣端多浅齿裂，瓣基色深；雄蕊正常，雌蕊偶有瓣化，柱头粉色；花朵直立，成花率高，花期中。

植株高，株形直立；中型长叶，小叶卵状披针形，近全缘，绿色，微上卷，顶小叶深裂；生长势强，适宜切花和庭园栽培；人工杂交育成，母本'凤丹'，父本'花竞'。菏泽瑞璞公司2014年育出。

'嫦娥献花'
'Chang E Xian Hua'

花粉白色，菊花型。花蕾圆尖形，花瓣4～6轮，逐层渐小，瓣基淡红晕；雄蕊正常，花丝中下部紫红色；心皮6～10枚，柱头紫红色；花梗直立，花朵直上，成花率高，花期中。

植株高，株形直立；中型长叶，小叶长卵形，多缺刻；生长势强，适宜切花和庭园栽培。菏泽瑞璞公司2018年育出。

'长枝芙蓉'
'Chang Zhi Fu Rong'

花粉色，菊花型。花瓣扭曲多皱褶，端部有齿裂，基部有红晕；雌雄蕊正常，花盘、柱头均紫红色；花梗长且硬，花朵直上，成花率高，花期中晚。

植株中高，株形直立；中型长叶，黄绿色，小叶长卵形；生长势强。传统品种。

'春风得意'
'Chun Feng De Yi'

花粉色,菊花型。花蕾圆形,大型花;花瓣基部有粉红晕;雌雄蕊正常,花丝粉紫色,花盘、柱头均浅红色;花朵直上,高于叶面,成花率高,花香浓,花期中。

植株中高,株形开展;当年生枝25~30cm;中型圆叶,小叶卵形;少量结实,生长势强。菏泽百花园孙文海团队2005年育出。

'春晖盈露'
'Chun Hui Ying Lu'

花粉色,菊花型。花瓣倒广卵形,瓣端齿裂,基部有浅紫红色斑块;雌雄蕊正常;花朵直上,成花率中,花香中等,花期中。

植株高,株形半开展;一年生枝中长;中型长叶,斜上伸,顶小叶深裂,侧小叶叶缘波曲、翻卷,端渐尖,叶表面中绿;结实较多,抗逆性强。菏泽曹州牡丹园2021年育出。

'春暖桃园'
'Chun Nuan Tao Yuan'

花粉色，瓣端粉白色，菊花型。中型花；外瓣3～4轮，宽大圆整，质硬，内瓣端有缺刻；雄蕊正常或变小，雌蕊变小；花朵直上或稍侧开，成花率高，花期中晚。

植株高，株形半开展；一年生枝中长；中型长叶，侧小叶披针形，叶缘缺刻少或全缘，端渐尖，叶表面黄绿色；耐日晒。菏泽曹州牡丹园2013年育出。

'春色'
'Chun Se'

花粉红色，菊花型。大型花；花瓣6～8轮，层次分明，瓣基色深，中上部色浅；雄蕊正常，花丝紫红色；心皮5～8枚，花盘紫红色，柱头红色；花梗挺直，花朵直立，花期中。

植株中高，株形直立；中型长叶，小叶卵状披针形，近全缘；适宜切花和庭园栽培；人工杂交育成，母本'凤丹'，父本'春红娇艳'。菏泽瑞璞公司2017年育出。

'春雪紫玉'
'Chun Xue Zi Yu'

花粉白色，菊花型。花蕾圆形，花瓣6～8轮，外2轮稍大，质硬，瓣基深紫色斑；雄蕊正常，花丝紫红色；雌蕊正常，心皮8～12枚，花盘紫红色，柱头深红色；花梗挺直，花朵直立，花期早。

植株中高，株形半开展；中型长叶，质厚，小叶长卵形，缺刻少，上卷，端锐尖，叶色深绿；花朵耐日晒，花期长，适宜庭园栽培。菏泽瑞璞公司2017年育出。

'村松樱'
'Cun Song Ying'

花粉色，菊花型。大型花，花瓣质硬，向内渐小，基部具红晕；雄蕊偶有瓣化，花盘白色；花朵直上，略侧开，成花率高，香味中，花期中。

植株高，株形直立；鳞芽狭长，大型长叶，叶背密生茸毛，略下垂；生长势强，分枝力、结实力中，萌蘖枝少。日本引进品种。

'淡妆美' 'Dan Zhuang Mei'

花粉白色，菊花型或蔷薇型。花瓣多轮，外瓣2轮较大，内瓣稍小，皱卷，向内饱和，瓣基有深紫红色斑，瓣端色淡；雄蕊部分瓣化，花丝浅紫色；心皮增多，柱头红紫色；花梗挺直，花朵直立或微侧，成花率高，花期晚。

植株中高，株形直立；中型长叶，小叶15片，长椭圆形，近全缘，叶面平展，端部微下垂，叶表面深绿色，叶柄凹褐色；生长势强，适宜切花和庭园栽培。菏泽瑞璞公司2018年育出。

'帝冠' 'Di Guan'

花深桃红色，细腻润泽，菊花型。花蕾圆形，花瓣质硬匀称，由外向内渐小，瓣基有紫色斑；雄蕊正常，花盘红色；成花率高，花期中。

植株中高，株形半开展；分枝力强，萌蘖枝少；中型长叶，叶表面黄绿色，叶脉明显，叶柄斜展，柄凹处红色；生长势中等。引进品种。

'第一夫人' 'Di Yi Fu Ren'

花粉红色，菊花型。花蕾圆尖形，中型花；花瓣5~6轮，瓣基色深；雄蕊正常，花丝紫色；雌蕊增生，花盘革质，柱头紫红色；花梗硬，挺直，花朵直立向上，花期中晚。

植株中高，株形直立；中型长叶，适宜切花和庭园栽培；人工杂交育成，母本'凤丹'，父本'岛锦'。菏泽瑞璞公司2020年育出。

'东方秀'
'Dong Fang Xiu'

花粉色,菊花型。花蕾圆尖形,中型花;花瓣6~10轮,瓣端色浅,瓣基色深,花丝深紫红色;雌蕊增生,花盘革质,柱头紫红色;花梗硬,挺直,花朵直立向上,花期晚。

植株中高,株形直立;中型长叶,适宜切花和庭园栽培;人工杂交育成,母本'凤丹',父本'太阳'。菏泽瑞璞公司2020年育出。

'栋蓝负重'
'Dong Lan Fu Zhong'

花粉紫色,菊花型。花瓣多轮,瓣端多齿裂;雌雄蕊正常,花丝、花盘(全包)紫红色;花朵直立,成花率较高,花期中。

植株高,株形半开展;大型圆叶,小叶卵形至长卵形,浅绿色,近全缘;生长势强,适宜庭园栽培。菏泽赵楼牡丹园1967年育出。

'娥皇惠美'
'E Huang Hui Mei'

花深粉红色,菊花型。花瓣5~6轮,逐层减小,瓣基有条状深紫色斑,瓣端色稍浅;雄蕊正常,花丝紫红色;雌蕊正常,心皮10~12枚,柱头深红色;花梗挺直,花朵侧开,花期晚。

植株中高,株形直立;中型长叶,小叶长卵形,浅绿,缺刻少;生长势强,适宜庭园栽培。菏泽瑞璞公司2018育出。

'飞天'
'Fei Tian'

花粉色,稍带蓝色,菊花型。花瓣多轮,瓣端色浅,瓣基有紫红斑;雄蕊小,雌蕊正常,柱头浅红色,花盘(全包)黄白色,柱头红色;花朵直上,成花率高,花期晚。

植株中高,株形半开展;小型圆叶,叶缘有缺刻,稍上卷,叶表面绿色有紫晕;生长势强。菏泽百花园孙景玉团队育出。

'飞燕粉装'
'Fei Yan Fen Zhuang'

花浅紫色，菊花型。花蕾圆形，大型花；花瓣5~8轮，层次分明，瓣端有裂，色稍浅，瓣基有紫晕；雄蕊正常，花丝紫红色；雌蕊增生变小，花盘革质，柱头紫红色；花梗硬，挺直，花朵直立向上，花期中。

植株中高，株形直立；大型长叶，顶小叶全裂；适宜切花和庭园栽培；以'凤丹'为母本，自然杂交选育，菏泽瑞璞公司2020年育出。

'粉华端仪'
'Fen Hua Duan Yi'

花粉色，菊花型。花蕾圆形，大型花；花瓣基部有红色斑；雌雄蕊正常，花丝、花盘、柱头均紫红色；花朵直上或侧开，花朵高于叶面，成花率高，花香浓，花期中晚。

植株中高，株形半开展；当年生枝35～45cm；大型圆叶，小叶宽卵形，黄绿色；少量结实，生长势强。菏泽百花园孙文海团队2010年育出。

'粉玲珑'
'Fen Ling Long'

花浅粉色，菊花型或蔷薇型。小型花；花瓣由外向内逐渐变小，瓣基有紫晕；雄蕊正常或变小，花丝紫色；雌蕊退化变小，柱头浅紫色；花朵直上，成花率高，花期晚。

植株中高，株形直立；一年生枝中长；小型长叶，侧小叶长卵形，叶缘缺刻少，叶表面有紫晕。菏泽曹州牡丹园2002年育出。

'粉面佳人'
'Fen Mian Jia Ren'

花粉色，菊花型。花蕾圆形，大型花；花瓣基部有墨紫红色斑；雌雄蕊正常，花丝、花盘（全包）、柱头紫红色；花朵直上，高于叶面，成花率高，花香浓，花期晚。

植株中高，株形半开展；当年生枝35~45cm；大型圆叶，小叶阔卵形，绿色，叶边缘紫红晕；少量结实，生长势强；人工杂交育成，母本'胡红'，父本'蓝田玉'。菏泽百花园孙文海团队2004年育出。

'粉暮晚华'
'Fen Mu Wan Hua'

花粉红色，菊花型。花蕾圆尖，中型花；花瓣基部无斑；雌雄蕊正常，花丝浅紫色，花盘、柱头均紫红色；花朵直上，高于叶面，成花率高，花香浓，花晚期。

植株中高，株形半开展；当年生枝30~40cm；中型圆叶，小叶卵形，黄绿色，叶边缘有红晕；少量结实，生长势强。菏泽百花园孙文海团队2007年育出。

'粉狮'
'Fen Shi'

花粉色，菊花型。花蕾圆形，中型花；花瓣基部无斑；雌雄蕊正常，花丝紫红色，花盘（全包）、柱头红色；花朵直上或侧开，高于叶面，花梗硬，花香浓，花期早。

植株中高，株形半开展；当年生枝30～45cm；大型圆叶，小叶宽卵形，深绿色；少量结实，生长势强。菏泽百花园孙文海团队2009年育出。

'粉狮子'
'Fen Shi Zi'

花粉色，多花型，菊花型或千层台阁型。花蕾扁圆形，中型花；下方花外瓣大，质硬而平展，瓣端齿裂，瓣基有深紫色斑，雄蕊较多，雌蕊瓣化为绿色彩瓣；上方花雄蕊退化变小，雌蕊退化变小；花朵直上，成花率高，花期中晚。

植株中高，株形直立；一年生枝中长；中型圆叶，侧小叶卵形，叶缘上卷，缺刻少，端突尖，叶表面浅绿色。菏泽百花园孙景玉、孙文海1990年育出。

'粉秀独步'
'Fen Xiu Du Bu'

花粉红色，菊花型。花蕾圆形，大型花；花瓣5~8轮，层次分明，瓣端齿裂，色稍浅，瓣中有紫红色线；雄蕊正常，花丝紫红色；雌蕊增生，柱头紫红色；花梗硬，挺直，花朵直立向上，花期中。

植株中高，株形直立；大型长叶，适宜切花和庭园栽培；人工杂交育成，母本'凤丹'，父本'花王'。菏泽瑞璞公司2020年育出。

'粉秀颜'
'Fen Xiu Yan'

花粉白色，润泽有光泽，菊花型。花瓣6~8轮，外瓣3轮稍大，较圆整，内瓣3~4轮稍小，瓣缘稍皱褶，瓣基浅紫晕；雄蕊较少，花丝中下部浅紫色；心皮增多，柱头浅紫红色；花梗挺直，花朵直立，花期中晚。

植株中高，株形直立；中型长叶，稀疏，小叶卵形，有缺刻，端钝尖，叶色深绿有紫晕，叶柄紫褐色；生长势强，适宜切花和庭园栽培。菏泽瑞璞公司2016年育出。

'粉绣宁'
'Fen Xiu Ning'

花粉紫色，菊花型。花蕾圆形，中型花；花瓣5~6轮，瓣端色稍浅；雄蕊正常，花丝紫红色；雌蕊5~8枚，花盘革质，柱头浅紫红色；花梗硬，挺直，花朵直立向上，花期中。

植株中高，株形直立；中型长叶，适宜切花和庭园栽培；人工杂交育成，母本'凤丹'，父本'日月锦'。菏泽瑞璞公司2020年育出。

'粉衣天使'
'Fen Yi Tian Shi'

花粉色,菊花型。花蕾圆形,中型花;花瓣基部有紫红色斑;雌雄蕊正常,花丝、花盘(全包)、柱头紫红色;花朵直上,高于叶面,成花率高,花香浓,花期中晚。

植株高,株形直立;当年生枝40~50cm;中型圆叶,小叶卵形,绿色;结实量高,生长势强。菏泽百花园孙文海团队2008年育出。

'粉玉娟'
'Fen Yu Juan'

花粉色,花色细腻,菊花型。中型花;花瓣多轮,瓣基色深;雌雄蕊正常,花丝浅紫色,柱头红色,花盘齿裂;成花率高,花期晚。

植株较高,株形半开展;中型长叶,黄绿色,长尖,小叶间距长,柄凹处为浅褐色;生长势强。菏泽百花园孙景玉团队育出。

'粉云浮空'
'Fen Yun Fu Kong'

花淡粉紫色,瓣端色浅,菊花型。花蕾长圆尖,大型花;花瓣6~8轮,宽大皱褶,瓣基有深紫晕;雄蕊正常,雌蕊变小增多,柱头紫红色;花朵直上,成花率高,花期中。

植株高,株形直立;一年生枝长;中型长叶,侧小叶卵圆形,叶缘缺刻少或全缘,叶边上卷,叶表面粗糙,黄绿色。菏泽曹州牡丹园1995年育出。

'粉云金辉'
'Fen Yun Jin Hui'

花粉红色，瓣端色淡，菊花型。中型花；外瓣4轮，宽大平展，瓣基有红晕；雄蕊部分瓣化，雌蕊正常或瓣化或退化变小；花朵直上，成花率高，花期中。

植株高，株形半开展；一年生枝长；中型长叶，侧小叶长卵形，叶缘缺刻多，端渐尖，叶表面黄绿色；抗寒性强，抗病性强。菏泽赵楼牡丹园1979年育出。

'粉云晴天'
'Fen Yun Qing Tian'

花粉色，菊花型。花蕾圆尖，中型花；花瓣基部无斑；雌雄蕊正常，花丝、花盘（全包）紫红色，柱头红色；花朵直上，高于叶面，成花率高，花香浓，花期晚。

植株高，株形直立；当年生枝40～45cm；中型长叶，小叶长卵形，黄绿色；少量结实，生长势强。菏泽百花园孙文海团队2000年育出。

'粉云托日'
'Fen Yun Tuo Ri'

花粉白色，菊花型。大型花；外瓣稍大，质硬而平展，排列整齐，瓣基有浅紫色小斑；雄蕊正常，偶有瓣化；雌蕊退化变小，花盘、柱头深紫色；花朵直上，成花率高，花期中。

植株高，株形直立；一年生枝长；大型长叶，侧小叶长卵形，叶缘缺刻少，端锐尖，叶表面黄绿色；抗叶斑病。菏泽百花园孙文海团队2002年育出。

'粉云追月'
'Fen Yun Zhui Yue'

花淡粉色，微带紫色，菊花型。中型花；外瓣稍大，质硬而平展，瓣基有紫晕；雄蕊正常，偶有瓣化；雌蕊增多变小，花盘暗紫红色；花朵直上，成花率高，花期中。

植株高，株形直立；一年生枝细长；小型长叶，侧小叶长卵形，叶缘缺刻少，稍上卷，端锐尖，叶表面有紫晕。菏泽百花园孙文海团队2001年育出。

'丰富多彩'
'Feng Fu Duo Cai'

花粉红色，菊花型。外瓣较大，内瓣渐小，瓣基有红紫色斑，瓣质较软；花丝、花盘及柱头均为紫红色；花梗中粗，花朵直上；成花率高，花期中。

植株中高，株形半开展；中型长叶，小叶卵形，叶缘波曲；生长势强。菏泽曹州牡丹园育出。

'凤丹粉'
'Feng Dan Fen'

花粉色，菊花型。中型花；花瓣倒卵形，瓣端浅齿裂，瓣基有狭长条形浅紫色斑；雄蕊正常，花丝紫红色；雌蕊正常，花盘（半包）红色，心皮6~8枚，柱头红色；花朵直上，成花率较高，花淡香，花期晚。

植株中高，株形直立；一年生枝中长，萌蘖枝少；大型长叶，叶柄斜伸，顶小叶顶端浅裂，侧小叶宽卵形，叶缘缺刻少，端钝，叶表面绿色。菏泽赵楼牡丹园育出。

'富丽堂皇'
'Fu Li Tang Huang'

花粉红色，菊花型。花蕾圆形，中型花；花瓣5~8轮，瓣端色稍浅，瓣基色深；雄蕊正常，花丝紫红色；雌蕊增生，柱头紫红色；花梗硬，挺直，花朵直立向上，花期早。

植株高，株形直立；大型长叶，顶小叶全裂，适宜切花和庭园栽培；以'凤丹'为母本，自然杂交选育。菏泽瑞璞公司2020年育出。

'富态美'
'Fu Tai Mei'

花桃红色，菊花型。花蕾圆尖形，中型花；花瓣5~8轮，瓣端色浅，瓣基色深；雄蕊正常，花丝深紫红色；雌蕊增生，花盘革质，柱头深紫红色；花梗硬，挺直，花朵直立向上，花期中。

植株中高，株形直立；中型长叶，适宜切花和庭园栽培，以'凤丹'为母本，自然杂交选育。菏泽瑞璞公司2020年育出。

'桂英挂帅'
'Gui Ying Gua Shuai'

花粉红色，菊花型。花蕾扁圆形，花瓣多轮，外4轮稍大，向内逐层渐小，瓣基红晕，瓣端粉色；雄蕊正常，花丝紫红色；雌蕊增多变小，柱头紫红色；花梗挺直，花朵直立，成花率高，花期中。

植株中高，株形直立；中型长叶，小叶长卵形或披针形，微内卷；生长势强，适宜切花和庭园栽培；人工杂交育成，母本'凤丹'，父本'迎日红'。菏泽瑞璞公司2016年育出。

'国香飘'
'Guo Xiang Piao'

花浅粉色,菊花型。花蕾圆形,花瓣多轮,皱褶,瓣基红色斑,瓣端浅粉色,有突尖;雄蕊偶有瓣化,花丝紫红色;雌蕊正常,柱头紫红色;花梗粗挺,花朵直立,成花率高,花期中。

植株高,株形直立;中型长叶,小叶长卵形,近全缘,边缘红晕显著,柄凹深褐色;生长势强,适宜切花和庭园栽培;人工杂交育成,母本'凤丹',父本'蓝宝石'。菏泽瑞璞公司2015年育出。

'菏铟'
'He Yin'

花粉红色，菊花型。中型花；瓣端色浅，基部有明显紫红色斑；少量雄蕊瓣化为白色匙瓣；成花率高，花朵高于叶面，花期早。

植株高，株形直立；叶片黄绿色。菏泽市农业科学院育出。

'菏泽新润'
'He Ze Xin Run'

花粉红色，菊花型。花蕾圆形，大型花；花瓣基部无斑；雌雄蕊正常，花丝紫红色，花盘、柱头紫红色；花朵高于叶面，成花率高，花香浓，花期中。

植株中高，株形直立；当年生枝35～40cm；中型圆叶，小叶卵形，黄绿色有紫晕；少量结实，生长势强。菏泽百花园孙文海团队2001年育出。

'菏脂初妍'
'He Zhi Chu Yan'

花浅粉红色，菊花型。中型花；花瓣多轮，瓣端色浅，有浅齿裂，瓣基有粉红晕；雄蕊正常，雌蕊增多变小；花朵直上或稍侧开，与叶面齐平，花期中。

植株高，株形直立；生长势强；人工杂交选育，母本'凤丹白'，父本'日月锦'。菏泽市农业科学院育出。

'红菏端润'
'Hong He Duan Run'

花粉红色，菊花型。花蕾圆形，大型花；瓣基有紫红色斑；雌雄蕊正常，花丝、花盘、柱头紫色；花朵直上，高于叶面，成花率高，花香浓，花期中晚。

植株中高，株形直立；当年生枝35～40cm；中型长叶，小叶长卵形，黄绿色，边缘上卷有红晕；少量结实，生长势强。菏泽百花园孙文海、郝炳豪2009年育出。

'红叶粉狮'
'Hong Ye Fen Shi'

花粉色，菊花型。花蕾圆尖形，中型花；花瓣端部色浅，有不规则齿裂；雌雄蕊正常，花丝紫色，花盘、柱头紫红色，花盘全包；花朵直上，高于叶面，成花率高，花香浓，花期中。

植株中高，株形直立；当年生枝30～40cm；中型长叶，小叶长卵形，绿色边缘有红晕；少量结实，生长势强。菏泽百花园孙文海团队2001年育出。

'鸿运满堂'
'Hong Yun Man Tang'

花粉红色，菊花型。花瓣5～6轮，瓣基深红晕，大而明显；雄蕊正常或偶有瓣化，花丝红色；雌蕊正常，柱头深红色；花梗挺直，花朵直上，花期中。

植株中高，株形直立；大型圆叶，叶片肥厚，小叶卵圆形，近全缘，黄绿色，柄凹红褐色；适宜庭园栽培；人工杂交育成，母本'凤丹'，父本'岛锦'。菏泽瑞璞公司2017年育出。

'花競'
'Hua Jing'

花粉色，菊花型。大型花；花瓣多轮，排列整齐；雄蕊稍瓣化，瓣化瓣细碎内卷，瓣端残留花药；雌蕊正常或增多变小；花期晚。

植株高，株形直立；中型长叶，质厚，叶缘具红褐晕；生长势强，成花率高。日本引进品种。

'花木兰'
'Hua Mu Lan'

花粉色，菊花型。大型花；花瓣多轮，内瓣皱褶，质硬，瓣基有深紫斑；雄蕊部分瓣化，花丝紫红色；雌蕊正常，花盘（浅包）深紫色，柱头紫红色；花期中晚。

植株高，株形直立；大型长叶，小叶长卵形，近全缘，深绿色，柄凹褐紫色；可少量结实，生长势强，花期长，耐日晒，适宜切花和庭园栽培；以'岛锦'为母本，自然杂交选育。菏泽瑞璞公司2017年育出。

'花仙子'
'Hua Xian Zi'

花粉红色，菊花型。花蕾圆尖形，中型花；花瓣5~8轮，外瓣色浅，瓣基色深；雄蕊部分瓣化，瓣化瓣小而皱褶，花丝深紫红色；雌蕊退化变小，花盘革质，柱头紫红色；花梗硬，挺直，花朵直立向上，花期早。

植株中高，株形直立；大型长叶，适宜切花和庭园栽培；人工杂交选育，母本'凤丹'，父本'花王'。菏泽瑞璞公司2019年育出。

'火树银花'
'Huo Shu Yin Hua'

花粉色，菊花型。外瓣2~3轮宽大，边缘波曲；内瓣较小且扭曲，基部有紫红色斑；雌蕊正常，心皮青绿色，柱头为红色；花梗硬而短，花朵直立，成花率高，花期中。

植株中矮，株形半开展；枝条粗壮，中型长叶，较稀疏，叶面青绿色。柄凹处有紫晕；生长势强。菏泽李集牡丹园育出。

'箕山粉'
'Ji Shan Fen'

花粉红色,菊花型。花瓣5~8轮,皱褶,瓣端有突尖;雄蕊正常,花丝紫红色;雌蕊正常,心皮5~8枚,花盘紫红色,柱头红色;花梗挺直,花朵直立,花期中。

植株中高,株形直立;中型长叶,柄凹紫红晕,小叶披针形,近全缘,叶脉下凹;适宜油用、切花和庭园栽培;人工杂交育成,母本'凤丹',父本'初乌'。菏泽瑞璞公司2017年育出。

'吉野川'
'Ji Ye Chuan'

花粉色,菊花型。花瓣多轮,瓣端浅齿裂;雌雄蕊正常,花丝浅紫红色,柱头深紫红色;花朵直上。成花率高,花期中晚。

植株高,株形直立;大型长叶,侧小叶卵形,叶表面粗糙,绿色有明显紫红晕;生长势强。日本引进品种。

'佳丽'
'Jia Li'

花粉白色，稍带蓝色，菊花型。花蕾圆尖形，中型花；花瓣8～10轮，质硬，自外向内逐渐缩小，排列整齐，瓣端浅齿裂，瓣基有较大紫红色斑；雄蕊正常，花丝紫红色；雌蕊正常，花盘（残存）紫色，柱头紫红色；花朵直上，成花率高，花期中。

植株高，株形直立；一年生枝长，节间亦长，萌蘖枝少；小型长叶，叶柄平伸，顶小叶顶端3全裂，侧小叶长卵形，叶缘缺刻少，端渐尖，叶表面黄绿有紫晕；耐盐碱。菏泽赵楼牡丹园1970年育出。

'娇红'
'Jiao Hong'

花深粉红色，菊花型。花蕾圆尖形，大型花；外瓣质硬平展，瓣端浅齿裂，瓣基有红晕；雌雄蕊正常，花丝、花盘、柱头均紫红色；花朵侧开，成花率较高，花淡香，花期中。

植株中高，株形开展；一年生枝较长，节间短，萌蘖枝较多；中型长叶，叶柄平伸，顶小叶顶端中裂，侧小叶卵形或长卵形，叶缘微上卷，缺刻多，叶表面深绿有紫晕。菏泽赵楼牡丹园1965年育出。

'锦叶桃花'
'Jin Ye Tao Hua'

花粉红色，菊花型。中型花；外瓣2轮，形稍大，质硬而平展，瓣基有紫晕；雌雄蕊基本正常，花盘深紫红色；花朵直上或侧开，与叶面平齐，成花率高，花期中。

植株中高，株形半开展；一年生枝短；大型圆叶，侧小叶卵圆形，叶缘缺刻多，端锐尖或突尖，叶表面浅绿色，紫晕多。菏泽百花园孙景玉团队1988年育出。

'竞秀'
'Jing Xiu'

花粉色，菊花型。花瓣5~6轮，外瓣3轮宽大圆整，内瓣2~3轮稍小，内卷稍皱褶，瓣基紫色斑，瓣端色淡；雄蕊少量瓣化，花丝紫褐色；心皮增多，黄绿色，花盘（全包）深紫色，柱头紫红色；花梗挺直，花朵直立，花期中早。

植株中高，株形直立；中型长叶，较稀疏，小叶长卵形，全缘，端钝尖，绿色，叶柄紫褐色；生长势强，适宜切花和庭园栽培。菏泽瑞璞公司2016年育出。

'酒醉飞燕'
'Jiu Zui Fei Yan'

花粉红色，菊花型。花蕾圆尖形，中型花；花瓣5~8轮，瓣基色深；雄蕊正常，花丝紫红色；雌蕊5~8枚，花盘（全包）、柱头紫红色；花梗硬，挺直，花朵直立，花期早。

植株中高，株形直立；中型长叶，适宜切花和庭园栽培；以'凤丹'为母本，自然杂交选育。菏泽瑞璞公司2020年育出。

'俊面秀美'
'Jun Mian Xiu Mei'

花粉红色,菊花型。花蕾圆尖形,中型花;花瓣5~6轮,瓣基深红色;雄蕊正常,花丝紫红色;雌蕊增生,花盘革质,柱头紫红色;花梗硬,挺直,花朵直立向上,花期中晚。

植株高,株形直立;中型长叶,适宜切花和庭园栽培;以'凤丹'为母本,自然杂交选育。菏泽瑞璞公司2019年育出。

'罗池春'
'Luo Chi Chun'

花粉色,菊花型。中型花;外瓣多轮,较大,内瓣细碎;雌雄蕊部分瓣化,花盘、柱头均为紫红色;花期中。

植株中高,株形半开展;中型圆叶,叶背密生茸毛;生长势、分枝力弱。传统品种。

'满园春色'
'Man Yuan Chun Se'

花银红色，菊花型或蔷薇型。中型花；花瓣宽大皱褶，瓣基有紫斑；雄蕊少量瓣化，花丝紫色；雌蕊变小增多，花盘红色；花朵直上或侧开，成花率特高，花期中。

植株中高，株形半开展；一年生枝中长；中型长叶，侧小叶长卵形，叶缘全缘，端渐尖，叶表面叶缘有红晕；花朵耐日晒。菏泽曹州牡丹园2013年育出。

'美人面'
'Mei Ren Mian'

花粉红色，盛开时粉白色，菊花型。大型花；内外花瓣均大而平展，瓣缘轻皱，排列整齐基部有深紫红色斑；雄蕊残存或排列于雌蕊周围，花丝为黄白色；柱头红色；成花率高，花期中。

植株高，株形开展；新枝较长；中型长叶，小叶狭长，叶背有疏毛，花朵耐日晒。

'魅粉天娇' 'Mei Fen Tian Jiao'

花粉红色，菊花型。花蕾圆形，无侧蕾，中型花；花瓣基部无斑；雌雄蕊正常，花丝粉紫色；花盘、柱头紫红色；花朵直上，高于叶面，成花率高，花香中等，花期中。

植株中高，株形直立；当年生枝38～42cm；中型长叶，小叶卵形，黄绿色；结实率中，生长势强。菏泽百花园孙景玉2000年育出。

'名媛' 'Ming Yuan'

花粉红色，菊花型。花蕾圆尖形，大型花；花瓣6～8轮，质地硬，瓣端不整齐齿裂；雌雄蕊正常，花盘深紫色，心皮5枚；花朵直上，成花率高，花期中早。

植株高，株形直立；一年生枝长，节间较长，萌蘖枝少；中型长叶，叶柄斜伸，侧小叶长卵形或阔披针形，叶缘微上卷，缺刻少，端渐尖，叶表面绿色。菏泽赵楼牡丹园1970年育出。

'千台粉' 'Qian Tai Fen'

花粉色，多花型，菊花型至千层台阁型。花蕾圆尖形，不绽口，中型花；花瓣基部有红色斑；花丝浅紫色，雌蕊花盘乳白色，柱头粉色；花朵稍侧开，成花率高，生长势强，花浓香，花期中。

植株中高，株形直立；适宜切花栽培。菏泽百花园孙文海团队2023年育出。

'沁田美'
'Qin Tian Mei'

花粉白色，菊花型或千层台阁型。花蕾圆形，花瓣5~6轮，规整，瓣基具粉紫晕；雄蕊正常，花丝中下部紫红色；心皮增多，外轮心皮正常，内轮心皮瓣化成上方花，上方花不完整，柱头红色；花梗挺直，花朵微侧开，花期中晚。

植株高，株形直立；中型长叶，小叶卵圆形，多缺刻，叶色黄绿；生长势强，适宜切花及庭园栽培。菏泽市丹凤油牡丹种植专业合作社2018育出。

'青天粉'
'Qing Tian Fen'

花粉蓝色，菊花型。花蕾圆尖形，中型花；花瓣5~8轮，外瓣色浅，瓣基色深，雄蕊部分瓣化，花丝深紫红色；雌蕊增生，花盘革质，柱头深紫红色；花梗硬，挺直，花朵直立向上，花期中早。

植株中高，株形直立；大型长叶，适宜切花和庭园栽培；以'凤丹'为母本，自然杂交选育。菏泽瑞璞公司2019年育出。

'肉芙蓉'
'Rou Fu Rong'

花深粉红色，菊花型，偶呈千层台阁型。花蕾扁圆形，中型花；花瓣质软皱卷，瓣端浅齿裂，瓣基有紫斑；雄蕊稍有瓣化，花丝紫红色；雌蕊正常，花盘（半包）紫红色，心皮大于8枚，柱头紫红色；花朵直上或侧开，成花率高，花香，花期中。

植株中高，株形开展；一年生枝较长，节间较短；鳞芽大而狭尖，新芽黄褐色；中型长叶，叶柄斜伸，顶小叶顶端中裂，侧小叶长卵形，叶缘稍上卷，缺刻较多，叶表面绿有浅紫晕；耐湿热，抗寒，耐盐碱，抗病。菏泽赵楼十队1975年育出。

'瑞璞美好'
'Rui Pu Mei Hao'

花桃红色，菊花型。花蕾圆形，中型花；花瓣5～6轮，瓣基有深紫晕；雄蕊部分瓣化，花丝紫红色；雌蕊增生，花盘革质，有毛，柱头紫红色；花梗硬，挺直，花朵直立向上，花期中。

植株中高，株形直立；中型长叶，适宜切花和庭园栽培；人工杂交组选育，母本'凤丹'，父本'岛锦'。菏泽瑞璞公司2019年育出。

'瑞璞女皇'
'Rui Pu Nü Huang'

花粉色，菊花型。花瓣5～6轮，层次分明，逐层渐小，内瓣2～3轮稍小，皱褶，瓣基深紫红晕，瓣端色淡；雄蕊稍有瓣化，花丝紫红色；心皮5～8枚，白色，柱头紫红色；花梗挺直，花开直上，成花率高，花期中。

植株中高，株形直立；中型长叶，较稀疏，小叶长卵圆形，疏具缺刻，绿色；生长势强，适宜切花和庭园栽培。菏泽瑞璞公司2016年育出。

'赛贵妃'

'Sai Gui Fei'

花粉色，菊花型。大型花；花瓣倒广卵形，瓣端浅齿裂；雄蕊正常，花丝紫红色；雌蕊稍有瓣化，瓣化瓣近于花瓣色，花盘（全包）紫红色，柱头紫红色；花朵侧开，成花率较高，花淡香，花期早。

植株中高，株形直立；一年生枝短，萌蘖枝少；中型长叶，叶柄斜伸，顶小叶顶端深裂，侧小叶长卵形，端锐尖，叶表面黄绿色。菏泽百花园孙景玉团队育出。

'珊瑚映金'
'Shan Hu Ying Jin'

花粉红色,菊花型。花蕾圆形,中型花;花瓣5~8轮,瓣基色深;雄蕊正常,花丝紫红色;雌蕊5~8枚,柱头紫红色;花梗硬,挺直,花朵直立,花期中。

植株中高,株形直立;中型长叶,适宜切花和庭园栽培,以'凤丹'为母本,自然杂交选育。菏泽瑞璞公司2020年育出。

'上巳情花'
'Shang Si Qing Hua'

花粉红色,菊花型。花蕾圆形,中型偏小,花瓣5~8轮,层次分明,逐层变小;雄蕊正常,雌蕊增多变小,花丝、花盘、柱头紫红色;花朵直立,成花率高,花期中。

植株高,株形直立;中型长叶,小叶卵状披针形,缺刻少,叶片绿色;生长势强,适宜切花和庭园栽培,人工杂交育成,母本'凤丹',父本'新岛辉'。菏泽瑞璞公司2018年育出,原名'雏鹅娇'。

'神乐狮子'
'Shen Le Shi Zi'

花粉红色,菊花型。中型花;花瓣由外向内逐渐变小;雌雄蕊正常,花盘红色;花朵直上,成花率中,花期晚。

植株高,株形直立;鳞芽圆尖形,新枝青绿色;中型长叶,叶绿色带有红晕,叶背脉上有少量茸毛,叶柄斜向上伸,柄凹处为红色;生长势强,萌蘖枝少。引进品种。

'双河映月'
'Shuang He Ying Yue'

花粉红色，菊花型。花瓣5~6轮，瓣基紫红晕，瓣端粉色，瓣中有紫线；雄蕊正常，花丝紫红色；心皮8~9枚，花盘（半包）紫红色，柱头红色；花梗挺直，花朵直上，花期中。

植株中高，株形直立；中型长叶，小叶长卵形，肥厚，端部微下垂，叶柄凹红褐色；适宜庭园栽培，人工杂交育成，母本'凤丹'，父本'花王'。菏泽瑞璞公司2017年育出。

'似菊花'
'Si Ju Hua'

花粉红色，菊花型或托桂型。中型花；花瓣倒卵形，瓣端浅齿裂，瓣基无色斑；雄蕊部分瓣化，端部残留花药；雌蕊正常，花盘（全包）、柱头紫红色；花朵侧开，成花率较高，花期早。

植株中高，株形直立；一年生枝中，萌蘖枝较多；大型圆叶，叶柄斜伸，顶小叶顶端中裂，侧小叶宽卵形，叶缘缺刻多而深，端宽尖，叶表面绿色。菏泽赵楼牡丹园育出。

'苏家红'
'Su Jia Hong'

花浅红色，菊花型，有时呈蔷薇型。中型花，偏小；花瓣5～6轮，质薄而软，具半透明脉，瓣端波状卷皱，瓣基有墨紫色斑；雄蕊稍有瓣化，雌蕊正常或瓣化；花朵侧开，藏花，成花率高，花期中。

植株矮，株形开展；一年生枝短，节间亦短，萌蘖枝少；小型长叶，叶柄平伸，侧小叶卵状披针形，叶缘略上卷，缺刻少，端渐尖，叶表面黄绿色，叶背无毛。传统品种。

'素粉丽颜'
'Su Fen Li Yan'

花粉色，菊花型。花蕾圆形，大型花；花瓣基部有红晕；雌雄蕊正常，花丝紫色；花朵直上，高于叶面，成花率高，花香浓，花期晚。

植株中高，株形直立；当年生枝40～45cm；大型圆叶，小叶长卵形，黄绿色；结实率高，生长势强；人工杂交育成，母本'花竞'，父本'百园粉'。菏泽百花园孙文海团队2001年育出。

'桃花春'
'Tao Hua Chun'

花粉色，菊花型。花瓣质地细腻、硬，排列整齐，层次清晰；雄蕊偶有瓣化，雌蕊正常；成花率高，花期中。

植株中高，株形半开展；茎梗细直；小型圆叶，渐尖，黄绿色；萌蘖力强，适宜促成栽培。菏泽百花园孙景玉团队育出。

'桃花飞雪'
'Tao Hua Fei Xue'

花粉红色，菊花型。花蕾扁圆形，中型花；花瓣质硬，排列整齐，瓣端浅齿裂，瓣基无色斑；雌雄蕊正常，花盘（残存）紫红色，柱头红色；花朵直上，成花率高，花浓香，花期中。

植株高，株形半开展；一年生枝较长，节间长，萌蘖枝较多；中型长叶，叶柄斜伸，顶小叶顶端中裂，侧小叶长卵形，叶缘上卷，叶表面绿有浅紫晕。菏泽赵楼牡丹园1983年育出。

'桃花红'
'Tao Hua Hong'

花粉红色，菊花型。花蕾圆形，中型花；雌雄蕊正常，花盘紫红色，柱头红色；花朵直上，成花率高，花期中。

植株中高，株形半开展；中型圆叶，叶柄斜伸，侧小叶卵圆形，叶表面绿色。菏泽百花园孙景玉团队育出。

'桃花盛宴'
'Tao Hua Sheng Yan'

花粉红色，菊花型。花蕾圆尖形，中型花，花瓣瓣端不规则齿裂，基部无色斑；雄蕊偶有瓣化，雌蕊柱头稍瓣化，花丝、柱头和花盘（残存或半包）均为紫红色，心皮密被毛；花梗粗、硬、直，花与叶丛近等高，花淡香，花期中。

植株中偏高，株形直立；中型长叶，顶小叶浅裂，侧小叶近全缘，叶表面绿色，无紫晕，叶背无毛；少量结实，生长势强，可作盆栽、切花栽培；人工杂交育成，母本'凤丹'，父本'岛锦'。菏泽瑞璞公司2020年育出。

'桃花仙'
'Tao Hua Xian'

花粉红色，菊花型。花蕾圆形，中型花；花瓣5~8轮，瓣端色稍浅，瓣基鲜红色；雄蕊正常，花丝紫红色；雌蕊增生，花盘革质，柱头浅紫红色；花梗硬，挺直，花朵直立向上，花期晚。

植株中高，株形直立；大型长叶，适宜切花和庭园栽培；人工杂交育成，母本'凤丹'，父本'日月锦'。菏泽瑞璞公司2020年育出。

'桃花争春'
'Tao Hua Zheng Chun'

花粉红色，菊花型。雄蕊正常，雌蕊正常或瓣化为红绿彩瓣；花朵直上，花期中。

植株较矮，株形开展；中型长叶，叶色深绿，顶小叶缺刻深，叶柄紫红色；生长势中等。菏泽赵楼牡丹园育出。

'天高云淡'
'Tian Gao Yun Dan'

花粉紫色，菊花型。花蕾圆尖形，中型花；花瓣5~6轮，瓣基有紫黑色羽状斑；雄蕊正常，量少，花丝深紫色；雌蕊增生，花盘革质，柱头紫红色；花梗硬，挺直，花朵直立向上，花期早。

植株高，株形直立；中型长叶，适宜切花和庭园栽培；人工杂交育成，母本'凤丹'，父本'紫斑'。菏泽瑞璞公司2019年育出。

'天香凝露'
'Tian Xiang Ning Lu'

花浅粉紫色，菊花型至蔷薇型。花蕾圆形，花瓣多轮，外瓣2～3轮，较圆整，内轮瓣稍小，皱褶，瓣基深紫色，瓣端粉色；雄蕊稍有瓣化或大部分瓣化，花丝深紫色；心皮5～8枚，柱头浅紫色；花梗挺直，花开直上，成花率高，花期中晚。

植株中高，株形直立；中型长叶，较稀疏，小叶卵圆形，有深缺刻，绿色；生长势强，适宜切花和庭园栽培。菏泽瑞璞公司2018年育出。

'铜雀春'
'Tong Que Chun'

花粉色,菊花型。花瓣多轮,瓣端不规则齿裂;雄蕊部分瓣化,雌蕊正常或退化变小;花期中。

植株中高,株形半开展;中型长叶,侧小叶长卵形,叶表面浅绿色。传统品种。

'西王母'
'Xi Wang Mu'

花浅紫红色,菊花型。花蕾圆形,中型花;花瓣5~8轮,瓣端有齿裂,瓣基色深;雄蕊正常,花丝紫红色;雌蕊增生变小,柱头浅紫红色;花梗硬,挺直,花朵直立,花期早。

植株中高,株形直立;中型长叶,适宜切花和庭园栽培;以'凤丹'为母本,自然杂交选育。菏泽瑞璞公司2020年育出。

'咸池争春'
'Xian Chi Zheng Chun'

花粉白色,荷花型或菊花型。花蕾圆尖形,中型花,偏大;花瓣层次清晰,瓣端齿裂,瓣基有粉晕;雄蕊正常;雌蕊偶有瓣化;花朵直上,成花率高,花期中。

植株中高,株形半开展;一年生枝较短,节间亦短,萌蘖枝少;中型长叶,叶柄斜伸,顶小叶顶端上翘,侧小叶卵形,叶缘缺刻少,端渐尖,叶表面灰绿色。传统品种。

'小红'
'Xiao Hong'

花粉红色，菊花型。花蕾圆形，中型花；花瓣基部无斑；雌雄蕊正常，花丝紫红色，花盘（全包）白色，柱头白色；花梗硬长，花朵直上，高于叶面，成花率高，花香淡，花期中。

植株高，株形直立；当年生枝30～40cm；小型圆叶，小叶宽卵形，绿色有紫晕；少量结实，生长势强。菏泽百花园孙文海团队2001年育出。

'新天地'
'Xin Tian Di'

花粉色，菊花型。花瓣宽大质薄，瓣端多浅齿裂，微上卷，瓣基有紫晕；雌雄蕊正常，花丝、柱头紫红色；花朵向上，成花率高，花期晚。

植株中高，株形直立；生长势强。日本引进品种。

'羞容西施'
'Xiu Rong Xi Shi'

花粉色，菊花型。花瓣5～6轮，逐层渐小，内瓣短小，皱褶，瓣基深紫红色小斑，瓣端色淡；雄蕊稍有瓣化，花丝深紫色；心皮增多，柱头深紫红色；花梗挺直，花开直上，成花率高，花期中早。

植株中高，株形直立；中型长叶，较稀疏，小叶圆卵形，多缺刻，黄绿色有紫晕，叶面粗糙，叶柄凹深紫红色；生长势强，适宜切花和庭园栽培。菏泽瑞璞公司2017年育出。

'丫环'
'Ya Huan'

花粉紫红色，菊花型。花蕾圆形，中型花；花瓣5~8轮，瓣端色浅，瓣基色深；雄蕊正常，花丝紫红色；雌蕊增生，柱头紫红色；花梗硬，挺直，花朵直立，花期早。

植株中高，株形直立；中型长叶，适宜切花和庭园栽培；以'凤丹'为母本，自然杂交选育。菏泽瑞璞公司2020年育出。

'瑶池盛景'
'Yao Chi Sheng Jing'

花粉色，菊花型或金环型。花蕾圆尖形，中型花；花瓣5~6轮，雄蕊少量离心瓣化，瓣化瓣皱褶，花丝紫色；雌蕊退化变小，花盘革质，柱头紫红色；花梗硬，挺直，花朵直立，花期晚。

植株中高，株形直立；中型长叶，适宜庭园栽培；以'凤丹'为母本，自然杂交选育。菏泽瑞璞公司2019年育出。

'怡园春芳'
'Yi Yuan Chun Fang'

花浅粉色,菊花型。花蕾圆形,中型花;花瓣基部有条形粉斑;雌雄蕊正常,花丝紫红色,花盘浅黄色,柱头红色,心皮有毛;花朵斜伸,与叶片相平或近平,成花率高,花香浓,花期晚。

植株高,株形半开展;一年生枝中长;中型圆叶,小叶阔卵形;结实率低,生长势强。菏泽曹州牡丹园刘爱青2017年育出。

'银红菊'
'Yin Hong Ju'

花粉红色,菊花型。花瓣褶皱,边缘色浅,基部有深紫斑;雄蕊多数正常,雌蕊正常,柱头红色;花朵直上,成花率高,花期中。

植株中高,株形直立;中型长叶,叶表面黄绿有紫晕,顶小叶深裂,侧小叶边缘稍上卷,叶脉明显。菏泽赵楼牡丹园育出。

'银红无对'
'Yin Hong Wu Dui'

花粉色，有光泽，菊花型。花瓣6~8轮，逐层渐小，内轮瓣皱褶，瓣基粉红色，瓣端粉白色；雄蕊偶有瓣化，花丝深紫色；心皮增多，花盘、柱头红色；花梗挺直，花开直上，成花率高，花期中早。

植株中高，株形直立；大型长叶，较稀疏，小叶披针形，全缘，叶黄绿色，叶柄凹褐紫色；生长势强，适宜切花和庭园栽培。菏泽瑞璞公司2018年育出。

'樱花粉'
'Ying Hua Fen'

花粉红色,微泛紫色,菊花型,偶呈皇冠型。雄蕊正常,雌蕊正常或偶瓣化为绿色彩瓣,柱头紫红色;花期中。

植株高,株形半开展;中型长叶,顶小叶中裂,侧小叶长卵形,有缺刻,端锐尖,叶表面粗糙,绿色有明显紫晕。菏泽赵楼牡丹园育出。

'樱色'
'Ying Se'

花粉色,菊花型或蔷薇型。花蕾圆形,中型花;花瓣多轮,圆整质硬,排列紧密,层次清晰;雄蕊正常,有花粉;雌蕊正常,花盘、柱头红色;花朵直上,成花率高,花期早。

植株高,株形半开展;新枝红绿色,生长势、分枝力强,花朵耐日晒。菏泽学院牡丹学院、村櫊园艺2022年育出。

'迎面笑'
'Ying Mian Xiao'

花粉色,菊花型。花瓣5~6轮,外瓣2~3轮较大,内瓣3~5轮稍小,瓣基具红紫色小斑,瓣端粉色;雌雄蕊正常,花丝紫红色,心皮白色,花盘浅包,柱头紫红色;花朵侧开,成花率高,花期中。

植株中偏高,株形直立;中型长叶,小叶长卵形,有深缺刻,叶面微上卷,叶色浓绿;生长势强,适宜切花和庭园栽培。菏泽瑞璞公司2018年育出。

'玉芙蓉' 'Yu Fu Rong'

花粉色，菊花型。大型花；花瓣多轮，形大而质硬，排列整齐，雄蕊正常，偶有瓣化现象，雌蕊变小；成花率高，花期晚。

植株高，株形直立；茎色黄绿，大型圆叶，叶柄青绿泛红，幼叶黄绿色；生长势强，分枝力强。日本引进品种。

'玉盘盛宴' 'Yu Pan Sheng Yan'

花粉紫色，菊花型。花蕾圆形；花瓣质地圆润平展，排列整齐，基部有紫晕；雌雄蕊正常，花丝、柱头紫红色；成花率高，花期中。

植株中高，株形直立；中型圆叶，小叶椭圆形，缺刻多，端钝；生长势强。菏泽百花园孙景玉团队育出。

'玉盘托金' 'Yu Pan Tuo Jin'

花白色，初开微带粉色，菊花型。花蕾圆尖形，中裂，中型花；花瓣6轮，排列整齐，质硬，边缘曲皱，瓣端浅齿裂，瓣基有紫色斑；雄蕊正常，花丝紫红色；雌蕊正常，花盘（残存）、柱头紫红色；花朵直上，成花率高，花香，花期晚。

植株高，株形直立；一年生枝长，节间亦长，萌蘖枝多，中型长叶，叶柄平伸，顶小叶顶端全裂，侧小叶长卵形，叶缘缺刻少，端渐尖，叶表面黄绿有浅紫晕。菏泽百花园孙景玉团队1984年育出。

'甄嬛'
'Zhen Huan'

花粉红色，菊花型。花蕾圆尖形；花瓣多轮，逐层渐小，瓣基红晕，瓣端粉色；雄蕊正常，花丝紫红色；心皮8枚，柱头红色；花梗长，花朵直立，成花率高，花期中。

植株高，株形直立；当年生枝长，节间长；中型长叶，小叶卵状披针形，全缘，叶片黄绿色，微上卷，柄凹红褐色；生长势强，整株花期长，适宜切花和庭园栽培；人工杂交育成，母本'凤丹'，父本'紫二乔'。菏泽瑞璞公司2015年育出。

'众星捧月'
'Zhong Xing Peng Yue'

花粉红色，菊花型。花瓣5~6轮，瓣基深红色，瓣中部辐射纹明显，瓣中间有一紫线；雄蕊正常，花丝深红色；雌蕊正常，心皮8~10枚，柱头紫红色；花梗挺直，花朵直立，花期中。

植株中高，株形直立；中型长叶，小叶长卵形，肥厚，叶缘色皱明显，柄凹红褐色；适宜切花和庭园栽培；人工杂交育成，母本'凤丹'，父本'花王'。菏泽瑞璞公司2017年育出。

'竹叶桃花'
'Zhu Ye Tao Hua'

花粉色，菊花型。花蕾圆尖形，中型花；花瓣基部有红晕；雌雄蕊正常，花丝浅紫红色，花盘（全包）紫色，柱头红色；花朵直上或侧开，高于叶面，花梗细硬，成花率高，花香浓，花期晚。

植株中高，株形半开展；当年生枝30～40cm；小型圆叶，小叶狭长卵形，黄绿色，边缘上卷；少量结实，生长势强。菏泽百花园孙文海团队2004年育出。

'姊妹惜春'
'Zi Mei Xi Chun'

花粉色，瓣基色深，菊花型或蔷薇型。中型花；雌雄蕊正常，柱头紫红色，花丝、花盘浅紫色；常一茎二花，成花率高，花期中晚。

植株高，株形直立，茎粗壮；中型长叶，小叶多缺刻，叶尖黄色，总叶柄长；生长势强。菏泽百花园孙景玉团队育出。

'姊妹游春'
'Zi Mei You Chun'

花粉红色，微带紫色，多花型。花蕾圆尖形，中型花；外瓣形大质薄，瓣端浅齿裂，瓣基有浅红晕；雄蕊瓣化瓣质软稀疏；雌蕊稍有退化，花盘（全包）浅紫色，柱头红色；花朵直上，成花率高，花香，花期中。

植株高，株形直立；一年生枝长，节间亦长，萌蘖枝较少；中型长叶，叶柄斜伸，顶小叶顶端深裂，侧小叶长卵形，叶缘上卷，叶表面绿色。菏泽赵楼牡丹园1986年育出。

'百花选'
'Bai Hua Xuan'

花粉色，蔷薇型。花瓣质薄，瓣端色浅，有浅齿裂，瓣基有粉红晕；雄蕊正常或稍有瓣化，瓣化瓣细碎内卷；雌蕊正常，柱头粉红色；花朵直上，花期中晚。

植株中高，株形直立；小型长叶，侧小叶长卵形，叶缘无缺刻，叶表面黄绿色有紫晕。日本引进品种。

'百园粉'
'Bai Yuan Fen'

花粉色，蔷薇型。大型花，外瓣大而平展，基部有红晕，内瓣褶皱密集；雌雄蕊多瓣化，花丝中下部深紫色；成花率高，花期中早。

植株中高，株形半开展；中型长叶，小叶质硬，深绿，柄凹深棕色；生长势强，适宜催花。菏泽百花园孙景玉团队1968年育出。

'百园英姿'
'Bai Yuan Ying Zi'

花粉色，蔷薇型。花瓣多轮，瓣端多齿裂，微上卷，瓣基有紫晕；雄蕊部分瓣化，瓣化瓣细碎，瓣间杂有正常雄蕊；雌蕊退化变小或瓣化；花朵直上，与叶面齐平，成花率高，花期中。

植株高，株形直立；中型圆叶，顶小叶中裂，侧小叶阔卵形，有缺刻，端锐尖，叶表面黄绿色有紫晕；生长势强，耐日晒。菏泽百花园孙景玉、孙景联育出。

'百园争彩'
'Bai Yuan Zheng Cai'

花粉红色，蔷薇型。花瓣多轮，外瓣形大平展，瓣端中裂，瓣基有紫晕，内瓣细碎内卷；雄蕊部分正常，部分瓣化为细小花瓣，雌蕊退化变小；花朵稍侧开，花期中。

植株中高，株形直立；小型圆叶，叶缘无缺刻，侧小叶卵形，叶表面黄绿色；分枝力强。菏泽百花园孙景玉、孙景联育出。

'冰凌子'
'Bing Ling Zi'

花粉色，蔷薇型。中型花；花瓣倒卵形，瓣端浅齿裂，基部有椭圆形墨紫色斑；雌雄蕊正常，花丝紫红色，花盘（半包）紫红色，柱头红色；花朵直上，成花率高，花浓香，花期中。

植株中高，株形直立；一年生枝中；小型圆叶，叶柄斜伸，顶小叶顶端深裂，侧小叶卵形，叶缘缺刻多而深，端渐尖，叶表面绿色有浅紫晕。菏泽百花园孙景玉团队育出。

'冰映紫玉'
'Bing Ying Zi Yu'

花粉白色，蔷薇型。花蕾圆形；外瓣6轮，大而质硬；雄蕊量少，稍有瓣化，花丝浅紫红色；雌蕊瓣化为绿色彩瓣；花朵斜伸，成花率高，花期中晚。

植株中高，株形半开展；中型长叶，小叶长卵形，缺刻少，深绿色；适宜庭园栽培。菏泽李集牡丹园1985年育成。

'春华秋丽'
'Chun Hua Qiu Li'

花粉白色，蔷薇型。花蕾大，圆形；外瓣宽大，粉中透白，瓣基有紫色大斑，内瓣稀疏；花梗粗硬，较短，花朵直上，成花率高，花期中。

植株中高，株形半开展；当年生枝粗壮，稍有红晕；大型圆叶，柄质硬，小叶长椭圆形，浅绿色，缺刻少，端锐尖，叶缘上卷，叶背短茸毛，柄凹红晕；生长势中，有结实力，易秋发，二次开花，适宜庭园栽培。菏泽赵楼牡丹园1992年选育。

'粉二乔'
'Fen Er Qiao'

花浅粉色，蔷薇型。中型花；花瓣倒卵形，瓣端浅齿裂，瓣基有菱形紫红色斑；雄蕊少量瓣化成狭长皱瓣，花丝紫红色，端部残留花药；雌蕊稍有瓣化，瓣化瓣紫绿相嵌，花盘（残存）、柱头紫红色；花朵侧开，成花率较高，花期中。

植株中高，株形直立；一年生枝中，萌蘖枝少；中型长叶，叶柄斜伸，顶小叶顶端中裂，侧小叶宽卵形，叶缘缺刻多而深，端锐尖，叶表面绿色，有紫晕。传统品种。

'粉丽'
'Fen Li'

花浅粉色，蔷薇型，偶呈台阁型。中型花；花瓣质硬而平展，瓣端齿裂，瓣基有红色斑；雄蕊瓣化而量少，部分杂于瓣间；雌蕊增多变小或偶有瓣化，柱头紫红色；花朵直上，成花率高，花期中晚。

植株高，株形直立；一年生枝中长；中型长叶，侧小叶卵形，叶缘缺刻多，端渐尖，叶表面稍粗糙，黄绿色。菏泽百花园1988年育出。

'粉婷绽魅'
'Fen Ting Zhan Mei'

花粉色，蔷薇型。花蕾圆形，无侧蕾，中型花；花瓣基部有紫红晕；雄蕊正常，花丝紫红色；花盘紫色，柱头红色；花朵直上，高于叶面，成花率高，花香浓，花期中。

植株高，株形直立；当年生枝35～42cm；中型长叶，小叶卵形，深绿色；少量结实，生长势强。菏泽百花园孙文海团队2009年育出。

'古班同春'
'Gu Ban Tong Chun'

花粉白色，蔷薇型。花蕾圆尖形，中型花；花瓣排列整齐，瓣端浅齿裂，瓣基有三角形紫色斑；雄蕊正常，偶有瓣化，花丝紫红色；雌蕊正常，心皮6～8枚，花盘（半包）、柱头紫红色；花朵直上，成花率高，花香，花期中。

植株中高，偏矮；一年生枝较短，节间短，嫩枝红色；鳞芽圆尖形，新芽褐色；中型长叶，侧小叶长卵形，叶表面绿色。传统品种。

'红二乔'
'Hong Er Qiao'

　　花银红色，蔷薇型。花蕾圆尖形，中型花；花瓣多轮，曲皱褶叠，瓣端色浅，多浅齿裂，瓣基有红晕；雄蕊部分正常，部分瓣化为细长碎瓣，瓣端残留花药；雌蕊退化或瓣化为红绿彩瓣；花朵直上，花期中。

　　植株中高，株形直立；中型长叶，顶小叶中裂，叶缘上卷，侧小叶卵形，叶表面深绿色有紫晕。传统品种。

'红粉向阳'
'Hong Fen Xiang Yang'

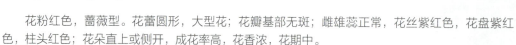

花粉红色,蔷薇型。花蕾圆形,大型花;花瓣基部无斑;雌雄蕊正常,花丝紫红色,花盘紫红色,柱头红色;花朵直上或侧开,成花率高,花香浓,花期中。

植株中高,株形半开展;当年生枝30~40cm;大型圆叶,小叶宽卵形,深绿色;少量结实,生长势强;人工杂交而成,母本'春红娇艳',父本'百园粉'。菏泽百花园孙文海团队2010年育出。

'红艳碧蕊'
'Hong Yan Bi Rui'

花粉色,蔷薇型。花蕾圆尖形,中型花;花瓣质软薄而皱,瓣基有红晕;雄蕊量少,雌蕊瓣化成黄绿色彩瓣;花朵侧开,成花率高,花期中。

植株中高,株形开展;一年生枝较短,节间短;小型长叶,叶柄平伸,侧小叶卵形或椭圆形,叶缘稍下卷,缺刻少而浅,叶表面黄绿色。菏泽赵楼牡丹园1988年育出。

'红樱'
'Hong Ying'

花粉色，蔷薇型。中型花；花瓣倒卵形，瓣端浅齿裂，瓣基有三角形紫红色斑；雄蕊少量瓣化成狭长皱瓣，端部残留花药；雌蕊正常，花盘（全包）紫红色，柱头红色；花朵侧开，成花率高，花期中。

植株矮，株形直立；一年生枝中，萌蘖枝较多；中型长叶，叶柄斜伸，顶小叶顶端中裂，侧小叶长卵形，叶缘缺刻少，叶表面绿色有紫晕。菏泽赵楼牡丹园育出。

'花媳妇'
'Hua Xi Fu'

花粉色，蔷薇型。花瓣多轮，内瓣皱卷，质薄，瓣基紫红色，瓣端粉色；雄蕊大部分瓣化，花丝紫红色；雌蕊瓣化或退化；花叶齐平，成花率中，花期晚。

植株中高，株形直立；大型长叶，小叶长卵圆形，近全缘，叶表面黄绿色；生长势较强，适宜庭园栽培。菏泽瑞璞公司2018年育出。

'巾帼风姿'
'Jin Guo Feng Zi'

花粉色，蔷薇型。花蕾扁圆形，中型花；外瓣3轮稍大，质硬而平展，瓣基有墨紫斑；雄蕊大部分瓣化；雌蕊退化变小，花盘暗紫红色；花朵直上，成花率高，花期中。

植株中高，株形直立；一年生枝较短；中型圆叶，侧小叶卵形，叶缘缺刻少，叶缘稍上卷，端锐尖，叶表面黄绿色，有紫晕。菏泽百花园孙景玉团队1990年育出。

'浪花'
'Lang Hua'

花浅粉色，微带蓝色，蔷薇型。外瓣较大，质硬平展，基部有紫色斑；雄蕊部分瓣化，雌蕊基本正常，花盘紫红色；花梗细长而质硬，花朵直上，成花率高，花期早。

植株高，株形直立；中型长叶，小叶长卵形，缺刻少，端锐尖，叶缘上卷，有紫晕；生长势强，适宜切花和庭园栽培。菏泽百花园孙景玉团队育出。

'妙龄'
'Miao Ling'

花粉色，蔷薇型。花瓣多轮，瓣端色浅，瓣基有紫红晕；雄蕊正常或稍有瓣化，雌蕊正常；成花率高，花期中。

植株中高，株形半开展；中型圆叶，顶小叶中裂，侧小叶阔卵形，叶表面黄绿色有紫晕；生长势强。菏泽曹州牡丹园育出。

'人面桃花'
'Ren Mian Tao Hua'

花深紫粉色，蔷薇型。大型花；外瓣平展，瓣端色浅，有浅齿裂；雄蕊部分瓣化，花丝基部深紫红色，花药附近为白色；雌蕊增多变小，心皮淡黄绿色，柱头深红色；有香味，花期中。

植株中高，株形直立；叶片宽尖形；耐寒，不易被风吹倒。菏泽牡丹园王志伟培育。

'瑞璞湛露'
'Rui Pu Zhan Lou'

花粉色，蔷薇型至皇冠型。大型花；花瓣多轮，圆润硬挺，瓣基有黑紫色斑，中部有红晕，瓣缘粉白色，花瓣中间常有紫红色线；雌雄蕊瓣化；花朵微侧开，花期中晚。

植株中高，株形直立；中型长叶，叶柄凹红褐色，小叶长卵形，叶缘微上卷；适宜切花和庭园栽培。菏泽瑞璞公司2017年育出。

'少女裙'
'Shao Nü Qun'

花粉红色,微带紫色,蔷薇型。花蕾扁圆形,中型花;花瓣瓣端浅齿裂或深齿裂,瓣基有深紫晕;雄蕊少量瓣化,花丝紫红色;雌蕊部分瓣化为红绿彩瓣,花盘(残存)紫红色,柱头红色;花朵侧开,成花率高,花期中。

植株高,株形直立;一年生枝长,节间亦长,萌蘖枝较少;鳞芽圆尖形;中型长叶,叶柄斜伸,顶小叶顶端中裂,侧小叶长卵形,端渐尖,叶表面绿色。菏泽赵楼六队1978年育出。

'少女妆'
'Shao Nü Zhuang'

花桃红色,蔷薇型。花蕾圆尖形,中型花;花瓣多轮,质较硬,基部有深紫色斑;雄蕊少量瓣化,雌蕊正常或缩小;花朵侧开,花期中晚。

植株中高,株形直立;鳞芽圆尖形,浅红色;新枝黄绿色,分枝少,萌蘖枝少;中型长叶,叶质硬,叶表面绿色。菏泽曹州牡丹园育出。

'圣代'
'Sheng Dai'

花粉红色，蔷薇型。大型花，花瓣质地细腻，有光泽，内瓣卷曲皱褶；雌雄蕊正常或退化变小；花朵直上略侧开，成花率高，花期晚。

植株高，株形直立；花梗特长，黄绿泛红；中型长叶，叶柄红色，斜伸，幼叶颜色黄绿，叶背有茸毛；花朵耐日晒，萌蘖枝中多，适宜切花。日本引进品种。

'桃花扇'
'Tao Hua Shan'

花粉红色，蔷薇型。花瓣由外向内渐小，瓣质硬；雄蕊部分正常，部分瓣化为细小碎瓣，花丝紫红色；雌蕊增多变小，花盘、柱头紫红色；花期中。

植株中高，株形直立；中型圆叶，顶小叶深裂，侧小叶卵圆形，叶表面黄绿色。菏泽赵楼牡丹园1986年育出。

'天霞粉'
'Tian Xia Fen'

　　花粉红色，微带紫色，蔷薇型。花蕾圆尖形；外瓣4～5轮，宽大，排列整齐，瓣基深红晕；内瓣稍长，皱卷，瓣间夹少量正常雄蕊，雌蕊退化变小；花梗长，花朵侧开，成花率高，花期中早。

　　植株矮，株形半开展；当年生枝细短；小型长叶，稍密，小叶长卵形，缺刻少，端钝尖，深绿色；生长势中；耐日晒，耐寒，抗逆性强，适宜盆栽。菏泽赵楼牡丹园1978年育出。

'天衣'
'Tian Yi'

　　花浅粉色，蔷薇型。大型花，花瓣多轮，质地细腻，基浅红晕；雌雄蕊正常，柱头紫红色；花朵向上或稍侧开，成花率高，花期晚。

　　植株较高，株形直立；中型长叶，黄绿色，小叶狭长，叶皱深，叶脉明显；生长势、分枝力强，萌蘖枝多。日本引进品种。

'天婴'
'Tian Ying'

花浅粉红色，瓣端粉白色，蔷薇型。中型花；外瓣稍大，质硬而平展，瓣基有紫色斑；雄蕊部分瓣化或变小；雌蕊退化变小，花盘深紫色；花朵直上，成花率高，花期中。

植株中高，株形半开展；一年生枝中长；小型圆叶，侧小叶卵形，叶缘稍上卷，缺刻少，端钝，叶表面光滑，有紫晕。菏泽百花园孙景玉团队1995年育出。

'万花争春'
'Wan Hua Zheng Chun'

花粉红色，蔷薇型。中型花；花瓣倒卵形，瓣端浅齿裂，褶叠曲皱；雄蕊部分瓣化，花丝紫红色；雌蕊稍有退化或瓣化，花盘（半包）紫红色，柱头紫红色；花朵侧开，成花率高，花浓香，花期中。

植株中高，株形半开展；一年生枝中；小型长叶，叶柄斜伸，顶小叶顶端深裂，侧小叶长卵形，叶缘缺刻少，端渐尖，叶表面黄绿色，有紫晕，叶背有毛。菏泽百花园孙景玉、孙景联育出。

'雪映桃花'
'Xue Ying Tao Hua'

花浅粉色，花瓣中部有一紫条纹，端部色淡，蔷薇型。花蕾圆形，偶有绽口，中型花；外瓣稍大，质硬而平展，瓣基有长椭圆形紫斑；雄蕊部分瓣化为狭长瓣；雌蕊退化变小，花盘紫红色；花朵直上，成花率高，花期中晚。

植株中高，株形直立；一年生枝中长；小型长叶，侧小叶长卵形，叶缘缺刻少，叶缘波曲，小叶下垂，端锐尖。菏泽百花园1980年育出。

'银红巧对'
'Yin Hong Qiao Dui'

花浅红色，蔷薇型，有时呈菊花型。花蕾扁圆形，中型花；花瓣质硬，排列整齐，层次清晰，瓣基有紫红晕；雄蕊稍有瓣化；雌蕊正常，花盘红色；花朵直上，成花率高，花期中。

植株中高，株形半开展；一年生枝较长，节间短，萌蘖枝多，嫩枝红色；鳞芽圆尖形，新芽黄绿色；小型长叶，叶柄斜伸，侧小叶长卵形，端渐尖，叶表面黄绿色；耐湿热，抗寒，耐日晒，抗病。菏泽赵楼牡丹园1966年育出。

'玉面桃花'
'Yu Mian Tao Hua'

花粉红色，蔷薇型。中型花；花瓣倒卵形，瓣端浅齿裂，瓣基有三角形紫红色斑；雄蕊瓣化成狭长皱瓣，花丝紫红色，端部残留花药；雌蕊稍瓣化成紫绿相嵌彩瓣，花盘（残存）、柱头紫红色；花朵侧开，成花率高，花淡香，花期中。

植株中高，株形直立；一年生枝中，萌蘖枝较多，小型长叶，叶柄斜伸，顶小叶顶端浅裂，侧小叶披针形，端宽尖，叶表面绿色，有紫晕。菏泽百花园育出。

'圆润粉'
'Yuan Run Fen'

花粉色，多花型，常见菊花型、蔷薇型，偶有千层台阁型。花瓣多轮，逐层渐小，整洁圆润，瓣基有深紫色斑；雄蕊正常，花丝紫红色；心皮增多，有时瓣化形成台阁花型；花开直上或微侧开，成花率高，花期中晚。

植株中高，株形直立；中型长叶，较稀疏，小叶长卵形，全缘，上卷，绿色；生长势强，适宜切花和庭园栽培。菏泽市丹凤油牡丹种植专业合作社2017年育出。

'粉盘托金'
'Fen Pan Tuo Jin'

花粉色,托桂型。外瓣宽大平展,瓣端浅齿裂,瓣基有明显深紫红色斑;雄蕊部分瓣化,瓣化瓣细碎直立,瓣间杂有正常雄蕊,瓣端残留花药;雌蕊瓣化或退化变小;花朵直上,高于叶面,花期中。

植株中高,株形直立;茎粗直,柄长;叶稀小,青绿色。菏泽赵楼牡丹园育出。

'朝霞'
'Zhao Xia'

花粉红色,蔷薇型。花瓣多轮,外瓣宽大,瓣端浅齿裂,内瓣多褶皱,基部色深;雌雄蕊正常,柱头红色;花朵直上,花香,花期中。

植株中高,株形半开展;一年生枝中长;中型长叶,侧小叶长卵形,圆整无缺刻,叶表面浅绿色。菏泽李集牡丹园育出。

'淑女装'
'Shu Nü Zhuang'

花粉色,托桂型,有时呈单瓣型。花蕾扁圆形,中型花,偏大;外瓣2轮,形大而平展,较圆整,瓣基有深粉晕;雄蕊部分瓣化,瓣化瓣细小而卷曲,稀疏;雌蕊变小或稍有瓣化;花朵侧开,成花率高,花期中。

植株中高,株形开展;一年生枝较长,节间稍长,萌蘖枝多;鳞芽圆尖形;中型长叶,叶柄平伸,侧小叶长卵形,叶缘缺刻少,端渐尖,叶表面绿色,有紫红晕。菏泽赵楼牡丹园1967年育出。

'仙娥'
'Xian E'

花粉色，托桂型。花蕾圆尖形，中型花；瓣端不规则浅齿裂，瓣基有椭圆形紫红色斑；雄蕊瓣化瓣窄而稀疏，瓣间杂有雄蕊，花丝紫红色；雌蕊变小，花盘（全包）浅紫色，柱头紫红色；花朵直上，成花率高，花淡香，花期中。

植株高，株形直立；一年生枝长，节间亦长，萌蘖枝少；小型长叶，叶柄斜伸，顶小叶顶端中裂，侧小叶卵形，叶缘缺刻浅，端锐尖，叶表面浅黄绿色，有紫红晕。菏泽赵楼牡丹园1989年育出。

'粉面桃花'
'Fen Mian Tao Hua'

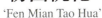

花深粉红色，金环型。花蕾圆尖形，大型花；外瓣6轮，宽大稍有齿裂，质厚，端部粉白色，瓣基有浅红晕；雄蕊大部分瓣化，瓣化瓣较大而皱，内外瓣间有一圈正常雄蕊；雌蕊瓣化成绿色彩瓣；花朵侧开，成花率较高，花期中晚。

植株高，株形半开展；一年生枝长，节间亦长，萌蘖枝多，嫩枝红色；新芽红褐色；中型圆叶，叶柄斜伸，侧小叶卵形，叶缘微上卷，缺刻多，端短尖，叶表面绿色；耐湿热，抗寒，抗病。菏泽赵楼牡丹园1983年育出。

'粉秀金环'
'Fen Xiu Jin Huan'

花粉红色，金环型，时有荷花型、菊花型。花蕾圆形，中型花；外瓣2~3轮，较圆整，瓣缘有缺裂，瓣基具红晕；雄蕊少量离心瓣化，瓣花瓣较大，内外瓣间具有明显的雄蕊环，花丝紫红色；雌蕊正常，花盘紫红色；花开直上，花高于叶丛，花淡香，花期中晚。

植株高，株形直立；当年生枝长；大型长叶，顶小叶3裂，侧小叶质软，长卵形，叶脉下凹，叶绿色，叶缘有紫晕，叶背无毛；少量结实，生长势强，抗逆、抗病，适宜切花及庭园栽培。菏泽瑞璞公司2019年育出。

'金系腰'
'Jin Xi Yao'

花粉色，金环型。花蕾圆形，无侧蕾，中型花；花瓣基部无斑；雄蕊少量瓣化，花丝紫红色；花盘紫红色，柱头消失；花朵直上，高于叶面，成花率高，花香淡，花期晚。

植株中高，株形直立；当年生枝30～45cm；中型圆叶，小叶长卵形，浅绿色；无结实，生长势强。菏泽百花园2004年育出。

'擎天粉'
'Qing Tian Fen'

花粉色，微带蓝色，金环型。花蕾扁圆形，大型花；外瓣5轮，大而质硬平展，瓣端多齿裂，瓣基有深紫红色斑；雄蕊部分瓣化，内瓣与外大瓣之间有一圈正常雄蕊；雌蕊退化变小，花盘深紫色；花朵直上，成花率高，花期中。

植株高，株形直立；一年生枝长；大型圆叶，侧小叶宽卵形，叶缘缺刻多，端钝，叶表面浅绿色；抗叶斑病。菏泽百花园2001年育出。

'杏花春雨'
'Xing Hua Chun Yu'

花粉红色，金环型。中型花；花瓣质地薄，瓣基有深红色斑；雄蕊部分瓣化，部分正常杂于瓣中间；雌蕊瓣化或变小，柱头稍有瓣化，花盘紫红色；花朵直上或侧开，成花率高，花期中。

植株中高，株形直立；一年生枝中长；中型圆叶，侧小叶卵圆形，叶缘缺刻多，端锐尖，叶表面青绿色；抗逆性强。菏泽赵楼九队赵孝崇1975年育出。

'百花妒'
'Bai Hua Du'

花浅红色，皇冠型。花蕾圆尖形，小型花；外瓣2~3轮，瓣基有深紫红晕；雄蕊瓣化瓣皱褶；雌蕊退化变小或瓣化成绿色彩瓣；花朵直上，成花率中，花期中晚。

植株中高，稍矮，株形半开展；一年生枝较短，节间短，萌蘖枝少，嫩枝嫩绿色；鳞芽圆尖形，新芽嫩绿色；中型圆叶，侧小叶卵形，叶缘缺刻浅，端钝，叶表面嫩绿色；耐湿热，抗寒，抗病。传统品种。

'百花展翠'
'Bai Hua Zhan Cui'

花粉紫色，皇冠型，有时呈托桂型。中型花；外瓣3~6轮，圆形，瓣端浅齿裂；雄蕊全部瓣化，端部残留花药；雌蕊瓣化或退化变小；花朵侧开，成花率高，花浓香，花期早。

植株高，株形开展；一年生枝中，中型长叶，叶柄平伸，顶小叶顶端深裂，侧小叶长卵形，端渐尖，叶表面黄绿有浅红晕。菏泽百花园孙景玉团队育出。

'百园玉翠'
'Bai Yuan Yu Cui'

花粉红色，皇冠型。中型花；外瓣圆形，瓣端浅齿裂，瓣基有三角形墨紫红色斑；雄蕊全部瓣化，端部残留花药；雌蕊正常，心皮8枚，花盘（半包）、柱头紫红色；花朵侧开，成花率高，花香，花期中晚。

植株高，株形开展；一年生枝中；小型长叶，叶柄斜伸，顶小叶顶端浅裂，侧小叶长卵形，叶缘缺刻多而深，叶表面深绿色。菏泽百花园孙景玉、孙景和育出。

'冰凌罩红石'
'Bing Ling Zhao Hong Shi'

花浅粉色，皇冠型或托桂型。花蕾圆尖形，中型花；外瓣1~2轮，质薄，端部不规则齿裂，瓣基有深紫红色斑；雄蕊瓣化瓣卷曲，稀疏；雌蕊瓣化成绿色彩瓣；花朵侧开，成花率低，花期中。

植株中高，株形开展；一年生枝较短，节间短，萌蘖枝少；大型长叶，叶柄斜伸，侧小叶长卵形或倒卵状披针形，叶缘上卷，缺刻少，端钝，下垂，叶表面粗糙，绿有淡紫晕。传统品种。

'彩晶球'
'Cai Jing Qiu'

  花白色，微粉，皇冠型。外瓣2~3轮，宽大平展；内瓣较小，层叠隆起，状如皇冠；雄蕊全部瓣化；花梗粗硬，花朵直上或侧开，成花率高，花期中早。

  植株高，株形直立；枝条粗直，中型长叶，叶缘稍上翘，生长势强。菏泽百花园孙景玉团队育出。

'彩衣天使'
'Cai Yi Tian Shi'

花粉白色，皇冠型。中型花；外瓣4轮，质硬而平展，瓣基有紫色条纹；雄蕊大部分瓣化或退化，雌蕊瓣化为绿色彩瓣；花朵侧开，成花率高，花期中。

植株中高，株形开展；一年生枝中长；中型圆叶，侧小叶宽卵形或卵形，叶缘缺刻多，端钝，叶表面黄绿色。菏泽李集牡丹园1978年育出。

'嫦娥娇'
'Chang E Jiao'

花浅银红色，皇冠型。花瓣娇嫩细腻，外瓣3~4轮，质薄，多齿裂，基部具紫晕；内瓣卷皱，较稀疏；雄蕊瓣化，雌蕊退化变小；花期中。

植株中高，株形半开展；小型长叶，小叶长卵形，边缘上卷，端渐尖，叶面深绿；生长势中。菏泽赵楼牡丹园1986年育出。

'沉鱼落雁'
'Chen Yu Luo Yan'

花粉红色，皇冠型或菊花型。外瓣4~5轮，圆整质硬，基部色深；雄蕊时有瓣化，雌蕊瓣化为绿色彩瓣；成花率高，花期中。

植株高，株形开展；萌蘖枝少，新枝质软；小型长叶，黄绿色，小叶长卵形，端部渐尖；生长势强。菏泽百花园孙景玉团队育出。

'春泛图' 'Chun Fan Tu'

花浅粉色，瓣端粉白，蔷薇型或皇冠型。花蕾大圆形，大型花；外瓣2~3轮，宽大圆整，内瓣皱曲；雄蕊正常或瓣化，花丝浅紫色；雌蕊正常或变小，花盘、柱头紫色；花朵侧开，成花率高，花期中。

植株中高，株形半开展；一年生枝中长；大型长叶，侧小叶长卵形，叶缘缺刻少，端渐尖，叶表面粗糙；抗逆性强。菏泽曹州牡丹园1979年育出。

'春光' 'Chun Guang'

花粉红色，皇冠型。外瓣2~3轮，瓣端浅齿裂；雄蕊全部瓣化，瓣化瓣细碎耸立；雌蕊瓣化或退化；花朵直上，有香气，花期中。

植株中高，株形半开展；大型圆叶，侧小叶阔卵形，边缘波曲上卷；该品种由'迎日红'经辐射育成，花开满园生辉。菏泽曹州牡丹园育出。

'春花秋丽' 'Chun Hua Qiu Li'

花粉色，皇冠型。花朵近平伸，成花率中等，花香中等，花期早。

植株中高，株形半开展；一年生枝短；中型长叶，斜伸，顶小叶中裂，侧小叶椭圆形，叶缘翻卷，端锐尖，叶表面深绿；结实较多，抗逆性强。菏泽曹州牡丹园2017年育出。

'翠娇容' 'Cui Jiao Rong'

花粉白色，皇冠型，时有单瓣型或荷花型。中型花；外瓣3~4轮，宽大平展，质地细腻纯正，瓣端浅齿裂，瓣基无色斑；雄蕊瓣化瓣稠密，质地薄皱，端部稍白，瓣中一条紫色脉纹，花丝紫红色；雌蕊瓣化成绿色彩瓣；花朵侧开，成花率高，花淡香，花期早。

植株中高，株形半开展；一年生枝短，节间亦短，萌蘖枝多；中型长叶，叶柄斜伸，顶小叶顶端中裂，侧小叶卵形或长卵形，叶缘缺刻少，端渐尖，叶表面绿有紫晕。菏泽百花园孙景玉团队1988年育出。

'翠幕'
'Cui Mu'

花粉色,微带紫色,皇冠型。花蕾圆形,常开裂,中型花;外瓣2轮,形大质硬,瓣基有深紫红色斑;雄蕊部分退化,雄蕊瓣化瓣稍稀疏,卷曲而皱褶;雌蕊瓣化成绿色小彩瓣;花朵侧开,成花率较高,花期中。

植株中高,株形开展;一年生枝较短,节间短,萌蘖枝较多;中型圆叶,叶柄斜伸,侧小叶圆卵形或卵形,叶缘缺刻少而浅,端钝,下垂,叶表面浅绿色。菏泽赵楼九队1970年育出。

'大红点金'
'Da Hong Dian Jin'

花粉色,皇冠型。中型花;外瓣3~6轮,倒卵形,瓣端浅齿裂,瓣基无色斑;雄蕊全部瓣化,端部残留花药;雌蕊部分瓣化成紫绿相嵌彩瓣;花朵侧开,成花率较高,花淡香,花期晚。

植株中高,株形直立;一年生枝中长,萌蘖枝较多;中型圆叶,叶柄斜伸,顶小叶顶端深裂,侧小叶宽卵形,叶缘缺刻少,叶表面绿色。菏泽赵楼牡丹园育出。

'蝶恋春'

'Die Lian Chun'

花粉色，皇冠型。花蕾长卵圆形，小型花；外瓣3～4轮，形大，瓣基有放射状红斑，内瓣多轮，质硬；雄蕊瓣化瓣稠密，雌蕊瓣化或退化变小；花梗短，成花率高，花期晚。

植株中高，株形直立；中型长叶，小叶卵圆形，缺刻多，端钝尖，叶面有红晕，边缘红色；花水养期长，适宜切花。菏泽赵楼牡丹园1996年育出。

'多花罗汉'
'Duo Hua Luo Han'

　　花粉色，内瓣中部有一紫色条纹，多花型，常见皇冠型，有时同株可开荷花型、托桂型。中型花；外瓣4轮，质硬而平展，瓣基有条纹紫色斑；雄蕊大部分瓣化；雌蕊变小，花盘深紫色；花朵直立或侧开，成花率特高，花期中。
　　植株特矮，株形半开展；一年生枝特短；小型圆叶，侧小叶宽卵形，叶缘略上卷，缺刻少，端锐尖。菏泽李集牡丹园1992年育出。

'粉冠'
'Fen Guan'

　　花粉色，皇冠型或绣球型。花蕾圆形，中型花；外瓣3轮，质硬而平展，瓣基有粉红晕；雄蕊大部分瓣化；雌蕊瓣化为绿色彩瓣；花朵侧开，成花率高，花期中。
　　植株中高，株形半开展；一年生枝短；大型长叶，侧小叶长卵形，叶缘缺刻少，稍下垂，端锐尖，叶表面浅绿色。菏泽百花园孙景玉团队1998年育出。

'粉楼报春'
'Fen Lou Bao Chun'

花粉色,皇冠型。外大瓣2~3轮,宽大平展,瓣端齿裂,瓣基有红晕;雄蕊全部瓣化,瓣化瓣褶叠隆起;雌蕊瓣化为红绿彩瓣;花朵侧开,花期早。

植株矮,株形半开展;中型长叶,侧小叶阔卵形,叶缘微上卷,叶表面绿色。菏泽赵楼牡丹园育出。

'粉楼点翠'
'Fen Lou Dian Cui'

花粉白色,皇冠型。花蕾近圆形,中型花;外瓣宽大,瓣端齿裂,瓣基有粉晕;雄蕊瓣化瓣稠密,顶部花瓣大而皱;雌蕊瓣化成翠绿色彩瓣;花朵直上,成花率高,花期早。

植株中高,株形半开展;一年生枝长,节间亦长,萌蘖枝较少;中型长叶,叶柄平伸;顶小叶顶端2深裂,侧小叶披针形,端渐尖,叶表面浅绿色。菏泽百花园孙景玉团队1983年育出。

'粉楼抛彩'
'Fen Lou Pao Cai'

花粉色,皇冠型或楼子台阁型。大型花;花瓣层叠高耸,基部色深;雄蕊全部瓣化,雌蕊瓣化成绿色彩瓣;花朵侧开或下垂,成花率高,花期中晚。

植株中高,株形半开展;大型长叶,深绿色,肥大,枝叶密生,叶柄凹处棕色;生长势强。菏泽百花园孙景玉团队育出。

'粉楼系金'
'Fen Lou Xi Jin'

花粉色,皇冠型。花蕾圆形;外瓣2~3轮,宽大质薄,瓣基具小黑紫斑,内瓣卷曲密集;雄蕊大部或全部瓣化,瓣端常残留花药,雌蕊有时瓣化为绿色彩瓣;花梗硬短,花朵直上,成花率高,花期中。

植株中高,株形半开展;中型长叶,小叶长卵形,叶表面深绿色,边缘有紫晕;适宜庭园栽培。菏泽李集牡丹园1988年育出。

'粉楼镶金'
'Fen Lou Xiang Jin'

花粉色,皇冠型。花蕾圆形;外瓣2轮,大,质薄软,瓣基具小黑紫斑;内瓣卷曲密集,隆起呈半球形;雄蕊大部或全部瓣化,花药常残留瓣端,花丝粉白色;雌蕊有时瓣化为绿色彩瓣;花朵侧开,成花率高,花期中晚。

植株中高,株形半开展;中型长叶,小叶长卵形;适宜庭园栽培。菏泽李集牡丹园1988年育出。

'粉青山'
'Fen Qing Shan'

花粉白色,微带蓝色,皇冠型。花蕾圆尖形,中型花;花瓣质地较薄,瓣基有浅紫晕;雄蕊瓣化瓣紧凑,整齐;雌蕊瓣化成绿色彩瓣;花朵直上,成花率较低,花期中。

植株中高,株形半开展;一年生枝较短,节间短,萌蘖枝多;中型长叶,叶柄斜伸,侧小叶长卵形,叶缘波状上卷,缺刻少,端渐尖,下垂,叶表面黄绿色;较耐湿热,较抗寒,较抗病。菏泽赵楼牡丹园1963年育出。

'粉球翠羽'
'Fen Qiu Cui Yu'

花粉色，瓣端浅绿色，皇冠型。花蕾圆形、无侧蕾；花瓣瓣端浅齿裂，基部有粉晕，外瓣倒卵形；雄蕊部分退化，瓣化瓣条形、狭长形、倒卵形，花丝粉红色；雌蕊部分退化，柱头紫红色，花盘粉红色；花朵侧开或下垂，花淡香，花期极晚。

植株高，株形直立；大型圆叶，顶小叶顶端中裂，侧小叶卵形，边缘圆钝，叶尖宽尖，叶绿色背面无毛；适宜庭园绿化、抗逆性强。菏泽百花园孙景玉团队1993年自然杂交育出。

'粉云翠羽'
'Fen Yun Cui Yu'

花粉色，皇冠型。花蕾圆形，无侧蕾，大型花；花瓣基部有粉晕；雄蕊部分退化；雌蕊部分退化，柱头紫红色；花朵直上或侧开，花朵高于叶面，成花率高，花香浓，花期特晚。

植株高，株形半开展；当年生枝40~50cm；大型圆叶，小叶宽卵形，深绿色；无结实，生长势强。菏泽百花园孙景玉团队1993年育出。

'粉中冠'
'Fen Zhong Guan'

花粉色，皇冠型。花蕾圆尖形，中型花；外瓣2~3轮，形大，瓣基有粉红晕；雄蕊瓣化瓣皱褶，紧密整齐，耸起呈球状；雌蕊瓣化成黄绿色彩瓣；花朵直上，成花率高，花期中。

植株中高，株形开展；一年生枝较短，节间短，萌蘖枝多，嫩枝红色；鳞芽圆尖形，新芽红褐色；中型长叶，叶柄斜伸，侧小叶长卵形，叶缘缺刻较浅，叶面较光滑，端渐尖，叶表面绿色；耐湿热，抗寒，抗病。菏泽赵楼牡丹园1973年育出。

'富贵红'
'Fu Gui Hong'

花粉红色，皇冠型。中型花；外瓣3~4轮，倒广卵形，瓣端浅齿裂，瓣基无色斑；雄蕊部分瓣化，雌蕊部分瓣化紫绿相嵌彩瓣；花朵侧开，花淡香，花期早。

植株中高，株形直立；一年生枝短，萌蘖枝较多；中型长叶，叶柄斜伸，顶小叶顶端中裂，侧小叶卵形，叶缘上卷，缺刻多而深，叶表面黄绿色。菏泽赵楼牡丹园育出。

'观音面'
'Guan Yin Mian'

花粉白色,皇冠型,偶有单瓣型、荷花型以及托桂型。花蕾圆尖形,中型花,偏大;外瓣3~4轮,宽大平展,瓣端浅齿裂,瓣基有粉晕;雄蕊瓣化瓣较稀疏,瓣间杂有部分正常雄蕊,花丝紫红色;雌蕊正常或略有瓣化,花盘(全包)深紫红色,柱头紫红色;花朵直上,成花率高,花期早。

植株高,株形直立;一年生枝长,节间亦长,萌蘖枝多;鳞芽肥大,圆尖形,新芽灰绿色;中型长叶,叶柄斜伸,顶小叶顶端浅裂,侧小叶长卵形,叶缘微上卷,缺刻少,端渐尖,叶表面绿色。菏泽赵楼牡丹园1977年育出。

'红光闪烁'
'Hong Guang Shan Shuo'

花粉色,皇冠型,同株可开荷花型、托桂型。外瓣3轮,大,质硬而平展,瓣端粉白色,瓣基具浅红晕;内瓣形小而密集,中心瓣稍大高起,内外瓣间有一圈卷曲小瓣;雄蕊少或无,雌蕊瓣化为绿色彩瓣;花梗短,有紫晕,花朵斜伸,成花率高,花期早。

植株矮,株形开展;小型长叶,质软而下垂;适宜庭园栽培。菏泽李集牡丹园1987年育出。

'红梅飞雪'
'Hong Mei Fei Xue'

花粉红色，皇冠型。花蕾圆尖形，中型花，偏大；外瓣形大，质软而薄，瓣基有浅红晕；雄蕊瓣化狭长，参差不齐，端部粉白色；雌蕊退化变小或稍有瓣化，花盘紫红色；花朵直上或侧开，成花率高，花期中。

植株矮，株形开展；一年生枝短，节间亦短，萌蘖枝多；小型长叶，叶柄斜伸，侧小叶椭圆形或卵形，叶缘上卷，缺刻少而浅，端短尖，叶表面粗糙，绿色；抗逆性强，幼蕾期耐低温。菏泽百花园孙景玉团队1969年育出。

'华夏多娇'
'Hua Xia Duo Jiao'

花浅粉色，金环型或皇冠型，有时呈单瓣型。中型花；外瓣3轮，微上卷，多齿裂，瓣基有红晕；内外瓣间常有一圈正常雄蕊，雌蕊正常，花盘红色；成花率高，花期早。

植株中高，株形开展；中型圆叶，小叶卵圆形，深裂；生长势强，花朵耐日晒。菏泽百花园孙景玉团队育出。

'娇姿'
'Jiao Zi'

花白色，稍带粉色，皇冠型。中型花；外瓣3~6轮，倒卵形，瓣端浅齿裂，瓣基有狭长条形紫红色斑；雄蕊全部瓣化，端部残留花药；雌蕊瓣化成红绿彩瓣或退化，花盘（全包）粉色，柱头淡黄色；花朵侧开，成花率高，花淡香，花期中。

植株中高，株形直立；一年生枝中，萌蘖枝较多；中型长叶，叶柄斜伸，顶小叶顶端浅裂，侧小叶长卵形，叶缘缺刻少，端宽尖，叶表面深绿色，叶背有毛。菏泽赵楼牡丹园育出。

'巾帼英姿'
'Jin Guo Ying Zi'

花浅粉色，皇冠型。外瓣2~3轮，花瓣较大；内瓣为雄蕊瓣化瓣，瓣端有时残留花药；花梗中粗，花朵直上或侧开，成花率高，花期中。

植株中高，株形直立；中型圆叶，叶缘上卷；生长势强。菏泽百花园孙景玉团队育出。

'雷泽霞光'
'Lei Ze Xia Guang'

花粉紫色，蔷薇型至皇冠型。花瓣多轮，质薄软，皱褶，瓣基有黑紫斑；雄蕊大部分瓣化，雌蕊偶有瓣化；花梗挺直，花开直上或微侧，成花率高，花期中早。

植株中高，株形直立；中型长叶，小叶卵形，有缺刻，叶绿色有紫晕；生长势强，适宜庭园栽培。菏泽瑞璞公司2018年育出。

'李园花'
'Li Yuan Hua'

花初开浅粉蓝色，盛开粉色，皇冠型。中型花；花瓣密集，花型丰满；雄蕊全部瓣化，雌蕊常瓣化成绿色彩瓣；花梗较长而硬，微侧开，成花率高，花期中晚。

植株中高，株形直立；枝粗壮，萌蘖芽较多；中型圆叶，较密，柄凹面紫红色，叶面黄绿色，叶边缘具紫晕。菏泽李集牡丹园1984年育出。

'丽珠'
'Li Zhu'

花粉色，外瓣颜色稍浅，多花型，常见皇冠型，有时同株可开金环型。中型花；外瓣3轮，质硬而平展，瓣基有粉红晕；雄蕊大部分瓣化，少量正常杂于瓣间；雌蕊瓣化成绿彩瓣；花朵侧开，成花率高，花期中。

植株矮，株形开展；一年生枝短；大型圆叶，侧小叶宽卵形，叶缘缺刻多，端钝，叶表面粗糙，浅绿色；抗叶斑病。菏泽百花园孙景玉团队1992年育出。

'柳林积雪'
'Liu Lin Ji Xue'

花初开粉白色，盛开白色，皇冠型或托桂型。中型花，外瓣3轮，内抱，波卷；雌雄蕊瓣化或退化变小，花盘紫色；花朵丰满，观赏性强，花期中晚。

植株中高，株形直立；枝细硬，青绿色；小叶披针形，狭长稀疏，深裂或全裂，端下垂，深绿色；分枝力强。菏泽赵楼牡丹园育出。

'柳叶粉'
'Liu Ye Fen'

花粉白色，盛开白色，蔷薇型或皇冠型。中型花，偏大；外瓣3轮，质细腻，形宽大而圆整，内瓣多，隆起；雄蕊部分瓣化，雌蕊柱头瓣化成绿色彩瓣；花梗细软，花朵侧开，花期中。

植株中高，株形直立；中型长叶，小叶长披针形，叶端下垂，青绿色；水养期长，可达6天以上，适宜切花。菏泽赵楼牡丹园1998年育出。

'鲁粉'
'Lu Fen'

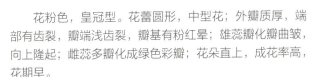

花粉色，皇冠型。花蕾圆形，中型花；外瓣质厚，端部有齿裂，瓣端浅齿裂，瓣基有粉红晕；雄蕊瓣化瓣曲皱，向上隆起；雌蕊多瓣化成绿色彩瓣；花朵直上，成花率高，花期早。

植株中高，株形半开展；一年生枝长，节间短，萌蘖枝较多，嫩枝艳紫红色；鳞芽卵圆形，新芽红褐色；中型长叶，叶柄平伸，顶小叶顶端浅裂，侧小叶卵形或长椭圆形，叶缘缺刻少，端锐尖，叶表面绿色；耐湿热，较抗寒。菏泽赵楼牡丹园1969年育出。

'露珠粉'
'Lu Zhu Fen'

花粉色，托桂型或皇冠型。中型花；外瓣3~4轮，较大圆整，瓣基有红晕斑，较大；内瓣多，隆起，瓣间夹杂少量雄蕊，花丝淡紫色，中心花瓣较大；雌蕊正常或退化，花盘、柱头深紫色；成花率高，花期中。

植株矮，株形半开展；小型圆叶，叶面粗糙，似有一层白霜，叶背密生茸毛；生长势弱，分枝力中，萌蘖枝少。菏泽传统品种。

'麻叶红'
'Ma Ye Hong'

花浅红色，皇冠型。花蕾小，圆形，中型花；花瓣宽大，波状，瓣端浅齿裂，瓣基有墨紫晕；雄蕊瓣化瓣皱褶，端部残有花药；花盘（残存）粉色，心皮3～5枚；花朵侧开，成花率高，花香，花期中。

植株中高，株形开展；一年生枝稍短，节间短，萌蘖枝多；小型圆叶，叶柄斜伸，顶小叶顶端浅裂或中裂，侧小叶广卵形，叶缘缺刻较多，叶表面绿色，有淡紫晕。菏泽赵楼九队1969年育出。

'青龙卧粉池'
'Qing Long Wo Fen Chi'

花浅粉色，皇冠型。外瓣2～3轮，平展，端部多齿裂，基部有深红晕；内瓣层层叠起，雌蕊瓣化为绿色彩瓣；花朵下垂，成花率中等，花期晚。

植株高，株形开展；中型长叶；生长势强，萌蘖枝多。菏泽赵楼牡丹园育出。

'青龙戏桃花'
'Qing Long Xi Tao Hua'

花粉色，皇冠型。花蕾圆尖形，中型花；外瓣3～4轮，形大平展，质地较软，瓣基有粉红晕；雄蕊瓣化瓣稠密，皱褶而向心抱，微软；雌蕊瓣化为翠绿色彩瓣；花朵侧开，成花率高，花期较早。

植株中高，株形半开展；一年生枝长，节间亦长；中型长叶，叶柄平伸，侧小叶卵形或椭圆形，叶缘缺刻少而浅，端渐尖，叶表面绿色。菏泽百花园1984年育出。

'软玉温香'
'Ruan Yu Wen Xiang'

花粉色，皇冠型。花蕾大，扁圆形，中型花；外瓣2轮，形大，瓣端齿裂，瓣基有红晕色斑；雄蕊瓣化瓣褶叠，排列紧密，耸立呈球形；雌蕊退化变小；花朵侧开，成花率高，花浓香，花期中。

植株中高，株形开展；一年生枝较长，节间较短，萌蘖枝多；鳞芽大，圆形；中型圆叶，叶柄平伸，顶小叶顶端下垂，侧小叶长卵形，叶缘缺刻浅，端锐尖，叶表面深绿色。菏泽赵楼牡丹园1985年育出。

'十七春'
'Shi Qi Chun'

花浅粉色，皇冠型。外瓣2~3轮，花瓣较大，阔卵圆形；内瓣小，为雄蕊瓣化瓣，部分正常雄蕊杂于瓣间，基部色深，端部色浅；花梗中粗而短，花朵直上，成花率较高，花期中。

植株较矮，株形半开展；中型长叶，枝叶较稀疏，叶面粗糙；生长势中等。菏泽百花园孙景玉团队育出。

'守重红'
'Shou Zhong Hong'

花浅粉红色,皇冠型。花蕾圆尖形,中型花;外瓣2轮,宽大质薄软,瓣基有红色斑;雄蕊瓣化瓣短小皱褶,瓣间杂有瓣化不完全的雄蕊;雌蕊退化缩小;花朵侧开,成花率高,花期中。

植株中高,株形开展;一年生枝较长,节间短,萌蘖枝少,嫩枝橘红色;鳞芽圆形,新芽红褐色;中型长叶,叶柄平伸,侧小叶卵状披针形,叶缘缺刻少,端渐尖,叶表面浅绿色;耐湿热,抗寒,抗病。菏泽赵楼牡丹园赵守重1963年育出。

'桃红点翠'
'Tao Hong Dian Cui'

花桃红色,皇冠型。外瓣2轮,宽大明显;内瓣卷曲密集,层叠高起,雄蕊大部瓣化,少量残存,雌蕊正常或退化;梗短而软,花朵侧垂,藏花,花期中晚。

植株较矮,株形开展;枝粗壮,大型圆叶,黄绿色。菏泽百花园孙景玉团队1969年育出。

'桃花露霜'
'Tao Hua Lou Shuang'

花粉红色,皇冠型。花蕾圆形;外瓣3～4轮,形大质硬而平展;内瓣形小曲皱,密集隆起,瓣端残留少量花药;雌蕊瓣化为绿色彩瓣;花朵侧开,成花率高,花期中晚。

植株中高,株形半开展;大型圆叶,较稀疏,叶面斑皱,边缘波曲而上卷,深绿色;生长势强,抗叶斑病,适宜庭园栽培。菏泽李集牡丹园1982年育出。

'天香湛露'
'Tian Xiang Zhan Lu'

花粉色，微带紫色，皇冠型，有时呈托桂型。花蕾扁圆形，中型花；外瓣2轮，形大质软，瓣端浅齿裂，瓣基有紫晕；雄蕊瓣化瓣窄长曲皱，排列稀疏，瓣端常残留花药；雌蕊退化变小或瓣化，花盘（半包）紫色，柱头红色；花朵直上，成花率高，花香，花期中。

植株高，株形直立；一年生枝长，节间亦长，萌蘖枝少；鳞芽圆尖形；中型圆叶，叶柄平伸，顶小叶顶端浅裂，侧小叶卵圆形，叶缘缺刻浅，端突尖，叶表面粗糙，绿色。菏泽赵楼牡丹园1963年育出。

'天姿国色'
'Tian Zi Guo Se'

花浅红色，皇冠型。花蕾圆尖形，大型花；外瓣3轮，圆大，端部有齿裂，瓣基有浅紫色斑；雄蕊瓣化瓣稀疏，瓣间杂有部分雄蕊；雌蕊瓣化成绿色彩瓣，柱头紫红色；花朵直上，成花率高，花期早。

植株中高，株形直立；一年生枝长，节间亦长，萌蘖枝少；中型长叶，叶柄平伸，顶小叶顶端浅裂，侧小叶长卵形，叶缘上卷，缺刻少叶面光滑，端短尖，微下垂，叶表面浅绿稍有紫晕。菏泽赵楼牡丹园1976年育出。

'娃娃面'
'Wa Wa Mian'

花粉白色，皇冠型。花蕾圆尖形，中型花；外瓣2轮，形大，瓣端浅齿裂；雄蕊瓣化瓣褶皱紧密，花丝浅粉色；雌蕊瓣化或变小，花盘（全包）紫红色；花朵直上或侧开，成花率高，花淡香，花期中。

植株矮，株形开展；一年生枝短，节间亦短，萌蘖枝少；鳞芽圆尖形；中型圆叶，叶柄斜伸，顶小叶顶端中裂，侧小叶卵形，叶缘缺刻少，端短尖，叶表面粗糙，深绿色。菏泽赵楼牡丹园1978年育出。

'西瓜瓤'
'Xi Gua Rang'

花红色，端部粉色，皇冠型。花蕾圆尖形，中型花；外瓣2~3轮，瓣端浅齿裂，瓣基有红色斑；雄蕊瓣化瓣紧密，中间杂有正常雄蕊；雌蕊瓣化或变小；花朵侧开，成花率高，花淡香，花期中。

植株矮，株形半开展；一年生枝短，节间亦短，萌蘖枝较少；中型长叶，叶柄斜伸，顶小叶顶端中裂，侧小叶长卵形或卵状披针形，叶缘缺刻少，端渐尖，叶表面绿色有紫晕。菏泽赵楼牡丹园1978年育出。

'祥云' 'Xiang Yun'

花粉红色，托桂型或皇冠型。中型花；外瓣2～3轮，形大圆整，内瓣皱曲；雄蕊多瓣化，雌蕊正常或变小；花朵直上，成花率高，花期中。

植株矮，株形半开展；一年生枝短；中型圆叶，侧小叶卵圆形，叶缘有缺刻，叶缘稍上卷，端钝尖，叶表面浅绿色。菏泽曹州牡丹园1998年育出。

'羞容' 'Xiu Rong'

花初开粉红色，盛开呈粉色，绣球型或皇冠型。花蕾圆形，中型花；内外瓣大小相近，紧密叠起，瓣端浅齿裂，瓣基无色斑；雄蕊完全瓣化，雌蕊瓣化成绿色彩瓣；花朵侧开，成花率稍低，花淡香，花期晚。

植株高，株形半开展；一年生枝长，节间较长，萌蘖枝较多；中型长叶，顶小叶顶端中裂，侧小叶长卵形，叶缘上卷，端锐尖，叶表面绿色。菏泽赵楼牡丹园1969年育出。

'瑶池春'
'Yao Chi Chun'

花粉色，微带蓝色，皇冠型。外瓣3~4轮，质薄，瓣端多齿裂；内瓣多，皱曲，瓣间夹有正常雄蕊；雌蕊退化变小；花朵侧开，花期中。

植株中高，株形开展；中型长叶，稀疏，小叶长卵形，叶面稍粗糙，深绿色，边缘紫色；生长势较弱。菏泽传统品种。

'银粉藏翠'
'Yin Fen Cang Cui'

花粉红色，皇冠型，有时呈楼子台阁型。外瓣2~3轮，瓣端齿裂，瓣基色深；雄蕊全部瓣化，瓣化瓣褶叠隆起，雌蕊瓣化为红绿彩瓣；花朵侧开，花期晚。

植株高，株形半开展；中型长叶，顶小叶中裂，侧小叶长卵形，叶表面绿色。菏泽曹州牡丹园育出。

'银粉金鳞'
'Yin Fen Jin Lin'

花粉红色，皇冠型。花蕾圆形，中型花；外瓣2轮，形大较圆整，瓣基有墨紫色斑；雄蕊瓣化瓣褶叠，大小相似，排列整齐而紧密；雌蕊瓣化；花朵下垂，成花率高，花期晚。

植株矮，株形开展；一年生枝短，节间亦短，萌蘖枝多；鳞芽卵圆形；中型长叶，叶柄平伸，侧小叶长卵形，叶缘缺刻浅，端渐尖，叶表面黄绿色。传统品种。

'银红娇艳'
'Yin Hong Jiao Yan'

花粉红色,皇冠型或金环型,为多花型品种。中型花,外瓣3轮,质软平展,瓣端有大齿裂,瓣基有紫红色小斑;雄蕊大部分瓣化,内瓣与外瓣之间有一圈正常雄蕊;雌蕊退化稍变小,花盘暗紫红色;花朵直上或侧开,成花率高,花期中。

植株中高,株形半开展;一年生枝中长;中型长叶,侧小叶卵形或长卵形,叶缘缺刻少,上卷,端渐尖,叶表面浅绿色。菏泽百花园孙景玉、孙景和1981年育出。

'银红球'
'Yin Hong Qiu'

花深粉色,皇冠型。花蕾圆尖形,无侧蕾,大型花;花瓣基部有浅紫晕;雄蕊瓣化为隆起碎瓣,瓣间杂有少量正常雄蕊;雌蕊退化变小,花盘紫红色,柱头紫红色;花态侧开或下垂,成花率高,花香浓,花期中。

植株中高,株形开展;当年生枝30~45cm;中型长叶,小叶长卵形,黄绿色;少量结实,生长势强。菏泽百花园孙景玉团队1990年育出。

'银红皱'
'Yin Hong Zhou'

花粉红色,皇冠型。中型花;外瓣倒卵形,瓣端浅齿裂,瓣基无色斑;雄蕊瓣化,端部残留花药;雌蕊部分瓣化成紫绿相嵌瓣,花盘(残存)、柱头紫红色;花朵侧开,成花率较高,花淡香,花期中。

植株中高,株形直立;一年生枝中长,萌蘖枝较多;中型圆叶,叶柄斜伸,顶小叶顶端浅裂,侧小叶宽卵形,叶缘缺刻少,端钝,叶表面绿有紫晕。菏泽赵楼牡丹园育出。

'鹦鹉粉楼'
'Ying Wu Fen Lou'

　　花粉色，皇冠型。花蕾圆形，中型花；雄蕊部分瓣化，雌蕊全部瓣化为黄绿色彩瓣；花态直上或侧开，成花率高，生长势强，花期中。

　　植株中高，株形半开展；中型长叶，侧小叶卵形，顶小叶顶端中裂，叶绿色。菏泽百花园孙文海团队2001年育出。

'鹦鹉戏梅'
'Ying Wu Xi Mei'

　　花浅红色，托桂型或皇冠型。花蕾扁圆形，中型花；外瓣3~4轮，质软细腻，瓣基色深；雄蕊大部分瓣化，瓣化瓣卷曲，花丝紫红色；雌蕊柱头增大变绿；花梗细硬，花朵侧开，微藏叶内，成花率高，花期中晚。

　　植株矮，株形开展；当年生枝短；中型圆叶，小叶卵形，缺刻少；生长势强，抗逆性强，适宜盆栽。菏泽赵楼牡丹园1979年育出。

'玉夫人'
'Yu Fu Ren'

花粉白色,皇冠型。花蕾圆尖形,大型花;外瓣3轮,宽大,质地薄软,瓣端深齿裂,瓣基有粉白色斑;雄蕊瓣化瓣稀疏,卷曲,近心处花瓣较大而皱;雌蕊瓣化瓣嫩绿色,花盘(半包)浅洋红色,柱头淡黄色;花朵侧开,花期中早。

植株中高,偏矮,株形半开展;一年生枝短,节间亦短,萌蘖枝较多;中型长叶,叶柄斜伸,顶小叶顶端深裂或全裂,侧小叶卵形或长卵形,叶缘微上卷,缺刻少而浅,端锐尖,叶表面嫩绿色。菏泽赵楼牡丹园1990年育出。

'玉楼春色'
'Yu Lou Chun Se'

花淡粉色,皇冠型。花蕾圆形,中型花,偏大;外瓣2轮,形大质地较硬,瓣端浅齿裂,瓣基有粉白晕;雄蕊瓣化瓣长而皱褶,花丝紫红色;雌蕊瓣化为绿色彩瓣;花朵侧开,成花率高,花香,花期晚。

植株中高,株形半开展;一年生枝较长,节间短;大型圆叶,叶柄斜伸,顶小叶顶端深裂,侧小叶卵形或广卵形,叶缘微上卷,缺刻多,叶表面深绿色;抗晚霜及早春寒,耐盐碱,抗根部病害。菏泽赵楼牡丹园1995年育出。

'玉楼含翠'
'Yu Lou Han Cui'

花粉白色,绣球型,时有皇冠型。花蕾绽口;外瓣4轮,形大圆润,质硬;内瓣层叠高起,中心花瓣稍变大,瓣端有不规则暗紫晕斑;雄蕊全部瓣化,瓣端残留花药,雌蕊瓣化为绿瓣;花朵直上或斜伸,花期中早。

植株矮,株形开展;一年生枝粗短;小型长叶,稀疏,小叶长卵形;适宜庭园栽培。菏泽百花园孙景玉团队1988年育出。

'月光'
'Yue Guang'

花粉色，微带蓝色，皇冠型。花蕾圆尖形，中型花，偏大；外瓣形大平展，瓣端齿裂并稍皱，瓣基有紫晕；雄蕊全部瓣化，较稀疏；雌蕊瓣化成绿色彩瓣；花朵直上，成花率高，花浓香，花期晚。

植株矮，株形半开展；一年生枝短，节间亦短，萌蘖枝少；大型长叶，叶柄平伸，顶小叶顶端中裂，侧小叶椭圆形，叶缘稍波状，缺刻少，端渐尖，叶表面深绿色；蕾期耐低温。菏泽百花园孙景玉团队1990年育出。

'赵粉'
'Zhao Fen'

花粉色，皇冠型，有时呈荷花型、金环型或托桂型。花蕾大，圆尖形，中型花，偏大；外瓣2~3轮，形大质地较薄，瓣端浅齿裂或深齿裂，瓣基有粉红晕；雄蕊瓣化瓣柔润细腻；雌蕊退化变小或瓣化，花盘（全包）紫红色，柱头粉色；花朵侧开，成花率高，花期中。

植株中高，株形开展；一年生枝长，节间长，萌蘖枝多，嫩枝橘红色；鳞芽圆尖形，新芽红褐色；中型长叶，叶柄平伸，顶小叶顶端浅裂，侧小叶长卵形或长椭圆形，叶缘上卷，缺刻浅，端锐尖，叶表面黄绿色；偶有结实，耐湿热，较抗寒，抗病。传统品种。

'赵楼冰凌子'
'Zhao Lou Bing Ling Zi'

花粉色，蔷薇型至皇冠型。花蕾圆尖形，中型花；外瓣2~3轮稍大，质薄软，瓣基紫红斑，内瓣小，卷曲状，有花药残留；花梗短，花朵常藏于叶中，成花率较低，花期中。

植株中高，株形开展；大型长叶，稀疏，小叶近椭圆形，缺刻少，深绿色，叶脉明显；生长势中，适宜庭园栽培。菏泽赵楼牡丹园1964年育出。

'紫筋罗汉'
'Zi Jin Luo Han'

花粉白色，花瓣中部有一紫色条纹，皇冠型。小型花；外瓣3~4轮，质硬，瓣基有紫色条纹；雄蕊部分瓣化，瓣间残留正常或退化变短的雄蕊；雌蕊瓣化，花盘浅紫色，柱头浅紫色；花朵直上，成花率高，花期中。

植株矮，株形半开展；一年生枝短；小型长叶，侧小叶长披针形，叶缘有缺刻，端渐尖，叶表面粗糙，深绿色，有紫晕。菏泽曹州牡丹园2002年育出。

'醉西施'
'Zui Xi shi'

花粉红色，皇冠型。花蕾圆尖形，大型花；外瓣2轮，形大质软，瓣端深齿裂，瓣基有浅紫晕；雄蕊瓣化瓣狭长褶叠，较大而松散，端部粉白色，花丝紫色；雌蕊柱头增大，花盘（半包）紫色，柱头红色；花朵侧垂，成花率高，花浓香，花期中早。

植株高，株形开展；一年生枝长，节间亦长，萌蘖枝多，嫩枝深红色；鳞芽圆形，新芽红褐色；中型长叶，叶柄平伸，顶小叶顶端中裂，侧小叶长卵形或披针形，叶缘缺刻少，端渐尖，下垂，叶表面深绿色；较抗寒，抗病。菏泽百花园孙景玉团队1968年育出。

'百园粉球'
'Bai Yuan Fen Qiu'

花粉红色，绣球型。花蕾圆形，有绽口，无侧蕾，中型花；花瓣基部有红色斑；雄蕊全部瓣化，雌蕊部分瓣化，花盘紫红色；花态斜伸或下垂，花香淡，花期特晚。

植株中高，株形半开展；当年生枝15～33cm；中型长叶，小叶长卵形，绿色，尖叶下垂，无毛；无结实，生长势强。菏泽百花园孙景玉团队1990年育出。

'出梗夺翠'
'Chu Geng Duo Cui'

花粉红色,瓣端泛白,绣球型。花瓣多轮,内外瓣区分不明显,瓣中夹少量雄蕊;花梗中粗,较软,花朵侧垂,成花率较低,花期中。

植株矮,株形开展;枝条粗软,近于匍匐生长;小型长叶,小叶长卵圆形,缺刻少,质厚,下垂,叶面波曲,叶脉凹陷;生长势中,适宜庭园栽培和盆栽。菏泽传统品种。

'粉球'
'Fen Qiu'

花粉色,绣球型。雄蕊完全瓣化,内外瓣形状大小近似,拥挤隆起呈球形或椭圆形;花期中。

植株中高,株形半开展;中度喜光稍耐半阴,喜温和,具有一定耐寒性,忌酷热,耐高燥,惧湿涝。菏泽赵楼牡丹园育出。

'粉绣球'
'Fen Xiu Qiu'

花粉色,绣球型或皇冠型,多花型。中型花;外瓣4轮,质硬而平展,瓣基有紫红色斑;雄蕊全部瓣化,雌蕊稍有瓣化;花朵直上或侧开,成花率高,花期中。

植株中高,株形半开展;一年生枝短;中型长叶,侧小叶长卵形,叶缘缺刻少,端钝或突尖,叶表面斑皱。菏泽百花园孙景玉团队1999年育出。

'粉玉雄狮'
'Fen Yu Xiong Shi'

花粉色，绣球型。花瓣基部有粉晕；雄蕊全部瓣化；雌蕊瓣化瓣绿色、黄白色，柱头、花盘紫红色；花朵向上或侧开，成花率高，花期特晚。

植株高，株形直立；中型长叶，小叶长卵形；生长势强。菏泽百花园孙景玉团队1985年育出。

'粉妆素裹'
'Fen Zhuang Su Guo'

花粉白色，绣球型。花瓣基部具紫红色斑，端部残留少量花药，雌蕊瓣化为绿色彩瓣；花期晚。

植株中高，株形直立；枝细而长，叶浅绿色。菏泽百花园孙景玉团队育出。

'花脸'
'Hua Lian'

花粉色，绣球型。花朵中大，外瓣4轮，阔倒卵形，花瓣基部有三角形黑斑；雄蕊全部瓣化，雌蕊部分瓣化，柱头红色，花盘紫红色；成花率高，花期特晚。

植株中高，株形半开展；小叶长尖，深绿色，叶柄长；生长势强。菏泽百花园孙景玉团队1989年育出。

'欢聚一堂'
'Huan Ju Yi Tang'

花粉色,绣球型。中型花;雌雄蕊瓣化;花朵直上,成花率中,花香中,花期早。

植株中高,株形半开展;一年生枝中长;二至三回羽状复叶,中型长叶,斜伸,顶小叶中裂,侧小叶叶缘波曲,小叶先端锐尖,叶表面深绿;结实较多,抗逆性强。菏泽曹州牡丹园2021年育出。

'堇粉晚球'
'Jin Fen Wan Qiu'

花浅紫色,端部色浅,绣球型。花蕾绽口,中型花;外瓣4轮,质硬而厚,瓣基有紫红色小斑;雄蕊全部瓣化,雌蕊退化变小;花朵侧开或下垂,成花率高,花期晚。

植株中高,株形半开展;一年生枝短;中型长叶,侧小叶卵形或长卵形,叶缘稍上卷,缺刻少,端锐尖,叶表面粗糙,深绿色。菏泽百花园1997年育出。

'绿香球'
'Lü Xiang Qiu'

花绽口时浅绿色,盛开粉色,绣球型。花蕾圆形,顶端常开裂,中型花,偏大;瓣端浅齿裂,瓣基有粉晕;雄蕊瓣化瓣褶叠,紧密耸起;雌蕊退化变小或瓣化;花朵侧开,成花率较高,花浓香,花期晚。

植株高,株形开展;一年生枝长,节间亦长,萌蘖枝多;鳞芽圆尖形,新芽土褐色;大型长叶,叶柄斜伸,顶小叶顶端深裂,侧小叶长卵形,叶缘缺刻少,端渐尖,叶表面深绿色;较耐湿热,耐寒,耐盐碱,抗病。菏泽赵楼牡丹园1975年育出。

'三色锦'
'San Se Jin'

花粉红色，稍带蓝色，绣球型。花蕾圆尖形，中型花；外瓣稍大，质硬平展，内瓣皱卷，基部有紫晕；雌雄蕊完全瓣化，有绿色彩瓣；花期中。

植株中高，株形半开展；中型长叶，质硬波曲，较密，叶面深绿色，较粗糙，柄粗硬，斜伸；生长势中等。菏泽百花园孙景玉团队育出。

'神舟粉'
'Shen Zhou Fen'

花粉色，稍带紫色，绣球型。雄蕊全部瓣化，雌蕊瓣化，柱头、花盘均红色；成花率高，花期中。

植株中高，株形半开展；中型长叶，叶片较密，深绿色，柄凹处淡褐色；生长势强。菏泽百花园孙景玉团队育出。

'雪映朝霞'
'Xue Ying Zhao Xia'

花初开粉色，盛开粉白色，绣球型。花蕾圆尖形，中型花；花瓣隆起，呈长球形，瓣基有粉晕；雌雄蕊全部瓣化，瓣化瓣与外瓣同色；花朵下垂，成花率较低，花期晚。

植株高，株形开展；一年生枝长，节间亦长，萌蘖枝多，嫩枝红色；鳞芽圆尖形，新芽红褐色；大型长叶，叶柄斜伸，侧小叶卵形，叶缘略上卷，端渐尖，叶表面深绿色；耐湿热，抗寒，抗病。菏泽赵楼牡丹园1973年育出。

'雅妆'
'Ya Zhuang'

花浅粉色，瓣基有粉红，绣球型。中型花；外瓣2轮，宽大圆整；雌雄蕊全部瓣化；花朵直上，成花率高，花期晚。

植株中高，株形半开展；一年生枝中长；中型圆叶，侧小叶卵圆形，叶缘缺刻少，端钝尖，叶表面深绿色，叶尖黄。菏泽曹州牡丹园2002年育出。

'雁落粉荷'
'Yan Luo Fen He'

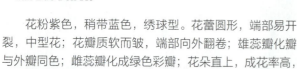

花粉紫色，稍带蓝色，绣球型。花蕾圆形，端部易开裂，中型花；花瓣质软而皱，端部向外翻卷；雄蕊瓣化瓣与外瓣同色；雌蕊瓣化成绿色彩瓣；花朵直上，成花率高，花期晚。

植株中高，株形半开展；一年生枝较长，节间短，萌蘖枝多；中型圆叶，叶柄平伸，侧小叶卵圆形，叶缘稍上卷，缺刻多，叶表面深绿色；耐盐碱，抗叶斑病。菏泽赵楼牡丹园1963年育出。

'银红映玉'
'Yin Hong Ying Yu'

花浅红色，绣球型。花蕾圆尖形，中型花；外瓣形大质硬，较圆整，瓣基有紫红色斑；雄蕊瓣化瓣皱褶紧密，少量雄蕊杂于瓣间；雌蕊退化变小或稍有瓣化；花朵侧开，成花率高，花期早。

植株中高，株形半开展；一年生枝较短，节间短；鳞芽大，圆尖形；大型长叶，叶柄斜伸，顶小叶顶端下垂，侧小叶长卵形，叶缘缺刻少，端渐尖，叶表面深绿有紫晕；花形丰满，耐日晒。菏泽赵楼牡丹园1968年育出。

'玉娇翠'
'Yu Jiao Cui'

花粉色，绣球型。外瓣宽大平展，质薄，瓣端浅齿裂；雄蕊全部瓣化，雌蕊瓣化为绿色彩瓣；花梗短，微藏花，花有清香味，花期晚。

植株高，株形半开展；中型长叶，叶表面绿色。生长势强，适宜庭园栽培。

'碧波霞影'
'Bi Bo Xia Ying'

花浅粉色，千层台阁型。外瓣形大，质薄，微透红晕；雌雄蕊全部瓣化，瓣化瓣密集褶叠；花期晚。

植株中高，株形半开展；中型长叶，叶表面绿色。菏泽赵楼牡丹园1996年育出。

'春阁'
'Chun Ge'

花粉色，千层台阁型。花瓣曲折，瓣端色浅，瓣基色深；雄蕊瓣化瓣褶叠隆起；雌蕊瓣化为红绿彩瓣；花朵侧开，成花率高，花期中。

植株中高，株形开展；中型圆叶，侧小叶卵形，边缘微上卷，叶表面粗糙，灰绿色有紫晕；无结实能力。菏泽赵楼牡丹园育出。

'唇红'
'Chun Hong'

花浅洋红色，瓣端色浅，千层台阁型。中型花；下方花外瓣5轮，外2轮形稍大，质硬而平展，内3轮质软而皱，瓣基有黑紫色斑，雄蕊量较多，雌蕊瓣化成绿色彩瓣；上方花雄蕊量少变小，雌蕊瓣化为绿色小彩瓣；花朵直上，成花率高，花期中。

植株矮，株形半开展；一年生枝短；小型圆叶，侧小叶卵形，叶缘稍波曲，缺刻少，端突尖，叶表面黄绿色。菏泽李集牡丹园1978年育出。

'翠点玲珑'
'Cui Dian Ling Long'

花粉色，千层台阁型。花蕾圆形；外瓣倒广卵形；雄蕊部分瓣化，花丝浅红色，瓣化瓣条形，瓣端浅齿裂；雌蕊全部瓣化为绿色瓣；花朵直上，高于叶面，花淡香，花期中。

植株中高，株形半开展；鳞芽卵圆形；中形长叶，顶小叶中裂，侧小叶卵形，叶缘缺刻尖，端锐尖，叶绿色背面有毛；抗逆性强，适宜盆栽或庭园绿化。菏泽百花园孙景玉团队1998年育出。

'短枝桃花'
'Duan Zhi Tao Hua'

花粉红色，千层台阁型。花朵大而丰满；枝粗而质软，稍弯曲，花朵侧开，花期中。

植株矮，株形半开展；枝细硬，成花率高。菏泽赵楼牡丹园育出。

'翻生西施'
'Fan Sheng Xi Shi'

花浅粉色，千层台阁型。花蕾长圆形；下方花花瓣多轮，由外向内逐层减小，雄蕊正常或偶有瓣化；上方花花瓣大而少，雌雄蕊小；花梗挺直，花朵直立，成花率高，花期中早。

植株高，株形直立；中型长叶，小叶长卵形或披针形，缺刻少，深绿；生长势强，适宜切花和庭园栽培；人工杂交育成，母本'凤丹'，父本'如花似玉'。菏泽瑞璞公司2015年育出。

'绯颜女'
'Fei Yan Nü'

花浅红色，千层台阁型。中型花；下方花外瓣4轮，形大质硬而平展，瓣基有红晕，雄蕊大部分瓣化，雌蕊瓣化为绿色彩瓣；上方花质软，稀少而皱，雄蕊退化变小，雌蕊退化消失；花朵侧开，成花率高，花期中。

植株矮，株形开展；一年生枝短；中型长叶，侧小叶长卵形，叶缘缺刻少，波曲上卷，端渐尖。菏泽百花园孙景玉、孙景联1966年育出。

'粉剪绒'
'Fen Jian Rong'

花粉色，千层台阁型。花蕾扁圆形，有侧蕾；花瓣基部有紫红晕，外花瓣倒卵形；雄蕊部分瓣化为条形瓣，瓣端有深齿裂，花丝紫红色；雌蕊全部瓣化，花盘（半包）紫红色；花淡香，花朵直上，高于叶面，花期中。

植株中高，株形半开展；鳞芽长卵形；中型圆叶，顶小叶顶端浅裂，侧小叶卵形，侧小叶叶缘全缘，叶绿色；抗逆性强，适宜庭园绿化。菏泽百花园孙景玉团队1998年育出。

'粉乌龙'
'Fen Wu Long'

花粉红色，瓣端色浅，千层台阁型。下方花外瓣宽大平展，瓣端浅裂；上方花花瓣细碎，中部隆起，雌雄蕊多瓣化，瓣端残留花药；花朵直上，成花率高，花期中。

植株中高，株形半开展；中型圆叶，叶表面绿色；生长势强；'乌龙捧盛'芽变而来。菏泽李集牡丹园孙学良育出。

'凤蝉娇'
'Feng Chan Jiao'

花粉红色，千层台阁型。中型花；外瓣5~6轮，较大，由外向内逐渐变小；雄蕊瓣化成窄长花瓣，雌蕊正常或瓣化，柱头稍有瓣化；花朵直上，成花率高，花期中。

植株中高，株形半开展；一年生枝中长；大型长叶，侧小叶长卵形，叶缘缺刻少，端渐尖，叶表面深绿色。菏泽曹州牡丹园1999年育出。

'凤冠玉翠'
'Feng Guan Yu Cui'

花粉白色，千层台阁型。下层花花瓣多轮，卷皱，瓣基具红紫色斑，雄蕊大部分瓣化，雌蕊瓣化，瓣化成绿色彩瓣；上层花较完整，花瓣较大，挺直；花梗挺直，花朵直上，花期中早。

植株中高，株形直立；中型长叶，小叶卵圆形，有缺刻，叶面粗糙，黄绿色，叶柄凹紫褐色；生长势较强，适宜切花和庭园栽培。菏泽瑞璞公司2018年育出。

'贵妃插翠'
'Gui Fei Cha Cui'

花粉红色，千层台阁型。花蕾圆尖形，中型花；外瓣5~6轮，排列整齐，瓣端浅齿裂，瓣基有红晕；雄蕊少，花丝紫色；雌蕊部分瓣化成黄绿色彩瓣，花盘（残存）紫色，柱头红色；花朵直上，成花率高，花香，花期中。

植株高，株形直立；一年生枝长，节间较短，萌蘖枝少，嫩枝浅红色；鳞芽大，圆尖形，新芽紫红色；中型圆叶，叶柄斜伸，顶小叶顶端缺刻深浅差异大，侧小叶卵圆形，叶缘缺刻少，端锐尖，叶表面粗糙，黄绿色，有深紫晕；耐湿热，耐寒，抗病。菏泽赵楼九队1970年育出。

'花园粉'
'Hua Yuan Fen'

花粉色,千层台阁型。花蕾圆尖形,大型花;下方花花瓣基部无色斑,雄蕊部分瓣化,瓣化瓣先端扭曲,花丝紫红色,雌蕊瓣化或退化消失;上方花雄蕊全部瓣化,雌蕊部分瓣化为红绿彩瓣,柱头红色,花盘革质、残存,红色,心皮被毛;花朵直上,高于叶丛,成花率高,花淡香,花期中晚。

植株中高,株形直立;结实率低,抗逆性强。菏泽百花园孙文海2023年育出。

'李园春'
'Li Yuan Chun'

花粉红色,千层台阁型。花蕾圆尖形,中型花;外瓣形大开展,瓣基有紫瓣;雄蕊量少,雌蕊瓣化成红绿彩瓣;花朵直上,成花率高,花期中。

植株中高,株形直立;一年生枝长,节间较短,萌蘖枝少;小型长叶,叶柄斜伸,侧小叶椭圆形,叶缘缺刻少,端渐尖,叶表面浅绿色。菏泽李集牡丹园1984年育出。

'玛瑙镶翠'
'Ma Nao Xiang Cui'

花粉红色,千层台阁型。下方花外瓣2~3轮,宽大平展,瓣端圆整;上方花花瓣细碎,雄蕊瓣化,瓣端残留花药,雌蕊瓣化成红绿彩瓣;花朵直上,成花率高,花期中。

植株中高,株形半开展;中型长叶,顶小叶中裂,侧小叶卵形,叶表面绿色;生长势强。菏泽李集牡丹园2002年育出。

'桃红飞翠'
'Tao Hong Fei Cui'

花深粉红色,千层台阁型。花蕾圆形,大型花;下方花外瓣3~4轮,较宽大,瓣基无色斑,雄蕊量少,雌蕊瓣化成绿色彩瓣;上方花雄蕊少而小,雌蕊退化变小或稍瓣化;花朵侧开,成花率较高,花期中。

植株高,株形半开展;一年生枝长,节间较短,萌蘖枝多;大型长叶,叶柄斜伸,侧小叶长卵形,叶缘缺刻少,稍上卷,端渐尖,叶表面黄绿色有紫晕。菏泽赵楼牡丹园1978年育出。

'桃花点翠'
'Tao Hua Dian Cui'

花粉红色,千层台阁型。中型花;外瓣4~5轮,圆大平展,质地较硬,基部有紫色斑;雄蕊部分瓣化成小花瓣,端部齿裂;雌蕊常瓣化为绿色彩瓣;花期中。

植株高,株形直立;大型长叶,叶背密生茸毛;生长势强,分枝力强,萌蘖枝多。菏泽赵楼牡丹园育出。

'樱花点翠'
'Ying Hua Dian Cui'

花粉红色，千层台阁型。大型花；下方花外瓣3轮，宽大圆整，瓣基有大紫斑，雄蕊瓣化或消失，雌蕊瓣化成红绿彩瓣；上方花雌雄蕊退化变小；花朵直上或侧开，成花率高，花期中晚。

植株高，株形半开展；一年生枝长；大型长叶，侧小叶长卵形，叶缘缺刻少，稍下垂，端钝尖，叶表面粗糙，有紫晕。菏泽曹州牡丹园2000年育出。

'璎珞宝珠'
'Ying Luo Bao Zhu'

花浅红色，千层台阁型。中型花；外瓣3轮，倒卵形，瓣端浅齿裂，瓣基无色斑；雄蕊全部瓣化，与外瓣同色；雌蕊退化或瓣化成红绿彩瓣，柱头红色；花朵直上，成花率高，花香，花期晚。

植株高，株形开展；小型长叶，叶柄斜伸，顶小叶顶端中裂，侧小叶长卵形，叶缘翻卷，端锐尖，叶表面深绿色，有紫晕。传统品种。

'鹦鹉闹春'
'Ying Wu Nao Chun'

花粉红色,千层台阁型。中型花;下方花花瓣多轮,质硬,排列整齐,雄蕊稍有瓣化,雌蕊瓣化为黄绿色相嵌的彩瓣;上方花花瓣量少,褶叠,质软,雌蕊多瓣化为红绿彩瓣;花朵直上或侧开,成花率高,花期晚。

植株中高,株形半开展;一年生枝中长;大型长叶,侧小叶长卵形,叶缘有缺刻,端渐尖,叶表面粗糙,黄绿色。菏泽赵楼牡丹园1988年育出。

'云蒸霞蔚'
'Yun Zheng Xia Wei'

花粉色,外瓣色浅,内瓣色深,千层台阁型。花蕾圆形,大型花;下方花外瓣4轮,部分雄蕊瓣化为柔皱的小花瓣,雌蕊瓣化瓣端部绿色;上方花花瓣较大,瓣端部曲皱,瓣基有紫斑,雄蕊正常,雌蕊退化变小;花朵直上,成花率高,花期中。

植株中高,株形直立;一年生枝中长;大型圆叶,侧小叶长卵形,叶缘全缘或稍有缺刻,端渐尖,叶表面粗糙,有紫晕,黄绿色。菏泽曹州牡丹园1996年育出。

'彩霞冠'
'Cai Xia Guan'

花初开红色,盛开深粉红色,楼子台阁型。下方花瓣皱褶、密集,雌蕊常瓣化成绿色彩瓣;上方花瓣稍大而稀;成花率高,花朵直上,花期中。

植株中高,株形半开展;中型圆叶,叶面黄绿色,边缘常有红晕;生长势中,适宜庭园栽培。菏泽李集牡丹园1983年育出。

'粉楼台'
'Fen Lou Tai'

　　花粉色，楼子台阁型。花蕾圆形，中型花，偏大；下方花外瓣2轮，大而平展，瓣端浅齿裂，瓣基有粉红晕，雌雄蕊完全瓣化；上方花质薄，稀少，雌雄蕊退化消失或瓣化；花朵侧垂，成花率较高，花期晚。

　　植株高，株形半开展；一年生枝长，节间稍短，萌蘖枝较少，嫩枝橘红色；鳞芽圆尖形，新芽紫红色；大型长叶，叶柄斜伸，顶小叶顶端浅裂，侧小叶长卵形，叶缘缺刻多，端渐尖，叶表面粗糙，深绿色；耐湿热，耐低温，抗叶斑病。菏泽百花园1982年育出。

'粉塔'
'Fen Ta'

　　花粉色，楼子台阁型。花蕾圆尖形；花瓣基部有紫红色狭长条；雄蕊部分瓣化，花丝紫红色；雌蕊瓣化或退化变小，花盘（全包）、柱头紫红色；花朵直上高于叶面，成花率高，生长势强，花期中。

　　植株中高，株形直立；中型长叶，侧小叶卵形，顶小叶中裂。菏泽百花园孙文海团队2010年育出。

'蓝月'
'Lan Yue'

　　花粉色，微带蓝色，楼子台阁型。花蕾扁圆形，中型花，偏大；下方花外瓣2轮，较圆整，瓣端浅齿裂，瓣基有卵形紫红色斑，有少数正常雄蕊，花丝紫色，雌蕊瓣化成彩瓣；上方花雄蕊变小，雌蕊变小或稍瓣化为黄绿色彩瓣，花盘残存，柱头红色；花朵侧开，成花率高，花香，花期中。

　　植株高，株形直立；一年生枝长，节间亦长，萌蘖枝多；中型圆叶，叶柄斜伸，顶小叶顶端中裂，侧小叶卵形，叶缘缺刻少而浅，端钝，叶表面较粗糙，浅绿色。菏泽赵楼牡丹园1990年育出。

'蟠桃'
'Pan Tao'

花淡粉色，楼子台阁型。中型花；下方花外瓣3轮，宽大圆整，瓣端齿裂，瓣基有紫斑，雌雄蕊全部瓣化；上方花雄蕊全部瓣化，雌蕊瓣化成绿色彩瓣；花朵直上，成花率高，花期晚。

植株矮，株形半开展；一年生枝短；小型长叶，侧小叶长卵形，叶缘缺刻少，叶缘上卷，端渐尖，叶表面有红晕，深绿色，叶背多长茸毛。菏泽曹州牡丹园2005年育出。

'七星宝珠'
'Qi Xing Bao Zhu'

花粉色,有绿色彩瓣,楼子台阁型。大型花;下方花外瓣质硬,宽大圆整,雄蕊部分瓣化,雌蕊瓣化成红、绿色彩瓣;上方花雄蕊变小,雌蕊瓣化为红绿彩瓣;花朵直上,成花率高,花期晚。

植株较矮,株形半开展;一年生枝短;大型圆叶,侧小叶椭圆形,叶缘缺刻少,端钝尖,叶表面粗糙,黄绿色,有紫晕。菏泽曹州牡丹园1986年育出。

'青龙盘翠'
'Qing Long Pan Cui'

花粉色,楼子台阁型。下方花花瓣多轮,波纹状,层层叠起,雄蕊全部瓣化,雌蕊瓣化成黄绿色彩瓣;上方花小,花瓣少;花朵侧开,成花率高,花期晚。

植株高,株形半开展;大型长叶,深绿色,质厚斜伸,小叶长卵形,缺刻多,叶面粗糙;生长势强,抗叶斑病。菏泽百花园孙景玉团队育出。

'桃花遇霜'
'Tao Hua Yu Shuang'

花粉色,楼子台阁型。中型花;下方花花瓣2轮,大而平展,基部有粉红晕,内瓣褶叠,整齐密集,雄蕊充分瓣化,雌蕊瓣化成绿色彩瓣;上方花花瓣较稀少,雌雄蕊瓣化或退化消失;花期晚。

植株较矮,株形半开展;中型长叶,叶面黄绿色,叶缘上卷,背部多茸毛,柄细硬,紫色。菏泽百花园孙景玉团队育出。

'万花魁'
'Wan Hua Kui'

花粉红色,楼子台阁型。花蕾扁圆形,大型花;外瓣3~4轮,宽大而圆整;雄蕊大部分瓣化;雌蕊瓣化成绿色彩瓣;花朵直上或侧开,成花率高,花期晚。

植株中高,株形半开展;一年生枝中长;大型长叶,侧小叶长卵形,端渐尖,叶表面黄绿色,叶背多茸毛;抗病性强。菏泽曹州牡丹园1995年育出。

'仙桃'
'Xian Tao'

花红色带粉色,楼子台阁型。花蕾圆尖形,大型花;下方花花瓣质软而薄,瓣基有紫红色斑,雄蕊全部瓣化为正常花瓣,雌蕊瓣化成长条形彩瓣;上方花大而长,近心处花瓣细小,雄蕊全部退化或瓣化,雌蕊退化变小,几乎消失;花朵侧开,成花率较低,花期中晚。

植株高,株形半开展;一年生枝长,节间亦长,萌蘖枝少;中型长叶,叶柄斜伸,侧小叶卵形或阔卵形,叶缘波曲上卷,缺刻少,端渐尖或突尖,叶表面绿色;抗叶斑病。菏泽百花园1985年育出。

'绣桃花'
'Xiu Tao Hua'

花粉红色,盛开瓣端色淡,楼子台阁型。花蕾扁圆形,中型花;下方花外瓣3~4轮,质厚平展,脉纹明显,瓣端浅齿裂,雄蕊正常或退化,瓣间残留正常或退化花药,雌蕊退化或变小;上方花雄蕊较大,花丝紫红色,雌蕊退化变小,花盘(全包或残存)白色,柱头紫红色;花朵侧开,成花率高,花香,花期中。

植株中高,株形半开展;一年生枝较长,节间短,萌蘖枝多,嫩枝红色;新芽黄褐色;中型长叶,顶小叶顶端深裂,侧小叶长卵形,叶缘微上卷,端渐尖,叶表面绿有紫晕;耐湿热性强,耐低温,抗叶斑病。菏泽赵楼牡丹园1969年育出。

菏泽牡丹谱

上编 菏泽牡丹品种

Red
红色系
（品种数：282种）

'花儿红'
'Hua Er Hong'

花鲜红色，艳丽，单瓣型。花瓣2轮，瓣基有较大深紫晕，离基；雌雄蕊正常，花丝黑紫色，花盘、柱头均淡粉白色；花梗挺直，花朵直立，成花率高，花期晚。

植株中高，株形直立；中型长叶，小叶长卵形，缺刻少，叶色黄绿；生长势强，易结实，适宜油用及庭园栽培。菏泽瑞璞公司2018年育出。

'火炼墨玉'
'Huo Lian Mo Yu'

花火红色，单瓣型。中型花；花瓣基部有紫黑色斑；雄蕊正常，花丝紫红色；雌蕊正常，柱头紫红色，花盘（全包）粉色；花朵直上，高于叶面，成花率高，花期早。

植株中高，株形半开展；中型长叶，侧小叶宽卵形，侧小叶叶缘缺刻多；人工杂交育成，母本'鸦片紫'，父本'曹州红'。菏泽百花园孙文海、郝炳豪2008年育出。

'烈焰'
'Lie Yan'

花艳红色，单瓣型。小型花；花瓣圆整；雌雄蕊正常，花丝紫色；花盘、柱头乳黄色；花朵直上或侧开，成花率高，花期中早。

植株低矮，株形半开展；一年生枝短；中型圆叶，侧小叶卵形，叶缘有浅缺刻，端突尖，叶表面有明显褐红晕。菏泽曹州牡丹园2013年育出。

'名望'
'Ming Wang'

　　花橙红色，单瓣型。中型花；外瓣2轮宽大，质地较厚，边缘有褶皱，色深；雌雄蕊正常，花盘、花丝均紫红色，柱头浅红色；花朵侧开，成花率高，花期晚。

　　植株高，株形直立；中型长叶，侧小叶狭长，有深羽裂，叶表面黄绿色；生长势强。欧美引进品种。

'奇蝶'
'Qi Die'

　　花桃红色，花瓣白色条纹明显，单瓣型。花蕾卵圆形，中型花；花瓣硬厚内抱，瓣基有较大紫红色斑；雌雄蕊正常，花丝、花盘、柱头淡黄色；花朵直上，成花率高，花期中。

　　植株中高，株形直立；一年生枝中长；小型圆叶，侧小叶长卵形，端渐尖，叶表面深绿色。菏泽赵楼九队赵孝崇1994年育出。

'夏红'
'Xia Hong'

花银红色,单瓣型。花瓣2~3轮,瓣基红晕,瓣端色浅,瓣中密布浅紫红色辐射纹;雄蕊量偏少,花丝红紫色;雌蕊正常,花盘(全包)、柱头浅紫红色;花梗挺直,花开直上,成花率高,花期晚。

植株中高,株形直立;中型圆叶,小叶披针形,有缺刻,叶深绿色;生长势强,适宜切花和庭园栽培。菏泽瑞璞公司2018年育出。

'银边红'
'Yin Bian Hong'

花浅红色，单瓣型。花蕾圆尖形，中型花；花瓣基部有紫黑色斑；雌雄蕊正常，花丝紫红色，柱头红色，花盘（全包）紫红色，心皮无毛；花朵斜伸，与叶面相平或近平，花香浓，花期早。

植株中高，株形半开展；当年生枝长22~30cm；中型长叶，小叶长卵形；结实率高，生长势强。菏泽曹州牡丹园2021年育出。

'银红绿波'
'Yin Hong Lü Bo'

花浅红色，单瓣型。花蕾长卵形；花瓣质薄软，稍皱褶；雌雄蕊正常，花丝中下部浅红色，花盘紫红色，柱头黄色；花梗细而质硬，花朵直上，花期中。

植株中高，株形直立；一年生枝中长；中型圆叶，较稀疏，小叶卵形，顶小叶深裂，先端渐尖，叶面粗糙，有斑皱；生长势中。菏泽传统品种。

'羽赛'
'Yu Sai'

花红色，单瓣型。花蕾圆尖形，中型花；花瓣基部有深紫色斑；雌雄蕊正常，花丝紫色，花盘（全包）、柱头紫红色；花朵直上，高于叶面，成花率高，花香淡，花期中。

植株中高，株形直立；当年生枝35~45cm；中型圆叶，小叶长卵形，深绿色；少量结实，生长势强；人工杂交育成，母本'紫羽傲阳'，父本'赛墨莲'。菏泽百花园孙文海团队2012年育出。

'八宝镶'
'Ba Bao Xiang'

花红色，荷花型。花蕾圆尖形，小型花；花瓣质地薄软，瓣基有墨紫色斑；雌雄蕊正常，花盘紫红色；花朵藏于叶中，成花率高，花期中。

植株矮，株形半开展；一年生枝短，节间亦短；小型长叶，叶柄平伸，侧小叶长卵形，叶缘波状上卷，缺刻少，端渐尖，叶表面绿色。传统品种。

'彩赛红'
'Cai Sai Hong'

花红色，荷花型。花蕾圆尖形，中型花，偏大；花瓣基部有紫红色斑；雌雄蕊正常，花丝、花盘均紫红色；花朵直上，高于叶面，成花率高，花香淡，花期中。

植株中高，株形直立；当年生枝30～40cm；中型长叶，小叶卵形，深绿色；少量结实，生长势强；人工杂交育成，母本'彩叶蓝玉'，父本'赛墨莲'。菏泽百花园孙文海、郝炳豪2011年育出。

'初赛红润'
'Chu Sai Hong Run'

花红色，荷花型。花蕾圆尖形，中型花；花瓣基部有墨紫晕；雌雄蕊正常，花丝深紫红色，花盘、柱头均紫红色；花朵直上，高于叶面，成花率高，花香淡，花期中。

植株中高，株形直立；当年生枝35～40cm；中型长叶，小叶长卵形，黄绿色；少量结实，生长势强；人工杂交育成，母本'初乌'，父本'赛墨莲'。菏泽百花园孙文海、郝炳豪2012年育出。

'大瓣红'
'Da Ban Hong'

　　花深紫红色，荷花型，有时呈菊花型。花蕾圆尖形，大型花；花瓣4～6轮，圆大平展，瓣端齿裂，瓣基有墨紫色斑；雄蕊偶有瓣化；雌蕊正常，花盘浅紫红色；花朵侧开，成花率高，花期中。

　　植株中高，株形半开展；一年生枝较长，节间短，萌蘖枝多；中型长叶，叶柄斜伸，侧小叶长卵形或阔披针形，叶缘波状微上卷，缺刻少，端渐尖，叶表面黄绿色；幼蕾期抗春寒。菏泽赵楼牡丹园1979年育出。

'倒晕红'
'Dao Yun Hong'

　　花红色，荷花型。花蕾圆尖形，中型花；花瓣基部有粉晕；雌雄蕊正常，花丝、花盘、柱头紫红色；花朵直上或斜伸，高于叶面，成花率高，花香浓，花期早。

　　植株中高，株形半开展；当年生枝20～30cm；中型长叶，小叶长卵形，绿色；结实率中等，生长势强；人工杂交而成，母本'金丽'，父本'天香锦'。菏泽百花园孙文海团队2009年育出。

'浮水红莲'
'Fu Shui Hong Lian'

花紫红色，荷花型。花蕾长卵形，小型花；花瓣4轮，圆润，质硬，瓣基具深紫红色斑；雄蕊偶有瓣化，花丝紫色；雌蕊正常，柱头、花盘均紫红色；花梗细长，花朵直上，成花率高，花期中。

植株中高，株形半开展；一年生枝细；中型圆叶，稀疏，小叶长卵形，顶小叶深裂，先端渐尖，叶面波曲上卷；生长势强，适宜切花与庭园栽培。菏泽李集牡丹园2000年育出。

'宫娥乔装'
'Gong E Qiao Zhuang'

花红色，荷花型。花蕾圆尖形，中型花；花瓣4轮，质硬，排列整齐，大小近似，瓣基具墨紫色条斑；雄蕊正常，雌蕊常有瓣化，花盘紫红色，柱头红色；成花率高，花期早。

植株中高，株形直立；枝细硬；中型长叶，稀疏，小叶卵形或长卵形，缺刻稍多，叶面黄绿色，叶脉下凹；生长势强，抗逆性强，适宜庭园栽培。菏泽赵楼牡丹园1990年育出。

'国庆红'
'Guo Qing Hong'

花深红色，鲜艳，荷花型。花蕾长尖形，中型花；花瓣3~4轮，质硬，瓣基有紫黑色斑；雄蕊正常，花丝深紫色；雌蕊增多，花盘乳白色，柱头紫红色；花朵侧开，花期中早。

植株中高，株形直立；中型长叶，较稀疏，小叶长卵形，近全缘，平展，端锐尖，叶色黄绿带紫晕；生长势强，适宜切花和庭园栽培。菏泽瑞璞公司2018年育出。

'菏红'
'He Hong'

花紫红色，荷花型。花蕾圆尖形，中型花；花瓣基部无瓣；雌雄蕊正常，花丝紫红色，花盘（全包）深紫红色，柱头紫红色；花朵直上，高于叶面，成花率高，花香淡，花期早。

植株中高，株形直立；当年生枝 30～40cm；小型圆叶，小叶卵形，深绿色；少量结实，生长势强。菏泽百花园孙景玉团队 1993 年育出。

'红船初心'
'Hong Chuan Chu Xin'

花深红色，鲜艳，荷花型。中型花；花瓣 3～4 轮，质硬，瓣基有紫黑色斑；雄蕊正常，花丝深紫色；雌蕊增多，花盘乳白色，柱头紫红色；花梗挺直，花开直上，成花率高，花期中晚。

植株中高，株形直立；中型长叶，较稀疏，小叶长卵形，近全缘，端下垂，叶色黄绿；生长势强。适宜切花和庭园栽培。菏泽瑞璞公司 2018 年育出。

'红到皮'
'Hong Dao Pi'

花紫红色,艳丽,荷花型。花蕾圆尖形;花瓣4轮,瓣基有紫晕,瓣端多齿裂,苞片时有瓣化成外彩瓣;雄蕊稍有瓣化,瓣化瓣小而卷曲;雌蕊正常,柱头紫红色;花梗挺直,花朵直立,成花率高,花期中。

植株中高,株形直立;中型长叶,小叶长卵形,叶面光滑平展,柄凹有褐晕;生长势强,易结实,适宜切花、油用和庭园栽培;人工杂交育成,母本'凤丹',父本'黑海撒金'。菏泽瑞璞公司2017年育出。

'红莲点金'
'Hong Lian Dian Jin'

花红色,荷花型。花瓣大,圆整平展,基部有紫色斑;雌雄蕊正常;成花率中等,花期中。

植株中高,株形半开展;中型长叶,深绿色,小叶卵圆形,缺刻深;生长势强,分枝力强。河南洛阳市牡丹研究院育出。

'红岩'
'Hong Yan'

花艳红色,荷花型。瓣基具墨紫红色斑块;雌雄蕊正常,无瓣化;花朵直上,花期中。

植株高,株形半开展;叶片浅绿,叶片质软、下垂;生长势强。菏泽曹州牡丹园高勤喜、杨会岩2023年育出。

'花缨' 'Hua Ying'

花深银红色，荷花型。小型花，花瓣质地嫩，瓣基有深紫红小斑；雌雄蕊正常，花盘紫红色；花期中。

植株矮，株形开展；大型长叶，稠密质软，叶表面浅绿色有紫晕。传统品种。

'花游' 'Hua You'

花桃红色，荷花型。花蕾长圆形，大型花；花瓣3~5轮，端部粉色，质地较软；雌雄蕊正常；花朵侧开，花期中晚。

植株中高，株形直立；大型长叶，叶背光滑，斜展，叶表面黄绿色有紫晕，叶柄黄绿色；生长势强，分枝力强。日本引进品种。

'火炼金丹' 'Huo Lian Jin Dan'

花火红色，荷花型。中型花；花瓣倒卵圆形，瓣端浅齿裂，瓣基有墨紫红色菱形斑；雌雄蕊正常，花丝墨紫红色，花盘、柱头紫红色；成花率低，花期中。

植株较矮，株形半开展；中型圆叶，稍上卷，叶背密生茸毛；生长势中等，萌蘖枝中多。菏泽曹州牡丹园育出。

'火焰山' 'Huo Yan Shan'

花火红色，荷花型。花瓣3~4轮，质薄皱卷，瓣基色深；雌雄蕊正常，花丝、花盘均紫红色，柱头深红色；花梗挺直，花朵直上，花期中。

植株中高，株形直立；中型长叶，稀疏，小叶长卵圆形，缺刻少而浅，渐尖，叶片黄绿色，边缘褐色，叶柄褐红色；生长势强，易结实，适宜油用、切花和庭园栽培。菏泽瑞璞公司2017年育出。

'礼花红'
'Li Hua Hong'

花深红色,荷花型。花瓣4~6轮,质硬;雄蕊正常,花丝紫红色;雌蕊5~8枚,花盘浅绿色,柱头淡黄色;花梗挺直,花朵直立,成花率高,花期晚。

植株高,株形直立;中型长叶,小叶长卵形,常有深缺刻,端锐尖,黄绿色;生长势强;以'岛锦'为母本,自然杂交选育。菏泽瑞璞公司2018年育出。

'玲珑'
'Ling Long'

花浅红色,荷花型。花蕾圆形,不绽口,小型花;花瓣圆整;雌雄蕊正常,花丝、花盘(全包)、柱头均紫红色;花朵直上,高于叶面,成花率高,花浓香,花期中。

植株中高,株形直立;生长势强,适宜切花及庭园栽培。菏泽百花园孙文海、孙帅2023年育出。

'罗汉红'
'Luo Han Hong'

花浅红色,荷花型或皇冠型。花蕾扁圆形,顶部易开裂,中型花;花瓣质硬,瓣端圆整,瓣基有紫红晕;雄蕊正常或少数瓣化,雌蕊时有退化或瓣化;成花率低,花期中晚。

植株矮,株形直立;一年生枝短,节间短,萌蘖枝多;鳞芽扁圆形,芽端常开裂,新芽暗紫色;中型圆叶,侧小叶卵圆形,叶缘缺刻少,叶表面绿有紫晕。传统品种。

'乔子红'
'Qiao Zi Hong'

花深紫红色，荷花型。中型花；花瓣4~5轮，质硬平展，内轮花瓣稍皱，基部有墨紫晕纹；雄蕊偶有瓣化，花丝深紫红色；雌蕊正常，柱头粉色，花盘紫色；花期早。

植株中高，株形半开展；中型长叶，深绿色，质硬，背面多茸毛。菏泽百花园孙景玉团队育出。

'秦红'
'Qin Hong'

花红色，荷花型，有时呈托桂型。花蕾圆尖形，中型花；花瓣质地薄而软，排列稀疏，瓣端深齿裂，瓣基有墨紫色斑；雄蕊稍有瓣化，花丝紫色；雌蕊退化变小，残存，心皮5枚，柱头红色；花朵侧开，成花率高，花香，花期中。

植株矮，株形开展；一年生枝短，节间亦短，萌蘖枝少；小型长叶，叶柄斜伸，顶小叶顶端中裂，侧小叶长卵形或卵状披针形，叶缘上卷，缺刻少端渐尖，叶表面黄绿色。传统品种。

'青心红'
'Qing Xin Hong'

花深紫红色，荷花型。中型花；花瓣圆形，瓣端浅齿裂，瓣基有菱形墨紫晕；雄蕊部分瓣化，瓣化瓣倒卵形，花丝紫红色；雌蕊正常，花盘（半包）紫红色，柱头青绿色；花朵侧开，成花率高，花香，花期早。

植株中高，株形半开展；一年生枝中长；中型长叶，叶柄平伸，顶小叶顶端中裂，侧小叶长卵形，叶缘缺刻多而深，端锐尖，叶表面深绿色有紫晕，叶背有毛。菏泽百花园孙景玉团队育出。

'日落云'
'Ri Luo Yun'

花深红色,有光泽,荷花型。中型花;花瓣瓣端有齿裂,瓣基有深紫红晕;雄蕊正常,花丝紫红色;雌蕊正常,偶有瓣化,花盘、柱头均乳白色;花朵直上,成花率高,花期中。

植株高,株形直立;一年生枝长;中型长叶,侧小叶阔卵形,叶缘多缺刻,端渐尖、下垂,叶表面有紫晕。菏泽曹州牡丹园2013年育出。

'瑞波功'
'Rui Bo Gong'

花鲜红色,荷花型。中型花;花瓣4轮,质硬,较圆整;雌雄蕊正常,花丝深紫色;心皮乳白色,柱头乳白色;花梗挺直,花开直上,成花率高,花期中晚。

植株中高,株形直立;中型长叶,小叶圆卵形,有缺刻,叶面平展,绿色有紫晕,叶柄紫褐色;生长势强,易结实,适宜油用、切花和庭园栽培。菏泽瑞璞公司2018年育出。

'赛和'
'Sai He'

花红色,荷花型。花蕾圆形,中型花;花瓣基部有紫红色斑;雌雄蕊正常,花丝、花盘(全包)、柱头紫红色;花朵直上,高于叶面,成花率高,花香淡,花期中。

植株中高,株形直立;当年生枝35~40cm;中型圆叶,小叶卵形,浅绿色;少量结实,生长势强;人工杂交育成,母本'赛墨莲',父本'田玉'。菏泽百花园孙文海团队2014年育出。

'赛羽娇子' 'Sai Yu Jiao Zi'

花红色，荷花型。花蕾圆尖形，中型花；花瓣基部有紫红色斑；雌雄蕊正常，花丝、花盘（全包）、柱头紫红色；花朵直上，高于叶面，成花率高，花香浓，花期中。

植株中高，株形直立；当年生枝35～40cm；中型圆叶，小叶长卵形，绿色；少量结实，生长势强；人工杂交而成，母本'赛墨莲'、父本'紫羽傲阳'。菏泽百花园孙文海、孙帅2011年育出。

'山花烂漫' 'Shan Hua Lan Man'

花浅红色，荷花型。小型花；花瓣3～4轮，形较大，质薄；雄蕊密集偶有向心式瓣化；雌蕊正常或瓣化，花盘紫红色；花朵侧开，成花率高，花期中。

植株矮，株形半开展；一年生枝短；中型圆叶，侧小叶卵圆形，叶缘缺刻多而深，端锐尖，叶表面粗糙，叶脉明显，深绿色；抗寒性强。菏泽赵楼牡丹园1978年育出。

'石榴红' 'Shi Liu Hong'

花红色，荷花型。小型花；瓣端浅齿裂，瓣基无色斑；雌雄蕊正常，花丝、花盘（全包）、柱头紫红色；花朵侧开，成花率低，花淡香，花期中。

植株中高，株形直立；一年生枝中，萌蘖枝较多；小型圆叶，叶柄斜伸，顶小叶顶端中裂，侧小叶宽卵形，叶缘缺刻少，端渐尖，叶表面黄绿色有紫晕；结实率高。菏泽传统品种。

'卫星红'
'Wei Xing Hong'

花艳红色,润泽,荷花型。花瓣4~6轮,排列整齐;雌雄蕊正常,花丝紫红色;花朵直上,与叶面平齐,成花率高,花期中。

植株中高,株形半开展;小型长叶,侧小叶卵形,叶表面绿色。菏泽曹州牡丹园高勤喜2020年育出。

'舞红绫'
'Wu Hong Ling'

花红色,荷花型。花瓣质嫩、润泽,瓣端齿裂,色浅,基部有三角形深紫斑;雌雄蕊正常,偶有瓣化;花朵直上,成花率高,花期中。

植株中高,偏矮,株形直立;大型长叶,叶表面绿色,边缘有明显紫晕。菏泽赵楼九队1976年育出。

'西江锦'
'Xi Jiang Jin'

花浅洋红色,荷花型,偶呈托桂型。中型花;花瓣瓣端圆整,排列整齐,瓣基有紫斑;雄蕊偶有瓣化;雌蕊正常或瓣化成红绿彩瓣;花朵直上,成花率高,花期中。

植株中高,株形半开展;一年生枝短;大型圆叶,侧小叶椭圆形,叶缘上翘,端钝尖,叶表面有紫红晕。菏泽赵楼牡丹园1979年育出。

菏泽牡丹谱

上编 菏泽牡丹品种

'向阳红'
'Xiang Yang Hong'

花深红色，荷花型。花蕾长圆尖形，中型花；外瓣4轮，大而圆整，瓣端常有一深裂，瓣基有墨紫色斑；雌雄蕊正常，花丝紫红色，花盘（全包）粉白色，柱头浅红色；花朵直上，成花率高，花淡香，花期早。

植株高，株形直立；一年生枝长，节间亦长，近柄基处具紫晕，萌蘖枝多，嫩枝红色；鳞芽长卵圆形，新芽红褐色；中型长叶，顶小叶顶端中裂，侧小叶卵形或长卵形，缺刻多，叶表面深绿色有紫晕；耐湿热，较抗寒。菏泽百花园孙景玉、王洪宪1988年育出。

'新日月'
'Xin Ri Yue'

花红色，荷花型。花瓣多轮，边缘褶皱，有线状白色条纹；雌雄蕊正常，花丝紫红色，花盘、柱头均黄白色；花朵直上，成花率高，花期晚。

植株中高，株形直立；枝条粗壮，花梗较长；中型长叶，叶表面浅绿色有紫晕；生长势强。日本引进品种。

'艳阳天'
'Yan Yang Tian'

花红色，荷花型。花瓣外瓣质硬，边缘有白色斑，浅齿裂，瓣基具墨紫红色斑块；雌雄蕊正常，柱头浅红色；花朵直上，花期早。

植株中高，株形半开展；叶片浅绿色，侧小叶卵形；生长势强。菏泽曹州牡丹园高勤喜、杨会岩育出。

'阳光瑞璞'
'Yang Guang Rui Pu'

花火红色，荷花型。花朵中大，花瓣3~4轮，稍卷曲，瓣端有浅裂；雌雄蕊正常，花丝红色，柱头白色；花梗挺直，花开直上，花期中晚。

植株中高，株形近直立；中型长叶，小叶长卵形至披针形，多缺刻，端锐尖，叶表面黄绿色；生长势强，适宜切花及庭园栽培。菏泽瑞璞公司2017年育出。

'掌花案'
'Zhang Hua An'

花大红色,荷花型,有时呈皇冠型。雌雄蕊正常,花丝、柱头紫红色;花朵侧开,花期中。

植株较矮,株形半开展;中型长叶,叶表面黄绿色;生长势弱。传统品种。

'正红一品'
'Zheng Hong Yi Pin'

花红色,荷花型,有时呈菊花型。中型花;花瓣倒卵形,瓣端浅齿裂,瓣基有菱形墨紫晕;雄蕊少数瓣化,瓣化瓣倒卵形,花丝墨紫色;雌蕊正常,花盘(半包)墨紫色,柱头紫红色;花朵侧开,成花率高,花浓香,花期中。

植株矮,株形半开展;一年生枝中;小型长叶,叶柄平伸,顶小叶顶端深裂,侧小叶卵形,叶缘缺刻多而深,端锐尖,叶表面绿有紫晕。菏泽赵楼牡丹园育出。

'脂红戏金'
'Zhi Hong Xi Jin'

花洋红色，荷花型。外瓣3～5轮，宽大平展，基部无斑，内部一圈细碎小瓣；雌雄蕊正常，花丝、柱头紫红色；成花率高，花期中早。

植株中高，株形半开展；中型圆叶，侧小叶卵形，边缘无缺刻，叶表面绿色，叶脉明显；生长势强。菏泽李集牡丹园育出。

'傲阳'
'Ao Yang'

花红色，菊花型。花蕾扁圆形，中型花；花瓣质硬，排列整齐，瓣端浅齿裂，瓣基无色斑；雄蕊正常，花丝紫红色；雌蕊正常，花盘（半包）、柱头紫红色；花朵直上，花浓香，花期中。

植株中高，株形直立；一年生枝较长，节间稍短；中型长叶，叶柄斜伸，顶小叶顶端深裂，侧小叶长卵形，叶缘缺刻多，端渐尖，叶表面黄绿色有紫红晕；花朵耐日晒。菏泽赵楼牡丹园1963年育出。

'八宝红'
'Ba Bao Hong'

花红色，菊花型。花蕾圆尖形，偶有侧蕾，中型花；花瓣基部有深紫红斑；雄蕊正常，花丝粉红色，花盘、柱头紫红色；花梗细直，花朵直上，高于叶面，花香浓，成花率高，花期早。

植株矮，株形半开展；当年生枝30～35cm；小型圆叶，小叶长卵形，黄绿色；结实中等，生长势强。菏泽百花园孙景玉团队1982年育出。

'百花向阳'
'Bai Hua Xiang Yang'

花红色，菊花型。花蕾扁圆形，中型花；花瓣基部无斑；雌雄蕊正常，花丝、花盘、柱头均紫红色；花朵直上，高于叶面，成花率高，花香浓，花期中。

植株中高，株形半开展；当年生枝30～40cm；中型圆叶，小叶卵形，深绿色；少量结实，生长势强。菏泽百花园孙文海团队2006年育出。

'百园风彩'
'Bai Yuan Feng Cai'

花红色,菊花型。花蕾圆形,中型花;花瓣瓣端色浅,基部无斑;雌雄蕊正常,花丝、花盘(半包)、柱头紫红色;花朵直上,高于叶面,成花率高,花香淡,花期中。

植株中高,株形半开展;当年生枝30~40cm;中型圆叶,小叶卵形,深绿色;少量结实,生长势强。菏泽百花园孙文海团队2006年育出。

'宝石花'
'Bao Shi Hua'

花鲜红色,艳丽,菊花型。花瓣5~6轮,皱褶;雄蕊稀疏,花丝淡红色,柱头稍瓣化,粉白色;花梗挺直,花朵直立,花期中晚。

植株中高,株形直立;中型长叶,小叶长卵形,有缺刻;生长势强,适宜庭园栽培;人工杂交育成,母本'凤丹',父本'岛锦'。菏泽瑞璞公司2015年育出。

'才高八斗'
'Cai Gao Ba Dou'

花鲜红色，菊花型。中型花，花瓣5~8轮，向内渐小，瓣基色深，瓣缘有凹缺；雄蕊正常，花丝中下部紫红色；雌蕊正常，心皮白色，柱头紫红色；花梗挺直，花朵直上，花期中晚。

植株中高，株形直立；中型长叶，稍稀疏，小叶长卵形，缺刻少，深绿色；生长势强，适宜庭园栽培。菏泽瑞璞公司2018年育出。

'彩红'
'Cai Hong'

花红色，菊花型。花瓣多轮，外瓣宽大平展，瓣端齿裂，内瓣向心内卷；雄蕊部分正常，部分瓣化为细碎瓣；雌蕊退化变小；花朵直上，花期中。

植株中高，株形直立；小型长叶，侧小叶卵形，有缺刻，叶表面黄绿色；分枝力强。菏泽曹州牡丹园育出。

'曹州红'
'Cao Zhou Hong'

花红色，菊花型。花蕾扁圆形，中型花；花瓣6~7轮，质硬平展，排列整齐，瓣端浅齿裂，瓣基有浅红晕；雌雄蕊正常，花盘（半包）紫色，心皮5~8枚，柱头红色；花朵直上，成花率高，花淡香，花期早。

植株中高，株形半开展；一年生枝较短，节间短，萌蘖枝多；中型圆叶，叶柄斜伸，侧小叶阔卵形或卵形，叶缘略上卷，缺刻多而浅，叶表面绿色；抗逆性强。菏泽百花园孙景玉、孙景联1982年育出。

'长茎红'
'Chang Jing Hong'

花红色，菊花型。中型花；外花瓣3~6轮，花瓣倒卵形；雌雄蕊正常，花盘（全包）紫红色，心皮5枚，柱头红色；花朵直上，成花率高，花淡香，花期早。

植株高，株形半开展；大型圆叶，叶柄平伸，侧小叶卵形，端渐尖，叶表面绿色。菏泽百花园孙景玉、孙景联育出。

'晨辉'
'Chen Hui'

花浅红色，端部色淡，菊花型。花蕾圆尖形，中型花；花瓣质稍硬，排列整齐紧密，瓣基有深紫红色斑；雌雄蕊正常，花丝、花盘（半包）紫红色，柱头红色；花朵直上或侧开，成花率高，花期中。

植株矮，株形半开展；一年生枝短，节间亦短；中型圆叶，侧小叶卵形，叶缘稍上卷，缺刻较多，叶表面黄绿色；较抗寒。菏泽百花园孙景玉、孙景联1984年育出。

'出水芙蓉'
'Chu Shui Fu Rong'

花浅红色，菊花型。中型花；花瓣6～8轮，倒卵形，瓣端浅齿裂，瓣基有椭圆形墨紫色斑；雌雄蕊正常，花丝、花盘（全包）、柱头紫红色；花朵侧垂，成花率较高，花期早。

植株矮，株形直立；中型长叶，叶柄平伸，侧小叶长卵形，端锐尖，叶表面黄绿色有紫晕。菏泽百花园孙景玉团队育出。

'出云红'
'Chu Yun Hong'

花紫红色，菊花型。花瓣多轮，瓣基具墨紫色斑；雌雄蕊基本正常，花丝紫红色，心皮增多，柱头浅红色；花梗质硬，花朵直上或侧开，成花率高，花期中。

植株中高，株形直立；中型圆叶，小叶卵形，有缺刻，叶面光滑而平展；生长势强，适宜庭园栽培。菏泽李集牡丹园1989年育出。

'初赛红玉'
'Chu Sai Hong Yu'

花红色，菊花型。花蕾圆尖形，中型花，偏大；花瓣基部深红晕；雌雄蕊正常，花丝、花盘、柱头紫红色；花朵直上，高于叶面，成花率高，花香淡，花期中晚。

植株中高，株形直立；当年生枝35～40cm；中型长叶，小叶长卵形，青绿色；少量结实，生长势强；人工杂交而成，母本'初乌'，父本'赛墨莲'。菏泽百花园孙文海、孙帅2012年育出。

'春红娇艳'
'Chun Hong Jiao Yan'

花红色，菊花型。花蕾圆尖形，大型花；花瓣质硬，瓣端浅齿裂，瓣基有椭圆形墨紫色斑；雌雄蕊正常，花丝深紫红色，花盘（半包）紫红色，柱头深紫红色；花朵直上，成花率高，花期中。

植株中高，株形直立；一年生枝长，节间短，萌蘖枝少；鳞芽圆尖形，新芽灰褐色；大型圆叶，叶柄平伸，顶小叶顶端浅裂，侧小叶卵形或卵圆形，叶缘略上卷，缺刻多而浅，叶表面绿色；较耐湿热，较抗寒。菏泽百花园孙景玉、孙景和1970年育出。

'丛中笑'
'Cong Zhong Xiao'

花浅红色，菊花型。花蕾圆尖形，中型花；花瓣质硬，排列整齐，瓣端浅齿裂，瓣基有菱形墨紫色斑；雌雄蕊正常，花丝、花盘、柱头紫红色；花朵直上，成花率高，花期中。

植株中高，株形直立；一年生枝较长，节间较短；鳞芽圆尖形，新芽灰褐色；小型长叶，叶柄平伸，顶小叶顶端中裂，侧小叶卵形，叶缘缺刻深，端渐尖，叶表面黄绿有紫红晕；较耐湿热，较抗寒，较抗病。菏泽赵楼牡丹园1965年育出。

'大红宝珠'
'Da Hong Bao Zhu'

花鲜红色，花瓣有光泽，菊花型。中型花；外瓣2轮，形稍大，质软而平展，瓣基有紫晕；雌雄蕊变小，花盘深紫红色；花朵侧开，成花率高，花期中晚。

植株矮，株形半开展；一年生枝短；中型圆叶，侧小叶卵形，端突尖，叶表面稍斑皱，有紫晕。菏泽百花园孙景玉团队1985年育出。

'大红一品'
'Da Hong Yi Pin'

花红色，菊花型。花蕾圆尖形，中型花；花瓣6～8轮，质地较硬而圆整，瓣基有紫红色斑；雌雄蕊正常，花盘紫红色；花朵侧开，成花率高，花期早。

植株中高，株形半开展；一年生枝较短，节间短；中型长叶，叶柄斜伸，顶小叶顶端深裂或全裂，侧小叶阔卵形或圆卵形，叶缘上卷，缺刻多而深，端渐尖，叶表面绿色有浅紫晕。菏泽赵楼牡丹园1990年育出。

'丹顶鹤' 'Dan Ding He'

花红色，多花型，荷花型至菊花型。中型花；花瓣卵形，瓣端浅齿裂，瓣基有菱形墨紫晕；雄蕊少数瓣化，瓣化瓣条形至长卵形，端部有残留花药；雌蕊正常，花盘（全包）、柱头紫红色；花朵侧开，成花率高，花淡香，花期早。

植株矮，株形半开展；一年生枝中；小型长叶，叶柄平伸，顶小叶顶端中裂，侧小叶卵形，叶缘缺刻多而深，端锐尖，叶表面绿色。菏泽百花园孙景玉团队育出。

'丹霞' 'Dan Xia'

花红色，菊花型。花瓣质细腻，色艳丽，瓣基有紫斑；雌雄蕊正常，花丝、柱头紫红色；花朵侧开，高于叶面或与叶面等高，成花率高，花期中早。

植株矮，株形半开展；枝细硬，中型长叶，顶小叶深裂，侧小叶长卵形，叶表面绿色有紫晕。菏泽赵楼牡丹园育出。

'岛津红' 'Dao Jin Hong'

花红色，菊花型或蔷薇型。花蕾圆形，大型花；花瓣多轮，圆整，柔软，排列紧密，层次清晰；雄蕊正常，花丝紫红色；雌蕊正常，花盘淡紫色，柱头黄绿色；花朵直上，成花率高，花期中。

植株中高，株形半开展；新枝绿色，中型长叶；生长势强，花朵耐日晒。引进品种。

'繁花争春'
'Fan Hua Zheng Chun'

花红色，瓣端色淡，菊花型。中型花；花瓣质硬平展，排列整齐，瓣基有红晕；雌雄蕊基本正常，花盘深紫色；花朵侧开，成花率高，花期中。

植株中高，株形半开展；一年生枝短；大型圆叶，侧小叶宽卵形，叶缘略上卷，缺刻多，叶表面黄绿色有紫晕。菏泽百花园孙景玉团队1990年育出。

'芳纪'
'Fang Ji'

花红色，菊花型。花色纯正，颜色艳丽，饱和度较高；花瓣多轮，曲皱，瓣端不规则齿裂；雌雄蕊正常，柱头紫红色；花梗较长，花朵直上，成花率高，花期晚。

植株中高，株形直立；中型长叶，浅绿色，边缘有明显紫晕，叶柄红色，萌蘖枝中；适宜催花。日本引进品种。

'古园红'
'Gu Yuan Hong'

花紫红色,有光泽,菊花型。花瓣6~8轮,质硬,圆整平展,色泽纯正;雌雄蕊正常,花丝、柱头紫红色;花期晚。

植株中高,株形半开展;枝细硬,中型长叶,叶柄较短,斜伸,小叶长卵形,缺刻多,端渐尖或锐尖,叶面有黄晕;开花期长,耐日晒。菏泽古今园1993年育出。

'国色添香'
'Guo Se Tian Xiang'

花深红色,艳丽,菊花型。花朵中大,花瓣6~8轮,层次分明,瓣基深紫红色,瓣端有凹缺;雄蕊稍有瓣化,花丝深红色;雌蕊增多,花盘红色,柱头淡黄色;花梗挺直,花朵直上或侧开,花期晚。

植株中高,株形直立;中型长叶,小叶长卵形或长椭圆形,近全缘,绿色;生长势强,适宜庭园栽培。菏泽瑞璞公司2018年育出。

'菏泽晨霞'
'He Ze Chen Xia'

花洋红色，菊花型。花蕾圆尖形，大型花；花瓣基部无斑；雌雄蕊正常，柱头黄白色；花梗硬、特长，花朵直上，高于叶面，成花率高，花香浓，花期晚。

植株中高，株形直立；当年生枝35~45cm；中型长叶，小叶卵形，黄绿色；少量结实，生长势强。菏泽百花园孙文海团队2013年育出。

'红蝴蝶'
'Hong Hu Die'

花红色，菊花型。小型花；花瓣宽大质硬，排列整齐，瓣端圆整，瓣基有墨紫色斑；雄蕊稍有瓣化，花盘、柱头紫红色；花朵直上，成花率高，花期中。

植株中高，株形直立；一年生枝长；中型圆叶，侧小叶卵圆形，叶缘上卷，缺刻多，端钝尖，叶表面浅绿色有紫红晕。菏泽赵楼牡丹园1978年育出。

'红花罗汉'
'Hong Hua Luo Han'

花红色，菊花型。花蕾扁圆形，中花型；花瓣较大，瓣质硬；雌雄蕊正常，柱头紫红色；花梗粗硬，花朵直上，成花率高，花期中。

植株矮，株形直立；中型圆叶，叶表面绿色有红晕，肥厚平展，缺刻少；生长势中。菏泽李集村李丰强2015年育出。

'红辉狮子'
'Hong Hui Shi Zi'

花红色,菊花型。花瓣褶皱,瓣端有不规则齿裂;雌雄蕊正常,花丝、柱头紫红色;花朵侧开,成花率高,花期中。

植株中高,株形直立;中型长叶,叶表面绿色,边缘有红晕;生长势强。日本引进品种。

'红菊'
'Hong Ju'

花洋红色,菊花型。花蕾扁圆形,中型花;花瓣质硬,瓣端圆整,瓣基有紫晕;雌雄蕊正常或变小,花丝、柱头紫红色;花朵直上,成花率高,成花率高,花期中。

植株中高,株形直立;一年生枝中长;中型圆叶,侧小叶卵圆形,叶缘浅裂,端钝尖,叶表面浅绿有红晕。菏泽曹州牡丹园2009年育出。

'红娘'
'Hong Niang'

花红色，有光泽，菊花型。中型花；花瓣6轮，质硬而平展，外瓣端部有一缺刻，基部有深紫红色斑；雄蕊较少，雌蕊退化变小，花盘粉色；花梗细短而硬，花朵直上，成花率高，花期中晚。

植株中高，株形直立；当年生枝细而硬，短枝；中型长叶，质硬而稠密，小叶长卵形，端锐尖；生长势强，适宜促成、抑制和庭园栽培。菏泽市国花牡丹研究所赵孝知2004年育出。

'红蔷薇'
'Hong Qiang Wei'

花红色，菊花型。花蕾扁圆形，小型花；花瓣质硬，瓣端稍有皱曲；雌雄蕊正常或变小，柱头紫红色；花朵直上或稍侧开，成花率高，花期中。

植株中高，株形半开展；一年生枝短；小型长叶，叶表面绿色；花朵耐日晒。菏泽曹州牡丹园2005年育出。

'红狮子'
'Hong Shi Zi'

花玫红色，菊花型或蔷薇型。花蕾圆形，中型花；花瓣多轮，圆整柔软，排列紧密，层次清晰；雌雄蕊正常，花盘淡紫色，柱头粉红色；花朵直上，成花率高，花期中。

植株中高，株形半开展；新枝红绿色，中型叶；生长势强，花朵耐日晒。引进品种。

'红霞迎日'
'Hong Xia Ying Ri'

花紫红色，菊花型或千层台阁型。花蕾圆尖形，中型花；花瓣质硬，排列整齐，瓣端浅齿裂；雄蕊稍有瓣化，花丝下部紫红色；雌蕊变小或瓣化，花盘（残存）、柱头紫红色；花朵直上，成花率高，花淡香，花期中。

植株较矮，株形半开展；一年生枝短，节间亦短；中型长叶，叶柄斜伸，顶小叶顶端中裂，侧小叶长椭圆形，叶缘缺刻多，端锐尖，叶表面深绿色有浅紫晕；花朵耐日晒。菏泽赵楼牡丹园1976年育出。

'红心向阳'
'Hong Xin Xiang Yang'

花红色，菊花型。花蕾圆尖形；花瓣基部有紫晕；外瓣平展，瓣端浅齿列，内瓣曲皱；雌雄蕊正常，花朵直上，高于叶面，花期中。

植株中高，株形半开展；一年生枝长；中型长叶，叶表面中绿色，有紫晕；生长势强，适宜切花。菏泽曹州牡丹园高勤喜、杨会岩2016年育出。

'红艳艳'
'Hong Yan Yan'

花红色，菊花型。花蕾圆尖形，中型花；外花瓣6~8轮，花瓣倒卵形，基部有紫色斑；雄蕊正常，偶有瓣化；雌蕊正常，花盘紫红色，柱头红色；花朵直上，成花率高，花期中。

植株高，株形直立；一年生枝长，节间短，萌蘖枝多；鳞芽狭尖形；中型长叶，叶柄斜伸，顶小叶顶端深裂，侧小叶圆形或披针形，叶缘缺刻少，边缘上卷，叶面光滑，端锐尖，叶表面黄绿色，叶背多毛。北京景山公园20世纪70年代育出。

'宏图'
'Hong Tu'

花浅红色，菊花型。花蕾圆尖形，中型花；花瓣自外向内缩小，质地薄软，卷而曲皱，瓣基有深紫晕；雄蕊正常，雌蕊退化变小或瓣化成红绿彩瓣；花朵微藏于叶中，成花率高，花期中。

植株矮，株形开展；一年生枝短，节间亦短，萌蘖枝多，鳞芽大，狭尖形；中型长叶，侧小叶狭长，叶缘缺刻少，叶表面绿色。菏泽赵楼牡丹园1969年育出。

'花王'
'Hua Wang'

花红色,菊花型。外瓣大而平展,内瓣细,耸立,瓣基红晕;雄蕊点金,雌蕊瓣化;花期中。

植株高,株形直立;中型圆叶,叶表面绿色;中度喜光,稍耐半阴,喜温和。日本引进品种。

'花王迎日'
'Hua Wang Ying Ri'

花浅紫红色，菊花型。花瓣多轮，瓣端色浅；雌雄蕊正常，柱头紫红色；花朵直上，与叶面近等高，成花率高，花期中。植株中高，株形直立；中型圆叶，叶表面绿色；生长势强。日本引进品种。

'火岛鸟'
'Huo Dao Niao'

花红色，菊花型。花瓣曲皱，瓣端有一深齿裂，基部有紫红色斑；雌雄蕊正常，柱头紫红色；花朵直上，与叶面近等高，成花率高，花期中。

植株中高，株形半开展；小型长叶，侧小叶叶缘无缺刻，叶表面绿色；生长势强。日本引进品种。

'火鸟'
'Huo Niao'

花火红色,菊花型。花瓣较薄软,宽大平展,瓣端色浅,有齿裂;雌雄蕊正常,花丝、柱头紫红色;花朵直上,与叶面等高,花期中。

植株高,株形直立;枝叶稀疏,茎黄绿色,节间长;大型圆叶,叶尖下垂,叶柄青绿泛红,斜展,叶表面深绿色,有明显紫晕。日本引进品种。

'火星花'
'Huo Xing Hua'

花火红色,菊花型。花朵中大,花瓣5~6轮,瓣基有条形深紫红斑;雄蕊多,内轮稍大,外轮小,花丝红色;心皮增多,柱头紫红色;花开直上,花期中晚。

植株中高,株形直立;中型长叶,稍密,小叶长卵形,有缺刻,黄绿色;生长势中,适宜庭园栽培。菏泽瑞璞公司2018年育出。

'今猩猩'
'Jin Xing Xing'

花红色,菊花型。花蕾圆尖形,中型花;花瓣宽大平展,边缘有白色不规则斑;雌雄蕊正常;花朵直上,高于叶面,成花率高,花期中晚。

植株矮,株形半开展;小型长叶,侧小叶长卵形,叶表面绿色;生长势中。日本引进品种。

'金丽' 'Jin Li'

花红色，菊花型。中型花；花瓣6～8轮，倒卵形，瓣端有深齿裂；雌雄蕊正常，花丝、花盘、柱头均紫红色；花朵直上，成花率高，花期中晚。

植株中高，株形直立；一年生枝中，萌蘖枝少；小型长叶，叶柄斜伸，顶小叶顶端深裂，侧小叶披针形，叶缘缺刻多而深，端渐尖，叶表面绿色；抗逆性强，抗病性强。引进品种。

'金盘红' 'Jin Pan Hong'

花紫红色，菊花型。花蕾圆尖形；花瓣基部有深紫色斑；外瓣平展，瓣端浅齿裂；雌雄蕊正常，花朵直上，高于叶面，花期中。

植株中高，株形半开展；一年生枝长；中型长叶，叶表面中绿色；生长势强，适宜切花。菏泽曹州牡丹园高勤喜、杨会岩2016年育出。

'进宫袍' 'Jin Gong Pao'

花红色，菊花型。花蕾圆尖形，中型花；花瓣8轮，瓣端褶皱有齿裂，近心处花瓣弯曲；雌雄蕊正常，花盘紫红色；花朵直上，成花率高，花期中。

植株高，株形半开展；一年生枝长，节间亦长，萌蘖枝多；中型长叶，叶柄平伸，顶小叶顶端全裂，侧小叶卵状披针形，叶缘缺刻多而深，端锐尖，叶表面浅绿色有紫晕；抗早春寒。菏泽赵楼牡丹园1981年育出。

'葵花红' 'Kui Hua Hong'

花紫红色，菊花型。中型花；花瓣多轮，质地较硬，明亮润泽，排列整齐，基部有墨紫色斑；雄蕊稍有瓣化，雌蕊正常，花盘深紫红色；成花率高，花期中。

植株中高，株形半开展；中型圆叶，质地厚，较平展，柄硬，紫色，斜伸；生长势强，分枝力强。菏泽百花园孙景玉团队育出。

'魁首红' 'Kui Shou Hong'

花红色，菊花型。外瓣颜色略浅，花瓣平整，内瓣有不规则褶皱，瓣基具墨紫红色斑块；雌雄蕊正常；花朵直上，花期早。

植株中高，株形半开展；叶片中绿色，叶柄紫红色；生长势强。菏泽曹州牡丹园刘爱青、高勤喜育出。

'老君炉' 'Lao Jun Lu'

花浓红色，菊花型，有时蔷薇型。外瓣2轮，形大，内瓣多轮，明显变小，内卷，瓣端齿裂；雄蕊多，花丝紫红色；柱头增大，黄白色；花梗直立；花朵直上，花期中晚。

植株高，株形直立；中型长叶，小叶长卵形，缺刻少而深，叶端下垂，柄凹红褐色；生长势强，适宜切花和庭园栽培。菏泽瑞璞公司2018年育出。

'老来红'
'Lao Lai Hong'

花红色，菊花型。花瓣波状扭转，边缘具不规则缺刻；雌雄蕊正常，花丝紫红色；花朵直上，与叶面等高，成花率高，花期中。

植株中高，株形半开展；中型圆叶，叶表面绿色；生长势强。菏泽赵楼牡丹园育出。

'良辰美景'
'Liang Chen Mei Jing'

花红色，鲜艳，菊花型。花瓣自外向内逐渐变小，质厚。大型花；雌雄蕊正常，柱头紫红色；成花率高，花期中早。

植株高，株形直立；叶面绿色，边缘紫红色；生长势强。菏泽李集村孙学良2010年选育。

'玫红向阳'
'Mei Hong Xiang Yang'

花浅红色，菊花型。花蕾扁圆形，大型花；花瓣多轮，瓣基具紫红晕；雄蕊增多变小，偶有瓣化；花梗长，花朵直上，成花率高，花期中。

植株高，株形半开展；一年生枝长；大型长叶，稀疏，叶面光滑，边缘稍上卷；生长势强，适宜庭园栽培。菏泽李集牡丹园1982年育出。

'妙红'
'Miao Hong'

花深洋红色,菊花型。花蕾扁圆形,中型花;花瓣质硬,排列整齐,瓣端圆整,瓣基有紫晕;雌雄蕊正常或变小,柱头紫红色;花朵直上,成花率高,花期中。

植株中高,株形直立;一年生枝中长;中型圆叶,侧小叶卵圆形,叶缘缺刻浅而多,端钝尖,叶表面浅绿色,红晕多。菏泽曹州牡丹园2004年育出。

'明星'
'Ming Xing'

花洋红色,菊花型。花蕾小,小型花;花瓣多轮,质薄软,瓣端圆整或浅齿裂,瓣基有紫斑;雄蕊少量瓣化,雌蕊退化变小;花朵直上,与叶面齐平,成花率高,花期中。

植株特矮,株形半开展;一年生枝特短;小型圆叶,侧小叶圆形,叶缘缺刻多,端圆钝,叶表面深绿色,叶背多茸毛。菏泽赵楼九队赵孝崇1988年育出。

'匍菊照水'
'Pu Ju Zhao Shui'

　　花紫红色，菊花型。中型花，偏大；外瓣4轮较整齐，内轮花瓣皱折状；雄蕊稍瓣化，雌蕊增多，柱头、花丝紫红色，花盘（全包）黄白色；成花率高，花期中。

　　植株矮，株形开展；新枝绿色，小叶深绿，圆尖，内卷，叶柄向阳面深棕色。菏泽百花园育出。

'七宝殿'
'Qi Bao Dian'

　　花火红色，菊花型。中型花；花瓣5~6轮，端部皱褶，基部有紫色斑；雄蕊稍有瓣化，雌蕊变小，柱头红色；成花率高，花期中。

　　植株中高，株形直立；中型长叶，幼叶深绿色；生长势强，萌蘖枝少。引进品种。

'千锤精钢'
'Qian Chui Jing Gang'

　　花鲜红色微带蓝色，亮丽，菊花型。花瓣6~8轮，有紫色放射状线，瓣基色深，瓣端多浅裂；雌雄蕊正常，花丝紫红色；花叶齐平，成花率高，花期中。

　　植株中高，株形直立；中型圆叶，小叶卵圆形，多缺刻，浅绿色；生长势强，适宜庭园栽培。菏泽瑞璞公司2018年育出。

'青照诗品红'
'Qing Zhao Shi Pin Hong'

花红色,菊花型。花蕾圆形,中型花;花瓣基部有深紫红斑;雄蕊少量瓣化,花丝紫红色;雌蕊变小,柱头紫红色;花朵直上,高于叶面,花香浓,成花率高,花期早。

植株中高,株形半开展;当年生枝30~40cm,中型圆叶,小叶卵形,黄绿色;少量结实,生长势强。菏泽百花园孙景玉团队1985年育出。

'冉冉明星'
'Ran Ran Ming Xing'

花鲜红色，菊花型。花蕾扁圆形，中型花；花瓣质地厚硬，排列整齐；雄蕊少量瓣化，雌蕊变小；花梗粗硬，花朵直上或侧开，成花率高，花期中。

植株特矮，株形半开展；当年生枝粗而硬，短枝；中型长叶，质稍软而密，叶缘稍上卷；生长势强，适合盆栽种植；人工杂交育成，母本'曹州红'，父本'银红巧对'。菏泽李集村李丰强2016年育出。

'日暮'
'Ri Mu'

花红色，菊花型。大型花；花瓣5~6轮，软而薄，皱卷，基部有红晕；雌雄蕊正常，花丝紫红色，花盘、柱头乳白色；成花率高，花期中晚。

植株高，株形直立；中型长叶，下垂，叶背有茸毛，叶柄斜伸，幼叶黄绿色；生长势中等，萌蘖枝少。引进品种。

'日月锦'
'Ri Yue Jin'

花洋红色，菊花型。中型花，花瓣排列整齐，瓣端粉白色；雌雄蕊正常；花梗较细，花朵直上，成花率高，花期晚。

植株中高，株形直立；鳞芽长尖，浅红色；中型长叶，幼叶翠绿，适合催花和盆栽。日本引进品种。

'赛月锦'
'Sai Yue Jin'

花鲜红色，菊花型。花瓣宽大平展，瓣端色浅，有浅齿裂，内瓣内卷；雌雄蕊正常，花丝、柱头紫红色；花朵直上或稍侧开，成花率高，花期晚。

植株中高，株形直立；中型长叶，叶表面绿色无紫晕；生长势强。菏泽百花园孙景玉、孙文海团队育出。

'寿星红'
'Shou Xing Hong'

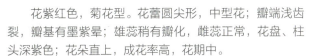

花紫红色，菊花型。花蕾圆尖形，中型花；瓣端浅齿裂，瓣基有墨紫晕；雄蕊稍有瓣化，雌蕊正常，花盘、柱头深紫色；花朵直上，成花率高，花期中。

植株中高，株形半开展；一年生枝较长，节间短，萌蘖枝少；中型长叶，叶柄斜伸，侧小叶卵形，叶缘波状上卷，缺刻少，端渐尖，叶表面深绿色有紫褐晕。菏泽赵楼牡丹园1967年育出。

'四旋'
'Si Xuan'

花紫红色，菊花型。花瓣由外向内依次变小，花瓣基部有紫红色斑纹，盛开时，花瓣卷曲似有4个花心；雌雄蕊正常，心皮较多，花丝、花盘及柱头均为红色；花朵直上，与叶面齐平，成花率高，花期中。

植株中高，株形直立；大型圆叶，叶缘有紫晕；生长势强。安徽宁国传统品种。

'太阳'
'Tai Yang'

　　花火红色，菊花型。中型花；花瓣倒卵形，瓣端浅齿裂，瓣基有菱形墨紫色斑；雄蕊少数瓣化，花丝紫红色；雌蕊正常，花盘紫红色，柱头红色；花朵直上，成花率高，花香，花期中。

　　植株高，株形半开展；一年生枝中长；小型长叶，叶柄斜伸，顶小叶顶端中裂，侧小叶长卵形，端渐尖，叶表面灰绿色，有浅紫红晕。日本引进品种。

'桃红柳绿'
'Tao Hong Liu lü'

花浅红色，菊花型。小型花；外瓣7～8轮，质薄而软，稍皱褶，瓣端波曲，瓣基有墨紫色小斑；雄蕊较少，部分瓣化；雌蕊退化变小，花盘红色；花朵侧开，花期中。

植株中高，株形半开展；一年生枝短；小型长叶，侧小叶长卵形，叶缘缺刻少，端渐尖，叶表面翠绿色。菏泽市国花牡丹研究所赵卫团队2003年育出。

'桃花争艳'
'Tao Hua Zheng Yan'

花红色，菊花型。花瓣多轮，瓣端色浅，有浅齿裂，内瓣细碎；雄蕊正常或稍有瓣化，雌蕊偶有瓣化；花朵直上，花期中。

植株中高，株形半开展；中型圆叶，顶小叶中裂，侧小叶卵圆形，叶表面绿色。菏泽百花园孙景玉团队育出。

'桃园春光'
'Tao Yuan Chun Guang'

花深银红色，瓣基有色深，菊花型。花蕾圆尖形，中型花；花瓣排列不整齐，瓣端齿裂；雌雄蕊正常，花盘、柱头均紫红色；花朵直上或侧开，成花率高，花期晚。

植株中高，株形直立；一年生枝中长；中型圆叶，顶小叶顶端中裂，侧小叶卵形，端渐尖，叶表面粗糙。菏泽曹州牡丹园2008年育出。

'万代红'
'Wan Dai Hong'

花红紫色,菊花型。花瓣5~6轮,层次分明,逐层渐小,内瓣2~3轮皱褶;雄蕊稍有瓣化,花丝深紫色;雌蕊5~8枚,柱头粉色;花梗挺直,花开直上或微侧,成花率稍高,花期晚。

植株中高,株形直立;中型长叶,稀疏,小叶长卵圆形,有深缺刻,绿色;生长势强,适宜切花和庭园栽培。菏泽瑞璞公司2018年育出。

'小桃红'
'Xiao Tao Hong'

花红色,菊花型。中型花;花瓣5~6轮,倒卵形,瓣端浅齿裂,瓣基有椭圆形紫红色斑;雄蕊少数瓣化,端部残留花药;雌蕊正常,花盘(全包)紫红色,柱头红色;花朵藏于叶丛,成花率高,花期中。

植株中高,株形直立;中型圆叶,叶柄斜伸,顶小叶顶端中裂,侧小叶宽卵形,叶缘缺刻少,端宽尖,叶表面绿色。菏泽赵楼牡丹园育出。

'笑迎佳宾' 'Xiao Ying Jia Bin'

花浅红色，微带蓝色，菊花型。中型花；花瓣多轮，质地硬；雌雄蕊正常，花丝、花盘、柱头紫红色；花期中。

植株高，株形直立；小型长叶，质硬平展，较稀；花朵耐日晒，适于庭园栽植。菏泽百花园孙景玉团队1990年育出。

'新日月锦' 'Xin Ri Yue Jin'

花洋红色，菊花型。中型花；花瓣多轮，边缘皱褶，雌雄蕊正常，柱头粉色；花朵侧开，成花率高，花期晚。

植株中高，株形直立；中型长叶，侧小叶卵形；生长势中。日本引进品种。

'新世纪' 'Xin Shi Ji'

花红色，菊花型。花瓣宽大质硬，由外向内逐步变小，排列整齐均匀，花型端庄秀丽；雄蕊偶有瓣化，雌蕊正常；花梗硬、较长，花朵直上，成花率高，花期中晚。

植株中高，株形直立；中型长叶，叶面黄绿色，柄短，凹面紫红色；广泛用于促成栽培。菏泽李集牡丹园1989年育出。

'新文红' 'Xin Wen Hong'

花深红色，菊花型。花蕾圆尖形，不绽口，中型花；花瓣较硬，瓣端圆整，基部有黑紫晕；雌雄蕊正常，花丝、柱头、花盘均紫红色；花朵直上，成花率高，花期中晚。

植株中高，株形半开展；中型长叶，叶表面浅绿色，无紫晕；抗逆性强，生长势强，适宜盆栽及庭园栽培；人工杂交育成，母本'初乌'，父本'赛墨莲'。菏泽百花园孙文海、桑秋华2023年育出。

'新熊谷'
'Xin Xiong Gu'

花红色，菊花型。花蕾红色；花瓣宽大平展，质软有光泽，基部有紫色斑，端部浅齿裂；雌雄蕊正常，花丝、花盘、柱头紫红色，花朵直上；成花率高，花期中晚。

植株较矮，株形半开展；小型圆叶，小叶深绿色有红晕；生长势强，分枝力强，萌蘖枝少。引进品种。

'星空'
'Xing Kong'

花紫红色，菊花型。中型花；外瓣形大，质硬而平展，排列整齐，瓣端浅齿裂，瓣基有深紫晕；雌雄蕊基本正常，花盘白色；花朵侧开，成花率高，花期中晚。

植株矮小，株形半开展；一年生枝短；中型长叶，侧小叶长卵形，叶缘缺刻多，端渐尖，叶表面浅绿色有紫晕。菏泽百花园孙景玉、孙文海团队1990年育出。

'旭光'
'Xu Guang'

花艳红色，有光泽，菊花型。中型花；花瓣质硬，瓣基有深红色斑；雄蕊正常，花丝深红色；雌蕊变小增多，柱头红色；花朵直上，成花率高，花期中。

植株中高，株形直立；一年生枝长；中型长叶，侧小叶长卵形，边缘上翘，端渐尖，叶表面绿色有紫晕；抗逆性强，花朵耐日晒。菏泽曹州牡丹园2012年育出。

'旭日'
'Xu Ri'

花红色，菊花型。花蕾圆尖形，中型花；瓣端浅齿裂或深齿裂，瓣基无色斑；雄蕊正常，偶有瓣化，花丝紫红色；雌蕊正常，花盘（全包）、柱头紫红色；花朵直上，成花率较高，花期中。

植株矮，株形半开展；一年生枝短，节间亦短；小型长叶，叶柄斜伸，顶小叶顶端中裂，侧小叶卵状披针形，叶缘波状上卷，缺刻少，叶表面绿色。菏泽赵楼牡丹园1983年育出。

'血气方刚'
'Xue Qi Fang Gang'

花紫红色，菊花型。花瓣多轮，质硬，瓣基色深，瓣端多齿裂，内瓣皱褶；雄蕊正常，雌蕊稍瓣化成彩瓣，柱头粉白色；花朵直上，花期中晚。

植株中高，株形直立；中型长叶，小叶卵形至长卵形，多浅裂；生长势强，花期长，适宜切花和庭园栽培。菏泽瑞璞公司2017年育出。

'胭红金波'
'Yan Hong Jin Bo'

花浅红色，菊花型。花蕾扁圆形，中型花；花瓣质较硬，排列匀称，瓣端浅齿裂，瓣基有紫红色斑；雌雄蕊正常，花盘（半包）深紫红色；花朵直立，成花率高，花香，花期早。

植株高，株形半开展；一年生枝长，节间略短，萌蘖枝少；小型长叶，叶柄斜伸，顶小叶顶端中裂，侧小叶长卵形或卵圆形，叶缘缺刻多，端渐尖，叶表面黄绿色；蕾期耐低温。菏泽百花园孙景玉团队1972年育出。

'艳春红'
'Yan Chun Hong'

花洋红色，有光泽，菊花型。中型花；花瓣平展，瓣基有深紫红晕；雌雄蕊基本正常，花盘浅红色，柱头紫红色；花朵直上，成花率高，花期晚。

植株中高，株形半开展；一年生枝短；小型长叶，侧小叶长卵形，叶缘稍上卷，缺刻多，端锐尖或渐尖，叶表面浅绿色。菏泽百花园孙景玉团队1996年育出。

'焰红'
'Yan Hong'

花红色，菊花型。花蕾圆尖形；花瓣基部有紫晕；外瓣平展，瓣端浅齿列，内瓣曲皱、内卷；雌雄蕊正常；花朵直上，微侧，高于叶面，花期中。

植株中高，株形半开展；一年生枝长；中型长叶，叶表面绿色，边缘有紫晕；生长势强，适宜切花。菏泽曹州牡丹园高勤喜、杨会岩2016年育出。

'焰菊'
'Yan Ju'

花艳红色，菊花型。花蕾圆尖形，中型花；外瓣平展，瓣端浅齿裂，内瓣逐渐变小；雌雄蕊正常，花丝、柱头紫红色；花朵直上，花期中早。

植株高，株形半开展；中型长叶，叶表面中绿色，边缘明显紫晕；生长势强。菏泽曹州牡丹园高勤喜、杨会岩育出。

'洋红系金'
'Yang Hong Xi Jin'

花浅洋红色，菊花型。外瓣3~4轮宽大圆整，内瓣小而扭曲；雌蕊部分瓣化，雌蕊正常，花盘紫红色；花梗硬、较短，花开直上，成花率高，花期中早。

植株中矮，株形半开展；萌蘖力中；中型长叶，较稀疏，柄凹紫红色，叶面黄绿色，边缘具紫红晕；适于促成栽培。菏泽李集牡丹园1986年育出。

'一代天骄'
'Yi Dai Tian Jiao'

花艳紫红色，菊花型。大型花；花瓣7~8轮，质硬而厚，基部具深紫红色斑；雄蕊正常，雌蕊增多变小；花梗粗而硬，花朵直上，成花率高，花期晚。

植株中高，株形直立；当年生枝粗而硬，中长枝。中型长叶，质硬而稍厚，较稠密，小叶长卵形，缺刻较多，端锐尖，生长势强；适宜促成、抑制、切花和庭园栽培。菏泽市国花牡丹研究所赵孝知2001年育出。

'一品娇艳'
'Yi Pin Jiao Yan'

花红色，菊花型。花蕾圆形；外瓣倒卵形，基部有椭圆形紫红斑；雌雄蕊正常，花丝、花盘（全包）紫红色；花朵直上，成花率高，花淡香，花期中。

植株中高，株形半开展；鳞芽尖长卵形；大型圆叶，顶小叶尖端浅裂，侧小叶宽卵形，叶深绿色；抗逆性强，宜盆栽或庭园绿化；人工杂交育成，母本'春红娇艳'，父本'一品红'。菏泽百花园孙文海、孙帅2005年育出。

'英气勃勃'
'Ying Qi Bo Bo'

花鲜红色，菊花型。中型花；外瓣稍大，质软而平展，排列整齐，瓣基有艳紫红色斑；雄蕊基本正常，偶有瓣化；雌蕊正常，花盘暗紫红色；花朵直上或侧开，成花率高，花期中。

植株中高，株形半开展；一年生枝短；中型长叶，侧小叶长卵形，叶缘缺刻多，端锐尖，叶表面有紫晕。菏泽百花园孙景玉、孙文海团队2001年育出。

'英雄会'
'Ying Xiong Hui'

花鲜红色，菊花型。花瓣多轮，瓣基有深红晕；雄蕊正常，花丝紫红色；雌蕊8~12枚，柱头白色，花朵侧开，成花率高，花期中。

植株中高，株形半开展；中型长叶，小叶长卵形，有缺刻，叶面平展，叶端微下垂；适宜庭园栽培。菏泽瑞璞公司2016年育出。

'迎春红'
'Ying Chun Hong'

花红色，菊花型。花瓣基部有紫斑；雌雄蕊基本正常，偶有瓣化，花丝下部紫红色，上部稍白，花盘、柱头均紫红色；花梗中粗，花朵直上；成花率高，花期早。

植株中高，株形直立；中型长叶，小叶叶缘稍上卷；生长势中等。菏泽曹州牡丹园赵信勇育出。

'虞姬艳装'
'Yu Ji Yan Zhuang'

花红色，菊花型，有时呈荷花型。花蕾圆尖形，大型花；花瓣质软，瓣端浅齿裂，较皱；雄蕊正常，花丝紫红色；雌蕊正常，花盘（全包）白色或黄色，柱头紫红色；花朵直上，成花率高，花香，花期中晚。

植株中高，偏矮，株形半开展；一年生枝较短，节间短，萌蘖枝多；中型长叶，叶柄斜伸，顶小叶顶端中裂，侧小叶长卵形，叶缘缺刻多，端渐尖，叶表面绿色；结实多。菏泽赵楼牡丹园1980年育出。

'朝阳红'
'Zhao Yang Hong'

花浅红色，菊花型，有时呈蔷薇型。花蕾扁圆形，中型花；花瓣排列整齐，瓣基有红晕；雄蕊部分瓣化为细碎瓣；雌蕊柱头稍瓣化；花朵直上，成花率高，花期中。

植株中高，株形半开展；一年生枝较短，节间短，萌蘖枝少，鳞芽大，圆尖形；中型长叶，叶柄斜伸，侧小叶长卵形，叶缘缺刻多，端渐尖，叶表面黄绿色。菏泽赵楼牡丹园1968年育出。

'智育'
'Zhi Yu'

　　花艳紫红色，菊花型。大型花；花瓣质硬，平展，瓣端褶皱，基部具墨紫色斑；雄蕊较少，雌蕊退化变小，花盘浅红色；花朵直上或侧开，成花率高，花期晚。

　　植株中高，株形半开展；当年生枝粗而硬，中长枝；大型圆叶，质硬而较密，小叶宽卵形或卵形，缺刻多，端锐尖或突尖；生长势强，适宜促成、抑制和庭园栽培。菏泽市国花牡丹研究所赵孝知2005年育出。

'朱红一品'
'Zhu Hong Yi Pin'

花深紫红色，菊花型。花蕾圆尖形，中型花；花瓣基部有墨紫晕；雌雄蕊正常，花丝深紫红色，花盘、柱头紫红色；花朵直上，高于叶面，成花率高，花香中等，花期晚。

植株中高，株形直立；当年生枝35～45cm；中型长叶，小叶卵形，深绿色；结实率中等，生长势强；人工杂交而成，母本'初乌'与父本'赛墨莲'。菏泽百花园孙文海团队2012年育出。

'竹叶红'
'Zhu Ye Hong'

花红色,菊花型。中型花,花瓣5~7轮,边缘波曲,瓣端色浅,基部有深红色斑;雌雄蕊正常,花盘紫红色;花期早。

植株中高,株形半开展;中型长叶,黄绿色有红晕,质软下垂;生长势中等。菏泽百花园育出。

'竹影玫红'
'Zhu Ying Mei Hong'

花玫红色,菊花型。中型花;花瓣质硬而平展,排列整齐;雌雄蕊基本正常,花丝、花盘、柱头紫红色;花朵侧开,成花率高,花期中。

植株矮,株形半开展;一年生枝短;中型长叶,顶小叶顶端深裂,侧小叶狭长,阔披针形,叶缘上卷,端渐尖。菏泽百花园孙景玉团队1995年育出。

'姊妹双娇'
'Zi Mei Shuang Jiao'

花红色,菊花型。花蕾圆形,大型花;花瓣基部有深紫斑;雌雄蕊正常,花丝、花盘、柱头均紫红色;花朵直上,成花率高,花期中早。

植株中高,株形半开展;大型圆叶,小叶阔卵形;少量结实。菏泽百花园孙景玉、孙文海团队1999年育出。

'百花娇艳'
'Bai Hua Jiao Yan'

花浅红色，有光泽，蔷薇型。花瓣质地薄软，外瓣宽大；雄蕊向心式瓣化，瓣化瓣短小内抱；雌蕊正常，柱头紫色；成花率高，花期中。

植株中高，株形半开展；茎较细直；中型圆叶，叶缘圆整无缺刻，叶表面黄绿色，边缘稍上卷；生长势中等。菏泽百花园孙景玉、孙文海团队育出。

'百花迎客'
'Bai Hua Ying Ke'

花紫红色，蔷薇型。花蕾卵形，小型花；花瓣多轮，质地较硬，基部有深红晕；雄蕊大部分瓣化，雌蕊正常；成花率中，花期晚。

植株中高，株形半开展；中型长叶，黄绿色，叶缘有红晕，叶背有少量茸毛；生长势中等，分枝力强，萌蘖枝较多。菏泽百花园孙景玉团队育出。

'百园春光'
'Bai Yuan Chun Guang'

花红色，蔷薇型。花蕾圆尖形，偶有侧蕾，中型花；花瓣基部有紫晕；雄蕊部分瓣化，雌蕊正常，花丝紫色，柱头紫红色；花朵直上，高于叶面，花香淡，成花率高，花期中。

植株中高，株形直立；当年生枝35～40cm；中型长叶，小叶长卵形绿色；少量结实，生长势强。菏泽百花园孙景玉、孙景联1990年育出。

'百园红'
'Bai Yuan Hong'

花紫红色，蔷薇型。中型花；外瓣较大，质硬而平展，瓣基有红晕；雄蕊部分瓣化，少量正常杂于瓣间；雌蕊增多变小，花盘、柱头紫红色；花朵直上或侧开，成花率高，花期中。

植株中高，株形半开展；一年生枝中长；小型长叶，侧小叶卵形，叶缘稍上卷，缺刻多，端锐尖，叶表面浅绿色。菏泽百花园孙景玉团队1986年育出。

'百园盛景'
'Bai Yuan Sheng Jing'

花紫红色，润泽，蔷薇型。中型花；外瓣6轮，较整齐，基部有墨紫色斑，内瓣皱曲；雄蕊部分瓣化，雌蕊正常，花丝、柱头紫红色，花盘（半包）浅红色；花朵直上，成花率高，花期中。

植株中高，株形半开展；中型长叶，黄绿色，缺刻多，叶缘上卷；生长势强。菏泽百花园孙景玉团队育出。

'宝莲灯'
'Bao Lian Deng'

花玫红色，蔷薇型。花蕾圆形，大型花；花瓣多轮，圆整，花瓣基部紫红色斑，花瓣中间位置颜色偏浅，层次清晰；雄蕊正常，偶有瓣化；雌蕊正常，花盘淡紫色，柱头粉红色；花朵直上，成花率高，花期晚。

植株高，株形半开展；新枝红绿色，中型长叶；生长势强，花朵耐日晒。西北紫斑牡丹

'宝珠红'
'Bao Zhu Hong'

花红色，蔷薇型。花瓣褶皱；雌雄蕊正常，柱头红色；花朵直上，花期中早。

植株中高，株形半开展；叶片中绿，侧小叶卵形；生长势强。菏泽曹州牡丹园高勤喜、杨会岩育出。

'曹阳'
'Cao Yang'

花红色，蔷薇型。花蕾圆形，中型花，偏大；花瓣多轮，瓣端多齿裂；雌雄蕊正常，花丝、花盘紫红色，柱头红色；花朵直上或侧开，花香浓，成花率高，花期中。

植株中高，株形半开展；当年生枝30～40cm；中型圆叶，小叶卵形，黄绿色；少量结实，生长势强；人工杂交育成，母本'曹州红'与父本'太阳'。菏泽百花园孙景玉、孙文海团队2001年育出。

'长虹'
'Chang Hong'

花红色，微带紫色，蔷薇型，偶呈皇冠型。中型花；外瓣倒卵形，瓣端浅齿裂；雄蕊少量瓣化，端部残留花药；雌蕊正常，花盘（半包）、柱头紫红色；花朵侧开，成花率较高，花淡香，花期中。

植株中高，株形直立；一年生枝中长，萌蘖枝少；小型长叶，叶柄斜伸，顶小叶顶端浅裂，侧小叶披针形，叶缘缺刻少，端宽尖，叶表面绿色。菏泽赵楼牡丹园育出。

'晨霞' 'Chen Xia'

花紫红色，蔷薇型。花瓣多轮，向内渐小；雄蕊偶有瓣化，雌蕊多枚；花朵直上，花期中。

植株高，株形直立；中型长叶，质硬，波皱，缺刻多，淡绿色；生长势强。菏泽赵楼牡丹园1969年育出。

'重重叠叠' 'Chong Chong Die Die'

花红色，蔷薇型。花瓣曲折，瓣端齿裂；雄蕊部分瓣化为细小碎瓣，雌蕊增多变小；花朵直上，花期中晚。

植株高，株形直立；茎长直立，柄粗而短，紫绿色；叶小而尖，深绿色；分枝能力强。菏泽百花园孙景玉、孙景联育出。

'初日之出' 'Chu Ri Zhi Chu'

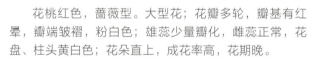

花桃红色，蔷薇型。大型花；花瓣多轮，瓣基有红晕，瓣端皱褶，粉白色；雄蕊少量瓣化，雌蕊正常，花盘、柱头黄白色；花朵直上，成花率高，花期晚。

植株中高，株形半开展；中型长叶，叶柄下部青绿、上部红色，叶表面深绿泛红晕；生长势中，萌蘖枝中多。日本引进品种。

'春秋红' 'Chun Qiu Hong'

花红色，微紫，蔷薇型。中型花；外瓣形大，质软平展，瓣基有长椭圆形紫红斑；雄蕊部分瓣化，部分正常杂于瓣间；雌蕊增多变小，柱头紫红色；花朵侧开，成花率高，花期中。

植株中高，株形半开展；一年生枝中长；中型圆叶，侧小叶圆卵形，叶缘缺刻多，端突尖，叶表面黄绿色。菏泽百花园孙景玉、孙文海团队1989年育出。

'春艳'
'Chun Yan'

花红色,蔷薇型。花蕾圆尖形,中型花;外瓣稍大,质软而平展,内瓣逐轮缩小;雄蕊部分瓣化,雌蕊退化变小;花朵直上或侧开,成花率高,花期中早。

植株中高,株形半开展;当年生枝细硬,中长枝;小型中长叶,端渐尖,浅绿色;生长势强。菏泽李集村李丰强2015年育出。

'春意盎然'
'Chun Yi Ang Ran'

花红色,端部浅红色,有光泽,蔷薇型。花蕾圆形,大型花;外瓣较大,瓣端多齿裂,瓣基有紫红晕;雄蕊少量瓣化,雌蕊退化变小;花朵侧开,成花率高,花期中晚。

植株中高,株形半开展;一年生枝中长;大型长叶,侧小叶卵形或长卵形,叶缘缺刻少,上卷,端钝尖。菏泽赵楼牡丹园1982年育出。

'大红夺锦'
'Da Hong Duo Jin'

花紫红色,蔷薇型。花蕾圆尖形,中型花;花瓣质地细腻,瓣端浅齿裂,瓣基有菱形墨紫晕;雄蕊部分瓣化,花丝紫红色;雌蕊正常或增多变小,花盘(残存)、柱头紫红色;花朵直上,成花率高,花期晚。

植株中高,株形直立;一年生枝较长,节间较短,萌蘖枝较多;中型长叶,叶柄斜伸,顶小叶顶端浅裂,侧小叶长卵形,叶缘上卷,缺刻较少。菏泽赵楼牡丹园1969年育出。

'丹红'
'Dan Hong'

花洋红色，蔷薇型。中型花；外瓣4轮，瓣端有齿裂；雄蕊部分瓣化，雌蕊退化变小；花朵直上，稍藏于叶，成花率高，花期中。

植株矮，株形半开展；一年生枝短；小型长叶，侧小叶卵形，端渐尖，叶表面有少量紫晕；花朵耐日晒。菏泽曹州牡丹园2010年育出。

'丹炉焰'
'Dan Lu Yan'

花初开深红色，盛开灰紫色，蔷薇型。花蕾圆尖形，小型花；花瓣质薄，瓣基有紫红色斑；雄蕊稍有瓣化，雌蕊正常，花盘紫红色；花朵直上，成花率高，花期早。

植株矮，株形半开展；一年生枝短，节间亦短，萌蘖枝多，嫩枝紫红色；中型长叶，叶柄斜伸，侧小叶长椭圆形，叶缘上卷，缺刻少，端锐尖，叶表面深绿色，有深紫晕。传统品种。

'顶天立地'
'Ding Tian Li Di'

花紫红色，蔷薇型。花蕾圆形，绽口，中型花；花瓣多轮，瓣端多齿裂；雄蕊部分瓣化，花丝紫红色，花盘、柱头均紫红色；花朵直上，高于叶面，花香淡，花晚期。

植株特高，株形直立；当年生枝40~55cm；中型长叶，小叶长卵形，深绿色；少量结实，生长势强。菏泽百花园孙文海团队2008年育出。

'丰花红'
'Feng Hua Hong'

花深玫红色，蔷薇型。小型花；花瓣质硬，瓣端部齿裂，瓣基有紫红斑；雄蕊部分瓣化，部分正常夹杂在瓣间；雌蕊正常，花盘、柱头均浅红色；花朵直上或侧开，成花率高，花期中。

植株矮，株形半开展；一年生枝短；小型长叶，侧小叶卵形，叶缘缺刻多，端渐尖，叶表面青绿色，叶背多毛。菏泽曹州牡丹园2001年育出。

'关西玉女'
'Guan Xi Yu Nü'

花红色，蔷薇型。雄蕊部分瓣化，雌蕊正常，柱头红色；花朵直上，成花率中，花期中晚。

植株中高，株形半开展；中型长叶，叶缘有紫晕；生长势中。日本引进品种。

'何园红'
'He Yuan Hong'

花红色，蔷薇型。花蕾圆尖形，中型花；外瓣质软，向外翻卷，瓣端浅齿裂，瓣基有菱形墨紫色斑；雄蕊部分瓣化，花丝紫色；雌蕊退化或瓣化，花盘（全包）紫色，柱头红色；花朵直上，成花率较低，花浓香，花期中。

植株矮，株形半开展；一年生枝较短，节间亦短；中型圆叶，叶柄斜伸，侧小叶卵形或椭圆形，叶缘缺刻少而浅，端钝，叶表面绿色。传统品种。

'红宝石'
'Hong Bao Shi'

花红色，蔷薇型。花蕾圆尖形，中型花；花瓣质软，排列紧密，瓣端浅齿裂，瓣基有紫红晕；雌雄蕊正常，花丝、花盘（全包）、柱头紫红色；花朵直上，成花率高，花淡香，花期中。

植株中高，株形半开展；一年生枝较长，节间稍长；鳞芽肥大，圆尖形；中型长叶，叶柄斜伸，侧小叶卵形或长卵形，叶缘缺刻多，叶表面绿色。菏泽赵楼牡丹园1973年育出。

'红玛瑙'
'Hong Ma Nao'

花火红色，蔷薇型。大型花，花瓣多轮，内瓣渐小，瓣基有黑斑，花朵偏平；雄蕊部分瓣化，雌蕊正常或增多；花梗挺直，花朵侧开，花期中晚。

植株中高，株形直立；中型长叶，小叶长卵形至长披针形，近全缘；生长势强，适宜切花和庭园栽培。菏泽市丹凤油牡丹种植专业合作社2018年育出。

'红珊瑚'
'Hong Shan Hu'

花红色，蔷薇型。花蕾圆尖形，中型花；外瓣形大稍皱，端部多齿裂，瓣基有浅红色斑；雄蕊稍有瓣化，雌蕊退化变小；花朵直上，成花率高，花期中。

植株矮，株形直立；一年生枝短，节间亦短，萌蘖枝较多；一回三出羽状复叶，中型长叶，叶柄斜伸，侧小叶披针形，叶缘波状上卷，缺刻多，端渐尖，叶表面绿色。菏泽百花园孙景玉团队1986年育出。

'红旭'
'Hong Xu'

花红色，蔷薇型。大型花，花瓣3～4轮，大而平展；雌雄蕊正常，柱头紫红色；花朵直上，成花率高，花期中晚。

植株中高，株形直立；枝叶稀疏，大型长叶，叶尖下垂，幼叶黄绿色；生长势、分枝力强，萌蘖枝多。日本引进品种。

'红玉'
'Hong Yu'

花艳紫红色，蔷薇型。花蕾圆尖形，中型花；外瓣2轮，形大质硬，瓣端深齿裂，瓣基有深紫红色斑；雄蕊量少，部分瓣化，花丝紫色；雌蕊部分瓣化成绿色瓣，花盘（半包）、柱头淡黄色；花朵直上或侧开，成花率高，花香，花期晚。

植株中高，株形半开展；一年生枝长，节间较短，萌蘖枝多；中型圆叶，叶柄斜伸，顶小叶顶端中裂，侧小叶卵形，叶缘上卷，缺刻多而浅，端锐尖，叶表面绿色；蕾期耐低温。菏泽百花园孙景玉团队1976年育出。

'晖红'
'Hui Hong'

花红色，蔷薇型。花蕾圆尖形，中型花；花瓣基部有黑紫条斑；雌雄蕊正常，花丝、柱头、花盘均紫红色；花朵直上，高于叶面，成花率高，花期中晚。

植株中高，株形半开展；萌蘖枝多；小型长叶，叶脉深，叶缘缺刻，多具紫晕；结实率中，抗逆性强。菏泽曹州牡丹园赵信勇2023年育出。

'火龙舞'
'Huo Long Wu'

花红色，蔷薇型。花蕾圆形，中型花；雌雄蕊正常，花丝、花盘、柱头均红色；花朵直上，高于叶面，成花率高，花期中。

植株中高，株形直立；中型长叶，叶面有红晕，小叶长卵形；生长势强；人工杂交育成，母本'太阳'，父本'曹州红'。菏泽百花园孙文海团队2008年育出。

'鸡血石'
'Ji Xie Shi'

花紫红色，鲜艳有光泽，蔷薇型或皇冠型。外瓣2轮宽大，内瓣变小，密集隆起；雄蕊部分瓣化，雌蕊增多，花丝紫红色，柱头粉色；花梗挺直，花朵直立，花期中晚。

植株中高，株形直立；中型长叶，叶端部下垂，小叶长卵形，缺刻少，叶脉明显，叶柄凹褐紫色，适宜切花和庭园栽培。菏泽瑞璞公司2017年育出。

'金奖一品'
'Jin Jiang Yi Pin'

花红色，蔷薇型。花型端庄，瓣端色浅，有浅齿裂；雌雄蕊正常；花朵直上，花期中。

植株中高，株形半开展；叶片中绿，侧小叶阔卵形；生长势强，抗逆性强。菏泽曹州牡丹园高勤喜、杨会岩育出。

'罗春池'
'Luo Chun Chi'

花浅红色，蔷薇型。中型花；外瓣2轮，宽大圆整，质硬，瓣基有紫斑，瓣端色浅；雄蕊大部分瓣化；雌蕊退化变小；花朵直上，稍藏于叶，成花率高，花期晚。

植株中高，株形直立；一年生枝中长；中型长叶，侧小叶长卵形，叶缘缺刻少，叶缘上卷，端锐尖。菏泽曹州牡丹园2001年育出。

'洛林之血'
'Luo Lin Zhi Xie'

花深红色，蔷薇型。花蕾圆尖形，小型花；花瓣7~8轮，圆整质硬，排列紧密，层次清晰，基部淡紫色斑；雄蕊部分瓣化，雌蕊正常，花盘深红色，柱头红色；花朵侧开，成花率高，花期晚。

植株矮小，株形半开展；新枝青绿色；中型长叶，细长深裂；生长势中等，花朵耐日晒。引进品种。

'玫瑰红'
'Mei Gui Hong'

花紫红色，蔷薇型，有时呈菊花型。花蕾扁圆形，中型花；花瓣质软，瓣端浅齿裂，瓣基有墨紫晕；雄蕊稍有瓣化，花丝紫红色；雌蕊正常，花盘（半包）深紫红色，柱头红色；花朵直上，成花率高，花香，花期中。

植株中高，株形半开展；一年生枝较长，节间短，萌蘖枝较少，嫩枝红色；鳞芽大，圆尖形；中型圆叶，叶柄斜伸，顶小叶顶端中裂，侧小叶卵形，叶缘上卷，缺刻浅，叶面光滑，端短尖，叶表面绿色。菏泽赵楼牡丹园1978年育出。

'三元红' 'San Yuan Hong'

花鲜红色，蔷薇型；时有皇冠型。花瓣圆润、花朵浑圆、小型花；花瓣多轮，层次分明；雄蕊稍有瓣化，瓣化瓣小而卷曲，残留花药；雌蕊增多，偶有瓣化，柱头黄绿色；花梗挺直，花朵直立，花期中晚。

植株矮，株形开展；中型圆叶，小叶短圆卵形，适宜庭园栽培。菏泽瑞璞公司2018年育出。

'珊瑚迎日' 'Shan Hu Ying Ri'

花红色，蔷薇型。花蕾圆尖形，中型花；花瓣端部圆整，基部有深紫红晕；雄蕊少量瓣化，雌蕊正常，花丝、柱头紫红色；花朵侧开，高于叶面，花香浓，成花率高，花期中。

植株中高，株形开展；当年生枝30～40cm；中型圆叶，小叶卵形，深绿色；少量结实，生长势强。菏泽百花园孙景玉2000年育出。

'珊瑚照水'
'Shan Hu Zhao Shui'

花红色，蔷薇型。中型花；外瓣形稍大，质软而平展，内瓣端部曲皱，瓣基有红晕；雄蕊部分瓣化，少量杂于瓣间，雌蕊瓣化为红绿彩瓣；花朵侧垂，成花率高，花期中。

植株矮，株形开展；一年生枝短；中型圆叶，侧小叶卵圆形，叶缘波曲，缺刻少，端突尖，叶表面浅绿色。菏泽百花园孙景玉、孙景联1996年育出。

'神州红'
'Shen Zhou Hong'

花红色，蔷薇型。花蕾圆尖形，大型花；花瓣基部有深紫红色斑，外瓣平展，内瓣卷曲成花朵状；雄蕊部分瓣化，花丝紫红色；雌蕊正常，花盘（全包）、柱头均紫红色；花朵直上，高于叶丛，成花率高，花浓香，花期中晚。

植株高，株形半开展；结实率高，生长势强，适宜观赏及切花栽培。菏泽百花园孙文海、陈志青2023年育出。

'桃李争艳'
'Tao Li Zheng Yan'

花红色，瓣端粉色，蔷薇型，有时呈菊花型。花蕾圆形，中型花；花瓣质硬，排列整齐，瓣基有墨紫色斑；雄蕊稍有瓣化，雌蕊正常，花丝、花盘、柱头紫红色；花朵直上，成花率较高，花期中。

植株中高，株形半开展；一年生枝较短，节间短，萌蘖枝多；鳞芽圆尖形；中型长叶，侧小叶长卵形，叶缘稍上卷，缺刻多而较深，端锐尖，叶表面黄绿色，有紫晕；花朵耐日晒。菏泽赵楼牡丹园1982年育出。

'文公红'
'Wen Gong Hong'

花红色，润泽，多花型，常见蔷薇型。中型花，偏小；花色鲜艳，瓣基有深紫红斑；雄蕊正常或部分瓣化，瓣化瓣耸立；雄蕊正常或退化变小；花朵直上，成花率高，花期中早。

植株较矮，株形直立；中型长叶，小叶长卵形，缺刻少，叶表面黄绿色；生长势弱，观赏性佳。菏泽传统品种。

'文海'
'Wen Hai'

花红色，蔷薇型。花蕾圆尖形；外瓣倒卵形，质硬而褶皱，基部有三角形红斑；雌雄蕊正常，花丝、花盘紫红色；花朵直上，高于叶面，成花率高，花期中。

植株中高，株形半开展；一年生枝35cm以上；中型长叶，顶小叶顶端浅裂，侧小叶卵形，叶表面黄绿色有紫晕；少量结实，生长势强，抗病性强，花期长；人工杂交育成，母本'花王'，父本'百园藏娇'。菏泽百花园孙文海团队2006年育出。

'五心红' 'Wu Xin Hong'

花深紫红色，蔷薇型。中型花；花瓣倒广卵形，瓣端浅齿裂，瓣基有三角形墨紫色斑；雄蕊部分瓣化，端部残留花药，花丝墨紫红色；雌蕊正常，花盘（半包）紫红色，柱头墨紫红色；花朵直上，成花率高，花香，花期中。

植株中高，株形半开展；一年生枝中长；中型长叶，叶柄斜伸，顶小叶顶端深裂或全裂，侧小叶卵形或长卵形，叶缘缺刻多而深，端锐尖，叶表面绿色有紫晕。菏泽百花园孙景玉团队育出。

'西施绾装' 'Xi Shi Wan Zhuang'

花红色，鲜艳，蔷薇型。中型花；外瓣宽大圆整，内瓣稍皱褶；雄蕊少量瓣化，雌蕊正常；花期中晚。

植株高，株形直立；枝粗壮，萌蘖枝多，叶片平展，叶表面绿色，端尖；生长势强；人工杂交育成，母本'花王'，父本'卷叶红'。菏泽李集村李志喜、李毫父子2010年选育。

'新岛辉' 'Xin Dao Hui'

花红色，蔷薇型。中型花；花瓣质硬，细腻润泽，排列整齐，基部有白色斑，瓣端齿裂；雌雄蕊正常，花丝、花盘紫红色，柱头红色；成花率高，花期中晚。

植株中高，株形直立；小型圆叶，幼叶黄绿色，叶柄青绿色，柄凹处红色；生长势中等，萌蘖枝少。引进品种。

'新七福神' 'Xin Qi Fu Shen'

花红色，蔷薇型。大型花，花瓣6~7轮，质较硬，端部齿裂较少，基部具深红晕；雌雄蕊正常；花朵直上，成花率高，花期晚。

植株高，株形直立；大型圆叶，叶柄红色，幼叶黄绿色；生长势较强，萌蘖枝多。日本引进品种。

'新时代' 'Xin Shi Dai'

花红色，蔷薇型或菊花型。花瓣基部有墨紫斑，瓣端色浅；雌雄蕊正常，花丝紫红色，柱头黄白色；花朵直上，与叶面平齐，成花率高，花期中。

植株中高，株形半开展；中型长叶，侧小叶卵形，边缘缺刻，叶表面黄绿色；生长势强。菏泽曹州牡丹园刘爱青、高勤喜、杨会岩育出。

'新一代'
'Xin Yi Dai'

花红色,蔷薇型。中型花;花瓣圆形,瓣端浅齿裂,基部无色斑;雌雄蕊正常,花丝、花盘(半包)、柱头紫红色;花朵直上,成花率高,花香,花期中。

植株中高,株形半开展;一年生枝中长;中型长叶,叶柄斜伸,顶小叶顶端中裂,侧小叶长卵形,叶缘上卷,缺刻多而深,端锐尖,叶表面绿色。菏泽百花园孙景玉团队育出。

'旭港'
'Xu Gang'

花火红色,蔷薇型。花蕾长圆尖形,中型花;花瓣多轮,较圆整;雌雄蕊正常,柱头红色;花朵直上或侧开,成花率高,花期晚。

植株较矮,株形半开展;茎黄绿色,中型长叶,幼叶翠绿色;生长势中,分枝力中,萌蘖枝多。日本引进品种。

'旭日东升'
'Xu Ri Dong Sheng'

花红色,蔷薇型,偶有菊花型。花蕾圆形;花瓣多轮,瓣基具墨紫红色斑;雄蕊基本正常,花丝深紫色;雌蕊退化变小或瓣化为红绿彩瓣,花盘半包,柱头深紫红色;花朵直上或斜伸;成花率高,花期中。

植株中高,株形半开展;一年生枝短;中型长叶,稠密,小叶长卵形,稍上卷,叶面光滑,绿色;生长势强,适宜庭园栽培。菏泽百花园孙文海团队2017年育出。

'艳装'
'Yan Zhuang'

花红色,蔷薇型。中型花;花瓣倒卵形,瓣端浅齿裂或中裂;雌雄蕊正常,花盘(全包)、柱头紫红色;花期中晚。

植株中高,株形直立;中型长叶,侧小叶卵形,叶表面绿色,边缘有紫晕。菏泽赵楼牡丹园育出。

'叶里红'
'Ye Li Hong'

花浅红色,蔷薇型。中型花;花瓣倒卵形,瓣端浅齿裂;雄蕊少量瓣化成狭长皱瓣,端部残留花药;雌蕊正常,花盘(全包)、柱头紫红色;花朵藏于叶丛,花期晚。

植株中高,株形直立;一年生枝短;小型圆叶,叶柄斜伸,顶小叶顶端浅裂,侧小叶长卵形,端宽尖,叶表面绿色有紫晕。菏泽赵楼牡丹园育出。

'一品红'
'Yi Pin Hong'

花红色,蔷薇型,偶有菊花型。花蕾扁圆形,中型花;花瓣瓣端浅齿裂,瓣基有菱形紫红色斑;雄蕊稍有瓣化,花丝墨紫色;雌蕊变小或瓣化,花盘(半包)紫红色;花朵直上,成花率高,花香,花期中。

植株中高,株形半开展;一年生枝较短,节间短,萌蘖枝多;中型圆叶,叶柄斜伸,顶小叶顶端中裂,侧小叶阔卵形或卵形,叶缘略上卷,缺刻多而浅,叶表面绿色;蕾期耐低温,抗叶斑病。菏泽百花园孙景玉、孙景联1972年育出。

'紫茎红' 'Zi Jing Hong'

花紫红色,蔷薇型。花蕾圆尖形,中型花;外瓣圆大平展,质地较硬,瓣端有齿裂,瓣基有紫红色条斑;雄蕊部分瓣化,瓣化瓣向心抱合;雌蕊正常,偶有瓣化,心皮12~18枚;花朵直上,成花率高,花期中。

植株矮,株形半开展;一年生枝短,节间亦短;中型长叶,叶柄斜伸,侧小叶长卵形,叶缘微上卷,缺刻多,脉纹明显,端渐尖,叶表面深绿色。菏泽赵楼牡丹园1979年选育。

'金星闪烁' 'Jin Xing Shan Shuo'

花红色,托桂型,有时呈荷花型。中型花;花瓣圆形,瓣端浅齿裂,瓣基有三角形墨紫晕;雄蕊部分瓣化,端部有残留花药,花丝紫红色;雌蕊正常或瓣化;花朵直上或侧开,成花率高,花香,花期中。

植株中高,株形半开展;一年生枝中长;中型圆叶,侧小叶阔卵形,叶表面绿色。菏泽百花园孙景玉团队育出。

'簪刺红球' 'Zan Ci Hong Qiu'

花紫红色,托桂型。中型花;外瓣2轮,质硬而平展;雄蕊大部分瓣化或退化,内外瓣之间有一圈簪状小花瓣;雌蕊退化变小,花盘深紫红色;花朵直上或侧开,成花率高,花期中。

植株中高,株形半开展;一年生枝中长;大型长叶,侧小叶长卵形,叶缘缺刻少,端锐尖,叶表面粗糙,深绿色。菏泽百花园孙景玉团队1989年育出。

'朱砂红'
'Zhu Sha Hong'

花红色，带粉色，托桂型或皇冠型。花蕾圆尖形，中型花；外瓣4~5轮，质地硬，瓣端浅齿裂，瓣基有深红晕；雄蕊瓣化瓣细碎卷曲，隆起较低，瓣端常残留花药；雌蕊退化变小或稍有瓣化；花朵直上或侧开，成花率较高，花香，花期中。

植株中高，偏矮，株形半开展；一年生枝较短，节间短；鳞芽圆尖形，新芽红褐色；中型长叶，叶柄斜伸，顶小叶顶端中裂，侧小叶卵形，叶缘缺刻少而浅，端渐尖，叶表面深绿稍有光泽；较抗寒。菏泽赵楼牡丹园1975年育出。

'金环一杰'
'Jin Huan Yi Jie'

花浅红色，金环型。花蕾圆尖形，大型花；花瓣基部有红斑；雄蕊部分瓣化，花丝紫红色；雌蕊部分瓣化为红绿彩瓣；花朵直上，高于叶面，成花率高，花香浓，花期中晚。

植株中高，株形直立；中型长叶，小叶阔卵形；生长势强；人工杂交育成，母本'贵妃插翠'，父本'丛中笑'。山东盛世芍药智慧农业有限公司赵文双2023年育出。

'百花藏娇'
'Bai Hua Cang Jiao'

花浅洋红色，皇冠型。外瓣形大，质硬圆整，花瓣基部有紫红色斑；雄蕊瓣化，雌蕊退化；花期中。

植株矮，株形开展；中度喜光，稍耐半阴，喜温和气候，具有一定耐寒性，忌酷热，适于寒地栽培。菏泽百花园孙文海培育。

'百花魁'
'Bai Hua Kui'

花红色，皇冠型。花蕾圆形，大型花；花瓣基部有紫红晕；瓣间残有正常雄蕊，雌蕊瓣化为绿色彩瓣；花朵直上或侧开，高于叶面，花香浓，成花率高，花期中。

植株中高，株形半开展；当年生枝35～45cm；大型圆叶，小叶宽卵形，深绿色；无结实，生长势强。菏泽百花园孙景玉、孙景和1981年育出。

'百园藏娇'
'Bai Yuan Cang Jiao'

花洋红色，皇冠型。中型花；外瓣大，质硬而平展，瓣基有紫红晕；雄蕊全部瓣化或退化，雌蕊退化变小；花朵侧开，藏花，成花率高，花期早。

植株中高，株形半开展；一年生枝中长；中型长叶，侧小叶卵形，叶缘上卷，缺刻少，端渐尖。菏泽百花园孙景玉、孙景和1981年育出。

'变叶红'
'Bian Ye Hong'

花红色，润泽，瓣端粉色，皇冠型。花蕾圆尖形，中型花；外瓣2~3轮，形大，瓣基有红晕；雄蕊瓣化瓣碎小曲皱，排列紧密，瓣端常残留花药；雌蕊退化变小或瓣化成嫩黄绿色彩瓣；花朵侧开，成花率较低，花期中。

植株矮，株形半开展；一年生枝较短，节间短，萌蘖枝多；鳞芽圆尖形，新芽紫红色或黄绿色；中型圆叶，叶柄平伸，侧小叶卵圆形，叶缘缺刻少，端钝，下垂，叶表面嫩绿或深绿色；'胡红'芽变的品种。传统品种。

'藏娇'
'Cang Jiao'

花浅红色，皇冠型，有时呈托桂型。花蕾圆尖形，中型花；外瓣3轮，质地薄，瓣端多齿裂，瓣基有紫红晕；雄蕊瓣化瓣细小卷皱，瓣端常残留花药；雌蕊瓣化成红绿彩瓣；花朵隐于叶丛中，成花率较高，花期中。

植株中高，偏矮，株形半开展；一年生枝短，节间短，萌蘖枝少；大型圆叶，叶柄斜伸，侧小叶卵形，叶缘缺刻少而浅，叶表面深绿色，边缘具紫晕；耐湿热，抗寒，抗病。菏泽赵楼牡丹园1968年育出。

'藏枝红'
'Cang Zhi Hong'

花紫红色，皇冠型。花蕾圆尖形，中型花；外瓣2～3轮，形大质硬，瓣端浅齿裂，瓣基有墨紫晕；雄蕊瓣化瓣褶叠，整齐紧密；雌蕊退化变小或瓣化成绿色彩瓣；花朵隐于叶幕间，成花率高，花淡香，花期早。

植株矮，株形开展；一年生枝短，节间极短；中型圆叶，叶柄斜伸，顶小叶顶端深裂，侧小叶卵圆形，叶表面深绿色有深紫晕；较抗寒。菏泽赵楼牡丹园1963年育出。

'春暖意浓'
'Chun Nuan Yi Nong'

花浅红色，皇冠型。花蕾大，圆形；外瓣2~3轮，形大圆整，瓣基具有墨紫晕，内瓣曲皱，质薄柔软；瓣间杂有少量雄蕊，雌蕊瓣化或退化；花朵直上，成花率高，花期中。

植株中高，株形半开展；大型圆叶，小叶长卵圆形，缺刻少，端渐尖，叶面粗糙；生长势强，适宜盆栽及庭园栽培。菏泽赵楼牡丹园1978年育出。

'大叶红'
'Da Ye Hong'

花浅红色，皇冠型，时有托桂型。中型花；外瓣倒卵形，瓣端有深齿裂，瓣基无色斑；雄蕊部分瓣化，端部残留花药；雌蕊正常，花盘（全包）紫红色，柱头红色；花朵直上，成花率高，花淡香，花期中。

植株中高，株形直立；一年生枝中长，萌蘖枝少；大型长叶，叶柄斜伸，顶小叶顶端浅裂，侧小叶长卵形，叶缘缺刻少，端宽尖，叶表面深绿色，叶背有毛。菏泽赵楼牡丹园育出。

'短茎红'
'Duan Jing Hong'

花红色，皇冠型。中型花；外瓣倒卵形，瓣端浅齿裂；雄蕊瓣化为褶叠瓣，瓣端常残留花药；雌蕊瓣化或退化；花朵藏于叶中，成花率高，花期早。

植株中高，株形半开展；一年生枝短；中型长叶，叶柄平伸，顶小叶顶端浅裂，侧小叶卵形，端渐尖，叶表面深绿色。菏泽百花园孙景玉、孙景联育出。

'烽火'
'Feng Huo'

花红色，皇冠型。中型花；外瓣3~5轮，倒卵形，瓣端浅齿裂，瓣基有菱形墨紫色斑；雄蕊部分瓣化，花丝紫红色；雌蕊正常，心皮6~8枚，花盘（半包）、柱头紫红色；花朵侧开，花期早。

植株中高，株形直立；一年生枝短，萌蘖枝较多；小型圆叶，叶柄斜伸，顶小叶顶端中裂，侧小叶宽卵形，叶缘缺刻多而深，端宽尖，叶表面黄绿色，叶背多毛；抗逆性中，抗病性中。菏泽赵楼牡丹园育出。

'冠世红玉'
'Guan Shi Hong Yu'

花浅红色，皇冠型。大型花；外瓣4~5轮，质硬而平展，瓣基有紫红色斑；雄蕊大部分瓣化或退化；雌蕊瓣化为绿色小彩瓣，花盘深紫红色；花朵侧开，成花率高，花期中。

植株中高，株形开展；一年生枝中长；大型圆叶，侧小叶宽卵形，叶缘稍上卷，缺刻多，叶表面黄绿色。菏泽百花园孙景玉、孙文海团队1980年育出。

'红玫瑰' 'Hong Mei Gui'

花紫红色，皇冠型。花蕾圆尖形，中型花；瓣端边缘浅齿裂，瓣基有深紫晕；雄蕊全部瓣化，雌蕊瓣化或退化变小，花盘紫红色；花朵直上，成花率高，花期中。

植株中高，株形直立；一年生枝节间较长，萌蘖枝多；中型长叶，侧小叶长椭圆形，叶缘缺刻少，端渐尖，叶表面绿色。菏泽百花园孙景玉团队1995年育出。

'红色女神' 'Hong Se Nü Shen'

花红色，皇冠型。外瓣3轮，宽大平展，边缘圆整，内瓣曲皱隆起；雄蕊全部瓣化，雌蕊瓣化或退化；花朵直上或侧开，花期中。

植株中高，株形半开展；枝粗壮，叶表面深绿，边缘波曲上卷；花朵耐日晒，花期特长。菏泽赵楼牡丹园育出。

'红霞绘' 'Hong Xia Hui'

花紫红色，皇冠型。花蕾圆尖形，中型花；外瓣2~3轮，质地硬而圆整，瓣基有深紫红晕；雄蕊瓣化瓣稀疏，褶叠；雌蕊瓣化成绿色彩瓣；花朵直上或侧开，成花率较低，花期中。

植株中高，株形半开展；一年生枝较长，节间短；中型长叶，叶柄斜伸，侧小叶卵形或长卵形，叶缘波状上卷，缺刻深，端渐尖，叶表面黄绿色，具明显紫红晕。菏泽赵楼牡丹园1965年育出。

'红玉含翠'
'Hong Yu Han Cui'

花浅红色，皇冠型。中型花；外瓣3~6轮，倒卵形，瓣端浅齿裂；雄蕊部分瓣化，花丝紫红色；雌蕊正常或瓣化为红绿彩瓣，花盘（残存）、柱头紫红色；花朵侧开，成花率较高，花期中。

植株中高，株形直立；一年生枝中长，萌蘖枝较多；中型长叶，叶柄斜伸，顶小叶顶端中裂，侧小叶宽卵形，叶缘缺刻多而深，端锐尖，叶表面绿色。菏泽赵楼牡丹园育出。

'红装素裹'
'Hong Zhuang Su Guo'

花紫红色，皇冠型。外瓣3轮，花瓣较大，卵圆形；内瓣较小，大小不一，基部有红斑；雄蕊多数瓣化，瓣间杂有部分少量雄蕊，雌蕊正常；花朵直上，与叶面齐平，成花率较高，花期中。

植株中高，株形直立；枝条粗硬；中型圆叶，小叶卵圆形，缺刻多而尖，叶缘有紫晕；生长势强。菏泽百花园孙景玉培育。

'胡红'
'Hu Hong'

花浅红色，皇冠型，有时呈荷花型或托桂型。花蕾圆尖形，顶部有时开裂，中型花；外瓣2~3轮，形大，瓣端浅齿裂，瓣基有深红晕；雄蕊瓣化瓣质软曲皱，排列紧密，隆起呈球形；雌蕊瓣化成嫩绿色彩瓣，花盘、柱头均紫色；花朵直上或侧开，成花率较高，花香，花期晚。

植株中高，株形半开展；一年生枝较短，节间短；鳞芽圆尖形，新芽紫红色；大型圆叶，叶柄平伸，顶小叶顶端浅裂，侧小叶卵圆形，叶缘缺刻少，下垂，叶表面绿色有紫晕；抗寒，抗病。传统品种。

'鸡爪红'
'Ji Zhua Hong'

花桃红色，有光泽，皇冠型。中型花，外瓣2轮，质地细腻；内瓣小而曲皱，杂有少量正常雄蕊；雌蕊退化或瓣化为绿色彩瓣；花朵侧开，花期中晚。

植株矮，株形半开展；中型圆叶，有深缺刻，叶面有紫晕；生长势中，萌蘖枝少。传统品种。

'金针红袍'
'Jin Zhen Hong Pao'

花紫红色，皇冠型。花蕾圆尖形；雄蕊部分瓣化，瓣化瓣倒卵形，瓣端残留花药，花丝紫红色；雌蕊正常或瓣化，花盘（全包）紫红色；花朵直上或侧开，花淡香，成花率高，花期中。

植株中高，株形半开展；鳞芽卵圆形；中型圆叶，侧小叶卵形锐尖，边缘翻卷，中裂，叶表面绿色，背面有毛；抗逆性强，适宜庭园绿化。菏泽百花园孙景玉团队1995年自然杂交育出。

'锦帐芙蓉'
'Jin Zhang Fu Rong'

花粉红色,皇冠型。花蕾圆尖形,小型花;外瓣2轮,形略大,质硬,较圆整,平展,瓣基有红晕;雄蕊瓣化瓣窄长曲皱;雌蕊瓣化成红绿彩瓣;花朵藏于叶中,成花率低,花期中。

植株中高,株形半开展;一年生枝较长,节间短,萌蘖枝多;鳞芽狭尖形;中型长叶,叶柄斜伸,侧小叶长卵形或卵状披针形,叶缘上卷,缺刻少,端渐尖,叶表面深绿色。传统品种。

'景彩红'
'Jing Cai Hong'

花红色,皇冠型。花蕾圆尖形,大型花;外瓣2轮宽大平展,瓣端浅齿裂;雄蕊全部瓣化,雌蕊瓣化或退化;花朵直上,高于叶面,花淡香,成花率高,花期中。

植株中高,株形半开展;当年生枝35~40cm;中型圆叶,小叶卵形,深绿色;无结实,生长势强。菏泽百花园孙景玉团队1982年育出。

'绿洲红'
'Lü Zhou Hong'

花浅红色，花瓣有光泽，皇冠型。中型花；外瓣2轮，质硬而平展，瓣基有紫红色斑；雄蕊大部分瓣化，少量正常杂于瓣间；雌蕊稍有瓣化或变小，花盘紫红色；花朵直上，成花率高，花期中。

植株较矮，株形直立；一年生枝短；中型圆叶，侧小叶卵形或长卵形，叶缘稍上卷，缺刻少，端锐尖，叶表面深绿色。菏泽绿洲花木公司李允道1990年育出。

'玫红飘香'
'Mei Hong Piao Xiang'

花玫红色，皇冠型。中型花；花瓣排列整齐；雄蕊多瓣化，瓣间夹有少量正常雄蕊；雌蕊正常或变小；花朵直上或稍侧开，成花率高，有玫瑰香味，花期中晚。

植株中高，株形半开展；一年生枝中长；中型长叶，侧小叶卵形，叶缘缺刻多，端渐尖，叶表面绿色，叶背多毛；抗逆性特强。菏泽曹州牡丹园1996年育出。

'萍实艳'
'Ping Shi Yan'

花深粉红色，皇冠型。花蕾扁圆形，小型花；外瓣质硬平展，瓣端浅齿裂，瓣基无色斑；雄蕊瓣化瓣皱褶，瓣端稍有残留花药；雌蕊退化变小，花盘（全包）紫红色，柱头红色；花朵直上，成花率高，花淡香，花期中。

植株中高，株形半开展；一年生枝较长，节间稍短，萌蘖枝多，嫩枝紫红色；新芽红褐色；中型圆叶，顶小叶顶端深裂，侧小叶近圆形，叶缘缺刻少，叶表面绿色有明显紫晕；耐湿热，较抗寒，较抗病。传统品种。

'群芳妒'
'Qun Fang Du'

花红色,皇冠型。小型花;外瓣宽大平展,瓣端浅齿裂;雄蕊全部瓣化,瓣化瓣曲皱褶叠,瓣端残留花药;雄蕊瓣化为红绿彩瓣;花朵直上,花期中。

植株中高,株形半开展;中型长叶,枝叶翠绿色。菏泽赵楼牡丹园1985年育出。

'珊瑚台'
'Shan Hu Tai'

花浅红色,皇冠型。花蕾圆尖形,中型花;外瓣3～4轮,形大质地较薄,瓣基有墨紫色斑;雄蕊瓣化瓣皱褶,排列紧密,隆起;雌蕊退化变小或瓣化;花朵直上,成花率高,花期中。

植株矮,株形半开展;一年生枝短,节间亦短;鳞芽圆形,新芽灰褐色;小型长叶,叶柄斜伸,侧小叶长卵形,叶缘质硬,缺刻浅,端锐尖,叶表面深绿色;抗寒。菏泽赵楼牡丹园1970年育出。

'天香夺锦'
'Tian Xiang Duo Jin'

花红色,皇冠型。花蕾圆形,中型花;外瓣瓣端浅齿裂,瓣基有深紫红晕;雄蕊瓣化瓣褶叠紧密,瓣间杂有少量正常雄蕊;雌蕊退化变小,花盘(残存)紫红色,柱头红色;花朵直上,成花率高,花淡香,花期中。

植株中高,株形直立;一年生枝短,节间短;鳞芽圆尖形,新芽暗紫红色;小型圆叶,叶柄斜伸,顶小叶顶端中裂,侧小叶卵圆形,叶表面绿色有紫晕。传统品种。

'襄阳大红'
'Xiang Yang Da Hong'

花红色，皇冠型。花蕾圆尖形，大型花；外瓣宽大，瓣基有深紫晕色斑；雄蕊瓣化瓣皱褶，瓣间杂有少量正常雄蕊，雌蕊变小；花朵侧开，成花率高，花期中。

植株矮，株形开展；一年生枝短，节间亦短，萌蘖枝少；中型长叶，叶柄平伸，侧小叶长卵形，叶缘上卷，缺刻少，端锐尖，叶表面深绿色。传统品种。

'小胡红'
'Xiao Hu Hong'

花红色，皇冠型。花蕾圆形，中型花；外瓣较大，瓣基有紫红晕；雄蕊瓣化瓣曲皱密集，瓣间常杂有少量正常雄蕊；雌蕊退化变小或瓣化成绿色彩瓣；花朵直上，成花率高，花期中晚。

植株矮，株形半开展；一年生枝短，节间亦短，萌蘖枝较多；小型圆叶，叶柄平伸，侧小叶近圆形，叶缘缺刻少而浅，端锐尖，叶表面绿色有紫晕。传统品种。

'云芳'
'Yun Fang'

花紫红色，有光泽，皇冠型。外瓣2轮，较大，瓣基有深紫红色斑纹；内瓣高起，内外瓣间多有窄条瓣，瓣中下部有紫红色纹；雌蕊部分瓣化，花盘（全包）、柱头紫红色；成花率中等，花期中晚。

植株中高，株形半开展；枝粗壮，新枝节间较短；中型圆叶，小叶肥大，顶小叶深裂，侧小叶偏圆，有缺刻；生长势中等，较耐高温高湿。安徽宁国传统品种。

'云梦'
'Yun Meng'

花紫红色，皇冠型。中型花。外瓣3~6轮，倒卵形，瓣端浅齿裂，瓣基无色斑；雄蕊部分瓣化，端部残留花药；雌蕊部分瓣化成紫绿彩瓣，花盘（残存）、柱头紫红色；花朵直上，成花率较高，花香，花期中晚。

植株中高，株形直立；一年生枝中长，萌蘖枝少；中型长叶，叶柄斜伸，顶小叶顶端中裂，侧小叶宽卵形，叶缘缺刻多而深，端宽尖，叶表面黄绿色有紫晕，叶背有毛。菏泽赵楼牡丹园育出。

'赵家红'
'Zhao Jia Hong'

花浅红色，皇冠型。中型花；外瓣宽大圆整，质硬，瓣基有紫色条纹；雄蕊多数瓣化，少量正常雄蕊杂于瓣中间；雌蕊瓣化成红绿彩瓣；花朵直上或侧开，成花率高，花期中。

植株中高，株形半开展；一年生枝中长；中型长叶，侧小叶长卵形，叶缘缺刻少而浅，叶表面浅绿色；抗寒性强。菏泽曹州牡丹园1988年育出。

'皱叶红'
'Zhou Ye Hong'

花浅红色，皇冠型。花蕾圆形，中型花；外瓣形大质薄，瓣端浅齿裂，瓣基有红晕；雄蕊瓣化瓣曲皱，瓣间杂有少量正常雄蕊；雌蕊退化或缩小，花盘（全包）、柱头紫红色；花朵直上，成花率较高，花香，花期中。

植株矮，株形半开展；一年生枝较短，萌蘖枝少；小型长叶，叶柄平伸，顶小叶顶端浅裂，侧小叶长卵形，叶缘下卷，叶表面浅绿色有紫晕。菏泽赵楼九队1970年育出。

'百园争辉'
'Bai Yuan Zheng Hui'

花红色，绣球型。外瓣质硬平展，瓣端浅齿裂；雄蕊全部瓣化，雌蕊瓣化或退化；花期中。

植株中高，株形直立；茎直，柄细长；叶稀而圆，黄绿色；分枝能力中。菏泽百花园孙景玉团队育出。

'红光献彩'
'Hong Guang Xian Cai'

花红色，绣球型。中型花；外瓣质硬而平展，瓣基有紫色小斑；雄蕊大部分瓣化，雌蕊增多变小；花朵直上，成花率高，花期中。

植株中高，株形半开展；一年生枝中长；小型长叶，侧小叶长卵形，叶缘上卷，缺刻少，端渐尖，叶表面深绿色。菏泽百花园孙景玉、孙文海团队1994年育出。

'金奖红' 'Jin Jiang Hong'

花红色，绣球型。花蕾圆形，无侧蕾，中型花；雄蕊全部瓣化，雌蕊瓣化成红绿彩瓣；花朵直上或侧开，高于叶面，花香淡，成花率高，花期中。

植株高，株形直立；当年生枝40～45cm；中型长叶，小叶长卵形，深绿色；结实率低，生长势强。菏泽百花园孙景玉团队1983年育出。

'千褶绣球' 'Qian Zhe Xiu Qiu'

花紫红色，绣球型。花蕾卵圆形，易绽口，中型花；外瓣2轮，质硬，内外瓣大小相似；雄蕊大部分瓣化成褶叠状花瓣，基部色深，端部色浅；雌蕊瓣化成绿色花瓣；花朵直上或稍侧开，成花率中，花期中。

植株中高，株形直立；一年生枝中长；小型圆叶，侧小叶卵圆形，叶缘上卷，缺刻少，端钝尖，叶表面黄绿色有红晕。菏泽曹州牡丹园1999年育出。

'彩云飞' 'Cai Yun Fei'

花红色，千层台阁型。外瓣平展，瓣端色淡有浅裂，内瓣向心内卷；雄蕊部分瓣化，瓣间杂有正常雄蕊；雌蕊部分瓣化成红绿彩瓣；花期中。

植株高，株形直立；一年生枝长；中型长叶，叶表面绿色，无紫晕；生长势强，抗病性强。菏泽赵楼牡丹园育出。

'重楼点翠'
'Chong Lou Dian Cui'

花浅红色，千层台阁型。花蕾圆尖形，中型花；外瓣质硬，瓣基有紫红晕；雄蕊偶有瓣化；雌蕊瓣化成红绿彩瓣；花朵直上，成花率高，花期晚。

植株中高，株形半开展；一年生枝长，节间较短，萌蘖枝多，嫩枝土红色；鳞芽圆尖形，新芽紫红色；中型长叶，叶柄斜伸，侧小叶椭圆形或卵状椭圆形，叶缘缺刻少，叶脉明显，端短尖，叶表面绿色；耐湿热，抗寒，单花期长，耐日晒，抗病。菏泽赵楼牡丹园1968年育出。

'飞虹流彩'
'Fei Hong Liu Cai'

花深紫红色，千层台阁型。下方花外瓣4~5轮，宽大圆整，质硬，向内渐小，雄蕊部分瓣化，雌蕊瓣化为绿色彩瓣；上方花花瓣较少，内卷；花梗硬，花态直上，花期中晚。

植株矮，株形半开展；中型长叶，小叶卵形，缺刻少，质硬，深绿色；生长势强，适宜盆栽。菏泽赵楼牡丹园1980年育出。

'飞燕红装'
'Fei Yan Hong Zhuang'

花红色，千层台阁型。花蕾圆尖形，中型花；外瓣3~5轮，质地稍软，瓣端浅齿裂，瓣基有圆形墨紫色斑；雄蕊退化，花丝紫红色；雌蕊部分瓣化成绿色瓣，花盘（残存）紫红色，柱头红色；花朵侧开，成花率高，花淡香，花期中。

植株中高，株形开展；一年生枝较长，节间短，萌蘖枝多，嫩枝艳紫红色；鳞芽圆形，新芽黄褐色；小型长叶，顶小叶顶端缺刻深浅差异大，侧小叶椭圆形，叶缘缺刻深，波状上卷，叶表面黄绿色；较抗寒，较耐湿热，较抗病。菏泽赵楼牡丹园1964年育出。

'飞燕凌空'
'Fei Yan Ling Kong'

  花紫红色，千层台阁型。下方花花瓣宽大平展，雄蕊全部瓣化，雌蕊退化；上方花雄蕊多瓣化，雌蕊瓣化为红绿彩瓣；花朵直上，成花率高，花期中晚。

  植株中高，株形直立；生长势强。菏泽百花园孙景玉、孙景联育出。

'富贵满堂'
'Fu Gui Man Tang'

  花粉红色，千层台阁型，偶有菊花型。花蕾扁圆形，大型花；外瓣质硬平展，排列整齐，瓣端浅齿裂，瓣基有紫晕；雄蕊量少，偶有瓣化，花丝紫红色；雌蕊退化变小或瓣化为红绿彩瓣，花盘（全包）、柱头紫红色；花朵侧开，成花率高，花香，花期中。

  植株中高，株形半开展；一年生枝较长，节间稍短；新芽灰褐色；中型长叶，叶柄平伸，顶小叶顶全裂，侧小叶长卵形，叶缘缺刻少，端渐尖，叶表面绿色有紫晕；抗寒，抗病。菏泽赵楼牡丹园1983年育出。

'关西乙女的舞'
'Guan Xi Yi Nü De Wu'

  花红色，千层台阁型。花蕾圆形，中型花；花瓣排列紧密，瓣端多齿裂；雄蕊全部瓣化，雌蕊瓣化成绿色彩瓣；花朵直上，成花率高，花期中。

  植株中高，株形半开展；中型长叶，侧小叶卵形，叶缘有缺刻，叶柄红褐色，叶表面绿色有明显紫晕；生长势强，花朵耐日晒。日本引进品种。

'红峰'
'Hong Feng'

花红色，千层台阁型。下方花外瓣较大，向内渐小，雌蕊瓣成绿色彩瓣；上方花花瓣稍大，稀疏而直立；花梗中粗，花朵直上或侧开，成花率高，早花品种。

植株较矮，株形半开展；中型圆叶，小叶卵圆形，缺刻较多；生长势强。菏泽百花园育出。

'红凤照水'
'Hong Feng Zhao Shui'

花浅红色，千层台阁型。花瓣润泽；雄蕊瓣化，雌蕊瓣化为红绿彩瓣；花梗长，花朵侧开，浓香，花期中。

植株中高，株形半开展；枝细而质硬。菏泽百花园孙景玉、孙景联育出。

'红花露霜'
'Hong Hua Lu Shuang'

花红色，千层台阁型。花蕾扁圆形，中型花；花瓣由外向内逐渐缩小，瓣端浅齿裂，瓣基有三角形或菱形紫红色斑；雄蕊量少，花丝紫红色；雌蕊部分瓣化为红绿彩瓣，花盘（半包）、柱头紫红色；花朵直上，成花率高，花香，花期中。

植株高，株形直立；一年生枝长，节间稍短，萌蘖枝较多；小型长叶，叶柄平伸，顶小叶顶端全裂，侧小叶长卵形或卵形，叶缘缺刻多，端锐尖，叶表面黄绿色；抗逆性强。菏泽百花园孙景玉、孙景联1976年育出。

'红麒麟'
'Hong Qi Lin'

花红色，千层台阁型。中型花；花瓣倒卵形，瓣端浅齿裂，瓣基有三角形紫红色斑；雄蕊部分瓣化；雌蕊部分瓣化，花盘（半包）、柱头粉色；花朵侧开，成花率较高，花香，花期中。

植株中高，株形直立；一年生枝中长，萌蘖枝较多；大型圆叶，叶柄斜伸，顶小叶顶端深裂，侧小叶宽卵形，叶缘缺刻深而多，端锐尖，叶表面黄绿色。菏泽赵楼牡丹园育出。

'红娃娃'
'Hong Wa Wa'

花红色，千层台阁型。花蕾圆尖形；花瓣瓣端浅齿裂；雄蕊正常，花丝紫红色；雌蕊部分瓣化为红绿彩瓣，柱头红色，花盘（半包）紫红色；花朵直上，高于叶面，成花率高，花期中。

植株矮，株形半开展；小型长叶，侧小叶长卵形，叶绿色；生长势强；人工杂交育成，母本'一品红'，父本'明星'。菏泽百花园孙文海团队2009年育出。

'火炼碧玉'
'Huo Lian Bi Yu'

花洋红色，千层台阁型。花蕾圆尖形，中型花；下方花外瓣6轮，稍大，瓣基无色斑，雄蕊全部瓣化，雌蕊瓣化成绿色彩瓣；上方花少而小，雌蕊退化变小或瓣化为红绿彩瓣；花朵直上或侧开，成花率较低，花期晚。

植株矮，株形半开展；一年生枝短，节间亦短，萌蘖枝多；中型长叶，叶柄斜伸，侧小叶卵形，叶缘波状上卷，叶表面绿色。菏泽赵楼牡丹园1969年育出。

'娇丽'
'Jiao Li'

花深粉色,千层台阁型。中型花;外瓣倒卵形,瓣端浅齿裂,瓣基有狭长紫红色斑;雄蕊部分瓣化,端部残留花药;雌蕊正常,花盘(残存)、柱头紫红色,心皮3~5枚;花朵侧开,成花率高,花香,花期中。

植株高,株形半开展;一年生枝中,萌蘖枝少;中型圆叶,叶柄斜伸,顶小叶顶端中裂,侧小叶宽卵形,叶缘缺刻深而多,端宽尖,叶表面黄绿色有紫晕,叶背多毛。菏泽赵楼牡丹园育出。

'霓虹焕彩'
'Ni Hong Huan Cai'

花洋红色,千层台阁型。花蕾圆形,常开裂,中型花;花瓣排列整齐,瓣端浅齿裂,瓣基有墨紫色斑;雄蕊少,花丝紫红色;雌蕊多瓣化成红绿彩瓣,花盘(残存)、柱头紫红色;花朵直上或侧开,成花率高,花淡香,花期中。

植株高,株形半开展;一年生枝长,节间较短;鳞芽圆尖形,新芽黄褐色;中型圆叶,叶柄斜伸,顶小叶顶端中裂,侧小叶卵圆形,叶缘稍波状上卷,缺刻多而浅,叶表面深绿色;耐湿热,抗寒,抗病。菏泽赵楼九队1972年育出。

'捧盛子'
'Peng Sheng Zi'

花紫红色,千层台阁型。花蕾圆尖形,中型花;外瓣形稍大,质硬,瓣基有墨紫晕;雄蕊量少,雌蕊瓣化成红绿彩瓣;花朵直上,成花率低,花期中。

植株中高,株形直立;一年生枝较长,节间短,萌蘖枝较多;中型长叶,叶柄斜伸,侧小叶长卵形,叶缘缺刻较少,端渐尖,叶表面粗糙,深绿色,有紫晕。菏泽赵楼牡丹园1970年育出。

'青龙镇宝'
'Qing Long Zhen Bao'

花紫红色,千层台阁型。花蕾圆尖形,大型花;下方花外瓣4~5轮,形大平展,瓣端浅齿裂,瓣基有墨紫晕,雄蕊变小,雌蕊瓣化成黄绿色彩瓣;上方花雌雄蕊退化变小,花丝浅紫色,花盘(半包)、柱头淡黄色;花朵侧开,成花率高,花期中晚。

植株高,株形开展;一年生枝长,节间亦长,萌蘖枝多;中型长叶,叶柄斜伸,顶小叶顶端中裂,侧小叶椭圆形或卵形,叶缘缺刻少,叶面光滑,端渐尖,下垂,叶表面黄绿色;蕾期耐低温。菏泽百花园1977年育出。

'十八号'
'Shi Ba Hao'

花红色，千层台阁型，偶有菊花型。花蕾扁圆形，大型花；外瓣质硬，瓣端浅齿裂，瓣基有卵圆形深紫红色斑；雄蕊稍有瓣化，花丝墨紫红色；雌蕊变小或瓣化，花盘（残存）紫色，柱头红色；花朵直上，成花率高，花期中。

植株高，株形直立；一年生枝长，节间较短，萌蘖枝少；中型圆叶，叶柄斜伸，顶小叶顶端浅裂，侧小叶近圆形，叶缘上卷，缺刻少，叶面光滑，端钝，叶表面黄绿色；耐湿热，耐寒，抗病。传统品种。

'太平红'
'Tai Ping Hong'

花红色，稍带蓝色，千层台阁型。中型花；外瓣中大，基部有紫红色斑纹或辐射状纹；内瓣小，瓣间夹有少数退化雄蕊，花丝紫色，柱头紫红色，花盘残存；花梗较硬，花朵直上，成花率高，花期早。

植株中高，株形半开展；新枝节间短，发枝力较强；中型圆叶，斜伸，较稠密，小叶卵形至倒卵形，顶小叶多3浅裂；生长势、分枝力强，适宜促成栽培。重庆垫江育出。

'桃花娇艳'
'Tao Hua Jiao Yan'

花浅红色，千层台阁型。花蕾圆尖形，大型花；下方花外瓣3~4轮，质薄平展，瓣基有红晕，雄蕊量少，雌蕊瓣化成红绿彩瓣；上方花雄蕊少而小，雌蕊退化变小或稍瓣化；花朵直上或侧开，花期中。

植株高，株形半开展；一年生枝长，节间较短，萌蘖枝较少；中型圆叶，侧小叶卵圆形或长卵形，叶缘稍波曲，缺刻多而浅，叶表面黄绿色，有浅紫晕。菏泽百花园孙景玉、孙景联1969年育出。

'万花盛'
'Wan Hua Sheng'

花红色，千层台阁型。花蕾大，扁圆形，大型花；外瓣8轮，较圆整，瓣基有黑紫色斑；雄蕊少，偶有瓣化；雌蕊退化或瓣化；花朵直上，成花率较低，花期晚。

植株高，株形直立；一年生枝粗而长，节间亦长，萌蘖枝少，嫩枝红色；鳞芽大，近圆形，新芽紫红色；大型圆叶，叶柄平伸，侧小叶阔卵形，叶缘缺刻少，端短尖，叶表面粗糙，黄绿色；耐湿热，抗寒，抗病。传统品种。

'西施艳妆'
'Xi Shi Yan Zhuang'

花艳红色，千层台阁型。中型花；下方花外瓣3~4轮，较大，质地较薄，瓣基有墨紫色斑，雄蕊瓣化，瓣化瓣较软，不规则，雌蕊瓣化为绿色彩瓣；上方花雄蕊变小，雌蕊消失；花朵侧开，成花率高，花期中晚。

植株中高，株形半开展；一年生枝中长；中型长叶，侧小叶狭长，叶缘缺刻多，端锐尖，叶表面深绿色。菏泽曹州牡丹园2004年育出。

'夕照'
'Xi Zhao'

花粉色,千层台阁型。中型花;外瓣倒卵形,瓣端浅齿裂,瓣基无色斑;雄蕊部分瓣化,花丝墨紫色;雌蕊退化变小,花盘(残存)、柱头紫红色;花朵直上,成花率较高,花香,花期中。

植株中高,株形半开展;一年生枝中长;小型圆叶,叶柄平伸,顶小叶顶端中裂,侧小叶卵形,叶缘稍上卷,缺刻少,叶表面深绿有紫晕。菏泽百花园孙景玉、孙景联育出。

'新社红'
'Xin She Hong'

花红色，千层台阁型。下方花瓣质硬，宽大平展，雄蕊部分瓣化，雌蕊瓣化或退化；上方花瓣端稍浅，雄蕊部分瓣化，瓣化瓣残留花药，雌蕊瓣化为红绿彩瓣；花朵直上，花期中。

植株高，株形开展；中型圆叶，侧小叶阔卵形，叶缘多缺刻，微上卷，叶表面绿色有红晕。菏泽赵楼牡丹园育出。

'艳珠剪彩'
'Yan Zhu Jian Cai'

花浅紫红色，千层台阁型。花蕾圆尖形，中型花；下方花花瓣排列不整齐而褶皱，瓣端多浅齿裂，瓣基有红晕，雄蕊量少，雌蕊稍有瓣化；上方花雌雄蕊变小，花丝、花盘（残存）、柱头紫红色；花朵侧开，成花率高，花淡香，花期中。

植株中高，株形半开展；一年生枝较长，节间短，萌蘖枝多；中型长叶，叶柄斜伸，顶小叶顶端中裂，侧小叶长卵形，叶缘波状上卷，缺刻多，端渐尖，叶表面绿色，叶背无毛；花朵耐日晒。菏泽赵楼牡丹园1963年育出。

'一品朱衣'
'Yi Pin Zhu Yi'

花红色，瓣端粉色，千层台阁型。花蕾圆尖形，中型花；外瓣排列整齐而紧密，瓣基有紫红色斑，雄蕊较多；雌蕊正常或稍瓣化；花朵侧开，成花率高，花期中。

植株矮，株形开展；一年生枝短，节间短，萌蘖枝多；鳞芽肥大，圆尖形；小型圆叶，叶柄斜伸，侧小叶卵形，叶缘稍下卷，缺刻多而浅，端渐尖，叶表面深绿色。传统品种。

'银红焕彩'
'Yin Hong Huan Cai'

花银红色，多花型，千层台阁型至楼子台阁型。下方花外瓣宽大平展，瓣端浅齿裂，雄蕊部分瓣化，雌蕊瓣化或退化；上方花雄蕊多瓣化，雌蕊瓣化为红绿彩瓣；花朵侧开，花期中。

植株高，株形直立；中型圆叶，侧小叶阔卵形，叶缘缺刻，微上卷，叶柄斜伸，叶表面绿色有紫晕。菏泽赵楼牡丹园1976年育出。

'迎日红'
'Ying Ri Hong'

花红色，盛开瓣端变淡粉色，千层台阁型。花蕾圆尖形，常开裂，中型花；外瓣4轮，圆整平展，排列整齐，瓣端浅齿裂，瓣基有椭圆形墨紫色斑；雄蕊部分瓣化，花丝紫红色；雌蕊瓣化成绿色瓣，花盘（残存）、柱头紫红色；花朵直上，成花率高，花淡香，花期中。

植株中高，株形直立；一年生枝长，节间短；中型长叶，叶柄斜伸，顶小叶顶端浅裂，侧小叶长卵形，叶缘上卷，缺刻少，叶表面绿色有紫晕；抗寒，较耐湿热，抗病。菏泽赵楼九队1970年育出。

'勇士'
'Yong Shi'

花紫红色,千层台阁型。瓣质厚而硬,有光泽;花梗长而硬,花朵直上,成花率高,花期中。植株高,株形直立;抗逆性强,花朵耐晒,花期长。菏泽曹州牡丹园2012年育出。

'朝衣' 'Zhao Yi'

花紫红色，千层台阁型，有时蔷薇型。花蕾圆尖形，大型花；下方花花瓣6~8轮，圆大质软，雄蕊少数瓣化成小长瓣，雌蕊瓣化成绿色彩瓣；上方花雄蕊量少，雌蕊变小；花朵侧开，成花率高，花期晚。

植株高，株形半开展；一年生枝长，节间亦长，萌蘖枝多；中型长叶，叶柄斜伸，顶小叶顶端3深裂，顶裂片又3深裂，侧小叶长卵形或长椭圆形，叶缘略下垂，叶表面绿色；抗晚霜及早春寒。菏泽赵楼牡丹园1982年育出。

'脂红' 'Zhi Hong'

花洋红色，千层台阁型。花蕾圆尖形，中型花；外瓣2~3轮，较平展，瓣端浅齿裂，瓣基有紫红色斑；雄蕊少，花丝紫色；雌蕊瓣化为红绿彩瓣；花朵侧开，成花率较高，花期中。

植株中高，株形开展；一年生枝较短，节间亦短，萌蘖枝多，嫩枝艳紫红色；鳞芽肥大，圆尖形，新芽黄绿色；中型长叶，顶小叶顶端中裂，侧小叶长卵形，叶缘缺刻深，叶脉明显，端渐尖，叶表面黄绿色；耐湿热，抗寒，抗病。传统品种。

'姿貌绝倍' 'Zi Mao Jue Bei'

花浅红色，千层台阁型。下方花宽大平展，瓣质细腻，瓣端齿裂，雌雄蕊瓣化；上方花花瓣褶皱，雄蕊全部瓣化，雌蕊瓣化或退化；成花率低，花期中。

植株高，株形直立；中型长叶，顶小叶深裂，侧小叶卵形，叶缘微上卷，叶柄斜伸，叶表面黄绿有紫晕。传统品种。

'大楼红'
'Da Lou Hong'

花红色，楼子台阁型。下方花外瓣2轮，形大稍下卷，雌雄蕊全部瓣化；上方花褶皱，雌雄蕊全部瓣化或退化消失；花朵直上，成花率高，花期中。

植株中高，株形半开展；中型长叶，顶小叶中裂，侧小叶卵形，边缘缺刻，叶表面绿色；生长势强。菏泽李集牡丹园育出。

'红肥绿瘦'
'Hong Fei Lü Shou'

花红色，楼子台阁型。中型花；下方花外瓣3轮，质硬而平展，瓣基有深紫色小斑，雄蕊量少，雌蕊瓣化为绿色彩瓣；上方花雄蕊变小，雌蕊变小；花朵直上，成花率高，花期中。

植株中高，株形半开展；一年生枝中长；中型圆叶，侧小叶卵形，叶缘缺刻多，下垂，端锐尖，叶表面粗糙，深绿色。菏泽李集牡丹园1986年育出。

'红玉楼'
'Hong Yu Lou'

花浅红色，楼子台阁型。花蕾圆尖形，中型花；下方花长而皱，外瓣6轮，宽大而圆整，瓣端浅齿裂，瓣间杂有少量花药，雌蕊瓣化成绿色彩瓣；上方花花瓣量少，稍大，花丝紫红色，雌蕊变小，花盘（全包）、柱头紫红色；花朵侧开，成花率高，花淡香，花期中。

植株高，株形开展；一年生枝长，节间亦长，萌蘖枝多；中型长叶，叶柄平伸，顶小叶顶端深裂，侧小叶卵形或广卵形，叶缘波状，缺刻多，端钝，下垂，叶表面黄绿色；抗晚霜及早春寒，抗病害。菏泽赵楼牡丹园1983年育出。

'菊红'
'Ju Hong'

花艳红色,楼子台阁型。花瓣质地厚硬,下方花外瓣3轮,较大,阔卵形,内外瓣之间有一圈未完全瓣化的雄蕊,雌蕊瓣化成红绿彩瓣;上方花花瓣少,皱褶,雌雄蕊退化变小;花梗质硬,花朵直上,成花率高,花期中。

植株中高,株形半开展;中型圆叶,叶面粗糙,叶缘有淡褐红晕;生长势强。菏泽百花园孙景玉、孙景联育出。

'卷叶红'
'Juan Ye Hong'

花红色,楼子台阁型。花蕾易绽口,中型花;下方花外瓣2轮,大而平展,雄蕊全部瓣化,雌蕊瓣化为红绿彩瓣;上方花雌雄蕊全部瓣化或退化消失;花朵直上,成花率高,花期晚。

植株中高,株形直立;一年生枝中长;中型圆叶,侧小叶卵圆形或椭圆形,叶缘缺刻少,波曲上翘,叶表面深绿色有紫晕,叶背多毛;抗逆性强,抗盐碱。菏泽赵楼九队赵孝崇1970年育出。

'立新花'
'Li Xin Hua'

花紫红色,瓣端微带粉色,楼子台阁型。中型花;下方花花瓣基部有红色斑,雄蕊多瓣化,雌蕊瓣化成绿色彩瓣;上方花花瓣细碎皱褶,雌雄蕊正常;花期中。

植株高,株形半开展;大型圆叶;分枝力、生长势中等,萌蘖枝少。菏泽赵楼牡丹园育出。

'帅府红楼'
'Shuai Fu Hong Lou'

花紫红色,楼子台阁型。中型花;下方花外瓣宽大圆整,质厚硬,雌雄蕊部分瓣化;上方花雌雄蕊部分瓣化;花朵直上,成花率高,花期晚。

植株高,株形直立;一年生枝长;中型圆叶,侧小叶卵形,端突尖,叶表面黄绿色;花朵耐日晒,花期长。菏泽曹州牡丹园2001年育出。

'双红楼'
'Shuang Hong Lou'

花紫红色，楼子台阁型。花蕾扁圆形，大型花；下方花外瓣2～3轮，瓣端齿裂，雌雄蕊瓣化；上方花曲皱，雄蕊全部瓣化，雌蕊退化；花侧开，花期中。

植株中高，株形半开展；大型圆叶，侧小叶阔卵形，叶表面绿色有紫晕；生长势强。菏泽赵楼牡丹园育出。

'桃红献媚'
'Tao Hong Xian Mei'

花紫红色，楼子台阁型。花蕾卵圆形，端部常开裂，小型花；下方花外瓣2～3轮，稍大，瓣基有墨紫色斑，雌蕊瓣化成绿色彩瓣；上方花雌雄蕊全部瓣化或退化；花朵侧开，成花率较低，花期早。

植株矮，株形半开展；一年生枝短，节间亦短，萌蘖枝少，鳞芽卵形，芽端开裂；小型长叶，叶柄斜伸，侧小叶长卵形或椭圆形，叶缘扭曲，缺刻少，端钝，叶表面黄绿色有深紫晕。传统品种。

'胭楼争春'
'Yan Lou Zheng Chun'

花浅红色，楼子台阁型。花蕾圆形，中型花；花瓣基部有浅红色斑；花丝紫红色，部分退化；花盘、柱头均紫红色，心皮无毛；花态直上或侧开，花朵高于叶面，花香中等，花期早。

植株中高，株形半开展；当年生枝25～35cm；小型长叶，小叶长卵形；结实少，生长势强。菏泽百花园孙文海团队2003年育出。

'银红翡翠'
'Yin Hong Fei Cui'

花紫红色,楼子台阁型。下方花外瓣2~3轮,较大,内瓣小,大部分雄蕊瓣化,雌蕊瓣化;上方花花瓣3~5轮,稍大,雌雄蕊变小;花梗粗硬,花朵直上或侧开,成花率较高,花期中。

植株中高,株形半开展;中型圆叶,小叶缺刻浅而尖;生长势强。

'莺歌红'
'Ying Ge Hong'

花浅洋红色,鲜艳有光泽,楼子台阁型。雄蕊全部瓣化,雌蕊瓣化为红黄彩瓣;花期中。

植株中高,株形半开展;枝粗壮,中型圆叶,小叶近椭圆形,黄绿色,边缘上卷;生长势强。菏泽百花园育出。

'种生红'
'Zhong Sheng Hong'

花红色,楼子台阁型。花蕾圆尖形,中型花;下方花花瓣质地硬,排列紧密而不整齐,瓣端齿裂多,瓣基有深紫晕,雄蕊大部分瓣化,雌蕊瓣化成正常花瓣;上方花花瓣量少,褶叠稍大,雌雄蕊退化变小;花朵侧开,成花率较低,花期中晚。

植株矮,株形半开展;一年生枝短,节间亦短;鳞芽长卵圆形,新芽红褐色;中型圆叶,侧小叶卵形,叶缘上卷,缺刻少,端短尖,叶表面黄绿色;耐湿热,较抗寒。传统品种。

菏泽牡丹谱

上编 菏泽牡丹品种

Purple
紫色系
（品种数：366种）

'彩蝶'
'Cai Die'

花粉紫色，单瓣型。花蕾圆尖形，中型花；瓣端浅齿裂，瓣基有艳紫红色斑；雄蕊正常，花丝淡黄色；雌蕊正常，花盘（残存）乳白色，柱头粉色；花朵直上，花浓香，花期早。

植株中高，株形直立；一年生枝长，节间较长，萌蘖枝较少；中型圆叶，叶柄斜伸，顶小叶顶端浅裂，侧小叶卵形或长卵形，缺刻多，端渐尖，叶表面绿色；花朵耐日晒。菏泽赵楼牡丹园1995年育出。

'飞天紫凤'
'Fei Tian Zi Feng'

花浅紫色,单瓣型。花瓣2轮,瓣基有深黑紫色斑;雌雄蕊正常,花丝深红色,花盘、柱头紫红色;花朵直上或微侧开,成花率高,花期中。

植株中高,株形开展;中型长叶,小叶长卵形,顶小叶2深裂,侧小叶缺刻少,叶表面深绿色;结实率高,适宜油用栽培;人工杂交育成,母本'凤丹',父本'紫斑'牡丹。菏泽瑞璞公司2018年育出。

'翡翠荷花'
'Fei Cui He Hua'

花淡粉紫色,花瓣呈倒晕色,上部色深,下部色浅,单瓣型。中型花;花瓣2轮,质硬而薄,瓣端微皱,瓣基有粉白晕;雌雄蕊正常,花丝、花盘白色;花朵直上或侧开,成花率高,花期中。

植株高,株形半开展;一年生枝特长;中型长叶,侧小叶长卵形,叶缘缺刻少,端渐尖。菏泽百花园1998年育出。

'盘中取果'
'Pan Zhong Qu Guo'

花浅紫红色,单瓣型。花蕾圆尖形,小型花;花瓣1~2轮,瓣基有紫红色斑;雌雄蕊正常,花丝、花盘、柱头紫红色;花朵直上,成花率高,花期早。

植株中高,株形半开展;一年生枝较长,节间长;萌蘖枝较多;鳞芽狭尖形,芽端易开裂,新芽紫红色;小型长叶,叶柄平伸,侧小叶长卵形,叶缘缺刻浅,端锐尖,叶表面黄绿色有紫晕。传统品种。

'瑞璞1号'
'Rui Pu 1 Hao'

花浅紫红色,单瓣型。花瓣2轮,瓣基有紫斑;雌雄蕊正常,花丝、花盘、柱头均紫红色;成花率高,花期中早。

植株高,株形直立;大型长叶,叶缘完整无缺刻,叶表面黄绿色;结实率高,抗病性强,适宜油用和切花栽培;人工杂交育成,母本'凤丹',父本'紫斑'牡丹。菏泽瑞璞公司2014年育出。

'瑞璞2号'
'Rui Pu 2 Hao'

花紫红色,单瓣型。花瓣2轮;雌雄蕊正常,花丝、花盘、柱头均紫红色;成花率高,花期中早。

植株高,株形直立;大型长叶,叶缘完整无缺刻,叶表面绿色;结实率高,抗病性强,适宜油用和切花栽培;人工杂交育成,母本'凤丹',父本'状元红'。菏泽瑞璞公司2014年育出。

'鸦片紫'
'Ya Pian Zi'

　　花浅紫红色，单瓣型。花瓣2轮，瓣基有黑紫斑；雌雄蕊正常，花丝中下部深紫色，花盘紫色，柱头红色；花朵直上，成花率高，花期中。

　　植株中高，株形半开展；中型圆叶，稠密，小叶卵圆形，缺刻少，叶表面绿色有明显紫晕；生长势强。菏泽传统品种。

'玉蝴蝶'
'Yu Hu Die'

花浅粉紫色,单瓣型。花蕾长圆尖形,小型花;花瓣3轮,质硬,瓣基有紫晕;雄蕊正常,花丝白色;雌蕊正常,花盘乳白色;花朵直上,成花率高,花期中。

植株中高,株形直立;一年生枝中长;小型圆叶,侧小叶宽卵形或卵形,叶缘缺刻较少,端突尖,叶表面粗糙。菏泽百花园1992年育出。

'紫蝶飞舞'
'Zi Die Fei Wu'

花浅紫红色,端部色淡,单瓣型。花蕾长圆尖形,小型花;花瓣2轮,质厚而硬,瓣基有紫红晕;雌雄蕊正常,花盘紫红色;花朵直上,成花率高,花期中晚。

植株高,株形直立;一年生枝特长;小型长叶,侧小叶阔披针形,叶缘缺刻少,端渐尖,叶表面光滑;耐日晒。菏泽百花园1995年育出。

'紫气冲天'
'Zi Qi Chong Tian'

花粉红色,单瓣型。花蕾圆尖形,中型花;花瓣2~3轮,瓣基有紫色斑;雌雄蕊正常,花丝、花盘(半包)、柱头紫红色;花梗硬挺,花朵直上,花期中。

植株高,株形直立;中型长叶,顶小叶全裂或深裂,侧小叶卵圆形;有结实能力,生长势强,抗逆性强;人工杂交育成,母本'凤丹',父本'岛锦'。菏泽瑞璞公司2019年育出。

'紫霞夺金'
'Zi Xia Duo Jin'

花紫红色,单瓣型。花蕾卵形;花瓣3轮,形大,端部齿裂,瓣基有墨紫色斑;雌雄蕊正常,花丝、柱头紫红色;成花率高,花期中。

植株中高,株形直立;小型长叶,深绿色,叶缘上卷;生长势强,分枝力强,萌蘖枝多。菏泽百花园育出。

'彩赛紫'
'Cai Sai Zi'

花紫红色，荷花型。花蕾圆尖形，中型花；花瓣基部有深紫红色斑；雌雄蕊正常，花丝、花盘紫红色，柱头粉色；花朵直上，高于叶面，成花率高，花香浓，花期中。

植株中高，株形直立；当年生枝30～40cm；中型长叶，小叶卵形，深绿色；少量结实，生长势强；人工杂交育成，母本'彩叶蓝玉'，父本'赛墨莲'。菏泽百花园孙文海团队2011年育出。

'朝天紫'
'Chao Tian Zi'

花浅紫色，荷花型。花朵中偏小，花瓣4轮，质硬，内瓣稍小，向内抱合，瓣基深紫红色，瓣端稍浅；雄蕊正常，较稀疏，花丝浅紫色；雌蕊正常，花盘乳白色，柱头紫红色；花梗挺直，花朵直立，花期中晚。

植株中高，株形直立；中型长叶，较稀疏，小叶卵状披针形，近全缘，平展，端锐尖，叶绿色带紫晕；生长势强，适宜切花和庭园栽培。菏泽市丹凤油牡丹种植专业合作社2017年育出。

'春红争艳'
'Chun Hong Zheng Yan'

花浅紫色，荷花型。花蕾扁圆形，小型花；花瓣质硬，瓣端齿裂，瓣基有紫红晕；雌雄蕊正常，花盘紫红色；花朵直上，成花率高，花期早。

植株矮，株形直立；一年生枝短，节间亦短，萌蘖枝少；鳞芽圆尖形；小型长叶，叶柄斜伸，侧小叶长卵形，叶缘稍上卷，端渐尖，叶表面绿色。传统品种。

'粉紫含金'
'Fen Zi Han Jin'

花紫红色，荷花型。花蕾圆形，大型花；花瓣宽大圆整，瓣基无色斑；雌雄蕊正常，花盘深紫红色；花朵侧开，成花率高，花期中。

植株中高，株形半开展；一年生枝较短，节间亦短，萌蘖枝多；大型圆叶，侧小叶卵圆形，叶缘稍上卷，缺刻少，端短尖。洛阳王城公园1969年育出。

'好汉歌'
'Hao Han Ge'

花深红紫色，荷花型。花瓣多轮，内瓣稍小，瓣基有紫黑色斑；雄蕊正常，花丝紫红色；雌蕊增多，柱头深红色；花梗挺直，花开直上，花期中晚。

植株高，株形直立；中型圆叶，小叶卵圆形，多有缺刻；生长势强，适宜庭园栽培。菏泽瑞璞公司2018年育出。

'红荷'
'Hong He'

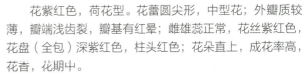

花紫红色，荷花型。花蕾圆尖形，中型花；外瓣质较薄，瓣端浅齿裂，瓣基有红晕；雌雄蕊正常，花丝紫红色，花盘（全包）深紫红色，柱头红色；花朵直上，成花率高，花香，花期中。

植株中高，株形半开展；一年生枝较长，节间短，萌蘖枝多；中型圆叶，叶柄斜伸，顶小叶顶端中裂，侧小叶卵形，叶缘略波状上卷，缺刻少，端锐尖，叶表面绿色有紫晕。菏泽百花园孙景玉团队1980年育出。

'红莲献金'
'Hong Lian Xian Jin'

花紫红色，荷花型。花蕾卵形；花瓣4轮，质地薄软，瓣基具深紫红色斑；雄蕊偶有瓣化，花丝上端白，下部浅紫红色；雌蕊正常，花盘、柱头紫红色；成花率高，花期中。

植株中高，株形半开展；一年生枝粗硬；中型圆叶，质硬而稀疏，小叶圆卵形，叶面粗糙，绿色；生长势强，适宜庭园栽培。菏泽李集牡丹园1990年育出。

'红旗漫卷'
'Hong Qi Man Juan'

花紫红色，荷花型。花蕾圆形，小型花；花瓣质较软，基部有紫色斑；雄蕊偶有瓣化，雌蕊正常；花朵侧开，花期中。

植株高，株形半开展；茎黄绿色，枝叶稀疏；鳞芽圆形，黄绿色；中型小叶，幼叶黄绿，叶背有少量茸毛；生长势中等，分枝力弱，萌蘖枝少。菏泽赵楼牡丹园育出。

'红韵紫阳'
'Hong Yun Zi Yang'

　　花紫红色，荷花型。花蕾圆尖形，中型花，偏大；花瓣基部有紫红色斑；雌雄蕊正常，花丝、花盘（全包）、柱头均紫红色；花朵直上，高于叶面，成花率高，花香浓，花期中。

　　植株中高，株形直立；当年生枝35～40cm；中型长叶，小叶长卵形，深绿色；少量结实，生长势强；人工杂交育成，母本'紫羽傲阳'，父本'赛墨莲'。菏泽百花园孙文海团队2010年育出。

'湖蓝'
'Hu Lan'

　　花紫色，稍带蓝色，荷花型。花蕾圆形；花瓣较宽大，曲褶多变，瓣缘有不规则齿裂，基部有深紫色斑，排列整齐；雌雄蕊正常，花丝、花盘（全包）紫红色，柱头红色；花朵直上，成花率高，花期中。

　　植株较矮，株形直立；中型长叶，叶柄斜伸，叶片深裂，端突尖，叶背有稀疏茸毛；生长势强，适宜庭园栽植。湖北建始县育出。

'蝴蝶报春'
'Hu Die Bao Chun'

　　花浅紫色，荷花型，有时呈菊花型。中型花，偏大；外瓣2轮，倒广卵形，瓣端浅齿裂，瓣基无色斑，雄蕊部分瓣化，瓣化瓣倒卵形，端部有残留花药，花丝紫色；雌蕊正常，花盘（半包）紫红色，柱头红色；花朵侧开，成花率高，花香，花期早。

　　植株高，株形开展；一年生枝中长；大型长叶，叶柄平伸，顶小叶顶端深裂，侧小叶长卵形，叶缘波曲，端渐尖，叶表面绿色有紫晕。菏泽百花园孙景玉团队育出。

'蝴蝶探雪'
'Hu Die Tan Xue'

　　花粉紫色，荷花型。中型花；花瓣3~4轮，倒卵圆形，质厚而硬，基部有紫红色斑，瓣端粉白色；雄蕊正常，花盘白色，柱头黄白色；成花率高，花期中。

　　植株中高，株形开展；中型长叶，较稠密，叶面黄绿色，边缘上卷，有紫晕，小叶长卵形，缺刻多而较浅；生长势强，萌蘖枝多。菏泽李集牡丹园育出。

'花蝴蝶'
'Hua Hu Die'

花紫色，荷花型。中型花；花瓣倒卵形，瓣端浅齿裂，瓣基有狭长条形红色斑；雄蕊正常，花丝淡黄色；雌蕊正常，花盘（全包）、柱头淡黄色；花朵侧开，成花率高，花浓香，花期中。

植株中高，株形直立；一年生枝长，萌蘖枝少，嫩枝艳紫色；鳞芽圆尖形，新芽红褐色；小型圆叶，叶柄斜伸，顶小叶顶端深裂，侧小叶卵形，叶缘缺刻少，端宽尖，叶表面黄绿色，叶背有毛；结实率高，耐湿热，抗寒，抗病性强。菏泽赵楼牡丹园育出。

'菱花晓翠'
'Ling Hua Xiao Cui'

花浅紫色，荷花型，有时呈托桂型或皇冠型。花蕾圆尖形，中型花；外瓣形大质软，瓣端浅齿裂，瓣基有紫红晕；雄蕊部分瓣化为稀疏曲皱的内瓣，花丝紫色；雌蕊退化变小，花盘（半包）白色，柱头黄色；花朵侧垂，成花率高，花浓香，花期中。

植株中高，株形开展；一年生枝较长，浅紫色，节间较长；中型长叶，叶柄斜伸，顶小叶顶端中裂，侧小叶长卵形，叶缘缺刻少而浅，下垂，叶表面深绿色；较耐寒。传统品种。

'满山红'
'Man Shan Hong'

花鲜紫红色，多花型。雄蕊正常或偶有瓣化，雌蕊正常或瓣化，花丝、花盘、柱头紫红色；花梗挺直，花朵直上，成花率高，花期中晚。

植株中高，株形半开展；中型长叶，小叶卵形，端渐尖；生长势强，易结实，适宜油用和庭园栽培；人工杂交育成，母本'凤丹'，父本'黑海撒金'。菏泽瑞璞公司2015年育出。

'玫瑰香'
'Mei Gui Xiang'

花紫红色，荷花型。瓣质厚而硬，形圆整；雌雄蕊正常，花丝、柱头红色，有玫瑰香味，成花率高，花期早。

植株中高，株形半开展；生长势强。菏泽百花园孙景玉团队育出。

'泼墨紫'
'Po Mo Zi'

花紫红色，荷花型。花蕾圆尖形，小型花；瓣基有墨紫色斑；雌雄蕊正常，花盘墨紫色；花朵侧开，成花率高，花期中晚。

植株矮，株形半开展；一年生枝短，节间亦短，萌蘖枝少；鳞芽圆尖形；小型长叶，叶柄平伸，侧小叶卵状椭圆形，叶缘缺刻较多，端钝，叶表面深绿色有浅黄绿斑；结实较多。传统品种。

'疏花紫'
'Shu Hua Zi'

花紫红色，荷花型。花蕾圆尖形，中型花；外瓣波曲，瓣基有墨紫色斑；雌雄蕊正常，花盘黄白色，柱头紫红色；花朵直上，成花率高，花期早。

植株中高，株形开展；一年生枝长，节间较短，萌蘖枝多；中型圆叶，叶柄斜伸，侧小叶卵形或卵圆形，叶缘缺刻少而浅，端钝，叶表面黄绿色有紫晕；抗逆性强。菏泽百花园孙景玉团队1994年育出。

'似荷莲'
'Si He Lian'

花粉紫红色，荷花型。花蕾扁圆形，中型花；花瓣宽大波皱，瓣端浅齿裂或中齿裂，瓣基有紫色斑；雌雄蕊正常，花丝、花盘（全包）、柱头紫红色；花朵直上，成花率高，花期早。

植株高，株形直立；一年生枝长，节间亦长；鳞芽狭尖形，新芽黄褐色；中型长叶，叶柄斜伸，顶小叶顶端中裂，侧小叶长卵形，叶缘缺刻少，端渐尖，叶表面绿色；结实多；较抗寒，较抗病。传统品种。

'天香紫'
'Tian Xiang Zi'

花紫红色，荷花型。中型花；花瓣倒卵形，瓣端圆整；雌雄蕊正常，花丝紫红色，花盘（全包）紫红色，柱头红色；花朵直上，成花率高，花香，花期早。

植株高，株形半开展；一年生枝中长；中型长叶，叶柄斜伸，顶小叶顶端中裂，侧小叶长卵形，叶缘缺刻少，端渐尖，叶表面绿色有紫晕。菏泽百花园孙景玉团队育出。

'稀叶紫魁'
'Xi Ye Zi Kui'

花浅紫色，荷花型。花蕾长圆尖形，中型花；花瓣厚硬，端部有褶皱；雄蕊变小，花丝浅紫色；雌蕊正常，花盘浅紫色，柱头浅紫色；花朵直上，成花率高，花期中。

植株高，株形直立；一年生枝长；中型圆叶，侧小叶长卵形，叶缘全缘，端圆钝，叶表面粗糙，深绿色有紫晕。菏泽曹州牡丹园由'稀叶紫'种子辐射育出。

'小叶紫'
'Xiao Ye Zi'

花浅紫红色，荷花型。中型花；花瓣倒卵形，瓣端浅齿裂，瓣基有三角形墨紫色斑；雌雄蕊正常，花丝、花盘（残存）紫红色，柱头红色；花朵直上，成花率较高，花香，花期中。

植株中高，株形直立；一年生枝中长；小型长叶，叶柄斜伸，顶小叶顶端深裂，侧小叶长卵形，端锐尖，叶表面灰绿色，有浅紫红晕。菏泽百花园孙景玉团队育出。

'新国色'
'Xin Guo Se'

花紫红色，荷花型。大型花，花瓣多轮，质地较硬，排列较整齐，瓣端不整齐齿裂；雄蕊正常，雌蕊变小，花盘紫红色；花朵直上，成花率高，花期晚。

植株中高，株形直立；中型长叶，叶柄上部红色，斜伸，幼叶黄绿色；生长势强，分枝力强，萌蘖枝少。日本引进品种。

'玉翠荷花'
'Yu Cui He Hua'

花粉紫色，荷花型。中型花；花瓣圆形，瓣端浅齿裂，瓣基有紫晕；雌雄蕊正常，花丝、花盘（全包）、柱头紫红色；花朵直上，成花率高，花香，花期早。

植株高，株形开展；一年生枝中长；中型长叶，叶柄平伸，顶小叶顶端中裂，侧小叶长卵形，叶缘缺刻多而深，端锐尖，叶表面绿色有紫晕。菏泽百花园育出。

'云霞紫'
'Yun Xia Zi'

花粉紫色，荷花型。花蕾圆尖形，花瓣4~6轮，层次分明；雌雄蕊正常，花丝、柱头红色；花梗挺直，花朵直立，成花率高，花期中。

植株中高，株形直立；中型长叶，小叶长卵形，顶小叶有深裂，柄凹紫红晕；生长势强，有结实能力，适宜切花、油用和庭园栽培；人工杂交育成，母本'凤丹'，父本'日月锦'。菏泽瑞璞公司2017年育出。

'云中霞光'
'Yun Zhong Xia Guang'

花浅紫色，荷花型。花蕾长卵形，中型花；花瓣3~4轮，瓣基具长卵形深紫红斑；雌雄蕊正常，花丝、花盘、柱头均浅紫红色；花朵直上，成花率高，花期中。

植株高，株形直立；一年生枝粗壮；中型长叶，稀疏，小叶长卵形，近全缘，顶小叶深裂或中裂，叶面平展，有紫晕；生长势强，适宜庭园栽培。菏泽李集牡丹园李丰刚1985年育出。

'朱砂垒'
'Zhu Sha Lei'

花浅紫色，荷花型。花蕾圆尖形，中型花；花瓣宽大，瓣端圆整，瓣基有紫晕色斑；雄蕊偶有瓣化，花丝紫红色；雌蕊正常，花盘（半包）、柱头紫红色；花朵侧开，成花率高，花淡香，花期中。

植株中高，株形半开展；鳞芽狭尖形，新芽紫红色；大型圆叶，叶柄斜伸，顶小叶顶端中裂，侧小叶卵形，叶缘缺刻深，端钝，叶表面绿色有紫晕；结实较多，耐湿热，抗寒，抗病。传统品种。

'紫凤娇艳'
'Zi Feng Jiao Yan'

花紫色，荷花型。中型花；花瓣质硬而平展，排列整齐而清晰，瓣基有深紫红色斑；雄蕊正常，偶有瓣化；雌蕊正常，花盘深紫红色；花朵直上，成花率高，花期中。

植株中高，株形半开展；一年生枝中长；大型长叶，侧小叶卵形，叶缘稍上卷，缺刻多，端锐尖，叶表面粗糙，深绿色；花朵耐日晒。菏泽百花园孙景玉团队1999年育出。

'紫金荷'
'Zi Jin He'

花紫红色，荷花型。花蕾圆尖形，中型花；外瓣2~3轮，圆润平展，瓣基无色斑；雌雄蕊正常，花丝紫红色，花盘（半包）浅紫色，柱头红色；花朵直上微侧，花淡香，花期早。

植株中高，株形半开展；一年生枝短，节间较短，萌蘖枝多；鳞芽狭长形，新芽褐紫红色；中型圆叶，叶柄斜伸，顶小叶顶端中裂，侧小叶卵形或阔卵形，叶缘向上翻卷，端短尖，叶表面深绿色有紫晕；较抗根部病害。传统品种。

'紫玫飘香'
'Zi Mei Piao Xiang'

花艳紫红色，荷花型。花蕾圆形，中型花；花瓣基部有黑斑；雌雄蕊正常，花丝紫红色，花盘、柱头紫红色；花朵直上，高于叶面，成花率高，花香浓，花期早。

植株中高，株形半开展；当年生枝20～35cm；小型圆叶，深绿色；结实率中等，生长势强。菏泽百花园孙景玉团队1998年育出。

'紫绒莲'
'Zi Rong Lian'

花紫红色，荷花型。花蕾圆尖，中型花，偏大；瓣基部有深紫晕；雌雄蕊正常，花丝、花盘（全包）、柱头紫红色；花朵直上，高于叶面，花梗硬，成花率高，花香浓，花期中。

植株中高，株形半开展；当年生枝30～45cm；中型长叶，小叶卵形，深绿色；少量结实，生长势强。菏泽百花园孙景玉团队育出。

'紫霞绫'
'Zi Xia Ling'

花紫红色，荷花型。中型花；花瓣质较薄，瓣端齿裂；雌雄蕊正常，柱头紫红色；花朵直上，花期早。

植株矮，株形半开展；一年生枝较短，节间亦短，萌蘖枝较少；中型长叶，叶柄平伸，侧小叶长卵形或长椭圆形，叶缘缺刻少，边缘稍上卷，端渐尖，叶表面绿色；结实力较强。菏泽赵楼牡丹园1968年育出。

'紫艳晨霜'
'Zi Yan Chen Shuang'

花浅紫红色，瓣端色浅，荷花型。中型花；花瓣质硬平展，排列整齐；雄蕊基本正常，偶有瓣化；雌蕊正常，花盘暗紫红色；花朵直上，成花率高，花期中晚。

植株中高，株形直立；一年生枝中长；大型圆叶，侧小叶圆卵形，叶缘波曲而上卷，缺刻少，端突尖，叶表面深绿色，斑皱。菏泽百花园孙景玉团队1989年育出。

'紫叶红绫' 'Zi Ye Hong Ling'

花紫红色，荷花型。中型花；花瓣稍皱，瓣端中裂；雌雄蕊正常，花盘（全包）、柱头紫红色；花朵近平伸，成花率中，花香中等，花期早。

植株中高，株形半开展；一年生枝中长；中型长叶，斜上伸，顶小叶中裂，侧小叶卵形，叶缘缺刻尖，端锐尖，叶表面中绿；结实较多，抗逆性强。菏泽曹州牡丹园2017年育出。

'八云' 'Ba Yun'

花紫红色，微带蓝色，菊花型。花瓣边缘皱裂，基部有黑紫色斑，外侧花瓣边缘带白边；花丝、柱头、花盘均紫红色；花梗短，花朵微藏，成花率低，花期中晚。

植株高，株形直立；叶墨绿色，质厚粗糙，多齿裂；生长势中。日本引进品种。

'百花丛笑' 'Bai Hua Cong Xiao'

花浅紫红色，菊花型。花蕾圆尖形，中型花；花瓣质硬，稍褶叠，排列整齐而紧密，瓣基有浅紫晕；雄蕊正常；雌蕊偶有瓣化，花盘浅紫色，柱头红色；花朵直上，成花率高，花期中晚。

植株高，株形直立；一年生枝长，节间亦长，萌蘖枝少；中型长叶，叶柄斜伸，侧小叶椭圆形或卵状披针形，叶缘缺刻少，下垂，端渐尖，叶表面绿色有浅紫晕；花朵耐日晒，蕾期耐低温。菏泽百花园孙景玉团队1978年育出。

'百花齐放'
'Bai Hua Qi Fang'

花粉紫色，菊花型。花蕾圆尖形，大型花；花瓣基部色深；雌雄蕊正常，花丝浅紫色，花盘、柱头紫红色；花朵直上，高于叶面，成花率高，花香浓，花期中。

植株中高，株形直立；当年生枝35～45cm；中型长叶，小叶长卵形，黄绿色；少量结实，生长势强。菏泽百花园孙景玉团队1986年育出。

'百园群英'
'Bai Yuan Qun Ying'

花浅紫红色，菊花型。花蕾圆尖形，大型花；花瓣基部有紫色斑；雌雄蕊正常，花丝、花盘、柱头均紫红色；花朵直上，高于叶面，成花率高，花香淡，花期中。

植株高，株形直立；当年生枝40～50cm；中型长叶，小叶长卵形，深绿色；少量结实，生长势强。菏泽百花园孙景玉、王洪宪1987年育出。

'百园紫秀'
'Bai Yuan Zi Xiu'

花紫色，菊花型。花蕾圆尖形，大型花；花瓣基部有狭长条形紫红色斑；雌雄蕊正常，花丝、花盘、柱头均紫红色；花朵直上或侧开，高于叶面，成花率高，花香淡，花期晚。

植株中高，株形半开展；当年生枝35～45cm；小型圆叶，小叶长卵形，深绿色；少量结实，生长势强。菏泽百花园孙文海团队2002年育出。

'碧波紫霞'
'Bi Bo Zi Xia'

花紫色，菊花型。花瓣3~5轮，质厚宽大圆整；雄蕊时有瓣化，雌蕊正常；花期中。

植株中高，株形半开展；叶密梗短，叶梗、茎皆翠绿色，细腻可爱；生长势好。菏泽李集村李洪森2015年选育。

'碧海晴空'
'Bi Hai Qing Kong'

花粉紫色，菊花型，时有蔷薇型、千层台阁型。中型花；花瓣瓣端有缺刻，瓣基有紫色斑；雄蕊基本正常，量大，花丝紫色；柱头红色；花朵直上，成花率高，花期晚。

植株高，株形直立；一年生枝长；小型长叶，侧小叶披针形，叶缘全缘，端渐尖，叶表面有少量紫晕。菏泽曹州牡丹园1996年育出。

'碧霞'
'Bi Xia'

花浅粉蓝色，菊花型。花瓣基部有椭圆形紫红色斑；雌雄蕊正常；花期中晚。

植株中高，株形直立；枝细长，叶稀疏。菏泽赵楼牡丹园育出。

'曹州紫'
'Cao Zhou Zi'

花紫色，菊花型。大型花，花瓣约8轮，瓣基墨紫色斑有近三角形；雌雄蕊正常，柱头、花盘、花丝均紫红色；花朵直立，花期偏晚。

植株高，株形直立；小型圆叶，稍密，小叶端锐尖，柄凹黄褐色；生长势较强，品质优。菏泽百花园孙文海团队2010年育出。

'长寿乐'
'Chang Shou Le'

花紫色，略带蓝色，菊花型。花瓣多轮，质厚，宽大平展，瓣基有墨紫色斑；雌雄蕊正常，花丝中下部淡紫色，花盘紫红色；花朵侧开，花期晚。

植株高，株形半开展；新茎深绿色；中型圆叶，叶片厚；生长势强，分枝力强，抗叶斑病，抗逆性强。日本引进品种。

'常秀红'
'Chang Xiu Hong'

花浅紫色，菊花型。花蕾圆尖形，中型花；花瓣5~6轮，瓣基色深；雄蕊部分瓣化，花丝深紫红色；雌蕊增生，花盘革质，柱头紫红色；花梗硬，挺直，花朵直上，花期晚。

植株中高，株形直立；大型长叶，适宜切花和庭园栽培；人工杂交育成，母本'凤丹'，父本'花王'。菏泽瑞璞公司2019年育出。

'春晖'
'Chun Hui'

花浅紫色，菊花型。花蕾扁圆形，大型花；花瓣较大，质硬而平展，由外向内逐轮缩小，瓣基有深紫色斑；雄蕊正常，雌蕊增多变小，花丝、花盘紫色，柱头紫红色；花朵直上，成花率高，花期中。

植株中高，株形直立；一年生枝中长；大型长叶，侧小叶长卵形，叶缘缺刻少，端渐尖，叶脉下凹，叶表面浅绿色，有紫晕。菏泽李集牡丹园1985年育出。

'春秋紫'
'Chun Qiu Zi'

花紫色，多花型。花蕾圆形，中型花；雄蕊部分瓣化，花丝紫色；雌蕊正常，花盘紫色，柱头紫红色；花朵直上，高于叶面，成花率高，花香淡，花期中。

植株中高，株形半开展；当年生枝30～40cm；中型圆叶，小叶卵形，绿色；秋天能开花，生长势强。菏泽百花园孙景玉2000年育出。

'春紫'
'Chun Zi'

花紫红色，菊花型。中型花；外瓣宽大，内瓣卷曲；雌雄蕊正常，花丝、柱头紫红色；花朵侧开，成花率高，花期晚。

植株高，株形直立；萌蘖枝多；中型长叶，侧小叶长卵形，叶缘无缺刻，微上卷，叶表面绿色有紫晕；生长势强。菏泽曹州牡丹园育出。

'大雅君子'
'Da Ya Jun Zi'

花紫色，菊花型。花蕾扁圆形，中型花，偏大；花瓣端部曲皱，色浅；雌雄蕊正常，花丝紫色，花盘（全包）、柱头紫红色；花朵直上，高于叶面，成花率高，花香浓，花期晚。

植株特高，株形直立；当年生枝40～55cm；大型圆叶，小叶长卵形，绿色；少量结实，生长势强。菏泽百花园孙文海团队2010年育出。

'大雁湖'
'Da Yan Hu'

花浅紫红色，菊花型，有时千层台阁型。花蕾圆形，大型花；花瓣5～8轮，层次分明，瓣端色稍浅，瓣基深紫色斑；雄蕊正常，花丝紫红色；雌蕊增生或有台阁形成，花盘革质，柱头浅紫红色；花梗硬，挺直，花朵直上，花期晚。

植株中高，株形直立；大型长叶，适宜切花和庭园栽培；人工杂交育成，母本'凤丹'，父本'紫二乔'。菏泽瑞璞公司2020年育出。

'大紫' 'Da Zi'

花紫色,菊花型,有时呈千层台阁型。花蕾扁圆形,大型花;花瓣基部有卵圆形深紫色斑;雄蕊部分瓣化,花丝紫红色;雌蕊正常,柱头浅黄色,花盘(全包)浅黄色,心皮被毛;花朵直上,高于叶面,花香浓,花期中。

植株高,株形直立;当年生枝长30~40cm;大型长叶,小叶长卵形;结实率中,生长势强,适宜切花。菏泽市诚美花木种植专业合作社李洪勇2021年育出。

'岛乃藤' 'Dao Nai Teng'

花粉紫色,微带蓝色,菊花型。花瓣质硬,排列整齐;雌雄蕊正常;花朵侧开,成花率高,花期晚。

植株高,株形半开展;萌蘖枝少;大型长叶,叶柄上部红色,斜展,幼叶深绿色,叶背有稀疏茸毛;生长势较强。日本引进品种。

'叠云' 'Die Yun'

花紫红色,菊花型。花瓣波状扭转,瓣质硬;雌雄蕊正常,花丝紫红色,柱头紫色;花朵直上,与叶面等高,成花率特高,花期中晚。

植株高,株形直立;中型长叶,叶缘缺刻少,叶表面绿色,边缘有明显紫晕。菏泽百花园孙景玉团队育出。

'蝶恋菊'
'Die Lian Ju'

花浅紫红色，菊花型。花蕾圆形，偶有侧蕾，中型花；花瓣基部有红色斑；雄蕊部分瓣化，花丝浅紫色；雌蕊正常，花盘红色，柱头红色；花朵直上，高于叶面，成花率高，花香中等，花期中。

植株高，株形直立；当年生枝30～45cm；中型圆叶，小叶长卵形，绿色；少量结实，生长势强。菏泽百花园孙文海团队2007年育出。

'飞花迎夏'
'Fei Hua Ying Xia'

花浅紫色，微红，菊花型。外花瓣形大，向内渐小，瓣基有紫红色斑；花丝淡粉色，子房增多，柱头、花盘均浅紫红色；花朵直上或侧开，成花率较高，花期晚。

植株中高，株形半开展；中型长叶，叶脉明显，质地厚硬；生长势强，抗热性好。菏泽百花园孙景玉团队育出。

'枫叶红'
'Feng Ye Hong'

花浅紫红色，菊花型。花蕾圆尖形，大型花；花瓣形大而质硬，边缘波状；雌雄蕊正常，花盘紫色，心皮5～7枚；花朵直上，成花率高，花期晚。

植株高，株形直立；一年生枝长，节间亦长，萌蘖枝较少；中型长叶，叶柄平伸，侧小叶卵状披针形，叶缘缺刻少，端渐尖，叶表面黄绿色，具紫红晕；抗晚霜及早春寒，单花期和群体花期长。菏泽赵楼牡丹园1988年育出。

'福星堂'
'Fu Xing Tang'

花粉紫色，菊花型。花蕾圆形，中型花；花瓣5～6轮，瓣端有裂，瓣基色深，瓣中有紫红线；雄蕊正常，花丝紫红色；雌蕊增生变小，柱头深紫红色；花梗硬，挺直，花朵直立，花期中。

植株中高，株形直立；中型长叶，适宜切花和庭园栽培；以'凤丹'为母本，自然杂交选育。菏泽瑞璞公司2020年育出。

'国萃'
'Guo Cui'

花浅紫红色，菊花型。花蕾圆形，中型花；花瓣5～8轮，外瓣2轮较圆整，瓣中有紫线，内瓣皱褶，瓣基色深；雄蕊正常，花丝紫红色；雌蕊增生，柱头紫红色；花梗硬，挺直，花朵直立向上，花期中。

植株中高，株形直立；中型长叶，适宜切花和庭园栽培；人工杂交育成，母本'凤丹'，父本'珠光墨润'。菏泽瑞璞公司2020年育出。

'菏山红'
'He Shan Hong'

花红紫色，菊花型。花蕾圆形，花瓣多轮，向内渐小，瓣基具紫黑色斑；雄蕊正常，雌蕊增多，花丝、花盘（全包）、柱头均紫红色；花梗挺直，花朵直上，成花率高，花期中。

植株中高，株形直立；中型长叶，小叶长卵形，叶缘无缺刻，叶表面黄绿色有紫晕；生长势强，有结实能力，适宜切花和庭园栽培；人工杂交育成，母本'凤丹'，父本'藏枝红'。菏泽瑞璞公司2015年育出。

'菏山红霞'
'He Shan Hong Xia'

花紫红色，菊花型。花蕾圆形，中型花；花瓣5~8轮，瓣基有深紫晕，内瓣皱褶；雄蕊正常，花丝紫红色；雌蕊增生，柱头紫红色；花梗硬，挺直，花朵直立，花期中早。

植株中高，株形直立；中型长叶，适宜切花和庭园栽培；人工杂交育成，母本'凤丹'，父本'花王'。菏泽瑞璞公司2020年育出。

'菏泽玉花'
'He Ze Yu Hua'

花粉紫带蓝色，菊花型。花蕾圆形，中型花；花瓣5~8轮，瓣基色深；雄蕊少量瓣化，花丝紫红色；雌蕊增生变小，柱头深紫红色；花梗硬，挺直，花朵直立，花期中。

植株中高，株形直立；中型长叶，适宜切花和庭园栽培；以'凤丹'为母本，自然杂交选育。菏泽瑞璞公司2020年育出。

'红凤展翅'
'Hong Feng Zhan Chi'

花紫红色，菊花型。花瓣6~8轮，质地较硬，由外向内逐步变小；雌雄蕊正常或稍瓣化；花梗较硬而直，花朵直上，成花率高，花期中早。

植株中高，株形半开展；中型长叶，较稀疏，叶表面深绿色；生长势强，适于催花。菏泽李集牡丹园育出。

'红锦缎'
'Hong Jin Duan'

花紫红色，菊花型。花蕾扁圆形；花瓣多轮，质硬，瓣基具深紫红晕；雄蕊偶有瓣化，花丝浅紫红色；雌蕊正常，花盘、柱头均深紫红色；花朵直上或斜伸，成花率高，花期中。

植株矮，株形半开展；一年生枝短；中型圆叶，质地较厚，小叶卵形或长卵形，叶面斑皱，边缘上卷，深绿色有紫晕；生长势中，适宜催花与庭园栽培。菏泽李集牡丹园1986年育出。

'红菊照水'
'Hong Ju Zhao Shui'

花紫红色，菊花型。中型花；花瓣质软，层次清晰，瓣基有深紫红晕；雌雄蕊基本正常，花盘紫红色；花朵侧开或下垂，成花率高，花期中晚。

植株矮，株形开展；一年生枝短；中型圆叶，侧小叶卵形，叶缘缺刻多，端突尖，叶表面有紫晕。菏泽百花园孙景玉团队1990年育出。

'红葵'
'Hong Kui'

花紫红色，菊花型。花蕾扁圆形；外瓣较大，内瓣明显变小，多皱褶，瓣基具墨紫红斑；雄蕊稍有瓣化，花丝紫红色；雌蕊正常，心皮增多，花盘、柱头均紫红色；花梗长，花朵直上或斜伸，成花率高，花期中。

植株中高，株形半开展；中型长叶，小叶卵形，叶面光滑而平展，浅绿色；生长势强，适宜庭园栽培。菏泽李集牡丹园1989年育出。

'红霞'
'Hong Xia'

花紫红色，菊花型。花蕾圆尖形，中型花；外瓣3轮，较圆整而质地薄，瓣端浅齿裂，瓣基有紫晕；雄蕊正常，花丝紫红色；雌蕊正常，花盘（半包）浅紫红色，柱头红色；花朵侧开，成花率高，花香，花期中。

植株高，株形直立；一年生枝长，节间亦长，萌蘖枝多；小型圆叶，叶柄斜伸，顶小叶顶端中裂，侧小叶卵圆形或卵形，端锐尖，叶表面绿色；结实多，耐日晒。菏泽百花园孙景玉、王洪宪1980年育出。

'红艳金辉'
'Hong Yan Jin Hui'

花紫红色，菊花型。花瓣多轮，外瓣宽大平展，倒卵形；雌雄蕊正常，花丝、柱头、花盘均紫红色；花大丰满，清香四溢，花期中。

植株中高，株形半开展；中型圆叶，侧小叶阔卵圆形，叶缘缺刻，微上卷，叶表面叶脉明显，绿色有紫晕。菏泽曹州牡丹园育出。

'红雁飞舞'
'Hong Yan Fei Wu'

花浅紫色，菊花型。花蕾长圆尖形；花瓣多轮，瓣基有深紫红晕，瓣端色浅皱褶；雄蕊稍瓣化，花丝中下部紫红色；雌蕊增多，常瓣化；花梗挺直，花朵直立，花期中晚。

植株中高，株形直立；大型长叶，小叶椭圆形，叶色深绿，端部下垂；适宜庭园栽培。菏泽瑞璞公司2018年育出。

'红迎春'
'Hong Ying Chun'

花紫红色,菊花型。花蕾圆形,中型花;雌雄蕊正常,花丝紫红色,柱头红色,花盘(全包)浅黄色,心皮被毛;花朵直上,与叶面相平,花香浓,花期特早。

植株中高,株形半开展;小叶阔卵形;结实率低,生长势强。菏泽曹州牡丹园2017年育出。

'红云'
'Hong Yun'

花浅紫红色,菊花型。花蕾圆尖形,中型花;花瓣较整齐,瓣端有齿裂,瓣基有紫红晕;雌雄蕊正常,花盘、柱头紫红色;花朵直上,成花率高,花期晚。

植株高,株形半开展;一年生枝长,节间亦长,萌蘖枝较少;小型长叶,叶柄平伸,侧小叶卵形或卵状披针形,叶缘缺刻少,端渐尖,叶表面黄绿色;花朵耐日晒,蕾期耐低温。菏泽百花园孙景玉团队1992年育出。

'红云擎天'
'Hong Yun Qing Tian'

花紫红色，菊花型。大型花；花瓣波皱，瓣基有墨紫色斑；雌雄蕊正常，花盘浅红色；花朵直上或侧开，高于叶面，成花率高，花期中。

植株中高，株形半开展；一年生枝中长；小型圆叶，侧小叶卵圆形，叶表面浅绿色；花朵耐日晒，花期长。菏泽市国花牡丹研究所卢胜杰团队1999年育出。

'红钻石'
'Hong Zuan Shi'

花浅紫红色，菊花型。花蕾长圆尖形，花瓣多轮，质硬，由外向内逐层变小；雌雄蕊正常，花丝、花盘、柱头均紫红色；花梗挺直，花朵直上，成花率高，花期中早。

植株高，株形直立；中型长叶，小叶长卵形，近全缘，叶端下垂；生长势强，适宜切花和庭园栽培；人工杂交育成，母本'凤丹'，父本'花王'。菏泽瑞璞公司2015年育出。

'蝴蝶舞'
'Hu Die Wu'

花浅紫红色，菊花型。花瓣多轮，宽大圆整，瓣端色浅，基部有紫红色斑；雌雄蕊正常，柱头红色，花丝紫红色；花朵直上，花期中。

植株中高，株形半开展；中型长叶，叶表面绿色，侧小叶卵形，有缺刻。菏泽李集牡丹园育出。

'花大臣'
'Hua Da Chen'

花紫红色，菊花型。大型花，花瓣边缘波皱，基部具红晕；雄蕊正常，雌蕊变小，花盘紫红色；花朵侧开，花期晚。

植株较高，株形半开展；茎黄绿泛红，中型长叶，深绿色，缺刻大，叶背叶脉上有茸毛；生长势强，分枝力强，萌蘖枝少。日本引进品种。

'花魂'
'Hua Hun'

花浅紫红色，端部色淡，菊花型。中型花；花瓣形稍大，质硬而平展，瓣基有深紫红色斑；雌雄蕊正常，花丝、花盘深紫红色；花朵直上或侧开，成花率高，花期中。

植株矮，株形半开展；一年生枝短；大型长叶，侧小叶长卵形，叶缘缺刻少，端锐尖，叶表面深绿色。菏泽百花园孙景玉团队1999年育出。

'花园红'
'Hua Yuan Hong'

花艳紫红色，菊花型。花蕾圆尖形，中型花，稍大；花瓣质硬，向内抱卷，瓣基有深紫晕；雌雄蕊正常，花丝紫红色，花盘（全包）粉紫色，柱头淡黄色；花朵直上，成花率高，花期中晚。

植株高，株形直立；一年生枝长，节间亦长，萌蘖枝较多；大型长叶，叶柄斜伸，顶小叶顶端中裂，侧小叶椭圆形，叶缘缺刻少而深，端渐尖，叶表面黄绿色有浅紫晕；抗逆性强。菏泽百花园孙景玉团队1994年育出。

'华夏一品'
'Hua Xia Yi Pin'

　　花紫红色，菊花型。花蕾圆尖形；外瓣平展，瓣端圆整，内瓣曲皱；雌雄蕊正常；花朵直上，高于叶面，花期中晚。

　　植株高，株形直立；一年生枝长；中型长叶，叶表面绿色，边缘有紫晕；生长势强，适宜切花。菏泽曹州牡丹园高勤喜、杨会岩2016年育出。

'驾御龙'
'Jia Yu Long'

花紫色，菊花型。花瓣5~8轮，外瓣稍大，内瓣渐小，瓣端有齿裂，瓣基有近长三角形紫红斑，斑周具辐射纹；雄蕊多，雌蕊增多，花丝、柱头均紫红色；花梗挺直，花朵直上，花期中晚。

植株中高，近直立；中型长叶，小叶长卵形，疏具缺刻，绿色有褐紫晕；生长势强，易结实，适宜切花和庭园栽培。菏泽瑞璞公司2018年育出。

'堇菊'
'Jin Ju'

花浅紫色，菊花型。花瓣基部具紫晕，瓣端浅齿裂；雌雄蕊正常或稍有瓣化，瓣化瓣直立向上；花朵直上，高于叶面，成花率高，花期中晚。

植株高，株形直立；当年生枝长；中型长叶，叶表面绿色有紫晕；生长势强。菏泽百花园孙景玉团队育出。

'堇云阁'
'Jin Yun Ge'

花紫红色，菊花型。中型花；外瓣6～8轮，质硬，瓣端皱褶，瓣基有圆形墨斑；雌雄蕊正常，花丝紫红色，花盘、柱头均淡黄色，心皮自然增多；花朵直上，成花率高，花期晚。

植株中高，株形半开展；一年生枝中长；中型圆叶，侧小叶卵圆形，叶缘缺刻多，叶表面绿色有红晕。菏泽曹州牡丹园2004年育出。

'锦红缎'
'Jin Hong Duan'

花紫红色，菊花型。花蕾圆形，大型花；雄蕊正常，花丝、花盘、柱头紫红色；花朵直上，高于叶面，花香淡，成花率高，花期中。

植株中高，株形半开展；当年生枝35～45cm；中型长叶，小叶长卵形，深绿色；生长势强。菏泽百花园孙景玉、王洪宪1984年育出。

'绝伦王子'
'Jue Lun Wang Zi'

花紫红色，有墨紫色条纹，菊花型。中型花；花瓣排列整齐，瓣基有深紫红色斑；雌雄蕊基本正常，花盘紫红色；花朵直上，成花率高，花期中晚。

植株中高，株形直立；一年生枝中长；大型长叶，侧小叶长卵形，微下垂，叶缘缺刻少，端渐尖，叶缘有红晕。菏泽市国花牡丹研究所卢胜杰团队1999年育出。

'葵花紫'
'Kui Hua Zi'

　　花紫红色，菊花型。外瓣较大，向内渐小，质地较软，花瓣排列整齐；雌雄蕊基本正常，花丝、柱头及花盘均为紫红色；花朵直上或侧开，成花率高，花期中。

　　植株中高，株形半开展；中型长叶，叶柄有紫晕，小叶卵圆形；生长势强。

'李园紫'
'Li Yuan Zi'

　　花紫红色，菊花型。花瓣多轮，质硬而圆润，排列整齐，瓣基深紫红晕；雌雄蕊正常，花丝深紫红色，花盘、柱头红色；花梗质硬，有紫晕，花朵直上，成花率高，花期中。

　　植株中高，株形直立；一年生枝短；小型长叶，小叶长卵形，叶面绿色；生长势强，适宜庭院栽培。菏泽李集牡丹园1985年育出。

'凌波仙子'
'Ling Bo Xian Zi'

花浅紫色,菊花型。花瓣倒卵形,瓣端浅齿裂,瓣基有椭圆形墨紫色斑;雌雄蕊正常,花盘紫红色;花朵直上,成花率高,花浓香,花期中。

植株中高,株形直立;一年生枝中长;小型长叶,叶柄斜伸,侧小叶长卵形,端渐尖,叶绿色有浅紫晕。菏泽赵楼牡丹园育出。

'满江红'
'Man Jiang Hong'

花浅紫红色,菊花型。花蕾扁圆形,中型花;花瓣5~6轮,质硬,排列整齐,瓣端浅齿裂,瓣基有紫红晕;雌雄蕊正常,花丝紫红色,花盘、柱头均紫红色;花朵直上,成花率中,花淡香,花期中。

植株矮,株形半开展;中型长叶,叶柄斜伸,顶小叶顶端浅裂,侧小叶长卵形,叶缘略上卷,缺刻少而深,端渐尖,叶表面绿色。菏泽赵楼牡丹园1962年育出。

'满天红'
'Man Tian Hong'

花浅紫红色,菊花型。花蕾圆尖形,花瓣多轮,瓣基色深;雄蕊正常或稍有瓣化,花丝浅红色;心皮5~8枚,柱头白色;花梗粗硬,花朵直立,成花率高,花期晚。

植株中高,株形半开展;中型长叶,小叶长卵形至披针形,缺刻少,叶面黄绿色,叶缘上卷;株形圆满,花朵耐日晒,花期长,生长势强,结实能力较强,适宜庭园栽培。菏泽瑞璞公司2018年育出。

'满园春光'
'Man Yuan Chun Guang'

花浅紫红色,娇嫩水灵,菊花型。瓣基具放射状紫红晕;雄蕊部分瓣化;雌蕊退化变小,花盘(全包)乳白色,柱头红色;花朵直上,成花率高,花期中。

植株中高,株形直立;中型长叶,较稠密,小叶卵形或长卵形,缺刻少,有紫晕;生长势中,适宜庭园栽培。菏泽百花园孙景玉、孙景联1985年育出。

'玫红罗袍'
'Mei Hong Luo Pao'

花紫红色，菊花型。花蕾扁圆形，中型花；外瓣稍大，质硬，排列整齐，瓣基有深紫红色斑；雄蕊正常，量大；雌蕊正常，花盘、柱头深紫红色；花朵直上，成花率高，花期中。

植株中高，株形直立；一年生枝中长；小型圆叶，侧小叶卵形，叶缘缺刻多，端锐尖，叶表面浅绿色，有紫晕。菏泽百花园2001年育出。

'墨润绝伦'
'Mo Run Jue Lun'

花深紫红色，菊花型。花蕾扁圆形，中型花；花瓣质硬，排列整齐，瓣端圆整；雄蕊正常，少量瓣化；雌蕊增多，柱头红色；花朵直上或侧开，成花率高，花期中。

植株中高，株形直立；一年生枝中长；小型圆叶，侧小叶圆尖形，叶缘缺刻多，端锐尖，叶表面黄绿色，有紫晕；有结实力。菏泽赵楼牡丹园1989年育出。

'南海观音'
'Nan Hai Guan Yin'

花浅紫红色，菊花型。花蕾圆尖形，中型花；花瓣5~6轮，瓣端色稍浅，有浅齿裂；雄蕊正常，量少，花丝深紫红色；雌蕊增生，花盘革质，柱头深紫红色；花梗硬，挺直，花朵直立向上，花期晚。

植株中高，株形直立；中型长叶，适宜切花和庭园栽培；人工杂交育成，母本'凤丹'，父本'锦袍红'。菏泽瑞璞公司2020年育出。

'南华紫光'
'Nan Hua Zi Guang'

花深紫红色，菊花型。花瓣多轮，圆整，瓣基有黑紫色斑；雄蕊正常，花丝深紫红色；雌蕊增多，柱头白色；花朵直上，成花率较高，花期中晚。

植株中高，株形半开展；中型长叶，小叶15片，长卵形，多有缺刻；生长势强，适宜切花和庭园栽培。菏泽瑞璞公司2017年育出。

'内瓣菊'
'Nei Ban Ju'

花紫红色，菊花型。花蕾圆形，大型花；花瓣基部有红色斑；雌雄蕊正常，花丝红色，花盘、柱头均红色；花态直上，高于叶面，花香中等，花期中早。

植株高，株形直立；当年生枝30～40cm；中型圆叶，小叶卵形，叶面绿色；结实率高，生长势强。菏泽百花园孙文海团队2009年育出。

'怒放'
'Nu Fang'

花紫色，菊花型。花蕾圆形，偶有侧蕾，中型花；雌雄蕊正常，花丝浅红色，花盘紫红色，柱头红色；花朵直上，高于叶面，成花率高，花香中等，花期早。

植株高，株形直立；当年生枝30～45cm；小型长叶，小叶长卵形，绿色；结实率高，生长势强。菏泽百花园孙文海团队2009年育出。

'暖光紫'
'Nuan Guang Zi'

花浅紫色，菊花型。大型花；花瓣6~8轮，倒卵形，瓣端浅齿裂，瓣基有三角形紫红色斑；雌雄蕊正常，花丝、花盘（全包）紫红色，柱头红色；花朵直上，成花率高，花期晚。

植株高，株形直立；一年生枝中长，萌蘖枝少；中型长叶，叶柄斜伸，顶小叶顶端中裂，侧小叶宽卵形，叶缘缺刻少，端锐尖，叶表面绿色。菏泽百花园孙景玉团队育出。

'茄紫焕彩'
'Qie Zi Huan Cai'

花紫色，菊花型。外瓣稍大，向内渐小，基部有小紫色斑；雌雄蕊正常，花丝、柱头及花盘均为紫红色；花梗中粗，花朵侧开，成花率较高，花期中。

植株中高，株形半开展；中型圆叶，小叶卵圆形，缺刻尖；生长势强。菏泽曹州牡丹园育出。

'清明紫'
'Qing Ming Zi'

花紫色，稍带蓝色，菊花型。中型花；花瓣多轮，质硬，端部色浅，多齿裂，基部有紫红晕；雌雄蕊正常，柱头红色，花盘紫红色；成花率高，花期中。

植株高，株形直立；中型长叶；生长势强，萌蘖枝多。菏泽百花园孙景玉团队育出。

'瑞璞紫光'

'Rui Pu Zi Guang'

花红紫色，菊花型。花瓣多轮，向内渐小，略内卷，瓣基有深红晕；雄蕊正常，花丝紫红色；雌蕊正常，柱头白色；花梗挺直，花朵直上，花期中。

植株中高，株形直立；中型长叶，小叶卵圆形，多缺刻；生长势中，适宜庭园栽培。菏泽瑞璞公司2018年育出。

'瑞雪兆丰年'

'Rui Xue Zhao Feng Nian'

花紫色，菊花型，有时呈荷花型、金环型。花蕾圆形；外花瓣圆形；雄蕊正常，雌蕊部分瓣化，花盘（全包）紫红色；花朵直上，高于叶面，成花率高，花期早。

植株中高，株形直立；一年生枝15~30cm；小型长叶，侧小叶卵形，叶表面绿色；生长势强，少量结实。菏泽百花园孙景玉2000年育出。

'赛玫瑰'
'Sai Mei Gui'

花紫红色，菊花型。花蕾圆尖形，中型花；花瓣5～6轮，花色均匀；雄蕊正常，花丝深紫红色；雌蕊增生，花盘革质，柱头紫红色；花梗硬，挺直，花朵直立向上，花期中。

植株中高，株形直立；中型长叶，适宜切花和庭园栽培；人工杂交育成，母本'凤丹'，父本'墨楼争辉'。菏泽瑞璞公司2020年育出。

'少帅'
'Shao Shuai'

花紫红色，有光泽，菊花型。大型花；外瓣6轮，瓣端部褶皱，瓣基有墨紫色斑；雌雄蕊基本正常，花盘深紫红色；花朵直上，成花率高，花期中晚。

植株高，株形直立；一年生枝长；中型长叶，侧小叶长卵形，端锐尖。菏泽市国花牡丹研究所卢胜杰团队2001年育出。

'神舟紫'
'Shen Zhou Zi'

花紫红色，菊花型。大型花；雌雄蕊正常，花丝紫红色，柱头红色，花盘全包；成花率高，花期中晚。

植株高，株形直立；茎粗壮，小型长叶，较密，小叶深绿色，柄凹淡棕色；生长势强，花朵耐晒；菏泽百花园2010年选育。

'胜紫乔'
'Sheng Zi Qiao'

花紫色，菊花型。花蕾圆形，无侧蕾，中型花；花瓣基部有紫红色斑；雌雄蕊正常，花丝、花盘、柱头均紫色；花态直上，花高于叶面，花梗硬直，成花率高，花香中等，花期中。

植株中高，株形直立；当年生枝30~45cm；小型圆叶，小叶卵形，黄绿色；少量结实，生长势强。菏泽百花园1995年育出。

'松烟起图' 'Song Yan Qi Tu'

花深紫红色，菊花型。中型花；花瓣6~8轮，倒卵形，瓣端浅齿裂，瓣基有菱形紫红色斑；雄蕊少数瓣化，端部残留花药；雌蕊正常，花盘（残存）、柱头淡紫色；花朵侧开，成花率高，花期早。

植株中高，株形直立；一年生枝中长，萌蘖枝较多；小型圆叶，叶柄斜伸，顶小叶顶端浅裂，侧小叶宽卵形，叶缘缺刻少，叶表面深绿色。菏泽赵楼牡丹园育出。

'晚霞余晖' 'Wan Xia Yu Hui'

花紫红色，菊花型。花蕾圆尖形，大型花；花瓣形大，瓣端齿裂；雌雄蕊正常，花丝、花盘（残存）、柱头紫红色；花朵直上，成花率高，花期中。

植株高，株形直立；一年生枝长，节间亦长，萌蘖枝较多；小型长叶，叶柄斜伸，顶小叶顶端中裂，侧小叶卵状披针形，叶缘缺刻少，端锐尖，叶表面黄绿色，略具紫晕。菏泽赵楼牡丹园1986年育出。

'万众一心'
'Wan Zhong Yi Xin'

　　花浅紫红色，菊花型。花蕾圆形，大型花；雌雄蕊正常，花丝、花盘、柱头均紫红色；花态直上，高于叶面，花香中等，花期晚。

　　植株中高，株形半开展；当年生枝15～22cm；中型长叶，小叶卵形，叶表面绿色；结实率高，生长势强。菏泽百花园孙文海团队2011年育出。

'五彩蝶'
'Wu Cai Die'

　　花浅紫色，菊花型或荷花型。内瓣有浅紫色线条，基部有紫红晕；雄蕊正常或稍瓣化，雌蕊正常，花盘乳白色；花期晚。

　　植株高，株形直立。菏泽百花园孙景玉、孙文海团队育出。

'五星红'
'Wu Xing Hong'

　　花艳紫红色，菊花型。外瓣宽大平展，边缘缺刻少，内瓣细碎、内卷；雌雄蕊正常，花丝紫红色；花朵直上，与叶面等高，成花率高，花期中晚。
　　植株矮，株形半开展；叶表面绿色，边缘有紫晕。菏泽百花园孙景玉2002年育出。

'五月红'
'Wu Yue Hong'

　　花浅紫红色，菊花型。中型花；花瓣6~8轮，排列整齐，瓣端波曲；雌雄蕊正常或稍瓣化，柱头粉红色；花朵直上，成花率高，花期晚。
　　植株高，株形直立；一年生枝长；中型长叶，顶小叶顶端深裂，侧小叶卵圆形，叶缘缺刻少，叶缘微上卷，端锐尖，叶表面粗糙。菏泽曹州牡丹园2003年育出。

'翔天'
'Xiang Tian'

花淡紫色，菊花型。中型花；外瓣6轮，圆整形大，排列整齐，瓣基有紫红色条斑；雄蕊正常或变小，花丝紫色；雌蕊正常或变小，花盘、柱头均紫色；花朵直上，成花率高，花期中。

植株高，株形直立；一年生枝长；中型长叶，侧小叶披针形，叶缘无缺刻，端渐尖，叶表面有紫晕；有结实力，花期长。菏泽曹州牡丹园2000年育出。

'新娇娘'
'Xin Jiao Niang'

花紫红色，菊花型。花蕾圆形，中型花；花瓣5～8轮，瓣基有深紫红斑；雄蕊正常，花丝紫红色；雌蕊增生，柱头紫红色；花梗硬，挺直，花朵直立，花期中。

植株中高，株形直立；中型长叶，顶小叶3深裂，适宜切花和庭园栽培；以'凤丹'为母本，自然杂交选育。菏泽瑞璞公司2020年育出。

'秀丽红'
'Xiu Li Hong'

花紫红色，菊花型。中型花；花瓣排列整齐，质地厚硬，瓣基有墨紫色斑；雄蕊稍有瓣化；雌蕊正常，花盘深紫色，心皮7～9枚；花朵直上，成花率高，花期中。

植株中高，稍矮，株形半开展；一年生枝短，节间亦短；中型长叶，叶柄斜伸，侧小叶椭圆形，叶缘缺刻较多，端渐尖，叶表面深绿色。菏泽赵楼牡丹园1967年育出。

'胭脂映辉'
'Yan Zhi Ying Hui'

花深紫红色,菊花型。中型花;花瓣倒卵形,瓣端浅齿裂,瓣基无色斑;雌雄蕊正常,花丝墨紫色,花盘(全包)浅紫色,柱头粉红色;花朵直上,成花率较高,花香,花期晚。

植株中高,株形半开展;一年生枝中;小型圆叶,叶柄斜伸,顶小叶顶端中裂,侧小叶卵圆形,叶缘向上翻卷,端锐尖,叶表面绿色。菏泽百花园孙景玉、孙景联育出。

'艳春'
'Yan Chun'

花紫红色,鲜艳靓丽,菊花型。花蕾扁圆形;花瓣多轮,稍皱褶,瓣端多齿裂,基部有深紫色斑;雌雄蕊正常,花丝紫红色;花朵直上,成花率高,花期中晚。

植株矮,株形开展;一年生枝细短;中型圆叶,较稀疏,叶面斑皱,质硬,绿色;生长势强,适宜庭园栽培。菏泽李集牡丹园1989年育出。

'艳春图'
'Yan Chun Tu'

花紫红色,有光泽,菊花型。中型花,外瓣形大,质硬而平展;雄蕊基本正常,偶有瓣化;雌蕊正常,花盘深紫红色;花朵直上或侧开,稍低于叶面,成花率高,花期中。

植株中高,株形半开展;一年生枝短;中型长叶,侧小叶长卵形,叶缘缺刻少,上卷,端锐尖或突尖,叶表面斑皱。菏泽百花园孙景玉2001年育出。

'一身正气' 'Yi Shen Zheng Qi'

花紫红色，菊花型。花瓣6~8轮，逐层渐小，内轮瓣皱褶，瓣基色深；雄蕊部分瓣化，花丝深紫色；心皮增多，柱头白色；花梗挺直，花开直上，成花率高，花期晚。

植株中高，株形直立；大型长叶，较稀疏，小叶圆卵形，有深缺刻，浅绿色有紫晕，叶柄、叶脉均紫红色；生长势强，适宜切花和庭园栽培。菏泽瑞璞公司2017年育出。

'迎春争润'
'Ying Chun Zheng Run'

　　花浅紫色，菊花型，有时呈皇冠型。花蕾圆形；雄蕊部分瓣化，花丝紫红色；雌蕊正常，花盘全包，柱头紫红色；花态直上或侧开，成花率高，花期早。

　　植株中高，株形半开展；中型圆叶，侧小叶长卵形，顶小叶浅裂，绿色。菏泽百花园2008年育出。

'玉和红'
'Yu He Hong'

　　花浅紫红色，菊花型。外瓣较大，向内依次减小；雌雄蕊正常，花丝浅紫色，花盘、柱头为紫红色；花梗中粗，花朵直上或侧开，成花率较高，花期中。

　　植株中高，株形半开展；中型圆叶，小叶微上翘；生长势强。菏泽百花园孙景玉、孙景和育出。

'玉兰飘香'
'Yu Lan Piao Xiang'

花粉紫色，菊花型。花蕾圆形，中型花；花瓣圆整，瓣端色浅；雌雄蕊正常；花朵直上，成花率高，花期中。

植株中高，株形半开展；一年生枝长，节间长，萌蘖枝多；鳞芽圆尖形；中型圆叶，叶表面绿色。菏泽百花园孙景玉团队育出。

'御河鲜花'
'Yu He Xian Hua'

花浅紫色，菊花型。花瓣多轮，瓣基具紫晕，大而明显，自瓣基向瓣端渐浅，瓣中有紫线直达瓣端，瓣端浅齿裂；雄蕊正常，花丝紫红色；雌蕊正常，柱头紫红色；花梗硬挺，花朵直上，花期中。

植株中高，株形半开展；中型长叶，较稀疏，小叶长卵形，叶端有褐晕，柄凹浅褐色；适宜庭园栽培；人工杂交育成，母本'凤丹'，父本'鲁菏红'。菏泽瑞璞公司2017年育出。

'皱瓣红'
'Zhou Ban Hong'

花紫红色，菊花型。花蕾圆尖形，小型花；花瓣排列整齐而清晰，瓣端齿裂；雄蕊正常，偶有瓣化；雌蕊基本正常，花盘、柱头均乳白色；花朵直上，成花率高，花期中。

植株中高，株形半开展；一年生枝中长；中型长叶，侧小叶长卵形，叶缘稍上卷，缺刻少，端渐尖，叶表面黄绿色有紫晕。菏泽百花园孙景玉团队1996年育出。

'转运石' 'Zhuan Yun Shi'

花浅紫微带蓝色，菊花型。花蕾圆尖形，中型花；花瓣5～6轮，多浅紫线；雄蕊正常，花丝紫色；雌蕊增生，花盘革质，柱头紫红色；花梗硬，挺直，花朵直立，花期晚。

植株中高，株形直立；中型长叶，适宜切花和庭园栽培；以'凤丹'为母本，自然杂交选育。菏泽瑞璞公司2019年育出。

'姊妹探春' 'Zi Mei Tan Chun'

花紫红色，菊花型。花蕾圆形，不裂口，中型花；雌雄蕊正常，花丝、花盘（全包）、柱头紫红色；花朵直上，高于叶面，成花率高，花期中。

植株中高，株形半开展；小型圆叶，侧小叶卵形；有少量结实。菏泽百花园孙景玉、孙文海团队1999年育出。

'紫蝶' 'Zi Die'

花紫色，菊花型。花蕾圆尖形，中型花；外瓣宽大，阔卵形；雌雄蕊正常或稍瓣化；成花率高，花期中早。

植株中高，株形半开展；一年生枝长，节间较短，萌蘖枝多，嫩枝红色；中型圆叶，叶柄斜伸，侧小叶圆形，叶缘稍上卷，叶绿色；较抗寒。

'紫红剪绒'
'Zi Hong Jian Rong'

花紫红色，菊花型。外瓣大、圆整，内瓣细碎如剪绒；雌雄蕊正常，花丝、柱头紫红色；花期中。

植株矮，株形半开展；中型长叶，叶表面绿色。菏泽李集牡丹园育出。

'紫金袍'
'Zi Jin Pao'

花浅紫色，菊花型。瓣质软，瓣基有紫斑；雌雄蕊正常，花丝、柱头紫红色；成花率高，花期中。

植株中高，株形半开展；中型长叶，小叶卵形，叶缘微上卷，叶表面绿色有紫晕。菏泽赵楼牡丹园1976年育出。

'紫菊'
'Zi Ju'

花紫红色，菊花型。中型花；花瓣6～8轮，倒卵形，瓣端浅齿裂，瓣基有三角形墨紫色斑；雌雄蕊正常，花丝、花盘（半包）、柱头红色；花朵侧开，成花率高，花香，花期中。

植株高，株形开展；一年生枝中长；小型圆叶，叶柄平伸，顶小叶顶端中裂，侧小叶卵形，叶缘略上卷，缺刻多而深，端渐尖，叶表面黄绿色有浅紫晕，叶背有毛。菏泽百花园孙文海团队育出。

431

'紫葵飞霜'
'Zi Kui Fei Shuang'

花浅紫色，菊花型。花瓣多轮，逐层渐小，瓣基具深紫红色斑；雄蕊偶有瓣化，花丝深紫红色；雄蕊正常，雌蕊增多变小，花盘、柱头均浅紫红色；花朵直上，成花率高，花期中。

植株中高，株形直立；中型长叶，小叶卵形，叶深绿色有紫晕；生长势强，适宜庭园栽培。菏泽李集牡丹园1989年育出。

'紫葵向阳'
'Zi Kui Xiang Yang'

花紫红色，菊花型。花蕾扁圆形，大型花；花瓣质硬而平展，排列整齐而清晰，瓣基有深紫色斑；雄蕊稍瓣化，雌蕊退化变小或瓣化为红绿彩瓣；花朵直上，成花率高，花期中。

植株中高，株形直立；一年生枝中长；大型长叶，侧小叶长卵形，叶缘波曲上卷，缺刻多，端渐尖，叶表面深绿色有紫晕。菏泽李集牡丹园1980年育出。

'紫罗袍'
'Zi Luo Pao'

花紫色，菊花型。花瓣多轮，瓣端微皱；雌雄蕊正常，柱头粉红色；花朵直上，与叶面齐平，成花率高，花期晚。

植株中高，株形半开展；中型圆叶，侧小叶阔卵形，叶表面绿色。菏泽赵楼牡丹园1998年育出。

'紫霞金光'
'Zi Xia Jin Guang'

　　花紫红色，菊花型。花蕾扁圆形，中型花；外瓣多轮，质硬而平展，瓣基有紫红晕；雌雄蕊基本正常，花盘浅红色；花朵侧开，成花率高，花期中。

　　植株矮，株形半开展；一年生枝短；中型长叶，侧小叶长卵形，叶缘缺刻多，端渐尖，叶表面有紫晕。菏泽李集牡丹园1981年育出。

'紫艳遇霜'
'Zi Yan Yu Shuang'

　　花浅紫色，菊花型。花瓣多轮，瓣端色浅，微皱，瓣基有紫晕；雌雄蕊正常，花丝、柱头紫红色；花朵直上，花期中。

　　植株中高，株形直立；大型长叶，叶表面青绿色。菏泽百花园孙景玉团队育出。

'紫雁凌空'
'Zi Yan Ling Kong'

花浅紫色,菊花型。中型花;花瓣形稍大,质硬平展,瓣基有紫红色小斑;雄蕊正常,雌蕊增多变小,花盘浅紫色;花朵直上,成花率高,花期晚。

植株高,株形直立;一年生枝长;中型长叶,侧小叶卵形,叶缘稍上卷,缺刻少,端锐尖,叶表面粗糙,浅绿色。菏泽百花园孙文海园队2002年育出。

'紫衣冠群'
'Zi Yi Guan Qun'

花紫红色，菊花型。花蕾圆形；花瓣质厚平展；雄蕊部分瓣化，雌蕊瓣化成绿色彩瓣；花梗硬，花朵直上，花期中晚。

植株中高，株形半开展；新茎青绿色；鳞芽圆尖形，红色，饱满；中型圆叶，叶面皱卷，黄绿色具，叶柄斜展，青绿色，凹处红色；分枝力强，生长势强。传统品种。

'紫玉金辉'
'Zi Yu Jin Hui'

花浅紫色，菊花型。花瓣6轮，大而质硬，层次分明，瓣基具黑紫色大斑；雄蕊量多，花丝较长，中下部淡紫色；雌蕊正常，花盘、柱头均淡紫色；花朵直上，成花率高，花期中。

植株矮，株形直立；一年生枝短；大型圆叶，稠密，小叶卵形，边缘上卷，深绿色，有紫晕；生长势强，抗叶斑病，适宜盆栽与庭园栽培。菏泽李集牡丹园1985年育出。

'紫玉盘'
'Zi Yu Pan'

花粉紫色，菊花型。外瓣2轮，稍大，内瓣狭长，端部齿裂状，基部紫色，端部粉白色；雌雄蕊基本正常或瓣化，花丝、花盘、柱头均紫红色；花朵直上，成花率高，花期中。

植株高，株形直立；枝条粗壮，节间较长；中型长叶，小叶缺刻较浅；生长势强。菏泽百花园孙景玉团队育出。

'紫玉祥光'
'Zi Yu Xiang Guang'

花粉紫带蓝色，菊花型。花蕾圆尖形，中型花；花瓣5~6轮，瓣基有紫黑色斑；雄蕊正常，花丝紫色；雌蕊增生，花盘革质，柱头紫红色；花梗硬，挺直，花朵直上，花期中晚。

植株中高，株形直立；中型长叶，适宜切花和庭园栽培；以'凤丹'为母本，自然杂交选育。菏泽瑞璞公司2019年育出。

'紫云'
'Zi Yun'

花紫红色，菊花型或千层台阁型。花蕾圆尖形，大型花；花瓣6~8轮，质硬，排列整齐，瓣端浅齿裂，瓣基有墨紫色斑；雄蕊正常，稍有瓣化，花丝紫红色；雌蕊正常或稍瓣化，花盘（全包）、柱头紫红色；花朵直上，成花率较高，花淡香，花期中。

植株中高，株形半开展；一年生枝长，节间短，萌蘖枝少；中型圆叶，叶柄斜伸，顶小叶顶端中裂，侧小叶卵形，叶缘微上卷，缺刻较多，端短尖，叶表面绿色。菏泽赵楼牡丹园1983年育出。

'紫云绯霞'
'Zi Yun Fei Xia'

花紫红色，菊花型。花蕾圆形，中型花；花瓣5~8轮，瓣基色深，瓣端色稍浅，雄蕊偶有瓣化，花丝紫红色；雌蕊5~8枚，柱头紫红色；花梗硬，挺直，花朵直上，花期中早。

植株中高，株形直立；中型长叶，适宜切花和庭园栽培；以'凤丹'为母本，自然杂交选育。菏泽瑞璞公司2020年育出。

'百园多娇'
'Bai Yuan Duo Jiao'

花紫色，蔷薇型。花瓣多轮，外瓣宽大，排列整齐，内瓣较小，多皱褶；雄蕊正常，雌蕊正常或稍瓣化为红绿彩瓣；成花率高，花期中。

植株中高，株形半开展；中型长叶，鳞芽萌动晚；生长势强，适宜促成栽培。菏泽百花园孙景玉团队育出。

'百园紫'
'Bai Yuan Zi'

花紫色，蔷薇型。花蕾圆形，大型花；花瓣基部有深紫色斑；雄蕊部分瓣化，雌蕊退化或瓣化；花朵直上，高于叶面，成花率高，花香浓，花期中。

植株中高，株形直立；当年生枝35~45cm；中型长叶，小叶卵形，黄绿色；少量结实，生长势强。菏泽百花园孙景玉团队1997年育出。

'百园紫楼'
'Bai Yuan Zi Lou'

花深紫红色，蔷薇型或皇冠型。花蕾圆尖形，偶有侧蕾；外瓣倒卵形，瓣端多浅齿裂；雄蕊部分瓣化，雌蕊正常或瓣化；花朵直上，花淡香，花期中晚。

植株中高，鳞芽卵圆形；中型长叶，顶小叶顶端中裂，侧小叶长卵形，叶缘缺刻，边缘翻卷，叶深绿色；抗逆性强，适宜盆花或庭园绿化。菏泽百花园孙景玉团队育出。

'步步高升'
'Bu Bu Gao Sheng'

花粉紫色，多花型。花瓣基部有深紫晕；雄蕊正常或少量瓣化，雌蕊正常或稍瓣化，花盘（半包或残存）紫红色，心皮密被毛；花高于叶丛，成花率高，花淡香，花期中。

植株高，株形直立；顶小叶中裂，叶表面黄绿色，叶背无毛；不结实，生长势强，根系发达。菏泽市诚美花木种植专业合作社李洪勇2023年育出。

'层中笑'
'Ceng Zhong Xiao'

花浅紫红色，蔷薇型。花蕾圆尖形，中型花；外瓣平展，瓣基无色斑；雌雄蕊正常，花盘紫红色；花朵直上，成花率高，花期中。

植株高，株形直立；一年生枝长，萌蘖枝少；中型长叶，叶柄斜伸，侧小叶卵状披针形，叶缘缺刻少，叶表面绿色有紫晕。菏泽百花园孙景玉、王洪宪1995年育出。

'长茎紫'
'Chang Jing Zi'

花浅紫红色，蔷薇型。中型花；外瓣4轮稍大，质硬而平展，瓣基有紫红晕；雄蕊部分瓣化，雌蕊退化变小，花盘浅紫色；花朵直上，成花率高，花期中晚。

植株高，株形直立；一年生枝长；小型长叶，顶小叶顶端深裂，侧小叶长卵形，叶缘缺刻少，叶缘上卷，端渐尖，叶表面浅绿色；花朵耐日晒。菏泽百花园孙景玉、孙文海1990年育出。

'长茎紫葵'
'Chang Jing Zi Kui'

花紫色，蔷薇型。花蕾圆形，大型花；花瓣基部有小紫红色斑；雌雄蕊正常，花丝、花盘、柱头均紫红色；花朵直上，高于叶面，梗粗硬而长，成花率高，花香淡，花期中。

植株特高，株形直立；当年生枝50～60cm；中型长叶，小叶长卵形，深绿色；少量结实，生长势强。菏泽百花园孙景玉团队1996年育出。

'长寿紫'
'Chang Shou Zi'

花紫色,蔷薇型,有时千层台阁型。花蕾圆形;外瓣4轮,形大质硬而平展,瓣基具深紫色斑;雄蕊大部分瓣化,雌蕊瓣化为浅绿色彩瓣;花朵直上或斜伸,花期中。

植株高,株形半开展;中型长叶,小叶卵形或阔卵形,叶色浅绿,叶缘波曲;适宜庭园栽培。菏泽李集牡丹园1971年选育。

'迟来的爱'
'Chi Lai De Ai'

花紫色,多花型品种,常见蔷薇型、绣球型。中型花;外瓣平展,基部色深;雌雄蕊多瓣化;香味浓,花期中晚。

植株中高,株形半开展;叶片绿色,宽钝;耐寒,不易被风吹倒。菏泽牡丹园王志伟培育。

'赤龙耀金辉'
'Chi Long Yao Jin Hui'

花深紫红色，蔷薇型。大型花；外瓣多轮，稍大，质硬而平展；雄蕊部分瓣化，雌蕊增多变小，花盘退化消失；花朵直上或侧开，成花率高，花期中。

植株中高，株形半开展；一年生枝中长；大型长叶，侧小叶长卵形，叶缘缺刻少，端渐尖。菏泽百花园孙文海团队2003年育出。

'大棕紫'
'Da Zong Zi'

花紫红色，蔷薇型。花蕾大，扁圆形，常开裂，中型花；花瓣圆整，排列整齐，瓣基有墨紫晕；雄蕊时有瓣化，花丝墨紫色；雌蕊正常，花盘（半包）、柱头粉色；花朵直上，成花率高，花淡香，花期中。

植株中高，株形直立；一年生枝较长，节间短，萌蘖枝较多，嫩枝红色；鳞芽大，圆形，芽端易开裂，新芽黄绿色；中型圆叶，叶柄斜伸，顶小叶顶端3全裂，侧小叶长圆形，叶缘微上卷，缺刻多，端钝，叶表面深绿色；较抗寒，抗病。传统品种。

'岛大臣'
'Dao Da Chen'

花紫红色，蔷薇型。大型花，花瓣排列整齐，端部皱褶，基部具深紫晕；雄蕊正常，雌蕊变小；花朵侧开，成花率高，花期晚。

植株中高，株形半开展；中型长叶，幼叶颜色深绿，叶背有少量茸毛；生长势强，萌蘖枝少。日本引进品种。

'海棠争润'
'Hai Tang Zheng Run'

花粉紫色，蔷薇型。小型花；花瓣倒卵形，瓣端浅齿裂；雄蕊全部瓣化，端部残留花药；雌蕊稍有退化，花盘（残存）、柱头紫红色；花朵直上，成花率较高，花香，花期中。

植株中高，株形直立；一年生枝中长，萌蘖枝少，嫩枝红色；鳞芽长卵圆形，新芽紫红色；大型长叶，叶柄斜伸，顶小叶顶端浅裂，侧小叶长卵形，叶缘上卷，缺刻多而深，端渐尖，叶表面绿色，有紫晕；较抗寒。传统品种。

'鹤顶红'
'He Ding Hong'

花浅紫红色，蔷薇型或菊花型。花蕾扁圆形，中型花；花瓣排列整齐，瓣端浅齿裂，瓣基有深紫晕；雄蕊偶有瓣化，花丝紫红色；雌蕊正常，花盘（全包）、柱头紫红色；花朵直上，成花率高，花淡香，花期中。

植株中高，株形半开展；一年生枝较长，节间短，萌蘖枝多；中型长叶，叶柄斜伸，顶小叶顶端中裂，侧小叶长卵形或椭圆形，叶缘缺刻少，叶表面绿色；耐湿热，抗寒，耐盐碱，抗病。菏泽赵楼牡丹园1963年育出。

'红霞争辉'
'Hong Xia Zheng Hui'

花紫红色，蔷薇型。花蕾扁圆形，中型花；花瓣排列紧密，瓣端浅齿裂，瓣基有狭长条形墨紫色斑；雄蕊稍有瓣化，花丝紫红色；雌蕊变小或瓣化，花盘（半包）、柱头紫红色；花朵侧开，成花率高，花淡香，花期中。

植株高，株形半开展；一年生枝较长，节间亦长；中型长叶，叶柄斜伸，顶小叶顶端中裂，侧小叶卵形或长卵形，叶缘缺刻多，叶表面黄绿色。菏泽赵楼牡丹园1963年育出。

'徽紫'
'Hui Zi'

花紫红色，蔷薇型或菊花型。中型花；花瓣由外向内依次减小，瓣基有紫红色斑纹；雄蕊正常，花丝紫红色；雌蕊正常，花盘、柱头均暗紫红色；成花率高，花期中。

植株中高，株形半开展；大型圆叶，小叶9枚，顶小叶3深裂，叶表面浅绿有紫晕；生长势强，适应性强。江南传统品种。

'箕山紫光'
'Ji Shan Zi Guang'

花红紫色，蔷薇型或皇冠型。外瓣4轮，形大圆润，层次分明；内瓣形小而内卷，密集，瓣端有花药残留，雌蕊退化；花梗挺直，花朵直立，花期中。

植株中高，株形直立；中型长叶，小叶卵形至长卵形，少有缺刻，叶面粗糙；生长势中，适宜切花和庭园栽培。菏泽市丹凤油牡丹种植专业合作社2018年育出。

'堇紫向阳'
'Jin Zi Xiang Yang'

花浅紫色，瓣端色浅，蔷薇型或菊花型。中型花；花瓣质硬而平展，排列整齐，瓣基有放射状紫斑；雄蕊部分瓣化，雌蕊增多变小，花盘紫色；花朵直上，成花率高，花期中。

植株中高，株形直立；一年生枝短；中型长叶，侧小叶长卵形，叶缘上卷，缺刻多，端渐尖，叶表面稍斑皱。菏泽百花园孙景玉团队1999年育出。

'锦袍红'
'Jin Pao Hong'

花紫红色，蔷薇型，有时呈菊花型。花蕾扁圆形，中型花；花瓣排列紧密，瓣端浅齿裂，瓣基有墨紫色斑；雄蕊正常或稍有瓣化，花丝紫红色；雌蕊正常，花盘（半包）、柱头紫红色；花朵直上，成花率高，花淡香，花期中。

植株高，株形半开展；一年生枝长，节间长；鳞芽狭尖形，新芽黄褐色；大型圆叶，叶柄斜伸，顶小叶顶端浅裂，侧小叶广卵形或椭圆形，叶缘缺刻多，端钝，叶表面黄绿色有深紫晕；耐湿热，抗寒，抗病。传统品种。

'狂欢'
'Kuang Huan'

花紫红色,蔷薇型。大型花,外瓣宽大,基部有近长三角形紫红斑;雄蕊部分瓣化,花丝中下部浅紫色;雌蕊正常,柱头、花盘均紫红色;花朵多侧开,成花率高,花期中晚。

植株中高,株形半开展;小型叶片,小叶深绿,缺刻少,柄凹棕色;生长势强。菏泽百花园孙景玉团队育出。

'鲁山雄狮'
'Lu Shan Xiong Shi'

花深紫红色,蔷薇型。外瓣3~4轮,瓣基深紫红色,内瓣大而稀疏,挺且硬;雄蕊少,雌蕊稍瓣化;花朵直立,花期中晚。

植株中高,株形直立;中型长叶,顶小叶3裂,侧小叶圆尖形,先端尖,叶柄凹红褐色,叶脉下凹;适宜切花和庭园栽培。菏泽瑞璞公司2017年育出。

'玫瑰紫'
'Mei Gui Zi'

花紫色，端部色淡，蔷薇型。花蕾圆尖形，中型花；花瓣质较硬，瓣基有墨紫色斑；雄蕊部分瓣化，雌蕊变小；花朵直上，成花率高，花期中，稍晚。

植株高，株形直立；一年生枝长，节间较长，萌蘖枝较少；中型长叶，叶柄斜伸，侧小叶长卵形或卵状披针形，叶缘波状上卷，端渐尖，叶表面绿色，有紫晕。菏泽赵楼牡丹园1965年育出。

'墨玉生辉'
'Mo Yu Sheng Hui'

花深紫红色，蔷薇型。中型花；外瓣稍大，质硬而平展，内瓣端部齿裂，瓣基有墨紫色斑；雄蕊大部分瓣化，少量杂于瓣间；雌蕊增多变小，花盘粉色；花朵直上，成花率高，花期晚。

植株高，株形半开展；一年生枝长；中型长叶，侧小叶卵形，叶缘稍上卷，缺刻少，端锐尖。菏泽百花园2009年育出。

'暮春红'
'Mu Chun Hong'

　　花浅紫红色，蔷薇型，有时呈菊花型。花蕾圆尖形，大型花；外瓣质硬平展，瓣基有深紫晕；雄蕊稍有瓣化；雌蕊偶有瓣化，花盘（半包）紫红色；花朵直上或侧开，成花率高，花淡香，花期晚。

　　植株中高，株形半开展；一年生枝长，节间短，萌蘖枝多；中型圆叶，叶柄斜伸，顶小叶顶端中裂，侧小叶卵形，叶缘缺刻多，叶面光滑，端锐尖，叶表面黄绿色。菏泽百花园孙景玉、孙景联1988年育出。

'凝夜紫'
'Ning Ye Zi'

花紫红色，蔷薇型或千层台阁型。花蕾圆形，大型花；花瓣多轮，圆整质硬，排列紧密，层次清晰，基部有紫色斑；雄蕊正常，偶有瓣化；雌蕊部分瓣化，花盘淡紫色，柱头米黄色；花朵直上，成花率高，花期中。

植株高，株形半开展；新枝红绿色，中型叶，生长势强，分枝力强，花朵耐日晒。菏泽学院牡丹学院、村橘园艺2022年育出。

'茄蓝丹砂'
'Qie Lan Dan Sha'

花紫红色，蔷薇型。中型花；花瓣倒卵形，瓣端浅齿裂，瓣基有椭圆形紫红色斑；雄蕊少量瓣化成狭长皱瓣，端部残留花药；雌蕊正常，心皮6~8枚，花盘（残存）、柱头紫红色；花朵侧开，成花率高，花淡香，花期中。

植株中高，株形直立；一年生枝中，萌蘖枝较多；中型长叶，叶柄斜伸，顶小叶顶端深裂，侧小叶宽卵形，叶缘缺刻少，叶表面黄绿色；耐湿热，抗寒，抗病。传统品种。

'群芳殿'
'Qun Fang Dian'

花紫红色，蔷薇型。中型花；花瓣倒卵形，瓣端浅齿裂；雄蕊少数瓣化成狭长皱瓣，花丝紫红色；雌蕊正常，花盘（残存）黄色，柱头紫红色；花朵直上，成花率高，花淡香，花期中。

植株中高，株形半开展；一年生枝中，萌蘖枝较多；中型长叶，叶柄斜伸，顶小叶顶端中裂，侧小叶披针形，叶缘缺刻少，端渐尖，叶表面绿色有紫晕。日本引进品种。

'盛红'
'Sheng Hong'

花深紫红色，蔷薇型或皇冠型。花蕾圆形，大型花；外瓣倒卵形，瓣端齿裂，瓣基具长椭圆形墨紫色斑；雄蕊部分瓣化，瓣端残留花药；雌蕊退化变小或瓣化为红白彩瓣，柱头、花盘均紫红色，心皮密被毛；花朵直上，与叶丛近等高，花期晚。

植株中高，株形半开展；小叶卵形，叶上表面绿色，有紫晕，叶背脉腋处有疏毛；结实率低，生长势强，抗病、耐盐碱；人工杂交育成，母本'首案红'，父本'乌金耀辉'。菏泽市赵金岭、赵红旺2023年育出。

'寿之寿紫'
'Shou Zhi Shou Zi'

花深紫色，蔷薇型。大型花；花瓣质地较硬，卷皱，基部紫晕；雄蕊正常，雌蕊变小，花盘白色；花朵侧开，成花率高，花期晚。

植株高，株形直立；茎青绿泛红，小型长叶，叶脉明显，叶背有茸毛，幼叶黄绿色，叶柄暗红色；生长势中，分枝力中，萌蘖枝少。日本引进品种。

'似锦袍'
'Si Jin Pao'

花紫红色,蔷薇型。花蕾圆尖形;花瓣多轮,较大,向内渐小;雄蕊部分瓣化,雌蕊退化变小,花盘紫红色;花期中。

植株高,株形直立;大型长叶,稠密,质硬,叶面皱,深绿色,多紫晕,端锐尖;生长势强,成花率高。菏泽赵楼牡丹园1990年育出。

'天霞紫'
'Tian Xia Zi'

花紫红色,蔷薇型。中型花;花瓣多轮,层次清晰,基部有紫晕;雄蕊偶有瓣化,雌蕊变小;花期中。

植株高,株形直立;中型长叶,叶背脉有稀疏茸毛;生长势强,分枝力中等,萌蘖枝少。菏泽曹州牡丹园育出。

'卫东红'
'Wei Dong Hong'

花紫红色,蔷薇型或菊花型。花蕾圆形,小型花;花瓣多轮,质地硬,端部齿裂,基部有紫色斑;雄蕊部分瓣化,雌蕊变小;花朵直上,成花率高,花期中晚。

植株中高,株形直立;鳞芽圆尖形,浅红色;茎黄绿色;中型圆叶,叶柄下部青绿色,凹处红色,叶背有茸毛;生长势强,分枝力强,萌蘖枝多。

'向京红'
'Xiang Jing Hong'

花红色，蔷薇型。中型花；花瓣宽大平展，瓣端微曲；雌雄蕊正常，花丝、柱头紫红色；成花率高，花期中晚。

植株中，株形半开展；中型圆叶，叶背有毛；生长势、分枝力均强，萌蘖枝多。菏泽赵楼牡丹园1970年育出。

'写乐'
'Xie Le'

花紫色，蔷薇型。花蕾圆形，大型花；花瓣多轮，圆整质硬，排列紧密，层次清晰，基部有淡紫色斑；雄蕊正常，有花粉；雌蕊部分瓣化，花盘淡紫色，柱头粉红色；花朵直上，成花率高，花期中。

植株中高，株形半开展；新枝红绿色，中型长叶，生长势强。引进品种。

'秀群芳'
'Xiu Qun Fang'

花紫红色，蔷薇型。花瓣多轮，瓣端齿裂，色浅；雄蕊部分瓣化，瓣端残留花药；雌蕊退化变小或瓣化；花朵侧开，花期中。

植株中高，株形直立；中型长叶，侧小叶卵形，叶表面绿色有紫晕；生长势强。菏泽百花园孙景玉团队育出。

'艳霞'
'Yan Xia'

花红色，微带紫色，蔷薇型。花瓣质地较硬，边缘稍皱褶，瓣基有紫色斑；雄蕊部分瓣化，雌蕊退化；花期中晚。

植株中高，株形直立；中型圆叶，叶背有少量茸毛；生长势中等，萌蘖枝少。

'银线绣红袍'
'Yin Xian Xiu Hong Pao'

花紫色，蔷薇型。花瓣多轮，内瓣窄长，皱卷，瓣中有白色纹线；雄蕊大部分瓣化，花丝紫红色；雌蕊退化变小；花梗挺直，花开直上，成花率高，花期中早。

植株中高，株形直立；大型长叶，较稀疏，小叶长卵圆形，近全缘，叶色黄绿色，叶脉明显，生长势较强，适宜庭园栽培。菏泽瑞璞公司2018年育出。

'映金红'
'Ying Jin Hong'

花紫红色，蔷薇型，偶有菊花型。花蕾扁圆形，中型花；花瓣质较薄软，瓣端浅齿裂，瓣基有墨紫晕；雄蕊部分瓣化，花丝紫红色；雌蕊正常，花盘（残存）、柱头紫红色；花朵侧开，成花率高，花香，花期中。

植株高，株形直立；一年生枝长，节间亦长，萌蘖枝少，嫩枝浅红色；鳞芽圆尖形，新芽红褐色；中型长叶，叶柄斜伸，顶小叶顶端中裂，侧小叶卵形，叶缘缺刻多，端渐尖，稍下垂，叶表面黄绿色，有浅紫晕色；耐湿热，抗寒，花朵耐日晒，抗病。菏泽赵楼牡丹园1963年育出。

'玉珠龙'
'Yu Zhu Long'

花紫红色，蔷薇型。花瓣多轮，内瓣稍小，皱卷，向内抱合，瓣基有深紫色斑；雄蕊正常，花丝紫红色；雌蕊正常，花盘（半包）、柱头紫红色；花梗挺直，花开直上或微侧开，成花率高，花期中晚。

植株中高，株形直立；中型长叶，较稀疏，小叶长卵圆形，近全缘，绿色；生长势较强，适宜切花和庭园栽培。菏泽瑞璞公司2018年育出。

'御袍镶翠'
'Yu Pao Xiang Cui'

花红紫色，蔷薇型。外瓣2轮，明显，内瓣稍小，褶皱扭曲密集；雄蕊多瓣化，瓣端有花药残留；雌蕊瓣化成绿色彩瓣；花梗挺直，花朵直上，花期晚。

植株中高，株形直立；中型圆叶，小叶卵圆形，缺刻多而深，叶柄凹红褐色，叶缘有紫晕，适宜庭园栽培。菏泽瑞璞公司2018年育出。

'朝霞迎春'
'Zhao Xia Ying Chun'

花紫红色，蔷薇型。花蕾圆形，中型花；花瓣基部无斑；雌雄蕊正常，部分瓣化，花丝紫色，花盘、柱头均紫红色；花朵直上，高于叶面，花香浓，花期早。

植株中高，株形直立；当年生枝30～35cm；小型长叶，小叶卵形，深绿色；少量结实，生长势强。菏泽百花园孙文海团队2009年育出。

'紫二乔'
'Zi Er Qiao'

花紫红色，蔷薇型，有时呈菊花型。花蕾扁圆形，中型花；花瓣质硬，排列整齐，瓣端浅齿裂，瓣基有菱形墨紫色斑；雄蕊部分瓣化，花丝紫色；雌蕊正常，花盘（残存）紫红色，柱头红色；花朵直上，成花率高，花香，花期中。

植株高，株形直立；一年生枝长，节间亦长；鳞芽圆尖形，新芽灰褐色；中型长叶，叶柄斜伸，顶小叶顶端中深裂，侧小叶卵形，叶缘缺刻多，端渐尖，叶表面绿色；偶有结实，较耐湿热，抗寒，抗病。传统品种。

'紫凤朝阳'
'Zi Feng Chao Yang'

花紫色，蔷薇型。外瓣卵形，瓣端圆整，瓣基有三角形墨紫色斑；雄蕊少数瓣化，与外瓣同色，花丝墨紫红色，雌蕊正常；花朵直上，成花率较高，花期中。

植株高，株形直立；一年生枝中长；中型长叶，叶柄斜伸，顶小叶顶端浅裂，侧小叶卵形，叶缘缺刻浅而少，端锐尖，叶表面绿色，有紫晕。菏泽曹州牡丹园育出。

'紫光阁'
'Zi Guang Ge'

花紫红色，蔷薇型或千层台阁型。花瓣多轮，外4轮较大圆整，从外向内依次变小，瓣基有紫红色斑；雄蕊少量瓣化，花丝紫红色；雌蕊正常或瓣化成绿色彩瓣，柱头红色；花朵直上，花期中。

植株中高，株形半开展；当年生枝深紫红色；中型圆叶，叶面绿色，多紫晕，叶背多毛；生长势强，适宜盆栽及促控栽培。菏泽赵楼牡丹园1985年育出。

'紫红交辉'
'Zi Hong Jiao Hui'

花紫红色，鲜艳有光泽，蔷薇型。中型花；外花瓣大，平展，内花瓣小，曲皱而稀疏；雄蕊少量瓣化，雌蕊变小；花梗长而硬，花朵直上或侧开，成花率高，花期中。

植株中高，株形直立；当年生枝硬，中长枝；中型长叶，质软，缺刻少，端锐尖或渐尖，深绿色；生长势强。菏泽李集村李丰强2015年育出。

'紫锦袍'
'Zi Jin Pao'

花紫红色，蔷薇型。花瓣瓣端曲皱，有浅齿裂，瓣基有墨紫色斑；雄蕊少数瓣化为细碎瓣；雌蕊增加变小，柱头紫红色；花朵侧开，花期中。

植株中高，株形直立；小型长叶，侧小叶长卵形，叶表面绿色有紫晕。菏泽曹州牡丹园育出。

'紫绢'
'Zi Juan'

花艳紫红色，蔷薇型。小型花；外瓣稍大，质硬而平展，瓣基有黑紫色斑；雄蕊部分瓣化，雌蕊稍有瓣化或变小，花盘紫色；花朵直上，成花率高，花期中。

植株中高，株形半开展；一年生枝中长；小型圆叶，侧小叶宽卵形或卵形，叶缘缺刻多，端突尖，叶表面稍粗糙，深绿色。菏泽百花园孙景玉团队1996年育出。

'紫蓝逐波'
'Zi Lan Zhu Bo'

花紫红色，蔷薇型。中型花；外瓣倒卵形，瓣端浅齿裂，瓣基有椭圆形紫红色斑；雄蕊部分瓣化，花丝紫红色；雌蕊稍瓣化成紫绿彩瓣，花盘（全包）、柱头紫红色；花朵直上，成花率高，花淡香，花期中晚。

植株中高，株形直立；一年生枝中长，萌蘖枝较多；中型长叶，叶柄斜伸，顶小叶顶端深裂，侧小叶宽卵形，叶缘缺刻多而深，端宽尖，叶表面绿色；抗逆性强，抗病性强。菏泽赵楼牡丹园育出。

'紫楼银丝'
'Zi Lou Yin Si'

花紫红色，蔷薇型。中型花；外瓣曲皱，瓣基有紫晕；雄蕊部分瓣化，雌蕊正常；花朵直上，成花率高，花期中。

植株高，株形直立；一年生枝中长；中型长叶，侧小叶卵形，端渐尖，叶表面绿色，边缘有紫晕。菏泽百花园孙文海团队育出。

'紫楼子'
'Zi Lou Zi'

花紫红色，蔷薇型、皇冠型或楼子台阁型。花瓣多轮，内瓣层叠高起；雄蕊稍瓣化，雌蕊正常，花丝、柱头紫红色；成花率高，花期中。

植株中高，株形半开展；新枝粗壮，有褐晕，叶片密生，小叶略内卷，柄凹红褐色。菏泽百花园育出。

'紫魅雍华'
'Zi Mei Yong Hua'

花紫红色，蔷薇型。花蕾圆形，大型花；花瓣基部有深紫红晕；雌雄蕊正常，花丝、花盘深紫色，柱头紫红色；花朵直上，高于叶面，花梗粗硬，成花率高，花香浓，花期中。

植株高，株形直立；当年生枝40～50cm；大型圆叶，小叶长卵形，叶表面绿色；少量结实，生长势强；人工杂交育成，母本'文海'，父本'赛墨莲'。菏泽百花园孙文海团队2009年育出。

'紫霞'
'Zi Xia'

花深紫红色，蔷薇型。花瓣宽大平展，瓣端齿裂；雌雄蕊正常，花丝、柱头紫红色；花朵直上，成花率高，花期中。

植株中高，株形直立；一年生枝长；中型长叶，小叶卵形，叶表面绿色有紫晕。菏泽赵楼牡丹园2000年育出。

'紫云风波'
'Zi Yun Feng Bo'

花紫红色，蔷薇型。中型花；花瓣卵形，瓣端浅齿裂，瓣基有淡紫晕；雄蕊部分瓣化，花丝紫红色；雌蕊正常，花盘（半包）、柱头紫红色；花朵侧开，成花率高，花浓香，花期早。

植株中高，株形半开展；一年生枝中长；中型长叶，叶柄平伸，顶小叶顶端中裂，侧小叶卵形，叶缘缺刻多而深，端锐尖，叶表面绿色有紫晕。菏泽百花园孙景玉团队育出。

'紫韵芍牡'
'Zi Yun Shao Mu'

花紫色，蔷薇型。花蕾圆形，中型花；花瓣瓣端多齿裂，基部有墨紫色斑；雌雄蕊部分瓣化，花丝、花盘、柱头均紫红色；花朵直上，高于叶面，成花率高，花香淡，花期晚。

植株中高，株形直立；当年生枝30~40cm；中型长叶，小叶长卵形，浅绿色；无结实，生长势强；人工杂交育成，母本'黑天鹅'，父本芍药品种'红莲'。菏泽百花园孙文海团队2013年育出。

'粉紫向阳'
'Fen Zi Xiang Yang'

花浅紫色，托桂型或皇冠型。花蕾圆形或绽口；外瓣2轮，形大，质硬而平展，瓣端色淡；雄蕊瓣化瓣卷曲而稀疏，瓣端残留花药，少量正常雄蕊杂于瓣间；雌蕊退化变小，花盘、柱头均浅紫红色；花朵直上或斜伸，花期中。

植株高，株形半开展；一年生枝粗长；大型长叶，小叶长卵形，缺刻少，质地厚而软；抗叶斑病，适宜庭园栽培。菏泽百花园孙景玉团队1989年育出。

'酒醉杨妃'
'Jiu Zui Yang Fei'

花粉紫色，托桂型，有时呈荷花型。花蕾圆尖形，大型花；外瓣2轮，形大，质地软，瓣端深齿裂，瓣基有紫红晕；雄蕊部分瓣化，花丝紫红色；雌蕊正常，花盘（全包）紫色，柱头粉色；花朵侧开微垂，成花率高，花浓香，花期中。

植株高，株形开展；一年生枝长，节间亦长，萌蘖枝较少，嫩枝红色；鳞芽圆尖形，新芽红褐色；大型长叶，叶柄平伸，顶小叶顶端中裂，侧小叶卵形或长卵形，叶缘缺刻多，端渐尖，下垂，叶表面深绿色；较抗寒，抗病。传统品种。

'托桂'
'Tuo Gui'

花紫红色，托桂型或皇冠型。大型花，外瓣2轮，质硬；内瓣密集曲皱，瓣端白色，瓣间杂有少量雄蕊；雌蕊瓣化或退化变小，柱头黄色，花盘（全包）黄白色；花朵侧开，成花率高，花期中晚。

植株中高，株形半开展；大型圆叶，小叶肥大，全缘，深绿，背部多茸毛。菏泽百花园孙景玉团队1971年育出。

'幸福花'
'Xing Fu Hua'

花浅紫红色，托桂型。外瓣2~3轮，形大较圆整，瓣基有黑紫色斑，内瓣短小，常夹杂部分雄蕊；部分雄蕊瓣化不彻底，常有花药残留，花丝深紫色；雌蕊退化；花梗挺直，花开直上，成花率高，花期晚。

植株中高，株形直立；中型长叶，小叶圆卵形，有浅缺刻，叶黄绿色，叶脉明显；生长势强，适宜庭园栽培。菏泽瑞璞公司2018年育出。

'紫盘托桂'
'Zi Pan Tuo Gui'

花紫蓝色，托桂型。外瓣4~5轮，宽大平展，端部齿裂；雄蕊多瓣化，雌蕊退化或瓣化，花丝、柱头及花盘均为紫红色；成花率高，花期早。

植株中高，株形开展；大型圆叶，深绿色，叶缘上卷，叶背密生茸毛；生长势中等，分枝力强，萌蘖枝多。菏泽曹州牡丹园育出。

'紫珠盘'
'Zi Zhu Pan'

　　花深紫红色，托桂型。花蕾圆形；外瓣2轮，宽大平展；内瓣细小而褶皱，质地稍软，瓣间杂有正常雄蕊；花朵侧开，花期中。

　　植株中高，株形半开展；枝叶稀疏，枝条细弱；鳞芽小，呈圆尖形，绿色；小型长叶，深绿色，叶缘上卷；生长势中等，分枝力中等。传统品种。

'藏叶红'
'Cang Ye Hong'

　　花浅紫红色，金环型，偶有托桂型。内外瓣之间常有一圈雄蕊；梗短，藏花，成花率高，花期中早。

　　植株较矮，株形开展；枝粗壮；叶片宽大，小叶阔卵圆形，端锐尖，边缘多缺刻。菏泽百花园育出。

'金环紫'
'Jin Huan Zi'

花紫红色，金环型。外瓣宽大平展，瓣基具墨紫红色斑块，瓣质硬；雄蕊部分瓣化成红色花瓣，内外瓣间有一圈明显雄蕊；花朵直上，花期中。

植株中高，株形半开展；叶片中绿，叶片边缘有红晕；生长势强。菏泽曹州牡丹园刘爱青、高勤喜育出。

'金环紫楼'
'Jin Huan Zi Lou'

花紫色，金环型。花瓣多轮，外瓣2~3轮，宽大圆整，雄蕊离心式瓣化，瓣化瓣稍小，有少量花药残留，瓣基有紫黑色斑，花瓣中央围有一圈雄蕊环；花梗挺直，微侧开，花期中早。

植株中高，株形直立；当年生枝较短，中型长叶，小叶椭圆形，近全缘，平展，绿色；生长势强，适宜庭园栽培。菏泽瑞璞公司2018年育出。

'金环紫衣'
'Jin Huan Zi Yi'

花深紫红色，多花型，金环型、楼子台阁型。花蕾圆形，中型花；雄蕊多数瓣化，花丝紫红色；雌蕊瓣化或退化，花盘、柱头均紫红色；花朵直上，高于叶丛，生长势强，花期中。

植株高，株形直立；中型长叶；结实率中，适宜盆花及切花栽培。菏泽百花园孙文海、王琦2023年育出。

'团叶紫'
'Tuan Ye Zi'

花紫色，金环型。中型花；外瓣倒卵形，瓣端浅齿裂，瓣基有菱形黑紫色斑；雄蕊部分瓣化，瓣化瓣倒卵形，花丝紫红色；雌蕊正常，花盘（半包）白色，柱头紫红色；花朵直上，成花率高，花淡香，花期早。

植株高，株形开展；一年生枝中长；中型圆叶，叶柄平伸，顶小叶顶端中裂，侧小叶长卵形，叶片边缘翻卷，端锐尖，叶表面绿色，叶背有毛。菏泽百花园孙景玉团队育出。

'紫艳藏金'
"Zi Yan Cang Jin"

花紫红色，金环型。中型花；雄蕊多瓣化，瓣化瓣直立隆起，内外瓣中间常残留部分正常雄蕊；雌蕊全部瓣化；花朵直上，与叶面等高，花期中。

植株中高，株形半开展；茎细而长；大型圆叶，稀疏，叶柄斜伸，叶缘稍上卷，叶表面黄绿色有紫晕。

'案红子'
'An Hong Zi'

花紫红色，皇冠型。中型花；外瓣2轮，宽大圆整，质硬平展，润泽；雄蕊瓣化瓣密集皱褶，雌蕊瓣化为绿色彩瓣；花期晚。

植株中高，株形直立；大型圆叶，叶面深绿色，有红晕，侧小叶倒卵圆形或阔卵圆形，叶肥厚；生长势强。菏泽百花园孙景玉培育。

'百花紫' 'Bai Hua Zi'

花浅紫色，皇冠型。花瓣宽大圆整；雄蕊全部瓣化，雌蕊退化变小，柱头、花盘均紫红色；花梗粗，花朵侧开，成花率高，花期早。

植株中高，株形半开展；枝条较粗；中型圆叶，叶缘稍上卷，有红晕；生长势强。菏泽百花园孙景玉、孙景联育出。

'百园春色' 'Bai Yuan Chun Se'

花紫色，皇冠型。中型花；外瓣3~5轮，圆形，瓣端浅齿裂，瓣基无色斑；雄蕊部分瓣化，端部残留花药；雌蕊稍瓣化成绿色瓣，花盘（残存）紫红色，柱头淡黄色；花朵侧开，成花率较高，花淡香，花期早。

植株矮，株形直立；一年生枝短，萌蘖枝少；小型圆叶，叶柄斜伸，顶小叶顶端浅裂，侧小叶长卵形，端锐尖，叶表面绿色。菏泽百花园孙景玉团队育出。

'百园红霞' 'Bai Yuan Hong Xia'

花紫红色，皇冠型。花蕾圆尖形，中型花；外瓣3~4轮，形大质硬，瓣端浅齿裂，瓣基有深紫红晕；瓣间杂有少量雄蕊，花丝紫红色；雌蕊退化变小或瓣化成绿色彩瓣；花朵直上，成花率高，花浓香，花期中。

植株高，株形直立；一年生枝长，节间亦长；鳞芽卵圆形，新芽红褐色；中型长叶，叶缘稍上卷，叶表面绿色有紫晕。菏泽百花园孙景玉、孙景和1972年育出。

'百园颂'
'Bai Yuan Song'

花浅紫红色，稍带紫色，皇冠型。中型花；外瓣宽大，瓣边有齿裂；雌雄蕊全部瓣化，瓣化瓣窄小皱褶；花朵直上，成花率高，花期中。

植株中高，株形直立；萌蘖枝多；小型长叶，顶小叶中裂，侧小叶长卵形，叶缘上卷，叶表面绿色；生长势强。菏泽百花园孙景玉、孙景和育出。

'百园霞光'
'Bai Yuan Xia Guang'

花浅紫红色，皇冠型。中型花；外瓣3轮，质硬而平展，瓣基有浅紫晕；雄蕊全部瓣化，瓣化瓣端部多齿裂；雌蕊增多变小，花盘浅紫色；花朵直上或侧开，成花率高，花期晚。

植株中高，株形半开展；一年生枝中长；中型圆叶，侧小叶圆卵形或卵形，叶缘缺刻少，端突尖。菏泽百花园孙景玉团队1989年育出。

'邦宁紫' 'Bang Ning Zi'

花紫色，瓣边粉紫色，皇冠型。中型花，偏大；外瓣2轮，形大，瓣端多齿裂，瓣基无色斑；雄蕊瓣化瓣曲皱，瓣端常残留花药；雌蕊瓣化成翠绿彩瓣；花朵侧开或下垂，藏花，花期中。

植株矮，株形半开展；一年生枝短，节间亦短，萌蘖枝少；大型圆叶，叶柄平伸，侧小叶卵形，叶缘上卷，缺刻多而浅，叶脉明显，端锐尖，叶表面绿色。传统品种，清代菏泽赵邦宁育出。

'彩绘' 'Cai Hui'

花浅紫红色，皇冠型。花蕾圆形，中型花；外瓣2~3轮，平展圆整，瓣端浅齿裂，瓣基有紫红晕；雄蕊瓣化瓣小而曲皱，瓣端常残留花药；雌蕊退化变小或瓣化，花盘（全包）紫红色；花朵直上或侧开，成花率高，花香，花期早。

植株中高偏矮，株形半开展；一年生枝较长，节间短；鳞芽大，圆尖形，新芽深紫红色；大型圆叶，顶小叶顶端深裂，侧小叶卵圆形，叶缘略下垂，叶表面深绿色。菏泽赵楼牡丹园1973年育出。

'长寿红'
'Chang Shou Hong'

花紫红色,皇冠型。花蕾圆形;外瓣4轮,形大,瓣基具深紫色斑,内瓣皱褶高起;雄蕊部分瓣化,雌蕊瓣化为浅绿色彩瓣;花朵直上或斜伸,花期中。

植株高,株形半开展;中型长叶,小叶长卵形,叶深绿色,叶脉下凹,叶端黄绿色;适宜庭园栽培。菏泽李集牡丹园1971年育出。

'赤鳞霞冠'
'Chi Lin Xia Guan'

花浅紫色,稍带蓝色,皇冠型或托桂型。花蕾圆形,中型花,偏小;外瓣2轮,卵圆形,瓣基有紫色斑;雄蕊瓣化瓣细碎;雌蕊瓣化为绿色彩瓣;成花率高,花期晚。

植株高,株形半开展;一年生枝长,节间长,萌蘖枝多;鳞芽狭尖形;中型圆叶,侧小叶卵圆形,叶缘稍上卷,缺刻较多,叶面光滑,端钝,叶表面绿色。洛阳王城公园1969年育出。

'翠叶紫'
'Cui Ye Zi'

花紫色,皇冠型。花蕾圆形,中型花;外瓣3轮,圆整质地硬,瓣端浅齿裂,瓣基有深紫晕;雄蕊瓣化瓣排列整齐,花丝紫红色;雌蕊退化变小或瓣化,花盘(残存)紫红色,柱头红色;花朵直上,成花率高,花期中。

植株中高,株形直立;一年生枝较长,节间短,萌蘖枝少;鳞芽大,圆形,新芽浅绿色;中型圆叶,叶柄斜伸,顶小叶顶端中裂,侧小叶卵圆形,叶缘波状上卷,缺刻少而浅,叶表面绿色。菏泽赵楼九队1971年育出。

'大叶紫' 'Da Ye Zi'

花紫红色，皇冠型或绣球型，多花型。花蕾圆形或绽口形，中型花；外瓣2轮，瓣基有深紫红色斑；雄蕊全部瓣化或退化，雌蕊退化变小；花朵直上，成花率高，花期中。

植株高，株形半开展；一年生枝中长；大型圆叶，侧小叶宽卵形或卵圆形，叶缘缺刻多，端钝或突尖，叶表面斑皱，绿色。菏泽百花园孙景玉团队1992年育出。

'丹皂流金' 'Dan Zao Liu Jin'

花紫红色，皇冠型。花蕾圆尖形，中型花；外瓣质厚，瓣基有墨紫晕；瓣间杂有少量雄蕊，雄蕊瓣化瓣较大，稀疏，与外瓣同色；雌蕊退化变小；花朵直上，成花率低，花期中。

植株矮，株形半开展；一年生枝短，节间亦短，萌蘖枝少，嫩枝红色；鳞芽狭尖形，新芽紫红色；小型长叶，叶柄斜伸，侧小叶长卵形，叶缘明显上卷，叶表面绿色；耐湿热，较抗寒，较抗病。传统品种。

'第一春' 'Di Yi Chun'

花浅紫红色，皇冠型。外瓣2~3轮，宽大平展，瓣端圆整；雄蕊部分瓣化成红色花瓣，瓣端残留花药；雌蕊瓣化或退化；花朵直上，与叶面近等高，花期早。

植株中高，株形半开展；叶片中绿，边缘有紫晕，叶片厚；生长势强，适宜庭园栽培。菏泽曹州牡丹园刘爱青团队2017年育出。

'丁香紫'
'Ding Xiang Zi'

花粉紫色，皇冠型。中型花；外瓣2轮，形大，瓣基有深紫晕；雄蕊瓣化瓣密集，雌蕊退化消失；花朵侧开，成花率高，花期晚。

植株中高，株形开展；一年生枝较长，节间短，萌蘖枝多；中型长叶，叶柄斜伸，侧小叶长椭圆形，叶缘波状上卷，缺刻少，端渐尖，下垂，叶表面深绿色；抗叶斑病。菏泽赵楼牡丹园1968年育出。

'东方红'
'Dong Fang Hong'

花紫红色，皇冠型。花蕾长圆尖形，中型花；外瓣质硬平展，瓣端齿裂，瓣基无色斑；瓣间杂有雄蕊，雄蕊瓣化瓣较窄；雌蕊退化变小；花朵直上，成花率较低，花期中。

植株高，株形直立；一年生枝长，节间亦长，萌蘖枝较少；中型圆叶，叶柄斜伸，侧小叶卵圆形，叶缘波状上卷，缺刻少，端渐尖，叶表面深绿色。菏泽赵楼牡丹园1967年育出。

'多姿'
'Duo Zi'

花浅紫色，皇冠型。花蕾圆尖，中型花；外瓣3~4轮，质地微软；内瓣稍小而密集，花型丰满；花梗粗壮，花朵直立；成花率高，花期中早。

植株中矮，株形半开展；中型长叶，叶面深绿色，边缘微上卷；生长势强，适于促成栽培。菏泽李集牡丹园2002年育出。

'繁花闹春'
'Fan Hua Nao Chun'

花浅紫色，皇冠型或金环型。中型花；外瓣3~4轮，型稍大，质硬而平展，瓣基有浅红晕；雄蕊较少，大部分瓣化；雌蕊稍有瓣化，花盘紫红色；花朵直上，成花率高，花期中晚。

植株中高，株形半开展；一年生枝短；中型圆叶，侧小叶卵圆形，叶缘波曲上卷，缺刻少，端突尖。菏泽百花园孙景玉团队1995年育出。

'繁花似锦'
'Fan Hua Si Jin'

花浅紫红色，瓣端色浅，皇冠型，有时呈绣球型，多花型。中型花；外瓣3轮，质硬而平展，瓣基有紫红色；雄蕊大部分瓣化，少量正常杂于瓣间；雌蕊基本正常，花盘紫红色；花朵直上，成花率高，花期中。

植株中高，株形半开展；一年生枝短；中型圆叶，侧小叶阔卵形，叶缘缺刻少，稍上卷，端突尖，叶表面深绿色；抗叶斑病。菏泽百花园孙景玉、孙文海团队1992年育出。

'凤毛麟角'
'Feng Mao Lin Jiao'

花紫红色，皇冠型。花朵较大，外瓣2轮，形大，中部色深，中心花瓣稍宽大而高起；内外瓣间多狭长花瓣，且残留花药；柱头、花盘均深紫红色；侧垂，稍藏花，成花率高，花期中。

植株中高，株形半开展；茎粗壮，有棕褐晕；大型长叶，较密，小叶叶端发黄，柄凹红褐色；生长势强。菏泽百花园孙文海团队2010年育出。

477

'宫样妆'
'Gong Yang Zhuang'

花粉紫色,皇冠型,有时呈托桂型或荷花型。花蕾圆尖形,大型花;外瓣形大,瓣基有红晕;雄蕊瓣化瓣较窄而皱,瓣间常杂有正常雄蕊;雌蕊退化变小;花朵侧开,成花率高,花期早。

植株中高,株形开展;一年生枝较长,节间短;鳞芽狭尖形,新芽紫红色;大型长叶,叶柄斜伸,侧小叶长卵形,叶缘缺刻少,叶表面绿色;耐湿热,较抗寒,较抗病。传统品种。

'古园遗风'
'Gu Yuan Yi Feng'

花紫色,皇冠型。花蕾圆尖形,中型花;外花瓣3~4轮,形大质硬,瓣基有红晕,瓣端曲皱;雄蕊全部瓣化,瓣化瓣细碎密集,瓣端残留少量花药;雌蕊瓣化成绿色彩瓣;花朵侧开,成花率高,花期中。

植株矮,株形半开展;一年生枝短,节间亦短,萌蘖枝多;小型长叶,侧小叶卵形,叶缘缺刻少,边缘稍上卷,端锐尖,叶表面绿色;花朵耐日晒。菏泽古今园1984年育出。

'红灯'
'Hong Deng'

花紫红色，皇冠型。中型花；外瓣3~5轮，倒卵形，瓣端有深齿裂，瓣基有三角形紫红色斑；雄蕊全部瓣化，端部常残留花药；雌蕊部分瓣化成紫绿彩瓣，花盘（残存）紫红色，柱头红色；花朵侧开，成花率较高，花香，花期晚。

植株中高，株形直立；一年生枝中长，萌蘖枝少；中型圆叶，叶柄斜伸，顶小叶顶端深裂，侧小叶卵形，叶缘缺刻多而深，端宽尖，叶表面深绿色。菏泽赵楼牡丹园育出。

'红梅傲霜'
'Hong Mei Ao Shuang'

花浅紫红色，蔷薇型至皇冠型。中型花，偏大；外瓣2轮，较大，质软；内瓣薄软，曲皱，瓣基具黑斑；雄蕊少，雌蕊正常，花盘紫红色；花梗软，花朵侧开；成花率高，花期中。

植株中高，株形开展；大型长叶，稀疏，小叶长卵形，背有茸毛，浅绿色，叶面下垂；适宜盆栽及庭园栽培。菏泽赵楼牡丹园1980年育出。

'红梅点翠'
'Hong Mei Dian Cui'

花浅紫红色，皇冠型。中型花；外瓣倒卵形，瓣端浅齿裂，瓣基有三角形紫红色斑；雄蕊全部瓣化，端部残留花药；雌蕊全部瓣化为紫绿或绿白相嵌彩瓣；花朵侧开，成花率较高，花淡香，花期中。

植株中高，株形直立；一年生枝中，萌蘖枝多；中型长叶，叶柄斜伸，顶小叶顶端中裂，侧小叶长卵形，叶缘缺刻少，端锐尖，叶表面绿色。菏泽赵楼牡丹园育出。

菏泽牡丹谱 上编 菏泽牡丹品种

'红霞点翠'
'Hong Xia Dian Cui'

花红色，皇冠型，有时呈千层台阁型。有绿色彩瓣；成花率高，花期中。

植株中高，株形半开展；生长势强。菏泽赵楼牡丹园育出。

'红霞楼'
'Hong Xia Lou'

花浅紫色，皇冠型或绣球型。外瓣5轮，大而圆整，基部有红色斑，内瓣稠密整齐；雄蕊全部瓣化，雌蕊瓣化为绿色彩瓣；成花率高，花期晚。

植株中高，株形半开展；大型圆叶，小叶皱卷，端钝，缺刻多，质地厚而软；生长势强。菏泽百花园孙景玉团队育出。

'红霞增艳'
'Hong Xia Zeng Yan'

花鲜紫红色，皇冠型。外瓣2轮，形大平展；内瓣层叠高起，稍稀疏，雌蕊瓣化或退化消失；花朵直上或微侧开，花期中晚。

植株中高，株形半开展；中型长叶，小叶长卵圆形，有缺刻，叶面平展；适宜切花和庭园栽培。菏泽瑞璞公司2017年育出。

'红珠女'
'Hong Zhu Nü'

花紫红色，皇冠型。花蕾圆形，中型花；外瓣2轮，形大外卷，瓣端浅齿裂，瓣基有紫红晕；雄蕊部分瓣化，瓣化瓣质软，稍皱；雌蕊退化或缩小，花盘（全包）、柱头紫红色；花朵侧开，成花率高，花淡香，花期中早。

植株矮，株形开展；一年生枝较短，节间短；鳞芽圆形，新芽黄褐色；中型长叶，叶柄斜伸，顶小叶顶端浅裂，侧小叶长椭圆形，叶缘缺刻少，端渐尖，下垂，叶表面绿色；耐湿热，抗寒，抗病。菏泽赵楼九队1975年育出。

'辉紫楼'
'Hui Zi Lou'

花深紫红色，皇冠型。花蕾圆形；外瓣2轮，形大平展圆整，瓣基具红晕；雄蕊全部瓣化。瓣化瓣形小卷皱，隆起，中心数瓣稍大；雌蕊退化变小；花朵直上或斜伸，花期中。

植株中高，株形开展；大型圆叶，较稠密，小叶卵形，叶面斑皱，深绿色，有紫晕；抗叶斑病，适宜庭园栽培。菏泽李集牡丹园1978年育出。

'剪绒'
'Jian Rong'

花浅紫红色，皇冠型。花蕾圆尖形，中型花；外瓣3~4轮，质硬，内瓣瓣端齿裂呈剪绒状，瓣基有紫晕；雄蕊瓣化瓣稠密，端部常残留花药；雌蕊退化或瓣化，心皮6~8枚；花朵直上，花香，花期晚。

植株中高，株形半开展；一年生枝较短，节间亦短，萌蘖枝多；鳞芽圆尖形；中型长叶，叶柄斜伸，顶小叶顶端深裂，侧小叶长卵形，叶缘缺刻少而深，端渐尖，叶表面深绿色。菏泽赵楼牡丹园1982年育出。

'堇冠'
'Jin Guan'

花浅紫色，皇冠型。花蕾圆形，易绽口，中型花；外瓣质硬而平展，瓣基有浅红色斑；雄蕊全部瓣化，瓣端部残留花药；雌蕊退化变小，花盘浅紫红色；花朵直上，成花率高，花期中晚。

植株中高，株形直立；一年生枝短；中型圆叶，顶小叶顶端深裂，侧小叶卵形，叶缘上卷，缺刻少，端锐尖，叶表面深绿色。菏泽百花园孙景玉团队 1996 年育出。

'堇冠罗汉'
'Jin Guan Luo Han'

花浅紫色，皇冠型为主的多花型品种。小型花；外瓣3轮，形大平展，质硬，瓣基有紫红色斑；雄蕊正常或瓣化，花丝浅紫红色，瓣化瓣形小质软，曲皱而稀疏，瓣端残留少量花药；雌蕊基本正常，柱头红色；花期中。

植株矮小，株形直立；中型长叶，稠密，小叶长卵形，叶表面粗糙，绿色；适宜盆栽与庭园栽培。菏泽百花园孙景玉团队1998年育出。

'堇楼夕照'
'Jin Lou Xi Zhao'

花紫色，皇冠型。中型花；外瓣3轮，质硬而平展，瓣基有红晕；雄蕊大部分瓣化，雌蕊稍有瓣化或退化变小；花朵侧开，成花率高，花期中。

植株中高，株形半开展；一年生枝中长；大型圆叶，侧小叶卵圆形或卵形，叶缘上卷，缺刻少，端突尖，叶表面深绿色。菏泽百花园孙景玉团队1998年育出。

'锦上添花'
'Jin Shang Tian Hua'

花浅紫红色，皇冠型。中型花；外瓣3轮，质硬而平展，瓣基有深紫红色小斑；雄蕊大部分瓣化或退化，瓣端常残留少量花药；雌蕊变小或稍有瓣化，花盘紫红色；花朵直上，成花率高，花期中。

植株高，株形半开展；一年生枝长；大型长叶，顶小叶顶端深裂而下垂，侧小叶长卵形，叶缘略上卷，缺刻少，端渐尖，叶表面深绿色。菏泽百花园孙景玉、孙景和1996年育出。

'冷美人'
'Leng Mei Ren'

花粉紫色，皇冠型。花蕾圆形，中型花；外瓣多轮，质硬圆整，外瓣粉白色，向内渐成粉紫色；雄蕊部分瓣化，部分变小，雌蕊变小；花朵直上，成花率高，花期中。

植株矮，株形半开展；一年生枝短；中型圆叶，顶小叶顶端中裂，侧小叶圆形，叶缘缺刻少，端锐尖，叶表面粗糙，有紫晕；花朵耐日晒。菏泽曹州牡丹园2002年育出。

'墨魁'
'Mo Kui'

花紫色，皇冠型。花蕾大，圆形，大型花；外瓣2轮，形大质硬，瓣基有墨紫色斑；雄蕊瓣化瓣褶皱，紧密隆起，端部常残留花药；雌蕊退化或瓣化，残存，柱头红色；花朵侧开，成花率高，花期中。

植株中高，株形开展；一年生枝较短，节间短，萌蘖枝很少；鳞芽肥大，圆尖形；大型圆叶，叶柄平伸，顶小叶顶端浅裂，侧小叶阔卵形，叶缘缺刻浅，端钝，叶表面深绿色有紫晕。传统品种。

'蔷楼子'
'Qiang Lou Zi'

花浅紫色，皇冠型。外瓣2~3轮，瓣基有近三角形紫红色斑；全部瓣化，瓣化瓣隆起，雌蕊瓣化或退化变小；成花率高，花期中。

植株中高，株形半开展；中型长叶，深绿色，枝叶稠密平展。菏泽百花园孙景玉团队育出。

'茄花紫'
'Qie Hua Zi'

花紫色，皇冠型。花蕾圆尖形，中型花；花瓣质硬，瓣端齿裂，瓣基有深晕；雄蕊全部瓣化，雌蕊正常，花盘、柱头紫红色；成花率高，花期中。

植株高，株形半开展；一年生枝长，节间短，萌蘖枝多，鳞芽狭长形；大型圆叶，叶柄斜伸，侧小叶卵圆形，叶缘缺刻少，端锐尖，叶表面深绿色有紫晕。菏泽赵楼牡丹园1967年育出。

'晴空'
'Qing Kong'

花浅紫色，微带蓝色，皇冠型。小型花；外瓣2轮，质硬而平展，瓣基有紫红色斑；雄蕊大部分瓣化，瓣端常残留花药；雌蕊退化变小，花盘紫色；花朵直上，成花率高，花期中晚。

植株矮，株形直立；一年生枝短；中型圆叶，侧小叶卵形，叶缘缺刻少，端突尖，叶表面微有紫晕，深绿色；花朵耐日晒。菏泽李集牡丹园1978年育出。

'擎天紫'
'Qing Tian Zi'

花紫色，皇冠型。花蕾扁圆形；雄蕊部分瓣化，花丝紫红色；雌蕊瓣化或退化变小，花盘紫色，柱头紫红色；花态直上，高于叶面，成花率高，生长势强，花期早。

植株高，株形直立；大型长叶，深绿色，侧小叶长卵形。菏泽百花园孙景玉团队1995年育出。

'三英士' 'San Ying Shi'

花紫红色，皇冠型。花蕾圆形，中型花；外瓣较大，质硬波曲，瓣端齿裂，瓣基有深紫红晕；雄蕊瓣化瓣细小稠密，瓣间杂有少量正常雄蕊；雌蕊正常或变小，花盘（全包）浅紫红色，心皮6～8枚；花朵直上，成花率高，花淡香，花期中早。

植株中高，株形半开展；一年生枝长，节间略长；中型长叶，叶柄斜伸，顶小叶顶端浅裂，侧小叶卵形，叶缘缺刻少，端渐尖，叶表面绿色，边缘具浅紫晕。菏泽赵楼牡丹园1970年育出。

'狮头紫' 'Shi Tou Zi'

花紫色，皇冠型。外瓣宽大平展，瓣端齿裂；雄蕊全部瓣化为曲皱直立瓣，雌蕊瓣化或退化；花朵微侧，高于叶面；成花率高，花期特晚。

植株中高，株形半开展；生长势强。菏泽曹州牡丹园高勤喜、刘爱青、杨会岩育出。

'狮子头' 'Shi Zi Tou'

花紫红色，皇冠型。花蕾圆尖形，易绽口，大型花；外瓣3～4轮，宽大而平展，内瓣质硬，皱卷，高起；雄蕊全部瓣化，雌蕊变小或消失；花朵侧开，成花率高，花期中晚。

植株中高，株形半开展；当年生枝粗硬，长；中型长叶，小叶长卵圆形，缺刻少，边卷曲，叶面粗糙，端锐尖；生长势强，抗逆性强，适宜庭园栽培。菏泽赵楼牡丹园1978年育出。

'首案红'
'Shou An Hong'

花深紫红色，皇冠型。花蕾扁圆形，中型花；外瓣形大质硬，圆整平展，瓣端浅齿裂；雄蕊瓣化瓣紧密而褶叠；雌蕊瓣化成绿色彩瓣或退化变小，花盘、柱头均紫红色；花朵直上，成花率高，花香，花期中晚。

植株高，株形直立；一年生枝长，节间较长，萌蘖枝少，嫩枝深红色；鳞芽大，圆尖形，新芽红褐色；大型圆叶，叶柄斜伸，顶小叶顶端中裂，侧小叶阔卵形，叶缘缺刻少，叶表面绿色；抗寒，抗病。传统品种。

'疏叶桃花'
'Shu Ye Tao Hua'

花紫红色，皇冠型。外瓣2轮较大，圆整，内瓣卷皱高起，稍稀疏；雌蕊瓣化成绿色彩瓣；花梗长，花朵侧开，成花率高，花期中。

植株中高，株形半开展；中型长叶，稀疏，小叶长卵形，缺刻多，边缘上卷，叶面粗糙，深绿色有红晕；生长势强，适宜庭园栽培。菏泽赵楼牡丹园1978年育出。

'丝绒红'
'Si Rong Hong'

花浅紫红色，皇冠型。中型花，偏大；外瓣2~3轮，瓣端多齿裂，瓣基有紫色斑；雄蕊瓣化瓣较密，曲皱，中心花瓣直立，较大；雌蕊退化变小；花朵直上或侧开，成花率高，花期中早。

植株中高，株形直立；一年生枝较长，节间短，萌蘖枝多；中型长叶，叶柄斜伸，侧小叶卵形，叶缘稍上卷，缺刻较少，端渐尖，叶表面绿色。菏泽百花园孙景玉团队1995年育出。

'似绒红'
'Si Rong Hong'

花浅紫红色，皇冠型。外瓣2～3轮，瓣端多齿裂，基部有紫红色斑，内瓣紧密曲皱；雌蕊退化变小；花梗粗，花朵直上或侧开，成花率高，花期中。

植株高，株形直立；中型长叶，质硬，小叶卵形，叶缘稍上卷，叶表面绿色；生长势强。菏泽百花园孙景玉、孙景和育出。

'桃花锦'
'Tao Hua Jin'

花粉紫色，皇冠型。外瓣2～3轮，硬挺，宽大平展；内瓣较小，中心瓣稍大，层层叠起；成花率高，花期中。

植株中高，株形半开展；中型长叶，绿色，叶缘稍上卷，顶小叶卵形，端尖；生长势强，适宜促成栽培。菏泽百花园孙景玉团队育出。

'桃花源'
'Tao Hua Yuan'

花浅紫色，瓣端色淡，皇冠型，有时同株可开绣球型，多花型。中型花；外瓣3轮，质硬而平展，瓣基有艳紫红色斑；雄蕊全部瓣化；雌蕊退化变小，花盘紫色；花朵直上或侧开，成花率高，花期中。

植株中高，株形半开展；一年生枝短；中型长叶，侧小叶长卵形，叶缘缺刻少，上卷，端渐尖；叶表面有紫晕。菏泽百花园孙文海团队2002年育出。

'藤花紫'
'Teng Hua Zi'

花粉紫色，皇冠型。花蕾圆形，大型花；外瓣2～3轮，宽大，瓣端浅齿裂，瓣基有红晕；雄蕊全部瓣化，瓣化瓣较长，卷曲而密集，端部残留花药；雌蕊变小或消失，花盘（残存）紫色，柱头红色；花朵侧开，成花率高，花淡香，花期中。

植株中高，株形半开展；一年生枝较长，节间短，萌蘖枝多；中型圆叶，叶柄平伸，顶小叶顶端浅齿裂，侧小叶卵形，叶缘缺刻少，叶表面绿色，具紫晕；抗晚霜及早春寒。菏泽赵楼牡丹园1980年育出。

'天香'
'Tian Xiang'

花浅紫红色，皇冠型。中型花；外瓣3轮，宽大质硬，内瓣排列紧密，端部色稍浅；雄蕊瓣化成碎瓣，瓣端残留花药，雌蕊退化变小；花期中。

植株中高，株形半开展；中型圆叶，侧小叶卵形，边缘无缺刻，质软下垂，叶表面黄绿色有红晕；生长势中等。菏泽百花园孙景玉、孙景和育出。

'天香锦'
'Tian Xiang Jin'

花浅紫色，花瓣间常有浅色花瓣，多花型，皇冠型，有时同株可开荷花型、菊花型和蔷薇型。花蕾圆尖形或绽口形，中型花；外瓣4轮，质硬而平展，瓣基有紫红晕；雄蕊大部分瓣化或退化；雌蕊稍有瓣化或退化变小，花盘浅粉紫色；花朵直上，成花率高，花期中。

植株高，株形半开展；一年生枝长；中型圆叶，侧小叶圆卵形或卵形，叶缘缺刻少，端锐尖，叶表面黄绿色有紫晕。菏泽百花园1981年育出。

'桐花紫'
'Tong Hua Zi'

花紫色，皇冠型，有时呈菊花型。中型花，外瓣2轮，质软，基部具墨紫色斑；内瓣较宽大，褶皱密集，层层叠起；雄蕊多瓣化，雌蕊退化；花朵直上，花期中。

植株较矮，株形半开展；中型长叶，背部多茸毛；适宜盆栽。菏泽百花园孙景玉团队1968年育出。

'万叠云峰'
'Wan Die Yun Feng'

花浅紫色，皇冠型。花蕾圆形，顶部常开裂，中型花，偏大；外瓣质厚而圆，瓣基有红晕；雄蕊瓣化瓣稠密皱褶，层层叠起，端部残留少量花药；雌蕊正常或瓣化，花盘紫红色；花朵侧开，成花率高，花期中。

植株中高，株形开展；一年生枝短，节间亦短，萌蘖枝多；中型圆叶，叶柄平伸，侧小叶卵形或广卵形，叶缘缺刻多，端钝，叶表面粗糙，深绿色。菏泽赵楼牡丹园1973年育出。

'万世生色'
'Wan Shi Sheng Se'

花浅紫色，皇冠型。花蕾圆尖形，中型花；外瓣2轮，圆整，质硬，瓣端浅齿裂，瓣基有紫晕；雄蕊瓣化瓣排列匀称，瓣端粉紫色，花丝紫红色；雌蕊退化变小；花朵侧开，成花率高，花淡香，花期中。

植株中高，株形开展；一年生枝较长，节间短，萌蘖枝多；鳞芽狭尖形；大型长叶，叶柄平伸，顶小叶顶端深裂，侧小叶长卵形，叶缘上卷，缺刻少，端渐尖，叶表面深绿有紫晕。菏泽赵楼牡丹园1966年育出。

'王红' 'Wang Hong'

花深紫红色，皇冠型。中型花；外瓣2轮，形大质硬，瓣端开裂，瓣基紫红色斑；雄蕊瓣化瓣褶叠而皱，瓣间杂有少量雄蕊；雌蕊退化或瓣化；花朵藏于叶中，成花率低，花期中。

植株中高，株形直立；一年生枝长，节间较短，萌蘖枝少；鳞芽狭长形，新芽深紫红色；大型圆叶，叶柄平伸，侧小叶阔卵形，叶缘缺刻少而浅，端钝，下垂，叶表面深绿色有深紫红晕。传统品种。

'魏花' 'Wei Hua'

花紫色，瓣端呈粉紫色，稍有光泽，皇冠型。花蕾扁圆形，大型花；外花瓣3轮；雄蕊瓣化瓣直立褶叠，瓣质厚而较硬；雌蕊退化变小；花朵直立，成花率高，花期中。

植株中高，株形半开展；一年生枝较短，节间较短，萌蘖枝多；中型圆叶，叶柄斜伸，侧小叶卵圆形，叶缘缺刻多，叶脉下凹，叶表面深绿色有浅紫红晕。传统品种。

'魏紫' 'Wei Zi'

花紫色，皇冠型。花蕾扁圆形，中型花；外瓣2轮，形大质硬，瓣基有紫晕；雄蕊瓣化瓣细碎，密集卷皱；雌蕊退化变小或消失；花朵侧开，成花率高，花期晚。

植株矮，株形开展；一年生枝短，节间短，萌蘖枝少；小型圆叶，叶柄平伸，侧小叶广卵形，叶表面浅绿色有紫晕。传统品种。

'五月堇'
'Wu Yue Jin'

花浅紫色，皇冠型。中型花；外瓣3轮，质硬而平展，瓣基有浅紫晕；雄蕊全部瓣化，雌蕊增多变小，花盘浅紫色；花朵直上或侧开，成花率高，花期晚。

植株高，株形半开展；一年生枝长；中型长叶，侧小叶长卵形，叶缘波曲而稍上卷，缺刻少，端锐尖。菏泽百花园孙文海团队2001年育出。

'夕霞红'
'Xi Xia Hong'

花浅紫红色，皇冠型。花蕾圆形，大型花；外瓣质硬而平展，瓣基有紫红色斑；雄蕊大部分瓣化，少量杂于瓣间；雌蕊瓣化为绿色彩瓣；花朵直上或侧开，成花率高，花期中。

植株中高，株形半开展；一年生枝中长；大型长叶，侧小叶长卵形，叶缘缺刻少，端锐尖，叶表面浅绿色，有紫晕。菏泽百花园孙景玉2000年育出。

'稀叶紫' 'Xi Ye Zi'

花紫色，皇冠型。花蕾圆尖形，中型花；外瓣2轮，宽大圆整而平展，瓣端浅齿裂，瓣基有紫晕；雄蕊瓣化瓣曲皱，内外瓣间有一圈细小花瓣；雌蕊退化变小，花盘（全包）、柱头紫红色；花朵直上，成花率高，花期中，稍晚。

植株中高，株形直立；一年生枝长，节间较长，萌蘖枝少；中型圆叶，叶柄斜伸，侧小叶近圆形，叶缘上卷，缺刻较多，端钝，叶表面绿色有紫晕。菏泽赵楼牡丹园1967年育出。

'小魏紫'
'Xiao Wei Zi'

花紫红色，皇冠型。花蕾圆尖形，中型花；外瓣2~3轮，质地薄软，瓣端浅齿裂，瓣基有墨紫晕；雄蕊瓣化瓣稀疏而皱，瓣间杂有少量正常雄蕊；雌蕊退化变小，花盘（残存）、柱头红色；花朵藏于叶丛中，成花率低，花期中。

植株中高，稍矮，株形半开展；一年生枝较短，节间短，萌蘖枝少；中型长叶，叶柄平伸，侧小叶长卵形，叶缘上卷，缺刻少，叶表面绿色有浅紫晕。传统品种。

'银鳞碧珠'
'Yin Lin Bi Zhu'

花粉紫色，皇冠型。花蕾圆形，中型花；外瓣宽大，瓣基有紫晕；雄蕊瓣化瓣稠密，端部残留花药；雌蕊部分瓣化，花盘、柱头均紫红色；花朵侧开，成花率高，花浓香，花期中。

植株高，株形直立；一年生枝长，节间长，萌蘖枝少，嫩枝红色；鳞芽圆尖形，新芽红褐色；大型圆叶，叶柄斜伸，侧小叶卵圆形，叶缘波状扭曲，缺刻少，叶表面绿色；耐湿热，较抗寒，不易感染叶斑病。菏泽赵楼牡丹园1967年育出。

'迎春争瑞'
'Ying Chun Zheng Rui'

花浅紫色，皇冠型。花蕾圆形，大型花；雄蕊部分瓣化，花丝紫红色；雌蕊瓣化或退化，花盘、柱头均紫红色；花朵直上，高于叶面，成花率高，花香浓，花期早。

植株矮，株形半开展；当年生枝30~40cm；中型圆叶，小叶长卵形，绿色；结实率低，生长势强。菏泽百花园孙文海、孙帅2008年育出。

'赵紫'
'Zhao Zi'

　　花紫色，皇冠型。中型花；外瓣2轮，多齿裂，瓣基有紫红晕；雄蕊瓣化瓣质硬，皱褶，瓣间杂有少量雄蕊；雌蕊退化变小或稍有瓣化；花朵侧开，成花率高，花期中。

　　植株中高，株形开展；一年生枝较短，节间亦短，萌蘖枝较多；鳞芽圆尖形；中型长叶，叶柄平伸，侧小叶长卵形或椭圆形，叶缘明显上卷，缺刻少，叶表面深绿色有紫晕。传统品种，清代菏泽赵氏桑篱园育出。

'种生紫'
'Zhong Sheng Zi'

　　花粉紫色，皇冠型，有时呈托桂型。花蕾圆尖形，中型花，偏小；外瓣2轮，形大质薄而软，深紫色脉纹明显，瓣基有紫红色斑；雄蕊瓣化瓣质软而褶皱，匀称，瓣端常残留花药；雌蕊退化变小或稍有瓣化；花朵直上，成花率高，花期中。

　　植株中高，株形半开展；一年生枝较长，节间短，萌蘖枝少；鳞芽圆尖形；小型长叶，叶柄斜伸，侧小叶长卵形，叶缘缺刻少，波状上卷，端短尖，叶表面粗糙，深绿色有紫晕。传统品种。

'朱红绝伦' 'Zhu Hong Jue Lun'

花紫红色，皇冠型，有时呈托桂型。花蕾较小，圆形，中型花；外瓣2轮，形大，瓣端浅齿裂，瓣基有墨紫色斑；雄蕊瓣化瓣质软而稀疏，排列不规则；雌蕊正常，心皮6～8枚，花盘（残存）紫红色，柱头红色；花朵直上，成花率高，花香，花期中晚。

植株高，株形直立；一年生枝长，节间亦长，萌蘖枝少；小型圆叶，叶柄斜伸，顶小叶顶端中裂，侧小叶阔卵形，叶缘缺刻浅，叶表面深绿色有紫晕。传统品种。

'状元红' 'Zhuang Yuan Hong'

花紫红色，盛开端部粉白色，皇冠型。花蕾小，圆尖形，中型花；外瓣质硬，瓣端浅齿裂，瓣基有紫红晕；雄蕊瓣化瓣质硬，皱叠稀疏，瓣间杂有少量雄蕊；雌蕊退化变小或稍瓣化，花盘（全包）、柱头紫红色；花朵直上或侧开，花香，花期中。

植株中高，株形半开展；一年生枝长，节间较短，萌蘖枝多；鳞芽圆形，芽端易开裂；大型长叶，叶柄斜伸，顶小叶顶端浅裂，侧小叶长卵形，叶缘缺刻少而尖，下垂，叶表面绿色有紫晕。传统品种。

'状元子' 'Zhuang Yuan Zi'

花紫红色，皇冠型。中型花，外瓣3~4轮，形大质硬，内瓣褶叠稀疏，基部具墨紫色斑；瓣间常残留雄蕊，雌蕊退化变小或稍瓣化；花朵直上，花期中。

植株中高，株形半开展；中型长叶，质厚，稠密，叶面深绿色有紫晕，较粗糙。菏泽百花园孙景玉团队1971年育出。

'紫重楼' 'Zi Chong Lou'

花粉紫色，皇冠型。中型花；外瓣3~4轮，倒卵形，瓣端浅齿裂；雄蕊全部瓣化；雌蕊正常或退化变小，花盘（全包）、柱头紫红色；花朵侧开，成花率高，花期中。

植株中高，株形直立；一年生枝中长，萌蘖枝较多；大型圆叶，叶柄斜伸，顶小叶顶端浅裂，侧小叶宽卵形，叶表面绿色。菏泽赵楼牡丹园育出。

'紫红楼' 'Zi Hong Lou'

花紫红色，皇冠型。外瓣2~3轮，宽大平展，瓣基有深红色斑；雄蕊瓣化瓣质软曲皱，瓣端残留花药，雌蕊瓣化或退化变小；花期中。

植株中高，株形半开展；中型圆叶，质肥厚，幼叶暗紫红色；生长势中等，萌蘖枝少。菏泽赵楼牡丹园育出。

'紫红球'
'Zi Hong Qiu'

花紫红色，皇冠型，有时可开绣球型。花蕾圆形或绽口；外瓣3轮，形大圆润，瓣基具墨紫晕；雄蕊瓣化瓣瓣密集高起，雌蕊退化或瓣化为绿色彩瓣；成花率高，花期中。

植株中高，株形半开展；小型圆叶，稀疏，叶面粗糙，深绿色；生长势强，适宜庭园栽培。菏泽赵楼牡丹园1968年育出。

'紫红争艳'
'Zi Hong Zheng Yan'

花深紫红色，皇冠型。花蕾扁圆形，中型花；外瓣2轮，波曲，瓣端浅齿裂，瓣基有墨紫色斑；雄蕊瓣化瓣卷曲皱褶，近心部者较大，端部残留花药；雌蕊瓣化或退化，花盘、柱头均紫红色；花朵直上，成花率高，花淡香，花期中。

植株高，株形直立；一年生枝长，节间长，萌蘖枝较多；鳞芽圆尖形；小型长叶，叶柄平伸，顶小叶顶端浅裂，侧小叶卵形或广卵形，叶缘微上卷，缺刻较多，叶表面深绿色。菏泽赵楼牡丹园1976年育出。

'紫金刚'
'Zi Jin Gang'

花深紫红色，有光泽，皇冠型。外瓣2~3轮，瓣端齿裂；雌雄蕊部分瓣化；花朵直上，花期中。

植株中高，株形直立；枝粗壮，中型长叶，质硬；生长势强。菏泽赵楼牡丹园育出。

'紫金冠'
'Zi Jin Guan'

花深紫色,稍透红色,皇冠型。外瓣2~3轮,宽大平展;雄蕊全部瓣化,瓣化瓣端部残留花药;雌蕊瓣化或退化;花期中。

植株中高,株形开展;中型圆叶,叶柄斜伸,叶表面绿色。菏泽赵楼牡丹园育出。

'紫金盘'
'Zi Jin Pan'

花紫红色,皇冠型或托桂型。花蕾圆尖形,中型花;外瓣2轮,形大质软,瓣端有不整齐齿裂,瓣基有墨紫色斑;雄蕊瓣化瓣卷皱并内抱,瓣间杂有部分正常雄蕊;雌蕊正常或瓣化;花朵直上,成花率高,花期中。

植株中高,株形直立;一年生枝较长,节间长,萌蘖枝较多;小型长叶,叶柄斜伸,侧小叶长卵形,叶缘上卷,端下垂,叶表面黄绿色,边缘有紫晕。传统品种。

'紫蓝魁'
'Zi Lan Kui'

花粉色,微带紫色,皇冠型。花蕾圆尖形,中型花;外瓣2轮,形大,边缘有浅齿裂,瓣基有紫晕;雄蕊瓣化瓣紧密而整齐,皱褶,顶端瓣较大,瓣端常残留花药;雌蕊退化变小或瓣化;花朵直上,成花率高,花期中。

植株中高,株形半开展;一年生枝较短,节间亦短,萌蘖枝多,嫩枝艳紫红色;鳞芽圆尖形,新芽红褐色;中型圆叶,叶柄斜伸,侧小叶卵圆形,叶缘稍上卷,缺刻少而浅,端钝,叶面粗糙,绿色;耐湿热,抗寒,抗病。菏泽赵楼牡丹园1969年育出。

'紫罗汉' 'Zi Luo Han'

花浅紫色，皇冠型。花蕾圆形，中型花；外瓣2~3轮，较大，瓣基有放射状紫斑；雄蕊多瓣化，花丝紫色；雌蕊正常或变小，花盘、柱头均紫红色；花朵直上，成花率高，花期中。

植株矮，株形半开展；一年生枝短；中型圆叶，叶缘缺刻少，端钝尖，叶表面有紫晕，深绿色；可结实。菏泽曹州牡丹园1990年育出。

'紫气东来' 'Zi Qi Dong Lai'

花浅粉紫色，皇冠型，偶有蔷薇型。花蕾常绽口；花瓣瓣端色淡，瓣基具紫晕，内瓣皱卷；雄蕊少量瓣化，花丝深紫色；心皮增多变小；花朵直上，成花率高，花期中晚。

植株中高，株形直立；中型长叶，小叶卵形或长卵形，浅绿色，叶缘褐色明显；生长势强，适宜庭园栽培。菏泽百花园孙景玉团队1980年育出。

'紫裙凤冠' 'Zi Qun Feng Guan'

花粉红色，皇冠型。花瓣多轮，瓣基具紫晕直达瓣端，外瓣2轮，内瓣稍小，褶皱隆起呈半球形，瓣中有明显紫线；雌蕊小，柱头浅红色；花梗较短，花叶齐平，花期中。

植株矮，株形开展；中型长叶，稠密，小叶长卵形，微上卷，叶黄绿色有红晕；株形圆满，适宜盆栽、催花与庭园栽培。菏泽市丹凤油牡丹种植专业合作社2018年育出。

'紫绒剪彩'
'Zi Rong Jian Cai'

花深紫红色,皇冠型。花蕾圆形,大型花;外瓣4~5轮,质地软而波曲,瓣端多剪裂,瓣基有墨紫晕;雄蕊瓣化瓣较紧密,瓣间杂有少量退化雄蕊;雌蕊变小,稍有瓣化,花盘白色;花朵直上或侧开,成花率高,花期中。

植株中高,株形半开展;一年生枝较短,节间短,萌蘖枝多;中型圆叶,叶柄斜伸,侧小叶阔卵形,叶缘稍上卷,缺刻多而深,叶表面绿色。菏泽百花园孙景玉团队1980年育出。

'紫绒魁'
'Zi Rong Kui'

花紫红色,皇冠型或绣球型。中型花;内外瓣大小近似,层层叠起,基部有墨紫色斑;雄蕊完全瓣化,雌蕊瓣化成绿色彩瓣或退化变小;花朵直上或侧开,花期中。

植株中高,株形半开展;中型长叶,质稍软,微下垂,叶面黄绿色有红晕;生长势强。菏泽百花园孙景玉团队育出。

'紫霞点金'
'Zi Xia Dian Jin'

花紫红色,皇冠型。花蕾圆尖形,中型花;外瓣2~3轮,边缘多齿裂;雄蕊瓣化瓣曲皱紧密,端部常残留花药;雌蕊瓣化;花朵直上,成花率较低,花期中。

植株中高,株形半开展;一年生枝短,节间短,萌蘖枝较少;中型长叶,顶小叶顶端叶柄长,叶缘上卷,缺刻较多,端渐尖,叶表面粗糙,深绿色有紫晕。菏泽赵楼牡丹园1967年育出。

'紫艳飞霜'
'Zi Yan Fei Shuang'

花浅紫色,皇冠型。大型花;外瓣3轮,形大,瓣基色深;雄蕊瓣化瓣隆起,柱头鲜红色,花盘、花丝均深紫色;花朵侧垂,成花率高,花期中。

植株中高,株形半开展;茎中粗,有褐晕;小叶肥大,全缘,叶表面深绿色,柄凹黄色至棕色;生长势强。菏泽百花园育出。

'紫瑶台'
'Zi Yao Tai'

花粉紫色,皇冠型。花蕾圆形,中型花;外瓣2~3轮,形大圆整,瓣端浅齿裂,瓣基有狭长墨紫色斑;雄蕊瓣化瓣紧密褶皱,瓣端有时残留花药;雌蕊退化变小或瓣化成绿色彩瓣;花朵侧开,成花率高,花期早。

植株矮,株形开展;一年生枝短,节间短,萌蘖枝少;小型圆叶,叶柄斜伸,顶小叶顶端浅裂,侧小叶卵形,叶缘缺刻浅而少,端钝,叶表面绿色。菏泽赵楼牡丹园1963年育出。

'紫衣仙子' 'Zi Yi Xian Zi'

花紫红色,皇冠型。中型花;外瓣2轮稍大,内瓣大而扭曲;成花率高,花期中。

植株高,株形半开展;叶面绿色,小叶微上卷,梗凹紫红色;生长势强。菏泽李集村孙学良2010年选育。

'紫羽傲阳' 'Zi Yu Ao Yang'

花浅紫色,皇冠型。瓣基有墨紫红色斑;内瓣细长,端部突尖,有残留花药;花朵侧开,花期特晚。

植株高,株形直立;枝粗而质稍软;生长势特强,花朵耐日晒。菏泽百花园孙景玉团队育出。

'紫玉' 'Zi Yu'

花粉紫色,皇冠型。外瓣2~3轮,较大平展,圆形;内瓣为雄蕊瓣化瓣,密集隆起,瓣基部紫色,端部粉白色;花梗中粗,花朵侧开,成花率较高,花期中。

植株中高,株形直立;枝条较粗;中型圆叶,较稀疏,质硬,小叶卵圆形,叶缘上卷;生长势中等。

'紫玉冠顶' 'Zi Yu Guan Ding'

花紫色,皇冠型。外瓣2轮,内瓣大,层叠高起,瓣基具深紫晕,瓣缘浅齿裂;雄蕊全部瓣化,雌蕊变小;花梗挺直,花朵直立,花期中。

植株中高,株形直立;中型长叶,叶端微下垂,小叶长卵形,疏具缺刻;适宜庭园栽培。菏泽瑞璞公司2018年育出。

'紫玉撒金'
'Zi Yu Sa Jin'

花紫色，皇冠型。中型花；外瓣2~3轮，倒广卵形，瓣端浅齿裂，瓣基无色斑；雄蕊全部瓣化，瓣化瓣褶叠，向上隆起；花朵直上或侧开，成花率高，花香，花期中。

植株中高，株形半开展；中型长叶，叶柄斜伸，顶小叶顶端中裂，侧小叶卵形，叶缘波曲，缺刻少，端锐尖，叶表面黄绿色，有紫晕，叶背多毛。菏泽百花园孙景玉团队育出。

'紫玉生辉'
'Zi Yu Sheng Hui'

花紫红色，皇冠型。中型花；外瓣2轮，倒卵形，瓣端有深齿裂，瓣基有狭长条形紫红色斑；雄蕊多瓣化；雌蕊有时瓣化成绿色彩瓣，花盘（残存）、柱头紫红色；花朵侧开，成花率较高，花淡香，花期中晚。

植株中高，株形直立；一年生枝中，萌蘖枝较多；小型长叶，叶柄斜伸，顶小叶顶端中裂，侧小叶披针形，叶缘缺刻少而浅，叶表面深绿色，叶背多毛；抗逆性强，抗病性强。菏泽赵楼牡丹园育出。

'紫云仙'
'Zi Yun Xian'

花紫红色，皇冠型。花蕾圆尖形，中型花，偏小；外瓣2轮，形大圆整，瓣端浅齿裂，瓣基有墨紫晕；雄蕊瓣化瓣质软而波皱，瓣间杂有少量雄蕊；雌蕊退化变小，花盘（残存）紫色，柱头红色；花朵侧开，成花率较低，花浓香，花期晚。

植株矮，株形开展；一年生枝短，节间亦短，萌蘖枝少；中型长叶，叶柄斜伸，顶小叶顶端中裂，侧小叶阔披针形，叶缘上卷，缺刻少，叶表面绿色。传统品种。

'百变娇艳'
'Bai Bian Jiao Yan'

花紫红色，绣球型。中型花；外瓣呈杯状；雄蕊全部瓣化，瓣端残留花药；雌蕊退化或瓣化，心皮淡黄绿色，柱头深紫红色；有香味，花期中。

植株中高，株形半开展；叶片绿色，尖窄；耐寒，不易被风吹倒。菏泽牡丹园王志伟培育。

'出梗绣球'
'Chu Geng Xiu Qiu'

　　花紫红色，绣球型。外瓣2轮，较大，平展圆整；雄蕊瓣化瓣褶叠曲皱，瓣端有时残留花药；花朵侧开，高出叶面，成花率高，花期中。

　　植株中高，株形半开展；中型圆叶，较稀疏；生长势强。菏泽赵楼牡丹园育出。

上编 菏泽牡丹品种

'大展宏图'
'Da Zhan Hong Tu'

  花紫红色，绣球型。中型花；外瓣3轮，瓣端浅齿裂，瓣基无色斑；雄蕊全部瓣化，端部残留花药；雌蕊部分瓣化为绿色彩瓣；花朵直上或侧开，成花率高，花期早。

  植株高，株形半开展；一年生枝中长；中型圆叶，叶柄斜伸，顶小叶顶端浅裂，侧小叶宽卵形，叶缘缺刻少，叶表面绿色有紫晕。菏泽百花园孙景玉、孙文海团队育出。

'红绣球'
'Hong Xiu Qiu'

花紫红色，绣球型。中型花；瓣端浅齿裂，瓣基有紫晕；雄蕊全部瓣化，雌蕊部分瓣化成绿色瓣，花盘紫红色，柱头红色；花朵侧开，成花率高，花期早。

植株高，株形开展；一年生枝短；中型圆叶，叶柄平伸，顶小叶顶端中裂，侧小叶卵形，端渐尖，叶表面黄绿色有紫晕。菏泽百花园孙景玉、孙景联育出。

'金星红'
'Jin Xing Hong'

花红色，绣球型。中型花；花瓣倒广卵形，瓣端浅齿裂；雄蕊全部瓣化，瓣化瓣长倒卵形；雌蕊瓣化或退化；花朵藏于叶中，成花率高，花淡香，花期早。

植株中高，株形开展；一年生枝中；中型圆叶，叶柄斜伸，顶小叶顶端中裂，侧小叶卵形，叶缘缺刻多而深，端锐尖，叶表面绿色。菏泽百花园孙景玉团队育出。

'堇玉生辉'
'Jin Yu Sheng Hui'

花浅紫色，绣球型。花蕾圆形，小型花；花瓣内外瓣不明显，褶叠密集，向上隆起；雌蕊瓣化为绿色彩瓣；花朵直上，成花率较低，花期中。

植株矮，株形直立；一年生枝短；小型长叶，侧小叶长卵形，叶缘上卷，缺刻少，端钝尖，叶表面粗糙，绿色，有紫晕。菏泽曹州牡丹园1982年育出。

'蓝紫绿心'
'Lan Zi Lü Xin'

花紫色，绣球型。外瓣色浅，宽大平展，瓣端中齿裂；雄蕊全部瓣化，瓣化瓣褶叠隆起；雌蕊瓣化为红绿彩瓣；花朵直上，微藏花，花期中。

植株中高，株形开展；中型圆叶，叶表面黄绿色有紫晕。菏泽赵楼牡丹园育出。

'立夏红'
'Li Xia Hong'

花浅紫红色，部分花瓣端部绿色，绣球型。花蕾绽口形，中型花；外瓣3轮，瓣基有墨紫红色斑；雄蕊全部瓣化；花朵直上或侧开，成花率高，花期特晚。

植株中高，株形半开展；一年生枝短；中型长叶，侧小叶长卵形，叶缘稍上卷，缺刻少，端突尖或渐尖。菏泽百花园1999年育出。

'似首案'
'Si Shou An'

花紫红色，绣球型。花瓣曲褶，瓣端色浅，有不规则齿裂；雄蕊多数瓣化，少数残留瓣间；雌蕊退化变小或瓣化为红绿彩瓣；花期中。

植株中高，株形直立；枝粗壮，中型圆叶，质厚硬，叶表面叶脉明显，绿色有紫晕。菏泽赵楼牡丹园1978年育出。

'天香绣球'
'Tian Xiang Xiu Qiu'

花浅紫色，绣球型。花蕾圆形；外瓣3~4轮，质硬平展，瓣基具深紫红色斑；内瓣与外瓣大小近似，密集，隆起呈绣球形；雌蕊瓣化为绿色彩瓣；花梗短，花朵斜伸，花期中晚。

植株矮小，株形直立；一年生枝短；大型圆长叶，较稠密，小叶长卵形，叶面光滑，边缘上卷，深绿色；生长势强，抗叶斑病，适宜盆栽与庭园栽培。菏泽李集牡丹园1978年育出。

'小紫球' 'Xiao Zi Qiu'

花紫红色，绣球型。中型花；外瓣宽大圆整；雄蕊全部瓣化，瓣端残留花药；雌蕊瓣化为红绿彩瓣；成花率高，花期中。

植株高，株形直立；枝细而硬，叶稀疏。菏泽赵楼牡丹园育出。

'竹叶球' 'Zhu Ye Qiu'

花紫色，绣球型。外瓣2~3轮，圆整，稍下卷或平展；雄蕊瓣化瓣褶叠极紧密，耸起，形似绣球，雌蕊退化变小或瓣化；花朵侧开，成花率低，花期中。

植株高，株形开展；节间短；枝叶稀疏；中型长叶，叶稍长似竹叶；生长势强，分枝力强，萌蘖枝少，易秋发。菏泽赵楼牡丹园育出。

'中华红韵' 'Zhong Hua Hong Yun'

花紫红色，绣球型。中型花；外瓣平展，雌雄蕊瓣化；花期中。

植株中高，株形半开展；叶片绿色，宽钝；耐寒，不易被风吹倒。菏泽牡丹园王志伟培育。

'壮红' 'Zhuang Hong'

花紫红色，多花型、荷花型、绣球型。小型花；花瓣瓣端有不规则齿裂，瓣基有紫红晕；雄蕊多瓣化，少数正常雄蕊杂于瓣间；雌蕊瓣化或退化；花期中。

植株高，株形半开展；枝粗壮，大型圆叶，叶表面绿色有紫晕。菏泽赵楼牡丹园育出。

'紫冠' 'Zi Guan'

花紫色，绣球型。蕾大形圆；瓣基有黑斑，花瓣背面泛白色；花朵直上或侧开，花大丰满，花期特晚。植株中高，株形直立。菏泽曹州牡丹园赵信勇育出。

'紫红绣球' 'Zi Hong Xiu Qiu'

花浅紫红色，绣球型。花蕾绽口；外瓣2轮，质硬而平展圆润；内瓣与外瓣大小近似，密集；雌蕊瓣化；花梗短，花朵斜伸，花期中晚。

植株矮，株形开展；一年生枝短；大型圆叶，较稠密，叶面粗糙，浅绿色；生长势强，抗叶斑病，适宜庭园栽培。菏泽李集牡丹园1978年育出。

'紫楼宝珠'
'Zi Lou Bao Zhu'

花紫红色，绣球型。花蕾圆形或绽口形，小型花；外瓣多轮，质硬而平展，瓣基有紫红色斑；雄蕊全部瓣化，雌蕊稍有瓣化或退化变小；花朵直上，成花率高，花期中。

植株中高，株形直立；一年生枝中长；大型圆叶，侧小叶长卵形，叶缘缺刻少，端钝，叶表面粗糙，深绿色。菏泽李集牡丹园1988年育出。

'紫绒球'
'Zi Rong Qiu'

花紫色，绣球型。花蕾圆形，中型花；雄蕊大部分瓣化，瓣端齿裂密集；雌蕊瓣化或退化，花盘（残存）紫红色；花朵斜伸，常低于叶丛，花淡香，成花率高，花期晚。

植株中高，株形半开展；生长势强，适宜庭园观赏及盆花栽培。菏泽百花园孙文海、郝炳2023年育出。

'紫绣球'
'Zi Xiu Qiu'

花紫红色，绣球型。花蕾圆形；花瓣基部有红色斑，雌雄蕊全部瓣化，部分花朵顶端有绿色彩瓣；成花率低，花期晚。

植株高，株形半开展；中型长叶；生长势强，分枝力中等，萌蘖枝中多。传统品种。

'长茎绿心红' 'Chang Jing Lü Xin Hong'

花紫红色，千层台阁型。花蕾扁圆形，中型花；下方花外瓣6~7轮，形稍大，质硬而平展，排列整齐而清晰，雄蕊量较多，雌蕊瓣化成绿色彩瓣；上方花雄蕊量少变小，雌蕊瓣化为绿色小彩瓣；花朵直上，成花率高，花期晚。

植株高，株形直立；一年生枝长；中型圆叶，侧小叶卵形，叶缘上卷，缺刻多，端突尖，叶表面斑皱，浅绿色，有紫晕。菏泽李集牡丹园1981年育出。

'东方锦' 'Dong Fang Jin'

花浅紫红色，千层台阁型。花蕾圆尖形，中型花；花瓣边缘多齿裂，瓣端浅齿裂；雄蕊部分瓣化，花丝紫红色；雌蕊退化变小，花盘（残存）、柱头紫红色；花朵直上，成花率较低，花淡香，花期中。

植株中高，株形半开展；一年生枝长，节间较长，萌蘖枝多；中型长叶，叶柄斜伸，顶小叶顶端深裂，侧小叶卵形，叶缘微上卷，缺刻少，端锐尖，叶表面深绿色，稍有紫晕。菏泽赵楼牡丹园1966年育出。

'富贵端庄' 'Fu Gui Duan Zhuang'

花紫色，千层台阁型。花蕾圆形；瓣端浅齿裂；雄蕊部分退化，花丝紫红色；雌蕊正常或瓣化，柱头、花盘（半包）红色；花朵直上或侧开，高于叶面，成花率高，花期早。

植株中高，株形半开展；中型圆叶，侧小叶长卵形；生长势强。菏泽百花园孙文海团队2011年育出。

'高杆红'
'Gao Gan Hong'

花紫红色，千层台阁型。中型花；下方花外瓣宽大，质硬圆整，内瓣卷皱密集，雄蕊部分瓣化，雌蕊瓣化成彩色花瓣；上方花花瓣较少，直立，雌雄蕊皆退化变小；花梗长而硬，花朵直上，花期晚。

植株高，株形直立；中型长叶，质硬稀疏，叶缘上卷，叶面绿色，柄硬，斜伸；生长势强。菏泽百花园孙景玉团队育出。

'海韵'
'Hai Yun'

花浅紫色，微带蓝色，千层台阁型。中型花；下方花外瓣质硬而平展，瓣基有紫红色斑，雄蕊量少，雌蕊瓣化为浅绿色彩瓣；上方花花瓣形较大而量少，褶叠而直上，雌雄蕊退化变小；花朵直上，成花率高，花期中。

植株中高，株形直立；一年生枝中长；中型长叶，侧小叶长卵形，叶缘略上卷，缺刻较多，端渐尖，叶表面绿色有紫晕。菏泽李集牡丹园1980年育出。

'红辉'
'Hong Hui'

花浅紫红色，千层台阁型或菊花型。花蕾开裂，中型花；外瓣3~4轮，瓣端多不规则浅齿裂，瓣基有菱形紫色斑；雄蕊偶有瓣化，花丝紫红色；雌蕊略小，花盘（残存）、柱头紫红色；花朵直上，成花率高，花淡香，花期中。

植株中高，株形直立；一年生枝长，节间短，萌蘖枝少；小型长叶，叶柄斜伸，顶小叶顶端深裂，侧小叶长卵形或卵形，叶缘稍上卷，缺刻多而浅，端渐尖，叶表面深绿色。菏泽赵楼牡丹园1976年育出。

'金星紫'
'Jin Xing Zi'

花浅紫红色，千层台阁型。中型花，偏大；外瓣宽大、多齿裂，基部有红晕；内瓣窄细曲皱，稀疏，瓣端残留花药，杂有少量雄蕊；雌蕊瓣化为彩瓣；成花率高，花期中。

植株矮，株形半开展；中型长叶，顶小叶3深裂，侧小叶卵形，边缘稍下垂，叶表面绿色；生长势强，分枝力中，适宜催花。菏泽百花园孙文海团队2000年育出。

'锦云霞衣'
'Jin Yun Xia Yi'

花紫红色，千层台阁型。中型花；下方花外瓣3~4轮，宽大圆整，质地硬，雄蕊瓣化，雌蕊退化消失；上方花花瓣较少，质硬皱褶，雌雄蕊退化变小；花朵直上或稍侧开，成花率高，花期中。

植株中高，株形半开展；一年生枝中长；中型长叶，侧小叶长卵形，叶缘缺刻多，微上卷，叶表面绿色有紫晕。菏泽曹州牡丹园2010年育出。

'俊艳红'
'Jun Yan Hong'

花粉紫色，微带蓝色，千层台阁型。花蕾扁圆形，中型花；外瓣宽大质硬，瓣端浅齿裂，瓣基有紫红晕；雄蕊偶有瓣化，花丝紫红色；雌蕊瓣化成红绿色彩瓣；花朵直上，成花率高，花香，花期中。

植株高，株形直立；一年生枝长，节间亦长，萌蘖枝少，嫩枝深红色；鳞芽大，圆尖形，新芽黄褐色；中型长叶，叶柄平伸，顶小叶顶端深裂，侧小叶长卵形，叶缘缺刻少，叶表面绿色；较抗寒，抗病。菏泽赵楼牡丹园1969年育出。

'菱花湛露'
'Ling Hua Zhan Lu'

花粉紫色,盛开瓣端粉白色,千层台阁型。花蕾扁圆形,大型花;外瓣质地薄软;雄蕊稍有瓣化,雌蕊退化或瓣化成浅绿色瓣;花朵侧开,成花率高,花期晚。

植株中高,株形开展;一年生枝较长,节间短,萌蘖枝多,嫩枝红色;鳞芽狭尖形,新芽灰褐色;中型长叶,叶柄平伸,侧小叶卵形或阔披针形,叶缘缺刻多,叶脉明显,端渐尖,叶表面浅绿色;较耐湿热,抗寒,抗病。菏泽赵楼牡丹园1969年育出。

'鲁菏红'
'Lu He Hong'

花紫红色，千层台阁型。花蕾扁圆形，大型花；外瓣较大，瓣端浅齿裂，瓣基有紫红晕；雄蕊部分瓣化，花丝紫红色；雌蕊变小，花盘（残存）、柱头紫红色；花朵直上，成花率高，花淡香，花期中。

植株中高，株形半开展；一年生枝较长，节间短；鳞芽大，狭尖形，新芽灰褐色；中型长叶，叶柄斜伸，顶小叶顶端中裂，侧小叶长椭圆形，叶缘缺刻多，端锐尖，叶表面绿色；耐湿热，抗寒，抗病。菏泽赵楼牡丹园1968年育出。

'彭州紫'
'Peng Zhou Zi'

花紫色，千层台阁型。中型花；下方花外瓣瓣端齿裂，基部有黑紫红色斑，内瓣为一圈细碎雄蕊瓣化瓣，瓣间残存少量正常雄蕊；上方花有数十枚大型花瓣；花梗较硬，成花率中，花期中。

植株高，株形直立；新枝粗壮，有紫红晕；大型圆叶，斜伸，叶面深绿色，柄凹处浅紫红色；稍耐湿。四川彭州育出。

'气壮山河'
'Qi Zhuang Shan He'

花深紫红色，千层台阁型或皇冠型。中型花，外瓣2轮，瓣端齿裂，基部具紫红斑；内瓣高起，杂少量正常雄蕊，花丝中下部红色，花盘、柱头均黄色；花期中晚。

植株中高，株形半开展；中型圆叶，小叶椭圆形，近全缘；生长势较强，易催花。菏泽百花园育出。

'群英'
'Qun Ying'

花浅紫色，稍带蓝色，千层台阁型。花蕾圆形，中型花；下方花外瓣4轮，向内渐小，曲皱，雄蕊部分瓣化，雌蕊瓣化为绿色彩瓣；上方花花瓣较大，雌蕊退化变小，花盘、柱头均紫色；花朵直上，成花率高，花期中。

植株中高，株形半开展；一年生枝中长；中型圆叶，侧小叶长卵形，叶缘缺刻少，端锐尖，叶表面黄绿色，叶尖发黄。菏泽赵楼牡丹园1968年育出。

'胜葛巾'
'Sheng Ge Jin'

花紫色，带粉色，千层台阁型。花蕾扁圆形，大型花；外瓣大而平展，瓣端浅齿裂，瓣基有紫红晕；雄蕊量少，常有瓣化，瓣化瓣短小卷曲；雌蕊部分瓣化成绿色瓣，柱头紫红色；成花率高，花期中。

植株中高，株形半开展；一年生枝较长，节间短，萌蘖枝多，嫩枝艳红色；新芽灰褐色；中型长叶，叶柄平伸，顶小叶顶端中裂，侧小叶长卵形，叶缘缺刻少，端渐尖，叶表面深绿色有紫晕；耐湿热，抗寒，抗病。菏泽赵楼牡丹园1967年育出。

'素花魁'
'Su Hua Kui'

花粉紫色，微蓝，千层台阁型。花蕾圆尖形，中型花；下方花外瓣多轮，瓣基有紫晕，雄蕊部分瓣化，部分正常杂于瓣间；上方花雌雄蕊全部瓣化；花朵直上，成花率高，花期晚。

植株中高，株形直立；一年生枝中长；中型圆叶，侧小叶广卵形，叶缘上卷，缺刻多，端钝尖，叶表面粗糙，浅绿色。菏泽赵楼牡丹园1972年育出。

'彤云'
'Tong Yun'

花紫红色，千层台阁型。花蕾圆尖形，易绽口，中型花；下方花外瓣2~3轮，形大质硬，雄蕊部分瓣化，雌蕊部分瓣化成绿彩瓣；上方花质硬，雄蕊瓣化或退化，雌蕊瓣化；花朵侧开，成花率高，花期晚。

植株中高，株形半开展；一年生枝中长；中型长叶，侧小叶长卵形，叶缘缺刻多，端渐尖，叶表面绿色；抗逆性强，花朵耐日晒。菏泽赵楼九队赵孝崇1977年育出。

'乌龙捧盛'
'Wu Long Peng Sheng'

花紫红色，千层台阁型。花蕾圆尖形，中型花；外瓣形大质硬，向内瓣渐小，瓣端浅齿裂；雄蕊量少，花丝紫红色；雌蕊瓣化成红绿彩瓣；花朵直上或侧开，成花率高，花淡香，花期中。

植株高，株形半开展；一年生枝长，节间亦长；中型长叶，叶柄斜伸，顶小叶顶端中裂，侧小叶卵形或长卵形，叶缘上卷，缺刻多，端短尖，叶表面绿色有紫晕；耐湿热，抗寒，抗病。传统品种。

'五洲红'
'Wu Zhou Hong'

花紫红色，千层台阁型或菊花型。花蕾圆尖形，中型花；下方花外瓣较大，平整，瓣基有紫晕，雄蕊稍有瓣化，雌蕊变小或瓣化；上方花雌雄蕊退化变小；花朵直上，成花率较高，花期中。

植株高，株形直立；一年生枝长，节间较长，萌蘖枝多；中型长叶，叶柄斜伸，侧小叶卵形，叶缘稍上卷，缺刻多，端锐尖。菏泽赵楼牡丹园1966年育出。

'霞光'
'Xia Guang'

花浅紫红色，千层台阁型。花蕾圆尖形，中型花；外瓣平展，瓣基有紫红色斑；雄蕊部分瓣化，雌蕊瓣化或退化；花朵直上，花期中晚。

植株中高，株形半开展；中型长叶，浅绿色，边缘有浅紫晕。菏泽曹州牡丹园2022年育出。

'映红' 'Ying Hong'

花紫红色，稍带蓝色，千层台阁型。花蕾大，扁圆形，中型花；外瓣5~7轮，具半透明脉纹，瓣端浅齿裂或深齿裂，瓣基有墨紫色斑，雄蕊稍多，花丝紫红色；雌蕊退化或瓣化成绿色瓣；花朵直上，成花率高，花淡香，花期中。

植株矮，株形半开展；一年生枝短，节间亦短；鳞芽大，圆尖形，新芽灰褐色；中型长叶，叶柄斜伸，顶小叶顶端浅裂，侧小叶卵状或卵状阔披针形，叶缘缺刻少，上卷，叶表面绿色有浅紫晕；耐湿热，较抗寒。菏泽赵楼牡丹园1968年育出。

'紫红夺金' 'Zi Hong Duo Jin'

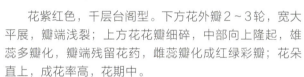

花紫红色，千层台阁型。下方花外瓣2~3轮，宽大平展，瓣端浅裂；上方花花瓣细碎，中部向上隆起，雄蕊多瓣化，瓣端残留花药，雌蕊瓣化成红绿彩瓣；花朵直上，成花率高，花期中。

植株中高，株形半开展；中型长叶，顶小叶中裂，侧小叶阔卵形，边缘有缺刻，叶表面浅绿色；生长势强。菏泽李集牡丹园育出。

'紫红金蕊' 'Zi Hong Jin Rui'

花深紫红色，润泽，千层台阁型。下方花外瓣平展，雄蕊部分瓣化，部分正常杂于瓣间，雌蕊瓣化为红绿彩瓣；上方花雌雄蕊瓣化；花朵直上，花期中。

植株中高，株形半开展；中型圆叶，叶面有紫晕。菏泽赵楼牡丹园育出。

'紫楼绿碧'
'Zi Lou Lü Bi'

花粉紫色，千层台阁型。花蕾圆形，大型花；花瓣基部有浅紫色斑；雄蕊瓣化瓣端齿裂明显，雌蕊瓣化瓣端可见绿白色条纹；花朵斜伸，与叶丛近等高，花淡香，成花率高，花期晚。

植株中高，株形半开展；生长势强，适宜庭园栽培。菏泽百花园孙文海、郝炳豪2023年育出。

'紫鹏展翅'
'Zi Peng Zhan Chi'

花葶紫色，千层台阁型。中型花；下方花外瓣宽大圆整，质硬而厚，内瓣端部曲皱，瓣基有紫晕，雄蕊瓣化或退化变小，雌蕊退化变小；上方花雌雄蕊变小；花朵直上，成花率高，花期中。

植株中高，株形半开展；一年生枝中长；中型圆叶，侧小叶长卵形，叶缘缺刻少，端锐尖，叶表面粗糙，深绿色。菏泽曹州牡丹园2004年育出。

'层林尽染'
'Ceng Lin Jin Ran'

  花紫红色，楼子台阁型。花蕾圆尖形，中型花；下方花小，外瓣3轮，质厚硬，瓣端浅齿裂，瓣基有菱形墨紫晕，雌蕊瓣化成绿色彩瓣；上方花较大，量少，雄蕊退化变小或消失，雌蕊退化变小或消失；花朵直上，成花率高，花浓香，花期中。

  植株高，株形直立；一年生枝长，节间亦长，萌蘖枝较多，嫩枝红色；鳞芽圆尖形，新芽黄褐色；中型长叶，叶柄斜伸，顶小叶顶端全裂，侧小叶长卵形，叶缘缺刻少，端渐尖，叶表面绿色稍有红晕；耐湿热，耐低温，抗病害。菏泽赵楼牡丹园1967年育出。

'赤龙焕彩'
'Chi Long Huan Cai'

  花紫色，带粉色，楼子台阁型。花蕾圆形，端部常开裂，中型花；下方花花瓣大小近似，瓣基有紫红色斑，雌雄蕊全部瓣化；上方花雄蕊瓣化，雌蕊瓣化瓣绿色；花朵侧开，成花率高，花期晚。

  植株中高，株形开展；一年生枝较短，节间亦短，萌蘖枝少，嫩枝深紫红色；鳞芽圆尖形，芽端常开裂，新芽红褐色；小型圆叶，侧小叶近圆形，叶缘上卷，缺刻少，端钝，叶表面粗糙，绿色有紫晕；较耐湿热，较抗寒，较抗病。传统品种。

'冠群芳'
'Guan Qun Fang'

花深紫红色，楼子台阁型。花蕾圆尖形，中型花，偏大；下方花外瓣3~4轮，质软稍平展，瓣端浅齿裂，雄蕊部分瓣化，瓣化瓣细小卷曲而紧密，端部残留有花药，瓣间亦杂有少量雄蕊，雌蕊瓣化成红绿相嵌彩瓣；上方花雄蕊退化变小，花丝紫红色，雌蕊退化变小，柱头红色；花朵直上或侧开，成花率高，花香，花期中。

植株中高，株形半开展；一年生枝较长，节间短，萌蘖枝多；小型长叶，叶柄平伸，顶小叶顶端下垂，侧小叶长椭圆形或阔披针形，叶缘缺刻多，端渐尖，叶表面深绿色稍有紫晕；蕾期耐低温。菏泽百花园1971年育出。

'红霞藏翠'
'Hong Xia Cang Cui'

花紫色，楼子台阁型。大型花；下方花外瓣宽大圆整，瓣基有圆形红色斑，雄蕊瓣化或部分退化，雌蕊瓣化成红绿相嵌彩瓣；上方花雄蕊部分瓣化，花丝紫红色，端部残留花药，花盘（残存）紫红色，柱头红色；花朵侧开，成花率高，花香，花期早。

植株高，株形半开展；一年生枝中；中型长叶，叶柄斜伸，顶小叶顶端浅裂，侧小叶卵形，端锐尖，叶表面绿色，叶背多毛。菏泽百花园育出。

'假葛巾紫'
'Jia Ge Jin Zi'

花紫色，楼子台阁型。花蕾扁圆形，中型花；下方花外瓣大而平展，质硬而褶叠，瓣基有深紫晕，雄蕊完全瓣化，雌蕊瓣化成紫色彩瓣；上方花少，略大，雌雄蕊瓣化或退化消失；花朵下垂，成花率较低，花期晚。

植株中高，株形直立；一年生枝长，节间短，萌蘖枝少，嫩枝红色；鳞芽狭尖形，新芽黄绿色；中型长叶，叶柄斜伸，侧小叶长卵形或长椭圆形，叶缘上卷，缺刻少，端渐尖，叶表面绿色；抗寒，抗病害。传统品种。

'健将'
'Jian Jiang'

花深紫红色，花瓣有光泽，楼子台阁型。花蕾大，圆形，中型花；下方花外瓣宽大圆整，排列整齐，瓣端皱褶，雄蕊瓣化或退化变小，少量杂于瓣间，雌蕊瓣化或退化消失；上方花花瓣较大，端皱曲，有齿裂，雌雄蕊退化或消失；花朵直上或稍侧开，成花率高，花期晚。

植株高，株形直立；一年生枝长；中型长叶，侧小叶阔卵形，叶缘缺刻多，端锐尖，叶表面粗糙，深绿色，多紫晕。菏泽赵楼九队赵孝崇2009年育出。

'锦红'
'Jin Hong'

花浅紫红色，楼子台阁型。花蕾圆尖形，大型花；下方花外瓣4~5轮，形大较平展，瓣基有紫色斑，雄蕊大部瓣化，雌蕊瓣化成绿色彩瓣；上方花皱褶稍大，雌雄蕊退化变小，花丝浅紫色，花盘（残存）、柱头紫红色；花朵直上或侧开，成花率高，花期中晚。

植株高，株形半开展；一年生枝长，节间亦长，萌蘖枝多；中型长叶，叶柄斜伸，顶小叶顶端浅裂，侧小叶椭圆形或披针形，叶缘缺刻多，端渐尖，叶表面黄绿色；蕾期耐低温，抗叶斑病。菏泽百花园孙景玉、孙景联1982年育出。

'锦绣球'
'Jin Xiu Qiu'

花深紫红色，楼子台阁型。花蕾圆尖形，中型花；下方花卷曲密集，外瓣2~3轮，大而质硬，瓣端浅齿裂，瓣基有深紫晕，雌蕊瓣化成紫红色彩瓣；上方花较大，花丝紫红色，瓣端稍有残留花药，雌蕊退化或瓣化，花盘（残存）、柱头紫红色；花朵直上，花淡香，花期中。

植株中高，株形直立；一年生枝较长，节间稍短，萌蘖枝多，嫩枝艳紫色；鳞芽圆尖形，新芽红褐色；小型长叶，叶柄斜伸，顶小叶顶端深裂，侧小叶长卵形，叶缘缺刻多，端渐尖，叶表面深绿色有浅紫晕；抗寒，抗病害。菏泽赵楼九队1982年育出。

'千褶凤冠'
'Qian Zhe Feng Guan'

花粉紫色，楼子台阁型。花蕾圆形，中型花；外瓣质硬而平展，端部深齿裂，瓣基有紫晕；雌蕊瓣化为彩瓣，花盘紫红色；花朵直上或侧开，成花率高，花期晚。

植株中高，株形直立；一年生枝中长；小型长叶，侧小叶长卵形，叶缘稍上卷，缺刻少，端渐尖；花朵耐日晒。菏泽百花园孙景玉、孙文海团队1996年育出。

'深黑紫'
'Shen Hei Zi'

花紫红色，楼子台阁型。中型花；下方花外瓣2轮，形大质软而平展，雄蕊大部分瓣化，雌蕊瓣化为紫红色彩瓣；上方花花瓣形稍大而量少，质软而皱，瓣基有墨紫红色斑，雌雄蕊退化变小；花朵直上，成花率高，花期中。

植株较矮，株形直立；一年生枝短；小型长叶，侧小叶卵形，叶缘缺刻多，波曲上卷，端突尖。传统品种。

'盛丹炉'
'Sheng Dan Lu'

花粉红色带有紫色，楼子台阁型。花蕾圆形，小型花；下方花外瓣2轮，较平展，雄蕊完全瓣化，褶皱紧密，雌蕊瓣化成绿色彩瓣；上方花花瓣量少，稍大而褶皱；花朵侧开，成花率较低，花浓香，花期晚。

植株高，株形开展；一年生枝长，节间亦短，萌蘖枝较多，嫩枝橘红色；鳞芽狭尖形，新芽红褐色；大型长叶，叶柄斜伸，顶小叶顶端中裂，侧小叶长卵形，叶缘缺刻少，端渐尖，叶表面粗糙，深绿色；耐湿热，耐低温，抗病害。传统品种。

'乌龙卧墨池'
'Wu Long Wo Mo Chi'

花深紫红色，楼子台阁型。花蕾长圆尖形，中型花；下方花外瓣2~3轮，内瓣较小，排列紧密，基部有紫斑，雌雄蕊全部瓣化；上方花花瓣量少，雌蕊瓣化成绿色彩瓣；花期晚。

植株中高，株形开展；大型长叶，叶表面绿色；生长势中，分枝力中等，萌蘖枝多。传统品种。

'紫楼朝阳'
'Zi Lou Chao Yang'

花墨紫红色，楼子台阁型。花蕾圆形；花瓣基部有椭圆形黑斑；雄蕊全部瓣化；雌蕊少量瓣化，柱头、花盘均紫红色；花态直上或侧开，成花率高，花期中。

植株中高，株形半开展；中型圆叶，侧小叶宽卵形；生长势强。菏泽百花园孙景玉团队1990年育出。

上编

菏泽牡丹品种

菏泽牡丹谱

黑色系
Black
（品种数：71种）

'春秋锦'
'Chun Qiu Jin'

花深紫红色,单瓣型。花蕾圆尖形,中型花,偏小;花瓣边缘背面白色,基部有椭圆形墨色斑,背面白色;雄蕊正常,花丝紫红色;雌蕊正常,花盘淡黄色,柱头红色,心皮有毛;花朵直上,与叶片等高或近等高,成花率高,花香浓,花期早,一年开花2次。

植株中高,株形半开展;一年生枝长20~30cm;中型长叶,小叶卵形;结实率高。菏泽曹州牡丹园刘爱青2017年育出。

'黑凤凰'
'Hei Feng Huang'

花墨红色,单瓣型。花蕾圆尖形,无侧蕾,大型花;花瓣基部有墨紫晕;雌雄蕊正常,花丝深紫红色,花盘、柱头均紫红色;花态直上,花高于叶面,花香淡,花期晚。

植株中高,株形直立;当年生枝40~46cm;中型圆叶,小叶长卵形,绿色;结实率中,生长势强;人工杂交育成,母本'初乌',父本'赛墨莲'。菏泽百花园孙文海团队2011年育出。

'黑海撒金'
'Hei Hai Sa Jin'

花墨紫红色，有光泽，单瓣型。花蕾长圆尖形，中型花；外瓣2~3轮，形大质厚，瓣端圆整，瓣基有墨紫色大斑；雄蕊正常，花丝紫红色；雌蕊正常，花盘、柱头紫红色；花朵直上，成花率高，花期中。

植株高，株形直立；一年生枝长；中型圆叶，侧小叶卵圆形，叶缘缺刻多，端渐尖，叶表面深绿色，紫晕多，叶背有毛；结实力强，花朵耐日晒。菏泽曹州牡丹园1985年育出。

'烈火金刚'
'Lie Huo Jin Gang'

花墨紫色，单瓣型。花瓣3轮，盛开时花瓣内抱；雌雄蕊正常，花丝、柱头及花盘均为紫红色；花梗细硬，花朵直上或侧开，与叶面齐平，成花率高，花期中早。

植株较矮，株形半开展；枝条细硬；中型圆叶，黄绿色，较稀疏，小叶卵圆形；生长势强。菏泽百花园孙文海、孙帅2012年育出。

'墨撒金'
'Mo Sa Jin'

花墨紫红色，明亮润泽，单瓣型。花蕾圆尖形；花瓣质软，瓣基具墨色斑，瓣端齿裂；雌雄蕊正常，花丝、花盘、柱头均墨紫色；花梗细软，花朵侧垂，成花率较高，花期中。

植株中高偏矮，株形开展；当年生枝较短；中型长叶，稀疏，小叶长卵形或长椭圆形，缺刻少，下垂，叶面光滑明亮，黄绿色，叶缘有紫红晕；生长势弱。菏泽传统品种。

'群乌'
'Qun Wu'

花墨红色，单瓣型。花瓣基部有墨色斑；雌雄蕊正常，花盘、柱头均深紫红色；花梗长，成花率高，花期早。

植株高，株形半开展；中型长叶，深绿色；生长势强。引进品种。

'赛珠盘'
'Sai Zhu Pan'

花墨红色，单瓣型。花瓣2~3轮，质硬，有光泽，瓣基有长三角形黑紫斑；雌雄蕊正常，花丝红色，花盘浅粉色，柱头白色；花梗紫红色，花叶齐平，成花率高，花期中。

株形矮小，半开展；中型圆叶，小叶长椭圆形，近全缘，深绿色，紫晕多；生长势弱。菏泽传统品种。

'砚池墨光'
'Yan Chi Mo Guang'

花墨紫红色，单瓣型。花瓣2~3轮，瓣基有深紫色条斑；雌雄蕊正常，花丝深紫红色；花盘（近全包）深紫红色，柱头红紫色；花梗挺直，花朵直上，成花率较高，花期中晚。

植株中高，株形直立；中型长叶，小叶长卵形，有缺刻，叶深绿色；生长势强，适宜切花和庭园栽培。菏泽瑞璞公司2018年育出。

'夜光杯'
'Ye Guang Bei'

花紫黑色，单瓣型。花瓣2轮，常内抱如杯状，瓣基有近椭圆形墨色斑，斑缘有辐射纹；雄蕊较多，花丝中下部紫红色，花盘、柱头均紫红色；花期中。

植株中高，株形直立；小型圆叶，浅绿色有褐晕，稍上卷，质地较薄，叶背多毛；生长势强。西北牡丹品种。

'百园奇观'
'Bai Yuan Qi Guan'

花墨红色，荷花型。花蕾圆尖，偶有侧蕾，中型花；花瓣基部有黑紫色斑，边缘有白边；雌雄蕊正常，花丝、花盘深紫红色，柱头紫红色；花朵直上或侧开，花朵与叶面等高，成花率高，花香淡，花期中。

植株中高，株形半开展；当年生枝30~40cm；中型长叶，小叶卵形，叶表面深绿色有明显紫晕；少量结实，生长势强。菏泽百花园孙景玉、郭新魁1965年育出。

'黑龙锦'
'Hei Long Jin'

花墨紫色，荷花型。花瓣色泽纯正，具有光泽，外轮花瓣边缘有白锦，花瓣基部有紫墨色斑；雌雄蕊正常，花盘紫红色；花朵侧开，成花率高，花期晚。

植株中高，株形直立；中型长叶，叶柄上部红色，斜伸，幼叶深绿色；生长势强，萌蘖枝少。日本引进品种。

'黑幕'
'Hei Mu'

花墨紫红色，如墨黑色幕布，荷花型。瓣基具黑色斑块，瓣质硬；雌雄蕊正常；花朵直上，花期中早。

植株中高，株形半开展；叶片浅绿，边缘有浅紫晕；生长势强。菏泽曹州牡丹园高勤喜、杨会岩育出。

'黑妞'
'Hei Niu'

花墨紫红色,花瓣有光泽,荷花型。花蕾圆尖形,大型花;花瓣质薄而软,层次清晰而皱褶,瓣端波曲,有小齿裂,瓣基有墨紫色斑;雌雄蕊正常,花盘、柱头红色;花朵直上,成花率高,花期中晚。

植株中高,株形直立;一年生枝中长;中型长叶,侧小叶长卵形,叶缘缺刻较多,端锐尖,叶表面稍斑皱。菏泽市国花牡丹研究所卢胜杰团队2003年育出。

'黑衣天使'
'Hei Yi Tian Shi'

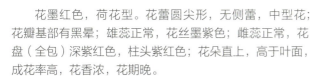

花墨红色,荷花型。花蕾圆尖形,无侧蕾,中型花;花瓣基部有黑晕;雄蕊正常,花丝墨紫色;雌蕊正常,花盘(全包)深紫红色,柱头紫红色;花朵直上,高于叶面,成花率高,花香浓,花期晚。

植株高,株形直立;当年生枝40~50cm;中型长叶,小叶卵形,绿色;少量结实,生长势强;人工杂交育成,母本'初乌',父本'赛墨莲'。菏泽百花园孙文海团队2013年育出。

'火炼金刚'
'Huo Lian Jin Gang'

花墨红色,荷花型。花蕾圆尖,中型花;花瓣基部有墨紫晕;雄蕊正常,花丝紫红色;花盘、柱头浅紫红色;花朵直上,高于叶面,花香淡,成花率高,花期晚。

植株中高,株形直立;当年生枝35~40cm;中型圆叶,小叶卵形,绿色;少量结实,生长势强;人工杂交而成,母本'初乌',父本'赛墨莲'。菏泽百花园孙文海团队2010年育出。

'墨丹'
'Mo Dan'

花墨红色,荷花型。花蕾圆尖形,无侧蕾,大型花;花瓣基部有黑斑;雄蕊正常,花丝黑紫色;雌蕊正常,花盘、柱头紫红色;花朵直上,高于叶面,成花率高,花香中等,花期中晚。

植株高,株形直立;当年生枝40~50cm;中型长叶,小叶长卵形,深绿色;生长势强,结实率高;人工杂交育成,母本'初乌',父本'赛墨莲'。菏泽百花园孙文海团队2012年育出。

'墨紫存金'
'Mo Zi Cun Jin'

花墨紫红色，荷花型。中型花；花瓣卵形，瓣端浅齿裂，瓣基无色斑；雄蕊正常，花丝墨紫色；雌蕊正常，花盘（半包）粉色，柱头红色；花朵侧开，成花率较高，花香，花期早。

植株中高，株形半开展；一年生枝中；小型长叶，叶柄斜伸，顶小叶顶端浅裂，侧小叶长卵形，叶缘波曲，端渐尖，叶表面绿色有紫晕。菏泽百花园孙景玉团队育出。

'墨紫莲'
'Mo Zi Lian'

花墨紫红色，荷花型。中型花；花瓣质地较厚硬，端部圆齿裂，瓣基有墨色斑；雌雄蕊正常，柱头、花盘均浅紫红色；花期中。

植株中高，株形半开展；中型圆叶，叶背有茸毛；生长势中等，分枝力中等，萌蘖枝少。菏泽百花园孙景玉团队育出。

'墨紫绒金'
'Mo Zi Rong Jin'

花深紫红色，荷花型。花蕾圆尖形，小型花；花瓣质地软，排列稀疏，瓣端浅齿裂，瓣基有墨紫晕；雄蕊常有少量瓣化，花丝紫红色；雌蕊退化变小，花盘（残存）紫红色；花朵藏于叶中，成花率较低，花浓香，花期早。

植株高，株形半开展；一年生枝长，节间亦长，萌蘖枝多；中型长叶，叶柄斜伸，侧小叶椭圆形，叶缘略上卷，缺刻少而浅，端钝或短尖，叶表面深绿色有紫晕。菏泽赵楼牡丹园1963年育出。

'赛墨池'
'Sai Mo Chi'

花墨紫红色，荷花型。花蕾圆尖形，大型花；花瓣质硬，有光泽；雌雄蕊正常，花丝墨紫色，柱头墨紫色，花盘革质、全包；花朵直上，高于叶丛，成花率高，花淡香，花期晚。

植株中高，株形直立；结实率高，生长势强，抗逆性强，适宜切花、盆栽及庭园栽培；人工杂交育成，母本'初乌'，父本'赛墨莲'。菏泽百花园孙文海、郝青2023年育出。

'赛墨莲'
'Sai Mo Lian'

花墨紫色，荷花型。花瓣质地厚硬圆整，瓣基墨晕；雌雄蕊正常，花丝、花盘、柱头紫红色；花期中。

植株中高，株形半开展；中度喜光，稍耐半阴，喜温和，具有一定耐寒性。菏泽市国花牡丹研究所2002年育出。

'深紫玉'
'Shen Zi Yu'

花深紫红色，荷花型。花蕾长圆尖形，中型花；花瓣质硬平展，瓣基有墨紫晕；雄蕊正常，偶有瓣化；雌蕊正常或瓣化，柱头粉色；花朵直上，成花率高，花期早。

植株中高，株形半开展；一年生枝较长，节间中长，萌蘖枝少；中型长叶，叶柄斜伸，顶小叶顶端深裂，侧小叶阔卵形，叶缘微上卷，叶表面深绿色，叶背多茸毛。菏泽百花园孙景玉团队1973年育出。

'乌羽玉'
'Wu Yu Yu'

花墨紫红色，荷花型。花瓣3~5轮，圆整，基部有深色斑；雌雄蕊正常，柱头红色；花朵直上；成花率高，花期晚。

植株较矮，株形直立；中型长叶，叶平伸，端部下垂，叶缘有红晕；生长势弱。日本引进品种。

'黯碎墨玉'
'An Sui Mo Yu'

花墨红色，菊花型。花蕾圆形，无侧蕾，中型花，偏大；花瓣基部无斑；雄蕊部分瓣化，花丝、花盘、柱头均紫红色；花态直上，高于叶面，花香中等，花期中晚。

植株中高，株形直立；当年生枝40～50cm；中型长叶，小叶长卵形，深绿色；结实中等，生长势强；人工杂交育成，母本'黑凤'，父本'黑夫人'。菏泽百花园孙文海团队2010年育出。

'百园墨魁'
'Bai Yuan Mo Kui'

花墨紫红色，菊花型。花蕾圆尖形，大型花；花瓣质地细腻，有光泽；雄蕊正常，偶有瓣化，花丝紫红色；雌蕊正常，花盘、柱头均暗红色；花朵直上，成花率高，生长势强，花较香，花期中晚。

植株中高，株形直立；适宜庭园及盆花栽培；人工杂交育成，母本'初乌'，父本'赛墨莲'。菏泽百花园孙文海、孙帅2023年育出。

'百园墨秀'
'Bai Yuan Mo Xiu'

花墨红色，菊花型。花蕾圆尖形，无侧蕾，大型花；花瓣基部无斑；雄蕊正常，花丝紫红色；雌蕊正常，花盘、柱头均紫红色；花态直上，花高于叶面，花香中等，花期中晚。

植株中高，株形直立；当年生枝45～50cm；中型圆叶，小叶卵形，深绿色；结实中等，生长势强。菏泽百花园孙文海团队2010年育出。

'百园墨玉'
'Bai Yuan Mo Yu'

花墨色，菊花型。花蕾圆形，无侧蕾，大型花；雌雄蕊正常，花丝深红色，花盘、柱头均紫红色；花朵直上或微侧，花高于叶面，花香中等，成花率高，花期晚。

植株中高，株形直立；当年生枝35～45cm；中型长叶，小叶长卵形，深绿色；少量结实，生长势强；人工杂交育成，母本'黑夫人'，父本'黑龙锦'。菏泽百花园孙文海团队2010年育出。

'包公面'
'Bao Gong Mian'

花墨紫色，菊花型，有时呈蔷薇型。花蕾圆尖形，中型花；花瓣8轮，自外向内逐渐缩小，质地细腻润泽，瓣基有黑紫色斑；雄蕊有时部分瓣化；雌蕊缩小，花盘墨紫色；花朵直上，成花率较高，花期晚。

植株矮，株形半开展；一年生枝短，节间亦短，萌蘖枝少；中型圆叶，叶柄斜伸，侧小叶长卵形，叶缘波状上卷，缺刻多而深，端锐尖，叶表面黄绿色。菏泽赵楼牡丹园1995年育出。

'初乌'
'Chu Wu'

花墨紫色，菊花型。中型花；花瓣6~8轮，倒卵形，瓣端浅齿裂；雄蕊正常，花丝紫红色；雌蕊正常，花盘（全包）、柱头紫红色；花朵侧开，成花率较高，花淡香，花期晚。

植株中高，株形直立；一年生枝中长；中型长叶，叶柄斜伸，顶小叶顶端中裂，侧小叶披针形，叶表面黄绿色，有浅紫红晕。引进品种。

'东坡挥墨' 'Dong Po Hui Mo'

花黑紫色,菊花型。花蕾圆尖形,无侧蕾,中型花;花瓣基部有墨紫晕;雌雄蕊正常,花丝、花盘、柱头均紫红色;花朵直上,高于叶面,成花率高,花香淡,花期晚。

植株中高,株形直立;当年生枝35~45cm;中型长叶,小叶长卵形,绿色;少量结实,生长势强;人工杂交而成,母本'初乌',父本'赛墨莲'。菏泽百花园孙文海团队2011年育出。

'夫初' 'Fu Chu'

花墨紫色,菊花型。花蕾圆尖形,中型花;花瓣基部无斑;雌雄蕊正常,柱头黄白色;花朵直上,高于叶面,成花率高,花香淡,花期晚。

植株中高,株形直立;当年生枝35~45cm;中型圆叶,小叶卵形,深绿色;少量结实,生长势强;人工杂交育成,母本'黑夫人',父本'初乌'。菏泽百花园孙文海团队2011年育出。

'黑豹' 'Hei Bao'

花深紫红色,菊花型。小型花;外瓣稍大,向内渐小;雄蕊部分瓣化,花丝深棕色;雌蕊正常或变小,柱头红色,花盘(全包)墨紫色;花朵侧开,初开时有茉莉花般浓香,花期晚。

植株中高,株形半开展;小型长叶,侧小叶中至深裂,裂片狭长,柄凹红褐色;生长势及适应性强。欧美引进品种。

'黑凤锦' 'Hei Feng Jin'

花墨紫红色，菊花型。花蕾圆尖形，无侧蕾，中型花；花瓣基部无斑，花瓣边缘有白边；雌雄蕊正常，花丝、花盘、柱头均紫红色；花朵直上，高于叶面，成花率高，花香浓，花期晚。

植株高，株形直立；当年生枝33～40cm；中型长叶，小叶长卵形，绿色；少量结实，生长势强；人工杂交育成，母本'初乌'，父本'赛墨莲'。菏泽百花园孙文海团队2013年育出。

'黑海' 'Hei Hai'

花墨紫红色，菊花型。花蕾圆尖形，无侧蕾，中型花；花瓣基部无斑；雌雄蕊正常，花丝、花盘（全包）、柱头紫红色；花朵直上，高于叶面，成花率高，花香浓，花期晚。

植株中高，株形直立；当年生枝40～45cm；中型长叶，小叶长卵形，绿色；少量结实，生长势强；人工杂交育成，母本'初乌'，父本'赛墨莲'。菏泽百花园孙文海团队2013年育出。

'黑花魁' 'Hei Hua Kui'

花深墨紫色，菊花型。小型花；花瓣倒卵形，瓣端浅齿裂，瓣基有菱形墨紫色斑；雄蕊少量瓣化成狭长皱瓣，花丝紫红色，端部残留花药；雌蕊稍有瓣化成紫绿相嵌彩瓣，花盘（残存）、柱头紫红色；花朵侧开，成花率较高，花淡香，花期早。

植株中高，株形直立；一年生枝中，萌蘖枝较多；小型长叶，叶柄斜伸，顶小叶顶端中裂，侧小叶宽卵形，叶缘缺刻少，端宽尖，叶表面黄绿色；抗逆性强，抗病性强。传统品种。

'黑燕' 'Hei Yan'

花深紫红色，菊花型。花蕾圆形，无侧蕾，中型花；花瓣基部无斑；雌雄蕊正常或瓣化，花丝、花盘均深紫红色，柱头紫红色；花朵直上，成花率高，花香浓，花期中。

植株中高，株形直立；当年生枝35～40cm；中型圆叶，小叶宽卵形，深绿色；少量结实，生长势强。菏泽百花园孙文海团队2013年育出。

'黑衣童子' 'Hei Yi Tong Zi'

花墨紫红色，菊花型。花蕾圆尖形，大型花；花瓣基部有墨紫晕；雌雄蕊正常，花丝、花盘均深红色，柱头紫红色；花朵直上，高于叶面，二年生枝开花3朵以上，成花率高，花香浓，花期晚。

植株中高，株形直立；当年生枝36～48cm；中型长叶，小叶长卵形，绿色；少量结实，生长势强；人工杂交育种而成，母本'初乌'，父本'赛墨莲'。菏泽百花园孙文海团队2013年育出。

'煤海' 'Mei Hai'

花墨紫红色，菊花型。花蕾圆尖，中型花，偏大；花瓣基部有墨晕；雄蕊正常或少量瓣化，花丝墨紫色；雌蕊正常，花盘（全包）深紫红色，柱头紫红色；花朵直上，高于叶面，成花率高，花香淡，花期晚。

植株中高，株形直立；当年生枝35～40cm；中型长叶，小叶长卵形，绿色；少量结实，生长势强；人工杂交育成，母本'初乌'，父本'赛墨莲'。菏泽百花园孙文海团队2010年育出。

'墨宝' 'Mo Bao'

花墨紫红色，菊花型。花蕾圆尖形，无侧蕾，中型花；花瓣基部有黑斑；雌雄蕊正常，花丝、花盘（全包）均墨紫色，柱头紫红色；花朵直上，高于叶面，成花率高，花香淡，花期晚。

植株中高，株形直立；当年生枝35～45cm；中型长叶，小叶长卵形，绿色；少量结实，生长势强；人工杂交而成，母本'初乌'，父本'赛墨莲'。菏泽百花园孙文海团队2011年育出。

'墨池盛金' 'Mo Chi Cheng Jin'

花墨紫红色，菊花型。花蕾圆尖形，无侧蕾，大型花；花瓣基部有墨紫晕；雌雄蕊正常，花丝、花盘均深紫红色，柱头紫红色；花朵直上，高于叶面，成花率高，花香中等，花期晚。

植株植株，株形直立；当年生枝45～60cm；大型长叶，小叶长卵形，黄绿色；结实率中等，生长势强；人工杂交而成，母本'初乌'，父本'赛墨莲'。菏泽百花园孙文海团队2011年育出。

'墨池金辉' 'Mo Chi Jin Hui'

花深紫红色，菊花型。中型花；外瓣4轮，形稍大而质硬，排列整齐，瓣基有墨紫色小斑；雄蕊偶有瓣化，多而密集；雌蕊正常，花盘、柱头深紫红色；花朵直上或侧开，成花率高，花期中。

植株高，株形半开展；一年生枝中长；中型长叶，侧小叶长卵形，叶缘稍上卷，缺刻多，端锐尖，叶表面粗糙，叶尖易失绿。菏泽百花园孙景玉团队1989年育出。

'墨素'
'Mo Su'

花墨紫色，菊花型。花蕾圆尖形，中型花，偏大；花瓣质厚硬，稍皱褶，排列整齐，瓣端深齿裂，瓣基有墨晕；雄蕊正常，偶有瓣化，花丝紫红色；雌蕊正常，花盘（残存）、柱头紫红色；花朵直上，成花率高，花淡香，花期中晚。

植株中高，株形直立；一年生枝长，节间亦长，萌蘖枝少；中型长叶，叶柄平伸，顶小叶顶端缺刻深浅差异大，侧小叶长卵形，叶缘缺刻多，叶脉明显，端锐尖，叶表面绿色；结实较少。菏泽赵楼六队1974年育出。

'赛墨魁'
'Sai Mo Kui'

花墨紫红色，菊花型。花蕾圆尖形，无侧蕾，中型花；花瓣基部有墨紫晕；雌雄蕊正常，花丝、花盘（全包）均深紫红色，柱头紫红色；花朵直上，高于叶面，花香浓，成花率高，花期晚。

植株中高，株形直立；当年生枝36～42cm；中型长叶，小叶长卵形，黄绿色；少量结实，生长势强；人工杂交而成，母本'初乌'，父本'赛墨莲'。菏泽百花园孙文海团队2013年育出。

'三阳开泰'
'San Yang Kai Tai'

花深紫红色，菊花型。小型花，花瓣5～6轮，短而质硬，倒阔卵形，向内渐小，瓣基有墨晕；雄蕊环大而明显，花丝紫红色；雌蕊增多，柱头黄白色；花梗挺直，花朵直上，花期中晚。

植株偏矮，株形开展；中型长叶，小叶长卵形，有缺刻，叶片绿色，微上卷，叶柄凹红褐色；适宜庭园栽培；以'金丽'为母本，自然杂交选育。菏泽瑞璞公司2017年育出。

'乌金杯'
'Wu Jin Bei'

花深紫红色,菊花型。花瓣5~6轮,层次分明,逐层渐小,内瓣2~3轮稍小,皱褶;雄蕊稍有瓣化,花丝深紫色;雌蕊5~8枚,柱头粉色;花梗挺直,花开直上或微侧,成花率稍高,花期晚。

植株中高,株形直立;中型长叶,稀疏,小叶15片,长卵圆形,有深缺刻,绿色,叶端下垂;生长势强,适宜切花和庭园栽培。菏泽市丹凤油牡丹种植专业合作社2017年育出。

'乌龙献金'
'Wu Long Xian Jin'

花墨红色，菊花型。中型花，花瓣多轮，有莹润光泽，逐层变小，外瓣圆整，内瓣稍皱褶，瓣基黑紫色；雄蕊正常，花丝墨紫色；雌蕊增多，柱头紫红色；花梗挺直，花朵微侧，花期中早。

植株中高，株形直立；中型长叶，小叶长卵形，有缺刻，叶柄凹浅褐色；生长势强，适宜庭园栽培。菏泽瑞璞公司2018年育出。

'玄精灵'
'Xuan Jing Ling'

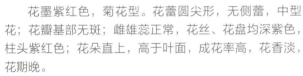

花墨紫红色，菊花型。花蕾圆尖形，无侧蕾，中型花；花瓣基部无斑；雌雄蕊正常，花丝、花盘均深紫色，柱头紫红色；花朵直上，高于叶面，成花率高，花香淡，花期晚。

植株中高，株形直立；当年生枝40～45cm；中型圆叶，小叶卵形，绿色；少量结实，生长势强；人工杂交而成，母本'黑夫人'，父本'初乌'。菏泽百花园孙文海、孙帅2013年育出。

'砚台遗墨'
'Yan Tai Yi Mo'

花墨红色，菊花型。花蕾圆尖，无侧蕾，中型花；花瓣基部有黑斑；雌雄蕊正常，花丝、花盘（全包）均墨紫色，柱头紫红色；花朵直上，高于叶面，成花率高，花香淡，花期晚。

植株中高，株形直立；当年生枝40～50cm；中型长叶，小叶长卵形，绿色；少量结实，生长势强；人工杂交而成，母本'初乌'，父本'赛墨莲'。菏泽百花园孙文海团队2011年育出。

'珠光墨润'
'Zhu Guang Mo Run'

花墨紫红色，有光泽，蔷薇型或菊花型。中型花；外瓣多轮，排列整齐；雄蕊偶有瓣化成窄长花瓣；雌蕊正常，花盘白色，柱头粉色；花朵直上或侧开，成花率高，花期中。

植株中高，株形半开展；一年生枝短；中型长叶，侧小叶披针形，叶缘缺刻少，叶缘上卷，端渐尖，叶表面有红晕；有结实力。菏泽曹州牡丹园1989年育出。

'富山石'
'Fu Shan Shi'

花深紫红色，蔷薇型。花朵侧开微垂，成花率中，花期晚。

植株高，株形半开展；中型长叶；生长势强。美国引进品种。

'黑光司'
'Hei Guang Si'

花墨紫色，蔷薇型。中型花，花瓣质厚而硬，瓣基有墨紫晕；雄蕊部分瓣化，雌蕊正常，花盘、柱头均紫红色；花朵直上，花期晚。

植株较矮，株形直立；中型长叶，柄凹红色；分枝能力强，生长势中，萌蘖枝中多。日本引进品种。

'皇嘉门'
'Huang Jia Men'

　　花墨紫红色，花瓣边缘有锦边，蔷薇型。花瓣质较硬，排列整齐，瓣基有紫色斑；雄蕊稍有瓣化，雌蕊变小，花盘、柱头均白色，花丝紫红色；花朵顶开，花期中晚。

　　植株矮，株形直立；中型长叶，生长势强，分枝力中，萌蘖枝少。日本引进品种。

'麟凤'
'Lin Feng'

　　花深紫红色，蔷薇型。中型花，花瓣排列整齐，瓣基有墨紫晕；雄蕊偶有瓣化，雌蕊变小，花盘白色，柱头黄白色；花朵侧开，成花率较低，花期晚。

　　植株中高，株形半开展；中型长叶，黄绿色，叶脉明显，幼叶紫红色；生长势强，分枝力强，萌蘖枝少，不耐早春寒。日本引进品种。

'泼墨秀'
'Po Mo Xiu'

　　花墨紫色，蔷薇型。花蕾圆尖形，中型花；雌雄蕊部分瓣化，花丝红色；花盘黄白色，柱头紫红色；花梗直，花高于叶丛，淡香，花期中晚。

　　植株高，株形直立；小叶长卵形；不结实，生长势强，适宜盆栽和催花栽培；人工杂交育成，母本'烟绒紫'，父本'泼墨紫'。菏泽市赵金岭、赵红旺2023年育出。

'乌金耀辉'
'Wu Jin Yao Hui'

花墨紫红色，蔷薇型，有时呈菊花型。花蕾扁圆形，中型花；外瓣较平展；雄蕊部分瓣化，雌蕊稍有退化；花朵直上或侧开，成花率高，花期中。

植株中高，株形半开展；一年生枝长，节间短，萌蘖枝较多，嫩枝艳紫色；鳞芽狭尖形，新芽红褐色；中型长叶，叶柄斜伸，侧小叶长卵形，叶缘上卷，缺刻少，叶表面深绿色，有浅紫晕；耐湿热，抗寒，抗病。菏泽赵楼牡丹园1980年育出。

'乌龙耀金辉'
'Wu Long Yao Jin Hui'

花深紫红色，有光泽，蔷薇型或皇冠型。中型花，偏大；花瓣基部有紫红斑，内瓣曲皱；雌雄蕊部分瓣化，柱头黄色，花盘黄白色，略带浅红，花丝紫红色；花朵直立，成花率高，花期中晚。

植株中高，株形半开展；中型长叶，稠密，叶表面青绿色，边缘有紫晕，叶背有毛；生长势较强，花朵不耐晒。菏泽百花园孙景玉团队1967年育出。

'砚池耀辉'
'Yan Chi Yao Hui'

花墨紫红色，有光泽，蔷薇型。花蕾大而圆，大型花；外瓣宽大圆整，质地厚硬，瓣基有紫黑色斑；雄蕊部分瓣化，雌蕊自然增多变小；花朵直上，成花率高，花期中晚。

植株高，株形直立；一年生枝长；中型长叶，侧小叶长卵形，叶缘全缘，端渐尖，叶表面有紫晕；花期长。菏泽曹州牡丹园2011年育出。

'种生黑' 'Zhong Sheng Hei'

花墨紫色，蔷薇型。花蕾圆尖形，中型花；花瓣质厚而硬，瓣基有墨紫晕；雌雄蕊部分瓣化；花朵直上，花期中，稍晚。

植株矮，株形直立；一年生枝短，节间亦短，萌蘖枝少；一回三出羽状复叶，大型长叶，叶柄斜伸，侧小叶长卵形，叶缘上卷，缺刻少，端锐尖，叶表面幼叶墨紫色，成叶深绿色；结实力弱。传统品种。

'黑海金龙' 'Hei Hai Jin Long'

花紫红色，托桂型或单瓣型。花蕾圆尖形，中型花；瓣基有黑紫色斑；雌雄蕊正常或瓣化，花盘深紫色；成花率高，花期早。

植株矮，株形直立；一年生枝短，节间亦短，萌蘖枝少；鳞芽圆尖形；中型圆叶，叶柄平伸，侧小叶广卵形，叶缘上卷，缺刻少，端钝，叶表面深绿色。菏泽赵楼牡丹园1964年育出。

'青龙卧墨池' 'Qing Long Wo Mo Chi'

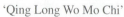

花墨紫色稍浅，托桂型，有时呈皇冠型。花蕾圆尖形，大型花；外瓣宽大，微上卷，瓣基有墨紫晕；雄蕊部分瓣化，瓣化瓣卷曲，瓣间有正常雄蕊；雌蕊瓣化成绿色瓣；花朵侧开，成花率高，花期中。

植株中高，株形开展；一年生枝长，节间亦长，萌蘖枝少，嫩枝艳紫红色；鳞芽狭尖形，新芽红褐色；大型圆叶，叶柄平伸，侧小叶卵形，叶缘缺刻少，端钝，下垂，叶表面黄绿色，有紫晕；耐湿热，耐低温，抗病。传统品种。

'乌云集盛'
'Wu Yun Ji Sheng'

花深紫红色，托桂型或皇冠型。中型花；外瓣较大，平展；雄蕊部分瓣化，雌蕊退化变小；花朵直上，成花率高，花期中。

植株高，株形直立；一年生枝长；中型长叶，侧小叶阔卵形，叶缘缺刻多，端锐尖，叶表面光滑，绿色；花朵耐日晒。菏泽曹州牡丹园1998年育出。

'瑶池砚墨'
'Yao Chi Yan Mo'

花墨紫色，托桂型或单瓣型。中型花，花瓣质地较硬，微向内抱；雌雄蕊正常或少量瓣化；花朵侧开，花期早。

植株中，株形开展；中型长叶，叶大薄软，下垂，叶背有少量茸毛；生长势中，分枝力中，萌蘖枝少。菏泽赵楼牡丹园育出。

'冠世墨玉'
'Guan Shi Mo Yu'

花墨紫色，皇冠型，有时呈托桂型。花蕾圆尖形，中型花；外瓣3～4轮，质硬，瓣端中或深齿裂，瓣基有墨斑；雄蕊瓣化瓣褶叠，紧密，花丝墨紫色；雌蕊退化变小或瓣化，柱头红色；花朵直上，成花率高，花香，花期中。

植株中高，偏矮，株形直立；一年生枝较短，节间短，萌蘖枝少，嫩枝红色；鳞芽大，圆尖形，新芽紫红色；中型圆叶，顶小叶顶端中裂，侧小叶卵形，叶缘缺刻多，端短尖，下垂，叶表面粗糙，深绿色；较抗寒。菏泽赵楼牡丹园1973年育出。

565

'黑绣球'
'Hei Xiu Qiu'

花深紫色，皇冠型，有时呈绣球型。小型花；外瓣圆形，瓣端浅齿裂，瓣基有三角形墨紫红色斑；雄蕊全部瓣化；雌蕊部分瓣化为绿色彩瓣，花盘（残存）紫红色，柱头粉色；花朵侧开，成花率较高，花香，花期早。

植株高，株形半开展；一年生枝中；中型长叶，叶柄斜伸，顶小叶顶端缺刻深浅差异大，侧小叶卵形，叶缘上卷，缺刻少，端锐尖，叶表面黄绿色。菏泽百花园孙景玉团队育出。

'墨楼争辉'
'Mo Lou Zheng Hui'

花墨紫红色，花瓣有光泽，皇冠型。小型花；外瓣2~3轮，质硬；雄蕊部分瓣化，部分正常；雌蕊正常或变小；花朵直上，成花率高，花期中。

植株矮，株形直立；一年生枝短；中型圆叶，侧小叶圆厚，叶缘缺刻多，端钝尖，叶表面粗糙，深绿色。菏泽赵楼牡丹园1978年育出。

'墨玉'
'Mo Yu'

花深红色，皇冠型或荷花型。中型花；花瓣倒卵形，瓣端浅齿裂，瓣基有菱形墨紫晕；雄蕊部分瓣化，瓣化瓣长倒卵形，花丝深紫色，端部有残留花药；雌蕊正常，花盘（半包）、柱头粉色；花朵直上，成花率高，花香，花期早。

植株高，株形开展；一年生枝中；中型长叶，叶柄平伸，顶小叶顶端中裂，侧小叶长卵形，叶缘微上卷，缺刻多而深，端锐尖，叶表面灰绿色，叶背有毛。菏泽百花园育出。

'烟笼紫'
'Yan Long Zi'

花墨紫色，皇冠型。花蕾圆尖形，中型花；外瓣2轮，圆整平展，质地细腻，瓣基有墨晕；雄蕊瓣化瓣密集皱褶，瓣间杂有少量正常雄蕊；雌蕊退化或瓣化成绿色彩瓣；花朵直上，成花率高，花期中。

植株矮，株形半开展；一年生枝短，节间亦短，萌蘖枝少；鳞芽狭尖形，端弯；中型长叶，叶柄斜伸，侧小叶长椭圆形，叶缘上卷，缺刻较多，叶表面深绿色，叶背多茸毛。传统品种。

'黑夫人'
'Hei Fu Ren'

花墨紫红色，有白色条纹彩瓣，有光泽，千层台阁型，偶有菊花型。中型花；下方花外瓣4轮，瓣基有黑斑，雄蕊少；上方花花瓣褶叠直上，雌雄蕊退化变小；花朵直上，成花率高，花期中。

植株中高，株形直立；一年生枝中长；小型圆叶，侧小叶圆卵形，叶缘缺刻多，端锐尖。菏泽市国花牡丹研究所卢胜杰团队2000年育出。

'墨剪绒'
'Mo Jian Rong'

花墨紫色，千层台阁型。花蕾圆尖形，中型花；外花瓣6~8轮，花瓣自外向内大小差异明显，花瓣基部有黑晕；雄蕊稍有瓣化，雌蕊瓣化瓣黄绿色；花朵侧开，成花率较高，花期中。

植株中高，株形半开展；一年生枝长，节间亦长，萌蘖枝较少；小型长叶，叶柄平伸，顶小叶顶端全裂或一面全裂，侧小叶长卵形或披针形，叶缘缺刻多，边缘略上卷，端锐尖，叶表面绿色有紫晕。菏泽赵楼牡丹园1983年育出。

'日月交辉'
'Ri Yue Jiao Hui'

花深紫红色，千层台阁型或菊花型。中型花；下方花外瓣4轮，内瓣端部齿裂，雄蕊正常或少量瓣化，花丝紫红色，雌蕊瓣化成绿白色花瓣；上方花雌蕊变小，花盘、柱头均紫红色；花朵侧开，成花率高，花期晚。

植株矮，株形半开展；一年生枝短；中型圆叶，侧小叶圆形，叶缘缺刻多，端渐尖，叶表面粗糙，深绿色，有紫晕。菏泽曹州牡丹园2000年育出。

'天鹅娇子'
'Tian E Jiao Zi'

花墨紫红色，楼子台阁型。中型花；下方花外瓣形大质硬，瓣基有紫黑色斑，瓣间有少量正常雄蕊；上方花花瓣密集且皱褶；花朵直上或侧开，成花率高，花期晚。

植株中高，株形半开展；一年生枝中长；中型长叶，侧小叶卵形或长卵形，叶缘缺刻多，端锐尖或突尖。菏泽市国花牡丹研究所卢胜杰团队1999年育出。

菏泽牡丹谱

上编 菏泽牡丹品种

Blue
蓝色系
（品种数：85种）

'彩叶蓝玉'
'Cai Ye Lan Yu'

花粉蓝色,微带紫色,单瓣型。花态端庄,花期中。

植株中高,株形直立;小型圆叶,叶缘多缺裂,叶面浅紫红色。菏泽百花园孙景玉团队育出。

'蓝彩云'
'Lan Cai Yun'

花淡蓝紫色,单瓣型。花瓣2轮,质硬,瓣基有较大近三角形深紫红斑,有放射形紫色纹;雌雄蕊正常,花丝中下部、花盘均浅粉色,柱头白色;花梗挺直,花朵直立,成花率高,花期中。

植株中高,株形直立;中型长叶,小叶长卵形,近全缘;易结实,适宜油用和庭园栽培。菏泽瑞璞公司2018年育出。

'安娜玛丽'
'An Na Ma Li'

花蓝粉色,荷花型。花蕾圆尖形,中型花;花瓣2~3轮,圆整质硬,排列紧密,层次清晰,基部有紫色斑;雄蕊花药呈透明状;雌蕊正常,花盘、柱头均淡粉色;花朵直上或侧开,成花率高,花期中。

植株高,株形半开展;新枝青绿色;中型长叶,细长深裂;生长势强,花朵耐日晒。引进品种。

'红叶蓝玉'
'Hong Ye Lan Yu'

花紫蓝色,荷花型。花蕾圆尖形,无侧蕾,中型花;花瓣基部有紫红色斑;雄蕊正常或稍瓣化,花丝粉色;雌蕊正常,花盘(全包)、柱头紫红色;花朵直上,高于叶面,花梗硬直,二年生枝开花3朵以上,成花率高,花香淡,花期中。

植株中高,株形直立;当年生枝35~45cm;中型圆叶,小叶长卵形,绿色,边缘有红晕;少量结实,生长势强。菏泽百花园孙文海团队2000年育出。

'蓝蝴蝶'
'Lan Hu Die'

花粉蓝色，荷花型。花瓣卵圆形，宽大圆整，瓣基有墨紫色斑；雌雄蕊正常，花丝、柱头及花盘均为紫红色；花梗粗直，花朵直上，成花率高，花期早。

植株高，株形直立；中型长叶；生长势强，抗逆性强。菏泽百花园孙景玉团队育出。

'青心蓝'
'Qing Xin Lan'

花蓝紫色，荷花型或皇冠型。中型花；外瓣3~6轮，倒卵形，瓣端浅齿裂，瓣基有狭长条形紫红色斑；雌蕊部分瓣化成紫绿相嵌彩瓣，花盘紫红色；花朵直上，成花率较高，花淡香，花期中。

植株中高，株形直立；一年生枝短，萌蘖枝少；中型长叶，叶柄斜伸，顶小叶顶端浅裂，侧小叶狭长卵形，叶缘缺刻少，端宽尖，叶表面深绿色有浅紫晕。菏泽赵楼牡丹园育出。

'碧云'
'Bi Yun'

花浅粉蓝色，菊花型。中型花；外瓣较大，瓣基有明显紫斑；雄蕊少量瓣化，雌蕊变小；花朵直上，成花率高，花期晚。

植株高，株形直立；一年生枝长；中型圆叶，侧小叶卵形，叶缘缺刻少，叶缘波曲，端锐尖，叶表面绿色有紫晕。菏泽曹州牡丹园1995年育出。

'层叠多娇'
'Ceng Die Duo Jiao'

花淡粉蓝色，瓣端色浅，菊花型。中型花；外瓣多轮，排列整齐，瓣端圆整，瓣基有浅紫晕；雄蕊正常或变小，雌蕊正常，花盘紫红色，心皮增多；花朵直上，成花率高，花期中。

植株中高，株形直立；一年生枝中长；中型圆叶，侧小叶卵圆形，叶缘缺刻多，端钝尖，叶表面浅绿色，叶缘红色；花期长。菏泽曹州牡丹园1999年育出。

'冲霄蓝'
'Chong Xiao Lan'

花粉蓝色，菊花型。花瓣多轮，雌雄蕊正常或瓣化；花朵直上，端庄富丽，花期晚。

植株高，株形直立；中型长叶，叶表面绿色有紫晕。菏泽百花园孙景玉团队育出。

'粉蓝盘'
'Fen Lan Pan'

花粉蓝色，微带紫色，瓣端粉白，菊花型。中型花；外瓣稍大，质硬而平展，瓣基有深紫色斑；雄蕊正常；雌蕊增多变小，花盘、柱头深紫色；花朵直上，成花率高，花期中。

植株高，株形直立；一年生枝长；中型长叶，侧小叶长卵形，叶缘缺刻少，叶缘波曲上卷，端锐尖或渐尖。菏泽百花园孙文海团队2000年育出。

'粉蓝双娇'
'Fen Lan Shuang Jiao'

花蓝粉色，菊花型。中型花；花瓣倒卵形，有稀疏齿裂，基部有深蓝粉色三角形斑块；雄蕊正常或偶有少量瓣化，花丝浅粉红色；雌蕊正常，偶有瓣化，柱头红色，花盘（半包）浅紫红色，心皮密被毛；花高于或与叶丛等高，花期中晚。

植株中高，株形半开展；叶片斜伸，顶小叶浅裂到中裂，侧小叶卵形，全缘或每侧1缺刻，叶上表面绿色；不结实，生长势强。菏泽市诚美花木种植专业合作社李洪勇2023年育出。

'粉中蓝'
'Fen Zhong Lan'

花粉蓝色，菊花型。中型花；花瓣曲皱，瓣端浅齿裂，基部有紫红晕；雌雄蕊正常，花丝浅紫色，花盘白色，柱头粉色；花朵直上，与叶面等高，花期中晚。

植株高，株形直立；小型长叶，顶小叶顶端中裂，侧小叶全缘或浅裂，叶表面绿色，边缘有紫晕；生长势强。菏泽市诚美花木李洪勇2010年选育。

'粉紫映金'
'Fen Zi Ying Jin'

花粉紫色，菊花型。花蕾圆尖形，偶有侧蕾，中型花；花瓣瓣端色浅，基部有紫红晕；雄蕊正常，部分瓣化，花丝紫色；雌蕊正常，花盘紫色，柱头紫红色；花朵直上，高于叶面，成花率高，花香淡，花期中。

植株中高，株形直立；当年生枝35～45cm；大型圆叶，小叶卵形，深绿色；少量结实，生长势强。菏泽百花园孙景玉2000年育出。

'海燕凌空'
'Hai Yan Ling Kong'

花粉蓝色，菊花型。中型花；外瓣6轮，排列整齐，质厚硬，瓣基有大型放射状紫红色斑；雄蕊正常，花丝紫红色；雌蕊正常，花盘、柱头紫红色；花朵直上，成花率高，花期中。

植株高，株形直立；一年生枝长；中型长叶，侧小叶披针形，叶缘全缘，端渐尖，叶表面粗糙，叶缘红。菏泽曹州牡丹园2003年育出。

'蓝宝石'
'Lan Bao Shi'

花粉色，微带蓝色，菊花型，偶呈千层台阁型。花蕾扁圆形，中型花；花瓣多轮，排列整齐，瓣端色浅，瓣基有条形深紫色斑；雌雄蕊正常，花丝、柱头紫红色；花朵直上，成花率高，花期中。

植株中高，株形直立；一年生枝长，节间较短；鳞芽大，圆形，新芽红褐色；中型长叶，叶柄斜伸，侧小叶卵形或长卵形，叶缘上卷，缺刻少，端渐尖，叶表面深绿色，具浅紫晕；较抗寒，花朵耐日晒。菏泽赵楼九队1975年育出。

'蓝海碧波'
'Lan Hai Bi Bo'

花粉蓝色，微带蓝色，菊花型。花蕾圆尖形，中型花，偏大；花瓣质地硬，排列整齐而清晰，端部多浅齿裂，瓣基有墨紫色斑；雌雄蕊正常；花朵直上，成花率较低，花期中。

植株中高，株形半开展；一年生枝长，节间稍短，萌蘖枝多；中型长叶，叶柄斜伸，侧小叶长卵形或卵形，叶缘稍上卷，缺刻少，叶表面黄绿有紫晕；花朵耐日晒。菏泽赵楼牡丹园1966年育出。

'雷泽映月'
'Lei Ze Ying Yue'

花浅紫色，菊花型。花瓣多轮，层次清晰，逐层变小，瓣基有紫晕；雌雄蕊正常，心皮5~8枚，花丝、柱头均红或紫红色；花朵圆润；花梗挺直，花朵直上，成花率高，花期中。

植株高，株形直立；中型长叶，稀疏，柄凹紫红色，小叶卵形或卵圆形，叶缘有红褐晕，叶尖失绿；生长势强，适宜切花和庭园栽培；人工杂交育成，母本'凤丹'，父本'富贵满堂'。菏泽瑞璞公司2017年育出。

'镰田藤'
'Lian Tian Teng'

花紫色，稍带蓝色，菊花型。大型花；花瓣质地较硬，层次清晰；雄蕊稍有瓣化，雌蕊变小；花朵直上，成花率高，花期中晚。

植株中高，株形直立；新茎青绿色泛红色；中型长叶，叶背有稀疏茸毛，叶柄红色，斜展，叶墨绿色有红晕；生长势较强，分枝力中等，萌蘖枝少。日本引进品种。

'绿波浮鹤'
'Lü Bo Fu He'

花粉蓝色，微带紫色，端部淡粉，基部淡紫，菊花型。中型花；花瓣形稍大，质硬而平展，排列整齐，瓣基有紫晕；雌雄蕊基本正常，花盘深紫红色；花朵直上或侧开，成花率高，花期中。

植株中高，株形半开展；一年生枝短；中型长叶，侧小叶长卵形，叶缘缺刻多，端渐尖。菏泽百花园孙文海团队2001年育出。

'浅紫幻斑'
'Qian Zi Huan Ban'

花紫蓝色，菊花型。花蕾圆尖形，中型花，偏大；花瓣基部有墨紫色斑；雌雄蕊正常，花丝、花盘粉色，柱头红色；花朵直上，高于叶面，成花率高，花香浓，花期晚。

植株高，株形直立；当年生枝40～45cm；中型长叶，小叶长卵形，绿色；结实率中等，生长势强；人工杂交而成，母本'大雅君子'，父本'黑夫人'。百花园孙文海团队2013年育出。

'如花似玉' 'Ru Hua Si Yu'

花粉蓝色，略带蓝色，菊花型。花蕾圆尖形，中型花；花瓣质硬，由外向内逐渐缩小，排列较紧密，瓣端浅齿裂，瓣基有紫晕；雌雄蕊正常，花丝紫红色，花盘紫红色；花朵直上，成花率高，花淡香，花期中晚。

植株高，株形直立；一年生枝长，节间亦长，萌蘖枝少；小型长叶，叶柄斜伸，顶小叶顶端深裂，侧小叶卵状披针形或长卵形，叶缘缺刻少，端渐尖，叶表面绿色，具紫晕；花朵耐日晒。菏泽百花园孙景玉团队1985年育出。

'旭日升空'
'Xu Ri Sheng Kong'

花粉蓝色，菊花型。花瓣6~8轮，质硬，瓣端色浅，基部有深紫色斑；雌雄蕊正常，花丝、花盘及柱头均为紫红色；花梗长硬，花朵直上，成花率高，花期中。

植株高，株形直立；中型长叶，黄绿色，稠密而质硬；生长势强。菏泽百花园孙景玉团队育出。

'夕霞晚照'
'Xi Xia Wan Zhao'

花淡紫色，微带蓝色，菊花型。外瓣较大，阔卵形，内瓣渐小，端部浅齿裂，基部有深紫红色斑；雌雄蕊正常；花朵直上，成花率高，花期中。

植株高，株形直立；枝条较粗，节间较长；中型长叶，侧小叶披针形，叶缘有紫晕；生长势强。菏泽百花园孙景玉团队育出。

'心里美'
'Xin Li Mei'

花粉蓝色，菊花型。花瓣6~8轮，逐层渐小，瓣基有蓝紫晕；雌雄蕊正常，花丝紫红色，柱头红色；花梗挺直，花朵直立，花期中。

植株中高，株形直立；中型长叶，小叶长卵形，近全缘，叶黄绿色，叶缘红褐色；适宜庭园栽培；人工杂交育成，母本'凤丹'，父本'蓝宝石'。菏泽市丹凤油牡丹种植专业合作社2018年育出。

'樱花露霜'
'Ying Hua Lu Shuang'

花粉蓝色，菊花型。花瓣多轮，排列整齐，基部有墨紫色斑；雄蕊稍有瓣化，雌蕊多且小；花期中晚。

植株高，株形直立；中型长叶，质硬，深绿色；成花率高，生长势强，花朵耐日晒，单花花期长。菏泽赵楼牡丹园育出。

'玉翠蓝'
'Yu Cui Lan'

花粉蓝色，菊花型。中型花，花瓣6~8轮，质硬，层次清晰，基部具深紫晕，端部粉白色；雄蕊正常，偶有瓣化；雌蕊正常，柱头、花盘均紫红色；花期中。

植株中高，株形半开展；新枝长，节间短；中型长叶，黄绿色，柄稍软，微下垂；分枝力中，生长势中。菏泽百花园孙景玉团队1966年育出。

'月宫仙子'
'Yue Gong Xian Zi'

花粉蓝色，菊花型。花蕾扁圆形，大型花；花瓣多轮，广倒卵形；雄蕊正常，花丝中下部紫色；雌蕊正常，花盘、柱头均紫红色；花梗粗，花朵直上或侧开，花期中。

植株中高，株形半开展；当年生枝粗短；大型圆叶，小叶阔卵形，有缺刻，端钝尖，叶面平展，灰绿色有紫晕；适宜切花及庭园栽培。菏泽赵楼牡丹园2002年育出。

'竹影晚照'
'Zhu Ying Wan Zhao'

花粉蓝色，菊花型。中型花；外瓣多轮，稍大，排列较整齐，瓣基有深色紫斑；雌雄蕊正常，花盘、柱头均深紫红色；花朵直上，成花率高，花期中。

植株中高，株形直立；一年生枝中长；中型长叶，侧小叶长卵形，叶缘上卷，缺刻少，端渐尖，叶表面有紫晕。菏泽百花园孙文海团队2001年育出。

'碧海仙洲'
'Bi Hai Xian Zhou'

花粉蓝色，蔷薇型。中型花；外瓣宽大圆整，排列整齐，瓣基有墨紫斑；雄蕊部分瓣化，雌蕊稍有瓣化；花朵直上，成花率高，花期晚。

植株高，株形直立；一年生枝长；小型圆叶，侧小叶圆尖形，叶缘有缺刻，端锐尖，叶表面粗糙，叶尖黄；结实，花朵耐日晒。菏泽曹州牡丹园2000年育出。

'大三' 'Da San'

花粉蓝色，蔷薇型。花蕾圆形，无侧蕾，大型花；花瓣基部有红晕；雄蕊正常，花丝紫红色；雌蕊正常，花盘、柱头紫红色；花朵直上，高于叶面，成花率高，花香浓，花期中。

植株高，株形直立；当年生枝38~45cm；中型长叶，小叶长卵形，绿色；少量结实，生长势强。菏泽百花园孙文海团队2003年育出。

'粉蓝韵'
'Fen Lan Yun'

花粉蓝色，蔷薇型。花蕾圆形，不绽口，大型花；花瓣基部具粉蓝色斑晕；雄蕊少量瓣化，花丝紫红色；雌蕊退化变小或部分瓣化为红绿彩瓣，花盘、柱头均紫红色；花朵直上，高于叶丛，成花率高，花淡香，花期中。

植株中高，株形半开展；抗病性强，适宜盆栽。菏泽百花园孙文海、陈志青2023年育出。

'阁蓝'
'Ge Lan'

花粉蓝色，蔷薇型。花蕾圆尖形；花瓣排列整齐，基部有紫色斑；雄蕊部分瓣化，雌蕊退化或瓣化为绿色彩瓣；成花率高，花期中。

植株高，株形直立；新枝硬；中型长叶，深绿色，叶面有紫红晕，稠密；生长势强。菏泽赵楼牡丹园育出。

'红叶蓝'
'Hong Ye Lan'

花紫蓝色，蔷薇型。花瓣基部颜色较深，雌雄蕊正常，花丝、柱头、花盘均紫红色；花朵直上，成花率高，花期早。

植株中高，株形半开展；中型长叶，叶面有红晕，叶柄红色；生长势强。菏泽百花园孙景玉团队育出。

'蓝精灵'
'Lan Jing Ling'

花粉蓝色，蔷薇型。外瓣3～4轮较宽大，瓣基具墨紫晕，内瓣稍小，皱卷；雄蕊少量瓣化，雌蕊正常或瓣化，柱头红色；花朵直上或侧开，花期中。

植株中高，株形半开展；当年生枝粗壮；中型长叶，密集，小叶卵形或卵状披针形，叶面粗糙，有紫晕；适宜盆栽及庭园栽培。菏泽赵楼牡丹园1993年育出。

'蓝葵'
'Lan Kui'

花粉蓝色，蔷薇型。花蕾圆形，中花型；外瓣稍大，质硬而平展，基部具有红色斑；雄蕊部分瓣化，雌蕊退化变小；花朵直上，成花率高，花期中晚。

植株高，株形直立；当年生枝粗壮，长枝；中型长叶，质软而厚，浅绿色；生长势强，适宜切花和庭园栽培。菏泽李集村李丰强2015年育出。

'蓝熙'
'Lan Xi'

花蓝紫色，蔷薇型。花蕾圆形，大型花；花瓣多轮，圆整质硬，排列紧密，层次清晰，基部有紫色斑；雄蕊正常，雌蕊部分瓣化，花盘淡粉色，柱头黄白色；花朵直上，成花率高，花期早。

植株高，株形半开展；新枝青绿色，萌蘖枝中多；大型圆叶，生长势强，分枝力强，花朵耐日晒，耐早春寒。菏泽学院牡丹学院、村檀园艺2022年育出。

'蓝玉'
'Lan Yu'

花粉蓝色，瓣基有紫色，内轮有多条紫色条纹，蔷薇型。花蕾圆形，大型花；花瓣整齐，瓣基有紫色条纹；雄蕊部分瓣化，部分正常杂于瓣中，花丝紫色；雌蕊正常，花盘、柱头均紫色；花朵直上，成花率高，花期中。

植株矮，株形半开展；一年生枝短；中型圆叶，侧小叶卵圆形，叶缘缺刻多，端钝尖，叶表面粗糙，深绿色。菏泽曹州牡丹园1984年育出。

'蓝玉生辉'
'Lan Yu Sheng Hui'

　　花粉蓝色，微带紫色，瓣端粉白，蔷薇型。花蕾圆形，大型花；外瓣稍大，质硬而平展，排列整齐而清晰，瓣基有紫晕；雄蕊部分瓣化；雌蕊增多变小，花盘深紫色；花朵直上或侧开，成花率高，花期中。

　　植株中高，株形半开展；一年生枝中长；中型长叶，侧小叶卵形或长卵形，叶缘缺刻少，上卷，端突尖，叶表面粗糙，有紫晕。菏泽百花园孙景玉团队1998年育出。

'蓝月亮'
'Lan Yue Liang'

花淡粉紫色，微带蓝色，蔷薇型。中型花；外瓣5轮，质软，层次清晰，瓣基有深紫红色小长斑；雄蕊少量瓣化；雌蕊变小；花朵直上或侧开，成花率高，花期中。

植株矮，株形开展；一年生枝短；中型长叶，侧小叶长卵形，叶缘稍上卷，缺刻少，端锐尖或渐尖，叶表面绿色；抗叶斑病。菏泽市国花牡丹研究生卢胜杰团队2001年育出。

'镰田锦'
'Lian Tian Jin'

花紫色稍带蓝色，蔷薇型。中型花，花瓣多轮，卷曲，端部齿裂，质地较硬，花瓣基部有深紫晕；雌雄蕊正常，花盘、柱头均白色；成花率高，花期中。

植株中高，株形半开展；小型长叶，叶表面绿色有红晕；生长势强，分枝力强，萌蘖枝少。日本引进品种。

'阳蓝'
'Yang Lan'

花粉蓝色，蔷薇型。花蕾圆尖形，中型花；花瓣基部有紫色椭圆形斑块，花瓣厚；雄蕊部分瓣化，花丝紫色；雌蕊正常，花盘（全包）、柱头紫色；花朵直上，花高于叶面，花香浓，花期中。

植株中高，株形直立；中型圆叶，小叶阔卵形；结实率高，生长势强；人工杂交育成，母本'胜葛巾'，父本'香玉'。菏泽市傲阳牡丹种植专业合作社赵文双2021年育出。

'雨后风光'
'Yu Hou Feng Guang'

花粉蓝色，蔷薇型。花蕾扁圆形，大型花；外瓣形大，瓣端浅齿裂，瓣基有椭圆形紫红色斑，雄蕊稍瓣化，花丝紫红色；雌蕊退化变小或偶瓣化成绿色瓣，花盘（残存）、柱头紫红色；花朵侧开，成花率高，花淡香，花期中。

植株高，株形直立；一年生枝长，节间亦长，萌蘖枝多，嫩枝紫色；新芽红褐色；中型长叶，叶柄平伸，顶小叶顶端深裂，侧小叶卵形，叶缘缺刻多，端渐尖，叶表面黄绿色；抗寒，抗病。菏泽赵楼牡丹园1971年育出。

'淡藕丝'
'Dan Ou Si'

花粉白色，稍带蓝色，托桂型。花蕾圆尖形，中型花；外瓣宽大，边缘多齿裂，质地薄，较硬，瓣基有淡紫晕；雄蕊瓣化瓣细而狭长，弯曲，稀疏，中央具紫色脉纹，端部残留花药；雌蕊退化；花朵直上，成花率高，花期中，稍晚。

植株矮，株形开展；一年生枝短，节间亦短，萌蘖枝较多；中型圆叶，侧小叶近圆形，叶缘稍上卷，端钝，叶表面绿色。菏泽赵楼牡丹园1974年育出。

'兰花冠' 'Lan Hua Guan'

花粉蓝色，托桂型。小型花；外瓣3~4轮，倒卵形，瓣端浅齿裂，瓣基有菱形浅紫色斑；雄蕊全部瓣化，花丝紫红色，端部残留花药；雌蕊稍有瓣化，花盘紫红色，柱头红色；花朵侧开，成花率低，花淡香，花期早。

植株中高，株形直立；一年生枝短，萌蘖枝少；小型圆叶，叶柄斜伸，顶小叶顶端浅裂，侧小叶宽卵形，叶缘缺刻少，端宽尖，叶表面绿色，叶背无毛。菏泽赵楼牡丹园育出。

'蓝绣球' 'Lan Xiu Qiu'

花浅蓝紫色，托桂型，有时呈皇冠型或绣球型。中型花；外瓣2轮，倒卵形，瓣端浅齿裂，瓣基有三角形紫色斑；雄蕊全部瓣化，端部少量残留花药；雌蕊部分瓣化为绿色彩瓣；花朵直上，成花率高，花浓香，花期中。

植株高，株形开展；一年生枝短；小型长叶，叶柄斜伸，顶小叶顶端浅裂，侧小叶长卵形，叶缘稍上卷，端锐尖，叶表面绿色。传统品种。

'藕丝蓝' 'Ou Si Lan'

花粉蓝色，托桂型。外瓣宽大平展，瓣端浅齿裂，瓣基具紫红晕；雄蕊部分正常，部分瓣化为细小卷曲碎瓣；雌蕊正常或退化变小；成花率高，花期中。

植株中高，株形半开展；中型圆叶，叶柄斜伸，小叶阔卵形，叶缘浅齿裂，叶表面绿色，有浅紫晕；菏泽百花园孙景玉团队育出。

'奇花献彩'
'Qi Hua Xian Cai'

花粉蓝色，托桂型，有时呈皇冠型。花蕾圆尖形，中型花；外瓣2轮，宽大质软，具半透明质脉纹，瓣基有紫色斑；雄蕊全部瓣化，瓣端残留花药；雌蕊正常或退化；花朵侧开，成花率高，花期中。

植株矮，株形半开展；一年生枝较短，节间短，萌蘖枝较多；大型圆叶，叶柄下垂，侧小叶广卵形，叶缘缺刻少，叶面脉纹明显，端钝，叶表面黄绿色有紫晕。菏泽赵楼牡丹园1963年育出。

'冰罩蓝玉'
'Bing Zhao Lan Yu'

花粉白色，稍带蓝色，皇冠型。花蕾圆形，小型花；外瓣2轮，形大，边缘具不明显的细圆齿裂，瓣基有紫晕；雄蕊瓣化瓣挺直，雌蕊瓣化；花朵侧开，成花率高，花期早。

植株中高，株形半开展；一年生枝较长，节间短，萌蘖枝较多，嫩枝红色；鳞芽卵圆形，新芽红色；中型圆叶，侧小叶卵圆形，叶缘上卷，缺刻少，端短尖，叶表面灰绿色有浅紫晕；较抗寒。菏泽赵楼牡丹园1969年育出。

'垂头蓝'
'Chui Tou Lan'

花蓝紫色，皇冠型。中型花；外瓣3~5轮，倒卵形，瓣端浅齿裂，瓣基有菱形紫红色斑；雄蕊全部瓣化，端部残留花药；雌蕊部分瓣化为紫绿彩瓣，花盘（残存）、柱头紫红色；花朵侧垂，成花率较高，花淡香，花期晚。

植株中高，株形直立；一年生枝中，萌蘖枝较多；大型圆叶，叶柄斜伸，顶小叶顶端中裂，侧小叶长卵形，叶缘缺刻少，端宽尖，叶表面绿色。菏泽赵楼牡丹园育出。

'大瓣楼'
'Da Ban Lou'

花浅粉蓝色,皇冠型。花蕾扁圆形;外瓣2轮,形大质硬而平展,瓣基具紫红色斑;内瓣形小质硬,密集,中心花瓣大而高起;雄蕊全部瓣化,雌蕊变小;花朵直上,成花率高,花形丰满而圆润,花期中。

植株中高,株形半开展;中型圆叶,小叶卵形,深绿色;生长势强,适宜庭园栽培。菏泽李集牡丹园1986年育出。

'大叶蓝'
'Da Ye lan'

花紫蓝色,皇冠型。花蕾圆形,无侧蕾,大型花;花瓣基部有深紫色斑;雄蕊全部瓣化,雌蕊退化;花态侧开或下垂,二年生枝开花2个以上,成花率高,花香淡,花期晚。

植株中高,株形半开展;当年生枝30~40cm;大型圆叶,小叶卵形,深绿色;无结实,生长势强。菏泽百花园孙景玉团队1985年育出。

'多娇'
'Duo Jiao'

花粉蓝色,微带紫色,皇冠型。花蕾扁圆形;外瓣3轮,形大,瓣基浅红晕;内瓣曲皱而密集;花梗有紫晕,花朵斜伸,成花率高,花期中晚。

植株中高,株形半开展;中型长叶,较稠密,小叶长卵形,有紫晕,边缘上卷,深绿色;生长势中,适宜庭园栽培。菏泽李集牡丹园1988年育出。

'粉蓝楼'
'Fen Lan Lou'

花粉色，稍带蓝色，皇冠型。花蕾圆尖形，中型花；外瓣2~3轮，形大质薄，瓣基有紫晕；雄蕊瓣化瓣皱褶，较稀疏；雌蕊瓣化成绿色彩瓣；花朵侧开，成花率较低，花期中。

植株中高，株形半开展；一年生枝较长，节间短，萌蘖枝较多；大型长叶，叶柄斜伸，侧小叶卵状披针形，叶缘上卷，缺刻少，端渐尖，叶表面粗糙，深绿色，具紫晕。菏泽赵楼牡丹园1968年育出。

'粉紫梦蓝'
'Fen Zi Meng Lan'

花粉紫色，皇冠型。花蕾圆尖形，中型花；外瓣2~3轮，宽大平展；雄蕊瓣化瓣曲皱耸立，雌蕊瓣化或退化变小；花朵直上，高于叶面，成花率高，花香浓，花期中。

植株中高，株形直立；当年生枝35~40cm；中型长叶，小叶长卵形，绿色；少量结实，生长势强；人工杂交育成，母本'赛墨莲'，父本'皇嘉门'。菏泽百花园孙文海、孙帅2014年育出。

'海波'
'Hai Bo'

花粉色，微带蓝色，皇冠型，有时呈荷花型或托桂型。花蕾圆尖形，中型花；外瓣3～4轮，形大质硬，平展，瓣基有红晕；雄蕊瓣化瓣褶叠，大而稀疏；雌蕊退化变小或瓣化成绿色彩瓣；花朵直上，成花率高，花期早。

植株中高，株形半开展；一年生枝长，节间略短，萌蘖枝多；中型圆叶，叶柄斜伸，侧小叶长卵形或长椭圆形，叶缘缺刻少而浅，端钝，叶表面绿色；花朵耐日晒。菏泽百花园1973年育出。

'海浪'
'Hai Lang'

花粉蓝色，皇冠型。外瓣2轮宽大圆整，内瓣较大而匀称，瓣端色渐浅；花梗硬、较长，成花率高，花朵直立，花期中。

植株中高，株形半开展；中型长叶，叶面深绿色，边缘有红晕，微上卷；生长势强，萌蘖芽多，适于促成栽培。菏泽李集牡丹园1989年育出。

'海霞'
'Hai Xia'

花浅粉蓝色,皇冠型。小型花;外瓣2轮,形大而平展,瓣端浅齿裂;雄蕊瓣化;雌蕊正常或变小,花盘淡黄色,柱头绿色;花朵侧开,成花率高,花期中。

植株矮,株形半开展;一年生枝短;中型圆叶,侧小叶卵圆形,叶缘波曲,缺刻多,端钝尖,叶表面粗糙,黄绿色;抗寒性较差。菏泽赵楼牡丹园1986年育出。

'鹤望蓝' 'He Wang Lan'

花蓝色，皇冠型。中型花，外瓣2轮，较宽大平展，内瓣密集整齐；雌蕊瓣化为绿色彩瓣；花朵侧垂，花期晚。

植株高，株形半开展；大型圆叶，边缘微上卷，叶背密生茸毛；生长势强，分枝力强。菏泽赵楼牡丹园育出。

'锦冠' 'Jin Guan'

花粉蓝色，皇冠型。花蕾扁圆形，无侧蕾，中型花；花瓣基部有浅红晕；雄蕊瓣化瓣褶叠隆起，瓣间夹杂少数正常雄蕊；雌蕊瓣化或退化变小，花盘浅紫红色，柱头紫红色；花朵直上，高于叶面，成花率高，花香浓，花期晚。

植株中高，株形直立；当年生枝30～40cm；中型长叶，小叶卵形，黄绿色；无结实，生长势强。菏泽百花园孙景玉团队1982年育出。

'九天揽月'
'Jiu Tian Lan Yue'

花粉色，略带蓝色，皇冠型。花蕾圆尖形，大型花；外瓣2~3轮，宽大，瓣端多齿裂，瓣基有紫红色斑；雄蕊瓣化瓣狭长而卷皱，端部常残留少量花药；雌蕊瓣化成绿色彩瓣；花朵直上，成花率高，花期中早。

植株高，株形直立；一年生枝长，节间亦长，萌蘖枝少；中型圆叶，叶柄斜伸，侧小叶卵形或长卵形，叶缘缺刻少，端钝，下垂，叶表面粗糙，绿色，边缘具浅紫晕；蕾期耐低温。菏泽百花园孙景玉团队1972年育出。

'蓝翠楼'
'Lan Cui Lou'

花粉红色，微带蓝色，瓣端粉白色，皇冠型。花蕾圆尖形，中型花；外瓣2轮，形大质硬，瓣端浅齿裂，瓣基有紫晕；雄蕊瓣化瓣整齐，紧密隆起；雌蕊瓣化瓣黄绿色；花朵侧垂，成花率较高，花期晚。

植株高，株形开展；一年生枝长而粗，节间较长，萌蘖枝较少；大型圆叶，叶柄斜伸，顶小叶顶端浅裂，侧小叶卵形，叶缘肥厚而大，质软下垂，端钝，叶表面深绿色。菏泽赵楼牡丹园1966年育出。

'蓝花冠'
'Lan Hua Guan'

花粉蓝色，皇冠型。花蕾圆形；外瓣2轮，形大质硬而波皱，瓣基具深紫色斑；内瓣形小，密集隆起；雌蕊变小，花盘紫红色；花朵直上，花期中晚。

植株偏矮，株形半开展；一年生枝粗短；中型圆叶，稠密，小叶卵形，叶面斑皱，边缘稍上卷，深绿色；生长势强，成花率高，适宜庭园栽培。菏泽百花园孙景玉团队1983年育出。

'蓝花魁' 'Lan Hua Kui'

花粉色，带蓝色，皇冠型。花蕾圆尖形，中型花；外瓣3轮，圆整平展，质地较硬，瓣端尖齿裂，瓣基有浅红晕；雄蕊瓣化瓣稠密卷皱，瓣间残有少量正常雄蕊，花丝紫色；雌蕊正常，花盘（半包）暗紫红色，柱头紫红色；花朵直上，成花率高，花浓香，花期早。

植株中高，株形半开展；一年生枝中长，节间短，萌蘖枝较少；中型长叶，叶柄斜伸，顶小叶顶端浅齿裂，侧小叶长卵形，叶缘微上卷，具1~3个缺刻，端突尖，叶表面深绿色有浅紫晕。菏泽百花园1979年育出。

'蓝田玉' 'Lan Tian Yu'

花粉色，微带蓝色，皇冠型。花蕾圆形，中型花；外瓣形大平展，具浅紫色脉纹，瓣端深齿裂，瓣基有紫晕；雄蕊瓣化瓣卷曲密集，花丝紫红色，瓣端有残留花药；雌蕊退化变小或瓣化成绿色彩瓣，花盘（全包）紫红色，柱头红色；花朵直上，成花率高，花淡香，花期中晚。

植株矮，株形半开展；一年生枝短，节间亦短，萌蘖枝少，嫩枝紫红色；鳞芽圆尖形，芽端顶部易开裂，新芽灰褐色；中型圆叶，叶柄平伸，顶小叶顶端浅裂，侧小叶卵圆形，叶缘缺刻少而浅，端钝，叶表面黄绿色有紫晕；较抗寒，较抗病。传统品种。

'蓝线界玉'
'Lan Xian Jie Yu'

花紫蓝色，皇冠型。中型花，外瓣2轮，大而平展，基部有少量紫晕；内瓣褶叠整齐，瓣中央有浅紫色脉纹，雌蕊退化或稍有瓣化；成花率较高，花期中。

植株中高，株形开展；中型圆叶，小叶卵圆形，缺刻少而浅，边缘波状上卷，端钝或短尖，叶面粗糙。菏泽赵楼牡丹园1968年育出。

'雷泽湖光'
'Lei Ze Hu Guang'

花粉蓝色，皇冠型。花蕾圆尖形，中型花，偏大；外瓣宽大，花瓣基部有紫晕，花瓣中央有紫色纹；雄蕊多数瓣化，花丝紫红色；雌蕊正常，柱头紫红色，花盘深紫红色；花朵高于叶面，成花率高，花期中。

植株中高，株形半开展；大型长叶，小叶卵形，生长势强。菏泽百花园孙文海团队2001年育出。

'冷光蓝'
'Leng Guang Lan'

花蓝色，皇冠型。中型花；外瓣3～4轮，形大圆整，较平展，基部有紫色斑；内瓣曲皱耸立，中部有紫色条纹；雌蕊退化变小；成花率高，花期中。

植株中高，株形半开展；一年生枝短，节间亦短；中型长叶，稠密，缺刻深；生长势中等。菏泽百花园孙景玉团队育出。

'满天星'
'Man Tian Xing'

  花粉色，略带蓝色，皇冠型，有时呈托桂型。花蕾圆尖形，中型花；外瓣3~4轮，形大质硬，平展，瓣基有紫晕；雄蕊全部瓣化，端部常残留花药；雌蕊退化变小或瓣化成绿色彩瓣；花朵直上，成花率高，花期中。

  植株中高，株形半开展；一年生枝较长，节间短，萌蘖枝多；大型圆叶，叶柄斜伸，侧小叶椭圆形，叶缘上卷，缺刻少，端锐尖，叶表面粗糙，深绿色，具浅紫晕；抗逆性强。菏泽百花园孙景玉团队1979年育出。

'藕丝魁'
'Ou Si Kui'

花淡粉紫色，微带蓝色，皇冠型，有时呈托桂型。花蕾圆尖形，中型花；外瓣2轮，形大，多齿裂，瓣基有紫晕；雄蕊瓣化瓣质软，曲皱，瓣中心有紫色脉纹，花丝紫红色，瓣端常残留花药；雌蕊瓣化或退化变小，花盘（残存）紫色，柱头红色；花朵藏于叶丛中，成花率低，花浓香，花期中。

植株中高，偏矮，株形半开展；一年生枝较短，节间亦短，萌蘖枝多；中型圆叶，叶柄平伸，侧小叶卵圆形，叶缘缺刻少而浅，端钝，叶表面绿色有紫晕。传统品种。

'青翠蓝'
'Qing Cui Lan'

花粉色，略带蓝色，皇冠型。花蕾圆尖形，中型；外瓣2～3轮，形大质薄，稍皱褶，瓣基有紫红色斑；雄蕊瓣化瓣狭长质软，皱褶，略稀疏，端部常残留部分花药；雌蕊瓣化成黄绿色彩瓣；花朵直上，成花率高，花期中早。

植株中高，株形直立；一年生枝稍长，节间短，萌蘖枝多；小型圆叶，叶柄斜伸，侧小叶卵形或长卵形，叶缘波状上卷，缺刻浅，端钝，叶表面粗糙，绿色；抗逆性强。菏泽百花园1972年育出。

'软枝蓝'
'Ruan Zhi Lan'

　　花粉色，带有蓝色，皇冠型。花蕾圆尖形，中型花；外花瓣2~3轮，花瓣平展，瓣端多齿裂，花瓣基部有紫晕；雄蕊瓣化瓣层层叠起；雌蕊瓣化成绿色彩瓣；花朵侧垂，成花率较低，花期晚。

　　植株高，株形开展；一年生枝长，节间长，萌蘖枝多；大型长叶，侧小叶阔披针形，叶面粗糙，端渐尖，下垂，叶表面深绿色；抗叶斑病。菏泽赵楼牡丹园1965年育出。

'赛斗珠'
'Sai Dou Zhu'

　　花粉紫色，带有蓝色，皇冠型。花蕾圆尖形，中型花；外瓣3轮，较宽大，瓣端有齿裂，瓣基有紫晕；雄蕊瓣化瓣密集，皱褶；雌蕊瓣化为绿色彩瓣；花朵下垂，成花率低，花期晚。

　　植株高，株形开展；一年生枝长，节间稍短，萌蘖枝多；中型长叶，叶柄斜伸，侧小叶长卵形，叶缘上卷，缺刻少，叶表面深绿色。菏泽赵楼牡丹园1967年育出。

'五月蓝' 'Wu Yue Lan'

花粉蓝色，皇冠型或绣球型。大型花；花朵直立，花香浓，成花率高，花期特晚。

植株中高，株形半开展；枝粗壮，叶片较密，小叶略内卷，端下垂，缺刻少，黄绿色；生长势强。菏泽百花园育出。

'西施蓝' 'Xi Shi Lan'

花蓝紫色，皇冠型。外瓣2轮，较大，基部有深色斑，内瓣褶皱密集；雄蕊瓣化，雌蕊退化变小或瓣化成绿色彩瓣；花梗粗短，花朵直上，成花率较高，花期晚。

植株中高，株形半开展；中型长叶，稠密，生长势强。菏泽百花园孙景玉团队育出。

'曦光' 'Xi Guang'

花粉白色，微蓝，瓣基有色深，皇冠型。中型花；外瓣3轮，形大圆整，排列整齐，瓣基有紫晕；雄蕊大部分瓣化；雌蕊退化变小，花盘、柱头紫色；花朵直上，成花率高，花期中。

植株中高，株形直立；一年生枝中长；中型圆叶，侧小叶椭圆形，叶缘上卷，缺刻多，端锐尖，叶表面边缘有红晕；花期特长。菏泽曹州牡丹园2002年育出。

'雨过天晴' 'Yu Guo Tian Qing'

花粉色，稍带蓝色，皇冠型，有时呈托桂型。花蕾圆形，小型花；外瓣2轮，形大，较圆整，质硬，瓣基有墨紫色斑；雄蕊瓣化瓣褶叠，紧密，雌蕊退化变小；花朵直上，成花率低，花期中。

植株中高，株形半开展；一年生枝短，节间亦短，萌蘖枝多；中型圆叶，叶柄平伸，侧小叶阔卵形或卵形，叶缘缺刻少，端渐尖，下垂，叶表面深绿色，紫晕明显。传统品种。

'紫线界玉'
'Zi Xian Jie Yu'

花紫蓝色，皇冠型。花蕾长圆尖形；外瓣2～3轮，形大质薄；内瓣稍小，瓣基有小紫斑，具放射状紫色条纹直达瓣端，质柔；雌蕊退化变小；花梗细长，花朵侧开，成花率高，花期中。

植株中高，株形半开展；中型圆叶，小叶卵圆形，叶面有红晕，叶背多长毛；生长势中，适宜庭园栽培。菏泽赵楼牡丹园1963年育出。

'迟蓝'
'Chi Lan'

花粉蓝色，绣球型。中型花，花瓣较大，瓣基具红晕；雌雄蕊全部瓣化；花朵侧开，花期晚。

植株高，株形半开展；大型长叶，较稠密，顶小叶圆钝，侧小叶全缘；生长势强，分枝力强，萌蘖枝中。菏泽赵楼牡丹园1967年育出。

'粉蓝球'
'Fen Lan Qiu'

花浅粉蓝色，绣球型。花瓣端部颜色浅，基部有墨紫色斑，排列密集；雄蕊全部瓣化；花梗粗硬，花朵直上或侧开，低于叶面，花期中晚。

植株中高，株形直立；中型长叶，枝叶密集，叶片质地厚硬，小叶缺刻尖；生长势强。菏泽百花园孙景玉团队育出。

'小刺猬'
'Xiao Ci Wei'

花粉色微带蓝色,绣球型。中型花,外瓣宽大圆整,内瓣类似针状向上耸起且瓣端绿色,瓣基紫晕;花朵直上,花期晚。
植株中高,株形直立;中型长叶,生长势中。菏泽百花园育出。

'粉蓝乔'
'Fen Lan Qiao'

花粉蓝色，千层台阁型。下方花外瓣3轮，宽大平展，瓣端浅齿裂；上方花曲皱隆起，基部色深，雌雄蕊全部瓣化；花朵侧开，花期中。

植株中高，株形直立；小型长叶，青绿色。菏泽李集牡丹园育出。

'蓝芙蓉'
'Lan Fu Rong'

花粉色，微带蓝色，千层台阁型。花蕾扁圆形，大型花；花瓣较大，瓣端浅齿裂，瓣基有紫晕；雄蕊时有瓣化，花丝紫红色；雌蕊退化或变小，花盘、柱头紫红色；花朵直上，成花率高，花淡香，花期中晚。

植株高，株形直立；一年生枝长，节间亦长，萌蘖枝较多，嫩枝灰紫红色；鳞芽圆尖形，新芽黄褐色；中型长叶，叶柄斜伸，顶小叶顶端深裂，侧小叶卵形，叶缘缺刻少，端渐尖，叶表面深绿色，有紫晕；抗寒，抗病。菏泽赵楼牡丹园1969年育出。

'蟾宫折桂'
'Chan Gong Zhe Gui'

花浅粉蓝色，楼子台阁型。花蕾圆形，中型花；外瓣2轮，宽大而圆整，端部剪裂；雄蕊瓣化成条形花瓣；雌蕊瓣化成粉蓝色或绿色彩瓣；花朵直上或侧开，成花率高，花期晚。

植株中高，株形半开展；一年生枝节间极短；中型长叶，侧小叶长卵形，叶缘缺刻多，端渐尖，叶表面粗糙。菏泽曹州牡丹园2005年育出。

'大朵蓝'
'Da Duo Lan'

花粉蓝色,瓣端部色浅,基部色深,楼子台阁型。花蕾长圆形,大型花;下方花外瓣2轮,形大质硬,雄蕊全部瓣化,雌蕊瓣化成蓝绿相间彩瓣;上方花瓣大,质硬,雄蕊全部瓣化,雌蕊瓣化成条状彩瓣;花朵侧开,成花率较低,花期较晚。

植株中高,株形半开展;一年生枝中长;大型长叶,侧小叶披针形,叶缘缺刻少,端锐尖,叶表面光滑,深绿色,叶背多毛。菏泽赵楼牡丹园1968年育出。

'粉羽球'
'Fen Yu Qiu'

花浅粉蓝色,楼子台阁型。大型花;下方花外瓣2轮,形大质软,雄蕊完全瓣化,雌蕊瓣化成蓝绿相间彩瓣;上方花花瓣大,端部褶叠,齿裂多,瓣基有紫色条纹,雄蕊全部瓣化,雌蕊瓣化成条状彩瓣;花朵直上或侧开,成花率高,花期晚。

植株中高,株形半开展;一年生枝中长;大型长叶,侧小叶长椭圆形,叶缘缺刻少,端锐尖,叶表面粗糙,黄绿色,有紫晕。菏泽曹州牡丹园2004年育出。

上编 菏泽牡丹品种

菏泽牡丹谱

黄色系 Yellow

（品种数：32种）

'黄金时代'
'Huang Jin Shi Dai'

花淡黄色，单瓣型。中型花，外瓣2轮，基部有棕色斑；雌雄蕊正常，花丝较长，黄色带棕晕，柱头黄色，花盘（半包）黄白色；花朵侧垂，花期晚。

植株矮，株形半开展；小型长叶，小叶中裂或羽状浅裂，翠绿色，生长势强。欧美引进品种。

'锦缎'
'Jin Duan'

花橙色，单瓣型。花蕾圆锥形，中型花；花瓣2~3轮，圆整，柔软，层次清晰；雌雄蕊正常，花盘、柱头黄绿色；花朵侧开，成花率高，花期晚。

植株中高，株形半开展；新枝绿色，中型叶，生长势强。引进品种。

'丹心'
'Dan Xin'

花黄色，单瓣型。花蕾卵形，中型花；花瓣倒卵形，基部有长椭圆形紫红色斑，斑边缘呈辐射状；雌雄蕊正常，花丝淡红色，花盘（半包）淡黄色，半革质，心皮被毛稀疏，柱头黄绿色；成花率高，有淡茉莉香，花期中晚。

植株中矮，株形开展；一年生枝短到中；侧小叶长卵形；萌蘖较多，抗逆性强，适宜盆栽及园林绿化；母本为黄牡丹，父本为'五洲红'。甘肃省林业科技推广站牡丹科技团队2010年育出。

'甘林黄'
'Gan Lin Huang'

花鲜黄色，单瓣型。花蕾长卵形，中型花；花瓣扁圆形至倒卵形，质地厚，瓣基部有卵圆形红色斑；雌雄蕊正常，花丝红色，花盘（半包）浅黄色，半肉质，心皮被毛稀疏，柱头浅黄色；成花率高，有淡茶香，花期中。

植株中高，株形开展；一年生枝长；二至三回羽状复叶，侧小叶阔卵形，深裂；母本为紫斑牡丹，父本为黄牡丹；抗逆性强。甘肃省林业科技推广站牡丹科技团队2010年育出。

'黄水晶'
'Huang Shui Jing'

花黄色，单瓣型。花蕾卵形；花瓣质地厚，倒卵形，边缘橙红色，基部有长卵形紫红色斑；雌雄蕊正常，花丝浅紫色，花盘（部分包被）乳黄略泛红，半肉质，柱头淡黄带浅红晕；花近平伸，成花率高，有茉莉香，花期中晚。

植株中高，株形半开展；一年生枝中长；侧小叶卵形，中裂；萌蘖性强，生长旺盛；母本为白色单瓣紫斑牡丹品种，父本为黄牡丹。甘肃省林业科技推广站牡丹科技团队2009年育出。

'黄鹂'
'Huang Li'

花淡黄色，荷花型。中型花，外瓣2轮，质地硬，较圆整，基部具红色斑；内瓣褶叠，瓣间常残留花药，雌蕊瓣化或退化；花朵直上，花期中。

植株矮，株形半开展；中型圆叶，质硬稠密，边缘上卷，叶面黄绿；人工杂交育成，母本'黄花魁'，父本'御衣黄'。菏泽百花园孙景玉团队1974年育出。

'双河晓月'
'Shuang He Xiao Yue'

花初开黄色,盛开黄粉色,近谢时黄白色,多花型,有单瓣型、荷花型、托桂型、皇冠型等。花瓣基部具紫红色斑;花期中。

植株中高,株形直立;叶色深绿,有紫晕,边缘紫色。菏泽赵楼赵文强育出。

'日暖风恬'
'Ri Nuan Feng Tian'

花黄色,荷花型。花蕾圆形,中型花;花瓣2~3轮,圆整质硬,排列紧密,层次清晰,基部有紫色斑;雌雄蕊正常,花盘淡紫红色,柱头紫红色;花朵侧开,成花率高,花期晚。

植株高,株形半开展;新枝红绿色;中型圆叶,叶片深裂;花耐日晒,生长势强,适合作为育种母本。引进品种。

'御衣黄'
'Yu Yi Huang'

花淡黄色,荷花型。花蕾圆尖形,中型花;花瓣宽大波状,瓣端浅齿裂,瓣基有三角形淡紫色斑;雄蕊偶有瓣化,花丝黄色;雌蕊正常,花盘(全包)浅黄色,柱头浅红色;花朵直上,成花率低,花浓香,花期中。

植株中高,株形直立;一年生枝较短,节间短,萌蘖枝少,嫩枝深紫红色;新芽灰褐色;中型圆叶,叶柄斜伸,顶小叶顶端中裂,侧小叶卵形或广卵形,叶缘缺刻少而浅,端钝,叶表面绿色;结实较多,较抗寒。传统品种。

'月到中秋'
'Yue Dao Zhong Qiu'

花淡黄色，荷花型。花蕾圆尖形，中型花；花瓣质硬，基部有三角形浅红色斑；雄蕊正常，花丝淡黄色；雌蕊花盘浅黄色，柱头浅黄色，心皮有毛；花朵斜伸，与叶片相平或近平，成花率高，花香浓，花期中。

植株中高，株形半开展；一年生枝长20～30cm；小型长叶，小叶长卵形；结实率中，生长势强。菏泽曹州牡丹园刘爱青2017年育出。

'彩虹'
'Cai Hong'

花初开橘红，盛开橘黄色，菊花型。花蕾扁圆形，易绽口，中型花；花瓣卵圆形，瓣基有卵圆形红斑；雄蕊偶有瓣化，花丝紫红色；雌蕊正常，花盘（半包）白色，革质，柱头浅黄色；花朵侧开，成花率高，花期晚。

植株中高，株形半开展；一年生枝中长；大型圆叶，顶小叶顶端浅裂，侧小叶卵形，叶缘缺刻尖，端渐尖，叶表面有紫红晕；抗逆性强。北京林业大学王莲英团队2010年育出。

'黄冠'
'Huang Guan'

花黄色，菊花型。花瓣宽大平展，排列规则；内花瓣排列不规则，瓣间常杂有正常雄蕊或退化雄蕊，瓣端也常残留有花药；雌蕊退化或瓣化；成花率高，花期晚。

植株高，株形直立；偶有结实。法国引进品种。

'金岛'
'Jin Dao'

花黄色，菊花型。花瓣较圆整宽大，有皱褶，质硬，瓣基有深紫色斑纹，雌雄蕊正常；花朵侧开，茶香味，成花率高，花期晚。

植株高，株形开展；大型长叶，深绿色，叶缘锯齿状；生长势强，萌蘖枝少。法国引进品种。

'赤铜之辉'
'Chi Tong Zhi Hui'

花橙色，蔷薇型或千层台阁型。花蕾圆形，中型花；花高度重瓣，圆整，柔软，排列紧密，层次清晰；雄蕊正常，有花粉；雌蕊正常，花盘黄绿色，柱头粉红色；花朵直上，花耐日晒，成花率高，花期晚。

植株中高，株形半开展；新枝绿色，中型叶，生长势强。引进品种。

'海黄'
'Hai Huang'

花黄色，蔷薇型。外瓣大，向内渐小，排列紧密；雄蕊多，柱头黄色，花盘浅包；花期中。

植株中高，株形半开展；中度喜光，稍耐半阴，喜温和气候，具有一定耐寒性，忌酷热，喜高燥，惧湿涝。引进品种。

'黄云叠浪'
'Huang Yun Die Lang'

花香槟色，蔷薇型。花蕾圆形，中型花；花瓣6~8轮，圆整质硬，层次清晰，基部有紫红色斑；雌雄蕊正常，花盘紫红色，柱头米黄色；花朵侧开，花耐日晒，成花率高，花期晚。

植株高，株形半开展；新枝绿色；中型长叶，叶片深裂；花耐日晒，生长势强，适合作为育种母本。引进品种。

'雏鹅黄'
'Chu E Huang'

花淡黄色，带有粉色，托桂型，有时呈皇冠型。花蕾圆尖形，中型花；外瓣2~3轮，形大质硬，瓣基有三角形紫色斑；雄蕊瓣化瓣质地较软，排列稀疏，瓣间亦杂有少量雄蕊，花丝淡黄色；雌蕊稍有瓣化或变小，花盘（全包）白色，柱头淡黄色；花朵直上，成花率高，花浓香，花期中。

植株高，株形直立；一年生枝长，节间亦长，萌蘖枝少，嫩枝紫红色；新芽灰黄色；中型圆叶，叶柄斜伸，顶小叶顶端中裂，侧小叶卵形，叶缘缺刻少而浅，端较短尖，叶表面较粗糙，深绿色，稍有紫晕；抗寒，较耐湿热，抗病。菏泽赵楼九队1966年育出。

'雏凤羽'
'Chu Feng Yu'

花淡黄色，皇冠型。花蕾圆尖形，常开裂，中型花；外瓣2~4轮，质硬平展，具半透明质脉纹，瓣端有深齿裂；瓣间残留有正常雄蕊，雄蕊瓣化瓣稀疏，端部有时残留花药；花盘白色，柱头黄绿色；花朵直上，花期中。

植株中高，株形直立；一年生枝长，节间短，萌蘖枝多；中型圆叶，叶柄斜伸，侧小叶卵形或椭圆形，叶缘缺刻少，叶表面绿色有紫晕。菏泽赵楼牡丹园1986年育出。

'甘草黄'
'Gan Cao Huang'

花淡黄色，皇冠型。外瓣2~3轮，瓣质薄，细腻柔嫩；雄蕊多数瓣化为狭长瓣，曲皱褶叠；雌蕊瓣化或退化；花期中。

植株中高，株形直立；枝细硬，小型圆叶，叶表面黄绿色有紫晕。传统品种。

'古城春色'
'Gu Cheng Chun Se'

花淡黄色，皇冠型。花蕾圆尖形，中型花；外瓣质硬形大，瓣端浅齿裂，瓣基有呈放射状深紫色斑；雄蕊瓣化瓣细碎卷曲，密集，花丝白色，端部常残留花药；雌蕊退化变小或瓣化，花盘（全包）、柱头粉色；花朵直上，成花率较低，花香，花期中。

植株中高，株形直立；一年生枝长，节间较短，萌蘖枝较多；中型圆叶，叶柄斜伸，顶小叶顶端深裂，侧小叶卵形，叶缘缺刻少而浅，叶表面黄绿具浅紫红晕。菏泽赵楼牡丹园1985年育出。

'古铜颜'
'Gu Tong Yan'

花淡黄色，微带褐色，皇冠型。花蕾圆尖形，中型花；外瓣2轮，形大质硬，瓣端浅齿裂，瓣基有菱形墨紫色斑；雄蕊瓣化瓣褶皱，整齐，花丝淡黄色；雌蕊变小或稍有瓣化，柱头淡黄色；花朵直上，成花率高，花香，花期中。

植株中高，株形直立；一年生枝长，节间较短，萌蘖枝少；小型长叶，叶柄斜伸，顶小叶顶端浅裂，侧小叶长卵形，叶缘上卷，缺刻少，端渐尖，叶表面深绿具紫晕。菏泽赵楼九队1980年育出。

'黄翠羽'
'Huang Cui Yu'

花淡黄色，皇冠型。花蕾圆尖形，中型花；外瓣2~3轮，较宽大常外卷，瓣端浅齿裂，瓣基有淡红晕；雄蕊瓣化瓣细小弯曲，端部残留花药；雌蕊瓣化成绿色彩瓣，花盘（残存）、柱头淡黄色；花朵直上或侧开，成花率高，花浓香，花期中。

植株中高，株形半开展；一年生枝较长，节间短，萌蘖枝多；大型圆叶，叶柄斜伸，顶小叶顶端浅裂，侧小叶卵形或广卵形，叶缘微上卷，缺刻少，端钝，叶表面绿色；抗病。菏泽赵楼牡丹园1983年育出。

'金轮黄'
'Jin Lun Huang'

花淡黄色，皇冠型，有时呈托桂型。花蕾圆尖形，中型花；外瓣2轮，形大，具半透明质脉纹，瓣端浅齿裂，瓣基有紫色斑；雄蕊瓣化瓣狭长，质较硬，花丝白色；雌蕊变小，花盘（残存）、柱头淡黄色；花朵直上，成花率高，花浓香，花期中。

植株中高，株形直立；一年生枝较长，节间短，萌蘖枝少；小型圆叶，叶柄平伸，顶小叶顶端中裂，侧小叶卵圆形，叶缘稍上翘，缺刻少而浅，端锐尖，叶表面黄绿多紫晕，叶背多茸毛。传统品种。

'金玉交章' 'Jin Yu Jiao Zhang'

花初开淡黄色，盛开乳白色，皇冠型，有时呈托桂型。花蕾圆形，端部易开裂，中型花；外瓣2轮，形大质硬，瓣端浅齿裂，瓣基有粉红晕；雄蕊瓣化瓣褶叠隆起，瓣端有时残留花药；雌蕊退化变小或瓣化，花盘（全包）紫红色，柱头淡黄色；花朵直上，成花率低，花淡香，花期早。

植株矮，株形半开展；一年生枝短，节间亦短，萌蘖枝多；中型圆叶，叶柄平伸，顶小叶顶端浅裂，侧小叶卵圆形，叶缘上卷，端钝，叶表面粗糙，黄绿色；抗寒，抗病。传统品种。

'暖玉' 'Nuan Yu'

花乳黄色，皇冠型。花蕾圆形，无侧蕾，中型花；花瓣基部有紫红色斑；雄蕊完全退化；花盘黄色，柱头黄色；花朵直上，高于叶面，成花率高，花香浓，花期晚。

植株中高，株形直立；当年生枝30～40cm；中型圆叶，小叶卵形，黄绿色；无结实，生长势强；人工杂交育成，母本'香玉'，父本'玉秀'。菏泽百花园孙文海团队2012年育出。

'姚黄' 'Yao Huang'

花淡黄色，皇冠型，有时呈金环型。花蕾圆尖形，端部常开裂，中型花；外瓣3～4轮，质硬，瓣端浅齿裂，瓣基有紫色斑；雄蕊瓣化瓣褶叠紧密，花丝淡黄色，瓣端常残留花药；雌蕊退化或瓣化，花盘（全包）、柱头淡黄色；花朵直上，成花率高，花期中。

植株高，株形直立；一年生枝长，节间亦长，萌蘖枝少，嫩枝土红色；鳞芽圆尖形，新芽黄褐色；中型圆叶，叶柄斜伸，侧小叶圆卵形，叶缘缺刻少，端钝，叶表面黄绿色；较耐寒，抗病。传统品种。

'玉玺映月'
'Yu Xi Ying Yue'

花淡黄色，皇冠型，有时呈托桂型。花蕾圆形，中型花；外瓣2轮，形大质硬，瓣端浅齿裂，瓣基有紫色斑；雄蕊瓣化瓣褶叠稀疏，瓣端常残留花药；雌蕊稍有瓣化，花盘（全包）、柱头粉色；花朵直上，成花率高，花期中。

植株中高，株形半开展；一年生枝较短，节间亦短；中型圆叶，叶柄平伸，顶小叶顶端浅裂，侧小叶卵圆形，叶缘上卷，叶表面黄绿色；较抗寒。菏泽赵楼牡丹园1975年育出。

'金鸱'
'Jin Chi'

花黄色，绣球型。花瓣边缘有紫红晕，花朵垂头，成花率高，花期晚。

植株高，株形半开展；大型长叶，生长势强。法国引进品种。

'黄花葵'
'Huang Hua Kui'

花淡黄色，微有淡紫晕，多花型，常见千层台阁型。花蕾圆尖形，中型花；花瓣倒卵形，瓣端浅齿裂，瓣基有紫色斑；雄蕊正常或瓣化，花丝白色；雌蕊正常，花盘（半包）白色，柱头淡黄色；花朵直上，成花率高，花浓香，花期早。

植株高，株形直立；一年生枝长，节间亦长，萌蘖枝少；中型圆叶，叶柄斜伸，顶小叶顶端浅裂，侧小叶近圆形，叶缘上卷，缺刻少，端钝，叶表面绿有紫晕；结实较多。传统品种。

'黄金翠'
'Huang Jin Cui'

花淡黄色，多花型，常见蔷薇型、托桂型、千层台阁型。中型花；外瓣倒广卵形，瓣端浅齿裂，瓣基有紫晕；雄蕊部分瓣化，花丝白色；雌蕊稍有瓣化为绿色瓣，花盘（半包）白色，柱头黄绿色；花朵直上，成花率高，花香，花期早。

植株高，株形半开展；一年生枝中长，萌蘖枝少，嫩枝橘红色；鳞芽圆形，新芽紫红色；大型圆叶，叶柄斜伸，顶小叶顶端浅裂，侧小叶卵形，端锐尖，叶表面绿色有紫晕，叶背有毛；较抗寒。菏泽百花园孙景玉团队育出。

'金阁'
'Jin Ge'

花褐黄色，瓣端稍带浅红色，千层台阁型。中型花，外瓣3轮形大，基部有紫斑，内瓣细碎，密集卷皱；花朵侧垂，花有浓香，成花率中，花期特晚。

植株中高，株形开展；茎黄绿色泛红，中型圆叶，缺刻深，叶柄红色，斜展；生长势中，萌蘖枝少。欧美引进品种。

'金晃'
'Jin Huang'

花金黄色，千层台阁型。中型花，花瓣质硬，基部具红斑，排列整齐，层次清晰；雄蕊稍有瓣化，雌蕊变小；花朵侧开，花期特晚。

植株矮小，半开展；枝粗硬，中型长叶，质硬，小叶长卵形，叶面黄绿色；生长势中，不耐早春寒，花朵耐日晒。欧美引进品种。

菏泽牡丹谱

上编 菏泽牡丹品种

Green
绿色系
（品种数：15种）

'翡翠'
'Fei Cui'

花绿色,单瓣型。花瓣2轮,绿白相间;柱头、花丝为紫色,花盘(全包)粉紫色;花期中早。

植株高,株形直立;大型长叶,叶片肥厚,小叶9枚,近全缘;生长势强。菏泽百花园孙景玉团队育出。

'荷花绿'
'He Hua Lü'

花外瓣粉白,瓣化瓣绿色,单瓣型。中型花;花瓣倒卵形,瓣端浅齿裂,瓣基有狭长条形深紫色斑;雄蕊少量瓣化,瓣化瓣狭长倒卵形,花丝紫色;雌蕊瓣化;花朵侧开,成花率高,花香,花期早。

植株中高,株形半开展;一年生枝中;中型长叶,叶柄平伸,顶小叶顶端中裂,侧小叶长卵形,叶缘翻卷,端渐尖。菏泽百花园孙景玉团队育出。

'绿洲蚕丝'
'Lü Zhou Can Si'

花初开碧绿色,盛开瓣端白色,基部浅粉色,托桂型。外瓣宽大圆整,内瓣细碎;雄蕊全部瓣化,瓣化瓣呈丝状,雌蕊瓣化或退化消失;花朵直上,花期中晚。

植株中高,株形直立;叶面绿色,边缘缺刻少,叶端稍下垂。菏泽李集牡丹园培育。

'豆绿'
'Dou Lü'

花黄绿色，皇冠型或绣球型。花蕾圆形，顶端常开裂，小型花；外瓣2～3轮，质厚而硬，瓣端浅齿裂，瓣基有紫色斑；雄蕊瓣化瓣密集，皱褶；雌蕊瓣化或退化；花朵下垂，成花率高，花淡香，花期晚。

植株较矮，株形开展；一年生枝短，节间亦短，萌蘖枝多，嫩枝红色；鳞芽狭尖形，新芽浅褐绿色，顶尖红色；中型长叶，叶柄平伸，顶小叶顶端中裂，侧小叶阔卵形，叶缘缺刻较多，端短尖，下垂，叶表面绿色稍有紫晕，叶背密生茸毛；较抗寒。传统品种。

'绿波'
'Lü Bo'

花初开浅绿色，盛开绿白色，皇冠型，有时呈绣球型，多花型。花蕾易绽口，中型花；外瓣型稍大，质硬而厚，较平展；雄蕊全部瓣化，雌蕊退化变小；花朵侧开或下垂，成花率高，花期特晚。

植株中高，株形半开展；一年生枝中长；大型圆叶，侧小叶圆卵形，叶缘稍上卷，缺刻少，端突尖，叶表面深绿色。菏泽百花园孙景玉团队1995年育出。

'五月雪'
'Wu Yue Xue'

花初开绿色,盛开白绿相间,基部青白色,皇冠型。花蕾圆尖形或绽口形,中型花;外瓣2轮,质硬而平展,瓣端多剪裂;雄蕊全部瓣化;雌蕊变小,花盘浅紫色;花朵直上或侧开,成花率高,花期晚。

植株矮,株形半开展;一年生枝短;小型长叶,侧小叶长卵形,叶缘缺刻少,端锐尖,叶表面深绿色。菏泽百花园2000年育出。

'春柳'
'Chun Liu'

花初开绿色，盛开内绿外白，绣球型。花蕾圆形，绽口，大型花；花瓣质硬而平展，瓣基有粉晕；雄蕊瓣化或退化，雌蕊退化变小；花梗粗壮较长，花朵侧开，成花率高，花期晚。

植株中高，株形半开展；大型长叶，侧小叶卵形，稍上卷，端渐尖，叶表面深绿色，叶柄青绿色；生长势强，花期特长。菏泽李集牡丹园1988年育出。

'翠玉迎夏'
'Cui Yu Ying Xia'

花初开浅绿色，盛开粉白微带紫晕，有翠绿色彩瓣，绣球型。花期特晚，与早花芍药花同时开放。

植株中高，株形直立；菏泽赵楼牡丹园育出。

'翡翠球'
'Fei Cui Qiu'

初开绿色，盛开白绿相间，绣球型。小型花；外瓣2~3轮，瓣基具紫红色斑；内瓣密集隆起呈绣球形；雌蕊瓣化为红绿色彩瓣；花梗长，花朵下垂，成花率高，花期特晚。

植株高，株形半开展；一年生枝稍软；大型长叶，较稀疏，小叶长卵形，缺刻少，叶面粗糙，边缘上卷，深绿色；生长势强，适宜庭园栽培。菏泽百花园孙景玉、孙文海1997年育出。

'立夏绿'
'Li Xia Lü'

花初开深绿色,盛开浅绿色,绣球型。小型花;外瓣质硬而厚,瓣端内卷,瓣基有浅黄绿色斑;雄蕊全部瓣化,雌蕊瓣化为绿瓣;花朵侧开或下垂,成花率高,花期晚。

植株中高,株形半开展;一年生枝短;中型长叶,侧小叶长卵形,叶缘缺刻少,端锐尖,叶表面粗糙。菏泽百花园孙文海团队2009年育出。

'绿宝石'
'Lü Bao Shi'

花初开时瓣端部绿色,盛开淡粉蓝色,瓣端有绿晕,绣球型。花蕾绽口,中型花;花瓣质硬,排列整齐,瓣基有浅紫色斑;雄蕊瓣化或消失,雌蕊子房明显膨大;成花率高,花清香,花期晚。

植株中高,株形半开展;一年生枝中长;小型长叶,侧小叶披针形,叶缘缺刻深,端渐尖,叶表面黄绿色;不结实,花期长。菏泽曹州牡丹园2012年育出。

'绿幕隐玉'
'Lü Mu Yin Yu'

花初开浅绿色,盛开白色,绣球型。花蕾常开裂,大型花;外瓣2轮,质硬,稍大,瓣基有浅红晕;雄蕊全部瓣化,瓣化瓣质硬曲皱,密集隆起呈球形;雌蕊瓣化成绿色瓣,花盘残存;花朵侧开,成花率中,花淡香,花期晚。

植株高,株形半开展;一年生枝长,节间亦长,萌蘖枝多;大型长叶,叶柄斜伸,顶小叶顶端中裂,侧小叶长卵形,叶缘缺刻少,端钝,下垂,叶表面深绿色;抗叶斑病。菏泽百花园孙景玉、孙文海1990年育出。

'绿玉'
'Lü Yu'

花浅绿色，盛开微带粉色，绣球型。瓣质厚硬，亮丽如涂蜡；雄蕊全部瓣化，雌蕊瓣化为绿色彩瓣；花朵侧垂，花期晚。

植株中高，株形开展。传统品种。

'青香球'
'Qing Xiang Qiu'

花初开翠绿色，盛开绿白色，绣球型。中型花，偏大，侧垂，成花率高，花期特晚。

植株高，株形半开展；中型圆叶，深绿色，生长势中。菏泽百花园孙景玉团队1966年育出。

'绽绿'
'Zhan Lü'

初开浅绿色，盛开粉白色，绣球型。外瓣3~5轮，向内渐小，内瓣隆起；雄蕊全部瓣化，雌蕊瓣化为绿色彩瓣；花梗软，花朵侧开，花期晚。

植株中高，株形开展；中型圆叶，稀疏，绿色；生长势强，成花率中。菏泽赵楼牡丹园1973年育出。

菏泽牡丹谱

上编 菏泽牡丹品种

Polychromatic system
复色系
（品种数：12种）

'双蝶会'
'Shuang Die Hui'

花复色，同株可开出红粉相间、全粉色和全浅紫红色3种花朵，单瓣型。花瓣倒卵形，瓣基具椭圆形鲜红色斑块；雌雄蕊正常，柱头、花盘（全包）紫红色，花不香或淡香，成花率高，花期中晚。

植株中高，株形直立；大型长叶，小叶15片；结实率高，抗逆性强，抗病，适宜切花和油用栽培；人工杂交育成，母本'凤丹'，父本'锦袍红'。菏泽瑞璞公司2020年育出。

'补天石'
'Bu Tian Shi'

花复色，红白相间，荷花型。花瓣4~6轮；雌雄蕊正常，心皮5~8枚，花丝粉色，花盘、柱头均白色；花梗挺直，花朵直立，花期中晚。

植株高，株形直立；中型圆叶，小叶卵圆形，叶片浓绿，侧小叶多齿裂，顶小叶深裂；生长势强，适宜庭园栽培；人工杂交育成，母本'花王'，父本'岛锦'。菏泽瑞璞公司2013年育出。

'千金一笑'
'Qian Jin Yi Xiao'

花复色，红色常有粉色镶嵌，荷花型。雄蕊正常，花丝红色；心皮增多，白色；花期中晚。

植株高，株形直立；一年生枝长；大型长叶，顶小叶顶端深裂，侧小叶卵圆形，叶缘有缺刻，叶表面绿色有紫晕；适宜切花和庭园栽培。菏泽瑞璞公司2013年育出。

'花二乔'
'Hua Er Qiao'

花复色，深红色与粉红色，菊花型。大型花；花瓣6~8轮，倒卵形，瓣端浅齿裂，瓣基有椭圆形墨紫色斑；雄蕊正常，花丝紫红色；雌蕊正常，花盘（半包）紫红色，柱头红色；花朵直上，成花率高，花期中。

植株中高，株形直立；一年生枝中长；小型长叶，叶柄斜伸，顶小叶顶端全裂，侧小叶长卵形，叶缘略上卷，缺刻多而深，端渐尖，叶表面灰绿色，有浅紫红晕。传统品种。

'铜雀台'
'Tong Que Tai'

花黄白复色，有时呈黄色或白色，菊花型。中型花；外瓣呈杯状，基部有明显紫色斑；雌雄蕊正常；有香味，花期中。

植株中高，株形半开展；叶片绿色，宽尖；耐寒，不易被风吹倒。菏泽牡丹园王志伟培育。

'五彩梦裳' 'Wu Cai Meng Shang'

花复色，菊花型。花蕾圆尖形，无侧蕾，大型花；花瓣端紫色，中间白色，花瓣基部有深紫红斑；雄蕊正常，花丝乳黄色；花盘乳黄色，柱头紫红色；花朵直上，高于叶面，成花率高，花香浓，花期晚。

植株中高，株形直立；当年生枝35～43cm；中型长叶，小叶长卵形，绿色；少量结实，生长势强；人工杂交育成，母本'大雅君子'，父本'黑夫人'。菏泽百花园孙文海团队2013年育出。

'岛锦'
'Dao Jin'

花复色，一花双色，有时也会开出原种'太阳'的全红色，蔷薇型。花瓣大，质润而硬，排列整齐，有纯红、半红半粉、红条粉条相间等色；花梗长而硬，花朵直上，成花率高，花期中。

植株中高，生长健壮，株形直立。1974年日本引进品种'太阳'的芽变。

'锦绣珊瑚'
'Jin Xiu Shan Hu'

花复色，红色和粉色，同株异色或同花异色，蔷薇型。花蕾圆尖形，中型花；花瓣基部有浅红色斑；花丝紫红色；雌蕊柱头红色；花朵直上或稍侧开，高于叶丛，成花率较高，花较香，花期早。

植株中高，株形半开展；少量结实，抗逆性强，生长势强；适宜盆栽及观赏栽培；'红珊瑚'自然芽变选育。菏泽百花园孙文海、庞志勇2023年育出。

'三变赛玉'
'San Bian Sai Yu'

花含苞待放时浅绿色，初开粉白色，盛开白色，托桂型。花蕾常开裂，中型花；花瓣较大而质软，瓣端浅齿裂，瓣基有紫红色斑；雄蕊瓣化瓣稀疏而不整齐，瓣间亦杂有部分雄蕊，花丝淡黄色，瓣端常残留花药；雌蕊退化变小或瓣化为绿色瓣，花盘（全包）、柱头淡黄色；花朵隐于叶丛中，成花率高，花期中。

植株中高，株形直立；一年生枝较长，节间短，萌蘖枝少；鳞芽圆尖形，新芽乳白色；中型长叶，叶柄斜伸，侧小叶长卵形，叶缘质软，缺刻少，端锐尖，下垂，叶表面绿色。菏泽赵楼牡丹园1965年育出。

'平湖秋月'
'Ping Hu Qiu Yue'

花复色，外瓣粉色，稍带蓝色，内瓣淡黄色，皇冠型。花蕾圆尖形，中型花，偏大；外瓣2～3轮，质地厚硬而平展，圆整，瓣端浅齿裂，瓣基有淡紫色斑；雄蕊瓣化瓣窄长，卷曲而密集，花丝白色，端部常残留花药；雌蕊正常或瓣化，花盘（全包）浅紫红色，柱头紫红色；花朵直上，成花率高，花淡香，花期中。

植株高，株形直立；一年生枝长，节间亦长，萌蘖枝少；中型圆叶，叶柄平伸，顶小叶顶端中裂，侧小叶卵形或阔卵形，叶缘缺刻多，端钝，叶表面绿色；抗倒春寒，较耐盐碱，抗病。菏泽赵楼牡丹园1984年育出。

'种生花'
'Zhong Sheng Hua'

花复色，花瓣下部浅粉色，端部具浅紫晕，基部淡黄色，皇冠型。花蕾圆尖形，中型花；外瓣形大，较平展，瓣基有浅紫晕；雄蕊瓣化稀疏而皱，部分正常雄蕊杂于瓣间；雌蕊退化变小或瓣化；花朵侧开，成花率高，花期中。

植株矮，株形开展；一年生枝短，节间亦短，萌蘖枝少；小型长叶，叶柄斜伸，侧小叶长卵形，叶缘上卷，端锐尖，叶表面深绿色有深紫晕；抗逆性差。传统品种。

'娇容三变'
'Jiao Rong San Bian'

花复色，初开绿色，盛开粉色，近谢变粉白色，绣球型。花蕾圆形，顶部常开裂，中型花；瓣基有椭圆形紫红色斑；雄蕊部分瓣化，瓣端残留有花药；雌蕊退化变小或瓣化为绿色瓣，花盘（半包）紫红色，柱头红色；花朵侧开，成花率低，花香，花期中。

植株中高，株形半开展；一年生枝较短，萌蘖枝多，鳞芽圆尖形；中型长叶，叶柄斜伸，顶小叶顶端中裂，侧小叶长卵形，叶缘缺刻多，端锐尖，叶表面粗糙，绿色有紫晕。传统品种。

菏泽牡丹谱
HEZE MUDANPU

白色系 黑色系
蓝色系
紫色系
绿色系 粉色系
黄色系 红色系
复色系

下编

历代曹州牡丹文献

LIDAI CAOZHOU MUDAN WENXIAN

弁言

菏泽牡丹种植历史悠久，至明清时期已成为中国牡丹栽培中心，素有"曹州牡丹甲天下"之美誉。古曹州钟灵毓秀，人才辈出，如北宋文学家王禹偁、晁补之；明代王崇文、何应瑞、王五云、武图功、段𫖮、苏祐、李悦心等著名诗家学者，都留有大量的吟诵牡丹的诗篇。尤其是工部尚书何应瑞，家中有凝香园，专植牡丹，曹州名品何园红、何园白即出自该园。何应瑞善诗，有诗句"几许新名添旧谱，因多旧种变新芽"传世，这说明凝香园早已编撰有自己的牡丹谱录。王五云，生于曹南王珣世家，富养牡丹，他还在曹县城南辟有牡丹专园，培养出许多牡丹名品。五云以花为媒，广交天下名士，因此与当时的著名书画家邢侗、董其昌皆因牡丹结缘。一年谷雨前后，他还邀请著名学者谢肇淛来到家中欣赏牡丹，多年后，谢氏还深情回忆，是日"夜复皓月，照耀如同白昼，欢呼谑浪，达日始归。衣上余香，经数日犹不散也"。王五云善诗词文赋，相传作有多首牡丹诗词，并有牡丹专谱传世。另外，据闻万历时期，曹州邓氏也写有专门的牡丹谱。遗憾的是这些牡丹谱因为历史久远，再加上兵燹战火，黄河水患，已全部淹没于历史的长河中了。所以本书暂辑录现存于世的清苏毓眉《曹南牡丹谱》（康熙）、余鹏年《曹州牡丹谱》（乾隆）、赵孟俭《桑篱园牡丹谱》（道光）以及民国赵世学《铁梨寨牡丹谱》等谱录，以飨热爱菏泽牡丹的中外人士。

另，曹州虽距北京有千里之遥，却因为牡丹，自明以来就让两地结下不解之缘。北京牡丹种植历史悠久，最早可以追溯到辽金时期，明清两朝则以崇效寺为代表。崇效寺的前身是枣花寺，创建于唐朝，盛于明清。明朝末年，崇效寺的老和尚系山东人，对牡丹种植颇有研究。当时全国牡丹的繁育中心已是山东曹州，老和尚便从故乡大量引种牡丹名品，广植寺内，孰意数百年后，崇效寺牡丹竟成为北京最大的牡丹花圃。

民国时期，牡丹深受北京市民的喜爱，一度成为北京城的主要花卉，当时中山公园牡丹亦蓬勃发展。中山公园原址即为皇家社稷坛，公园自1914年创立始就养植牡丹，这些牡丹花全部来自"牡丹之乡"山东曹州。1915年园中建立国花台27座，至1938年，牡丹则多至32个品种千余株。新中国成立后，崇效寺牡丹又全部移植中山公园，该园牡丹则成为京城各园林之冠。近年来，景山公园、天坛公园和国家植物园牡丹园也逐渐成为北京的牡丹种植重地，这些地方的牡丹大多也来自山东菏泽。鉴于北京牡丹与菏泽牡丹的深厚历史渊源，为了全面了解菏泽牡丹品种在京城的发展繁育状况，故本书附录部分特别引用明清以来有关北京崇效寺、稷园、中山公园等处牡丹史料以及相关牡丹诗词、笔记等，相信这些史料不仅对研究菏泽牡丹，甚至对整个中国牡丹发展史的研究，也有相当重要的参考价值。

《柳竹园牡丹记》和《河南王氏牡丹谱》均为明末清初河南柘城学者王一雪（号巨野老人）所编著，目前仅见清代女画家恽冰抄本传世，绵津山人宋荦及其子宋筠递藏，为国家图书馆善本图书。对于菏泽来说，该书珍贵之处，还在于收录了大量明末清初时期曹州培育的牡丹新种，明确记载了牡丹名品锦帐芙蓉的培育时间为清顺治初年，虽然该书并非菏泽牡丹专谱，但还是决定全本录出，以展现菏泽源远流长的牡丹文化历史。

本书的整理辑校遵循以下原则：

一、以现存最早的刊本为底本刊校，没有刊行的，则以传抄手稿为底本，并参阅不同的释读本为参校本。如《桑篱园牡丹谱》以《菏泽牡丹大鉴》为底本，《铁梨寨牡丹谱》以《新增桑篱园牡丹谱》为底本。

二、本书所引史料均注明来源。此外，本谱引用大量民国报纸和菏泽牡丹老专家手写稿本，一些牡丹品名因地域关系出现同品不同名，或者文字稍有差异者，均保留引文原貌，一般不做改动。必要处，加脚注说明。

三、引用文献中有字词错讹，以及需加以补充说明者，在该字后（　）内标出。模糊难辨或残缺之字，均以□代替。

四、所引文献，凡原稿当时无标点或标点符号不清的，按照现代语法重新做了标点。

五、本书所引牡丹文献的字词用法，有些带有时代特征，有些则是地方方言的特殊表述形式，如"麻披""坡""团""薰花""燻洞子"等，均保留原貌，不做统一，其意则以脚注形式释读。

六、本书涉及人名如定陶王铨鑨、宋商邱（宋荦）、何廼生、谭瑩、梅郆等，均保留繁体用法。

七、本书所引史料均以脚注形式注明来源，参考书目及其版本则列在书末。

曹州牡丹古谱

引言

牡丹国色天香，雍容华贵，是原产中国的珍贵花卉。菏泽牡丹种植历史悠久，早在明孝宗弘治年间（1487—1505）就成为全国牡丹栽植重地。菏泽古称曹州[1]，是中华文明的重要发祥地之一，是著名的中国牡丹之都和武术之乡、书画之乡、戏曲之乡、民间艺术之乡。这里地处黄河中下游，气候条件优越，水资源丰富，土地多为黄河泥沙沉积而成，土质肥沃，土壤疏松透气，为牡丹的生长提供了有利条件。所以自明清以来，菏泽就成为中国牡丹的种植中心。根据史料记载，至少在明中期，曹州牡丹便已传到安徽亳州，并助推了亳州牡丹的兴起。明万历时期，亳州籍学者薛凤翔写成《亳州牡丹史》一书，书中就详细记录了来自曹州的多种珍贵牡丹品种。[2]

从《亳州牡丹史》和曹州地方史志等多种文献史料记载来看，曹州牡丹早在明中后期已甲于海内，可惜专门记载曹州牡丹的谱录却出现较晚，直到清康熙年间，山东沾化人苏毓眉写出《曹南牡丹谱》一书，这是目前所见传世最早的曹州牡丹谱。苏毓眉，字遵由，号竹浦，山东沾化县人。顺治十一年（1654）中举，于康熙七年（1668）出任曹州学正，康熙八年（1669）创作完成《曹南牡丹谱》。《曹南牡丹谱》收录了77个牡丹品种，简略记录了这些品种的名称、颜色特征等。例如，书中就列举了烟笼紫玉盘、锦帐芙蓉、王家红、豆绿、何园白等曹州花农培育的牡丹珍品。

《曹南牡丹谱》是有关曹州牡丹最早的一个专门谱录，清朝学者姚元之[3]认为，这部谱录甚至可以和周师厚的《洛阳牡丹记》及薛凤翔的《亳州牡丹史》相媲美，对于研究曹州牡丹，甚至中国牡丹的发展历史具有重要的意义。遗憾的是《曹南牡丹谱》成书后，因不可知的原因，并未公开刊行，仅在清姚元之所著《竹叶亭杂记》一书中有部分抄录。今据中华书局1982年版李解民点校本《竹叶亭杂记》整理，其中《曹南牡丹谱》"序前"和"花名"后文字均为姚元之所作，为了解《曹南牡丹谱》流传原貌，亦把这些文字移录谱中。

---

[1] 曹州，山东省菏泽市的古称。因袭西周曹国之疆域而得名。最早由北周改西兖州为曹州，与济阴郡（已废）同治左城（今曹县西北），其后名称或为济阴郡或为曹州。明代黄河决堤，迁北魏乘氏故城建山东曹州。雍正十三年（1735），曹州升府，驻地赐名菏泽。清亡后，废曹州而改菏泽。

[2] 曹县王珣家族擅养牡丹，据薛凤翔《亳州牡丹史》载，曹县状元红、忍济红、梅州红等珍贵牡丹品种均为王家所培养，尤其是王珣的五世孙王士龙（字五云），是养植牡丹的能手，他还因牡丹和万历时期的名士邢侗相识，并在邢侗的推介下选为拔贡生，后官至商州知州。王五云博学宏通，诗文兼擅，著有《玉澄楼文集》《彻鉴堂文集》，推测王氏当有牡丹谱行世。

[3] 姚元之（1773—1852），字伯昂，号荐青，又号竹叶亭生，安徽桐城人。嘉庆十年（1805）进士，官至左都御史、内阁学士。善画，内容广博，兼及人物、果品、花卉等，书法尤精隶书。曾问学张问陶（号船山）门下，有《竹叶亭诗稿》《竹叶亭杂记》《小红鹅馆集》等传世，《清史稿》有传。

第一：《曹南牡丹谱》

[清]苏毓眉

《曹南[1]牡丹谱》，沾化可园主人苏毓眉竹浦氏著，余家书笥中有抄本，可与鄞江周氏《洛阳牡丹记》、薛凤翔《亳州牡丹记》并称。惜但有其名而无其状，然曹南之胜可想见。今为录之。[2]其谱曰：

牡丹，秦汉以前无考，自谢康乐[3]始。唐开元中始盛于长安。每至春暮，车马若狂，以不就赏为耻。逮宋，洛阳之花又为天下冠。至明而曹南牡丹甲于海内。《五杂俎》[4]载，曹州一士人家，牡丹有种至四十亩者[5]。康熙戊申岁，余司铎[6]南华[7]。己酉三月，牡丹盛开，余乘款段[8]遍游名园。虽屡遭兵燹，花木凋残，不及往时之繁，然而新花异种，竞秀争芳，不止于姚黄、魏紫而已也。多至一二千株，少至数百株，即古之长安、洛阳恐未过也，因次其名，以列于左。

牡丹花目

建红、夺翠、花王、秦红、蜀江锦、万花主、一簇锦、丹凤羽、出赛妆、无双燕、珊瑚映日、姿貌绝伦。

以上皆绛红色。绛红之中，各有姿态，艳冶不同。

宋红、井边红、百花妒、鳌头红、洛妃妆。

以上皆倩红色。

第一娇、万花首、锦帐芙蓉、山水芙蓉、万花夺锦。

以上皆粉红色。

焦白、建白、尖白、冰轮、三奇、素花魁、寒潭月、玉玺凝辉、天香湛露、满轮素月、绿珠粉。

以上皆素白色。

铜雀春、独占先春。

以上皆银红色。

墨紫茄色、烟笼紫玉盘、王家红、墨紫映金。

以上皆墨紫色。

栗玉香、金轮、瓜瓤黄、擎云黄。

以上皆黄色。

豆绿、新绿、红线界玉。

以上皆绿色。

---

[1] 曹南，古曹州代称，今指山东省菏泽市。周代曹国南鄙之山，曰南山，在曹县青岗集境内。《左传·僖公十九年》"宋、曹、邾盟于曹南"。相传山下有会盟坛，故文人墨客常将曹州雅称为曹南。唐代大诗人李白经过曹州，曾作《留别曹南群官之江南》，以谢曹州官员的热情招待，由此可知早在唐代曹南已经是曹州代称了。

[2] 这段文字为姚元之所作。

[3] 即南朝著名诗人谢灵运，字康乐。

[4] 明谢肇淛所著，书中多处记载曹州牡丹栽培盛况，是了解明代曹州牡丹种植的重要史料。

[5] 此段文字引自明谢肇淛《五杂俎》，原文为"在曹南一诸生家观牡丹，园可五十余亩"。参见（明）谢肇淛著：《五杂俎》，上海：上海书店出版社，2009年，第203页。

[6] 主管地方文教的学正。

[7] 南华，西汉时为离狐县，唐代天宝元年更名为南华县，故址在今山东省菏泽市东明县、鄄城县附近。菏泽有古驿道直通南华，今存"南华驿馆"旧址。"华驿归骑"为明代"曹州八景"之一。曹州学正苏毓眉亦有"曹州八景"诗，其一即为《华驿归骑》："不见南华驿，萧条古戍楼。风尘艰襆被，雨雪暗征裘。返照云将暮，衔山日欲收。劳劳亭畔客，蝶梦几时休？"见光绪《菏泽县志·艺文志》（卷十八）。另，曹州有"重华书院"，建于明万历二十四年（1596），此处或为"重华"之误。

[8] 款段，指马行迟缓貌，借指驽马，典出《后汉书·马援列传》（卷二十四）："士生一世，但取衣食裁足，乘下泽车，御款段马，为郡掾史，守坟墓，乡里称善人，斯可矣。致求盈余，但自苦耳。"

（清）翁同龢书《曹南牡丹谱》

瑶池春、藕丝金缠、斗珠、蕊珠、汉宫春。

以上皆间色。

胭脂点玉、国色无双、春闺争艳、胡红、惠红、枝红、金玉锡、软玉温香、海天霞燦、杨妃春睡、龙白、紫云仙、磬玉仙、掌花案、状元红、伊红、雪塌、乌姬粉、平头粉、金玉交辉、映水洁临、何园白、娇容三变、花红剪绒、紫霞仙、亮采红。

以上诸品各色不同。[1]

又尝见斌笠耕太仆藏江纬画内园牡丹二册。白者有鹤裘、鲛绢、白龙乘（瓣中微有淡红之意）、霞举（瓣中亦觉微红，而每瓣若拖长穗）。黄者有卿云黄、檀心晕（花白而攒心处微黄）、黄金买笑（淡黄）、罗浮香。绿者有么凤（瓣多折纹，宛如罂粟）。粉红者有当炉面、十日观（心如卷云）。银红者有火枣红（色如木槿）。赭色者有国色无双。绛红者有胜国香、楮云。红藕合者有天台奇艳（花口尖瓣数片，心中瓣细长数寸，卷伸摇曳若风带然）。淡藕合者有剑气、蕊宫仙（花瓣外白）。紫者有玛瑙盘、墨晕（花深紫近墨）、紫贝（花深紫心拖黄穗）。大红者有胜扶桑（瓣多卷）、颒虹、素春红。命名或一时各异，然花多异品，习所罕见。册前有江自记一幅，记后一诗。记云："牡丹自李唐来爱者甚众。舒元舆云：'天后之乡西河也，精舍下有牡丹种，其花特异。天后叹上苑之有阙，因命移植焉。由此京中日日寖盛，至今传其种类，四海皆知所尚。'惟江南亳州、山左曹州土水相宜，蕃（繁）衍者较异于当年。予凤慕之，每以不得见为恨。甲戌春，因上构采新异种类，必先绘图以献，次选其本移栽内廷。予藉以从事，历春历秋，得遍涉诸园。及事竣，省其栽培之法，复别其种类，植之小圃。又经年而辨其色朵枝叶之不同，洵知水陆草木之花，无更有齐其美者。予亦不愿自私其独得，爱谱之以公诸海内，名公画家采择焉，未必无小补耳。五月初四日辰时，在畅春园进呈写生牡丹二十八种册子，恭承御览顾问。口占记事：'文章半世无知遇，赖有丹青供圣明。惜未绘图呈菜色，敢题花句效清平。'"老迁江纬。钤"江纬之印"（白文），"天章"（朱文）。余题其后云："老迁此册，用笔兼洋法而著色鲜艳，花叶如生，真能品也。册本二十八幅，今失其四，为可惜耳。"兹书于《曹南谱》后，以见牡丹之盛。然闻甘肃和州此花最佳，传者绝少，又不知何如也。[2]

---

[1]（清）赵翼，姚元之撰，李解民点校：《清代史料笔记丛刊·檐曝杂记 竹叶亭杂记·卷八》，北京：中华书局，1982年，第160-162页。

[2] 此段文字为姚元之所作，见（清）赵翼，姚元之撰，李解民点校：《清代史料笔记丛刊·檐曝杂记 竹叶亭杂记·卷八》，北京：中华书局，1982年，第162-163页。

第二：《曹州牡丹谱》

[清]余鹏年 ❶

引言

苏毓眉《曹南牡丹谱》成书123年之后，也就是在乾隆五十七年（1792），曹州第二部牡丹谱《曹州牡丹谱》完稿了。《曹州牡丹谱》的作者是余鹏年，余鹏年（1756—约1798），原名鹏飞，字伯扶，清安庆府怀宁县人。余鹏年博学多才，善画，诗文并举，著有《枳六斋集》《梦笺书屋词》《饮江光阁诗抄》等专著。

余鹏年生于书香门第，自幼受到良好的教育。少年时期，他的祖父任江苏常州府宜兴县学训导，余鹏年曾跟随祖父在宜兴生活，受到著名学者沈德潜和储麟趾的教诲。少年时期又求学扬州，与段玉裁、汪中、洪亮吉、孙星衍为同窗好友。乾隆五十一年（1786），余鹏年中举。乾隆五十六年（1791），受邀到曹州重华书院任教。乾隆五十七年二月杪，山东学政翁方纲 ❷ 到曹州巡察。彼时，曹州牡丹早已声名远播，翁方纲素爱牡丹，久慕曹州牡丹芳姿，惜来时还是早春，不逢花时。翁方纲欣赏余鹏年的文采，就嘱咐余氏给曹州牡丹修一部专谱。余鹏年牢记翁学政的嘱托，是年谷雨时节，亲自组织曹州名士和牡丹花匠，又查阅牡丹史料，遍访牡丹名园，经过一番调研之后，撰成《曹州牡丹谱》。

《曹州牡丹谱》记载了牡丹的品类、性状、种植、赏鉴，详细记录了56个牡丹品种，其中大部分都是康熙以后曹州花农所培育的牡丹新品。该谱还附有栽培方法说明，介绍了曹州牡丹的发展历史及品种。这不仅为研究古代牡丹种植技术提供了宝贵的史料，也为了解当时的社会经济、文化背景提供了重要依据。该谱附录七则，详细记录了各种牡丹的栽培方法和生长习性，为现代园艺学研究提供了珍贵的原始资料。研究这些古曹州老牡丹品种，不仅可为探索植物遗传多样性提供文献依据，而且还可以更好地总结和利用这些资源进行新品种的研发。

翁方纲认同余鹏年严谨的治学态度，高度赞扬《曹州牡丹谱》。《曹州牡丹谱》是现存最全面的关于曹州牡丹的文献记录，后人也把它和薛凤翔的《亳州牡丹史》看作明清中国牡丹史上最为重要的两部著作。但是因为成书仅用时1个多月，时间比较仓促，书中对有些文献的解读出现了偏差。比

---

❶ 余鹏年著（传抄秘本，江阴缪氏藏本）:《文艺杂志（上海）》，1918年第13期，第117-122页。

❷ 翁方纲（1733—1818），字正三，号覃溪，晚号苏斋，北京大兴人。清代书法家、文学家、金石学家。乾隆十七年（1752）中进士，后授编修。曾督广东、江西、山东三省学政，官至内阁学士。翁方纲精通金石、书画、词章、谱录之学，书法与刘墉、梁同书、王文治齐名。著有《粤东金石略》《苏米斋兰亭考》《复初斋诗文集》等。

如谱中介绍豆绿牡丹的时候，余鹏年引用薛凤翔的《亳州牡丹史》，释读为："豆绿，出自亳州邓氏。"其实这段话出现了明显的误读，为什么这样说呢？我们看薛凤翔的原文：

> 金玉交辉：绿胎，长干，其花大瓣，黄蕊若贯珠，皆出房外，层叶最多，至残时开放尚有余力，千大胜于铺锦。此曹州所出，为第一品。曹州亦能种花，此外有八艳妆，盖八种花也，亳州仅得云秀妆、洛妃妆、尧英妆三种，云秀为最。更有绿花一种，色如豆绿，大叶，千层起楼，出自邓氏，真为异品，世所罕见。❶

从薛凤翔的上下行文语气不难看出，这一大段话都是在讲述亳州如何引种曹州牡丹，所以豆绿应该出自"曹州邓氏"，而并非出自"亳州邓氏"。《余谱》❷的这个误判，给后来研究豆绿牡丹品种的出现时间和产地都带来了困惑，一直到今天还争论不休。另，《余谱》又说"曹州花多移自亳州"，这也是余鹏年对曹州牡丹的一个误读，查薛凤翔《亳州牡丹史》，有这样一段记载："德、靖间，余先大父西原、东郊二公最嗜此花，遍求他郡善本移植亳中，亳有牡丹自此始。"以上记载非常明确，安徽亳州牡丹起始于明正德、嘉靖年间。而在该谱中介绍状元红品种时，则又明确交代"弘治间得之曹县，又名曹县状元红"，由此来看，曹州牡丹种植要远早于亳州，且在弘治年间亦是名种辈出了。

当然瑕不掩瑜，总体来看《曹州牡丹谱》体例严谨，文字精炼，是第一部全面介绍菏泽牡丹的专谱，在中国牡丹史上占有重要的地位。

《曹州牡丹谱》刊行于乾隆五十八年（1793），首有乾隆五十八年翁方纲《题曹州牡丹谱三首》诗，翁方纲手书上板；次菏泽县知县安奎文序；再次乾隆五十七年余鹏年自序。后，又有光绪六年（1880）会稽赵之谦《仰视千七百二十九鹤斋丛刻》❸、民国（1927）陶氏《喜咏轩丛书·曹州牡丹谱》、1929年《文求堂中国古籍善本书目·曹州牡丹谱》❹等刻本，本谱即参考以上版本点校、注释。查翁方纲《复初斋文集》，录有《曹州牡丹谱序》序文一篇，该序文写于乾隆癸丑（1793）四月十五日，又翁氏为《曹州牡丹谱》题诗款识为"乾隆癸丑夏四月朔北平翁方纲书于曹南使院西斋"，由此可推知两篇诗文写于同月。且应为《曹州牡丹谱》成书的第二年，当是翁方纲又来到曹州公干，在曹南使院玉成。不知何故，以上各个刻本均失收此序，菏泽学院李保光教授所编《新编曹州牡丹谱》（1992年版）亦无此文。今依据《复初斋文集》迻录翁氏序文于谱前，以还余鹏年《曹州牡丹谱》完璧之身。

---

❶（明）薛凤翔著，李冬生点校：《牡丹史》，合肥：安徽人民出版社，1983年，第45-46页。

❷ 指余鹏年的《曹州牡丹谱》，下同。

❸ 序前无翁方纲题诗。

❹ 序前无翁方纲题诗。

翁序

昔欧阳子[1]作《洛阳花品序》，至于翻驳《周官·司徒》，嘻，亦太甚矣！"日至之影，尺有五寸，得地之中"，此先后郑说皆同，而欧阳必不信之，何也？且云"天地之和气，不宜限其中以自私"，此尤非也。和气聚则钟美，理之常也，岂谓私乎？

曹之有牡丹著于天下，盖亦其土壤物宜有得于和气所钟者。吾恐学者信欧阳之说，不以为美，而以为病，则诬之甚者也，故不惮辨正前贤之论。则或因物以验性，就地宜而勖人材，庶有裨乎！

曹花旧无谱[2]，怀宁余孝廉主讲席于此，予属其辑新谱一卷，门人安君锓以传之。曹国之诗曰："其仪一兮，心如结兮。"君子之和也。又曰："芃芃黍苗，阴雨膏之。"壤物之和也。然则百物阜安，皆和其声以颂之，宜矣。曹之郡邑士大夫将题词于后，踵而成编，故为序以俟焉。

乾隆癸丑四月望日，北平翁方纲[3]

翁题

一

玉瑱如结黍苗阴，壤物深关树艺心。
何事思公楼下客，花评不向土圭寻。

二

细楷凭谁续洛阳，影园空自写姚黄。
挑灯为尔添诗话，西蜀陈州陆与张。

三

我来偏不值花时，省却衙斋补谢诗。
乞得东州栽接法，根深培护到繁枝。

乾隆癸丑夏四月朔，北平翁方纲书于曹南使院西斋[4]

安序

曹州牡丹之盛，著于谈资久矣，而纪述未有专书。怀宁余伯扶孝廉，博学工诗，主讲席于此。壬子春，予以报最[5]北上，及旋役至曹，伯扶为予言，二月杪，覃溪阁学师[6]来按试，试竣相见，属以花应作谱。伯扶因考之往籍，征诸土人，别其名色种族，及夏月而谱成。冬，予谒师于省垣[7]，受其谱而

---

[1] 指北宋大文豪欧阳修，著有《洛阳牡丹记》。

[2] 苏毓眉已编著有《曹南牡丹谱》。

[3] （清）翁方纲撰，北京大学《儒藏》编纂与研究中心编：《复初斋文集》，北京：北京大学出版社，2023年，第56-57页。

[4] （清）翁方纲作，（清）余鹏年著：《曹州牡丹谱》，1929年，田中庆太郎，文求堂校印，首页。现藏国家图书馆（中图分类：S685.11 Z838），另见（清）翁方纲撰《复初斋诗集》，卷第四十四，第13-14页，诗题为《题余伯扶孝廉〈曹州牡丹谱〉三首》。

[5] 报最：明清时期，地方官员到朝廷汇报政绩考评情况。

[6] 翁方纲，号覃溪。

[7] 指省城济南。

（清）翁方纲 像

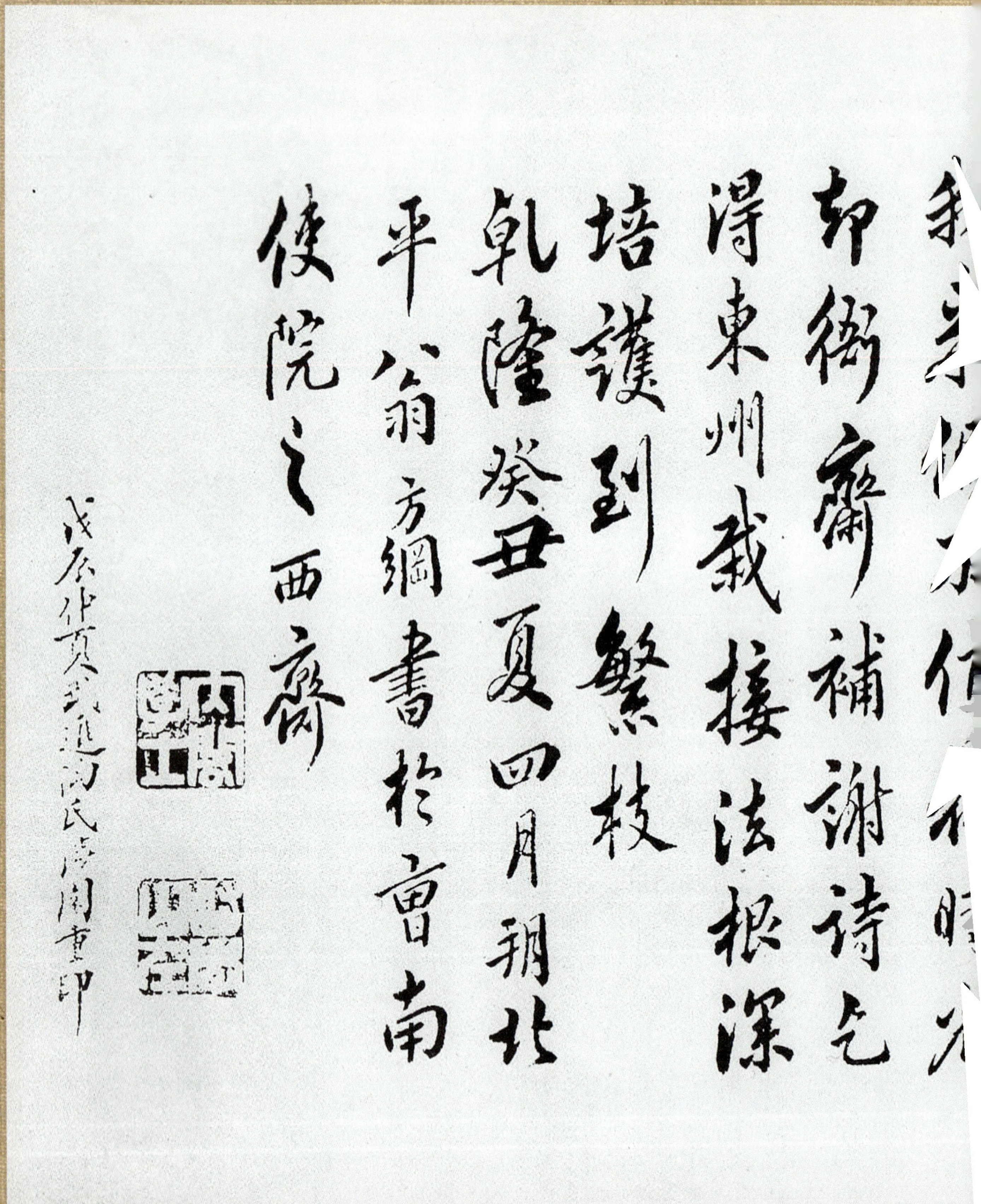

我来怅不值花时先
郤衔斋補謝詩乞
得東州我接法根深
培護到繁枝
乾隆癸丑夏四月朔北
平翁方綱書於曹南
使院之西齋

(清)翁方綱《題曹州牡丹譜三首》

題曹州牡丹譜三首

玉瓚如緒柔荑陰壤
物深闃樹藝心何事
思公樓下看花評不
向主丰尋
細楷憑誰續洛陽
影園空自寫姚黃魏
鐙為永添詩話西蜀
陳州堪與長

復初齋文集總目

卷一

周易李氏集解校本序
讀易偶存序
重刻三山林氏尚書解序
古文尚書條辨序一
古文尚書條辨序二
古文尚書條辨序三
重刻許氏詩譜序
詩攷異字箋餘序
春秋傳說從長序

環中廬初藁序
嵐漪小草序
陸象星五十壽序
奉饌圖後序
曹州牡丹譜序
貴溪畢生時文序
蛾術集序
銅陵章籛堂聽鶴和鶴二圖詩序
裴鶴峰觀蓮圖序
彭晉函時文序
吳懷舟詩文序

曹州牡丹譜序

昔歐陽子作洛陽花品序至於翻駮周官司徒鄭說亦太甚矣曰至之景尺有五寸得地之中此先後鄭說皆同而歐陽必不信之何也且云天地之和氣不宜限其中以自私此尤非也扣氣聚則鍾美理之常也豈謂私乎曹之有牡丹蓋亦其土壤物宜有得於和氣所鍾者吾恐學者信歐陽之說不以為美而以為病則誕之甚者也故不憚辨正前賢之論則或議所就地宜而眨人忖度有禪乎曹花舊無譜懷甯余孝廉主諾席於此子副其輯新譜一卷門人安君綬以傳之曹國之詩曰其儀一兮心如結兮君子之和也又曰芃

貴溪畢生時文序

芃黍苗陰雨膏之壤物之和也然則百物皁安皆和其聲以頌之宜矣曹之郡邑士大夫將題詞於後踵而成編故為序以俟焉

詩有江西派時文亦然江西派者文之正乎正也非也其所以得派之原者則正爾得其所以得派之派亦正矣予比年來極為江西士人論詩文學術之所以然而今乃悉於貴溪畢生之文發之始予與武進錢文敏來主江西鄉試是時予銳意欲窮搜晤學之士而文敏亦力持文格相與擊節高唱以為獨得是邦清粹之氣比役旋至京有友人戲謂予曰異哉獨君識江西

读之，厘然可备典故。师因属予序而付诸梓。

昔欧阳公于钱思公楼下小屏间见细书牡丹名九十余种，及其著于录者，才二十余种耳。今曹州乡人所植，盖知之而不能言，而士大夫博雅稽古者，又或言之而不切时地。伯扶乃能订今古，证同异，又附以栽接之法，俾后之骚人墨客皆得有所援据。而予以涖事之余，得闻师门绪论，复得伯扶名笔，以共传不朽，实与邑之人士胥厚幸焉。故不辞而序其概如此。

乾隆癸丑春三月，知菏泽县事宛平安奎文序❶

余序

《素问》："清明次五日，牡丹花。"牡丹得名，其古矣乎？考❷《汉志》有《黄帝内经》，《隋志》乃有《素问》，非出远也。《广雅》："白茇，牡丹也。"《本草》："芍药，一名白茇。"崔豹《古今注》："芍药有草木二种，木者花大而色深，俗呼为牡丹。"李时珍曰："色丹者为上，虽结子而根上生苗，故谓之牡丹。"昔谢康乐谓："永嘉水际竹间多牡丹。"又苏颂谓："山牡丹者，二月梗上生苗叶，三月花，根长五七尺。"近世人多贵重，欲其花之诡异，皆秋冬移接，培以壤土，至春盛开，其状百变。斯其盛也欤！唐盛于长安，在《事物纪原》，洛阳分有其盛，自天后时已然。有宋鄞江周氏《洛阳牡丹记》自序："求得唐李卫公《平泉花木记》、范尚书、欧阳参政二谱，范所述五十二品，可考者才三十八；欧述钱思公双桂楼下小屏中所录九十余种，但言其略。因以耳目所闻见，及近世所出新花，参校三贤谱记，凡百余品，亦殚于此乎？"陆放翁在蜀天彭为《花品》，云皆买自洛中。僧仲林❸《越中花品》："绝丽者才三十二。"惟李英《吴中花品》❹，皆出洛阳花品之外。张邦基作《陈州牡丹记》，则以牛家缕金黄傲洛阳以所无。薛凤翔作《亳州牡丹史》，夏之臣作《评》，上品有天香一品、万花一品。东坡所云"变态百出，务为新奇，以追逐时好者，不可胜纪已"。

曹州之有牡丹，未审始于何时，志乘略不载。其散载于它品者，曰曹州状元红、乔家西瓜瓤、金玉交辉、飞燕红妆、花红平头、梅州红、忍济红、倚新妆等，由来亦旧。

予以辛亥春至曹，其至也春已晚，未及访花。明年春，学使者阁学翁公来试士，谒之，问曰："作花品乎？"曰："未也。"翁公案试它府，去，缄诗至，曰"洛阳花要订平生"❺，盖促之矣。乃集弟子之知花事、园丁之老于栽花者，偕之游诸圃，勘视而笔记之，归而质以前贤之传述，率成此谱。欧阳子云"但取其特著者次第之"而已。

乾隆五十七年四月十日，怀宁余鹏年自叙于重华书院

---

❶ 安奎文，北京宛平人。举人出身，翁方纲弟子。于乾隆五十三年（1788）出任菏泽县知县。

❷ 抄本脱"考"字，详见（清）余鹏年著，田中庆太郎辑：《曹州牡丹谱》，文求堂校印，1929年，第3页。现藏国家图书馆（中图分类：S685.11 Z838）。

❸ 应为僧仲殊。

❹ 已佚失。

❺ 乾隆五十七年早春，翁方纲离开菏泽不久，旋来函，叮嘱余鹏年要积极创作《曹州牡丹谱》并赋诗《次答伯扶兼寄宛白有怀亿孙》（壬子）相赠，诗中即有"洛阳花要订平生"句。附原诗文：

暮云如画记前盟，珍重回廊酒再行。
单父台仍留息壤，洛阳花要订平生。
（时与伯扶约撰《曹州牡丹谱》）
桃蹊雨绽新阴合，杏苑春催好鸟声。
江左故人今夕梦，东风软语飐心旌。

见（清）翁方纲著：《复初斋诗集·小石帆亭稿（壬子二月至六月）》第四十三卷，第3页。

花正色（计三十四种）

黄者七种

金玉交辉（俗名金玉玺）：绿胎，修干，花大瓣层叶，黄蕊贯珠，累累出房外。开至欲残，尚似放时。此曹州所自出，《薛史》[1]品居第一。

金轮：肉红胎，近胎二层叶，胎下护枝叶，俱肉红。[2]茎挺出，花淡黄，间背相接，圆满如轮。其黄气球之族欤？实异品也。

黄绒铺锦（一名金粟，一名丝头黄）：细瓣如卷绒缕，下有四五瓣差阔，连缀承之，上有金须布满，殆《张记》[3]所谓缕金黄者。

姚黄（俗称落英黄）：此花黄胎，护根叶浅绿色，疏长过于花头，若拥若覆。初开微黄，垂残愈黄。《薛史》有"大黄最宜向阴，簪之瓶中，经宿则色可等秋葵"者似之。第大黄无青心者稍异。

禁院黄（俗名鲁府黄）：花色亚于金轮，闲淡高秀，欧公（《品》）[4]所谓姚黄别品者。曹人传是明鲁王府中种。考明诸王分封曹地者，钜野王泰墱[5]、定陶王铨鏀[6]，不闻有鲁王。因检府志，巨野王后，辄称鲁宗。此鲁府之名所自，盖不可征实如此。

御衣黄：胎类姚黄，唯护枝叶红色，有千叶、单叶二种。千叶者，诸谱称色似黄葵是也；单叶肤理轻皱，弱于渊绡。爱重之者，盖不以千叶为胜。

庆云黄：质过御衣黄，色类丹州黄，而近萼处带浅红，昔人谓其郁然轮囷[7]，兹则见其温润匀荣也。

青者一种

雨过天青（俗名补天石）：白胎翠茎，花平头，房小，色微青，而开晚。或以欧碧当之。初旭才照，露华半晞，清香自含，流光俯仰，乃汝窑天青色也，率易以今名。

红者十五种

飞燕红妆（一名红杨妃）：此花细瓣修长。薛凤翔《亳州牡丹史》云："得自曹州方家。"今遍讯之，盖不知有此名，疑即飞燕妆。然飞燕妆有三种，一花色兼红黄，一深红起楼子，一白花类象牙色，皆非也。有告予曰："《薛史》载方家银、红二种色态颇类，第树头绿叶稍别者，宜细审之。"及观至所谓长花坼者，绿胎碧叶长朵，花色光彩动摇，信然。

花膏红（俗名脂红）：胎茎俱红，其花大瓣，若胭脂点成，光莹如镜。

乔家西瓜瓤：尖胎，枝叶青长，花如瓜中红肉。《薛史》谓类软银红。予直以为飞燕红妆之别品耳，又即桃红西瓜瓤。

大火珠（一名丹炉焰）：胎茎俱绿，花色深红，内外掩映若燃，花焰荧流。

---

[1] 薛凤翔《亳州牡丹史》，下同。

[2] "金轮，肉红胎，近胎胎层叶，胎下护枝叶，俱肉红。"余鹏年著《曹州牡丹谱》，传抄秘本，江阴缪氏藏本，为复字"近胎胎层叶"，其余则为"近胎二层叶"，列于此。

[3] 张邦基《陈州牡丹记》。

[4] 欧阳修《洛阳花品序》。

[5] 朱泰墱（1416—1467），明朝宗室，朱肇辉嫡次子，宣德二年（1427）封为首任钜野王。

[6] 朱铨鏀，明太祖朱元璋五世孙，正德二年（1507）被封为定陶王，嘉靖三十一年（1552）去世，谥定陶恭靖王。

[7] 轮囷（qūn）：意思是盘曲貌和硕大貌。

赤朱衣（一名一品朱衣，一名夺翠）：花房鳞次而起，紧实而圆，体婉娈，颜渥赪，凡花于一品，间色有深浅，惟此花内外一如含丹。

梅州红：圆胎圆叶，花瓣长短有序，色近海棠红。然性喜阴。花户解弄花，而不解护持风日，故其类不繁。

春江漂锦（一名新红娇艳）：花乃梅花之深重者，艳似海霞烘日，蜃气未消，千叶盛开。出亳州天香一品上，稍根单叶时多。

娇红楼台：胎茎似王家红，体似花红绣球，色似宫袍红。有浅深二种。

朱砂红：花叶甚鲜，向日视之如猩血，妖丽夺目。或云一名醉猩猩，一名近日红，曹人呼为蜀江锦。

妒娇红：青胎，花头圆满，朱房嵌枝，绚如翦彩，叠如碎霞，盖天机圆锦之比。曹人以其色可冠花品也，以百花妒名之。

花红萃盘（一名珊瑚映日）：红胎，枝上护叶窄小，条亦颇短。房外有托瓣，深桃红色，绿跗重萼。

洒金桃红（一名丹灶流金）：胎茎俱浅红色，花色深红，大瓣如盘，破痕皴蹙，黄蕊散布。《周记》蹙金缕子即此。

状元红：重叶深红花，其色与鞓红、潜绯相类。有紫檀心，天姿富贵。昔人名之曰曹州状元红，以别于洛中之状元红也。

榴红：千叶楼子，色近榴花。

花红平头：绿胎，花平头，阔叶，色如火，群花中红而照耀者。出胡氏。

白者八种

昆山夜光：胎叶俱绿，枝上叶圆大。宜阳，成树。花头难开，开则房紧叶稠，绸缪布护如叠碎玉。乃白花中之最上乘，可谓自明无月夜，古名灯笼，有以也。别品细秀，瓣如梨花，意态闲远，名曰梨花雪。

绿珠坠玉楼（俗名青翠滴露）：长胎，胎色与茎俱同昆山夜光。花白溶溶，蕊绿瑟瑟。

玉楼子：茎细，秀花挺出，千叶起楼，如水月楼台，迥出尘表。曹人以其绒叶细砌如塔，以雪塔名之。

瑶台玉露（俗名一捧雪）：花蕊俱白。

玉美人：大叶，色如傅粉，俗名"何白"以（似）此。

雪素：粉胎，开最晚，叶繁而蕊香，俗呼为素花魁。固不如旧名雪素之雅称，今仍易之。

金星雪浪：白花，黄萼，互相照映，花头起楼，黄蕊散布，常以此乱黄绒铺锦。

池塘晓月：胎蕊细长而黄，枝上叶亦带微黄，花色似黄而白，亦白花中之异者，予名之曰晚西月。

黑者三种

烟笼紫玉盘：高耸起楼，明如点漆，如松罨烟，即昔人所谓油红。最为异色。

墨葵：朱胎，碧茎，大瓣平头，花同烟笼紫玉盘。又有即墨子者，亦其种。

墨洒（撒）金（一名墨紫映金）：胎绿而浅，枝上叶碧而细，花头似墨翦绒，花瓣每有金星掩映，单叶者亦然，第枝上叶色黄，此其所异。

花间色（计二十二种）

粉者十一种

独占先春：红胎，多叶，花大如碗，瓣三寸许，黄蕊檀心，易开最早。疑诸谱以为一百五者即其种，但彼云白花，此粉色耳。

粉黛生春：质视独占先春，花头稍紧满，日午艳生，类银红犯（妃），开期最后。

三奇：红胎，三棱紫茎，圆叶粉花，柔腻异常。

醉西施：粉白中生红晕，状如酡颜，俗以晕圆如珠，名为斗珠花。

醉杨妃：胎体圆绿，花房倒缀。盖茎弱不胜扶持也，故以醉志之。其花萼间生五六大叶，阔三寸许，围拥周匝。质本白而间以藕色，《薛史》载有方氏尝以此花子种出者，名曰醉玉环。品以杨妃为玉环之母，以辞害义者矣。

绛纱笼玉：肉红圆胎，枝秀长，花平头，易开。质本白而内含浅绀，外则隐有紫气笼之。昔人谓如秋水浴洛神，名曰秋水妆者是也。品最贵。

淡藕丝（一名胭脂界粉，一名红丝界玉）：绿胎紫茎，花如吴中所染藕色。花瓣中擘一画红丝，片片皆同。旧品中有桃红线，即此种。

刘师阁（俗名雅淡妆）：千叶白花，带微红，无檀心。《周记》[1]谓出长安刘氏尼之阁下，因此得名。莹白温润，如美人肌。然不常开，率二三年乃一见花。或作刘师哥，误。

庆云仙（一名睡鹤仙）：绿胎修茎，花面盈尺，花心出二叶，丰致洒然。

锦幛芙容（蓉）：大千叶花也，无碎瓣，花色如木夫容（芙蓉），蕊抽浅碧，清致宜人。

一捻红：多叶，浅红，叶杪深红一点，如指捻痕。旧传杨妃匀面，余脂印花上，明岁花开，片片有指印红迹，故名。

紫者六种

魏紫：紫胎肥茎，枝上叶深绿而大，花紫红。乃《周记》所载都胜。《记》曰："岂魏花寓于紫花本者，其子变而为都胜邪？"盖钱思公称为花之后者，千叶肉红，略有粉梢，则魏花非紫花也。

紫金荷：茎挺出，花大而平，如荷叶状。开时侧立翩然，紫赤色，黄蕊。

西紫（一名萍实焰）：此花深紫，中含黄蕊。树本枯燥，如古铁色。每至九月，胎芽红润，真不异珊瑚枝。

朝天紫（一名紫衣冠群）：花晚开，色正紫。杨升庵《词品》谓："如金紫大夫之服色，故名。后人以名曲，今以'紫'作'子'，非。"

紫玉盘：淡红胎，短茎，花齐如截，即左花也。亦谓之平头紫。

紫云芳（一名紫云仙）：千叶楼子，紫色深迥，仿佛烟笼。易开，耐久，第香欠清耳。

绿者五种

豆绿：碧胎修茎，花大叶，千层起楼，异品也。盖八艳妆之一。《薛史》谓八艳妆者八种花，有云秀、洛妃、尧英等名，出自亳州邓氏[2]。按：曹州花多移自亳。[3]

萼绿华（一名鹦羽绿，一名绿胡蝶）：胎茎俱同豆绿，千叶，大瓣，起楼。群花谢后始开。

奇绿：此花初开，瓣与蕊俱作深红色，开盛则瓣变为浅绿，而蕊红愈鲜。亦花之异者。

瑞兰：胎茎、花、叶俱清浅，似兰，当为逸品。然自来赏之者稀，何也？

娇容三变：初开色绿，开盛淡红，开久大白。《薛史》谓初紫继红，落乃深红，故曰娇容三变。《欧记》[4]中有添色，疑即此是。按：乃《袁石公记》为芙蓉三变者，目为娇容，误矣。

昔《冀王宫花品·宋景祐沧州观察使记》，花凡五十种，以潜溪绯、平头紫居正一品，分为三等九品。又荥阳张峋撰《花谱》二卷，以花有千叶、多叶之不同，创例分类，凡千叶五十八种，多叶六十三种。盖皆博备精究者之所为。予病未能也，特分正色、间色。正色黄为中央，首列之，次青、红、白、黑；间色粉、紫、绿三种，又次于后，凡五十六种云。

附记：

秋社后重阳以前，将单叶花本如指大者，离地二三寸许，斜削一半。取千叶花新旺嫩条，亦斜削一半，贴于单叶花本削处。壅以软土，罩以蒻叶，不令见风日，唯南向留一小户以达气，至春乃去其覆。或斸小栽子，洛人所谓山篦子，治地为畦塍种之，亦至秋乃接，则皆化为千叶。此接法之繁其族者也。有用椿树高五七尺或丈余者接之，可平楼槛。唐人谓楼子牡丹者。此则不患非高花，此接法之助其长者也。又立春若是子日，茄根上亦可接，不出一月，花即烂漫。盖试有成效，洵有成书。《洛阳风俗记》曰："洛人家家有花，而少大树，盖其不接则不佳也。"曹州亦然。凡蓄花者，任其自长，年长才二三寸，种异者不能以寸，虽十年所树，立地不足四尺，过此老而不复花，又芟其枝矣。花当盛时，千叶起楼，开头几盈七八寸，如矮人戴高冠，了不相称。

移花或曰宜秋分后，如天气尚热，或遇阴雨，九月亦可。或曰中秋为牡丹生日，移栽必旺。僧仲林《越中花品》亦称八月十五日为移花日。今曹州移花，悉于是日始。先规全根，宽以掘之，以渐至近。戒损细根。然

---

[1] 周师厚《洛阳花木记》，下同。

[2] 实为曹州邓氏。

[3] 曹、亳两州，相距不远，牡丹品种似应相互交流，但目前并未发现有曹州移种亳州牡丹记载。

[4] 欧阳修《洛阳牡丹记》，下同。

如旧法，必将宿土洗净，再用酒洗，每窠用粪土、白蔹拌匀，又用小麦下于窠底，夫然后植，固不谓然。提牡丹与地平，使其根直，以细土覆满，土与干上旧痕平，戒少高低、戒勿筑实，然如旧法，必以河水或雨水浇之。过三四日再浇，兹则直浇以井水，不择河与雨也。

旧法分花，检长成大科（棵）茂盛者一丛，或七八枝或十数枝持作一把，摔土去，细视有根处擘开。今曹州善分花者谓当辨老根细根。老根其本根也，不可擘，擘则伤，腐败随之。惟细根其新生者附于本根，而后擘之。因就问栽法，如用轻粉硫黄和黄土擦根上，方植窠内，盖皆不须。

牡丹根甜，多引虫食，唯白蔹能杀虫。故《欧记》云："种花必择善地，尽去旧土，以细土用白蔹末和之。"今不闻有此。岂曹州花根不甜乎？抑少食根虫乎？然则旧法繁重，皆难尽信矣。又《群芳谱》引载种花法：六月中枝角微开，露见黑子，收置，至秋分前后种之。顾按养花之法：一本发数朵者，择其小者去之，留一二朵，谓之打剥。花才落即剪其枝，不令结子，惧其易老也。花落则蒻，子且难结，安所得子而种之？明袁宏道《张园看花记》云："主人每见人间花实，即采而归种之，二年芽始茁，十五年始花。"特一家言耳。

《欧记》："浇花亦自有时。九月旬日一浇，十月、十一月，三日、二日一浇，正月隔日一浇，二月一日一浇。在《群芳谱》谓正月一次，二月三次，三月五次，九月三五日一次，十月十一月一次或二次，且曰六月暑中忌浇。王敬美云："人言牡丹性瘦，不喜粪，此殊不然。余圃中亦用粪，乃佳。"予谓浇花如《欧记》《群芳谱》，又皆不然。书院中旧有牡丹，人言多年不花矣。予于去夏课园丁早暮以水浇之，至十月少止，今春皆作花。固知老圃虽小道，亦有调停燥湿，当其可之谓时也。

曹州园户种花如种黍粟，动以顷计。东郭二十里，盖连畦接畛也。看花之局，在三月杪。顾地多风，花天必有飚风，欲求张饮帟幕，车马歌吹相属，多有轻云微雨如泽国，此月盖所不能，此大恨事。园户曾不解惜花，间作棚屋者无有。花无论宜阴宜阳，皆暴露于飙风烈日之前。虽弄花一年，而看花乃无五日也。昔李鹰游洛阳园："才过花时，复为破垣，遗灶相望。"可胜慨乎。

《帝京景物略》："右安门外草桥，土近泉，居人以种花为业。冬则温火暄之，十月中即有牡丹花。"今曹州花可以火烘开者三种，曰胡氏红，曰何白，曰紫衣冠群。放翁《天彭风俗记》云："花户多植花以谋利，岁尝以花饷诸台及旁郡，蜡蒂筠篮，旁午于道。"曹州自移花日后，旁午于道者，盖亦载花车班班云。

第三：《桑篱园牡丹谱》[1]

[清] 赵孟俭

引言

从中国牡丹发展史来看，牡丹谱录是一个地方牡丹发展繁荣的重要标志，从康熙初年《曹南牡丹谱》到乾隆末年《曹州牡丹谱》的相继诞生，标志着曹州牡丹栽培已经进入了全盛期。

菏泽县东北赵楼村有赵氏克谨，字孟俭，出生于园艺世家，一生从事牡丹种植，以花为业，养家糊口。赵孟俭的牡丹园周围栽满桑树，并以树为篱，当做围墙，他就把自己的牡丹园命名为桑篱园。赵孟俭自幼家贫，没有机会上学，但他坚持自学，熟读《千字文》《百家姓》等启蒙读物，也算粗通文墨。《曹州牡丹谱》诞生以后，曹州牡丹又培育出许多新的品种，赵孟俭决定编写新的牡丹谱。在名士李奉庭的学生马蔚章的协助下，于1828年编成《桑篱园牡丹谱》。

《桑篱园牡丹谱》详细记录了151种牡丹。这部花谱不仅是对牡丹品种的详尽记录，更反映了当时菏泽地区牡丹栽培的盛况。赵孟俭虽未受过正规教育，但凭借其聪明勤奋和对牡丹的挚爱，编撰了这部具有重要科学和文化价值的牡丹谱。书中所记牡丹之美，不仅在于花色、花型的多样性，更在于其背后的文化意蕴与历史沉淀。

遗憾的是，因财力所限，《桑篱园牡丹谱》成书后，赵孟俭没有能力刊刻发行，此后该谱仅以手抄本的形式流传。清朝末年，又因社会动荡，朝代鼎革，竟致《桑篱园牡丹谱》失传多年。20世纪90年代，菏泽学院李保光教授着手整理菏泽历代牡丹谱录。为此，他遍访牡丹乡，积极搜寻牡丹史料，重点寻找《桑篱园牡丹谱》，但收获甚微。李保光教授曾如此感慨："我们在着手整理曹州牡丹谱时，不得不去搜集散于曹州牡丹之乡各种自编的牡丹谱手抄本。这些手抄本，花农们视为家中珍藏，一般秘不外传。"为此，李保光想尽办法，费尽周折，也仅仅找到几册残缺不全的手抄本，这些残存史料，仅涵括马邦举与何廼生序跋两篇，《桑篱园牡丹谱》最重要的牡丹名录部分依然不知所踪。所以，李保光教授不得不遗憾地对学界宣告：赵孟俭《桑篱园牡丹谱》失传。

笔者出生于山东省菏泽市曹县，虽常年生活工作于北京，但多年来一直关注搜集有关家乡菏泽牡丹的史料。一次偶然的机会，笔者辗转得到了一册

[1] 荣宏君藏本。

民国时期的牡丹谱手抄本，抄录者在开篇题署：菏泽赵氏桑篱园牡丹花谱；款识：松圃主人抄藏，民国三十一年二月立春之日。检阅手抄本全文，证实这就是学界已经宣布失传的"清赵孟俭《桑篱园牡丹谱》"。关于本书抄录者松圃的身份所知不多，检索史料，知民国时期有广东梅州人李维源，字松圃，号沤舫，是当代著名程派京剧大家李世济的祖父。他在清末至民国年间长期在安徽为官，曾官至合肥知县，辛亥革命后，又出任亳州县长。亳州历史上也是牡丹栽培要地，明末清初时期与曹州牡丹齐名，曹雪芹的祖父曹寅就有"可知国色无兼美，刚数曹州又亳州"的诗句来赞美两地。虽然亳州后来花事寂寥，但民间爱花养花之风依然连绵不断，《桑篱园牡丹谱》可能很早就抄传到亳州。受当地民风影响，李维源喜爱牡丹当在情理之中，那么这本《桑篱园牡丹谱》手稿也就极有可能为李维源亲笔抄录。当然要完全落实松圃主人的真实身份，还需要更加翔实的史料出现。

松圃主人所抄《桑篱园牡丹谱》，收录马邦举和何廻生的序文，内文录墨、黄、绿、白、紫、红、粉桃红色等7色牡丹，共计130种。再综合《菏泽牡丹大鉴》之《桑篱园牡丹谱》，一共辑录151个品种，比《曹州牡丹谱》（56种）的品种多了近百种，尤其在新增加的粉色系牡丹新品里，赵园粉这个品种首次出现，赵粉，据说为赵玉田[1]培育，花出桑篱园。赵园粉又名赵粉，花呈粉色，多花型，同株甚至可以同时出现荷花型、皇冠型等不同花型。赵园粉是花费多年心血培育而成的牡丹精品，该品种一经育出，名声大震，被誉为"国色无双粉中王"，遂与姚黄、魏紫、豆绿并称为牡丹四大名品。通过《铁梨寨牡丹谱》的证实，赵园粉是菏泽本土培育的牡丹名品中的新贵，在四大名种中也最为年轻。

除此之外，还抄录了一篇王守谦《绮园牡丹花谱序》文。据李保光教授考证，所说绮园，当在现菏泽市牡丹区城南晁八寨一带，园主人叫晁国干，园现已坍圮无存，《绮园牡丹谱》也早已散佚，仅留序文一篇。为保持松圃主人抄书原貌，亦将该序文放在谱前一并录出。

由于《桑篱园牡丹谱》迭经传抄，讹误遗漏之处较多，编者将之与李保光教授《新编曹州牡丹谱》[2]中所收录的三篇序文对比辑校。

---

[1] 赵玉田(1735—1825)，字昆岳。清代山东曹州赵楼村人。生于乾隆年间，养花能手，赵粉即为他所培育。道光五年仙世，享年90岁。据传赵玉田也修有一部花谱，收200多个品种，《桑篱园牡丹谱》很可能就是以赵玉田花谱为基础编纂而成。参见，韩建新主编：《菏泽牡丹大鉴》，北京：光明日报出版社，2003年，第388页。

[2] 李保光，田素义编著《新编曹州牡丹谱》，北京：中国农业科学技术出版社，1992年。

《桑篱园牡丹谱》松圃主人抄本

《绮园牡丹花谱》序[1]

[清]王守谦题

花之以富贵成品[2]称艳冠时者，首推牡丹。世以爱梅爱菊为高，爱牡丹者近俗。不识孤山彭泽[3]，际休明登台者，终以清寒遗逸弃此而逃，否也[4]。然则小隐天津[5]，冷眼富贵，亦宜于春日暄妍，移情□□[6]。韶光明媚，省识花王矣。葭密近城，郡南地各桑麻[7]，养花者少。余表兄献廷先生性爱菊，罗致（根芽数[8]）十百种。每种[9]（重阳前后移盆列几，布满室堂，不减[10]）桑篱遗韵[11]。及表兄弃世，舍表弟（国）干养菊不辍，庄西数武[12]，果木周匝建一园，内置草亭，缭以柏墙，外门东向，额曰："绮园"。亭前养菊，秋晚移诸客室，郁郁芬芬，不改昔年，所谓"思其所乐，不忘志事者，"非耶？但纸醉金迷，仅蛩寒蝶瘦之天，燕舞莺娇，少酬酒染衣之植，是有家丞之秋实，无庶子之春华也。于是亭之西，界以藩篱，较植菊之园广轮倍加，别立一园。中为南北小径，径左右调为两畦，尽植牡丹。每株相间各五尺许，不下四五百本。谷雨后，余尝两至其地，见姹紫嫣红，含蕊皆放，交错如锦，夺目如霞，灼灼似群玉之竞集，煌煌若五色之相宜。何秪四香阁上露莹红珠，百宝栏边香吹锦襭，已哉。顾余素未究心，不别其类，兼昧其名，空闻魏紫、姚黄，讵识鞓红、欧碧？幸余表孙继襄频频指示，旋出牡丹花谱一册，且嘱为序。谨按：其书总挈[13]黑、黄、白、紫、深红、桃红、杂色为纲[14]，析以叶之尖团[15]，茎之短长，宜阴宜阳为注，核其名一百四十有奇，举是花之形状、性情，无不尽著于谱。余辄叹为一草一木莫不有理，是其物格之一端乎？

抑闻牡丹始名木芍药而已，自谢公康乐肇锡嘉名。厥后，白傅作歌，欧阳制序，钱思公书诸屏障，其用情不若是悉也。且是花以洛阳甲天下，他若殷红一色，共羡临芳殿前，粉雪千群，争夸慈恩寺里；沉香亭，君王带笑；仙春馆，妃子留痕。俱长安旧事。恐枳橘变化，未宜他土也。乃地脉转移，南北无定。曩者城东何氏凝香园[16]一时擅胜。未几，郡北赵氏桑篱园[17]更出其右，今则晁氏绮园之花与城北仅多寡不等，而丰硕蔚茂，各各得色，有实过于从前者。昔人谓羯鼓催花，花神亦助，精彩其在斯乎？邵子诗冷眼人间富贵花，恐对此而亦转盱垂青，若昌黎之"长年是事皆抛尽，今日栏边眼暂明"也。因题诸谱而为之序。

时道光十九年，岁在己亥莲月中浣之吉，愚表叔王守谦题[18]

---

[1] 松圃主人抄藏，《菏泽赵氏桑篱园牡丹花谱》，1942年2月4日。荣宏君私藏本。
[2] 李保光本为"之品"。
[3] 李保光本为"彭泽孤山"。
[4] 李保光本为"终以清寒隐逸弃此而逃也"。
[5] 李保光本为"然小隐天津"。
[6] 李保光本为"贵客"。
[7] 李保光本为"……来曹州之葭密都。州城南，地多桑麻"。
[8] 据李保光本补齐。
[9] 另李保光抄本为"每种"，李保光、田素义编著：《新编曹州牡丹谱》，北京：中国农业科技出版社，1992年，第77页。
[10] 另李保光本补齐，李保光、田素义编著：《新编曹州牡丹谱》，北京：中国农业科技出版社，1992年，第77页。
[11] 另李保光抄本为"不减东篱遗韵"，李保光、田素义编著：《新编曹州牡丹谱》，北京：中国农业科技出版社，1992年，第77页。
[12] "不远处，没有多远"之意。武：量词，古代六尺为步，半步为武，泛指脚步。
[13] 另李保光抄本为"谨按其述说。"李保光、田素义编著：《新编曹州牡丹谱》，北京：中国农业科技出版社，1992年，第77页。
[14] 李保光抄本为"挈黑、黄、白、紫、红杂色为纲。"李保光、田素义编著：《新编曹州牡丹谱》，北京：中国农业科技出版社，1992年，第77页。
[15] 另有"尖圆"，详见：李保光、田素义编著：《新编曹州牡丹谱》，北京：中国农业科技出版社，1992年，第77页。
[16] 始建于元末明初，原为袁姓所有，称"袁家堂"花园，明朝时期为何氏购得，故称"何园"，牡丹名品何园红、何园白即产自该园。
[17] 即赵孟俭桑篱园。
[18] 李保光本作"时道光十九年岁在己亥武定府阳信县岁进士任贯城教谕刘辉晓题"，并做注释：贯城，古地名，春秋宋邑，故城在山东定陶县南。查菏泽地方史志，曹州府清代属地有"朝城、观城"，而并无"贯城"一地。又查清道光十八年县志，在《职官志·教谕》中发现刘辉晓条目：刘辉晓，阳信县己巳拔贡，道光六年任（教谕）。见，道光戊戌年（1838）重修《观城县志·职官志》卷之六·文职。由此推定，所谓"贯城教谕"当为"观城教谕"之误传误抄。详见：李保光、田素义编著：《新编曹州牡丹谱》，北京：中国农业科技出版社，1992年，第77-83页。

书《桑篱园牡丹花谱》后

[清]何廼生❶

"锦里叨看花富贵，俗怀借问竹平安"，鄙之旧联也。言虽俚，亦足以略见吾里之概。里处邑之北鄙，距城十里而远❷，左临灉水❸，右接桂陵，（桂陵）柿叶，灉水荷花，是邑之八景，非邑之大观也。足为大观者，殆莫如牡丹。牡丹曩称洛阳甲天下，乃其秾纤、肥瘦、深浅、妍媸，物色变态之间（倾）异标新，实有逊山左者，世岂贵耳而贱目欤？抑古若彼❹，而今若此欤？山左十郡二州，语牡丹则曹州独也。曹州十邑一州，语牡丹则菏泽独也。菏泽为都为里者不知其凡，语牡丹之出（者），惟有城北之一隅。鲁山❺之阳，范堤之外廷，延袤不能十里，而其间为园为囿者更不知其凡几❻。而盛冠一方者，为桑篱园。

桑篱园，同里赵氏花园也。赵氏之族世喜业花，而其尤著，其一为玉田赵昆岳，其一为孟俭赵克谨❼，克谨与玉田虽雁行而齿相悬。盖玉田为我老友，而孟俭又以我为老友焉。

孟俭者，即桑篱园主人也。主人种桑结篱，代彼版筑，以御践履，园以此得名。园阔，中无所不树，而要以牡丹为之主，若殿春❽、若真腊❾，以及一切花藤卉丛，犹未足当其半。括略以算，株殆以数千，种殆数百，主人以言者，策悉取而汇之于谱。于是按《群芳》所载而有于今者收入于册，又于《群芳》所未载而有于今者，仿其注而变通之，更收入一册，合甲乙两册，共得若干种。册繁，主人一手一眼，又苦操作❿，摒挡拮据，日不暇给，是不能不需时日，而久而后成也。至于擅名致胜，是不一端，详具于后⓫。

孟俭为人弱，不好弄于物，无迕，虽曰庭训，亦其天性也⓬。然而聪明越绝，意气峭孤，生平未尝入塾请业⓭，而周之《六书》，梁之《千文》，莫不诵了义彻，即自订《花谱》一节，亦略见其概矣。乃居恒悒郁，自嘲谓："舍本事末，则重不如农；射逐蝇头，则清不如士。苟负郭可服，阿堵所不乐道也。"窃尝喻以抱关击朴（柝）⓮，人代耕也。移花接木，君代耕也。椿萱腊高⓯，俯仰用宽，顾以赖之者，病之欤？

会谱成，辱教嘱序⓰。知不胜任，而不果辞者，重拂⓱其意也。良以知之，详而悉之，审者莫余若也。舍弁而为之跋者⓲，虚其右以待能也。初教于前，以启其端者，文学李君奉庭家司马蔚章也。继书其后，以纪其略者，古稀下叟何廼生也。

时龙飞道光戊子春也⓳。书既，更取名言殿以后劲⓴，曰："自食其力不

❶何廼生，菏泽城北马邱人，生活在乾隆至道光时期，悬壶济世，文采斐然。李保光本写作何迥生。

❷李保光本作"之遥"。

❸灉水：古河名，流经山东省菏泽市。它与沮水合流入曹州雷夏泽，是雷夏泽的一条重要水源。灉水之名，首见《禹贡》："济、河惟兖州，九河既道，雷夏既泽，灉、沮会同。灉水产莲，"灉水荷花"为古曹州八景之一。

❹李保光本作"抑右若彼"，"右"应为"古"字之误。

❺鲁山，今牡丹区芦堌堆，传为周代文化遗址。

❻李保光本为"范堤之外，连延不断数十里，而其间为园为囿者更不知其凡几"。

❼李保光本写作"赵克勤"。

❽殿春：芍药的别称。

❾真腊：即腊梅。

❿李保光本作"又苦于操作"。

⓫李保光本作"是不能一一端详其后。"

⓬李保光本作"无迕庭训，亦其天性也"。

⓭李保光本作"然而聪明过人越绝，意气峭孤"。

⓮抱关击柝：守关巡夜的人，比喻职位低下。

⓯椿萱：椿树和萱草，代指父母。腊高：指年岁大。

⓰李保光本作"数岁，会谱成，辱教嘱序"。

⓱难以违背之意。

⓲弁，即文章前的序言。跋，文章后面的跋语。

⓳即道光八年，公元1828年。

⓴李保光本作"更取名，言以殿后，劲曰："。

为贪,卖花为业不为俗"也。❶

墨色

烟笼紫珠盘:花千叶,楼子,色似墨魁,内有绿瓣,叶稠,树生矮粗,乃墨花之冠也。

墨紫映金:花千叶,深黑如墨,内有碎黄蕊,茎软,紫而有刺,状如莲茎,叶瘦长而皱,树生枯瘦。

墨撒金:花单叶,开至二十余瓣,深黑如墨而有宝润色,黄蕊,叶瘦长,尖皱,树生枯细。

黄色

御衣黄:花千叶,形色似姚黄,茎长微软,叶稀长不甚尖,茎微短。

庆云黄:花千叶,淡黄色,茎微软,叶瘦长而有镂文,状如金轮,考之,乃金轮子也。

雏鹅黄:花千叶,平头,外大瓣,内细瓣,状如新鹅儿,初开浅黄,后有金黄色,直茎长梗,叶平、拥、团❷而皱,花出鲁山李吏部之家,又名李府黄。

甘草黄:花千叶,色如甘草,叶稀、瘦长而软,树弱。

鲁府黄:花千叶,平头如刀裁,然瓣细,略带浅黄色,黄心,根赤紫,圆似八卦图,叶最小而团,亦树生枯瘦者,一名八卦图。

姚黄:花千叶,初开浅黄色,将谢有金黄宝色,梗长,叶稀,团薄,树生微瘦,茎微弱硬。

金轮:花千叶,楼子,色似黄葵,叶团而厚,直茎,气味清香,紫茎,一名黄气球。

绿色

醉后妃子:花千叶,白色,略有粉梢,带黄蕊,叶长而厚卷,初开时有绿色,一名奇绿,又名绽绿。

娇容三变:花千叶,楼子,初开绿色,状如豆绿,中变粉色,将谢则白矣,盛者而有浅花红,叶稀小而团皱,梗细长,树生微弱。

碧玉娇:弱者绿色,合扭如摄,叶瘦小,胜者叶大团,千叶楼子,亦变粉色,一名碧绿。

豆绿:花瓣紫硬,耐久,叶厚小而光,梗甚软也,初绽红尖。

瑞兰:花真绿色,大开头,较豆绿更有娇色,瓣锦硬,叶团大而厚,宜阴,成树。

绿玉:花千叶,初开绿绽口,开盛者青白色,可爱□□,(叶稀),宽大而尖,一排三叶,微有黑色。

赵绿❸

白色

昆玉夜光:花千叶,楼子,色白如雪,有宝润色,中出一绿瓣,成树宜阴,叶大而光。

池塘晓月:花千叶,楼子,青白色,大开头,叶微绿,团大而卷厚,宜阳,成树开迟,一名宋白,出宋家。

玉玺凝辉:花千叶,小平头,小朵细瓣,色白如玉,茎微软,叶稀、瘦而尖长,微有绿色,树生枯细,亦宜阳者。

天香湛露:花千叶,楼子,色白如雪,每瓣上有黄蕊,内有红心,直茎,叶尖而皱,树生微瘦。

金玉交章:花千叶,大盘内如馒首样,色白如玉,清秀无双,每瓣上有黄蕊,叶团大而拥,厚似猪耳。

三奇集盛:花千叶,白色,微带粉,紫茎,花、叶、梗皆圆,故名三奇,一名三圆白,树粗,宜阳。

金玉交辉:花千叶,黄白色,略带银红,根叶瘦长微凹,茎微软,一名天香拱璧。

天香独步:花千叶,平头大如盘,白色略带粉,直茎,叶团小而皱,宜阳,出荷❹邑赵氏园。

梨花雪:花千叶,楼子,瓣细而稠,色白如雪,叶丛小,树生枯瘦,宜阳,茎直似天香。

金玉玺:花千叶,硬瓣,直茎,白色,每瓣上有黄蕊,叶团而厚,成树宜阳。

西施图:花千叶,楼子,开圆如球,白色细瓣如鳞,带黄蕊,每开,头垂下,叶泛紫色,瘦长而皱卷,初开绿绽口。

清心白:花千叶,楼子,大开头,色白如雪,有宝

---

❶ 蒲松龄《聊斋志异》之《黄英》篇说:马子才好菊,家境贫寒。一位陶姓人劝他"卖菊亦足谋生"并说:"自食其力不为贪,贩花为业不为俗。人固不可苟求富,然亦不必务求贫也。"此句即从《黄英》篇转化而来。

❷ 团:圆形。

❸ 此处漏抄花释名。

❹ 疑为笔误,应为"菏",下同。

润色，内有清心，叶大而长尖，一名雪塔，一名池来白，开迟，茎长尺余。

寒潭月：花千叶，白色，略带红根，叶平团，树粗，宜阳。

玉娥娇：花千叶，平头，小朵细瓣，白色，叶小而稀，树生枯细，花出李进士家。

何园白：花千叶，白色，大开头，叶稀长而大，又有青色，宜阳，花出何氏之园。

擎晓露（亦名金星雪浪）：花千叶，大朵白色，微黄，叶宽大而拥长，成树茎微短。

孟白：花千叶，色白如玉，气味清香，细瓣，开迟，叶瘦尖而稀，树生微瘦，一名玉妆楼。

蕉白：单叶至十余瓣，色白如雪，有宝润色，黄心，叶长尖而皱，一名雪皱，朵大如碗，一名玉碗白。

宁白：花千叶，楼子，开圆如球，色白如玉，叶拥、团而皱大者也。

尖白：花千叶，平头，白名带黄蕊，叶团而锯齿，一排三叶，树生矮。

见白：花千叶，色白如雪，叶稀长尖而瘦，树生微细，若孟白然。

鹤白：花千叶，楼子，香洌而欠清，色白如雪，叶长稀稍卷而皱，茎直，叶里犯白色，春有毛。

白玉：花千叶，楼子，色白如玉，叶大而团皱，亦宜阳成树者。

藏珠：花千叶，平头，白色微有银红，短拥，开最早，一名独先春，朵在叶中，青山冠雪。

骊珠：花千叶，楼子，细瓣，白色，略有粉红梢，叶瘦而曲，初开青绽口，一名翠滴露，花出荷邑赵家。

紫色

紫衣冠群：花千叶，外大瓣，内细瓣，初开绽口，开后带红色，诸花开罢方口，叶紫尖长而平瘦，茎微短。

紫裙冠带：花千叶，平头，瓣细短，状如盘形，正紫，宝润色，微带米篮，茎微软，叶平团大，成树，宜阳，开迟，一名葛巾紫。

凝香艳紫：花千叶，紫色浅淡，叶拥团，梗微长，茎直。

泼墨紫：花单叶，深紫如墨，内有黄心，叶尖长。

紫金荷：花单叶，开至二十余瓣，深紫如玫瑰，又有宝润色，紫色之冠者也，内有黄蕊，直茎，硬梗，叶细团而光。

多叶紫：花单叶，紫红色，叶密小，树生微细。

紫云仙：花千叶，楼子，形如馒头，色似魏紫，叶长卷而厚。

海云红：花色深紫如霞，叶平团皱，宜阴。

洪都圣：花千叶，色深紫如玫瑰，内有黄蕊，叶软瘦长而卷，一名小魏紫。

紫重楼：花千叶，楼子，开圆如球，朵大如碗，深紫有宝色，中出一绿瓣，叶团大，后如胡红，亦宜阴成树者。

紫绣球：花千叶，楼子，开圆如球，色紫如玫瑰，茎长微软，叶稀，团大而厚，一名新紫魏，紫之别品，又名天彭紫。

紫霞仙：花千叶，楼子，正紫色，茎微软，叶尖长。

墨魁子：花千叶，楼子，色紫浅淡色，叶拥密而紫，短茎，树生矮粗。

魏紫：花千叶，楼子，开圆如球，色类茄花，每瓣上有黄蕊，叶稀小而厚，树根粗，宜阳，开盛者上有绿瓣，即宫妆紫。

墨魁：花千叶，大如碗，色如紫玫瑰，叶平团厚大，比胡红更佳，宜阳成树，乃紫之第一者也。

墨素：花千叶，小朵，细瓣而曲，茎甚短，叶瘦小而曲，黑色类墨紫。

西子：花千叶，深紫色，有黄心，叶稀，瘦长而尖，树生微瘦。

王红：花千叶，楼子，开头极大，但不若墨魁耳，其花颜色深紫，叶长而大，微红，亦成树宜阳者。

赵紫[1]

紫袍掛玉[2]

红色

璎珞宝珠：花千叶，楼子，水红色，初开时有朱红边，叶疏而小，叶绿。

---

[1] 赵紫无花释名。

[2] 紫袍掛玉无花释名。

一品朱衣：花千叶，平头细瓣，外大红，内有朱红润色，叶密齐而小厚，树微弱可爱。

珊瑚映日：小朵千叶，细瓣而曲，色红似珊瑚，然叶丛细而曲，宜阳，树生枯瘦，盛者如掌花案。

春红争艳：花千叶，桃红开最早，叶绿尖而皱，一名浅红娇。

酒醉杨妃：花千叶，不甚紧，晕红色，每开头垂下，叶长尖而稀，一名海天霞灿，叶犯（泛）紫色。

姿貌绝伦：花千叶，花深红，有水色，上带黄蕊，软茎，叶小而齐，开紫绽口。

大红剪绒：花千叶，细瓣平头，深红，色如刀剪裁之红绒，故名，叶稀瘦长，树亦枯瘦。

花红夺锦：花千叶，平头，深花红色，茎直，叶长尖而紫，一名西施裙。

春江漂锦：花千叶，楼子，硬瓣，大红有润色，初开紫绽口，茎微硬，叶宽大长尖，春初有毛，宜阳。

出茎夺翠：花千叶，锦绣深红色，茎长尺余，须以杖扶，叶拥花密齐，树生极矮。

杨妃春睡：花大如盘，瓣莲不甚紧，浅桃红色，内有黄蕊，茎长尺余，每开头垂下，叶大长尖，亦名花红杨妃，亦名盛妃桃，亦名太康杨妃。

丹皂流金：花千叶，细瓣，大红色，叶尖瘦，密而多燕，树生软弱，掌花案之子也。

艳珠剪彩：花千叶，外大瓣，内细瓣，形如馒头，茎短，叶稀长平，似雕刀割纸，而花桃红色，树生微弱。

天香夺锦：花千叶，楼子，开圆如球，深红色，叶小而团皱，直茎。

襄阳大红：花千叶，硬瓣，大红色，叶长而光，微卷，宜阳，成树，乃出于襄阳王氏者，此花大朵。

美人红：花千叶，平头，细瓣，短茎，叶密稠，似一品朱衣，微拳曲，树生差小。

胭脂红：花千叶，色似胭脂，迎日视之，宜阴，叶窄尖长，易生成树。

状元红：花不甚大，紫红色，叶密微小，宜阳。

解元红：花千叶，滋红色，叶拥团而皱，茎微紫，树粗，宜阳。

一捻红：花千叶，色似胭脂，叶拥团而有红色，树生，矮粗。

何园红：花千叶，平头，朱红色，状如红绫，花出曹州何尚书之家，茎微软，梗紫，叶平、稀长微卷，树生微细，一名见红，其瓣上红白。

文公红：花千叶，大红，茎微短，梗亦短，叶长而拥密，亦带绿色，树生矮粗。

石榴红：花千叶，平头，细瓣，短茎，色红似石榴子，内有黄心，叶密齐而小，亦树生枯瘦。

锦袍红：花千叶，深红色，叶平、团大有锯齿，长梗，茎亦但枝弱，开时须以杖扶，恐为风雨所折。

盛丹炉：花千叶，深红色略有粉，叶大微尖而树生矮粗，一名周红。

百花妒：花千叶，深红色，叶绿可爱。

萍实艳：花千叶，大桃红色，直茎微短，叶拥团而厚，树粗宜阳。

八宝镶：花千叶，平头，细瓣，滋红色，内有金黄蕊，叶拥尖而密，短茎，宜阳，树生微细。

丹炉焰：花千叶，大红，有宝色，叶绿而宽长，宜阳成树。

朱砂垒：花千叶，大红有润色，内有黄心，茎微短，直梗长，叶稀，团而光，宜阳。

飞凤羽：花单叶，开至十数余瓣，紫红色，内有黄心，茎微软，叶稀瘦长。

想柳群：花千叶，平头小朵，细瓣，大红色，瓣有花点，短茎，树生微弱，叶稀，团而厚。

肉芙蓉：花千叶，肉红色，内有黄蕊，叶尖而燕又多，树生微细。

十八号：花千叶，楼子，大开头，深红有滋色，中出绿瓣，叶厚、团大如猪耳，上有镂纹，树生矮粗。

掌花案：花千叶，楼子，大红有宝色，叶瘦长，尖皱而密，乃红花之冠也，茎微软弱者似珊瑚映日。

胡红：花千叶，楼子，外大瓣，内细瓣，形如馒头，水红色，叶平、团大而厚，闻盛者内中出一绿瓣，宜阳，成树，一名宝楼台。

会红：花千叶，平头，瓣上有黄蕊，桃红色，娇嫩可爱，朵子不甚大，叶平、小而尖，树弱。

秦红：花大红，紧瓣，内有黑根，而黄心，叶长尖而窊枯生于细。

花王：花千叶，细瓣，深桃红色，叶绿瘦长，树生微弱。

斗珠：花千叶，楼子，藕花红色，茎微短直，梗短粗，叶拥长，宜阳，成树，开迟。

赵红[1]

二乔[2]

粉桃红色

冰罩红石：花千叶，粉红宝润色，叶稀，大丛长，茎软。

胭脂点玉：花千叶，开圆如球，粉色，花绽口开至四五日则白矣，上有淡红点，茎长似芍药，一名玉芍药，宜阴。

银水金鳞：花千叶，细瓣开圆如球，胜者内有金鳞、银红色，每开头垂下，叶软稀瘦长，开最迟，且极耐久，一名金线红，一名吊环。

国色无双：花千叶，小朵，细瓣，叶密曲小而卷且皱，树生枯瘦，盛者粉色，亦如杨妃插翠然。

海棠擎润：花大，水红色，弱者单至七八瓣，盛者花大如碗，花千叶，楼子，一排三叶，最大而厚拥。

瑶光贯月：花千叶，楼子，略有蓝梢，开圆如球，叶厚而团，一名汉宫春。

锦帐芙蓉：花千叶，楼子，银红色，中有绿瓣，叶稀瘦长而皱，茎直，开迟，宜阴。

杨妃初浴：花千叶，平头，红有白色，软茎，叶拥厚而卷，树生粗，矮宜阳。

桃红献媚：花千叶，平头，浅桃红色，短茎，叶绿团而皱，树生矮粗，宜阳。

咸池争春：花千叶，大开头，硬瓣银红，茎微短，叶稀、团大而厚，状如昆山夜光，成树。

古班同春：花千叶，平头内细瓣，粉白色，略有，色茎细长微软，叶瘦长尖而平。

艳素同春：花千叶，浅红微有古铜色，叶稀，茎微短。

杨妃插翠：花千叶，楼子，外大瓣似盘形，内如馒头，开盛者中有绿瓣，粉白有水色，茎微直，叶平、团大癫者形如国色无双，宜阳，一名粉楼台。

仙姿雅秀：花千叶，桃红色，短茎，尖密而拥，树生矮粗，一名孙红。

软玉温香：花千叶，浅桃红色，直茎，梗长，叶平而光，树生微细。

银红无对：花千叶，小朵，银红色，内有细瓣，叶齐小而短，开早。

长枝芙蓉：花千叶，楼子，开圆如球，茎长尺余，每开头垂下，深银红色，有宝色，梗叶皆稀，成树，宜阳。

万花首：花千叶，楼子，深银红色，最娇可爱，内有黄蕊，叶极细长而尖小，树生枯瘦。

素花魁：花千叶，楼子，粉白色，略有红心，叶平、团而拥皱，粗大而开迟。

露珠粉：花千叶，平头，粉白色，中有绿瓣，叶平、短而皱。

月娥娇：花千叶，楼子，内外皆粉，有宝润色，叶拥，有绿色，树生矮粗，诸花开罢方开，一名粉娥娇。

庆云仙：花千叶，平头，细瓣，短茎，银红色，树粗，宜阳。

似荷莲：花千叶，楼子，细瓣，绿瓣浅红，大而皱，宜阴。

洛妃妆：花千叶，桃红色，短茎微软，叶稀长而瘦。

铜雀春：花浅红色开至十数余瓣，内有黄心，茎尖而长瘦，稍绿。

慵懒妆：花千层，浅红色，茎微短，叶稀瘦而长者也。

宫样妆、第一娇、万花胜、蜀江锦、玉云粉、水红球、银红皱、补天石、瑶池春、苏家红、西天香、珠粉、娇红、赵粉、倪红。

杂色

菱花晓翠、雨过天晴、雅澹妆、蓝田玉、藕丝魁、红线界玉。

---

[1] 此抄本赵红无花释名。

[2] 此抄本二乔无花释名。

跋[1]

余性嗜香草，喜闻园客夫妻遗事。来曹数年，游城东北赵家园，见玉田先生萧萧白发，隐于园间，为老农老圃之业，乃人生乐事也。余因赠以"似兰如松"四字以慰其心。今来问之，既没七年矣。余久于曹，道光十二年（1832）三月十四日到桑篱园，见孟俭才三十五岁，气象安静，亦如玉田当年，余与莘孙、瑞圃[2]同来，跋此数语，以志于卷尾。

马邦举跋[3]

---

[1] 马邦举，生卒年不祥，原籍鱼台县，后迁邹县西曹社安马庄，为清代著名学者。嘉庆五年（1800）举人，十年（1805）乙丑科进士，官曹州府学教授，任曹州府主考官。马邦举博学多识，经史兼善，工于金石、文字学，有《毛诗字声考略》《楚辞字声考略》《汉石经考略》（二卷）、《陕志陵墓考》传世。

[2] 李保光本作"莘邑瑞圃"，《菏泽牡丹大鉴》写作"莘邑孙瑞国"。参见，韩建新主编：《菏泽牡丹大鉴》，北京：光明日报出版社，2003年，第390页。

[3] 2003年，菏泽市牡丹区编辑出版《菏泽牡丹大鉴》一书，该书刊录赵孟俭《桑篱园牡丹谱》一种，释名从略，出处不详。斯谱共收牡丹八大色系，150个品种。其中黑、黄、白、红四色品种与编者所藏松圃主人抄本《桑篱园牡丹谱》之品种完全吻合；紫色系为19个品种，则比松圃主人抄本漏抄紫袍挂玉一种。粉桃红色系共录41种，比松圃主人抄本则多出宫样妆、第一娇、万花胜、蜀江锦、玉云粉、水红球、银红皱、补天石、瑶池春、苏家红、西天香、珠粉、娇红、赵粉、倪红等15个品种。杂色系则收录6种，松圃主人抄本则全部漏抄。今把两谱合并，则牡丹品种与赵孟俭后人赵世学在《铁梨寨牡丹谱》序文中记述的"《桑谱》旧收151个品种"完全吻合。见：韩建新主编：《菏泽牡丹大鉴》，北京：光明日报出版社，2003年，第423页。

《杂咏牡丹十二首》

[清]赵新

引言

赵新（1820—1881），字晴岚，直隶天津人。道光二十三年（1843）中举，同治四年（1865）署理德州知州，后署沂州知府，同治十年（1871）补任曹州知府。赵新为官清廉，遗爱在民，折狱明敏，有"赵青天"美誉。任曹州知府期间，赵新十分关注菏泽的牡丹种植，他经常布袜青鞋，到赵楼牡丹乡访问花农，因此也留下了大量吟咏牡丹的诗篇。他曾写下十二首吟诵曹州牡丹名品的七言绝句，这些诗详细刻画了姚黄、魏紫、豆绿、墨魁、冰清、梨花雪、一品朱衣、葛巾紫、红冰、掌花案、瑶池春、花牡丹等12种名品的花型特征，而且在每首诗之下还都有一段小注，叙述这个品种的花色特征以及花名由来，俨然一部诗歌牡丹谱，所以就把这组诗歌列在牡丹谱序列。

杂咏牡丹

菏泽牡丹不下百余种，此仅取其一二耳

姚黄

花王应被赭黄袍，色似初春柳散绦。
曹国竟同燕国侈，熔金新筑一台高。

（旧云，牡丹黄者皆单瓣。予在曹所见如姚黄、御衣黄、金轮之类，无不起楼，有高五六寸者，非独佳种，亦培植得宜也。第此花不甚受水，插瓶即萎。或者其品甚高，不肯供人耳目之玩与，花之有品而自重者尚如此。）

魏紫

多买胭脂果不差，居然莲脸晕朝霞。
夫人自昔称曹国，紫玉端应属魏家。

（此种自昔与姚黄并称，然不及黄者远矣，香亦逊也。）

豆绿

群芳卸后吐奇芬，高挽香鬟拥绿云。
谢绝人间脂粉气，远山眉黛想文君。

（绿牡丹开最迟，花瓣重叠，包裹紧实，亦贵品也。）

墨魁

夺魁名目占花窠，浅紫深红教若何。
砚北莫嫌颜色淡，妙文著墨本无多。

（花色极紫，远出紫珠盘、紫重楼、葛巾紫之上，非真如墨也。）

冰清

铅华洗净著清风，独抱冰心样不同。
写艳无须朱点染，肖形真个玉玲珑。

（长瓣曲屈，似玉版而无檀心，真有洁静精微之致，名曰玉玲珑，洵不愧也。）

梨花雪

如广寒宫见丽华,娉婷月下一枝斜。
梨花白雪工摹拟,从此休将玉色夸。
(是花乃极白者,枝干短小,大有弱不胜衣之态。)

一品朱衣

骨抱九仙衣一品,邺侯风度认依稀。
人闲正色无多少,珍重天公特赐绯。
(形似莲花,但色朱瓣圆耳,以其名佳人多爱之。)

葛巾紫

紫胎表异谢王封,名士纶巾爱卧龙。
雨侧风欹偏一角,依稀如见郭林宗。
(花圆整而富丽,如古时所戴葛巾状,故名。)

红冰

粉腻脂柔日炙消,丹青束手枉摹描。
杨妃香汗灵芸泪,颜色终须逊此娇。
(粉色娇艳非常,俗呼冰凌照红池。为改今名,园主笑其不典,于夜露犹湿、晓日未上时观之,莫能名其妍丽,惟叹观止而已。)

掌花案

火珠闪烁映丹霞,艳到如斯更莫加。
若使移教端节放,居然斗大石榴花。
(榴花颜色最艳,此种正与相似,真奇观也。)

瑶池春

仙姿端合住瑶台,雅爱梳妆绝点埃。
五色衣裳嫌绚烂,藕丝衫子称身裁。
(花作深藕色,黄蕊单瓣。)

花牡丹

脂粉相兼衬玉肤,别开生面费工夫。
妆余一捻红如此,犹带杨妃指印无。
(红白相间,向无此种。乃莳花人用子种出者,俗名花牡丹。殆似沉香亭畔之一捻红乎?牡丹结子如豆,各异种皆用子种出,分枝则不能变也。初出土止一叶,六七年后始花,煞费工夫,故分枝多而种者绝少。)❶

---

❶ 菏泽市牡丹区史志办公室整理:《清·光绪新修菏泽县志卷之十八·艺文二·诗歌》,北京:中国文史出版社,2013年,第589-591页。

第四：《铁梨寨牡丹谱》[1]

[清] 赵世学

引言

菏泽赵楼村赵氏家族世代以牡丹为业，他们秉承"种花为业不为俗，卖花为业不为贪"的祖训，不求闻达，一心专注于牡丹的培植和开发。自赵孟俭《桑篱园牡丹谱》成稿80年后，赵楼村又诞生了一部新的牡丹谱录《铁梨寨牡丹谱》。撰者赵世学（1869—1955），字师古，赵孟俭后人。他秉承祖业，酷爱牡丹，在赵楼村东北隅经营着一块祖传的牡丹园。这个园子有一亩见方，四周植铁梨树（柘刺树）环绕，以树代墙，因名"铁梨寨花园"。

赵世学学业不详，但他文笔优雅，诗赋兼善，在牡丹乡当属饱学之士。道光以后，曹州牡丹新品频出，赵世学决定创修新谱《铁梨寨牡丹谱》，为曹州牡丹立传。赵世学在新谱序中交代，"按之旧谱仅百五十余色，更加以种养类分，其相继而新生者亦五十余色，共约二百余色，不为不多矣。"这里所说的旧谱是指《桑篱园牡丹谱》。该谱收录墨、黄、绿、白、紫、红、粉桃红色等7个色系，151个品种。赵世学在此基础之上，又增加了"杂色"系，牡丹品种也增加至202种，其中黑色系牡丹从《桑篱园牡丹谱》的3种增加到了10种，绿色系从7种增加到了13种。粉色系从26种增加到43种，全谱共收录品种高达202种，可谓前所未有，蔚为大观矣。

赵世学侍弄牡丹，寄兴田园，乐而忘忧，对凡世间的一切俗事皆充耳不闻。《铁梨寨牡丹谱》完稿的时候，是公元1912年，辛亥革命已推翻了大清王朝，可是他依然落笔写下"宣统四年春三月订注"，宣统小朝廷仅仅存在了三年，哪来的"宣统四年"？在革故鼎新改朝换代这样的大事面前，赵世学表现得波澜不惊，也丝毫不关心，因为在他的心中占据最重要位置的除了牡丹依然还是牡丹。

菏泽学院李保光教授在整理曹州传统牡丹谱时，没有搜寻到《桑篱园牡丹谱》，便宣布该谱已经失传。他认为赵世学所修之谱是在《桑篱园牡丹谱》的基础之上有所增订，所以就把其命名为《新增桑篱园牡丹谱》。今天，《桑篱园牡丹谱》原谱重现于世，为尊重铁梨寨花园主人赵世学的学术贡献，也为了还原《新增桑篱园牡丹谱》的本来面貌，就把赵世学牡丹谱重新命名为《铁梨寨牡丹谱》。需要说明的是，《铁梨寨牡丹谱》虽然建立在《桑篱园牡丹谱》的151个品种基础之上，但对比两谱，不难发现，赵世学已对原谱的花释名部分进行了再创作，为此付出了心血和汗水，今特刊全谱，以飨读者。

---

[1] 赵世学撰：《铁梨寨牡丹谱》，菏泽市牡丹发展服务中心供稿。

序

赵世学

鲁山之阳,草木丛生,其种植修平者盖不知始于何时、创自何人也。闻花木之生,古称洛阳,今也遍植我曹南,而洛阳之花木近无所闻焉。是知世运之变迁,地脉之转移,人事之改更,不可以一地拘也。故当阳春烟景,万花开放,玉兰、海棠同备巧妆之容,碧桃、红梅各呈粉姿之态。其当阳尤美,望之灿然而富贵者,牡丹是也。牡丹之类,普盛原野,然而纯红、通白、粉、黄、黛、绿,拔其至丽者,宜莫如我赵氏园中为之最盛焉。

牡丹一种,亦名木芍药,按之旧谱仅百五十余色,更加以种养类分,其相继而新生者亦五十余色,共约二百余色,不为不多矣。特恐种类既多,沿传而后,牡丹之色色亦或缺而不全也。余也因素爱花,欲必保其全盛,莫若按类增谱为得计焉。于是诵读之暇,故即旧谱幅折之余补缉增多,其各色即附于各色之后,各名即加以各名之注,急急手厘定考详,合新旧而统为一谱也。岂不美哉,岂不快哉!后之览者,亦将有感于斯谱而因名求全者,即余今日增谱之力也。方今国朝郅治太平,竞尚花木。牡丹一种,驰名四海,赏花诸君子,北至燕冀,南至闽粤,中至苏杭,言牡丹者,莫不谆谆乎于我曹焉。

是为序。

曹南鲁山阳师古赵氏自序于铁梨寨花园学屋窗下,
大清宣统元年三月既望日新增,宣统四年[1]春三月订注

牡丹谱

黑色

烟笼紫珠盘:花千层,楼子,色似墨魁,内有绿瓣,叶稠,树生矮粗,乃黑花之冠也。

墨紫映金:花千层,深黑如墨,内有碎黄蕊,茎软,紫而有刺,状如莲茎,叶瘦长而皱,树生枯瘦。

墨撒金:花单层,开至二十余瓣,深黑如墨,有宝润色,黄蕊,叶瘦长,尖、皱,树生枯细。

乌云集盛:花千层,楼子,开至三五日瓣积而高起,深黑色,叶稠而尖,树生矮粗,宜阳。

---

[1] 即中华民国元年(1912),清朝已经灭亡。

墨池争辉：花千层，大开瓣，有黑绒，深黑色，树生高大，叶稀而长，乃黑花之魁也。

种生黑：花千层，楼子，大头，其色如墨，盛时如碗，叶厚而尖，正面有深碧色，树生肥润，乃黑花之首也。

黑花魁：花千层，平头，开至三四日微现黄蕊，叶大而团，树生矮粗。

深黑子：花千层，早开，碎瓣，楼子，茎长微软，叶稀而小，树生颇高。

砚池耀黑：花千层，楼子，大开头，有宝润色，开至三五日，瓣上有浓黑点，叶大如猪耳，树生矮粗，宜阳。

乌龙卧墨池：花千层，楼子，瓣碎，初开有淡黑色，三五日后愈黑，瓣旋卷而陡起，乃黑牡丹之奇种也。

黄色

御衣黄：花千层，花似姚黄，茎上微软，叶稀长不甚尖。

庆云黄：花千层，淡黄色，茎微软而瘦长，有皱纹，状似金轮，考之，乃金轮之子也。

雏鹅黄：花千层，平头，外大瓣、内细瓣，状如新鹅儿，初开大，淡黄，后有金黄色，直茎长梗，叶平、拥、团而皱，花出鲁山李吏部家，又名李府黄。

甘草黄：花千层，色如甘草，叶瘦长而软，树生弱。

鲁府黄：花千层，平头，如刀裁然，瓣细略带浅黄色，黄心，根赤紫，圆似八卦，故名八卦图，叶最小而团，树生枯瘦。

姚黄：花千层，初开深黄色，将谢有金光宝润色，梗长，叶稀团薄，树生微瘦，茎微。

金轮黄：花千层，楼子，色似黄葵，叶团而厚，直茎紫柄，气味清香，一名黄气球。

如意黄：花千层，初开淡黄色，瓣细耐观，将谢色愈重，叶稀黄，树生颇高大。

种生黄：花千层，楼子，初开淡黄色，盛开如碗，叶团，有微紫色，直杆，树生高大。

黄花葵：花千层，平头，色似葵花，叶团而大，树生枯细，宜阳。

大叶黄：花千层，平头，外大瓣，内碎瓣，有金黄色宝光，叶稀而微薄，宜阳。

佛手黄：花千层，平头，有黄宝润色，外围瓣颇长，内罩如佛手指，故名佛手黄。

映朝曦：花千层，楼子，浅黄色，如朝日之晖，茎微软，叶稀而皱，不甚尖，树生细弱。

焕金章：花千层，平头，有金光宝黄润色，直茎，长梗，叶小而团厚，树生枯细。

似菊花：花千层，楼子，细瓣长根，有黄菊之色，叶微紫而团厚，树短矮，宜阳。

小黄魁：花千层，楼子，细瓣长茎，花开至四五日形如绣球，叶团而厚，树生粗壮。

浮金黄：花千层，平头，初开淡黄色，将谢时瓣有黄绒，故名浮金黄。

杨柳耀金辉：花千层，楼子，有金宝润色，如春柳色之黄，叶稀，树生高大。

绿色

醉后妃子：花千层，白色，略带粉梢，黄色蕊，叶长而厚卷，初开捧口，时有绿宝石色，故又名奇宝或绽绿。

娇容三变：花千层，楼子，初开青绿色，似豆绿，盛开由绿变粉，呈浅桃红色，将谢则变白矣，叶稀小而团皱，梗细长，树生微弱，宜阳。

碧玉娇：弱者绿色，合扭如撮，叶瘦小，盛者叶大团，花千层，楼子，亦变粉色，又名碧绿。

豆绿：花初绽红尖，瓣紫硬，耐久，叶厚小而光，梗甚软，宜阳。

瑞兰：花正绿色，大开头，较豆绿更有娇色，瓣锦而硬，叶团大而厚，宜阴，成树。

绿玉：花千层，楼子，初开绿口，开盛时青色心，娇色可爱，叶稀，宽大而尖，一排三叶，微现黑色。

赵园绿：花千层，大朵，深绿色，叶稀，尖而干皱，树粗，宜阳。

绿绣球：花千层，楼子，细瓣，绽口微带紫，叶稠而尖长，树生粗矮，又名小绿豆。

春水绿波：花千层，楼子，大开头，绽口时远望似绿水之容，叶小而密，宜阳，成树。

似翠容：花千层，平头，浅绿色，盛时似翠浮绿波之中，叶长而尖，树生微弱。

瑞绿：花千层，平头，大瓣，初开有深碧色，将谢有淡白色，叶稀，茎长，宜阴，成树。

绿鹅娇：花千层，楼子，浅绿色，碎瓣，有紫根，叶不甚尖，微有皱纹，树生短粗。

碧草容：花千层，浮绿，粉色绽口，盛时似碧草生辉，叶细而尖，树生短粗。

白色

昆山夜光：花千层，楼子，色白如雪，有宝润色，中有绿瓣，夜间能看清花朵之大小，叶大而光，成树，宜阴。

池塘晓月：花千层，楼子，青白色，大开头，叶微绿，团大而厚卷，迟开，宜阳，原出宋家，故又名宋白。

玉玺凝辉：花千层，小头小朵，细瓣，色白如玉，茎微软，叶稀瘦而尖长，微有绿色，树生枯细，宜阳。

天香湛露：花千层，楼子，色如白雪，每瓣上有黄蕊，内有红心，茎直，叶尖而皱，树生微弱。

金玉交章：花千层，外围大瓣，内突起如馒头，色似白玉，清秀无双，各瓣上有黄蕊，叶团大而拥厚，似猪耳。

三奇集盛：花千层，白色，微带粉，紫茎，花、叶、梗皆圆，故名三奇，又名三圆白，树粗，宜阳。

金玉交辉：花千层，黄白色，略带银红根，叶瘦长，微凹，茎微软，一名天香拱璧。

天香独步：花千层，平头，花朵大如盘，白色略带粉，茎直，叶团小而皱，宜阳，花出菏泽赵氏园中。

梨花雪：花千层，楼子，细瓣，直茎，色白如雪，叶最小，树生枯瘦，宜阳，茎似天香独步。

金玉玺：花千层，硬瓣，白色，各瓣带黄蕊，叶团而厚，宜阳，成树。

西施图：花千层，楼子，初开绽口绿，盛开圆如球，白色，细瓣如鳞，带黄蕊，每开，头垂下，叶泛紫色，瘦长而皱卷。

宁白：花千层，楼子，盛开圆如球，色白如玉，叶拥、团而皱。

尖白：花千层，平头，色白带黄蕊，叶团而有锯齿，一排三叶，树生矮短。

见白：花千层，色白如雪，叶长尖而瘦，树生微细，若孟白然。

鹤白：花千层，楼子，香冽而清，色白如雪，初生芽有白毛，叶长而稀，梢卷而皱，泛白色，春初有毛，茎直，主枝高大。

白玉：花千层，楼子，色白如玉，叶大而团皱，宜阳，成树，是白色之魁。

藏白：花千层，平头，白色微露银红，瓣根短，叶瘦而拥，花藏其下，开最早，故又名独先春，亦名青山贯雪或石园白。

骊珠：花千层，楼子，细瓣色白，略有粉红梢，叶瘦尖而曲，初开青绽口，一名翠滴露，花出菏泽赵氏园。

青心白：花千层，楼子，大开头色白如雪，有宝润色，内有青心，叶大而长尖，茎长尺许，一名雪塔，迟开，又名迟来白。

寒潭月：花千层，白色，略带紫根，叶平团，树生粗矮，宜阳。

玉娥娇：花千层，平头，小朵，细瓣，白色，叶小而稀，树生枯细，花出李进士家。

何园白：花千层，白色，大开头，叶稀长而大，又有青色，宜阳，花出何氏之园，故又名何园花。

擎晓露（又名金星雪浪）：花千层，色白如玉，大朵，微黄，叶大而微长，成树微短。

孟白：花千层，色白如雪，气味清香，细瓣，迟开，叶瘦尖而稀，树生微瘦，一名玉粉楼。

蕉白：花千层，二十余瓣，色白如雪，有宝润色，黄心，叶长尖而皱，一名雪皱，朵大如碗，又名玉碗白。

玉板白：花千层，平头，开大朵，色白如玉，叶稀而厚长，树生高大。

青山贯雪：花千层，茎微短，色白如雪，有宝润色，中瓣微露青根，树生短矮。

板桥玉霜：花千层，平头，大开头，外大瓣，内细瓣，色白似玉，初开粉绽口，叶长而厚，宜阴，成树。

玉妆楼：花千层，楼子，色白如玉，略带粉色，叶大而尖，树生枯细，宜阳。

玉碗白：花千层，平头，色白如玉，盛开如碗，叶团而皱，茎微直，成树，宜阳。

白雪球：花千层，楼子，色白如雪，碎瓣，叶小而尖，树生枯瘦，茎直，似梨花雪。

玉壶春：花千层，大开头，色白如玉，有宝润色，叶厚小而皱，宜阳。

白凤楼：花千层，楼子，初开色白似玉，瓣旋而高起，将谢微有浅红点，叶稀而团皱，树生枯细。

冰山献玉：花千层，楼子，初开紫绽口，盛时色白如玉，叶团而厚，树生曲粗，宜阳。

瑶池望月：花千层，大开头，有青白宝润色，远望如月之光，叶长而厚，有碧色，树生粗矮，花出索氏花园，又名索园白。

紫色

紫衣冠群：花千层，外大瓣，内细瓣，初开紫绽口，开后带红色，叶色紫而尖长，平瘦，茎微短。

紫衣冠带：花千层，平头，细瓣，状如盘形，正紫、有宝润色，略带蓝色，茎微软，叶平团，成树，宜阳，迟开，一名葛巾紫。

凝香艳紫：花千层，平头，色紫而浅淡，叶拥团，梗微长，茎直，树生粗大。

泼墨紫：花千层，平头，深紫如墨，内有黄心蕊，叶平而尖长，树生高大，宜阳。

紫金荷：花千层，开二十余瓣，深紫色如玫瑰，有宝润色，乃紫花之冠也，内有黄蕊，直茎，硬梗，叶而团光。

多叶紫：花单层，紫红色，内有黄蕊，叶密小，树生微细。

紫云仙：花千层，楼子，形如馒头，色似魏紫，叶长卷而厚。

海云红：花色如霞，叶平团而皱，宜阴。

洪都圣：花千层，色深黑紫，如玫瑰，内有黄蕊，叶软，瘦长而卷，一名小魏紫。

紫重楼：花千层，楼子，开圆如球，朵大如碗，紫宝润色，中出有绿瓣，叶团大，如胡红，成树高大，宜阴。

紫绣球：花千层，楼子，开圆如球，色紫如玫瑰，茎长而软，叶稀，团而厚，一说新魏紫之别品，又名天彭紫。

紫霞仙：花千层，楼子，正紫色，茎微软，叶长尖。

墨魁子：花千层，楼子，色紫而浅淡，叶拥密而短，树生矮粗。

墨魁：花千层，楼子，开大如碗，色紫如玫瑰，叶平团而厚大，比胡红叶犹佳，成树，宜阳，乃紫中最佳品也。

魏紫：花千层，楼子，开圆如球，色类茄花，瓣上有黄蕊，叶稀小而厚，盛开时上有绿瓣，树生短粗，又名官妆紫。

西子：花千层，深紫色，黄心，叶稀，瘦长而尖，树生微瘦。

王红：花千层，楼子，开头大，但不若墨魁耳，其花颜色深紫，叶长而厚大，微红，成树，宜阳。

赵园紫：花千层，大开头，紫似玫瑰，叶团大而厚，直茎，树生粗，宜阳。

葛巾紫：花千层，大朵，有紫宝润色，微带茄蓝色，叶平大而团，似胡红叶，成树，宜阳。

紫艳夺珠：花千层，楼子，有浅紫宝润色，叶长而尖，茎微软，树生短粗，一名，柳紫。

茄蓝争辉：花千层，紫色小朵，初开粉绽口，将谢，瓣上有茄蓝色，叶细长而尖，树生颇矮。

种生紫：花千层，小朵细瓣，深紫色，茎长用叶密而尖，树生颇短。

假葛巾紫：花千层，楼子，深紫色，将开未开时中瓣旋而外出，盛时状如馒头，叶细密而尖，树生枯细，宜阴，俗名假葛巾紫。

小魏紫：花千层，楼子，紫有宝润色，叶稠不甚尖，树生短粗，宜阳。

大魏紫：花千层，楼子，开盛时有茄蓝色，其心突出，状如馒头，茎长，叶稀而皱尖，树生微细。

燕羽凝辉：花千层，平头，色深紫如玫瑰，初开黑绽口，盛则稍浅，叶尖长而厚，梗有紫色，成树，宜阳。

紫霞焕彩：花千层，楼子，花开正紫，色如紫霞仙，盛时有浅红，叶稀小而皱团，茎细长，红紫色，树生枯细，宜阳。

红色

璎珞宝珠：花千层，楼子，水红色，初开时有朱红边，叶绿色，疏而小。

一品朱衣：花千层，楼子，平头，细瓣，外大瓣，内有朱红边，宝润色，叶密齐而小厚，树微显娇弱可爱。

珊瑚映日：花千层，小朵，细瓣而曲，色红珊瑚然，叶最小而密曲，树生枯瘦，盛时如掌花案。

春红争艳：花千层，桃红色，花开最早，叶尖而皱，一名浅红娇。

酒醉杨妃：花千层，不甚紧，晕红色，每开头下垂，叶长尖而稀，泛红色，一名海棠霞灿。

姿貌绝伦：花千层，深红或水红色，上带黄蕊，茎软，叶小而齐，开紫绽口。

大红剪绒：花千层，平头，细瓣，深红色，如刀剪裁之红绒，叶稀而瘦长，树生枯瘦。

花红夺锦：花千层，平头，深红色，茎直，叶长尖，一名西施裙子。

春江漂锦：花千层，楼子，大红，硬瓣，有宝润色，初开紫绽口，茎微硬，叶宽大而长，春初有毛，宜阳。

出茎夺翠：花千层，深红色如锦绣，茎长尺余，须以杖扶，叶拥齐，树生极矮。

杨妃春睡：花大如盘，瓣似莲，不甚紧，浅桃红色，内有黄蕊，茎长尺许，每开头下垂，叶大长尖，一名花红杨妃，又名胜妃桃，还名太康妃。

丹皂流金：花千层，细瓣，大红色，叶尖瘦，密而多燕，树生软弱，乃掌花案之子也，掌花案分二种，另一种花色无定。

艳珠剪彩：花千层，桃红色，外大瓣，形如馒头，茎微短，叶稀长，平似割纸刀，树生微弱。

天香夺锦：花千层，楼子，开圆如球，深红色，叶圆而皱，直茎。

襄阳大红：花千层，瓣硬而大，红色，此花大朵，叶长、光而微卷，宜阳，成树，原出襄阳王氏花园。

美人红：花千层，平头，细瓣，短茎，叶稠密而厚，似一品朱衣，微卷曲，树生矮小。

胭脂红：花千层，迎日视之，色似胭脂，叶窄尖长，易生，成树，宜阴。

状元红：花千层，紫红色，朵不甚大，叶小而密，成树，宜阳。

解元红：花千层，紫红色，叶拥、团而皱，茎微紫，树粗，宜阳。

一捻红：花千层，色似胭脂，叶拥、团而有红色，树生矮粗。

何园红：花千层，平头，朱红色，状如红绫，花出曹州何尚书家，茎微软，梗紫，叶平、稀长而拥密，一名凤红，其瓣上红下白，树生微细，宜阳。

文公红：花千层，大红，茎微短，梗颇短，叶长而拥密，带绿色，树生粗短。

石榴红：花千层，平头，细瓣，短茎，色红似石榴子，内有黄心，叶密齐而小，树生枯瘦。

锦袍红：花千层，深红色，叶团而大，有锯齿，梗长茎亦长，枝弱，花开须以杖扶，恐为风雨所折。

胜丹炉：花千层，深红色，略有粉色，叶微尖，树生粗矮，一名国红。

百花妒：花千层，平头，大朵，深红色，叶绿长，瘦尖可爱。

萍实艳：花千层，大朵，桃红色，直茎微短，叶绿拥而团厚，树生粗，宜阳。

八宝镶：花千层，平头，细瓣，紫红色，内有金黄蕊，叶拥尖而密，短茎，树生微细，宜阳。

丹炉焰：花千层，大红，有宝润色，叶绿，宽而长，宜阳，成树略矮。

朱砂垒：花单层，大红，有宝润色，内有黄蕊，茎微短，梗直长，叶稀、团而光，宜阳。

凤飞羽：花单片，开至二十余瓣，紫红色，内有黄心，茎微软，叶稀瘦长。

想柳群：花千层，平头，小朵细瓣，大红色，瓣上有黄点或花点，叶稀而厚，短茎，树生微弱。

肉芙蓉：花千层，肉红色，内有黄心，叶尖而长，树生微细。

十八号：花千层，楼子，大开头，深红，花滋色，中出绿瓣，叶厚黄、团大如猪耳，有筋纹，树生矮粗。

掌花案：花千层，楼子，外大瓣，内细瓣，大红，有宝润色，叶瘦长尖，皱而密，乃红花之魁也。

胡红：花千层，楼子，外大瓣，内细瓣，形似馒头，水红色，开盛内有绿瓣，叶平团而厚，宜阳，一名宝楼台。

会红：花千层，平头，瓣上有黄蕊，桃红色，娇嫩可爱，花朵不甚大，叶平小而尖，树弱。

秦红：花大红，紧瓣，内有黑根，黄心，叶长尖而洼，树生枯细。

花王：花千层，细瓣，深桃红色，叶绿瘦长，树生微弱。

斗珠：花千层，楼子，花藕红色，茎微短，直梗短粗，叶拥长，迟开，宜阳。

赵园红：花千层，平头，细瓣，滋红色，茎长，叶稀而皱，树生微弱，花出赵氏桑篱园。

二乔：花千层，大开头，起楼，异色不同，每朵紫、白二色，有半红半白者，或正红正白不等，叶硬齐短。

天香凝珠：花千层，正红色，味清香，叶稠密，树生短粗，宜阳。

珠红绝伦：花千层，大开头，深红色如朱砂，叶淡色，稀长不甚尖，树生高大，宜阳。

红艳浥珠：花千层，楼子，初开正红色，将盛时微有白色珠点，茎长，叶长而尖，树生微弱。

银红巧对：花千层，楼子，银红色，有宝润色，盛时中出绿瓣，如霓虹现彩，叶稠密而尖，树生粗矮。

种生红：花千层，楼子，大红，有宝润色，近午，其光夺目，茎微短，叶稠密，尖而洼，树生矮粗，花出赵氏花园，芳冠百花。

海棠红：花千层，粉红色，状如海棠，树生细弱，叶绿可爱。

彩云红：花千层，大开头，水红色，细瓣，高低不齐，红如彩云，故名彩云红，叶稠而小，宜阳。

粉桃红色

冰罩红石：花千层，楼子，有粉红宝润色，叶稀而长尖，茎软，是粉中之魁也，树生高大，宜阳。

胭脂点玉：花千层，开圆如球，花绽口，开至三五日则白矣，上有淡红点，茎长似芍药，一名玉芍药，宜阴。

银粉金鳞：花千层，细瓣，开圆如球，盛时内有金鳞，红色，每开头下垂，如仙人出洞，茎软，叶瘦长，开最迟，且极耐久，一名金线红，又名吊环。

国色无双：花千层，小朵，细瓣，盛时粉红色，如杨妃插翠然，叶密，曲小而卷皱，树生枯瘦。

海棠擎润：花千层，水红色，弱者单层七八瓣，盛者千层大如碗，楼子，叶最大，厚而拥，一排三叶。

锦帐芙蓉：花千层，楼子，略有蓝梢，开圆如球，叶拥、厚而卷，树微弱，开迟，一名汉宫春。

瑶光贯月：花千层，楼子，银红色，中有绿瓣，叶瘦而皱，茎直，开迟，宜阳。

杨妃初浴：花千层，平头，红中略有白色软茎，叶拥、厚而卷，树生粗矮，宜阳。

桃红献媚：花千层，平头，浅桃红色，短茎，叶绿、团而皱，树生矮粗，宜阳。

咸池争春：花千层，大开头，硬瓣，银红色，茎微短，叶稀而厚大，状如昆山夜光，成树高大。

古班同春：花千层，平头，外大瓣，内细瓣，粉白色，略带古铜色，茎细长微软，叶瘦长尖而平面。

艳素同春：花千层，浅红色，微有古铜色，叶稀长而不甚尖，茎微短，成树，宜阳。

杨妃插翠：花千层，楼子，外尖瓣，似盘形，内如馒头，盛开时内有绿瓣，粉白有水红色，茎微直，叶平、圆大，弱者形似国色无双，一名粉妆楼，宜阳。

仙姿雅秀：花千层，桃红色，矮茎，叶尖，密而拥，树生矮短，一名孙红。

软玉温香：花千层，浅桃红色，直茎，梗长，叶平而光，树生微细。

银红无对：花千层，小朵银红色，内有细瓣，叶齐而短，开早。

长枝芙蓉：花千层，大朵，开圆形，每开头垂下，银红有宝光润色，茎长尺余，梗叶皆稀，树生宜阳。

万花首：花千层，楼子，深银红色，娇而可爱，内有碎黄蕊，叶极细，黄而尖小，树生枯瘦。

素花魁：花千层，楼子，粉白色，略有红色，叶平、团而拥皱，树生粗大，开迟。

露珠粉：花千层，平头，粉白色，内有绿瓣，叶平、短而团，茎长，树生微弱，宜阳。

月娥娇：花千层，楼子，内外皆粉紫，有宝润色，叶拥、尖、微宽，有深绿色，树生短粗，诸花开过方开，一名粉娥娇。

庆云仙：花千层，平头，细瓣，银红色，短茎，叶紫，瘦长而尖，树生宜阳。

似荷莲：花千层，楼子，浅红色，细瓣中有绿色，叶绿，长尖而皱，成树，宜阳。

洛妃妆：花千层，平头，大朵，桃红色，茎微短软，叶稀、长瘦，宜阳。

铜雀春：花浅红色，开至十数瓣，内有黄心，茎微短，叶微尖而瘦长，稍绿。

慵来妆[1]：花千层，浅红色，茎微短，叶稀且长而卷，树生宜阴。

宫样妆：花千层，浅桃红色，内有黄蕊，茎微软，叶宽，尖而平，宜阳。

第一娇：花千层，平头，内细瓣，外大瓣，微银红色，茎软，花开头垂下，叶稀、长尖而瘦，迟开。

万花胜：花千层，深桃红色，内有红点，叶大、平、团而有紫色，宜阳。

蜀江锦：花千层，初开有古铜色，盛时银红或水红色，叶稀、尖长而光，树细弱，开迟。

玉云粉：花千层，平头，初开绿绽口，盛开状如盘，粉青可爱，叶宽平，微尖而有紫色，树生微弱，宜阳。

水红球：花千层，楼子，水红色，开圆如球，叶平、团而大，微有绿色，花出菏泽宋氏家，此百花炉之子也。

银红皱：花千层，深银红色，花瓣有皱，茎微软长，叶稀短，小而卷，树生枯细。

补天石：花千层，粉色，微有蓝梢，叶平尖而小，树生枯细。

瑶池春：花千层，楼子，粉色，大瓣，略有蓝梢，叶稀、大而长，梗长尺余，成树，开迟。

苏家红：花千层，小朵，桃红色，叶长尖，树生枯细，花出苏氏花园。

西天香：花千层，粉色，开三四天则白矣，直茎，叶团厚且大，成树宜阳。

赵园粉：花千层，楼子，粉有宝润色，叶稀、长尖而有绿色，树生软弱可爱，花出本园。

种生花：花千层，楼子，半红半粉，异色不同，初开粉红绽口，盛时微带白色，叶稀朗平团，不甚尖，花出赵氏园，一名花蝴蝶。

罗池春：花千层，大开头，粉桃红色，形状如盘，叶稠密而尖长，成树，宜阳。

珠粉：花千层，粉红色，有黄蕊，茎微软，叶短团而微皱，开早。

娇红：花千层，楼子，浅红色，内有黄蕊，茎直，叶团而光。

倪红：花开浅红色，至三十余瓣，梗细，叶团、薄而短，茎直，树弱。

杂色

菱花晓翠：花千层，楼子，藕粉色，大开头，外大瓣，内碎瓣，每瓣中央似有一红线分界，茎长，叶团、薄而大，成树，宜阳。

雨过天晴：花千层，平头，深蓝色，微带紫色，短茎，叶拥而卷，树生矮粗。

万花失色：花千层，楼子，藕粉色，初开绿绽口，将盛时微有浅红梢，状如馒头，中有紫瓣，叶稠密而尖长，树生粗矮。

雅淡妆：花千层，平头，紫粉有蓝色，叶短而密，团形。

蓝天玉：花千层，淡白色，瓣上有黄蕊，略带蓝梢，叶平而团，或曰三奇之子也，一名三奇子。

藕丝魁：花千层，平头，粉色，略带蓝色，内有黄蕊，短茎，叶拥、团而厚，宜阳，成树。

附1：《铁梨寨赵氏花园记》

园以花名，盛景也。以视学圃种菜傍野芸瓜者，不大有奇观乎？鲁山以南，花植满地，于赵楼村后望之，一色清秀，群木掩映，铁梨寨花园也。夫铁梨何以为园哉？其木也，因之针刺丛生，乌茑难往，可保夫花木也。是园也，约地一亩有余，创之赵氏先人，守之赵氏

---

[1] 原为慵懒妆。

后昆，修之平之，盖数世于兹矣。方今树木成林，四方而罗列者，青桐黄杨，参于前也；古柏柔桑，居于后也；翠竹兰松，生于左也；紫荆青杨，在于右也。其间珍卉奇木，难以备举。当中群花所植，五步一畦，一步三株，南北有伦，东西有序。有以富贵称者，牡丹是也；有以洁素著者，腊梅是也；有以隐逸名者，金菊是也。他如玉兰、海棠，各植一处；碧桃、红梅，独种两傍。其余木槿、草桂诸品，不一而足，芙蓉、月季等类，悉数难穷。每逢阳春，万花开放，斗菲竞芳，各呈巧装。叶舒文章之美，碧意连天；枝摇灿烂之容，霞光映日。彩结万点，艳生五色，自尔朵起层楼，雅趁云影之下；香飘入座，恰宜风光之前。烟绡阴护，千株巧变之势不同，览不完形形色色，云撒雨霁，一日态换之情各异，看不尽重重新新。要之，色擅三春，近处相观者，足以赏景；名驰四海，远方来购者，亦能治钱。彼夫御苑规模，非不广也，而无以安吾居；上林花木，非不富也，而无以养吾身。吾意斯园之修，固知先人素性爱花，因花兴利，凤相传家，贻厥子孙者也，奚止特观美景而已哉！今吾为花主人，固能知此景而立是说也。而他园主人，容有知者，而不能道也。余也不才，读书无几，亦不善文，敢不避陋，谨为是以记之。

复乃为歌曰：

嗟园之乐兮，乐且无央。
园日涉以成趣兮，鸟语花香。
门虽设而常关兮，日就月将。
时翘首而遐观兮，上下天光。
对花木以消忧兮，福寿而康。
想三径而就荒兮，谨除不祥。
念一春以无事兮，只为花忙。
邀吾朋兮携我友，
相乐以斯园兮，终吾生于徜徉。

己未岁三月十九日，
铁梨寨花园主人师古名世学感触而作

附2：《牡丹富贵说》

大凡花木之名，各有美称，非称之美也，称美而实有适当其美也。以故，莲有清洁之品，以君子称之，菊有晚节之馨，以隐逸称之；独牡丹有王者之号，冠万花之首，驰四海之名，终且以富贵称之。夫既称呼富贵，拟以清洁之莲，而未合也；律以隐逸之菊，而未宜也。甚矣，富贵之所以独牡丹也。

吾观牡丹一花，谷雨开放。国色无双，有独富焉，群芳园中孰堪比此艳丽乎？天香独步，有良贵焉，众香国里孰堪争此芬芳乎？而且蕊放层叠，朵起楼台，粉黄黛绿，红白黑紫，灿然足观者，亦莫不色失万花、艳擅三春也。称之富贵，谁曰不宜！是花也，秀开锦地，自昔极洛阳之盛景，艳夺花国，于今我曹南而独盛，栽之培之，立万世无疆之业；近者远者，来四方有道之财。岂非天造地设，以养一方之人，而生此极富极贵之牡丹者欤？从而可知，有富贵之物，即有富贵之福，有富贵之福，即有富贵之人。富也贵也，是诚花使之然。而素入此富贵之境也，则素富贵，势不得不行乎富贵矣。嗟乎，人亦孰不欲富贵？而独于牡丹之中得之富贵，是牡丹之富贵也。夫岂有富贵之不义乎？又岂有富贵之可耻乎？是不深究。但即牡丹之富贵言之，其富也，富而无骄，非君子而实亦君子者也；其贵也，贵而不挟，非隐逸而实亦隐逸者也。岂第君子为莲之所特号，隐逸为菊之所独称哉！要之，牡丹一花，罗列众品，非贫实富；姿貌绝伦，非贱实贵。贵而且富，富而且贵，宜乎梅之叹瘦、桃之称婢也。盖未有富贵之号，谁则强为之称！而既加富贵之名，吾且聊为之说，复乃为之辞曰：

天地万物，独贵异常。牡丹一种，百花之王。
花开富贵，绣成文章。洛阳名盛，曹南称强，
三月初放，万锦毕张。名驰四海，曜比三光。
无双国色，独步天香。锦城花国，芳园帝乡。
桃红献媚，葡绿进觞。群芳捧寿，独秀当阳。
失色桃李，争媚海棠。三春大盛，万寿无疆。
荣开财府，喜朝花堂。梅应叹瘦，菊难较长。
生是使然，何用不臧！濉沮两岸，桂陵一方。
鲁阳之地，千古流芳。丙辰桃月，有感而作。

附 3：《牡丹花联句》
赵师古

称盛虽云白雪塔，冠谱总是紫珠盘。
昆山夜光天不夜，瑶池春色地长春。
出茎夺翠呈宝色，赤龙焕彩现莹光。
芳国巧放百花妒，长枝盛开芙蓉香。
深浅一彩巧三变，粉紫两色花二乔。
天香独步当地品，国色无双粉中王。
珊瑚映日花似锦，朱砂成蕾枝散球。
三奇集盛真出众，万花失色实超群。
尖白不如三园白，大红较胜一捻红。
宝楼台高光明远，软主温香气味长。
淡白梢呈蓝田玉，粉蓝蕊黄藕丝魁。
梨花雪白白莫比，掌花案红红难如。
千株大放洪都盛，几朵正开襄阳红。
色如海棠杨妃面，容似芙蓉西施图。
桃红献媚呈国色，葡绿进觞散天香。
朝霞映日千株锦，古班同春万世芳。❶

附 4：《序诗》
赵师古

师古幸感而作，写几副花联，明白人勿见笑也。
序诗
  我家世居鲁山阳，所在灉右地一方。
  古称洛阳花如锦，今曹倒比洛阳强。
  花开富贵三月届，名传远近闻四方。
  本村以南佳景在，牡丹名流万古芳。

附 5：《嫁接牡丹方法》
赵师古

  牡丹花，雍容华贵，富丽堂皇，一花八大颜色，种类数百，花大而艳，芬芳四溢，国色无双，独步天香，大有发展前景。为此，如要扩大牡丹生产，以旧法分堆及种子培植，发棵缓慢，当时见于在园中有翠兰松发展幼树方法：割头换身嫁接（即先在翠兰松的枝条处，栽上小柏树，与翠兰松枝条各削去半边，两边衔接一起，外用麻披❷（最好小麻披）扎在一起，待柏树与松枝成活一体后，再将柏树上头剪去，使成为幼小翠兰松，叫做借母生子。以此原理，我用牡丹上，母芽接在牡丹根上，用麻披扎牢成为一体，栽培（露出芽头），明年春天即发芽生根成活了。嫁接牡丹可行，以后又用芍药根嫁接牡丹成活得更好，发展牡丹数量多，而且生长快，是栽培牡丹扩大生产的好方法。特此述写出来，望后世子孙学好用好嫁接方法，以备栽培牡丹养家糊口。

附 6：以志感怀

  谷雨时节牡丹开，一年一度看花来。
  同行笑我无扶杖，七十衰翁亦壮哉。
  离城十里古今园，魏紫姚黄品颜繁。
  更有惊人新技术，能编松柏作龙猿。
  牡丹乡中牡丹多，花园花城事不讹。
  压街河□非虚语，袭传世界可讴歌。
  春风拂面又吹花，表陇青青鼓浪时。
  美景芳辰多记取，莫忘栽种有良师。
  不但倾国更寿人，增加生产大长论。
  年来费尽栽培力，须交公社属人民。❸

---

❶ 赵世学撰：《铁梨寨牡丹谱》，菏泽市牡丹发展服务中心供稿。

❷ 麻绳

❸ 以上《铁梨寨牡丹谱》是根据菏泽市牡丹发展服务中心藏赵世学撰牡丹谱稿本整理而成。

第五：《毛氏牡丹花谱》弁言

毛同长 [1]

引言

菏泽牡丹乡除了赵世学《铁梨寨牡丹谱》之外，同时期还存在着一部《毛氏牡丹花谱》。该谱的编撰者为毛同长（1871—1941），字筱吟，牡丹区毛胡同村人，建有私家牡丹园，雅称毛花园主人。毛同长是清末恩贡，是菏泽知名的教育家和书法家。据李保光教授考证，《毛氏牡丹花谱》与《铁梨寨牡丹谱》所录品种几乎完全相同，仅漏抄黄色系中的金轮黄一种。所以《毛氏牡丹花谱》的牡丹名录部分没有太多价值，但念及毛同长所作弁言及《牡丹花富贵说》《富贵花说》有一定的史料和文学价值，本谱还是决定引用三文。这些文字均由李保光教授根据手稿整理而成，因无他本可资校勘，只能全文照录。

牡丹亦灌木也。初号木本芍药，至唐始名为牡丹。沿及于宋，周子作《爱莲说》，又有富贵花之称。是花，昔为洛阳胜景，今为吾曹特产。余由今追昔，鄙乡旧有万花故园。是古时非无牡丹，何故特以洛阳出名？洛阳地系皇都，胜名易传；吾曹地处偏僻，虽有牡丹故不彰耳。嗣后，时移势殊，地质变迁，洛阳渐次殄灭矣，而吾曹之牡丹乃著。

余居于是乡久，已见之真，亲闻之熟矣，今试约略言之。牡丹之种植，有种生，有嫁接，有分栽，生生不已，始能愈出愈奇。牡丹之性质，栽宜秋分前后，不宜春夏；宜青沙，不宜淤土；宜加肥料，不宜水浇。开放之际，或宜阳，或宜阴，或宜半阴半阳，同是牡丹，资质略有不同。牡丹之花，单瓣者疏而洒，千层者密而丰，平头者圆如盏，起楼者大如盘。且也，此缩颈者而颜若羞，彼低头者而容如醉；更有亭亭高出者，而形呈放达态度，亦属不一。牡丹之姿色，有黄、有白、有红、有紫、有黑、有绿、有粉、有蓝，有数色萃集一朵，有一朵始终三变，精彩宜人，胜日光之七色。牡丹之体格，叶则若青、若紫、若粉红，若尖而碎，若圆而厚。以及蕾之圆者如蚕蛹，尖者如狗牙；干之低者短而促，高者细而耸。何花何名，识者一目了然。

牡丹之出途，北至燕冀，南至闽粤，东则沿海一带，普遍苏杭等处，南洋群岛，贩运几遍中国。所惜者，未能运售外洋，开一绝大利源，实属可惜。

---

[1] 李保光，田素义编著：《新编曹州牡丹谱》，北京：中国农业科学技术出版社，1992年，第71-76页。

抑又闻之，鄙乡旧有百果村、梨花村、万花村，三村鼎立，果木环绕，杂花遍野，而其最足动人爱慕者，牡丹是也。每当谷雨节到，日暖风和，宛然天香深处，气蒸色润，俨称国色无双。其精彩之丰富，品格之高贵，养气之清秀，直足令人心花灿烂，意蕊芬芳者矣。宜乎，群芳之谱，牡丹为最。李唐以后，世人皆爱之也。今者，适有霍君、夏君惠然肯来，探牡丹之形状，研牡丹之性质，特种类甚繁，一时难以备述，因以残缺花谱赠送一览，二君心焉喜之。后复射新谱，所以不揣谫陋，聊提拙笔以敷陈，谨具俚语为弁言，其为识者以笑之。

毛氏牡丹花园主人毛同长谨志，民国十六年春月。

附1：《牡丹花富贵说》[1]

毛同长

富者，人情之所慕；贵者，世人之所荣。富也，贵也，非最足以动人景仰之心、爱慕之情乎？然不惟人中之富贵为然，即花之富贵亦如是焉。今试即牡丹一观。

夫牡丹一花，吾不知起于何地，始于何时，逮至李唐之际，爱者甚众，然究无富贵之称也。及宋周子作《爱莲说》，而富贵之名以起。是花也，昔为洛阳胜景，今为我曹特产，色擅三春之盛，品超万花之上。一旦节届谷雨，香蒸色润，黄者如金，白者如玉，以及红、紫、绿、黑等色，绚然夺目。众香国里，堪与斗富者谁乎？与竞贵者谁乎？当此富艳流彩、贵容生光，所谓一品富贵者此耳。况以篱边树木环绕，一若桃为奴，李为婢，又足状其富贵之景也。

宜乎，牡丹之花冠乎群芳之谱也，而吾则别有感焉。我想，花之性质不同，而人之性质亦异。彼莲擅君子之骨风，清高可爱；菊标晚节之幽香，隐逸足慕；梅藏雪里之艳萼，孤瘦宜人。是莲有轻乎富贵之度，菊有忘乎富贵之容，梅有异乎富贵之相，然何以李唐之后莲与菊、梅爱之者寥寥无几，爱牡丹者比比皆是耶？昔周子有言曰："牡丹，花之富贵也。"又曰："牡丹之爱，宜乎众矣。"噫嘻，富贵之足以移人也。予也，生于富贵之乡，曾为富贵之园主，亦可曰素富贵，行乎富贵云尔。夫岂同富而贵焉知不义乎？又岂同富且贵焉知可耻乎？彼逐风尘羡富贵而来者，将尽为富贵中人矣。吾故曰：富者，人情之所慕；贵者，世人之所荣也。

附2：《富贵花说》[2]

毛同长

清高者莲也，隐逸者菊也，孤瘦者梅也。清高则有轻乎富贵之度，隐逸则有弃乎富贵之容，孤瘦则有远乎富贵之相。然不意富贵而以富贵称者，乃有牡丹。闲尝览群芳之谱，牡丹为最，非以其富丽堪爱、贵容堪夸、足以动人之观瞻也，亦有他故焉。夫当风和日丽，时过谷雨，次第而开，艳朵层叠，富有三春之盛；楼殿辉煌，贵为万花之王。斯时也，不惟修花地主，恍若富贵之翁，即看花人到，亦尽若贵门之胄。噫嘻，锦城香国，观乎牡丹而花之众美毕俱矣。宜乎称为富贵花也。惜也，富贵仅在于牡丹也。使富贵而在于人，则忠信孝悌，固有之富也。有以修之，将心花灿烂矣。仁义道德，人之良贵也，有以培之，将意蕊芬芳矣。由是，佩实衔华，名芳一世，岂不胜于天香染处、国色酣时也哉！此吾所以为人惜也。幸也，富贵第在于牡丹也。使富贵而在于人，处满则必盈，居高则必危。古往今来保富持贵、艳富全归者，曾有几人？而罹患构败痛心者，何以不可胜道也？是富为祸根，贵为祸蒂。夫花何异？彼凡卉之微，曾遭挫折之惨，况富贵名花，更足为害媒矣。此吾所以为人幸也。余也，生于富贵之乡，富我德贵吾义者，未见何人，而贪富慕贵者，胡为纷纷而来也？今当富贵花开，游而观之，不禁有感于怀。世之观是花者，其亦与予有同情乎！

---

[1] 李保光，田素义编著：《新编曹州牡丹谱》，北京：中国农业科学技术出版社，1992年，第93-94页。

[2] 李保光，田素义编著：《新编曹州牡丹谱》，北京：中国农业科学技术出版社，1992年，第93-94页。

第六：《牡丹谱全集》（新品种）[1]

赵建修

引言

新中国成立后，菏泽牡丹种植得到飞跃式发展，在政府的组织下，一边搜集保护老的牡丹名品，一边积极选育新的品种，同时还培养了一批牡丹专业技术人员，牡丹乡赵楼村赵建修就是其中的优秀代表。赵建修，1949年出生于菏泽，牡丹专家，高级农艺师，荣获2021中国牡丹之都（菏泽）卓越贡献奖。

20世纪六七十年代，菏泽引进了药用牡丹——凤丹等品种，在全国牡丹受到冲击的大背景下，菏泽牡丹面积不减反增，获得了大发展。自1968年起，菏泽地区药材公司李平、刘天臣、蒋立昶、赵守重等相继赴湖北、湖南、安徽等地考察引进凤丹等品种，开展杂交育种，牡丹作为中药材——丹皮受到当地政府重视，在菏泽地区全面推广，据当时统计，牡丹面积达到10万余亩。这一时期，一批牡丹专家传抄古谱，修编新谱，为菏泽牡丹谱录的传承做出了重要贡献，赵建修就是其中一员。菏泽市牡丹发展服务中心现存有两册赵建修抄录的牡丹谱，一册是抄于1974年的《牡丹谱全集》（新品种），共九色：红132种，粉44种，蓝28种，紫44种，白4种，黄2种，黑色3种，绿色2种，花色6种。共计265种。

另一册是抄于1977年底至1978年初的《牡丹谱全集》（老品种），共八色：黄色23种，绿色22种，黑色19种，蓝色7种，粉色45种，白色52种，紫色47种，红色66种，共计281种。

这两册牡丹谱抄录于特殊年代，受限于学识等原因，无论从格式还是从行文上来看都显得有些仓促，比如"花瓣"写成"花办"，赛字简写为"宾"，类似的一些不规范的用字用词也很多。除此之外，花谱的时代感极强，比如在新品种一册的首页就复制了一首毛泽东主席"钟山风雨起苍黄"的七律书法，扉页则又录写《桑篱园牡丹谱》之何廷生部分序文。考虑到抄录于特殊时期，有些具有鲜明时代特色的牡丹品种，如文革红、公社新装、卫东红已经消失在当下的牡丹谱中，为了保存史料，还原史实，今特将两部赵建修手抄牡丹谱照录如下。

"锦里叨看花富贵，俗怀借问竹平安。"鄙之旧联也，言虽俚亦租以略

---

[1]《牡丹谱全集》（新品种），山东省菏泽市牡丹区赵建修（1974年）抄本。菏泽市牡丹发展服务中心供稿。

见吾里之概。里处邑之北鄙，距城十里而遥，左临濉水、右接桂陵柿叶。濉水荷花是邑之八景，孔邑之大观也。足为大观者，殆莫如牡丹。牡丹曩称洛阳甲天下，乃其浓纤肥瘦、深浅妍媸、物色变态之间，倾异标新，实有逊山左者，世岂贵耳，而贱贵目欤？抑古若彼，而今若此欤。山左十郡二州，语牡丹曹州独也。曹州十邑一州，语牡丹则菏泽独也。菏泽为都为里者，不知其几，语牡丹之出，惟有城北之一隅，鲁山之阳，范堤之外，连延袤不能十里，而其间为园为圃者，更不知凡几，而盛冠一方者为桑篱园。桑篱园，同里赵氏花园也。世喜业花而其尤著者，其一为玉田赵昆岳，其一为孟俭赵克谨。克谨与玉田虽雁行，而齿相悬。盖玉田为我友，而孟俭又以我为老友焉。孟俭者即桑篱园主人也。主人种桑结篱，代彼版筑，以御践履，园以此得名。园阔，中无所不树，而要以牡丹为之主。若殿春、若真腊，以及一切花藤卉丛，犹未足当其半。括略以算，株殆以数千，种殆以数百，主人以言者，悉取而汇之于谱，于是按《群芳》所载而有于今者收入一册。

红色

1.银红楼：花千平头，外大瓣，内细瓣，黄蕊四散，花开银红色，梗紫绿色，长叶稀、长，与何园红相仿，茎矮，树生软弱。

2.红莲：花千，大瓣大朵，开大如荷花，红色微粉，叶柄坡❶，上紫色，叶圆大厚，二回二出，叶稀而软，绿微紫，背有茸毛，树生矮坡。

3.晨霞：花开大瓣大朵，红色微紫宝润，黄蕊分散，圆桃，新枝长、曲、硬而粗壮，叶柄粗直立，紫红色，叶长稠，掌状深裂，微尖，深绿色，边紫色，背有毛，树生粗壮。

4.鹤落鲜花：花千平头，外大瓣，内小瓣及碎瓣，当中瓣带形，初开花紫红色，如笔涂，盛开花深银红色，黄蕊分散，茎长尺余直立，根紫，叶柄粗陡，叶长大尖陡，黄绿色，叶脉紫色，树生直立高大。

5.晨红：花千，大瓣大朵，初开深银红色，盛者少浅，黄蕊分散，新枝长，叶柄微软，叶团大薄软，背面微有茸毛，呈嫩绿色。

6.胭脂图：圆桃微尖，红绽口，花开大瓣大朵，银红色，紫根，子房深紫，柱头紫红，内有小瓣，十五瓣左右，新枝细，约八市寸长，茎柄呈黄绿色，微紫红色，叶长卵形微卷，背晕绿色，向阳面呈正绿色，叶形边似八宝镶，矮。

7.九大红：小圆尖桃，银红绽口，花千平头，银红色，紫根，柱头紫红色，茎细短，黄绿色，基部晕紫，叶柄短硬，叶圆微尖、软，呈黄绿色，树生小。

8.杜鹃红：花千平头，大瓣大朵，胭脂红色，宝润可爱，上有绿叶，黄蕊分散，茎微软，叶柄长，黄绿色，二回三出复叶，长软拥，黄绿色，棵叶形态似脂红，宜阳。

9.红玲：花千，外大瓣，内细瓣，深银红色，黄蕊分散，茎短软，叶柄短平，向阳面灰紫，叶稀平皱厚，深绿色，北面灰白绿色，团形或长圆形，晚开品种。

10.桃红绿心：花千楼子，瓣乱如叠，桃红色，内有绿叶，甚美，有浓香味，新生枝呈黄绿色，叶腋抽小叶，柄长向上直升，三回叶，柄长，叶皱长形，向阳面有光泽，绿色，初生有茸毛。

11.桃红滴翠：花千平头，桃红色，碎瓣，根部深红色，茎梗硬，叶拥，青黄色。

12.桃花争春：花千，小朵硬瓣，外大瓣，内碎瓣，桃红色宝润，有紫根，新生枝细，紫色，叶腋抽小芽，直立，上梗陡，叶小尖稠陡，微卷，似竹叶，黄绿色微红，树生细，直立。

13.红卫红：圆尖桃，红绽口，花千平头，内有少黄蕊和小花叶，花开浅红色，梗短，青绿色，叶宽尖拥，花开最早。

14.银红焕彩：花千楼子，大朵大瓣，晕银红色，边微白，内有绿瓣，黄蕊在腰部，圆尖桃，晕红绽口，茎直立而硬，叶腋抽小叶，叶柄硬，微短呈紫色，叶尖大宽厚，向阳面有光泽，呈晕紫绿色，背面有茸毛，树生直立，宜阳。

15.玛瑙翠：小圆尖桃，花千，球形或柚形，外大瓣内小瓣，似口，黄蕊分散，花桃红色，内浅紫色，粉

---

❶ 蓬松开展的样子。

红绽口，茎直立黄绿色，叶柄徒，叶大陡，稍有光泽，二回叶，椭圆形，黄绿色。

16.红梅点翠：花千平头，粉红色，外大瓣，内碎瓣，子房变绿叶，根紫，茎短梗长，叶稠圆，黄绿色微红。

17.彩霞：花千，大瓣，大朵，银红色，内有黄蕊，子房甚多，梗微青红色，紫筋，叶宽大尖，青绿色，树生粗壮。

18.银红点翠：花千，大瓣大朵，内细瓣，子房变绿叶，银红色，盛者似桃花飞雪，新枝长皱，黄绿色，一至三叶，腋抽小叶，叶柄上部距长，柄陡，叶稀上卷长，圆形或卵形绿色，树矮壮，宜阳。

19.似首案：小圆桃，紫红绽口，花千平头，大瓣大朵，紫红宝润色，内有黄蕊，子房小，柱头紫红色，茎直硬，新枝一至三叶，叶腋出小芽，新枝白黄绿色，叶柄短陡硬，叶稠，团微尖，近掌形，绿色，向阳面边紫，树生直立，宜阳，早开品种。

20.艳珠剪彩：圆尖桃，红绽口，花千，外大瓣，内碎瓣，黄蕊四散，有花叶突出于花，雌蕊甚小，大朵银红色，梗硬粗矮，青绿色，叶宽下垂不甚尖，筋少，有毛，树生馒头状。

21.桃艳红：花千，大瓣大朵，银红色，内有黄蕊，雌蕊较多，花叶有紫根，浅紫泛蓝粉色，梗短硬，叶尖稠，拥青绿色。

22.东方锦：圆尖桃，紫红绽口，花千平头，外大瓣，内细瓣如剪裁，黄蕊分散，浅紫色，新枝曲硬、白绿色，叶柄短硬，紫色，叶陡稠大、长、圆形，深锯，绿色，背面有茸毛，树生直立。

23.旭日东升：花千平头，大朵，深大红色，黄蕊分散，中有绿叶，圆桃微凸，茂者无子房，有子房者八枚以上，紫根，新枝长，微皱，黄绿色，向阳面微紫，柄短陡硬，叶腋出花芽，叶稠，长圆形，边微锯，晕，背有茸毛嫩绿色，中开品种。

24.茄花紫：花千，大朵，黄蕊和小瓣参杂，蕊有时在小瓣上，花开紫蓝色（似老茄皮），梗粗短，青绿色，叶大，肥厚长宽，不甚尖，成树宜阳，花开迟。

25.竹叶球：花千，球形，浅紫红色，稍白，似桃花飞舞，无蕊，子房藏之，茎直，叶稀小光，垂呈广披针形，卷，新枝直立，微紫，一至三叶腋生小芽，柄细短、平微陡，深晕紫色，叶背面有茸毛，树生高大，宜阳，一名稀叶紫，中开品种。

26.晚霞瑾：圆尖桃，红绽口，花千平头，桃红色，内有黄蕊，柄硬细长，叶团不甚尖，黄绿色。

27.桃花献翠：圆尖，桃蓝绽口，花千，大瓣大朵，平头，晕桃红色，根紫，内有黄蕊和小花叶，唯蕊绿叶茎坡，梗长，上面紫红色，叶长、团，不甚稠，向阳面有光泽，树生粗壮，早开品种。

28.火炼金丹：花千，大瓣大朵，火红色，根紫，内有黄蕊，花朵与叶平，柄短，黄绿色，叶稠，阔卵形或圆形，微上卷，背有毛，嫩绿色，树生，馒头状，似种生红，早开。

29.桃花飘香：花千平头，大瓣大朵，层次清楚，内细瓣，似锯齿，桃红色，叶柄与叶背面有毛，子房变绿叶，如蝶，根紫，梢者稍白，花芳香可爱，叶平稠宽大长，近掌形，绿色，中开。

30.晚霞映金：花千平头，银红色，内有黄蕊，柄长，叶团，微长尖，锯齿多，绿色，背微有毛。

31.东方欲晓：花千，内有黄蕊，外大瓣，内细瓣，小瓣上有蕊，紫根，花开银红宝润色，柄短陡，青绿色，茎短细，叶稠长尖，多锯齿，微毛，二回叶，朵形和种生紫相似，中开品种。

32.桃花献彩：花千，大瓣，楼，黄蕊四散，中献绿叶，花开桃红色，叶长尖，青绿色，梗坡，树生有瓣，微上卷，二回三出，叶无柄，中开。

33.□□：花千，大瓣大朵，紫红宝润色，有蕊，玫瑰形，柄短，青绿色，叶长宽不甚尖，正绿色，树生一般，中开品种。

34.斗私红：花千楼子，外大瓣，内长瓣，无蕊，紫红色，雌蕊青色，柄长，青绿色，叶团尖，树生粗壮。

35.红霞镶翠：花千平头，大朵，外大瓣，内碎瓣而硬，紫根，黄蕊分散，花紫红宝润色，状似玫瑰，新枝长，叶柄陡，叶稠，长圆大软，绿色，似朱砂垒叶，晚开。

36.双红楼：花千楼子，大瓣大朵，腰有小碎瓣，花

689

开正红宝润色，叶团厚，深裂，绿色有紫边，背面有毛。

37.四季莲：花千，大瓣大朵，十余瓣，状如荷花，紫红色，叶圆或卵形，绿色，边微红。

38.红霞绘：花千楼子，外大瓣，内碎瓣，黄蕊四散，有的在小花叶上，中间花叶半圆，筒状，花开正红，宝润色，柄短陡，叶宽厚陡，边微紫红，有黄点，小叶微卷。

39.红霞迎日：花千平头，外大瓣，内细瓣，有蕊，瓣硬，深玫瑰红色，宝润，新枝与叶平，柄短陡，硬，紫色，叶稠长而平实，绿色，树生矮粗壮，宜阳，晚开品种。

40.工农易交：圆桃，紫绽口，花千平头，紫红色，紫根，雌蕊变绿叶，叶拥团，深裂，柄长，花托不出花叶，离花很近。

41.万代红：圆尖桃，花千，大瓣大朵，开大如盘，盛开正红色，内黄蕊，叶团大，浅黄绿色，背有毛，梗长软，紫红色，树生直立。

42.秀丽红：花千平头，外大瓣，内碎瓣，内有蕊，花开大朵，宝润可爱，柄粗短，微红，叶尖卷，不甚尖，深绿色，树生一般。

43.群鹰：花千平头，大瓣大朵，红色微蓝，根紫，子房白青色，柱头蕊中有小瓣，茎直立，硬，黄白色，柄陡，叶稠长尖陡，深裂掌状，黄嫩绿色，叶背白色，成树宜阳。

44.红皱焕彩：花千楼子，外大瓣，内小瓣，浅红色，子房变绿叶，黄蕊分散，有的在小花叶上，小花叶上有一白线，茎细，叶长、软、稀，微尖，黄绿色。

45.紫霞点金（飘彩球）：圆尖桃，花千楼子，外大瓣，内碎瓣，蕊在碎瓣上，雌蕊绿瓣，柄长，青黄色，叶团尖后有毛，花开紫红色。

46.大紫荷（原名立新花）：花千，大朵，内小瓣与蕊参杂，花开紫红宝润色，叶瘦尖不甚大，似乌龙捧盛，柄、叶青绿色，树生粗壮，晚开。

47.奇珠镶翠：花千平头，大瓣大朵，瓣硬，桃红色，无蕊，子房变绿叶，瓣齐，圆桃，粉蓝绽口，茎软，柄长，叶稀宽大长，微尖，微上反卷，灰绿色，背有毛，晚开品种。

48.劳动红：圆桃，红绽口，花千，大瓣大朵，有黄蕊，紫红色，盛者稍白，叶柄陡长硬，叶团硬稠，背有毛微卷，青绿色，早开品种。

49.含羞带笑：花千楼子，红色宝润可爱，子房变绿叶，茎直立，柄陡，青绿色，叶长硬陡，微宽微上卷，绿色，中开品种。

50.红光夺锦：花千楼子，粉红宝润色，花叶不齐，外大瓣有蓝色，花叶有紫筋，雌蕊绿，柄陡硬长，青绿色，叶长宽尖，深青绿色，初叶后有毛，老叶筋有毛，树生粗壮。

51.层林尽染：花千楼子，中小瓣，高出花朵，腰部小花叶与蕊参杂，蕊四散，有绿瓣，花开正红宝润色，圆桃，紫绽口，新枝长，柄陡，青绿色，叶长微尖，掌形，晚开品种。

52.蝴蝶展翅：花千，大瓣大朵，瓣硬，桃红色，紫根，中瓣有紫色如笔涂，蕊分散，子房青白，花开五颜六色，奇美，茎硬，长尺余，叶硬，深裂掌状，上有黄点，树生高大，宜阳。

53.银红映玉，花千，瓣有皱纹，蕊极少，有的无，花开银红可爱，雌蕊绿心，粉色，柄细长硬，晕绿色，叶长尖，青绿色，初生叶有毛，树生斜，粗壮，朵下垂。

54.彩云红：花千楼子，大平头，水红色，无蕊，细瓣，高低不齐，如红云之彩，柄细长，青绿色，叶小尖卷，背有毛，茎软，开头下垂，树弱。

55.桃花翠：花千，小朵，平头，桃红色或银红色，子房变绿叶，叶腋抽小叶芽，柄短，叶宽微尖，嫩绿色，背面有毛，树生宜阳。

56.花红重楼：花千楼子，大瓣大朵，瓣卷，雌蕊变绿叶，内花似小花朵，因此双重楼，花开粉红蓝色，柄粗硬，青绿色，叶宽大厚，下垂，微黄绿色，茎不甚长，开头下垂。

57.向京红：花千楼子，外大瓣，内小长瓣，上有蕊，瓣微皱，子房高或生花叶，蕊四散，花正红色，宝润可爱，柄粗长硬，叶团肥大厚，边锯或掌形，叶背有毛，叶脉下凹，树生粗壮。

58.三英士：花千平头或楼子，外大瓣，内细瓣曲，与蕊参杂，花紫红宝润色，柄短硬坡，紫色，叶小尖微卷，深红色，树直立。

59.红心向党：圆尖桃，红绽口，花千平头或楼子，有黄蕊，雌蕊中心有小瓣，花正红宝润色，柄、叶青绿色，叶宽多锯。

60.锦云红：花千平头，外大瓣，内细瓣，初开红色，盛者少白，蕊分散，有的生在花瓣上，花开小朵，根紫，瓣有红线，新枝短细软，柄短，黄色，叶宽长，微卷拥，黄绿色，背微毛，树生粗矮，中开品种。

61.玫瑰红：花千平头，外大瓣，内小齐瓣，正红紫色，黄蕊分散，茎柄长尺余，上叶柄短，叶团长厚，树生粗壮，直立，宜阳。

62.卫东红：圆平桃，红绽口，花千，大瓣大朵，正红宝润色，鲜艳可爱，柄硬，坡紫红色，叶宽尖稠，边锯，茎坡。

63.纲跃花：花千，外大瓣，内长叠瓣，红紫色宝润可爱，子房变绿叶，蕊在腰部，瓣紫根，茎长硬，直立，柄陡长有红点，叶陡深裂，掌状有棱，绿色，边微红，树生壮，宜阳，怕冷，晚品种。

64.百荷红：花千楼子，中小瓣，上基部大瓣大朵，红色，黄蕊在腰部，茎生粗壮，柄硬粗短，叶宽肥大，似猪耳，稠，背有毛，正绿色，树生紧密，宜阳，中开品种。

65.银红皱：尖桃，粉绽口，花千楼子，银红色，盛者少白，子房绿叶，无蕊，宝润可爱，茎软，灰紫色，叶柄平扁硬，鲜紫红色，叶长卷稀，绿色，脉基部紫红色，背微毛，中开品种。

66.线插桃花：花千平头，外大瓣，内细瓣有红线，根紫，宝润桃红色，黄蕊分散，茎粗壮，黄绿色，柄粗壮硬平，黄绿色，叶团尖，宽大肥润，油绿色，微软拥，背面灰白色，树生粗壮，中开品种。

67.粉盘乱丝：花千平头，中小瓣，黄蕊四散，有的在小花叶上，上中部等，花开深桃红色，柄细长，正青色，叶团不甚尖，正青绿色，有皱纹，树生粗壮。

68.□□：花千，大瓣大朵，桃红色微紫，根紫，内有绿叶，腰有黄蕊，茎细微曲软，叶稠，深裂，掌状，微长，正绿色，树生直立，宜阳。

69.公社新装：长尖桃，紫绽口，花千楼子，大瓣大朵，黄蕊四散，初开紫，盛紫红，有润色，柄软，青绿色，叶下垂漫，不甚尖，青绿色，树生坡。

70.鸿雁夺金：花千平头，浅紫红色，近似红色，紫根，子房多，黄蕊四散，叶稠尖陡，深裂，掌状，青绿色，树生粗壮，直立宜阳。

71.反修红：小圆桃，紫绽，花千，大瓣大朵，正紫红色，有黄蕊，茎柄短粗壮，有斑点，柄上面平，叶齐稠大团，绿，背有毛，树生粗矮。

72.紫红楼：花千双楼，大朵，紫红色，无蕊，黄雌蕊似上花叶，上带绿，柄陡硬，青绿色，叶圆不甚尖，正青绿色，树生粗壮。

73.代代红：圆尖桃，紫红绽口，花千平头，内有黄蕊，花开紫红宝润可爱，黄蕊周围小碎瓣，茎短，柄短，紫红色，叶小瘦长尖卷，深绿色，树生矮。

74.红艳：圆平桃，紫绽口，花千楼子，紫红色，茎短，柄弱，叶宽尖，青绿色，树生坡。

75.移山红：花千，大瓣大朵，内有黄蕊，花开紫红色，柄短粗，青绿色，叶拥团陡卷，正绿色，树生粗壮，不甚高。

76.跃进红：圆尖桃，紫绽口，花外大瓣馒头形，紫红宝润色，小瓣与黄蕊参杂，叶圆尖，锯多、陡、有毛，微黄绿色，茎细长，开头下垂。

77.锦红球：花千楼子，正红色，黄蕊四散，有宝润色，大朵似球，小瓣中上部有黄蕊，柄长，青绿色，叶宽不甚尖，少青黄色，多锯，茎长，开头下垂，树生粗壮。

78.东方红：花千平头，大朵，大红宝润色，外大瓣内小瓣，有黄蕊，柄陡粗硬，黄绿色，叶宽厚、大、平光、下垂，红边深绿，不甚尖，茎长，开头下垂，树生粗壮。

79.花红夺锦：花千平头，朱红宝润色，有黄蕊，新枝细，柄粗短，紫红色，叶尖不甚大，边微红，深绿色。

80.凤巢雏羽：花千平头，外一层大瓣，内小瓣，浅紫红宝润色，子房变叶，黄蕊分散，有的生在小瓣上，茎上细下粗，微软，柄短，叶长，宽大似猪耳，正绿色，背微毛，树生馒头状或桶状，宜阳。

81.五州红：花千，大瓣大朵，内小瓣有黄蕊，雌

691

蕊变叶，花正红宝润色，可爱，茎不甚长，柄陡，青绿色，叶稠尖陡小，锯多，背有毛，树生直立，高枯瘦，中开品种。

82.红旗漫卷：小圆尖桃，紫绽口，花千，大瓣大朵，内有小瓣，有黄蕊，大红色，十余瓣，茎长细，尺余，花朵高于树，叶柄长平软，发紫色，叶稀团尖，青绿色，晚开品种。

83.纯红：花千平头，大朵，外大瓣内碎，子房多，柱头深红色，有黑紫根，新枝直立、硬，柄短平硬，二回三出复叶与二回三出叶两叶相连，叶硬长圆，微上卷，正绿色，脉黄绿色，成树直立，高大宜阳，晚开品种。

84.国红：桃圆尖，红绽口，花千平头，外大瓣内细瓣，里有白尖，根紫，子房高，花开大如盘，正红宝润，新枝硬，柄短硬，青绿色，叶稠尖宽陡长，似掌形，微上反卷，背有毛，青色，叶深绿色，边晕紫，树生粗壮，中开品种。

85.叶中藏花：圆尖桃，紫红绽口，外大瓣内碎瓣，花千平头，内有黄蕊，花紫红色，茎粗短，柄长陡，叶大尖长，青绿色，花藏在叶中，树生粗壮。

86.文革红：圆尖桃，红绽口，花千平头，外大瓣内碎瓣，内有黄蕊四散，花紫红色，柄粗壮，青绿色，树生粗壮，花开宝润，中开品种。

87.似十八号：圆平桃，红绽口，花千，大瓣大朵，紫玫瑰色，微紫根，瓣硬似莲花，黄蕊明显，新枝长立曲、硬，柄短硬，叶肥大厚硬团，微上卷皱，蓝绿色，树生高大粗壮，宜阳，晚开品种。

88.胡蓝花：圆尖桃，粉紫绽口，花千，大瓣大朵，外大瓣内碎瓣，粉红色，微紫，有的盘形，叶柄粗壮，紫红色，不甚长，叶长大，微尖，绿色，树生粗壮。

89.藏枝红：花千平头，外大瓣内细瓣，紫红宝润可爱，根紫，黄蕊分散，新枝短细软，开头藏在叶下，叶柄短，向阳面晕紫，叶团或掌形，边曲微卷皱，背有茸毛，蓝紫绿色，早开品种。

90.公社新装：花千，大瓣大朵，开大如盘，深粉红色，新枝长而粗壮，柄长圆曲，叶下生出小叶芽，叶似赵粉，状大微卷，梢叶深紫，掌形，黄绿色，背有茸毛，叶脉紫色，树生高大，粗壮。

91.一捻红：花千，大瓣，开大如盘，二十余瓣，浅银红色，宝润，瓣根有紫，朱红点，新枝细软，梗平，黄绿色，微红，叶尖坡，上卷，不甚尖，嫩绿色，树生矮。

92.春江锦：花千平头，大瓣大朵，深桃红色，初开银红色，瓣根紫，子房多，青色，十五枚左右，柱头紫红色，新枝硬，不甚长，柄陡，黄绿色，基部叶柄距短，一至三叶腋出芽，叶稠长尖，上卷，黄绿色，树生粗壮，宜阳。

93.群芳妒：花千，大朵，平头，外大瓣内碎瓣，瓣根紫，黄蕊分散，盛者浅银红色，茎长微软，柄长紫色，叶肥大团，稀软，绿色微紫。

94.藏花红：花千平头，大瓣大朵，开大如盘，似荷花，红色，瓣根紫，茎短柄长，叶尖，青绿色，花在叶里面。

95.山花烂漫：圆尖桃，红绽口，花千平头，大瓣大朵，有黄蕊，花开二红宝润色，甚美，茎长细软，柄长青绿，有紫筋，叶拥长尖，青绿色，树生坡。

96.日照山河：圆尖桃，红绽口，花千平头，大瓣大朵如盘，有黄蕊，柄色似百花妒，粗壮，叶大宽团，多锯，叶柄绿有白色，树生粗壮。

97.小朵红：花千，大瓣大朵，内有绿叶，软枝短细，叶稀团大厚，绿色微有白，花相似水上芙蓉，树生矮。

98.银红巧对：圆尖桃，红绽口，花千平头，大瓣大朵如盘，花银宝润色，令人喜爱，瓣紫根，梗长，青绿色，叶小、尖、平、光，树生坡，宜阳。

99.迎红军：圆尖桃，红绽口，大瓣大朵如盘，花正红宝润色，内有黄蕊，雌蕊绿心，叶柄短，青绿色，叶宽，拥长，不甚尖，正绿色，树生粗壮。

100.满江红：圆尖桃，紫红绽口，花千平头，大瓣大朵，有黄蕊，开大如盘，花正红宝润色，可爱，柄短粗壮，青绿色，叶团稠厚陡，有毛，茎粗壮。

101.风吹紫绫：小桃，花双，大瓣大朵，有黄蕊，子房甚多，花浅红色，二十余瓣，花茎短粗硬，叶宽厚大不甚尖，初叶带蓝色。

102.桃花迎日：圆尖桃，紫绽口，花千平头，大瓣大朵如盘，有黄蕊，瓣紫根，柄青绿色，叶小尖。

103.起宏图：花千平头，大朵，外大瓣内碎瓣，有黄蕊，子房出小花叶，有毛，花火红色，茎粗矮，青绿色，柄粗短陡，叶深绿色，有红边，背有毛，宜阳。

104.改革红：花千楼子，大朵，外大瓣，内碎瓣与黄蕊参杂，花正红色，宝润可爱，柄上面平细长，下垂，微紫红色，基部叶腋出花芽，叶团稀薄软，背有毛，青绿色，树生粗壮，似三圆白。

105.宝书红：圆尖桃，红绽口，花千平头，大朵，黄蕊与小瓣参杂，花正红色，宝润诱人，茎软，柄短陡，紫红色，叶小尖拥，形似锦鸡报晓。

106.庄红：花千叶楼子，无蕊，子房浅红微带紫，茎短，柄长陡，青绿色，叶宽大尖，多皱，树生高大，似盛丹炉。

107.璎珞子：花千平头，银红色，有白边，有黄蕊，茎短，柄硬，叶小尖，黄绿色，树生粗壮，中开品种。

108.献花：圆尖桃，粉红绽口，花千平头，大朵，外大瓣内碎瓣，黄蕊分散，粉银红色，柄紫，叶大团稀，不甚尖。

109.延塔红：花千楼子，大瓣大朵，黄蕊四散，柱头多，花银红色，宝润可爱，新枝直硬，柄粗平，叶团齐，不甚大，三回三出复叶，正绿色，树生粗壮，宜阳。

110.鲁菏红：花千楼子，基层瓣与上层瓣较大，腰瓣较小，红色大朵，黄蕊在腰部，茎粗壮，柄粗短硬，叶稠宽肥大，似猪耳，背有毛，树生粗壮，宜阳，中开品种。

111.三圆红：花紫红色，大瓣大朵，棵不甚高而圆，柄细长下垂，青黄色，叶青绿色，此花朵圆，瓣圆，叶圆，故名三圆红。

112.赵园红：花千平头，大红色，微紫，宝润可爱，茎长柄短，叶长尖多锯，叶皱似掌花案。

113.紫红争艳：花千，紫红宝润色，平头柄细，叶稀黄绿色，梗长细，叶下被有黄斑，背有毛。

114.红灯：圆尖桃，红绽口，花千平头，外大瓣如盘，内碎瓣似球，黄蕊四散，有在小瓣上，雌蕊变绿叶，柄长，红色，叶稀团光，黑绿色，叶稍下垂，茎长软，开头下垂，树生坡，伞形。

115.向阳红：圆尖桃，花千平头，花开浅于朱砂红，外大瓣内碎，黄蕊与小瓣参杂，宝润可爱，柄粗长，青紫色，叶稀团，黑绿色，树生矮，花似朱砂垒。

116.牡丹菊：花千，水红色，瓣小似菊花瓣，柄粗硬，枝外长，茎紫色，叶柄有紫筋，柄叶陡，绿色。

117.锦上添花：圆桃，红绽口，花千平头，有黄蕊，与小瓣参杂，花紫红色，叶团光，青绿色，柄青红色，茎长，树生粗壮。

118.照跃红：圆桃，红绽口，花千平头，外大瓣内碎瓣，与黄蕊参杂，花红色宝润，雌蕊变绿叶，茎绿色，柄长，青绿色，有皱纹，叶大尖厚，树生高大，不宜阳。

119.百花子：圆尖桃，粉绽口，花平头，有黄蕊，花水红色，明光宝润可爱，有皱纹，柄短，青绿色，叶团厚，青黄色，初芽绿色。

120.赤胆忠心：花千，大瓣大朵，有黄蕊，花紫红色，黑紫根，柄短硬，青绿色，叶团不甚尖，青绿色，树生直立。

121.大红夺锦：长尖桃，紫绽口，花千平头，大瓣大朵，有黄蕊，紫红宝润色，茎长直，柄硬，青绿色，叶小尖拥，微卷，团厚，微紫，树生粗壮，（又名天霞紫）

122.彩云红：圆桃，花千大平头，水红色，细瓣如红云之彩，柄青绿色，叶拥团尖，深绿色，树生粗壮。

123.满堂红：花千平头，大朵，红色，茎直硬，柄陡，叶长尖微锯，绿色，树生大。

124.火炼绿碧：花千小朵，有绿叶，大红色宝润，茎硬，柄硬，叶硬，绿色。

125.银林碧珠：圆桃，紫微绽口，花千楼子，小朵，外大瓣内碎，黄蕊四散，有的在小瓣中部，花浅红色，柄青绿色不甚长，叶圆平光，青绿色，茎短，树生粗壮。

126.红彩球：圆尖桃，紫绽口，花千小朵，外大瓣内碎瓣，黄蕊四散，有的在小瓣中部，花浅红色，柄青绿色，不甚长，叶圆平光，青绿色，茎短，树生粗壮。

693

127.重楼点翠（紫）：花千楼子，红紫色，茎柄硬，叶小、长，绿色。

128.原谱无。

129.西霞紫：花千平头，外大瓣内小密瓣，正紫色，黄蕊分散，茎直硬，长尺余，叶团、长、厚，上部叶柄短，树生粗壮，直立宜阳，晚开品种。

130.春江飘锦

131.少女装

132.红霞争辉：花千平头，中现黄蕊，紫红色，叶黄绿色，梗坡生，树、叶状似紫二乔。

粉色类

1.樱花露霜：花千平头，外大瓣内小瓣，根紫，粉白色，略有蓝色，新枝长，叶小、长、尖、拥，绿边红，树生细弱。

2.粉菏飘江：花大瓣大朵，十余瓣，深粉绽口，花开粉色，茎短，柄坡，小长圆叶或卵形，稠，正绿色，背有毛，树生矮细，馒头状。

3.淑女装：圆桃，花黄晕紫色，花千平头，大朵，外大瓣内碎瓣，近吉形，初开深粉色，盛者粉白，子房深紫，柱头深红，叶柄平，叶稀，近卵形，微尖卷，向阳面晕绿色。

4.粉翠环：圆桃，粉绽口，花千，大瓣大朵如盘，初开粉红色，有黄蕊，柄短硬，青绿色，叶厚圆皱，不甚尖，黑绿色，背有茸毛，芽生粗壮。

5.桃花迎雪：圆尖桃，黄绽口，花千小朵，瓣有紫筋，子房绿叶，黄蕊参杂，小花叶，初开黄粉，盛开粉白，柄短，青绿色，叶小团尖稀，背有毛，外面光滑。

6.银红露霜：圆桃微尖，粉绽口，花千平头，外大瓣内小瓣，紫根，大朵，粉银红色，可爱，子房多变叶，茎坡，柄晕紫，叶腋抽芽，叶长、微尖、陡，边锯、黄绿色，新枝长，形成高大树冠。

7.换新装：圆尖桃，粉绽口，花千，大瓣大朵如盘，水红色，有黄蕊，瓣根紫，柄长紫红色，叶稀宽大尖。

8.荷花迎日：圆尖桃，红绽口，花千，大瓣大朵，根紫，有黄蕊，雌蕊绿叶，柄长，叶团、大、青色、下垂，阴面黄青色，向阳面青绿色，树生坡。

9.樱花粉：长桃钩尖，花千大瓣，大朵如盘，浅粉红色，有黄蕊，茎软不甚长，柄长青绿色，叶卷、瘦、小、尖，下垂有点红，树细弱。

10.蝴蝶会：花千楼子，外大瓣内细瓣，似群蝶，黄蕊四散，花开红色，叶长、尖，青绿色，微卷陡，花开红色，盛开粉蓝色，柄紫红色，树生粗壮，宜阳。

11.雨露苗壮：花千楼子，大瓣大朵，红粉色，瓣上有蓝线，花蕊分散，有绿叶，茎短硬，叶腋抽小芽，柄陡，叶长、尖、宽、软、稠，黄绿色或嫩绿色，树生粗壮，宜阳。

12.粉绣球（原名粉蓝楼）：花千楼子，无蕊，大朵，有的雌蕊变绿叶，花粉蓝可爱，红根，柄粗长，筋紫红，正青绿色，叶宽、大、厚、长、拥，不甚尖，后微毛，微上卷，如□形，深绿色，树生粗壮。

13.赵粉唤彩：花千楼子，粉银红色，上有绿叶，无蕊，多开头下垂，茎软，青绿色，柄长，叶稀、长、软、大、尖、拥，浅绿色，背有毛，晚开。

14.羞容满面：花开如球，粉紫色，茎软，柄硬，叶大软平光，黄绿色。

15.璎珞粉荷：花千楼子，大瓣大朵，深粉红色，无蕊，子房变叶，叶卵形，正绿色，有茸毛，树生粗矮，宜阳，晚开品种。

16.友谊花：花千楼子，大瓣大朵，子房变叶，无蕊，深粉色或浅银色，柄长，叶宽大、乱，微软薄，嫩绿色，树生坡，宜阳，晚开品种。

17.赛斗珠：花千楼子，外大瓣内小瓣，花粉蓝色，腰瓣小，上层瓣有皱，柄硬细长，叶长、光，下垂，不甚尖，青绿色，开头下垂，树生粗壮。

18.荷粉：圆尖桃，粉绽口，花千平头，大瓣大朵如盘，有黄蕊，瓣有蓝根，初开如赵粉，柄粗长，筋紫，叶长、尖、稀，树生坡。

19.鲁光：大圆桃，粉红绽口，花千平头，大瓣大朵如盘，初开粉红，蕊上有花叶，叶大、不甚尖，叶面少有白色，如露珠粉，少黑蓝色，树生高大。

20.银粉藏翠：花千平头或楼子，外大瓣内细瓣，无黄蕊，子房变绿叶，花朵似六七个小花团组成，浅水红色，宝润可爱，茎细，开头下垂，柄长硬，紫红色，叶宽长薄，下垂，浅红微黄色，树生一般。

21.罗春池：花千起重楼，大平头，粉桃红色，外大瓣内小瓣，黄蕊四散，柄短，青绿色，上头青黄色，子房出绿叶，叶拥尖卷。

22.丽花粉：花千平头，外大瓣内细瓣，开大如盘，浅红色，盛者粉，子房多绿色，有黄蕊，茎粗壮、直立、硬，青白色，柄粗壮陡，叶光、大、团、陡、稠、深裂掌状，嫩绿色，树生粗壮，直立，宜阳，晚开品种。

23.粉红楼：花千楼子，外大瓣内碎瓣，瓣根桃红色，边粉色，柄粗，紫红色，叶稀、长、尖，深绿色，茎短，树生粗壮。

24.高秆粉：圆桃，粉绽口，花千平头，有黄蕊，花开五彩之色，甚美。

25.娃儿面：圆尖桃，粉绽口，花千平头，大瓣大朵，有黄蕊，花粉红，有宝润色，茎细长，叶团、尖、长、软、薄、黄绿色。

26.冰凌子：圆桃，大瓣，大朵如盘，有黄蕊，初开粉红，有润色，柄长，叶稀、大、厚，有毛，此花与冰凌罩红石相似，据考乃冰凌罩红石之子也。

27.桃花飞雪：花千平头，外大瓣似盘，内碎瓣似球，花粉红形，黄蕊四散，有的在小瓣上，柄粗壮，青绿色，叶拥、团，有皱纹，黄绿色，叶形似石榴红，树生坡、粗壮。

28.胭脂粉：圆尖桃，粉绽口，花千平头，大朵，外大瓣内碎，有黄蕊，小瓣紫筋上有黄蕊，花粉色，柄短，青绿色，叶长、大、尖，后有毛。

29.绘彩：花千叶楼子，初开浅红，盛开粉，外大瓣内碎瓣，参杂黄蕊，小瓣上有蕊，子房黑紫，茎粗壮，茎不甚长，柄短，叶宽、大、不甚稀尖，后有毛，青绿色，边微紫。

30.胜凌花：花千平头，大瓣大朵，硬瓣，粉红色，黄蕊四散，有的生在小瓣上，新枝硬，粗壮，柄粗壮，树生粗壮。

31.玉彩莲：圆尖桃，粉绽口，花双，大瓣，小朵，有黄蕊，子房发白，紫根内发白，柄粗短，青绿色，叶拥、宽、大、厚，树生粗壮。

32.玉交翠：圆尖桃，粉绽口，初开粉红色，子房变绿叶，花千楼子，球形，茎粗短，柄长，青绿色，叶稀、长、宽、尖，有毛，青绿色，小叶上有白，树生粗壮。

33.红线界玉（蓝）：花千楼子，外大瓣内碎瓣，上有红紫线，有黄蕊，花粗，红色，盛者白色，柄青绿色少有黄，筋鲜红，叶稀、尖。

34.青龙卧粉池：圆尖桃，粉绽口，花千，内红色，茎短，柄长、硬，青紫色，叶稀、平、大、尖，黄绿色，树生坡。

35.玛瑙球：圆桃，蓝绽口，花千楼子，开大如球，粉白色，微蓝紫根，内有绿叶，腰围小瓣上有黄蕊，茎细，柄硬，青绿色，叶团、大、光、微卷，黄绿色，树生粗矮。

36.金丝锦球：圆尖桃，花千楼，腰围有黄蕊，花开粉蓝色，紫根，叶尖、软，柄、叶绿色微紫。

37.仙人洞：花千楼子，水红色，根紫，茎短，柄硬，叶卷、大、皱、硬，青绿色。

38.壮志凌云：花千楼子，大瓣大朵，粉紫色，雌蕊十六个，枝叶茂盛，茎细，柄粗，叶肥、大、尖、稠、软、光滑，深绿色。

39.玉楼献翠：花千楼子，外大瓣内细瓣，粉银红色，内现绿，叶黄绿色，微卷。

40.紫线界玉：圆尖桃，粉绽口，花千楼子，外大瓣内碎瓣，雌蕊心花粉白色，柄黄绿色，叶团，不甚尖，微下垂，树生枯瘦。

41.新社红

42.金带粉

43.粉袍金带

44.雪映朝霞

45.粉绒球（由"紫色"移至此处）：花千楼子，外大瓣内碎瓣，根银红色，尖粉蓝色，瓣紫蓝筋，筋上有黄蕊，花似绣球，茎短，青绿色，柄陡，青黄色，叶小、团、卷、多锯，下垂，叶形似石榴绿，树生粗壮。

蓝色类

1.蓝玉：花千平头，大朵大瓣，粉蓝色，紫红色，内有少数碎瓣，一年生枝直、硬、短，柄距短，黄绿色，茎柄微紫，叶稠、长、尖、厚、硬，叶腋多斑，抽小叶，正绿色，圆尖桃，粉蓝绽口。

2.雨露鲜花：花千，大朵，粉蓝色，大瓣紫根，叶圆、大、平，二回二出复叶，柄硬，绿色，树生粗壮。

3.紫线绣球：花千楼子或冠形，深粉蓝色，稍白，花叶有深蓝线，微紫，叶肥、大、团、润、卵形，微软，嫩绿色，树生矮壮，宜阳，中开品种。

4.蓝荷花：圆尖桃，紫蓝绽口，粉蓝色，大瓣大朵如盘，根紫，茎直立，柄短、陡，叶长、尖，背有毛，青绿色，层次清亮，状如锦鸡报晓，树生粗壮。

5.风吹云散：圆尖桃，深粉蓝绽口，花千，大瓣大朵如盘，粉蓝色，紫根，瓣粉色上有蓝线绣之，有黄蕊，新枝曲，青色，柄长、平、曲，叶微尖，微皱，黄绿色。

6.送春兰：花千楼子，粉紫蓝色，盛者稍白，无黄蕊，子房变绿叶，多开头，下垂，新枝叶柄晕紫色，柄平，叶长圆形或广披针形，微上卷而软，背有毛，晕绿色，晚开品种。

7.蓝芙蓉：花千楼子，无蕊，初开蓝色，宝润可爱，盛开粉蓝色，朵顶部有4～5个小绿瓣，柄粗、长、硬，筋红紫色，叶长、宽、下垂，不甚尖，青绿色，茎不甚长，开头下垂，树生粗壮。

8.迟蓝：圆尖桃，粉绽口，花千平头，无黄蕊，花粉蓝色，瓣有紫蓝线，柄青绿色，叶长、宽、尖、下垂，青绿色，茎不甚长，树生粗壮。

9.蓝海碧波：圆桃，蓝绽口，花千平头，大瓣大朵如盘，瓣有蓝紫根，内有黄蕊，柄硬、粗、短，青绿色，新枝弯曲，茎细短，青绿色，叶拥、宽、尖、陡，青绿色，树生粗壮，直立。

10.翠兰：花千，外大瓣内碎瓣，蓝粉色，上有绿叶，桔（橘）形，新枝坡，微细，紫色，柄平，起紫色，硬，叶小、尖、稀、微卷，桔（橘）黄绿色，边紫。

11.素花魁：花千叶，楼子，大瓣大朵，花开粉蓝红素色，腰围黄蕊，雌蕊甚小，可爱，柄短，正绿色，叶宽、团、厚、拥，有黄斑，边红，树生粗壮。

12.胜蓝楼：花千叶，楼子，大朵大瓣，粉蓝色，稍白，无黄蕊，子房变叶，茎细而短，开头下垂，叶腋抽小芽，叶长、尖、宽，正绿色。

13.软枝蓝：圆尖桃，粉绽口，花千楼子，无黄蕊，雌蕊变红叶，外大瓣内碎瓣，开大如球，内有花针，柄细长，青绿色，叶长、尖、肥、大、薄、软、拥，背有毛，正绿色，树坡，晚开品种。

14.彩蓝：花千楼子，粉蓝色，大朵，内有小花叶或花针，绿绽口，初开似盛丹炉，花针卷，不齐，柄不甚长，青绿色，小柄与小叶、筋，有毛，叶瘦、长、尖、卷、稠，青绿色，树生粗壮，斜，不甚高，花开最迟。

15.鹤望蓝：花千楼子，大朵大瓣，粉蓝色，子房变绿叶，外瓣与中瓣较大，中部较小，开头下垂，茎紫绿色，柄长、粗、硬，深紫色，叶宽、长、平、尖、软、拥，正绿色，背灰白有毛，上有明显紫筋，晚开品种。

16.大朵蓝：花千楼子，大朵大瓣，子房变叶，无黄蕊，叶柄距短，叶腋出花芽，叶大、长、尖、微软、绿色，开粉蓝色，微下垂，树生粗壮，宜阳。

17.垂头蓝：花千楼子，大瓣大朵，粉蓝色，子房变绿叶，无黄蕊，开头下垂，柄长、粗、硬，向阳面紫红色，叶大、长、尖、绿色，背面有毛，晚开品种。

18.蓝翠楼：花千楼子，大朵，外大瓣内长瓣，粉蓝色，花心出绿叶，微红，柄长，青绿色，叶宽、大、光、有毛、下垂，茎细长，开头下垂，无黄蕊，树生粗壮。

19.冰罩蓝玉：圆长尖桃，花千，馒头形，粉蓝色，上有蓝丝，子房变叶，无蕊，叶腋抽叶芽，一般绿色，一回一叶，圆叶，背面微毛，晚开品种。

20.海鸥：花千楼子，大朵，外大瓣内细瓣，粉蓝色，根紫，茎长，柄硬、陡，叶宽、尖、皱、拥，三回三出掌状复叶，背面有毛，青绿色，向阳面有光泽。

21.玉珠蓝：花千叶楼子，吉形，外大瓣内细瓣，粉蓝色，黄蕊生在瓣上，子房变叶，中瓣曲皱如凤头，瓣有紫线，柄长、平，叶椭圆形，平、薄、软、微尖、绿色，背有毛，叶脉下凹，晚开品种。

22.雨后风光：花千楼子，外大瓣内细瓣，粉蓝色，根紫，黄蕊分散，新（枝）长硬，浅红色，柄平，向阳面浅红色，叶宽、长、微尖、平、绿色，背微有毛，晚开品种。

23.蓝苔青心：长尖桃，粉红绽口，花千楼子，外大瓣内细碎瓣，大朵，微粉蓝色，黄蕊四散，子房生叶，雌蕊青绿色，叶瘦长、尖、卷，深绿色，边少紫，茎短，树生粗壮。

24.瑞蓝：花千楼子，瓣根紫色，外大瓣内碎瓣，蓝色微黄，蓝绽口，叶肥大、团、卷，黄绿色，茎直、短，花有浓香。

25.蓝玉献彩：圆桃，蓝绽口，花千楼子，开大如球，无黄蕊，花叶密，似蝶，有紫筋，花开粉蓝色，柄青绿色，叶宽、卷，不甚尖，黄绿色。

26.蓝蝴蝶：花千楼子，外大瓣内小瓣，腰围碎瓣，中心花瓣突出，花开粉蓝宝润色，柄短、陡、微黄绿色，叶宽、厚，青绿色微红边。

27.万世生色：花千楼子，外大瓣内小瓣，开大如馒头，粉蓝色，子房变绿叶，无黄蕊，柄细长，青绿色，向阳面深紫色，叶拥、长、尖，青绿色，茎短，每开头下垂。

28.蓝线界玉：花千楼子，外大瓣，中围碎瓣，碎瓣上有蓝与黄蕊，碎瓣与黄蕊参杂，花开粉蓝色，柄青绿色，叶拥、团、不甚尖，正青绿色，茎细软，开头下垂，树生坡。

紫色

1.莲花紫：小圆桃，紫绽口，花开大朵大瓣，开至十余瓣，如荷花飘然，紫色上白，似荷花飞霜，叶长，背有毛，微尖、微卷、微下垂，绿色，树生粗矮。

2.紫霞点翠：小圆桃，破紫绽口，花千楼子，晕紫色，中有绿叶，花蕊、子房都不见，根紫，茎硬、曲、立，基部有小叶芽，柄长、曲，叶长、微皱、卷、乱、拥，淡绿色。

3.紫雁露霜：花千楼子，紫色，盛者浅微白，新枝短，茎硬，叶柄距短，叶厚、肥、大，长圆形，二回叶似无叶柄，晕绿色，状如首案红。

4.紫瑶台：圆平桃，紫绽口，花千楼子，外大瓣内细瓣，球形，黄蕊四散，小瓣上有黄蕊四散，初开紫色，盛（开）白色，茎软，柄硬，紫绿色，叶团、厚，背有毛，紫绿色，树生粗壮，上叶像瑶池春，花似墨魁。

5.紫霞间金：花千楼子，正紫色，柄硬、陡、紫绿色，微红，树生矮壮，早开（开头多）。

6.胜葛巾：花千，大朵大瓣，或皇冠形，粉紫色，

根紫，新枝硬、微曲，柄短、硬，新枝叶柄晕紫色，二回三出叶，圆形或长圆形，陡，晕紫色，北面晕白，树生矮壮，宜阳，中开品种。

7.紫盘取果：圆尖桃，紫绽口，大瓣大朵如盘，内有黄蕊似球，柄青绿色，叶宽、不甚尖，早开品种。

8.紫雁飞霜：花千，大朵，有黄蕊，花瓣边多杈似雀，紫蓝色，盛者银灰色，柄短，紫红绿色，叶长、尖、宽，晕绿色，边紫色，茎不甚长，树生矮、粗壮，中开品种。

9.玉蓝露霜：花千，大朵，黄蕊四散，外大瓣内细长瓣，茄紫色，柄青、细、短、微紫，叶小、长、尖、宽、圆、上卷、陡，深绿色，中开品种。

10.紫群芳：花千楼子，大平头，紫色，无黄蕊，子房绿叶，微紫根，茎柄黄白绿色，叶宽、大、微尖、边缘有棱，掌状，深裂，肥厚，正绿色，背有毛，一至三叶腋抽小芽。

11.茄皮紫：花千，大瓣大朵，茄紫色稍白，茎细，不甚长，叶团厚而甚尖，下垂，微有皱纹，边紫红，开头下垂，树生粗壮。

12.民族大团结：花千小朵，粉紫色，微蓝，小碎瓣，紫根无雌蕊，花由5～7个小花团组成，茎粗壮，基部叶腋抽小芽，柄长、陡、超过花朵，特显茎短，叶长、尖、陡、深裂、掌状、微短，正绿色。

13.紫雁夺金：花千平头，有黄蕊，似小盘，柄有黑点，青色，叶拥、团、长、尖，正青白色，茎不甚长。

14.紫艳风光：花千平头，大瓣大朵，中间有几花瓣，子房变叶，浅茄花紫色，根紫，有黄蕊，花开宝润色，茎柄紫色，叶宽、大、长、尖，正紫绿色。

15.丁香紫：花千楼子，外两层大瓣，蓝紫粉色，柄细长，微黄色，叶宽、尖，青绿色，开花迟，朵下垂，树生粗壮。

16.冰紫萼：花千平头，外大瓣内细瓣，浅紫色，盛者稍白，叶小、稠、卵形，微上卷，背有毛，青绿色，树小枯弱，早开品种。

17.小紫球：花千楼子，球形，紫红色，根黑紫，子房变叶，无黄蕊，茎长、软，叶小、长、尖、稀，边缘深裂，背面有毛，树生高、细弱，晚开品种。

697

18.（空，原谱备注移至粉色）

19.紫艳遇霜：花千，外大瓣内小瓣，有黄蕊，有时起楼，新枝粗壮、长，柄长、硬、陡，叶宽大、尖、青绿色，有红边，多锯，叶背小筋微有毛，树生粗壮。

20.风雷激：花千，大朵大瓣，紫红色宝润，有黄蕊，花开十至十八瓣左右，茎细不甚长，柄细长，青绿色，叶稀、团、尖，正绿色，树坡。

21.稀叶紫：圆尖桃，紫绽口，花千楼子，正紫色，柄短硬，叶稀、厚，不甚尖，青绿色，树生高大。

22.紫鹤：花千平头，外大瓣内小瓣，生于蕊上，正紫色，茎坡，叶团厚或长卵形，有皱，平坡，似紫雁夺珠，树生矮坡，晚开品种。

23.霞光：花千平头，大朵大瓣，如叠，浅紫红色，深紫根，黄蕊四散，叶长、大、深裂、掌状，微尖、薄、软、稠，黄绿色，树生矮壮，晚开品种。

24.紫霞玲：圆尖桃，紫绽口，花千平头，大瓣大朵，有黄蕊，初开紫色，盛开紫红色，茎不甚长，柄细、短，青绿色，叶长、尖，黑绿色，树生粗矮。

25.紫盘托桂：花千，大瓣大朵，浅紫红色，如紫雁飞霜，叶长、大、微卷、边紫，绿色。

26.平头紫：花千平头，大瓣大朵如盘，玫瑰红色，玫瑰花型，根紫，茎柄紫绿色，叶长、尖、瘦、厚，深绿色，微紫。

27.凤头紫：花千，吉形，外大瓣内细瓣，如蝴蝶戏舞，紫色稍白，瓣皱，黄蕊四散，茎直立、硬，柄陡，叶团、大，二回二出或二回三出，绿色，树生矮。

28.紫盘荣金：花千平头，大瓣大朵如盘，有黄蕊，子房5~6个，花茎细软，茎柄紫色，叶宽、厚、尖。

29.大叶紫：花千，大瓣大朵，深紫红色，茎直立、红色，叶团、大、肥、陡，黄绿色，叶脉红。

30.竹叶紫：花千，大瓣大朵，浅紫红色，紫根，叶小尖似竹叶，深绿色。

31.春紫：花千平头，大瓣大朵，有黄蕊，初开紫红，盛开紫，开大如盘，叶拥、瘦、长、尖，深绿色，紫边，柄短硬，有紫筋，树生粗壮。

32.彩云紫：花千，大朵，外大瓣内硬瓣，紫红色，黄蕊四散，新枝直立，柄软，叶软、拥、深裂、嫩黄绿色。

33.紫盘托缨：花千平头，大（朵）有黄蕊，盛开紫，谢时粉紫色，叶长、尖、肥、厚、稠，有斑，下垂，墨紫色，柄紫色，树生粗矮。

34.大金粉：花千平头，开大如盘，有黄蕊、粉紫红色，柄硬长，青绿色，叶长、尖、拥、肥润，青色，茎不甚长，早开品种。

35.玫瑰紫：花千平头，大瓣大朵，层次清亮，硬瓣，中间微有小瓣，玫瑰紫色，根深紫色，盛者稍微白，有黄蕊，茎直硬，柄短、陡、硬，深红绿色，叶长、稠、上卷、边红，树生直立，中开品种。

36.劳动奇花：花千楼子，大瓣大朵，有黄蕊，少有小瓣，圆尖桃，紫绽口，花紫红色，柄黄绿色，叶长、尖，青绿色。

37.紫盘托金：圆尖桃，紫绽口，花开15~20瓣，紫色，开大如盘，有黄蕊，柄青绿色，叶团，青黄色，不甚尖，茎细长，树生立。

38.紫盘乱丝

39.松烟起图

40.紫袍金带

41.蓝紫绿心

42.玲龙紫玉

43.晚会花

44.雪里紫玉：圆尖桃，蓝绽口，花千平头，大瓣大朵，柄青绿色，硬，叶团，青绿色，茎硬，树生粗壮。

白色

1.玉板白：花千，大瓣大朵，盘形，十余瓣，白色宝润，根微晕，有黄蕊，子房白色，新枝浅晕紫色，细、弱、硬，叶稀、陡、掌形，绿色，柄短，浅晕紫色，树生枯弱。

2.赵园白：花千楼子，外大瓣，色白如玉，茎软，柄硬，叶大、长、尖、软，绿色，树生茂盛。

3.白鹤卧雪：圆尖桃，粉绽口，花千平头，外大瓣内碎瓣，如白球，黄蕊与小瓣参杂，叶小、团，正青绿色，茎柄长，青绿色，树生粗壮。

4.似玉板

黄色

1. 裕禄迎雪：花双，二十余瓣，内有小花叶，初开红黄色，盛者白，有黄蕊，大瓣大朵如盘，柄长、粗，青绿色，叶宽大下垂，不甚尖，青绿色，稍带黄。

2. 玉玺映月：长尖桃，黄绽口，花千楼子，外大瓣内碎瓣，黄蕊四散，在小花叶中部，硬瓣，初开粉黄，柄硬，叶圆不甚稀，青绿色，树生粗壮。

黑色

1. 冠世墨玉

2. 黑海金龙：花千，大瓣，黑紫色，宝润可爱，茎长，柄短、硬，叶团微皱，有毛，青绿色。

3. 墨紫托金：圆尖桃，紫绽口，花千平头，大瓣大朵，有黄蕊，柄青绿色，叶团一般，慢长形，后面有毛，形如烟笼紫珠盘。

绿色

1. 绿香球：花千，开大如球，初开绿，盛者粉，圆、平、光，绿桃，绿绽口，茎、柄、叶软，叶尖、平，树生高大，又名绿幕芝娇。

2. 三变赛玉：圆尖桃，黄绽口，花开平头大如盘，外大瓣内碎瓣，黄蕊参杂，碎瓣上有紫蓝色的绿，柄青绿色，茎不甚长，开头下垂，树生坡大。

花色（复色）

1. 栋蓝负重：圆尖桃，紫蓝绽口，花千平头，大瓣大朵，有黄蕊，似莲花，银灰色，有粉、蓝、红、紫等色，宝润，茎长、硬，柄陡、粗、短，叶大、尖、拥，筋有毛，柄叶青绿色，树生粗矮。

2. 花蝴蝶：花千平头，外大瓣内小瓣，黄蕊参杂，小瓣粉白色，瓣上有红、紫点，绿紫根，花开奇色，可爱，茎细、长，柄陡、细、长，叶垂，有黄斑点，红边，□敏，微上卷，似金玉交章，茎、柄、叶全青绿色，树生粗壮，直立。

3. 日照云散：花千楼子，外大瓣、中小瓣、上大瓣，中有黄蕊，中小瓣上有黄蕊，雌蕊小，花开紫蓝白色，根紫，柄粗短有毛，正青色，叶拥、圆、尖、宽、光、厚□，深绿色，红边红尖，茎不甚长，开头下垂，树生粗壮。

4. 奇花献彩：花千楼子，花开似□花，彩虹色，有黄蕊，柄短，青绿色，叶小、团，深绿色，树生高大。

5. 奇莲花：花千平头，大瓣大朵，十余瓣，红、紫、蓝、粉等奇色，柄短，叶稀、团、厚、微卷，梗叶青，茎长，树生直立，高大。

6. 巧玲献彩：圆尖桃，黄绿绽口，花千，外大瓣内碎瓣，参杂黄蕊，碎瓣上中部有蕊，花开五色，鲜奇可爱，叶团、尖、拥，柄、叶正青绿色，茎长尺余，树生直立高大，一名团结花。

附：《牡丹谱全集》赵建修，一九七七年抄本 [1]

黄色

1. 御衣黄：花千，叶似姚黄，茎长，微软、微短，叶稀、长，不甚尖。

2. 庆云黄：花千叶，淡黄色，茎微软，叶瘦长而有纹，状如金轮子。

3. 鲁府黄：花千叶，平头，如刀裁然，细瓣，略加浅黄色，黄蕊，根赤紫，圆似八卦，故名八卦图，叶最小而团，树生枯瘦。

4. 姚黄：花千，初开浅黄色，将谢有宝润金黄色，柄长，叶稀、团、薄，树生微瘦。

5. 雏鹅黄：花千层叶，平头，外大瓣内细瓣，状如新鹅儿，初开时淡色，后有金黄色，直茎长柄，叶平黄，团而皱，花出鲁山李吏部之家，故名李府黄。

6. 甘草黄：花千，叶色如甘草，叶稀、瘦长而软，树弱。

7. 金轮黄：花千叶，楼子，色似黄葵，叶圆而厚，直茎，紫柄，气味清香，又名黄气球。

8. 如意黄：花千层，初开浅黄色，细瓣而耐观，将谢色愈重，叶稀，树生颇高。

9. 种生黄：花千层，楼子，初开浅黄色，盛开如碗，叶团，有微紫色，直茎，树高大。

10. 黄花葵：花千层叶，平头，色如葵花，叶团而

---

[1] 《牡丹谱全集》（老品种），山东菏泽赵楼，赵建修抄本。菏泽市牡丹发展服务中心供稿。

大，树生枯瘦，宜阳。

11. 大叶黄：花千层，平头，外大瓣内碎瓣，有金黄宝润色，叶细而微弱，宜阳。

12. 佛手黄：花千层，平头，有宝润色，外团，瓣长，内罩。

13. 映朝曦：花千层叶，楼子，浅黄色如朝日之辉，茎微软而细弱，叶稀而不甚尖。

14. 焕金章：花千层叶，平头，有金黄宝润色，直茎，长柄，叶小而团圆，树生枯细。

15. 似菊花：花千层，楼子，细瓣长形，有菊花之色，叶带微紫而团厚。

16. 小黄球：花千楼子，细瓣，长茎，花期四到五日，形如球，叶团而厚，树极坚固。

17. 浮金彩：花千层，平头，初开淡黄色，将谢时花瓣有浮黄，本名小黄球。

18. 杨柳耀金辉：花千层，楼子，有金黄色宝润，如春柳之黄色，叶稀，树生高大。

19. 黄鹤翎：花千层，楼子，瓣长如锯齿，小而稠，树生软弱，宜阳。

20. 黄金鼎：花千层，叶如迎春，叶小，泛绿色，宜阳，乃黄花之冠。

21. 密娇艳：花千层叶，平头，色黄如碗，朵小，叶稀。

22. 冠群芳：即黄金鼎之类，弱，花开最早。

23. 蕊缨：花开叶黄色，茎长尺余，次于枝扶，叶小，宜阳。

绿色

1. 豆绿：花千层，楼子，淡青色，紫柄耐久，小而尖，柄甚软，沉开绽红尖，宜阳。

2. 碧玉娇：花千层叶，楼子，一变粉绿，又名碧绿，花开盛者，叶大而团，开大如碗，正绿色，是绿色之冠，弱者绿色，合扭如撮，叶瘦而小。

3. 娇容三变：花千叶，楼子，初绿色，状如豆绿，中变粉色，盛者而有浅桃色，将谢时有白尖，柄细长，叶稠又小而尖，成树微弱，宜阳。

4. 醉后妃子：花千叶，楼子，白色，略带粉，稍有黄色蕊，叶长而厚卷，开时喷口有绿色，一名奇绿，又名绽绿。

5. 瑞兰：花千叶，平头，绿色，大开头，较豆绿更有娇色，瓣锦、硬，叶团大而厚，成树宜阳。

6. 绿玉：花千叶，楼子，初开绿色绽口，盛开者有青白润色，可爱异常，叶稀、宽大而尖，一排三叶，微有黑色黛，花在清同治年间，四路阳来传。

7. 赵园绿：花千叶，大朵，深绿色，叶稀、尖而平，微有黑色，树粗，宜阳。

8. 绿绣球：花千层，楼子，细瓣，微带紫绽口，叶稠而尖，树生粗矮，变名小豆绿。

9. 春水绿波：花千叶，楼子，大开头，粉绽口，叶稠而尖，远观似绿水，成树宜阳。

10. 似翠容：花千叶，平头，浅绿色，盛者有翠浮容，叶长而尖，树生微细。

11. 瑞绿：花千叶，平头，有大瓣，初开有深碧绿色，将谢有浅白色，叶稀，茎长，树宜阳。

12. 碧草容：花千层，叶浮绿色，粉绽口，盛者有碧草之色。

13. 莺歌绿：花千层，大朵，深绿色，叶稀、尖而平皱，树粗，宜阳。

14. 绿蝴蝶：花单瓣，正绿色，叶小而尖，宜阳。

15. 佛头青：花千叶，平头，浅青，谢时白色，乃绿色之下品。

16. 鸭蛋青：花千叶，头青色如叶，每开垂下，叶稀。

17. 翠滴露：花千叶，楼子，初开绿色，将谢白色，柄叶稀少而软。

18. 翠莲羽：花单瓣，瓣有黄，考之，乃豆绿之子。

19. 奇绿：即葡萄绿，叶小而肥，黄色。

20. 绽绿：初开者绿，盛者白色，叶小而厚，泛红色。

21. 青莲：花单瓣，正绿色，叶厚而长，宜阳，花出郭尚书之园。

黑色

1. 烟笼紫珠盘：花千叶，楼子，色似墨魁，内有绿瓣，叶稠，树生矮，乃黑花之冠。

2. 墨紫映金：花千叶，深黑如墨，内有碎瓣、黄蕊，茎紫而有刺，状如莲，叶瘦长，树生枯细。

3.墨撒金：花千之二十余瓣，深黑如墨，有宝润之色，黄蕊，叶瘦、长、尖、皱，树生枯细。

4.乌云集盛：花千叶，楼子，开至三五日，瓣集而高起，叶稠而尖，树生矮粗，宜阳。

5.墨池争辉：花千，大开头，瓣有黑线，墨色，叶稀而长，树生高大。

6.黑花魁：花千叶，平头，开至四五日，微露黄色，叶大而团，树生矮粗。

7.种生黑：花千叶，楼子，大开头，其色如墨，有宝润色，盛者如碗，叶厚而尖，粉里有深黑色，树生肥润。

8.深黑紫：花千叶，楼子，早开碎瓣，茎长软，叶稀而小，树生颇高。

9.砚池耀墨：花千，楼子，大开头，有宝润色，开至三五日，内有深墨点，叶大如猪耳，树生矮粗，宜阳。

10.青龙卧墨池：花千，大开头，色如墨，盛开时蕊中有青丝，叶大肥厚，似猪耳样，似砚池耀墨之状。

11.乌龙卧墨池：花千，楼子，瓣细碎，初开有淡墨色，开至二三日愈黑，瓣短而陡起，乃黑花之奇种也。

12.墨紫绒珠：花单叶，开至二十余瓣，深黑如墨，有宝润色。

13.乌龙捧盛：花千，楼子，深黑有宝润之色，开大如盘，中出一绿瓣，叶瘦长而稀，泛紫色，柄长软，成树宜阳，花出赵氏之园。

14.紫府烂斑：花千，楼子，开大如盘，深黑色，叶长而尖。

15.朝天紫：花千，楼子，有宝润色，叶团大而光，宜阳。

16.紫墨楼：花千，平头，深紫色，叶小而厚，宜阳。

17.紫玉盘：花千，楼子，开圆如球，正黑色，花出何氏之园。

18.墨紫魁：花千，楼子，初开正紫色，中有绿瓣，盛变黑色。

19.晒珠盘：花千，楼子，叶稀瘦长，茎紫，叶卷，枝身枯细。

蓝色

1.菱花晓翠：花千，楼子，藕粉色，大开头，内碎瓣，似有红线分界，茎长，叶稀而大，成树宜阳。

2.雨过天晴：花千，平头，深蓝色，微带紫，短茎，叶拥、团、厚而平卷，枝生短矮，树生枯粗，系三奇之种也。

3.万世生色：花千，楼子，初开绿绽口，叶稠密而尖皱，树生粗矮。

4.雅淡妆：花千，平头，紫粉有蓝色，叶短而密，且团。

5.蓝田玉：花千，平头，淡白色，瓣上有黄蕊，略带蓝色，叶平而团光，春季有毛，一名三奇子。

6.藕丝魁：花千，平头，花开粉带蓝色，瓣有黄蕊，短柄，叶拥、团、厚，成树宜阳。

7.红线界玉：花千，水白色，硬瓣，每瓣有红线，宽似韭菜叶，叶绿小而平皱。

粉色

1.冰凌罩红石：花千，水红宝润色，叶稀、大、最长，茎软。

2.胭脂点玉：花千，开圆如球，粉白色，花绽口，开至四五日变色，稍变白色，瓣上有淡红点，茎长似芍药，故名玉芍药。

3.银粉金鳞：花千，细瓣，开圆如球，盛者有金鳞银红色，每开头下垂，花开最迟而耐久，叶软稀而瘦长，一名金绿红，又名牙环。

4.国色无双：花千，小朵，细瓣，花开粉色，盛者瓣如杨妃插翠，叶密、曲、小而卷皱，树生瘦，细弱。

5.海棠警润（海棠擎润）：花大，水红色，弱者七八瓣，盛者大如碗，花千层，楼子，芽一排三叶，最大而拥厚。

6.瑶光贯月：花千，楼子，略有蓝色，花开迟，开圆如球，叶拥、团、厚，一名宫春，成树。

7.锦帐芙蓉：花千，楼子，银红色，中有绿瓣，开迟，叶细瘦而皱，直茎，宜阳。

8.杨妃初浴：花千，平头，白色有红色，软茎，叶拥、厚而卷，树生粗短，宜阳。

9.桃红献媚：花千，平头，浅桃红色，短茎，叶绿，团皱，树生粗矮，宜阳。

10.咸池争春：花千，大开头，硬瓣银红色，茎微短，叶稀，团大而厚，状如昆山夜光，成树。

11.古班铜春：花千，平头，内细瓣，粉白色，略带古铜色，叶稀、长、尖，茎细长，微弱，花瓣略有紫红根。

12.艳素同春：花千，浅红色，微有古铜色，叶稀长而不甚尖，茎微短。

13.杨妃插翠：花千，楼子，外大瓣似盘，内如馒头，盛者中有绿瓣，粉白有水色，茎微直，叶平圆而大，弱者形如国色无双，树生宜阳，一名粉楼台。

14.仙姿雅粉：花千，桃红色，短茎，叶尖而密，树生粗矮，一名孙红。

15.软玉温香：花千，浅红色，直茎，梗长，叶平小而光，树生微细。

16.银红无对：花千，小朵，银红色，内有细瓣，花开中，叶拥而皱，花瓣内有紫根。

17.长枝芙蓉：花千，大朵，茎长尺余，每开下垂，深银红色，有宝润色，柄叶皆稀，成树，宜阳。

18.万花首：花千，楼子，深银红色，最娇而可爱，内有碎瓣黄蕊，叶极细而小，树生枯弱。

19.素花魁：花千，楼子，粉白色，略带红色，开迟，叶平圆而皱，树生粗大。

20.露珠粉：花千，大平头，粉白色，中有绿瓣，叶平而短。

21.月娥娇：花千，楼子，内外皆白粉，有宝润色，叶拥、尖、微宽，有绿色，树生粗矮，诸花开完，方开。

22.庆云仙：花千，平头，细瓣，短茎，银红色，叶紫，瘦长而尖，树生粗，宜阳。

23.似荷莲：花千，楼子，细瓣，中有绿，浅红色，叶绿、长、尖而皱，树生宜阳。

24.洛妃妆：花千，桃红色，短茎微软，叶稀、长、瘦，宜阳。

25.铜雀春：花浅红色，开至十余瓣，内有黄蕊，茎微短、叶微圆、尖而瘦长、少绿。

26.娇嫩妆：花千，浅红色，卷瓣，茎微短，叶稀而长，宜阳。

27.宫样妆：花千，浅桃红色，内有黄蕊，茎微弱，叶稀、宽、尖、平，宜阳。

28.第一娇：花千，平头，外大瓣内细瓣，微银红色，茎软，每开头下垂，叶稀、长、尖而瘦，迟开。

29.万花胜：花千，深桃红色，有红点，叶大、平、团而有紫色，成树宜阳。

30.蜀江锦：花千，初开有古铜色，开深者银红有水红色，叶稀长而光，树细，开迟。

31.玉云粉：花千，平头，状如盘，粉青可爱，初开绿绽口，叶宽、平、微尖而有紫色，树生微宜阳。

32.水红球：花千，楼子，红色，开圆如球，叶平、圆而厚大，微泛绿色，花出菏泽宋氏家，乃百花妒之子。

33.补天石：花千，粉红色，微有蓝，叶平、尖，树生枯细。

34.银红皱：花千，花深银红色，瓣上有皱，茎微长、软，叶稀、短少而卷，枯细。

35.瑶池春：花千，楼子，粉色，略有蓝稍，大瓣，叶稀大，茎长余尺，成树开迟。

36.苏家红：花千，小朵，桃红色，叶小、瘦、长、尖，树生枯细。

37.赵粉：花千，楼子，粉有宝润色，叶稀长、尖，绿色，树生软弱，可爱，花出赵氏之园，传至洛阳，称童子面，传至西安，称娃儿面。

38.罗春池：花千，大开头，粉桃红色，叶密而尖，成树宜阳。

39.种生花：花千，楼子，半粉半红，异色不同，花出赵氏之园，一名花蝴蝶。

40.珠粉：花千，水红色，有黄蕊，花开早，叶短、圆、平、微皱。

41.娇红：花千，楼子，浅银红色，叶圆、小、光。

42.倪红（霓红）：花千，浅红色，三十余瓣，细叶而短茎，树生弱。

43.西天香：花千，粉白色，开三四日则白，直茎，叶圆而厚大，成树宜阳。

44.桃花飞雪：花千，茎直，叶稀小，微卷，树生枯瘦，即种生杂交之花也。

45.红燕飞霜：花千层，大瓣亦宽大，色微红而有白边梢，枝叶茂盛，类似赵粉，微叶略带红色，而□微齐。

白色

1.骊珠：花千，楼子，细瓣白色，略有粉红梢，叶瘦、长、尖而曲，初开绽口，一名翠滴露，花出菏泽赵府。

2.玉板白：花千，平头，大开，白色如玉，叶稀而厚长，树生高大，宜阳。

3.青山贯雪：花千，茎微短，色白如雪，有宝润色，中瓣微露青，根叶末有续延，花千，楼子，大开头，柄短叶稀，树生杆矮。

4.板桥遇雪：花千，平头，大开，外大瓣内细瓣，色似云，初开粉绽口，叶长而厚，成树宜阳。

5.玉妆楼：花千，楼子，色白如玉，略带粉色，叶长而尖，树生枯细，宜阳。

6.玉婉白：花千，平头，其色如玉，盛者如碗，叶大而团，茎微直，成树。

7.白雪球：花千，楼子，色白如雪，硬瓣，叶尖，树生枯瘦，茎直，似梨花雪。

8.冰壶献玉：花千，楼子，初开紫绽口，盛开时色如玉，叶团而厚，树生曲粗，宜阳。

9.白凤楼：花千，楼子，初开白瓣，施高起，将谢微有浅红点，叶稀而团皱，树生细。

10.玉壶春：花千，大开头，色白如雪，有青白宝润色，叶厚而皱小，成树宜阳。

11.瑶池望月：花千，白色，大开头，有青白宝润色，远而望之如月之色，又名李园白，叶长厚碧，树生粗短。

12.昆山夜光：花千叶，色白如雪，有宝润色，中有一绿瓣，叶大而光，成树宜阳。

13.池塘晓月：花千，楼子，青白色，大开头，叶微绿、团而厚，成树宜阳，花开迟，故一名宋白，花出之宋家。

14.玉玺凝辉：花千，小朵，平头细瓣，茎微软，叶稀瘦而尖，有微绿色，树生枯细，宜阳。

15.天香湛露：花千，楼子，色白如雪，每瓣上有蕊，内有红心，茎直，叶尖皱，树生枯瘦。

16.金玉交章：花千，平头，大如馒头样，色白如玉，青秀无比，每瓣上有黄蕊，叶团而拥厚，似猪耳。

17.三奇集盛：花千，白色，微带粉，叶、花、柄皆圆，故名三奇，一名三圆白。

18.金玉交辉：花千，楼子，黄白色，略带银红色，叶瘦长微窄，茎微软，树粗宜阳，又名天香玉玺。

19.天香独步：花千，平头，大如盘，白色粉略，茎直，叶圆小而皱，宜阳，花出菏泽赵氏园。

20.梨花雪：花千，平头，瓣细而稠，色白如雪，叶最小，树生枯瘦，直茎，宜阳，似天香湛露。

21.金玉玺：花千，硬瓣，每瓣上有黄蕊，茎直，叶小而厚圆，成树宜阳。

22.西施图：花千，楼子，开圆如球，白细瓣，有鳞，三带黄蕊，茎长，每开时下垂，叶泛紫色，瘦长而皱卷，初开绿绽口。

23.青心白：花千，楼子，大开头，色白如雪，有宝润色，内有青心，叶大而长尖，似雪塔，一名池来白，茎长尺余。

24.寒潭月：花千，开大如盘，青白色，略带粉稍根，叶平、圆、小，树生粗矮，宜阳。

25.玉娥娇：花千，平头，小朵细瓣，白色如玉，叶小、绿而瘦，树生枯瘦，花出李进士之家。

26.何园白：花千，白色，大开头，叶稀长而大，又有青色，宜阳成树，花出何氏之园。

27.石园白：花千，楼子，白色如玉，白宽瓣，有紫根，叶长而尖，树生颇粗，花出石氏之园，又名"□□雪"，每瓣上浅黄绿。

28.擎晓露：花千，大朵，白色微黄，叶宽大而拥、长，成树，茎微直，又名金星雪浪。

29.白雪塔：花千，楼子，色白如雪，有宝润色，盛者似馒头样，叶稀而长，不甚尖，树生颇粗，宜阳。

30.孟白：花千，色白如玉，气味青香，细瓣，开长，叶瘦尖而稀，树生细，又名玉粉楼。

31.蕉白：单叶至十余瓣，色白如雪，有宝润色，黄蕊，叶长、尖而皱，一名雪皱，朵大如碗，又名玉碗白。

32.宁白：花千，楼子，开圆如珠，色如玉，叶拥团而皱，树大。

33.尖白：花千，平头，色白如雪带黄蕊，叶圆而有锯齿，一排三叶，树生短。

34.见白：花千，色白如雪，开圆如球，叶稀长尖，瘦小而光，树生微细，又名孟白然。

35.鹤白：花千，楼子，色白如雪，叶稀、长、宽、团而皱，稍卷，叶里反白色，茎直，长柄，春初有毛，树有青色。

36.白玉：花千，楼子，外大瓣内细瓣，色白如玉，叶大而团皱，成树宜阳。

37.宋玉：花千，楼子，白色大开头，瓣微青色，叶长厚，树粗宜阳。

38.宋白：花千，楼子，白色如玉，一名雪塔，叶平、圆而厚，宜阳，略带银红色。

39.藏珠：花千，平头，色白微有银红色，茎短，根叶瘦长而拥，花开最早，一名独光春，花朵在中藏。

40.青翠滴露：花千叶，平头，青白色，叶小而光。

41.白鹤雪：花千，楼子，花开团，色白如玉，叶宽长。

42.玛瑙盘：花千，楼子，大开头，每瓣有黄蕊。

43.水昌珠：花千，平头，开大如盘，叶紫而瘦长。

44.玉楼春：花千，楼子，大头，分瓣有黄蕊。

45.独光春：花千，楼子，开早青白色，根生红叶极小，宜阳。

46.乔家白：花千，楼子，色白如雪，叶厚而光，宜阳。

47.石砚白：乃青山贯雪之交种，花同，惟叶软大。

48.翠星锦：花千，楼子，小朵，叶团而小，树生渐弱。

49.南华冠：乃白花之冠也，叶宽而泛紫，宜阳。

50.玉版：花千，楼子，外大瓣内细瓣，色白如玉，叶平。

51.冉白：花千，楼子，外大瓣内细瓣，色白如玉，叶平。

52.鹭翔，花千，白色，略带藕稍，叶小碎，树生枯弱。

紫色

1.紫衣冠群：花千，楼子，外大瓣内细瓣，初开紫绽口，后带红色，诸花开吧（罢），叶紫、尖、长而平瘦，茎微短。

2.紫裙冠带：花千，平头，细瓣，初开状如盘形，花正紫宝润色，微带软茎，叶平、圆、大，成树宜阳，花开迟，一名葛巾紫。

3.凝香艳紫：花千，紫色淡，叶拥、团，柄微长，茎直。

4.泼墨紫：花单叶，紫色深如墨，内有黄色心，叶尖长。

5.紫金荷：花单，开至二十余瓣，深紫如玫瑰，有宝润色冠，内有黄蕊，直茎，硬梗，叶稀团而光，稍尖。

6.多叶紫：花单瓣，正紫色，叶小而密，树生微细，宜阳。

7.紫云仙：花千，楼子，开似馒头，色似魏紫，叶卷厚，瘦长而稀。

8.海云紫：花千，楼子，色紫如云似魁，叶小而团，皱而光，成树宜阳。

9.洪都圣，花千，深紫色如玫瑰，内黄蕊，叶软、瘦、长而尖卷，树生短粗，一名小魏紫。

10.紫绣球：花千叶，楼子，开圆如球，色紫如玫瑰，茎长微软，叶稀、团、大而厚，一说新紫、魏紫之别品，又名天彭紫。

11.紫霞仙：花千叶，楼子，正紫色，茎微软，叶尖长。

12.墨魁子：花千叶，楼子，色紫浅淡色，叶拥、密而紫，短茎，树生矮粗。

13.魏紫：花千叶，楼子，开圆如球，色类茄花，每瓣上有黄蕊，叶稀、小而厚，根树粗，宜阳，开盛者上有绿瓣，既宫粉紫。

14.墨魁：花千叶，大如碗，色如紫玫瑰，叶平、团、厚、大，比胡红更佳，宜阳成树，乃紫花第一者也。

15.墨素：花千叶，小朵，细瓣而曲，茎甚短，叶瘦小而曲，黑色类墨紫。

16.西子：花千叶，深紫色，有黄蕊，叶稀、瘦、长而尖，树生微瘦。

17.王红：花千，楼子，开头极大，但不若墨魁，而其花颜色深紫，叶长而大，微红，亦成树宜阳者。

18. 赵紫：花千叶，大开头，紫如玫瑰，叶团、大，直茎，粗树，宜阳成树。

19. 葛巾紫：花千，楼子，大开头，正紫有宝润色，微带茄紫色，叶平、团而大，似胡红，成树宜阳。

20. 紫艳夺珠：花千，楼子，浅紫宝润色，叶长而尖，茎微软，树生短粗，一名□紫。

21. 茄蓝争辉：花千，紫色小朵，初开粉绽口，将谢时，上泛茄蓝色，叶细、长、尖，树坡、皱。

22. 雁语凝辉：花千，平头，色深紫如玫瑰，初开黑绽口，盛者少浅黄，叶尖、长而厚，梗微紫，成树宜阳。

23. 种生紫：花千，小朵，细瓣，深紫色，茎长，叶长而尖，树生粗矮，又名小紫魁。

24. 小魏紫：花千，楼子，有宝润紫色，叶稠不甚尖，树生粗矮，宜阳。

25. 假葛巾紫：花千，楼子，深紫色，将开未开时，中瓣旋而外出，盛时状如馒头，细密而尖，树生枯细，宜阳。

26. 紫霞焕彩：花千，楼子，初开正紫，如紫霞仙，盛时浅花红色，叶稀、小而团，茎细长，树生枯瘦，又名赤龙焕彩。

27. 紫罗罩红绒：花千叶，平头，瓣如裁剪，色如玫瑰，叶大、厚而有波纹。

28. 紫珠藏翠：花千叶，色茄花，但中绿瓣。

29. 紫墨簇英：花单叶，弱者深红，盛者紫色，叶大而厚，宜阳。

30. 紫风盘：花千叶，楼子，团圆，叶生宽厚。

31. 紫珠盘：花千叶，楼子，开大如盘，呈深色，叶泛紫色。

32. 墨紫楼：花单瓣，色如茄花，叶平、团、厚。

33. 紫翠缨：花千叶，平头，叶稀、瘦、长，树生宜阳。

34. 紫霞仙：花单，叶团而厚，叶泛紫色，宜阳。

35. 赤龙焕彩：花千，平头，楼子，茎长，叶稀而软、卷，枝粗高大，茎红紫，宜阳。

36. 富妆紫：花千，平头，正紫色，叶大而稠，宜阳。

37. 紫环：花千叶，楼子，开圆如球，宜阳。

38. 紫莲：花千叶，紫，十余瓣，梗、叶硬、团、直。

39. 紫蝶：花单叶，小朵，叶平而厚。

40. 鹅紫：花千头，开圆，叶绿、可爱，茎渐软，成树宜阳。

41. 何紫：花单，平头，叶小而光，树生枯瘦，成树宜阳。

42. 紫光荣金：花千，正紫色，花最早，紫叶宜阳。

43. 紫金盘：花千，叶稀瘦小，树生枯瘦，宜阳。

44. 大棕紫（大椶紫）：花千，楼子，正紫宝润色，叶绿、厚、皱而瘦长，茎梗泛绿色，茎长，树生高大。

45. 邦宁紫：花千，楼子，紫色，叶大边，稍紫色。

46. 蚩墨紫

47. 芽片紫（鸦片紫）：花单，大瓣，正紫色，二十余瓣，内有黄蕊，蕊在当中，茎直立，梗长，叶团、大、稍尖，黄绿色，树生颇高。

红色

1. 璎珞宝珠：花千叶，楼子，水红色，开初时有朱红边，叶绿，疏而小。

2. 一品朱衣：花千叶，楼子，平头，细瓣，外大红，内有朱红润色，叶密、齐而小厚，树生微弱，可爱。

3. 珊瑚映日：小朵千叶，细瓣而曲，色红似珊瑚，然叶最细而密曲，宜阳成树，树生枯瘦，盛者如掌花案。

4. 春红争艳：花千叶，桃红，开最早，叶绿尖而皱，一名娇红，与浅娇红不同。

5. 酒醉杨妃：花千叶，不甚紧，晕红色，每开头下垂，叶长、尖而稀，一名海天霞灿，叶泛□色。

6. 姿貌绝倍：花千叶，深花红有水色，上带黄蕊，软茎，小而齐，开紫绽口。

7. 大红剪绒：花千叶，平头，细瓣，深红色，如刀裁之红绒，故名，叶稀、瘦、长，树生枯瘦。

8. 花红夺锦：花千叶，平头，深花红色，茎直，叶长尖而紫，一名西施裙。

9. 春江漂锦：花千叶，楼子，硬瓣，大红有宝润色，初开紫绽口，茎微硬，叶宽、大、长、尖，初开有毛，宜阳。

10. 出茎夺翠：花千叶，锦绣深红色，茎长尺余，须以杖扶，叶拥、密、齐，树生极矮。

11. 杨妃春睡：花大如盘，瓣似莲，不甚紧，桃红色，内有黄蕊，茎长尖尺余，每开头垂下，叶大、长、尖，亦名花红杨妃，亦名盛妃桃，还名太康杨妃。

12. 丹皂流金：花千叶，细瓣，大红色，平头，叶尖、瘦、密而多，又树生软弱，掌花案之子也。

13. 艳珠剪彩：花千叶，外大瓣内细瓣，形如馒头，茎微短，叶稀、长、平，似雕刀割纸，而花桃红色，树生微弱。

14. 天香夺锦：花千叶，楼子，开圆如球，深红色，叶小而团皱，直茎。

15. 襄阳大红：花千叶，硬瓣，大红色，叶长而光，微卷，宜阳成树，乃出于襄阳王氏者，此花大朵。

16. 美人红：花千叶，平头，细瓣，短茎，叶密稠，似一品朱衣，微卷曲，树生差小。

17. 胭脂红：花千叶，色似胭脂，迎日视之，宜阴，叶窄、尖、长，易生成树。

18. 状元红：花千，楼子，紫红色，叶密微小，宜阳。

19. 解元红：花千叶，紫红色，叶拥、团而皱，茎微紫，树粗，宜阳。

20. 一捻红：花千叶，色似胭脂，叶拥、团而皱，茎微紫，树粗，宜阳。

21. 何园红：花千叶，平头，朱红色，状如红绫，花出何尚书之家，茎微软，梗紫，叶平、稀、长、微卷，树生微细，宜阳，一名见红，其瓣上红下白。

22. 文公红：花千叶，大红，茎微短，梗亦短，叶长而拥密，亦带绿色，树生粗矮。

23. 石榴红：花千叶，平头，红瓣，短茎，似石榴子，内有黄蕊，叶密、齐而小，亦树生枯瘦。

24. 锦袍红：花千叶，深红色，叶平、圆、大，有锯齿，长，梗、茎亦长但枝弱，开特须以杖（扶），恐为风雨所折。

25. 胜丹炉（盛丹炉）：花千叶，深红色略有粉，叶大微尖而树生矮粗，一名周红。

26. 百花炉：花千叶，深红色，叶绿可爱。

27. 萍实艳：花千叶，大桃红色，直茎，微短，叶拥、团而厚，树粗，宜阳。

28. 八宝镶：花千叶，平头，细瓣，紫红色，内有金黄蕊，叶拥、尖而密，短茎，宜阳，树生微细。

29. 丹炉焰：花千叶，大红有宝润色，叶绿而宽长，宜阳。

30. 朱砂垒：花千叶，大红有宝润色，内有黄心，茎微短直，梗长叶稀，团而光，宜阳。

31. 庞飞羽（老谱为凤飞羽）：花单叶，开至十余数瓣，紫红色，内有黄蕊，茎微软，叶稀、瘦、长。

32. 想柳群：花千叶，平头，小朵，细瓣，大红色，瓣有花点，短茎，树生微弱，叶稀、团而厚。

33. 肉芙蓉：花千叶，肉红色，内有蕊，叶尖而多，树生微细。

34. 十八号：花千叶，楼子，开头大，深红有紫色，中出绿瓣，叶团厚大如猪耳，上有镂纹，树生粗矮。

35. 掌花案：花千叶，楼子，大红有宝润色，叶瘦、长、尖、皱而密，乃红花之冠也，茎微软，弱者似珊瑚映日。

36. 胡红：花千叶，楼子，外大瓣内红瓣，状如馒头，水红色，叶平、团、大而厚，开盛者内中出一绿瓣，宜阳成树，一名宝楼台。

37. 会红：花千叶，平头，瓣上有黄蕊，桃红色，娇嫩可爱，朵子不甚大，叶平、小而尖，树弱。

38. 花王：花千叶，细瓣，深桃红色，叶绿、瘦、长，树生微弱。

39. 斗珠：花千叶，楼子，藕花红色，茎微短，直梗，粗，叶拥、长，宜阳成树，开迟。

40. 赵红：花千叶，平头，细瓣，紫红色，梗长，叶稀而皱，树生微细。

41. 二乔：花千叶，大开头，起楼，异色不同，每朵有开紫色，有开白色者，又半红半白者，叶梗硬齐，树生高杆。

42. 秦红：花大红，紧瓣，内有黑根而黄心，叶长、尖而密，树生枯细。

43. 脂红：花千叶，楼子，色如胭脂，宜阴，梗长易生成树，惟比胭脂红叶平，茎微长。

44. 天香凝珠：花千叶，正红色，气味清香，叶稠而密，树生微弱，宜阳。

45. 朱红绝伦：花千，大开头，深红色如朱砂，叶稀长不甚尖，微黄，树生宜阳。

46.洪雍夺金（洪雁夺金），花千叶，楼子，初开正红色，盛时有白色砂点，茎长，叶密而尖，树生微弱。

47.银红巧对：花千叶，楼子，银红色，叶瘦长而尖，一名桃红，成树。

48.霓虹焕彩：花千，正红有宝润色，盛者中出一绿瓣，如霓现之彩，叶稠密而小，树生粗矮。

49.种生红：花千叶，楼子，初开略次丹炉焰，成者火红而有宝润色，其光夺目，不次掌花案，叶拥，青绿色，似有毛绒，茎微短，枝生短粗，树生粗矮，此花出曹州赵氏之园。

50.海棠红：花千叶，海棠红色，叶绿可爱，树生细弱。

51.彩云红：花千叶，平（头），水红色，细瓣高低不齐，如红云之彩，故名彩云红，叶密而尖，树生宜阳。

52.红光夺锦：花千叶，楼子，朱红色，有宝润色，叶长而尖，花出刘吏部之园。

53.羊血红：花千叶，楼子，叶小、团而厚，微泛黄色，梗短粗，树生宜阳。

54.西瓜穗：花千叶，平头，色如石榴花，叶大、宽、红，一名西江锦。

55.珊瑚珠：花千叶，平头，大朵，朱红色，叶瘦而尖，花开最迟，树生宜阳。

56.三学士：花千，水红色，□□一杆三朵者，叶绿而长，宜阳。

57.万卷书：花千叶，楼子，叶小、瘦、长，宜阳，花出长安魏相府。

58.宝楼台：花千叶，楼子，大红色，外大瓣内细瓣，叶大而光。

59.廻绒：花开似斗珠，惟色较深，叶细碎而密。

60.盘珠：花千叶，楼子，朱红色，瓣有白边，叶大而皱，树生宜阳。

61.鹤顶：花千叶，朱红色，叶尖而瘦卷，宜阳。

62.丹片：花单，大瓣，深红色，叶大而密，泛紫色。

63.花红：花千叶，楼子，水红色，叶团而大，花开早。

64.花璎：花单叶，水红色，内有黄心，叶极小而厚，宜阳。

65.小胡红：花千叶，楼子，银红色，外大瓣内细瓣，形似馒头，盛者中出一绿瓣，叶小厚而光华，宜阳成树。

66.首案红。

【老品种完】，一九七八年元月抄完。

曹州牡丹史料——专著类

宋代

一、《牡丹谱记》

[宋] 欧阳修

鞓红者，单叶，深红花，出青州，亦曰青州红。故张仆射齐贤[1]有第西京贤相坊，自青州以驼驮其种，遂传洛中。其色类腰带鞓，谓之鞓红。[2]

明代

二、《二如亭群芳谱》

[明] 王象晋[3]

序

[明] 陈继儒

今海内推乔木世家，首届新城王氏，名公卿累累，项背相望，家有诸刻，皆圣贤轨正督世之书，非直花萼集棠棣碑也。

今康宁王公所著《群芳谱》者何？谱花木也。……夫家有谱，犹国有史也。李九疑之叙花史也，以月令为花编年，以姚魏牡丹、哀家梨、安石榴为花世家、花列传，以东篱孤山为花隐逸；以天女散之、如来拈之为花方外，浓丽极矣。……老臣以爱惜人材（才）为主，老宗长以爱惜子弟为主，老农师以爱惜花木为主。接引生机，此花之初学也；护持香艳，此花之盛年也；茹其英而收其实，此花之晚节末路也。[4]

牡丹

一名鹿韭，一名鼠姑，一名百两金，一名木芍药。秦、汉以前无考，自

---

[1] 张齐贤（942—1014），字师亮，山东省菏泽人，后徙居洛阳，他曾把青州鞓红牡丹移植到洛阳，使鞓红牡丹名扬天下。

[2] （宋）欧阳修等著，杨林坤编：《牡丹谱》，北京：中华书局，2017年，第29页。

[3] 王象晋（1561—1653），字荩臣，号康宇，自称群芳主人等。山东新城（今山东桓台）人。明代文学家、园艺学家，其子王与敕曾专门到曹州选购牡丹，其孙王士禛与曹州牡丹渊源更深，在他的诸多著作中都有曹州牡丹身影出现。王氏家中有牡丹园，其中牡丹多是从曹州移植。见（明）王象晋著，李春强编译：《二如亭群芳谱：明代园林植物图鉴》，上海：上海交通大学出版社，2020年，第80-125页。

[4] 李保光著：《牡丹人物志》，济南：山东文化音像出版社，2000年，第175页。

谢康乐始言："永嘉水际竹间多牡丹。"而北齐杨子华有画牡丹，则此花之从来旧矣。唐开元中，天下太平，牡丹始盛于长安。逮宋，惟洛阳之花为天下冠，一时名人高士，如邵康节、范尧夫、司马君实、欧阳永叔诸公，尤加崇尚，往往见之咏歌。洛阳之俗，大都好花，阅《洛阳风土记》可考镜也。天彭号小西京，以其好花，有京洛之遗风焉。

大抵洛阳之花，以姚、魏为冠，姚黄未出，牛黄第一，牛黄未出，魏花第一，魏花未出，左花第一。左花之前，惟有苏家红、贺家红、林家红之类，花皆单叶，惟洛阳者千叶，故名曰洛阳花。自洛阳花盛，而诸花谲矣。嗣是，岁益培接，竞出新奇，固不特前所称诸品已也。性宜寒畏热，喜燥恶湿，得新土则根旺，栽向阳则性舒，阴晴相半谓之养花天，栽接剔治，谓之弄花，最忌烈风炎日。若阴晴燥湿得中，栽接种植有法，花可开至七百叶，面可径尺。善种花者，须择种之佳者种之，若事事合法，时时着意，则花必盛茂，间变异品，此则以人力夺天工者也。

其花有：

姚黄：花千叶，出民姚氏家，一岁不过数朵。

禁院黄：姚黄别品，闲淡高秀，可亚姚黄。

庆云黄：花叶以重复，郁然轮囷，以故得名。

甘草黄：单叶，色如甘草，洛人善别花，见其树知为奇花，其叶嚼之不腥。

牛黄：千叶，出民牛氏家，比姚黄差小。

玛瑙盘：赤黄色，五瓣，树高二三尺，叶颇短蹙。

黄气球：淡黄檀心，花叶圆正，间背相承，敷腴可爱。

御衣黄：千叶，色似黄葵。

淡鹅黄：初开微黄，如新鹅儿，平头，后渐白，不甚大。

太平楼阁：千叶。

以上黄类。

魏花：千叶，肉红，略有粉梢，出魏丞相仁溥之家，树高不过四尺，花高五六寸，阔三四寸，叶至七百余，钱思公尝曰："人谓牡丹花王，今姚花真可为王，魏乃后也，"一名宝楼台。

石榴红：千叶楼子，类王家红。

曹县状元红：成树宜阴。

映日红：细瓣，宜阳。

王家大红：红而长尖，微曲，宜阳。

大红西瓜瓤：宜阳。

大红舞青猊：胎微短，花微小，中出五青瓣，宜阴。

七宝冠：难开，又名七宝旋心。

醉胭脂：茎长，每开头垂下，宜阳。

大叶桃红：宜阴。

殿春芳：开迟。

美人红。

莲蕊红：瓣似莲。

翠红妆：难开，宜阴。

陈州红。

朱砂红：甚鲜，向日视之如猩血，宜阴。

锦袍红：古名潜溪绯，深红，比宝楼台微小而鲜粗，树高五六尺，但枝弱，开时须以杖扶，恐为风雨所折，枝叶疏阔，枣芽小弯。

皱叶桃红：叶圆而皱，难开，宜阴。

桃红西瓜瓤：胎红而长，宜阳。

以上俱千叶楼子。

大红剪绒：千叶并头，其瓣如剪。

羊血红：易开。

锦袍红。

石家红：不甚紧。

寿春红：瘦小，宜阳。

彩霞红。

海天霞：大如盘，宜阳。

以上俱千叶平头。

小叶大红：千叶，难开。

鹤翎红。

醉仙桃：外白内红，难开，宜阴。

梅红平头：深桃红。

西子红：圆如球，宜阴。

粗叶寿安红：肉红，中有黄蕊，花出寿安县锦屏山，细叶者尤佳。

丹州、延州红。

海云红：色如霞。

桃红线。

桃红凤头：花高大。

献来红：花大，浅红，敛瓣如撮，颜色鲜明，树高三四尺，叶团，张仆射居洛，人有献者，故名。

祥云红：浅红，花妖艳多态，叶最多，如朵云状。

浅娇红：大桃红，外瓣微红而深娇，径过五寸，叶似粗叶寿安，颇卷皱，葱绿色。

娇红楼台：浅桃红，宜阴。

轻罗红。

浅红娇：娇红，叶绿，可爱，开最早。

花红绣球：细瓣，开圆如球。

花红平头：银红色。

银红球：外白内红，色极娇，圆如球。

醉娇红：微红。

出茎红桃：大尺余，其茎长二尺。

西子：开圆如球，宜阴。

以上俱千叶。

大红绣球：花类王家红，叶微小。

罂粟红：茜花，鲜粗，开瓣合拢，深檀心，叶如西施而尖长，花中之烜焕者。

寿安红：平头，黄心，叶粗、细二种，粗者香。

鞓红：单叶，深红，张仆射齐贤，自青州驮其种，遂传洛中，因色类腰带鞓，故名，亦名青州红。

胜鞓红：树高二尺，叶尖长，花红赤焕然，五叶。

鹤翎红：多瓣，花末白而本肉红，如鸿鹄羽毛，细叶。

莲花萼：多叶，红花，青跌三重如莲萼。

一尺红：深红颇近紫，花面大几尺。

文公红：出西京潞公园，亦花之丽者。

迎日红：醉西施同类，深红，开最早，妖丽夺目。

彩霞：其色光丽，烂然如霞。

梅红楼子。

娇红：色如魏红，不甚大。

绍兴春：祥云子花也，花尤富，大者径尺，绍兴中始传。

金腰楼：皆粉红花而起楼子，黄白间之，如金玉色，与胭脂楼同类。

政和春：浅粉红，花有丝头，政和中始出。

叠罗：中间琐碎，如叠罗纹。

胜叠罗：差大于叠罗。

瑞露蝉：亦粉红花，中抽碧心，如合蝉状。

乾花：分蝉旋转，其花亦大。

大千叶、小千叶：皆粉红花之杰者，大千叶无碎花，小千叶则花萼琐碎。

桃红西番头：难开，宜阴。

四面镜：有旋。

以上红类。

庆天香：千叶楼子，高五六寸，香而清，初开单叶，五七年则千叶矣，年远者，树高八九尺。

肉西：千叶楼子。

水红球：千叶，丛生，宜阴。

合欢花：一茎两朵。

观音面：开紧，不甚大，丛生，宜阴。

粉娥娇：大，淡粉红，花如碗大，开盛者饱满如馒头样，中外一色，惟瓣根微有深红，叶与树如天香，高四五尺，诸花开后方开，清香耐久。

以上俱千叶。

醉杨妃：二种，一千叶楼子，宜阳，名醉春客，一平头极大，不耐日色。

赤玉盘：千叶平头，外白内红，宜阴。

回回粉西：细瓣楼子，外红内粉红。

醉西施：粉白花，中间红晕，状如酡颜。

西天香：开早，初甚娇，三四日则白矣。

百叶仙人。

以上粉红类。

玉芙蓉：千叶楼子，成树宜阴。

素鸾娇：宜阴。

绿边白：每瓣上有绿色。

玉重楼：宜阴。

羊脂玉：大瓣。

白舞青猊：中出五青瓣。

醉玉楼。

以上俱千叶楼子。

白剪绒：千叶平头，瓣上如锯齿，又名白缨络，难开。

玉盘盂：大瓣。

莲香白：瓣如莲花，香亦如之。

玉盘盂：花瓣较大。

以上俱千叶平头。

粉西施：千叶，甚大，宜阴。

玉楼春：多雨盛开。

万卷书：花瓣皆卷筒，又名波斯头，又名玉玲珑，一种千叶桃红，亦同名。

无瑕玉。

水晶球。

庆天香。

玉天仙。

素鸾。

玉仙妆。

檀心玉凤：瓣中有深檀色。

玉绣球。

青心白：心青。

伏家白。

凤尾白。

金丝白。

平头白：盛者大尺许，难开，宜阴。

迟来白。

紫玉：白瓣中有红丝纹，大尺许。

以上俱千叶。

醉春容：色似玉芙蓉，开头差小。

玉板白：单叶，长如拍板，色如玉，深檀心。

玉楼子：白花起楼，高标逸韵，自是风尘外物。

刘师哥：白花带微红，多至数百叶，纤妍可爱。

玉覆盆：一名玉炊饼，圆头白花。

碧花：正一品，花浅碧而开最晚，一名欧碧。

玉碗白：单叶，花大如碗。

玉天香：单叶，大白，深黄蕊，开径一尺，虽无千叶而丰韵异常。

一百五：多叶，白花，大如碗，瓣长三寸许，黄蕊深檀心，枝叶高大亦如天香，而叶大尖长，洛花以谷雨为开候，而此花常至一百五日，开最先，古名灯笼。

以上白类。

海云红：千叶楼子。

西紫：深紫，中有黄蕊，树生枯燥，古铁色，叶尖长，九月内，枣芽鲜明红润，剪其叶远望若珊瑚然。

即墨子：色类墨葵。

丁香紫。

茄花紫：又名藕丝。

紫姑仙：大瓣。

淡藕丝：淡紫色，宜阴。

以上俱千叶楼子。

左花：千叶，紫花，出民左氏家，叶密齐如截，亦谓之平头紫。

紫舞青猊：中出五青瓣。

紫楼子。

瑞香紫：大瓣。

平头紫：大径尺，一名真紫。

徐家紫：花大。

紫罗袍：又名茄色楼。

紫重楼：难开。

紫红芳。

烟笼紫：浅淡。

以上俱千叶。

紫金荷：花大盘而紫赤色，五六瓣，中有黄蕊，花平如荷叶状，开时侧立翩然。

鹿胎：多叶，紫花，有白点如鹿胎。

紫绣球（一名新紫花）：魏花之别品也，花如绣球状，亦有起楼者，为天彭紫花之冠。

乾道紫：色稍淡而晕红。

泼墨紫：新紫花之子也，单叶，深黑如墨。

葛巾紫：花圆正而富丽，如世人所戴葛巾状。

福严紫：重叶，紫花，叶少，如紫绣球，谓之旧紫。

朝天紫：色正紫，如金紫夫人州之服色，今作子，非也。

三学士。

锦团绿：树高二尺，乱生成丛，叶齐小短厚，如宝楼台，花千叶，粉紫色，合纽如撮，瓣细纹多，媚而欠香，根旁易生，古名波斯，又名狮子头、滚绣球。

包金紫：花大而深紫，鲜粗，一枝仅十四五瓣，中有黄蕊，大红如核桃，又似僧持铜击子，树高三四尺，叶仿佛天香而圆。

多叶紫：深紫花，止七八瓣，中有大黄蕊，树高四五尺，花大如碗，叶尖长。

紫云芳：大紫，千叶楼子，叶仿佛天香，虽不及宝楼台，而紫容深迥，自是一样清致，耐久而欠清香。

蓬莱相公

以上紫类。

青心黄：花原一本，或正圆如球，或层起成楼子，亦异品也。

状元红：重叶，深红花，其色与鞓红、潜绯相类，天资富贵，天彭人以冠花品。

金花状元红：大瓣，平头，微紫，每瓣上有黄须，宜阳。

金丝大红：平头，不甚大，瓣上有金丝毫，一名金线红。

胭脂楼：深浅相间，如胭脂染成，重叠累萼，状如楼观。

倒晕檀心：多叶，红花，凡花近萼色深，至末渐浅，此花自外深色，近萼反浅白，而深檀点其心，尤可爱。

九蕊珍珠红：千叶，红花，叶上有一点，白如珠，叶密蹙，其蕊九丛。

添色红：多叶，花始开色白，经日渐红，至落乃类深红，此造化之尤巧者。

双头红：并蒂骈萼，色尤鲜明，养之得地，则岁岁皆双，此花之绝异者也。

鹿胎红：鹤翎红子花也，色微带黄，上有白点，如鹿胎，极化工之妙。

潜溪绯：千叶，绯花，出潜溪寺，本紫花，忽于丛中特出绯者一二朵，明年移在他枝，洛阳谓之转枝花。

一捻红：多叶，浅红，叶杪深红一点，如人以二指捻之，旧传贵妃匀面，余脂印花上，来岁花开，上有指印红迹，帝命今名。

富贵红：花叶圆正而厚，色若新染，他花皆卸，独此抱枝而槁，亦花之异者。

桃红舞青猊：千叶楼子，中五青瓣，一名睡绿蝉，宜阳。

玉兔天香：二种，一早开，头微小，一晚开，头极大，中出二瓣如兔耳。

萼绿花：千叶楼子，大瓣，群花卸后始开，每瓣上有绿色，一名佛头青，一名鸭蛋青，一名绿蝴蝶，得自永宁王[1]宫中。

叶底紫：千叶，其色如墨，亦谓墨紫，花在丛中，旁心生一大枝，引叶覆其上，其开比他花可延十日，岂造化者亦惜之耶？唐末有中官为观军容者，花出其家，亦谓之军容紫。

腰金紫：千叶，腰有黄须一团。

驼褐裘：千叶楼子，大瓣，色类褐衣，宜阴。

蜜娇：树如樗，高三四天，叶尖长，颇阔厚，花五瓣，色如蜜蜡，中有蕊根檀心。

以上间色。

大凡红、白者多香，紫者香烈而欠清；楼子高、千叶多者，其叶尖歧多而圆厚；红者叶深绿，紫者叶黑绿，惟白花与淡红者略同。此花须殷勤照管，酌量浇灌，仔细培养，花若开盛，主人必有大喜，最忌栽宅内天井中，大凶。

三、《亳州牡丹史》[2]

[明] 薛凤翔

《传·神品》：金玉交辉

绿胎，长干。其花大瓣，黄蕊若贯珠，皆出房外，层叶最多，至残时开放尚有余力，千大胜于铺锦。此曹州所出，为第一品。曹州亦能种花。此外有八艳妆，盖八种花也。亳中仅得云秀妆、洛妃妆、尧英妆三种，云

---

[1] 出自开封永宁王府。
[2] （明）薛凤翔著，李冬生点注：《牡丹史》，合肥：安徽人民出版社，1983年，第45-71页。

秀为最。更有绿花一种，色如豆绿，大叶，千层起楼，出自邓氏，真为异品，世所罕见。花叟石孺先得接头，后复移根，俱未生。岂尤物为造化所忌欤！又有万叠雪峰，千叶白花，亦曹之神物，亳尚未有。❶

《传·神品》：飞燕红妆

一名花红杨妃，细瓣修长，嫩色生娇，却望如新妆可怜，意态妍绝，诚缥缈神仙也。得自曹县方家，飞燕妆庶几近之。❷

《传·神品》：梅州红

性喜阴。圆叶，圆胎，花瓣长短有序，疏密合宜。色近海棠红，而神气轩轩，但近萼处稍紫。出曹县王氏，别号梅州云。❸

《传·名品》：花红平头

绿胎，其花平头，阔叶，色动❹如火，几欲然（"燃"）枝，群花中红而照耀者，独此为冠。一入花林，辄先触目。世传为曹县石榴红。韩氏重资得之，迩来几绝。王氏田间藏一本，购归凉暑园。但顶稍涣散，中露檀心。❺

《传·名品》：太真晚妆

此花千层小叶，花房实满，叶叶相从，次第渐高，其色微红而鲜洁，如太真泪结红冰，因其晚开故名。曹县一种名忍济红，色相近。忍济者，王氏斋名。❻

《传·名品》：平实红

此花大瓣，桃红，花面径过一尺，而花之大无过于此，亦得自曹州。❼

《传·名品》：乔家西瓜瓤

尖胎，枝叶青长，宜阳，出自曹县。花如瓜中红肉，色类软瓣银红，滑腻可爱。仝氏有桃红西瓜瓤，亦鲜丽如濯锦。又大红瓜瓤者，当退舍矣。❽

《传·名品》：倚新妆

绿胎修干，花面盈尺，丰肉腻理，红颜精爽，大类绯桃色，真销恨树也。处阳不妨，向阴愈妙。出曹县。❾

《传·具品》：状元红

成树，宜阳，蜀《天彭谱》谓重叶深红，色与鞓红、潜溪绯相类，而天资富贵，彭以冠花品，故名状元。弘治间得之曹县，又名曹县状元红。又一种金花状元红者，宜阳，大瓣平头，微紫，每瓣有黄须，今绝少。❿

《传·具品》：王家红

胎红，尖微曲，宜阳。其花大红起楼。亳之牡丹初种，可称花中鼻祖，圃故常留一二，以祀东帝。⓫

---

❶（明）薛凤翔著，李冬生点注：《牡丹史》，合肥：安徽人民出版社，1983年，第45-46页。
❷（明）薛凤翔著，李冬生点注：《牡丹史》，合肥：安徽人民出版社，1983年，第48页。
❸（明）薛凤翔著，李冬生点注：《牡丹史》，合肥：安徽人民出版社，1983年，第49页。
❹《钦定古今图书集成·草木典》无"动"字，为"色如火"，见《钦定古今图书集成·博物汇编草木典》第288卷，牡丹部汇考二之十。
❺（明）薛凤翔著，李冬生点注：《牡丹史》，合肥：安徽人民出版社，1983年，第53页。
❻（明）薛凤翔著，李冬生点注：《牡丹史》，合肥：安徽人民出版社，1983年，第56页。
❼（明）薛凤翔著，李冬生点注：《牡丹史》，合肥：安徽人民出版社，1983年，第56页。
❽（明）薛凤翔著，李冬生点注：《牡丹史》，合肥：安徽人民出版社，1983年，第58页。
❾（明）薛凤翔著，李冬生点注：《牡丹史》，合肥：安徽人民出版社，1983年，第59页。
❿（明）薛凤翔著，李冬生点注：《牡丹史》，合肥：安徽人民出版社，1983年，第71页。
⓫（明）薛凤翔著，李冬生点注：《牡丹史》，合肥：安徽人民出版社，1983年，第71页。

四、《甘园牡丹全书·牡丹种植八法》[1]

[明] 彭尧谕著，舒迎澜辑释[2]

牡丹种植历史可追溯到汉代，唐代始盛于长安，宋代以洛阳为天下第一，及至明清，安徽亳州、山东曹县则甲盛一时。关于亳州牡丹虽有数部专著传世，但未著录者仍当有之；《甘园牡丹全书》便是一例。

此书署名"园人彭尧谕编"，按书中有关内容分析，撰写日期在明嘉靖元年（1522）以后，大约是明代或清代作品，论述内容主要为亳州、曹县一带的牡丹品种及栽培状况。书已残缺，然而还能看到不少有价值的内容，其中"种植八法"较为精彩，兹择要述评于后，以飨读者。

1. 栽花法。 根据植株大小，掘一相应的土坑，"坑中坟起一堆，将根置上，分根四垂"，然后用土掩覆，"待栽讫，方将青沙土敷根面，以防风吹土裂；敷完将土作一池，以喷壶水润之，及根而止"。文句提示，牡丹种植坑，坑底不是一般的平面或曲面，而是坑的四周深，中间浅，让坑底中间呈坟堆状隆起，植株主根断端置于隆起处，侧根任其舒展自如。栽后覆土的方法，南北各地有所不同，不难看出，彭氏所指是在比较干旱的北方，围土成池状，可减少灌溉水漫溢，覆土能减轻风害。如在多雨的南方，则应考虑渗水防涝问题。

2. 修花法。 花之红蕾称之为胎，"须善护花胎，其花胎间每枝只留三二蕊，余皆以竹针挑去，用棘针塞其孔，用泥固之，以防土蜂、雨水朽灌花身。不然，即百金购得，一二岁枯矣。"修花法实则是删蕾技术，删去多余的弱小花蕾，可使留下的花朵变大。删蕾之重要，宋代学者早有论述，而此处强调对删蕾引起的伤痕须作处理，则是值得注意的。

3. 养花法。 每岁初春冻开，风燥，必用沙上重敷花根实之，以防风裂伤根。牡丹不喜灌水过多，逢艳阳丽日，可用喷壶洒水溉之，水多，则花色不娇，叶多黄萎。待临开，专心以水润之，放后不得再灌，灌之则花早落。"若花烂熳，上张油幕，傍挂金铃，以防雨摧、鸟啄之患。"这段内容系春季牡丹开花前后的田间管理，北方须培土壅根，防止冻害发生。因牡丹耐旱畏湿，故须适度浇灌，否则会影响开花的好坏，甚至危及植株的生存。所提护花及延长开花之术，甚有道理。当今花卉塑料大棚种植法与其比较，颇有相似之点。

4. 接花法。 "每岁择独本枝，嫩而盛者，刀截其身，将根劈开，以他花上品绝色枝头，有二三眼者，削如凿形，插入根内，线缠土封如接桃李木树之法。"该书作者主张以独本嫩株为砧木，但"刀截其身，将根劈开"则不明确。可能是把近地处的茎干或胚轴截断，或者确是通过主根横截，然后纵向劈开，以优良品种枝条具二三节者为接穗，切削后插入，经缚扎土封后再用瓦二片合围，内填湿土，待来春将发芽时，去除覆瓦即成。一法取芍药根选其肥如萝卜者，用刀截平，将牡丹如前法接之，开花鲜妍，比牡丹接者更胜。关于芍药接牡丹的技术，其实在宋代就有记载，明清时期广为传播，并延续至今。

5. 种子法。 六月间看"苞中子黑"，取向风处晾一日，以瓦盆拌湿土盛起，至八月取出，以水浸试，沉者开畦种之，约三寸余。次年春天芽发叶长，须加保护，二三年后可移植，再经二三年能够开花；其花红

---

[1] 彭尧谕（1586—1647），字君宣，一字幼邻，别号西园、沧洲渔父等，河南人。少时即能诗，才华卓异，为人豪迈任侠，喜谈善辩，不屑为制举之业。明天启元年（1621）补选恩贡，崇祯十年（1637）任江西南康府通判。明末大乱，归隐乡乡，避居"西园"以终。存世著述有《西园诗集》《西园前稿》《西园续稿》等。彭尧谕酷爱牡丹，归隐后在家中劈园，专植牡丹，多达百余亩。牡丹从曹县、亳州移植，故其多有吟咏曹州牡丹诗文传世。南京农业大学教授舒迎澜曾见到彭尧谕残本《甘园牡丹全书》，并根据此残本写出《牡丹种植八法》一文，根据此文可以了解，《甘园牡丹全书》记录了有关亳州和曹县地区的牡丹品种及栽培状况，故引此文，以了解明末曹县牡丹种植概况。另，彭尧谕字西园，其书多以西园命名，所以笔者推测《甘园牡丹全书》应为《西园牡丹全书》之误。

[2] 彭尧谕，号西园公子，河南鹿邑人，官通判。崇祯末，颇擅诗名。予年十八九时，与先兄考功同上公车，于北道逆旅，见壁上画兰石，甚有风致，其旁细字注曰："西园侍儿乔施同写。"中书舍人吴郡文启美（震亨）题其后云："令人羡煞西园老，携得西施共小乔。"后十余年，重过之，画犹宛然，题一诗云："无复湘中见汜人，西园兰石怆如新。低回十五年前事，只有蛛丝络暗尘。"此诗不复忆，在京师彭孑庶子羡门为予诵之。附识于此。见（明）王士禛：《池北偶谈》，北京：中华书局，1984年，第244-245页。

者变白，浅者变深，常者变异，种种奇品，皆从子出。据说当时在亳州，每一个新品种的植株，价值高达万钱。"苞"是指果实，意为当菁葖果内种子变黑时，可以采种。必须指出，彭氏这一论断未必正确。宋周师厚《洛阳花木记》提到在牡丹果实欲裂，"其子微变黄时采之"，若果皮变干而子黑，"子黑则种之，万无一生矣。"现代有科学家认为，牡丹种子过于成熟，会出现上胚轴休眠现象，种后不易出苗。也许这种生理特性在品种间会有差异，究竟如何，有待继续观察与研究。彭氏其他论述则是正确的，播种育苗栽植，牡丹需多年方能开花，然而，应用此项有性生殖技术，正是培育新品种的必要措施。

6.分花法。即分株法；分株常在秋分后进行，分时先挖去植株外围土壤，然后将根旁泥土缓缓掘动，勿伤细根，当根系充分暴露时，再根据母株大小、相势，予以分割，使分株苗带根。栽如前法，花台不可过高，亦不可过低。栽种不宜太密，否则植株生长拥挤，如遇大风，花朵将会受损。

7.医花法。"八九月时，用好土如前法培壅一次，比根高二寸，须隔一年一培，则接花本枝根生，偷去其母，他年抽芽，即新花也"。文中所述为牡丹嫁接苗，嫁接苗基部萌生的蘖芽，须及时除去，因为蘖芽成株后，常具有砧木的性状，无观赏价值。通过培土，将嫁接部位埋于泥下，二年一培，这时接穗有可能产生不定根，当接穗有自己的根系时，即将接穗与砧木分离。牡丹枝条直接扦插，难以发根，嫁接成活后，接合部，亦即现代植物学揭示的愈伤组织形成的部位，则易发根，这是一项难能可贵的发现！与砧木断离后的牡丹，其萌生的蘖芽将具有接穗的优良性状。继续研究此项技术，对加速优良品种繁育，无疑具有现实意义。

本法另提到谷雨季节须设箔遮盖日色、雨水，勿令伤花，则花久。若根生蚁穴，可用鸡骨引其出穴，再消灭之。六月亦须设箔，勿令暴雨、酷日伤芽。冬日如见牡丹有早发迹象者，可将其少量根系拨出见日，即能抑制。

8.浇花法。浇水须在早晨泥土凉时进行，方不损根。八九月五日一浇。"十月天暖，园师恐倒发，每禁浇"。"倒发"是指越冬芽有提前萌动现象。天旱半月一浇。腊月地冻不可浇，恐水伤根。浇水时不可湿枝叶，恐坏花蕾。"南方十一月中、谷雨前用粪水，北方不用，但以河水或晒井、泉、雨水浇之妙。"总之，浇灌不能一概而论，须因时、因地、因植株而异。用河水、雨水较好；夏日井水、泉水水温偏低，并且盐分含量可能较高，故须小心试用，不可大意。❶

五、《彭尧谕〈西园续稿〉·叙》

[明]陈继儒❷

余睡苕帚庵，彭君宣自大宗伯董公所来，排闼直入，造次如平生。或曰诗豪，或曰节侠，余熟视良久，曰千尺擎天手，万丈悬河口。岂古之豪隽大人耶？留之小饮，送舟次，握手不忍别。余曰：夜兮矣，将无恐君宣指臧获，笑曰："此曹皆铁，小儿善刀槊饮矢，百步外取悍贼，如搦兔雏。子无虑。"因长啸而去。重是遣长须，赍《风雨归庄图》一幅并《西园续稿》寄余，不觉大叫奇绝，奇绝！董宗伯尝作余山居七言律，见者艳其词之工，畏其韵之险。君宣舟行不数里，茗熟不数刻，和诗如其数，复贾余勇，并余《雪鹤诗》和之，亦如其数，最敏捷、最俊爽、最天然熨帖，皆吾两人思路中所不到也。诗载文游及唱和之集中。

君宣拥奇书数万卷，栽名花数千种，往来多豪杰士大夫游。凡有和酬登眺笑谑，往往发之翰墨笔札间。奔逸而为长江大河，震聋而为飞霆走电，不雕琢、不僻涩、不瘦、不寒，直呕其性灵之所顾。言忆春初与君宣语时，才华雄杰议论英伟。余曰："以子若置之缓急，

---

❶ 舒迎澜：《牡丹种植八法》，湖北：《花木盆景》，1995年，第4期，第8页。
❷ 陈继儒（1558—1639），字仲醇，号眉公，松江府华亭（今上海市松江区）人，明代著名学者，工书画，诗文兼擅。著有《陈眉公全集》《小窗幽记》。与曹县籍著名词家万惟檀交好，多有诗词唱和，并为其《诗余图谱》做序。万惟檀（约1573—1643），字子馨，山东曹县人，万爱民从子。由恩贡授直隶曲阳县令，后又补湖广保安县。崇祯十五年农历年末之际（1643），李自成攻陷郧阳府保康县城，万惟檀宁死不屈，一家十六口殉难。有《诗余图谱》传世。

笑挥白羽，怒裂黄麻，明目张胆，慷慨为国家，擘画中外大虑，必能使模棱手喏嚅，翁唯之悚慑于栖陛之下，敢出片语相送，难哉！"韩魏公生平未尝许人以瞻，君宜真其人矣。君宜乃唯之否之，但曰家有牡丹百亩，异色奇种，花如斗大盘阔者以千计，每一花积萼绣结衡之重三十余铢，秋时遣兔车送入山中。子先为作诗叙，寄我种花与明诗外，勿复多言。余曰，卓哉！君宜又大有识矣，因次第其往复语，并书舒元舆《牡丹赋》寄之，即以代征花券。

友弟陈继儒撰❶

六、《兖西道公署园亭记》❷

[明] 胡廷宴 ❸

曹南衙宇之西有隙地焉，横可亩许。岁修兹宇，掘地取土，积久为窞❹、为堙，瓦砾之所堆，蒿莱之所鞠，秽溷❺之所藏，睹其荒芜，曾不托足焉。

余以己酉秋受事，越三月，案牍既清，萑苻❻少警，讼廷栖乌，公门罗雀。纵步西园，见古槐郁然，翠柏森然，乃喟然曰："是独不可铲为圃乎？艺为蔬乎？奈何以旷达之观委之草莽，独不为地脉虑耶？"于是，谋所以薙削之者而难于劳民，乃鸠工者日是农隙也。民间佣者十八仅糊其口，役可不烦而事集。于是，取演武圃所收籽粒较之，得籴粮五十余石。而佣民日给粮二升，间食以饘粥❼，恤其困乏。民竞乐趋，不二十日而窞者填，堙者平，隙地荡如也。常推坏垣，剥高阜，而土犹不足，乃夷益之。环其右边，浚为长渠。渠中砌砖架梁，梁下凿二方沼，得白莲数茎种之，而苦于无水。穴于园

得巨井焉，其泉清冽，混混不竭，乃设辘轳桔槔，俯仰为曲水流觞之戏。中分二渎，暗引水入沼，声潆潆不绝。或堵而后发，则水注悬练如瀑布然。偶月夜坐桥上，激水浮觞，以为笑乐。故颜其扁曰"坐月卧虹"。当前复疏半壁为池，已乃谋构二亭。一曰"湛然"，取其湛然物外也；一曰"一鉴"，取其鉴于止水也。后亭八柱，曲槛爽垲；前亭八窗，净几明亮。皆以芦苇编帘，仅避风雨。前后匝竹为篱，中设蓬门，通径窦，木斲而已。不加棁节，廛圬而已。不加丹黝，砌砖而已。不用垒石亭中，设榻树屏，茶铛香篆，笔研之属毕具。又坐拥万卷，每放参之暇，辄更居士服，逍遥吟咏，抱膝竟日。自焚香煮茗，玩鱼赏花外，萧然无他好也。又以春日插柳种桃，栽杏植梅，列长渠，罗曲径，环一亭，壁沼之间褾以青葱，间以紫碧。曹故饶于牡丹，得数本莳之，指日姚魏将吐，芬芳袭人。方恋恋然如远行客过故乡，依而不忍舍，而孰意有西江之调也。先是，后堂连栋，直接卧榻，又黯然不通风，乃拆卸其半，环墙为界，内外森然矣。其所卸木植砖甓储之高燥，拟于园中筑一堂以容膝，以时方旱祷，不欲烦民力而止。

于今已矣，潦倒一官，婆娑十五载，兹拮据为园，未温坐席，复失之往来奔走，实乖我心。或谓光阴如逆旅，官邸如传舍。清闲之福，信未易享，余何必如是之恋恋？弟生平性喜山水，每入朱门，如游蓬户，惟覆土为台，聚石为山，环水为池，即悠然独往，其天性固然。

余今束装将行，作诗与园别，张之亭壁，以俟后之君子，亦足以见素性之所存。它日解官抵家，视吾橐囊无复曹濮一物，独有一亭风景依依在目。诸亲友觅曹南土物，吾即盛夸牡丹之繁，园亭之盛，取吾诗而咏歌之，以当浮白。然则是园也，精神向往，庶几卧游，吾未尝一日忘曹民，讵能一日忘是园哉。遂援笔而为之记。

---

❶（明）彭尧谕著：《西园前稿》，明刻本，《彭君宣全集·序》，第3册，第1-4页。现藏国家图书馆（善本书号：16843）。
❷ 凌寿柏修纂：光绪《新修菏泽县志·艺文》卷之十七（上）。
❸ 胡廷宴，福建漳浦人，万历二十三年（1595）乙未科进士，曾任山东布政使司右参议，后官至陕西巡抚。
❹ 窞（dàn），深坑。
❺ 秽溷（huì hùn），污秽肮脏。
❻ 萑苻（huán fú），盗贼或草寇。
❼ 饘（zhān）粥，即稀饭。

七、《兖州府志·风土志》[1]

[明]于慎行

曹州：古济阴之地……《府志》物产无异他邑，惟土人好种花树，牡丹、红药之属，以数十百种。

八、《五杂俎》

[明万历三十年]谢肇淛[2]

牡丹，自唐以前无有称赏，仅谢康乐集中有"竹间水际多牡丹"之语，此是花王第一知己也。杨子华有"画牡丹处极分明"之诗。子华，北齐人，与灵运稍相后。段成式谓隋朝《种植法》七十卷中初不说牡丹，而《海山记》乃言炀帝辟地为西苑，易州进二十箱牡丹，有赭红、颓红、飞来红等名，何其妄也！自唐高宗后苑赏双头牡丹，至开元始渐贵重矣。然牡丹原止呼"木芍药"，芍药之名著于风人吟咏，而牡丹以其相类，依之得名，亦犹木芙蓉之依芙蓉为名耳。但古之重芍药亦初不赏其花，但以为调和滋味之具，而牡丹不适于口，古无称耳。今药中有牡丹皮，然惟山中单瓣赤色，五月结子者堪用，场圃所植不入药也。[3]

牡丹，自闽以北处处有之，而山东、河南尤多。《埤雅》云："丹延以西及褒斜道中，与荆棘无别，土人皆伐以为薪。"未知果否也。余过濮州曹南一路，百里之中香气逆鼻，盖家家圃畦中俱植之，若蔬菜然。缙绅朱门，高宅空锁，其中自开自落而已。然北地种无高大者，长仅三尺而止。余在嘉兴、吴江所见，乃有丈余者，开花至三五百朵，北方未尝见也。此花，唐、宋之时莫盛于洛阳，今则徒多而无奇，岂亦气运有时而盛衰耶？[4]

人生看花，情景和畅，穷极耳目，百年之中，能有几时？余忆司理东郡时，在曹南一诸生[5]家观牡丹，园可五十余亩，花遍其中，亭榭之外，几无尺寸隙地，一望云锦，五色夺目。主人雅歌投壶，任客所适，不复以宾主俗礼相恩。夜复皓月，照耀如同白昼，欢呼谑浪，达旦始归。衣上余香，经数日犹不散也。[6]

今朝廷进御，常有不时之花，然皆藏土窖中，四周以火逼之，故隆冬时即有牡丹花。计其工力，一本至十数金，此以难得为贵耳。其实不时之物，非天地之正也。大率北方花木，过九月霜降后，即掘坑堑深四尺，寘（置）花其中，周以草秸而密壅之，春分乃发，不然即槁死矣。[7]

九、《陶庵梦忆》

[明]张岱[8]

梅花书屋

陔萼楼后老屋倾圮，余筑基四尺，造书屋一大间。旁广耳室如纱幮，设卧榻。前后空地，后墙坛其趾，西瓜瓤大牡丹三株[9]，花出墙上，岁满三百余朵。[10]

天台牡丹

天台多牡丹，大如拱把其常也。某村中有鹅黄牡丹一株三干，其大如小斗，植五圣祠前，枝叶离披错出，

---

[1] （明）于慎行编纂：《兖州府志·风土志·曹州》，济南：齐鲁书社，1984年，卷四，第13-14页。
[2] 谢肇淛（1567—1624），字在杭，祖籍福建长乐人，生于钱塘（今浙江杭州），明末著名诗人、博物学家，所著《五杂俎》是明代较有影响的博物学著作，书中多处记录曹州牡丹种植盛况。
[3] （明）谢肇淛著：《五杂俎》，上海：上海书店出版社，2009年，第202-203页。
[4] （明）谢肇淛著：《五杂俎·卷十》，明刻本，第23页。国家图书馆藏（善本书号：03115）。
[5] 曹县王五云。
[6] （明）谢肇淛著：《五杂俎》，上海：上海书店出版社，2009年，第206页。
[7] （明）谢肇淛著：《五杂俎》，上海：上海书店出版社，2009年，第207页。
[8] 张岱（1597—1689），字宗子、石公，号陶庵，浙江山阴人，明清之际著名的史学家、文学家。著有《陶庵梦忆》和《石匮书》等。
[9] 曹州种。
[10] （明）张岱撰：《中国文学珍本丛书·陶庵梦忆》，贝叶山房张氏藏版，1936年，卷三，第17-18页。

簷甍之上三间满焉。花时数十朵,鹅子黄鹂松花蒸栗,萼楼穰吐,淋漓簇沓。土人于其外搭棚演戏四五台,婆娑乐神,有侵花至漂发者,立致奇祟,土人戒勿犯,故花得蔽芾而寿。❶

纯生氏❷曰:"黄牡丹出姚氏者,岁数朵不闻,树大。马嵬驿牡丹高与楼等,铜陵县民家有可系马者,皆不以黄著名,若五圣祠所植,迨古今之冠欤。"唐人诗云,"晓艳远分金掌露,暮香深惹玉堂风",自然贵贵风韵,堪以品题姚花,而姚氏不称玉堂之目,陶庵记此花不减林下风味,语虽幸之而意实惜之,与赋影园者有闲矣。❸

十、《遵生八笺》❹

[明万历十九年]高濂

《古亳州牡丹花目》

曹县状元红:千叶楼子,宜成树,背阴。

清代

十一、《广群芳谱》❺

金玉交辉:绿胎,长干。其花大瓣,黄蕊若贯珠,皆出房外。层叶最多,至残时开放尚有余力,胜于铺锦❻。此曹州所出,为第一品。❼

十二、《亳州牡丹述》❽

[清]钮琇

欧阳公《牡丹谱》云:"牡丹出洛阳者,天下第一。唐则天以后始盛,然不进御。自李迪为留守,岁遣校乘驿一日夜至京师,所进不过姚黄、魏花数朵。"又贾耽《花谱》云:"牡丹,唐人谓之木芍药。天宝中,得红、紫、浅红、通白四本,移植于兴庆池东沉香亭。会花开,明皇引太真玩赏,李白进《清平调》三章,而牡丹之名,于是乎著。"然考之杂志,炀帝开西苑,易州进牡丹二十种,有飞来红、袁家红、天外红、一拂黄、软条黄、延安黄等名。则花之得名,不始自天宝也。明皇时有进牡丹者,贵妃面脂在手,印于花上,诏栽于先春馆,来岁花上有指印迹,名为一捻红。则花之繁植,不仅在沉香亭也。钱维演进洛下牡丹,东坡有诗云:"洛阳相公忠孝家,可怜亦进姚黄花。"则花之入贡,不止于李留守也。

余官陈之项城,去洛阳不五百里而遥,访所谓姚魏者,寂焉无闻。鄢陵、通许及山左曹县,间有异种,唯亳州所产最称烂熳。亳之地为扬、豫水陆之冲,豪商富贾,比屋而居,高舸大艑,连樯而集。花时则锦幄如云,银灯不夜,游人之至者,相与接席携觞,征歌啜茗,一橡之僦,一箸之需,无不价踊百倍,浃旬喧宴,岁以为常。土人以是殚其艺灌之工,用资客赏。每岁仲秋多植平头紫,剪截佳本,移于其干,故花易繁。又于秋末收子布地,越六七年乃花。花能变化初本,往往更得异观,至一百四十余种,可谓盛矣。然赏非胜地,莳

---

❶(明)张岱撰:《中国文学珍本丛书·陶庵梦忆》,贝叶山房张氏藏版,1936年,卷一,第2-3页。
❷王文诰(1764—?),字纯生,浙江杭州人,清代学者,收藏张岱遗稿《陶庵梦忆》,并评校出版。著有《苏文忠公诗编注集成》《韵山堂集》《二松庵游草》。
❸(明)张岱撰;(清)王文诰编:《陶庵梦忆》,乾隆甲寅秋七月刻本,卷一,第4页。
❹(明)高濂撰:《遵生八笺》,影印文渊阁《四库全书》本,台北:台湾商务印书馆,1983年,第871册,第789页。
❺参见(明)薛凤翔《亳州牡丹史》。
❻"至残时开放尚有余力,胜于铺锦",此句与《钦定古今图书集成·草木典》相同,见《钦定古今图书集成·博物汇编草木典》第288卷,牡丹部汇考二之二十六。另有二处为"至残时开放尚有余力,千大胜于铺锦。"见(明)薛凤翔著,李冬生点校:《牡丹史》1983年,第45页;郭绍林编著:《历代牡丹谱录译注评析·亳州牡丹史》,北京:社会科学文献出版社,2019年。
❼王云五主编:《万有文库·第二集七百种〈广群芳谱〉》,上海:商务印书馆,1935年,第759页。
❽(清)钮琇著:《亳州牡丹述》,《丛书集成续编》第83册,影印《昭代丛书·辛集卷46(世楷堂藏版)》,台北:新文丰出版公司,1989年,第477-482页。参校,(清)钮琇:《觚剩》,《丛书集成续编》第214册影印《昭代丛书》辛集卷46(世楷堂藏版),台北:新文丰出版公司,1989年,第516-517,526-527页。

不名园，上林无移植之荣，过客无留题之美。周子有言："牡丹之好宜于众"，嗟乎，岂牡丹之幸也哉！

项与亳接壤，余日踬于簿书，不能一往。阅三载，复以忧归，游览之怀竟未获遂。余之不幸，甚于花也，而终不忘于余心。友人刘子石友、王子鹤洲艳称之，因其所言，以类述于左：

花之以氏名者十有八：支家大红，支家新大红，支家新紫，甄家榴红，宋红，蔡家银红，孟白，石家大红，支家银红，武家遗爱红，董红，魏红，雅白，雅二白，大焦白，王二红，二焦白，马家黄。

次品一：王家红。

花之以色名者十有六：花红平头，花红无对，银红大观，御衣黄，中黄，瓜瓤黄，鳌头红，水獭银红，拖地白，大黄，小黄，鹦羽绿，佛头青，花红胜妆，斗口银红，花红叠翠。

次品二：花红楼子，宫袍红。

花之以人名者十有七：太真晚妆，郭兴红，老郭兴红，健红，洛妃妆，绿珠琼楼，杨妃沉醉，健白，貂蝉轻醉，软枝醉杨妃，杨妃一捻红，韫秀妆，孟烈红，碧玉红妆。

花之以地名者八：瑶池春，汉宫春，明堂红，阆苑仙姿，陕西太白，太和红，生白堂，绣谷春魁。

次品三：玉楼春，蕊宫仙颜，沉香亭。

花之以物名者二十有七：金玉变，花红绉纱，藕丝霓裳，醉仙桃，金轮，绿衣含珠，出炉金，金玉交辉，紫罗襕，界破玉，斗金，金不换，斗珠，无瑕玉，琉瓶贯珠，黄绒铺锦，白舞青猊，白雪锦绣，砖色蓝，出水芙蓉，栗玉香，一匹马，千张灰，五色奇玉，海市神珠，锦帐芙蓉，银红球。

次品十有一：霞天凤，蕊珠，软玉，丹凤羽，笑雪乌，屑绮，蜀锦，胭脂楼子，花红剪绒，雪魄蟾精，菱花晚翠。

花之以数名者三：第一红，十七号，十九号。

花之以境名者十有二：金乌出海，湖山映日，扶桑晓日，万叠云山，碧天秋月，秋水妆白，水月妆，琼楼玉宇，冰轮乍涌，金精雪浪，寒潭月，一朵红云。

次品一：雪塔。

花之以事名者六：夺锦，泥金捷报，十二连城，绿水红连，朱颜傅粉，祥光罩玉。

次品三：夺元，墨魁，缟素妆。

花之以品名者八：花圣，万花一品，天香一品，夺萃，夺萃变，羞花伍，独胜，天葩奇艳。

次品七：花王，花祖，夺艳，姿貌绝伦，群芳伍，娇容三变，胜娇容。

以上皆异种。其尤异者支家大红，太学生支薇甫手植，千叶明霞，鲜艳夺目，殊非深紫可比。新大红，色亦如之，绽蕊结绣，蜷曲下垂。二红并妍，难第甲乙。

一匹马，色红，有以匹马易之者，名遂著。健红之名，始于土人健宇所嗜，向无支红，则健红固一时之冠也。

御衣黄，俗名老黄，晓视甚白，午候转为浅黄，莺然可爱。绿珠琼楼，色白，每瓣绿点如珠，虽丹青叶叶为之，无其巧幻。出炉金，娟娟妩媚，艳并海棠，枝干亦小。金轮为黄中第一，古之姚黄恐亦逊此。魏红如傅粉美人，钱思公常曰："人谓牡丹花王，今姚黄可谓王。而魏花乃后也。"《谱》云："姚黄出于姚氏。魏花，肉红色，出于魏相仁溥家。"今之魏红，其遗种欤？

焦白明秀，为白中上品，与健雅伯仲。界破玉，嫩白色，每花片上红丝一缕印之。砖色蓝，蓝间带红，望若红衫女子贮碧纱笼中。十二连城，白次雅健。五色奇玉，白又次于连城，而花瓣各有红紫碧绿诸色丝络其间，洵云奇矣。金玉交辉，白花错以黄须；绿衣含珠，红花缀以翠缕，亦奇玉之亚。

古以左紫称最，近唯红白擅场，然支家新紫，娇腻无俗韵，固宜与大红、新红名甲海内云。其次者虽非本州所贵，岁以售之花贾，好事之家购而得，犹不止吉光寸羽，昆山片玉，况其尤者乎！

虽然，盛衰无时，代谢有数，后日之憔，安知不为今日之雏？则繁英佳卉，泯灭无传，是花之不幸，又甚于余，余焉能以无述也？

时康熙癸亥七月望日

十三、《柳竹园牡丹记》

[清]王一雪[1]

花品序第一

巨野曰：牡丹随地有之，昔盛于洛阳，今则曹南、亳郡、许昌皆一时之好。尚云，余自壬子家居，因城南之圃，筑山池松竹之傍，植牡丹千余本，几历岁时，身亲于其间，所谓弄花之事，津津乎若有得焉。岁丙寅筮仕令鹤沙，戊辰谢事，往来途路愁思百结，梦寐中时游于山池花木间，呜呼！余老矣，后此不知其若何。吾恐弄花之事，未必能时形诸梦寐也，因笔而记之，非曰记牡丹也，余园名柳竹园，因园中柳竹而名之，堂曰野翁，亭曰为山，曰非春，野翁在园中稍北，穿竹而后升堂，升堂而后见山。为山亭，在山之坡与野翁遥相映，傍植碧梧百余株杂以松桧，随山池之势，或高或下，或疏或密，夏固蓊蔚，冬亦苍秀。非春亭在山池之右，即植牡丹之所也。

花释名第二

巨野曰：牡丹之名不可胜穷，以牡丹新种日（间）出，故无穷也。前之所谓姚黄、魏紫者，今已不可复识。今之绝盛者，其后必有尤盛焉。天地之气日新，人心亦随之而日新。吾与牡丹一物，觇造化焉，非徒博取其名已也。

薛氏[2]曰：花房不同，有六等：有平头、有楼子、有绣球、有大叶、有托瓣、有结绣。平头者欲充实；楼子者欲高耸；绣球者欲圆满，大叶者欲茏葱；托瓣者欲紧簇；结绣者欲活泼，反此为六病。

又曰：牡丹之佳处有十等：曰精神、曰天然、曰娇媚、曰温润、曰轻盈、曰丰盈、曰香艳、曰飘逸、曰变态、曰耐残，各有悠当[3]。

支红：鹤园新种，大瓣，平头，娇艳夺目，当推此为红中第一。薛鸿胪所谓十等佳处，此花全备。余友支薇甫所种，出顺治十五六年间，枝叶修长，亦自有致。近又生一种名"鹤园新红"色与此同，微映黄色，又能耐久。二花宜阳，若植于阴地，则色稍减，风日又须遮护，亦善为养之可尔。

瑶池春：一名貂环轻醉，灰白中隐隐有红色意，光彩射人，不可名状。丰伟而又飘逸，娇媚而又深厚。此时此花无出其右者，与支红难分高下，但支红正色，有台阁气象，而此则别具有逸致者也。

锦帐芙蓉：色银红，根本一色，亦娇媚，亦丰伟，亦温润，亦飘逸，意态妍绝，仙品也。

焦白：明透一色，粹品也。花不甚大，亦不起，楷秀而有致，白色中第一。

十二连城：色明透如水，花亦肥厚、明媚、澄彻，赵璧隋珠不足喻也。

金轮：色淡黄，有盘，起楼，秀润而有致，此种出不及十年。一种清新气味，令人把玩不尽。似仙宫逸水，而风度潇洒，凌波品也。

五色奇玉：色黄白又带灰红，微芒中似五色俱备。

建白：白如雪，洁而亮，亦复丰盈。

大白雪现：鄢陵新种，润白明透如鉴，香气亦别。大盘起楼。

寒潭月：色灰白，映有红意，又笼中素月，亦相类曹南新种。

御衣黄：色黄，大瓣，本最高大，宜阴。按《青琐议》[4]云：明皇宫中牡丹品，最上者御衣黄，次曰甘草黄，次曰建安黄，次皆红紫，各有佳名，终不出三花之上。今亳州此种最多，不知种自何来[5]，仍是当年旧品否也？

支黄：鹤园新种，亦丰伟，亦秀润，嫩白水色。黄蕊出房外，又名小玉坠金钗。

武红：新种，出武宪甫家。银红色，大瓣，平头，伟然大观。

千张灰：藕色，有盘起楼，博大、丰盈，伟然大观。

---

[1]（清）王一雪著，王睿等编：《中国古代植物文献集成第112册·王一雪柳竹园牡丹记》，（清）恽冰手录本，北京：北京燕山出版社，2021年，第125-152页。

[2] 薛凤翔。

[3] 从容不迫。

[4]《青琐高议》，北宋刘斧撰，笔记体小说。

[5] 曹州种。

藕丝霓裳：藕色，有盘楼，秀润而又别具逸致。

醉玉环：下承五六大叶，阔三寸许，质本白而间以藕色、轻红、轻蓝相错成绣，其母醉杨妃，深藕色，暗而无味，惟大为可观。

阆苑仙姿：色淡灰红，大瓣，平头，此亦奇品也。单叶时多，即单叶时亦有致。

孟白：一名玉容含笑，高满，千叶，本大而繁，巨观也。根微赤，盛则红光发现，娇媚绝伦。

赤朱衣：一名夺翠，花房鳞次而起，紧实小巧，体态婉变，颜如渥赭，灿灿晔晔，上人衣袂，凡花于一叶间有浅深，此花内外一如，流丹又夺锦。一种大瓣深红，浮光凝润，尤过于夺翠。此二种虽旧，仍属上品。

建红：色深红而艳，瓣长大而疏，根末一色，花开叶内，本大方盛。

金玉交辉：绿胎长干，其花大瓣，黄蕊，若贯珠，皆出房外，层叶最多。

黄绒铺锦：此花细叶，卷如绒缕。下有四叶，差阔连缀，承之上。

海市神珠：色深红边，微粉，大盘起楼，丰姿绰约，如绛雪绕枝，色秀迎人，可以乐饥①。

朱颜傅粉：色淡银红，大瓣，平头，根末一色，枝软横托，姿韵咸备。

秋水妆：肉红圆胎，枝叶秀长，平头，易开，花叶丛萃，莹如赤玉。质本白，而内含浅绀，外则隐隐丛红绿之气，夏侍御初得之方氏，谓其爽气侵人，如秋水浴洛神，遂命此名。

六甫红：色深，银红，大瓣，平头。六甫，柘城陈文学字也。种花三十年，深得花之妙者，新花十数种，尚未命名。

醉仙桃：宜阴，胎红而长，稍觉难开，其色内则桃红，外则浅白。芳菲时不啻武陵玄都，岁岁相逢，增我桃花人面思也。

太真晚妆：千层，小叶，花房实满，叶叶相从，次第渐高，其色微红而鲜洁，如太真泪结红冰。因其晚开，故名。

---

① 充饥。

杨妃深醉：胎长，花质酷似胜娇容，名深醉者，以其色深也。此花不但巨丽，亦芳香袭人。梗干婀娜，尝抑首如醉，迎风盘旋如不胜春，与银红大观相类。

雅白：种出雅氏，又名芹叶无瑕玉，又碎瓣，无瑕玉，绿胎枝上叶圆，宜阳，乃花中之最上乘。其花明媚玲珑，如冰壶映月。又一种叶干，类大黄，亦名无瑕玉也。色虽不及雅白，亦属佳品。

雪塔：色白而根微红，起楼最高，故名。

生白堂：色白，根微赤，有盘起楼，光润可爱，光彩动摇，如神女御庆云冉冉下人间耳。

斗口银红：出自单氏，又名单家银。色浅红，大瓣，平头。明润如水光照耀，又如江天晚霞。

飞燕妆：有三种，一出方氏，长枝长叶。此花黄红最有神气，而风情闲丽，轻妙迥别一出马氏者。深红起楼远不及方（氏）。一出张氏，乃白花。类象牙色，差胜于马（氏）耳。又一种名飞燕红妆，一名花红杨妃，细瓣修长，嫩色生娇，却望如新妆，可怜方家飞燕妆庶几近之。

石家大红：色深红，瓣疏长，庄重有气象，盛时伟然。

天香一品：圆胎，能成树，宜阴。平头大叶，一树止留一二头花。盛且大，极庄重蕴藉，有台阁，致出贾立家，子生，故一名贾立红。又名万花一品，色若榴实，花房紧密，插架层起而秀丽明媚，如丹饰浮图，二花品格各异，色亦不侔风神，自是高第。此花薛鸿胪《牡丹史》神品第一，今观之新秀，不及支红远甚。

金玉变：色深，银红，若映黄意，大瓣，平头，种出柘城陈六甫家，金玉交辉子。种出变此，故名。

青羊绒：藕色，大瓣，高满，巨丽大观也。

大紫：鹤园新种，平头，结绣，盛则瓣末皆有绿点。

小紫：鹤园新种，有盘，齐瓣，鹤园，支薇甫园名也。薇甫种花数十年，花名最多，而支新、新红、支白、大紫、小紫其尤著者也。

界破玉：此花吴江白练，花瓣中擘一画，如姚红丝缣，宛如约素，片片皆同。旧品，中有桃红线乃浅红色。

大黄：绿胎，最宜向阴。养之愈久愈妙。大瓣，易开，初开微黄，垂残愈黄。簪瓶中，经宿则色可等秋葵，次有小黄瓜穰，黄又栗玉者。擎晓露、武黄、六朝金粉，皆白色微黄。

火轮：鹤园新种，色大红，较支红更深。娇容三变子种出而色更盛。开最难，蕊须以针微为画（划）之，不然花蒂俱碎矣。植沙（地），此病差少。

水月妆：色深，银红。根黑紫，有盘起楼。盛时亦自鲜丽。

琉瓶灌朱：树叶微圆，朱房攒密，叶单根紫为嫌。千满时亦自妙品。

王家红：胎红尖微曲，宜阳。其花大红起楼，色旧。其本最实用以寄钗易成。

丽娇容：大盘起楼，红色粉尖，最易，千满用以寄钗。

佛头青：青胎，花大，重楼，绿心，绿跗，沿房如碧，群英凋尽，而此花始开。可谓殿春大梁，人名绿蝴蝶，西人名鸭蛋青，蜀中旧品欧碧即此。始开色柳绿，渐退至白。又一名绣谷春回，色水红，外瓣柳绿，又一种色柳绿，垂头，渐白，最晚。《曹南谱》中有豆绿、莺羽绿，皆初绿后渐白。

风俗记第三

巨野曰，牡丹之名因其色而名之天工也，然其间种，莳有法移植，有法壅培，有法浇灌，有法剔治，有法则人力也。柘邑向无牡丹，所谓弄花之事无讲求之者。余远考欧阳公《洛阳牡丹记》、薛鸿胪《牡丹八书》而参酌之于牡丹之事，其庶几焉。

欧阳公曰，种花必择善地，尽去旧土，以细土用白蔹末和之，盖牡丹根甜多引虫食，白蔹能杀虫，此种花之法也。

薛氏曰，种以下子，言故重在收子，喜嫩不喜老，六七月之间，以色黄为时节，即当剪摘，勿令日晒。置风中，使其干燥，秋分前后即当下矣，地正向阳揉土宜细，界为畛畦。取子密布，上以二寸厚土覆之，旋即灌之，使满甲之仁咸浸滋润，后此无雨必五六日一浇，务令畦中常湿，玄雨又宜疏通，若极寒极热，必须遮护。苗既生矣，三年后便可移植，再二年，见花子嫩者，一年即芽，微老者二年，极老者三年始芽。子欲嫩者，色能变也。新花异种，由此而出子黑则老，老则不变种，宜阳地，则色鲜丽。又曰，栽花不宜干燥，最忌污下，北地土高，平地可栽。江南毕湿，须筑台，高三尺许，亦不可太高，使地气不接。又曰，栽花之法须量其根之长短，准凿坑之深浅宽窄，坑中必起一员（圆）堆，以花根置堆上，令根四垂，覆以肥净土，勿参砖石粪秽之物。筑土宜实不宜虚，不用水洗，止以湿土杵实，恐水多根朽。布置每去二尺一本，庶本不交互，花自繁茂。又曰，分花宜察其根之文理，以利刀，微引至两裆之会，乘其间而折之，每根须存五六茎，最要根干相称，分后花弱颜色尽失，其故即以全根移植，亦必三年后，元气始复，正色始见。

欧阳公曰，接时须用社后重阳前，过此不堪矣。此接花之法也。

薛氏曰，《风土记》书接法不详，亦不甚中肯綮。凡接花须于秋分后，择壮而嫩者为母，如一丛，止存一二，枝入土寸许，以锯截之，用刀劈开，以上品花枝，两面削成凿子形，插入母中，预看母之大小，钗亦如之母口正，钗亦正母口斜者、曲者，钗亦随其斜曲，务要大小相宜，斜正相当。若本大而钗小，以钗就本之一边，使两皮凑合，以麻松松缠之，其气自相流，气脉在皮里，骨外接花者不可不知。接后用土封好，覆以二瓦以避雨水，二十余日，发土视之，别有新芽者，去之，封如旧。二月初，启视如前，盖一本之气，不宜泄于芽蘖，始凝注于接枝耳。

欧阳公曰，浇花亦自有时，或日未出，或日夕，此浇花之时也。

薛氏曰，浇花不喜多，亦厌其少。多则根朽，少则根干。冬月不浇，无害，二月宜数日一浇，花有蓓蕾，或日未出，或下午时，汲新水五六日一浇，夏亦然。惟秋不宜浇，恐秋发，明年难为花矣。颜氏于花开时，花下封池注水，花可多延数日，水用塘中久积水尤佳。浇时须如种菜法，成沟畦，灌足，不然力不敷而花涸。二月以后浇，如不足，花单而色减。

欧阳公曰，一本数朵，择小者去之，只留一二朵，谓之打剥，惧分其脉也。花才落便剪其枝，勿令结子，惧其易老也。春初有霜时，以棘枝置花丛上，棘气暖，可以避霜不损，花芽大树亦然。此养花之法也。

薛氏曰，花将开前五六日，须用布幔或席，薄遮盖，不但增色，自是延久。一经日晒，神彩顿失。又曰，秋后枯叶不可打落，恐有秋发之患，明年花损矣。

欧阳公曰，花开渐小于旧者，盖有蠹虫损之也。必寻其穴以硫黄簪之。其旁有小穴如针孔，乃虫所藏处，花工谓之气葱，以大针点硫黄末，针之，虫乃死，花复盛。此医花之要也。

薛氏曰，花自远方来，视其根黑，即以水洗极净，必至白骨后已，仍以酒润之，本本易枯，谚曰："牡丹洗脚"是也。又曰，凡花叶渐黄，或花开渐少，即知为虫所损。以白蔹、砒霜撒根下，虫即死。粪壤太过，亦生虫，须掘出洗净，另易佳土，过一年方盛。此医花之法也。

欧阳公（曰），乌贼、鱼骨用以针花树，入其肤，花辄死，此花之忌也。

薛氏曰，栽花忌本老，老则花开极小；忌久雨，根恐损坏；忌生粪、碱水灌溉，粪生则黄，水碱则败；忌盐灰土地；忌烂草土粪；忌植树下，树根穿孔不旺；忌春时连土动移，即有活者，花必薄弱；忌花开折长，恐损明年花眼，人弱（溺）、犬粪、射香皆能损花。宜切忌之。又曰，折花之法，看二三叶之间有萌蘖，是谓花眼，来岁之花基于此，当于花眼之上，更留一叶，以防风日下侵，庶（遮）于花无伤也。

王一雪《柳竹园牡丹记》终

十四、（附）《息轩牡丹谱》

[清]兰陵恽冰（绵津山人）手录[1]

一、支红。
二、讳月，亳州，不真。
三、寒潭月，亳州。
四、姿貌绝伦。
五、支红。
六、貂环轻醉。
七、浅宋芙蓉。
八、百花元。
九、貂环轻醉。
十、瑶池春，山东。
十一、满轮素月，山东。
十二、锦帐芙蓉。
十三、锦帐芙蓉。
十四、御衣黄。
十五、锦帐芙蓉。
十六、貂环轻醉。
十七、金精雪浪，亳州。
十八、支红，亳州。
十九、支红。
二十、第一娇。
二十一、鹤园红，亳州。
二十二、无名，亳州。
二十三、貂环轻醉。
二十四、飞凤羽。
二十五、锦帐芙蓉。
二十六、貂环轻醉。
二十七、火轮。
二十八、十九号，亳州。
二十九，貂环轻醉，亳州。
三十、支红，亳州。
三十一、无名。
三十二、千娇百媚，亳州。
三十三、火轮。
三十四、锦帐芙蓉。
三十五、貂环轻醉。
三十六、十九号，亳州。
三十七、支红。
三十八、貂环轻醉。
三十九、无名。
四十、天香一品，亳州。
四十一、锦帐芙蓉。

---

[1] 佚名著：恽冰手录本，（清）王一雪著，王睿等编：《中国古代植物文献集成第112册·王一雪柳竹园牡丹记》，（清）恽冰手录本，北京：北京燕山出版社，2021年，第153-160页。

四十二、千娇百媚，亳州。

四十三、无名，亳州。

四十四、秋水妆，亳州。

四十五、武红，亳州。

四十六、天香一品，亳州。

四十七、阆苑仙姿。

四十八、锦帐芙蓉。

四十九、支红。

五十、支红。

五十一、锦帐芙蓉。

五十二、锦帐芙蓉。

五十三、无名。

五十四、锦帐芙蓉。

五十五、羞花伍，亳州。

五十六、姿貌绝伦。

五十七、支红。

五十八、锦帐芙蓉。

五十九、赤朱衣。

六十、貂环轻醉。

六十一、支红。

六十二、貂环轻醉。

六十三、支红。

六十四、锦帐芙蓉。

六十五、无名，亳州。

六十六、武红，亳州。

六十七、霓裳舞，亳州。

六十八、万花魁，亳州。

六十九、泥金捷报，亳州。

七十、无名，亳州。

七十一、无名，亳州。

十五、《河南王氏牡丹谱》

[清] 巨野老人 ❶

花品第一

巨野老人曰，牡丹随地有之，昔盛于洛阳，今则曹南、亳州、许昌皆一时之好。尚云，巨野老人曰，牡丹之名不可胜穷，以牡丹新种间出，故无穷也。前之所谓姚黄、魏紫者今已不可复识。今之绝盛者，其后必有尤盛焉。天地之气日新，人心亦随之而日新。吾与牡丹一物，觇造化焉，非徒博取其名已也。

薛氏曰，花房不同，有六等：有平头、有楼子、有绣球、有大叶、有托瓣、有结绣。平头者欲充实；楼子者欲高耸；绣球者欲圆满，大叶者欲茏葱；托瓣者欲紧簇；结绣者欲活泼；反此为六病。

又曰，牡丹之佳处有十等：曰精神、曰天然、曰娇媚、曰丰伟、曰温润、曰轻盈、曰香艳、曰飘逸、曰变态、曰耐残，各有悠当。

支红：鹤园新种，大瓣，平头，娇艳夺目，当推此为红中第一。薛鸿胪所谓十等佳处，此花全备。予友支薇甫所种，出顺治十五六年间。枝叶修长亦自有致。近又生一种名鹤园新红色与此同，微映黄色，又能耐久，二花宜阳。若植于阴地，则色稍减，风日又须遮护，亦善为养之可尔。

瑶池春：一名貂环轻醉，灰白中隐隐有红意，光彩射人，不可名状。丰伟而又飘逸，娇媚而又深厚。此时此花无出其右者，与支红难分高下，但支红正色有台阁气象，此则秀媚而别具风神，故次之。

锦帐芙蓉❷：色银红，根末一色，亦娇媚，亦丰伟，亦温润，亦飘逸，意态妍绝，诚飘渺神仙也。此种出顺治初年，新花中之最上者也。

焦白：明透一色，粹品也，花不甚大，亦不起，楷秀而有致，白色中第一。

---

❶（清）巨野老人著，王睿等编：《中国古代植物文献集成第112册·河南王氏牡丹谱》，北京：北京燕山出版社，2021年，第205-244页。
❷ 曹州种。

十二连城：色明透，如冰花，花亦肥厚高大，明媚澄彻，虽赵璧隋珠不足喻也。

金轮：色淡黄，有盘起楼，秀润而有致，此种出不及十年。一种清新气味，令人玩味不尽。似仙宫逸弱水，而风度潇洒，真凌波品也。

五色奇玉：色黄白，又带灰红，微芒中似五色俱备。

建白：白如雪，洁而亮，亦复丰盈。

大白雪砚：鄢陵新种，润白明透如鉴，大盘起楼，香气亦别。

寒潭月：色灰白，映有红意，大瓣平头。又（名）笼中素月，亦相类，皆曹南新种。

御衣黄：色黄，大瓣，本最大，宜阴。按《青琐议》云：明皇宫中牡丹品，最上者御衣黄，次曰甘草黄，次曰建安黄，次皆红紫，各有佳名，终不出三花之上。今亳州此种最多，不知种自何来，仍是当年旧品否也。

支黄：鹤园新种，亦丰伟，亦秀润，嫩白水色，黄蕊出房外，又名小玉坠金钗。

武红：新种，出武宪甫家，银红色，大瓣平头，伟然大观。

千张灰：藕色，有盘起楼，博大、丰盈，饶有蕴藉，亦复秀润飘逸。

藕丝霓裳：藕色，有盘起楼，秀润而又别具逸致。

醉玉环：下承五六大叶，阔三寸许，质本白而间以藕色，轻红，轻蓝相错成绣，其母醉杨妃，深藕色，暗而无味，惟大为可观。

阆苑仙姿：色淡灰红，大瓣平头，此亦奇品也。单叶时多，即单叶时亦有致。

孟白：一名玉容含笑，高满，千叶，本大而繁，巨观也。根微赤，盛则红光发现，娇媚绝伦。

赤朱衣：一名夺翠，花房鳞次而起，色艳夺目，香似玫瑰。又夺锦，大叶深红，二种虽旧，仍属上品。

建红：色深红而艳，瓣阔大而疏，根末一色，花开叶内，本大方盛。

金玉交辉：大瓣黄蕊，皆出房外，层叶最多，若贯珠然。

黄绒铺锦：细叶卷如绒缕，下三四叶差阔，连缀承之，上有黄须，布满金精，雪浪类此。

海市神珠：色深，红边，微淡，大盘起楼。

朱颜傅粉：色淡银红，大瓣平头，根末一色，枝软横托。

秋水妆：大叶平头，质本白，而内含浅绀，外则隐隐丛红绿之气，夏侍御初得之方氏，谓其爽气侵人，如秋水浴洛神，遂命是名。

六甫红：种出柘城陈六甫家，色深银红，大瓣，平头。

醉仙桃：色桃红，结绣，开盛时，亦自丰伟。

太真晚妆：此花千层，小叶，花房实满，色微红，晚开，故名。曹县一种忍济红，与此相近，忍济王氏齐名。

杨妃深醉：花质绝似胜娇容，此花不但巨丽，亦芳香袭人。又与银红大观相类。

雪塔：色白而根微红，起楼最高，故名。

生白堂：色白，根微赤，有盘起楼，光润可爱。

雅白：种出雅氏，又名芹叶无瑕玉，色洁白而亮，瓣长大而疏，叶细碎如芹，故名。

斗口银红：出自单氏，又名单家银。银红色，浅红，大瓣，平头。

飞燕妆：有三种：一出方氏，长枝长叶，花黄红最有神气；一出马氏，深红起楼；一出张氏，白色。又夺艳，色紫红，瓣大而疏，平头，花与叶齐，亦名飞燕妆；又飞燕红妆，一名花红杨妃，意态遒媚，亦属上品。

石家大红：色深红，瓣疏长，边微粉。

天香一品：平头大叶，一树止留一二头花，盛且大，极庄重蕴藉。出贾立家，子生，又名贾立红。又（名）万花一品，色若榴实，花房紧密，插架层起。薛鸿胪《牡丹史》以此一种为神品第一，今观之新秀，不及支红远甚。

金玉变：色深银红，若映黄意，大瓣平头，种出柘城陈六甫家，金玉交辉子，种出变此，故名。

蕴秀妆：色深，桃红，大瓣，平头。

一匹马：白色，微红，盛则瓣有红丝，有盘起楼；弱则单片赤根。

青羊绒：藕色，大瓣，高满，巨丽。

大紫：鹤园新种，平头，结绣，盛则瓣末皆有绿点。

小紫：鹤园新种，有盘，齐瓣。

界破玉：色白，大盘起楼。每瓣皆有红丝界之，似醉玉环，稍白，叶如之。

大黄：大瓣平头，初开微黄，垂残愈黄。簪瓶中，经宿则色可等秋葵。次有小黄绿胎，瓜瓣黄尽萼处，微带紫，又名刘黄、栗玉香、擎晓露、武黄、六朝金粉，皆白色微黄。

火轮：鹤园新种，色大红，较支红更深，而微老结绣开，此本娇容三变子（籽）种出，而色更胜。开最艰，蕊须以针微为分画（划）之，不然花蒂俱碎矣。植沙地，此病差少。

魏红：肉红，树叶绿如嫩柳，烟粉楼与此同。此种出嘉隆间，竞盛一时，今则觉其色微老，而旧风气使然欤。又鳌头红，一名姿貌绝伦，最艳丽。

宋红：色桃红，根末一色，瓣大而疏，平头。

绿衣含珠：色深银红，瓣大，上有绿尖。又霞天凤，俱曹南王氏新种。

绣衣红：平头大叶，梅红色，花瓣相映，似有黄气，夏侍御家生，故名绣衣（红）云。

水月妆：色深银红，根黑紫，有盘起楼。

郭红：色深银红，大瓣，根末一色，花开叶内。又老郭红，色黄白，结绣，初开，瓣末皆有绿点。

斗珠：色深红，根紫，大瓣，平头。

郭兴红：色深，红瓣，大而紫。

斗金：色紫红，有盘，起楼。

水獭银红：色水红，根深末浅，大叶，平头。

胶泥色：色黄红，大瓣，盛时亦属大观。

梅州红：色似海棠红，近萼处稍紫，出曹县王梅州家，故名。花瓣长短有序，疏密合宜，旧品中上色也。

琉瓶灌珠：树叶微圆，花房攒密，单叶时多为嫌。

金乌出海：色深红，边微粉，瓣大而疏。

花红舞青猊：老银红球子（籽），花色似之，开时结绣，又有银红舞青猊，及旧品中桃红舞青猊、紫舞青猊、大红舞青猊、粉红舞青猊、茄花舞青猊、藕丝舞青猊、白舞青猊，皆从花中抽出五六青叶。桃红者名睡绿蝉，诸品中惟此色为上，余俱不足入品。

王家红[1]：起楼，有盘，本最实用，以作母，最易接。

丽娇容：大盘，起楼，最易，千满。

佛头青：始开色柳绿，渐退至白，红心，大梁人名绿蝴蝶，又名鸭蛋青。蜀中旧品。欧碧即此。

绿牡丹：一名绣谷春回，色水红，外瓣柳绿。又一种色柳绿，垂头渐白，最晚。《曹南谱》中有豆绿、新绿、莺羽绿数种。又（名）冰轮乍涌，初绽绿，后乃渐白，大开全白。

弄花第二[2]

附：《书〈牡丹谱〉后》

真宰无私心，万物逞殊形。名世乘间气，佳卉亦并生。
开元既湮没，谱牒蔑不论。妍媸共争艳，庐山失本真。
所以爱莲者，鄙为不足珍。世运日番变，厌故而就新。
其间多识者，决择良亦精。好尚本无极，宁遽称定评。
气化有盛衰，物亦随屈伸。区区见闻陋，安知天地情。

十六、《牡丹谱》

计楠[3]

自序

莺花风月，本无常主，好者便是主人。牡丹客也，我主也。以我之好也，好之深则来之众，种之贵贱，花之性情，培植既久，品量乃定，而谱可作矣。尝考崔豹《古今注》："芍药有草木二种，花大而色深者为牡丹。"谢康乐谓"永嘉水际竹间多牡丹"。唐盛于长安，

---

[1] 曹县王五云培育。
[2] 此节与王一雪著《柳竹园牡丹谱·风俗记第三》相同，此处略。文末不同处兹转录于此："或云，以白术放根下，诸般颜色悉是腰金，此又幻花之法也。"
[3] 计楠（1760—1834），字寿乔，今浙江嘉兴人，官严州教谕。喜艺花，尤爱牡丹，家有牡丹圃，品种多达103个。这些牡丹多来自曹州和亳州。有《牡丹谱》传世，本书只节录曹州种。该谱参见（清）计楠：《牡丹谱》，《丛书集成续编》第83册，影印《昭代丛书》·辛集卷46（世楷堂藏版），台北：新文丰出版公司，1989年，第483-491页。

洛阳分有其盛。宋鄞江周氏有《洛阳牡丹记》。唐李卫公有《平泉花木记》。范尚书、欧阳参政有谱。范述五十二品，欧述于钱思公楼下小屏间细书牡丹名九十余种，但言其略。胡元质作《牡丹记》。陆放翁作《天彭记》。张邦基作《陈州牡丹志》，薛凤翔作《亳州牡丹史》。夏之臣作《牡丹评》，惟王敬美所述种法独详。《二如亭群芳谱》所记有一百八十余种。钮玉樵《亳州牡丹述》一百四十三种。近时怀宁余伯扶有《曹州牡丹谱》五十六种。古今来所好者众矣，传述亦多矣，而命名之不同，种法之各异，因地相宜，各由心得。予圃中虽未能按前人谱记而备植之，而已得百种，花时亦足以观。则牡丹之客于我家，我为牡丹之主人者，不可不为之谱以传于后，是重花之意也。

嘉庆十四年（1809）谷雨日，雁湖花主自序于一隅草堂

牡丹谱

余癖好牡丹二十余年，求之颇广，自亳州、曹州、洞庭、法华诸地所产，圃中略备。平望程君鲁山、嘉定韩君湘仲、赵君沧螺与余同志，花时每以新种投赠，秋时分接，其有花同而名异者两存之，以俟博雅者论定焉。爰释花名于后。

曹州种

黄绒铺锦：细瓣如卷绒，有四五瓣差阔，连缀承之，上有金须布满，黄色，即古之缕金黄也。

庆云黄：色似金葵，中有红瓣数条挺出，品贵，难开。

春江漂锦：深梅红色，重楼千叶，花之最触目者。一名珊瑚映日[1]。

烟笼紫玉盘：即古称油红是也。花色墨紫，如松烟浓染，最为异色。

状元红：重叶，深红，有紫檀心。贵品，难开。

紫袍金带：起楼重叠，腰围黄心簇满，色如玫瑰。紫花中之最贵者。

朱砂红：深红。一名迎日红，一名蜀江锦，一名醉猩猩。

墨葵：朱胎，碧茎，大瓣，平头。似亳州墨奎，而色略深。

榴红：千叶楼子，色近石榴花，难开。

金星雪浪：绿茎，黄萼，初放浅黄，花瓣圆满，黄心间簇，如培植失宜，易开单瓣。

池塘晓月：胎蕊细长而黄，花色似黄而白，平头，千叶，细瓣，难开。

花红绣球：花头圆满，如剪彩叠霞，中红边白，有天机圆锦之比。

胭脂井：色如胭脂浓染，蕊长，花放如筒，中空，花之奇者也。难开。

一品朱衣：大红色，阔瓣，平头，色艳。宜阳，喜肥，易开。一名夺翠。

淡藕丝：绿苞，紫茎，如吴中所染藕色。花瓣中皆有红丝，一名桃红线。

一捻红：浅红，瓣尖一点深红，如指捻痕。相传杨妃匀面，余脂印花上，明年花开，片片有指印迹。

绛纱笼玉：质本白而内含浅绀，外则隐有紫晕。一名秋水洛神，品最贵。

瑞兰：胎茎花叶皆清浅似兰，最为逸品。

玉版白：硬瓣，耐开，花叶稀少，中有红心如莲房。易开。

法华种

柳墨：即曹州油红种而接于芍药根，其色瓣变为深墨紫而有白根，亦贵重。

原略

古称牡丹，洛阳为天下第一。今盛于亳州、曹州，近地洞庭山亦多佳种。松江地名法华，能以芍药根接上品。细种，牡丹愈接愈佳，百种幻化，其种易蕃（繁殖），其色更艳，遂冠一时。

---

[1]《曹南牡丹谱》又作珊瑚映日。

十七、《渌水亭杂识》

[清] 纳兰成德[1]

《渌水亭杂识》：牡丹，近数曹、亳。北地则大房山[2]僧多种之，其色有夭红、浅绿，江南所无也。[3]

十八、《池北偶谈》

[清] 王士禛[4]

黑牡丹

曹州牡丹，品类甚多，先祭酒府君尝往购得黄、白、绿数种。长山李氏独得黑牡丹一丛，云曹州止诸生某氏有之，亦不多得也。[5]

墨芍药

馆陶人家有墨芍药，与曹州黑牡丹，皆异种。[6]

牡丹

欧阳公《牡丹谱》云，牡丹出丹州、延州，东出青州，南出越州，而洛阳为天下第一。陆务观作《续谱》，谓在中州洛阳第一，在蜀天彭第一，今河南惟许州，山东惟曹州最盛，洛阳、青州绝不闻矣。[7]

老僧

鹿邑张太室，字松麓，予兄西樵门人也。言顺治庚子年，客京师长椿寺，见一老僧，深目长头，略似世人图画寿星之状，问张乡贯，因曰："去夏邑几何？"张对曰："百四十里。"僧曰："彭嵩萝[8]侍御亡恙耶？"张讶曰："此百年前人也。"又问："其子成立否？"曰："寿过八裹，考终久矣。"僧歔欷久之。又曰："昔侍御与贫道为方外交，其公子方在襁褓，寄籍释氏，为我弟子。曾几何时，皆成古人。"因携手入小院中，指阶前牡丹曰："此彭公手赠物，植此百余年矣。"张云，牡丹高六七尺，大十五围。曩见河南段凝之氏六十年牡丹，不及其半，信百年物也。因问其年，僧曰："忘之矣。"

张又曰，于京师骨董店中，遇张翁者，苏州人。自言与雍丘孟调之曾大父游，历历能道其平生游猎处。孟氏兄弟严事之如曾大父行，亦百五六十岁人也。[9]

十九、《分甘余话》

[清] 王士禛

黄莲花

黄牡丹，今亳州、曹县皆有之，荷花则未闻有黄色者。《墨庄漫录》云："京师五岳观凝祥池有黄莲花甚奇，仅见于此。"[10]

吕蒙正得宰相体

有献古镜于吕文穆者，云可照二百里。公曰："吾面不过楪子大，安用照二百里？"欧阳公以为得宰相之体。吾乡一先达家居，子姓偶言及曹县五色牡丹之奇，请移植之。答曰："牡丹佳矣，然不知能结馒头否？"

---

[1] 纳兰成德（1655—1685），叶赫那拉氏，正黄旗，大学士明珠长子，字容若，号楞伽山人。后为避太子胤礽（奶名保成）讳，易名纳兰性德。纳兰是清初著名词人，著有《渌水亭杂识》等。
[2] 大房山：在北京市西南房山区。有上方山、石经山等高峰。上方山，山势陡峻，古柏苍郁，有七十二庵、九洞十二峰之胜。石经山藏有隋代至清初佛经1000余种，共14000多块。山中有上方寺、云水洞、云居寺塔及唐、辽石塔多座。为京郊游览胜地。
[3] （清）蒋廷锡，陈梦雷等辑：《钦定古今图书集成·方舆汇编·职方典》，第21卷，第17页。内府清雍正四年（1726）活字印本，铜活字，第396册，现藏国家图书馆（善本书号：12072）。
[4] 王士禛（1634—1711），字子真，一字贻上，号阮亭，又号渔洋山人，世称王渔洋。山东新城人。清初著名诗人、学者，著有《池北偶谈》《分甘余话》《居易录》《带经堂诗话》等。
[5] （清）王士禛撰，靳斯仁点校：《清代史料笔记丛刊·池北偶谈》（全二册），北京：中华书局，1984年，第577-578页。
[6] （清）王士禛撰，靳斯仁点校：《清代史料笔记丛刊·池北偶谈》（全二册），北京：中华书局，1984年，第582页。
[7] （清）王士禛撰，靳斯仁点校：《清代史料笔记丛刊·池北偶谈》（全二册），北京：中华书局，1984年，第611页。
[8] 即彭尧谕。
[9] （清）王士禛撰，靳斯仁点校：《清代史料笔记丛刊·池北偶谈》（全二册），北京：中华书局，1984年，第607-608页。
[10] （清）王士禛著，张世林点校：《分甘余话》，北京：中华书局，1989年，第6-7页。

此与吕事相类，但其人非耳。❶

二十、《居易录》❷

[清]王士禛

曹州五色牡丹，天下第一。居人于花圃种植，左牡丹右芍药则花繁盛，反是则不花，花亦不繁。

二十一、《带经堂诗话·名物》❸

[清]王士禛

《池北偶谈》：高淳县花山有白牡丹，岁开数枝，种非人力，亦无恒所，有折者辄得疾驰。愚山诗云：

> 空山石累累，独立天风吹。
> 攀条莫敢折，含芳贻阿谁。

附《居易录》：高淳县，丹阳湖之南花山，有白牡丹，岁开不过五枝、七枝，香闻十余里，散生石罅中。移山下人家，辄不活。山南有孔家村，孔氏聚族于此，每山上花时村中异香，弥月不散。

《池北偶谈》又云曹州五色牡丹，天下第一。居人于花圃种植，左牡丹右芍药则花繁盛，反是则不花，花亦不繁。

又《池北偶谈》：曹州牡丹品类甚多，先祭酒府君尝往购得黄、白、绿数种。长山李氏独得黑牡丹一丛，云曹州止诸生某氏有之，亦不多得也。又云馆陶人家有墨芍药，与曹州黑牡丹，皆异种。

又《分甘余话》：黄牡丹，今亳州、曹县皆有之，荷花则未闻有黄色者。《墨庄漫录》云："京师五岳观凝祥池有黄莲花甚奇，仅见于此。"

二十二、《曹南牡丹谱》

[清]王曰高❹

花王　深红色
　　艳姿真足冠群芳，三綦同妍斗丽妆。
　　自是天工夸国色，香名端不愧花王。
独占先春　红色
　　占得春风第一名，何人不唱丽人行。
　　娇羞欲破难留艳，故把柔香傍砌生。
一簇锦　浅红色
　　为怜锦绣特先开，仙子霓裳缓步来。
　　纵有海棠满日醉，谁能貌得绘天才。
瀛洲萃锦　绛红色
　　谪仙何日步瀛洲，分得天香第一筹。
　　白玉堂中曾晒面，杏园花史特风流。
天香湛露　白色
　　冰肌玉骨自仙仙，一片瑶华色逾妍。
　　待得更深香气足，和烟笼月沐婵娟。
锦帐芙蓉　淡粉色
　　国色天姿迥不同，秾华艳冶任天工。
　　相逢却向瑶台觅，绣被香寒午夜中。
寒潭月　白色
　　一种清光本自全，和风和雨护花天。
　　忽然明月来仙苑，照得琼枝颗颗圆。
铜雀春　绛红
　　二乔已擅吴宫艳，何事东南别有春。
　　笑杀百花争斗色，芳邻应念阮家贫。
飞燕新妆　浅粉色
　　国色羞同闺秀名，昭阳殿里逗轻盈。
　　日华偏照晨光艳，独立汉宫太憨生。

---

❶（清）王士禛著，张世林点校：《分甘余话》，北京：中华书局，1989年，第32页。
❷（清）王士禛撰：《居易录》，影印文渊阁《四库全书》本，台北：台湾商务印书馆，1983年，第869册，第481页。
❸（清）王士禛撰：《带经堂诗话·名物》卷十六，乾隆二十五年（1760）刻本，第19页。

❹王曰高（1626—1678），号北山，山东茌平县人。顺治间进士，入翰林院，曾为康熙帝师，后官至礼部掌印给事中，有《槐轩集》等传世。

729

蜀江锦　浅红
　　濯锦江边春满溪，美人镇日倚亭西。
　　不知年少缘何事，挥尽涛笺醉欲迷。
五瑞玉　粉色
　　嘉名锡自天章阁，玉质遥从画里传。
　　芳洁不同凡品艳，瑶台月下影娟娟。❶

《曹南牡丹谱》

[清]翁同龢 ❷

建红、夺翠、蜀江锦、丹凤羽、无双燕、珊瑚映日，以上绛红。

宋红、鳌头红、洛妃妆，以上倩红。

第一娇、锦帐芙蓉、万花夺锦，以上粉红。

冰轮、三奇、寒潭月、玉玺凝辉、绿珠粉，以上白。

铜雀春，此种银红。

烟笼紫玉盘、王家红、墨紫金，以上黑紫。

栗玉香、金轮、瓜瓤黄、擎云黄，以上黄。

新绿、红线界玉，以上皆绿色。

蕊珠、瑶池春、斗珠、藕丝缠，以上杂色。

曩读欧公《洛花记》，窃不谓然以为，可以不记也。此出近人杂说偶写之，应念初姻世长兄，雅属。

款识：丁酉七月廿二日，叔平翁同龢。

二十三、题余雪村《曹州牡丹谱》后

[清]陈燮 ❸

其一

洛花从古焕双明，四十年间变态生。
何事曹南名品上，色香才附小西京。

其二

学士诗缄百醉中，书来花叶遍三艘（谓覃溪先生）。
不须双桂楼抄本，谱牒新裁属寓公。

其三

荷水❹曾经两度来（予于丙午丁未雨过曹郡），零烟碎雨接风埃。
可能重访胭脂国，一日花前一百回。❺

题余孝廉鹏年《曹州牡丹谱》

[清]赵怀玉 ❻

名种曹州何日移，人间富贵类如斯。
洛阳不见寻芳到，便是门庭冷落时。
讲堂余事课园公，小谱居然继放翁。
绝胜长安催窖火，唐花只看试镫风。
堆盘樱笋记开筵，孤负江南四月天。
纵有吟情对红药，品题争及孝廉船。❼

---

❶（清）王曰高撰：《槐轩集》，清雍正五年（1727）王念祖刻本。又见，纪宝成主编：《清代诗文集汇编》，上海：上海古籍出版社，2010年，第105册，第516—517页。

❷翁同龢（1830—1904），字声甫，号叔平，晚号松禅老人，江苏常熟人。咸丰六年（1856）状元及第，任同治、光绪两朝帝师。晚清著名的政治家、书法家、收藏家。

❸陈燮（1727—？），名贻灿，字和轩，闽县（今福建省福州市）琅岐镇人。乾隆间进士，历任吏部主事、吏部郎中、川东兵备道军。有《忆园诗抄》收入《清代诗文集汇编》。

❹应为菏水，又名深沟，今属山东菏泽。公元前484年，吴王夫差于今定陶东北开深沟引菏泽水东南流，入于泗水，因其水源来自菏泽，故称菏水。

❺《清代诗文集汇编》，上海：上海古籍出版社，2010年，第491册，第598页。

❻赵怀玉（1747—1823），字亿孙，号味辛，又字印川，晚号收庵，江苏武进人。乾隆举人，授内阁中书。出为山东青州府海防同知，署登州、兖州知府。著有《亦有生斋文集》等。

❼（清）赵怀玉《亦有生斋集诗卷》第十三卷古今体诗，第11页。

冯鱼山❶比部以怀宁余伯扶（鹏年）所作〈曹州牡丹谱〉求题三首

[清] 王芑孙❷

当时曾得赤霞书（吴江史善长），书里蝉联说二余。
今日题诗牡丹谱，思君已是十年余。
闽中故事征茶录，吴下新声唱橘枝。
我似樊迟思学圃，齐民要术与君咨。
丰台芍药绝堪怜，谁与搜罗补郑笺。
吾辈长安空索米，负他花事一年年。❸

题余伯扶孝廉鹏年《曹州牡丹谱》次覃溪先生韵三首

[清] 乐钧❹

一

锦作晴天绣作阴，满城蜂蝶尽关心。
客窗闲续庐陵谱，花姓花名取次寻。

二

艳压天彭妒洛阳，曹南山色借红黄。
家家传写花王传，更费胶东纸万张。

三

剧怜风雨误芳时（谱语云花时多风雨），卷尾空添懊恼诗。
换得养花天一片，衣裳五色斗花枝。❺

《雪桥诗话初集》

杨钟羲❻

乾隆辛亥，余伯扶鹏年主重华书院，时翁覃溪以阁学视学山东，来试曹州，偶语及曹州牡丹，曰："何不谱以述之？"按试它府，复缄诗至曰："洛阳花要订平生。"伯扶乃集弟子之知花事，园丁之老于栽花者，偕之访花，勘视而笔记之，归而质以传记，成《曹州牡丹谱》一卷。次第其色为三十四种，附记七则栽接之法。覃溪题三绝云：

玉瑱如结黍苗阴，壤物原关树艺心。
何事思公楼下客，花评不向土圭寻。
细楷凭谁续洛阳，影园空自写姚黄。
挑灯为尔添诗话，西蜀陈州陆与张。
我来偏不值花时，省却衙斋补谢诗。
乞得东州栽接法，根深培护到繁枝。

昔谢康乐谓："永嘉水际竹间多牡丹。"苏魏公谓："山牡丹者，二月梗上生苗叶，三月花根长五七尺。近世人多贵重欲其花之诡异，皆秋冬移接，培以壤土，至春盛开，其状百变。"宋鄞江周氏《洛阳牡丹记》自序："求得唐李卫公《平泉花木记》，范尚书、欧阳参政二谱。范所述五十二品，可考者才三十八。欧述钱思公双桂楼下小屏中所录九十余种，但言其略，因以耳目所闻见，及近世所出新花，参校三贤谱，记凡百余品。"陆

---

❶ 冯敏昌（1747—1807），广东钦州人，字伯求，号鱼山。乾隆四十三年进士。授编修。补刑部主事。工诗词，有《小罗浮草堂集》等传世。
❷ 王芑孙（1755—1817），江苏苏州人，字念丰，号铁夫。尝欲买田筑室于楞伽山，故又号楞伽山人。乾隆五十三年（1788）中举，任国子监典籍、咸安宫教习、华亭县教谕。辞官后，出任扬州乐仪书院山长。学识宏博，文名震远，犹善于诗，最工五古，有"吴中尊宿"之称，为清代著名文学家。善书，意近刘墉。著有《楞伽山房集》《碑版广例》《渊雅堂集》等。参见：叶衍兰、叶恭绰：《清代学者像传》，上海：上海书店出版社，2001年，第295-296页。
❸（清）王芑孙撰：《渊雅堂全集·十种六十卷》，清嘉庆王氏刻本（24册），卷12，第5册，第7-8页。现藏天津图书馆（善本书号：10491）。
❹ 乐钧（1766—1814），字效堂，一字符淑，号莲裳，别号梦花楼主。江西临川人。清代著名文学家。乾隆五十四年（1789）由学使翁方纲拔贡荐入国子监，聘为怡亲王府教席。嘉庆六年（1801）乡试中举，未入仕途，曾主扬州梅花书院讲席。
❺ 纪宝成主编：《清代诗文集汇编》，上海：上海古籍出版社，2010年，第481册，第117页。
❻ 杨钟羲（1865—1940），清末藏书家。原名钟庆，戊戌政变后易名钟羲，号雪桥。治学严谨，博闻强识，是近代著名学者。著有《雪桥自订年谱》《雪桥诗话》正、续、三、余集共40卷等。

放翁在蜀天彭为花品，云皆买自洛中。僧仲林越中花品绝丽者才三十二，惟李英《吴中花品》皆出洛阳花品之外。张邦基作《陈州牡丹记》，则以牛家缕金黄傲洛阳以所无。薛凤翔作《亳州牡丹史》，夏之臣作评，上品有天香一品，万花一品。曹州牡丹，未审始于何时，其散载于它品者，曰曹州状元红、乔家西瓜瓤、金玉交辉、飞燕红妆、花红平头、梅花红、忍济红、倚新妆等，见伯扶自序。❶

二十四、《竹叶亭杂记·卷八》

[清]姚元之

牡丹最喜肥，种时根下宜以猪羊肠胃铺之，则开花鲜茂。根总宜于暖。又名鼠姑，根下时埋死鼠则茂。❷

二十五、《大清一统志·曹州府，菏泽县·土产》

牡丹，《州志》：牡丹种至数百，盖土性所宜。花时烂若云锦。牡丹自宋时初盛于洛，再盛于亳，百年来最盛于曹，与亳为近，易致佳种也。

二十六、《清史稿》

[清]赵尔巽

（高宗二十九年冬十月）辛丑，山东进牡丹。❸

二十七、《清实录》

（乾隆）辛丑，前军机大臣等，山东巡抚向来有岁进牡丹之例，此等花卉京师皆能植，何必远道进献？嗣后，着停止。❹

二十八、《兖州府志·风土志》

花木属（附草本）：
梅……牡丹，多来自曹州府。❺

二十九、《曹州府志·食货志》

花卉之数，他方所有，大抵略备。牡丹、芍药为名品，江南所不及也……牡丹、芍药之属，以数十百种，士族资以游玩，贫人赖以营植。❻

三十、《山东通志·疆域志·物产》

曹州，牡丹最盛，居民有以此为业分运各省者。❼

三十一、《山东通志·曹州府》

[清]岳浚❽

曹州府：牡丹，牡丹以出曹州者佳，花繁盛而多，具五色，黑牡丹尤可珍贵。

曹州今之菏泽❾。芍药，十府皆有，惟曹州与牡丹相埒，且居人植牡丹必植芍药，否则牡丹不花，即花亦不繁，亦异事也，见《花谱》。

---

❶ 杨钟羲著：《丛书集成续编·雪桥诗话》，台北：新文丰出版公司，1996年，第203册，第133页。
❷ （清）赵翼，姚元之撰，李解民点校：《清代史料笔记丛刊·檐曝杂记 竹叶亭杂记·卷八》，北京：中华书局，1982年，第165页。
❸ （清）赵尔巽撰：《清史稿·本纪十二，高宗本纪三》，二十九年冬十月。联合书店，1942年。
❹ 《清高宗实录》卷七百二十一，乾隆二十九年（1764）十月下，第11页。
❺ （清）陈顾联修纂：《兖州府志·风土志》，乾隆三十五年（1770）刻本，卷五，第9页。
❻ （清）刘藻：《曹州府志·卷之七食货志》，济南：齐鲁书社，1988年，第200页。
❼ 清宣统年间张曜等修，孙宝田等纂：《山东通志》，上海：商务印书馆影印，民国二十三年（1934）。
❽ （清）岳浚等：《山东通志·曹州府》，影印文渊阁《四库全书》本，台北：台湾商务印书馆，1983年，第540册，第489页。
❾ 应为菏泽，此处为原著抄误。

三十二、《新修菏泽县志·疆域》[1]

花卉之繁，凡他邑所有，其数略备。牡丹、芍药各百余种。土人植之，动辄数十百亩，利厚于五谷。每当仲春花发，出城迤东，连阡接陌，艳若蒸霞，土人捆载之，南浮闽粤，北走京师，至则得厚利以归，故每岁辄一往。

三十三、《菏泽县乡土志·物产》[2]

大哉坤德，万物资生矣。扬则其利金银，雍则其利玉石，若荆、若青、若冀、若并等州，或利齿革，或利林漆，或利蒲鱼，或利布帛，各因其土地之宜，以发其精华。特达之品，迁地弗良，信有征矣。菏邑为曹名区，虽无深山大谷，为羽毛齿角之薮，而河济交会，灵秀所钟，如植物中之刚榴、柿饼、木瓜、牡丹等物，甲乎天下，无愧山左之特产也……

牡丹，种色甚多，亦为本境出产大宗。产城东北一带，每年土人运外销售，甚夥。

牡丹商，皆本地土人。每年秋分后，将花捆载为包，每包六十株，北走京津，南浮闽粤，多则三万株，少亦不下两万株，共计得值约有万金之谱，为本境特产。

三十四、《菏泽县乡土志·商务》[3]

牡丹商，皆本地土人。每年秋分后，将花捆载为包，每包六十株，北走京津，南浮闽粤，多则三万株，少亦不下两万株，共计得值约有万金之谱，为本境特产。

三十五、《兖州府曹县志·物产志·花卉》[4]

牡丹，非土产也，好事者买莳园圃，灌养得法，时为盛美。临邑邢侗《与王士龙书》云："吾家园最饶芍药，动以数亩计，顾独乏牡丹，即寥寥数茎，浃岁不花，总花才单瓣，贫薄，无重楼富贵之态，且色目多中下，不称名王大国。而乡子庐儿，犹谓邢家花事葳蕤。正如尉佗王[5]不识汉天子，至足羞耳！曹有王五云先生，家多异蓄，于牡丹尤富，闻爨下薪，枥间刍杂进不问，而济南生保一花半叶如琼枝，知王先生当无吝分饷之也。敬托周使为绍，乞得数十孤根，散洛阳芳姿于乡里同志，大是快事。异时，曲阑小树，杯酒淋漓，用余沥醉花神，敢不愿先生万年，万年！"而谢肇淛亦云"司李东郡时，曹南观牡丹为平生快事"云。

尝考，牡丹至宋始盛，初盛于洛下，陶谷以为"洛阳花福"是也。再盛于亳州，尝见洛阳《牡丹谱》及欧阳文忠《牡丹谱》，不逮《亳州谱》远矣。彼时已有六七百种，分五色排次序。至于今，亳州寂寥，而盛事悉归曹州。

县距州仅百里，当昔盛时，而姻戚往还，童仆连络，故佳艳时获怡赏，亦重价多相购植。李悦心诗云："生憎南亩课桑麻，深坐花亭细较花。闻道牡丹新种出，万钱索买小红芽。"盖实录云。自戊子遭变[6]后，盛事遂减，园亭亦毁，无复曩昔之致。及迩年频遭河患，城南一带，巨浸滔天，新沙坏地，谋生不得，安问花事哉！

芍药，远自三代，见于诗书，近被牡丹夺席，可称蛰伏。昔人谓唐人重芍药，故名牡丹为"木芍药"。非也。芍药赏鉴已久，而牡丹创出，惊异之际，草率未定，姑取为欣赏，被以佳名。至于今，事久论定，而芍药不废者，留殿牡丹后尘耳！故有"婪尾春"之称焉。

---

[1] （清）凌寿柏修纂：《新修菏泽县志》，十八卷，首一卷，清光绪十一年（1885）刻印。
[2] （清）汪鸿孙修撰：《菏泽县乡土志·物产》，第58-60页，光绪三十三年（1907）。现藏山东省图书馆。
[3] （清）汪鸿孙修撰：《菏泽县乡土志·商务》，第60页，光绪三十三年（1907）。
[4] 曹县地方志编纂委员会办公室点校：《康熙五十五年增刻·兖州府曹县志》（点校本），济南：济南世同华印刷有限公司，2019年，第57-58页。
[5] 尉佗（？—前137年），河北真定人。公元前218年，奉秦始皇命令征岭南，略定南越后，任为南海郡（治所广州市）龙川（今广东龙川县）令。
[6] 李化鲸（？—1648），原籍直隶，流寓曹县。清初，在县衙充当衙役，后任曹县副中军。李化鲸平时广交四方绿林和有反清情绪的人士，顺治五年（1648）戊子被人密告谋反，李化鲸闻讯后率军起义，攻破曹县城。此即为"戊子之变"。

近现代

三十六、《北京花事特刊·崇效寺牡丹》[1]

崇效寺

地址：右安门内白纸坊

花类：楸花、牡丹

花期：四月

概况：崇效寺，古枣花寺也，唐幽州节度使刘济舍宅所建，元至正始改名崇效，明清因之，在北京右安门内白纸坊，居南下洼之西偏，古时环植枣花千株，以地僻，游人罕有至者，清初犹多枣树，花殊灿烂，人皆仍古称，以枣花寺呼之。王渔洋过崇效寺看枣花诗云：

祗园枣花时，招携共游散；仿佛楠檀林，吹香绿阴满。射覆叱来来，乐府歌纂纂。乐此澹忘归，林中夕阳缓。

足概其盛。寺有青松红杏卷，康熙时盘山僧智朴，字拙安，结庵青沟，缋为此图，一老僧凭松而立，苍枝虬互，红杏夹之，一沙弥手执一芝立其下，有康熙王渔洋题诗，癸酉朱竹垞题诗，前有行书"青松红杏图"数大字，盖亦出渔洋笔也。乾隆时，《日下旧闻考》所谓"枣花千株，今数株而已"者，亦净尽矣。寺僧曾植丁香，朱竹垞、王渔洋更手种之，洪稚存诗。所谓"崇效寺远繁丁香"者，闻在西来阁下，嘉庆十五年翁覃溪曾有《丁香花诗》石刻，砌诸壁中，而花已久非故物。其大殿前更有楸花二株，干可十围，数百年物，暮春着淡红色花，浓阴满院，信为巨观。太湖徐芷帆养吾昆仲，番禺沈南野先生，少时按日载酒，吟赏其下。

养吾既逝，乃写楸阴感旧图徧征题咏，计达四十余人，亦为枣花寺中，一段楸花掌故。而寺中牡丹则尤繁盛，有绿、墨二色异种，每当春暮盛开之际，游赏如织。袭定盫忆京师枣花寺海棠诗，有句云：

词流百辈花间尽，此是宣南掌故花。

昔时寺中，或有海棠之植，惟鲜记载，移咏此花，堪无怍色。同光年间，《越缦日记》谓牡丹已枯，不知何年，又复繁殖；后有佛青一株，尤为名贵；今则佳种愈多，姚黄、魏紫，独着宣南，其株高与人齐，花尤硕大，占断城中好物华矣！兹录樊樊山老人春暮独游枣花寺看牡丹诗，以为此花荣宠。时樊老年已八十有四，老态婆娑，兴复不浅，名葩写照，即此已足怡人。诗云：

到此无情亦有情，绿云扶护此云英。
西明禅院琉璃地，一段风光画不成。
春游白纸古时坊，师友凋零极可伤。
花事依然人事改，同光惟賸旧斜阳。
花多风致始云佳，密逊于疏整逊斜。
我道楼台緟叠起，不如单瓣似荷花。
柳碧樱红谷雨天，年年赊酒不论钱。
花王花后兼花相，曾几须史又一年。
缥碧红黄紫白绯，丛丛綵叶翠成围。
诸天笼罩香花里，衲子都无坏色衣。
苏斋考据作诗难，诗境当如天地宽。
我欲更名陶八八，此花即是碧霞丹。

又黄节崇效寺对牡丹诗云：

四年北客及花时，不负春明赖有诗；独往也随倾国后，正开宁叹折枝迟。忽忽着意终何寄，忍忍为欢亦自知；遗世未能吾似汝，蝶阑花晚更犹痴。

---

[1] 北京牡丹种植历史悠久，始于辽宋时期，元朝逐渐衰落。明朝时期，极乐寺牡丹盛极一时，寺内建有著名的国花台。明末，极乐寺牡丹渐衰，崇效寺牡丹兴起。崇效寺的前身是枣花古刹，建于唐朝，盛于明清。崇效寺牡丹花多植于明末清初，当时的当家老和尚系山东人，牡丹盛产于山东曹州，故老和尚对牡丹颇有研究。从曹州不断引种各色牡丹，当时，无非借以遣兴，孰意数百年后，竟成北京之唯一牡丹花圃。明清时期的牡丹多是从曹州移植，所以这个时期有关牡丹的记载也多反映了曹州牡丹发展状况，故本书亦把有关记载北京牡丹的史料收录。天津铁路局编辑，《天津铁路局旅行丛刊之一·北京花事特刊》，天津：天津铁路局，1911年，第7-9页。

近人李释堪亦有崇效寺看花之作云：

欧碧鞓红较短长，花王毕竟属姚黄；迎风合试天魔舞，借与楸阴作道场。

良以楸阴姚黄，一树独盛也。

三十七、《北京花事特刊·天宁寺芍药》[1]

宣南天宁寺，其来最古，所谓元魏之光林寺也。地在金代南城内，古名白纸坊。李莼客谓其繁植芍药，尚为同治年间事耳。四十年前，藤花实盛，正与法源丁香、崇效牡丹抗衡宣南。每岁花时，叠锦聚珠，香艳叹溢，五云华盖，实无此富丽也。又有绿牡丹一株，闲岁作花，最为名贵，崇效"佛青"，堪与媲美。是时名流，多于此燕赏盘桓，而此花竟为一朱邸移去。李莼客曾有《调寄露华词》云：

琳宫最忆，有鹿女衔来，分外娇绝；借与露华，轻把黛螺微拂；似曾萼绿初胎，换了玉环标格；留仙住，回头暗看，唾痕凝碧。春风几度相识，只倚遍阑干，谁忍攀摘？赋就睡妆，偏漏宓妃消息；带鬘转入朱门，可比坠楼颜色；灯影下，何时翠蛾重出？

词人慨叹，不觉其言之深也。又李莼客尝燕集于此，会者八人，以良辰美景，赏心乐事分韵，莼客得良字，其诗云：

余春选萧侣，胜地依崇冈。林深窈以辟，面塔开僧房。心闲得物旷，吉日兼辰良。玉醴既斟酌，兰俎罗甘芳。结契略言赏，微醉资方羊。凭阑俯后圃，众卉敷天香。嘉木渐以长，绿阴晞微阳。蒙蒙杂雨气，晻晻含云光。西山一何媚？扫黛窥东墙。静听禽鸟乐，远度钟声长。烟景亦云足，何必思故乡？

花光山影，曲曲写来，读其诗如入其境，可见昔年天宁景物之美，诚有过于法源、崇效也。曼殊震钧《天咫偶闻》记天宁寺云：

树木列植，道路纵横，昔日之街衢经术也；禅房花影，廊庑山光，昔日之朱门华屋也；不见毂击肩摩，如雨如云之胜，徒留此数弓琳宇，为士大夫折柳之所，试问陌上行人，曾有动华屋山丘之感者乎？

盖此寺不仅为看花之地，饯行者亦多于此话别，震钧之言，已有感于今昔之盛衰；孰知厥后殿宇益荒，游宴告绝，惟重九日登高者尚盛，降及近时，并登高者亦鲜矣。使钧有知，其感伤又将如何耶？噫！

三十八、《北京花事特刊·北海公园》[2]

地址：文津街
花类：桃花、杏花、牡丹、荷花
花期：四月、五月、七月
概况：北海为三海之一，旧名太液池，与中南海以石桥相界，分向为二。其园门首，东西峙华表，东曰玉蝀，西曰金鳌，即世所谓金鳌玉蝀桥也。两旁阑楯，皆白石镌缕，其制甚修。入门别有一梁，自承光殿达琼华岛，南北亦峙华表，曰积翠，曰堆云。瀛台在其南；五龙亭在其北；蕉园紫光阁东西对峙，夹岸榆柳，多数百年故物。人呼瀛台为南海，蕉园为中海，五龙亭为北海。盛夏荷香满苑，夙著盛名。乾嘉之季，王述庵晓入西华门金鳌玉蝀桥，见芙蕖盛开，曾赋《绮罗香》词云：

太液秋澄，华林晓霁，放尽池荷千柄。几曲鱼梁，倒拂绿波虹影。竹露重，宝钿青欹，苇风凉，舞衣红冷。似瑶天一道银河，琼宫缥缈隔清景。金源旧事曾记，多少碧虚楼阁，遥依云岭。柳绿苹花，都入蓬壶仙境。临绀塔，雪鹭双飞，绕粉墙，玉骢齐骋。底须寻圆泖湖亭，月凉移画艇。

---

[1] 天津铁路局编辑，《天津铁路局旅行丛刊之一·北京花事特刊》，天津：天津铁路局，1911年，第46-47页。

[2] 天津铁路局编辑，《天津铁路局旅行丛刊之一·北京花事特刊》，天津：天津铁路局，1911年，第16-18页。

藕风莲露，掩映参差，数百年来，犹留此红衣湖上。昔李莼客亦尝游其地，观其所记：

桥之两岸，红荷盛开。丹楼碧山，矗立水际。微雨偶作，荷香袭人，宫殿在烟林云水间，颇有仙山缥缈之想。

今日观此，风景不殊，自此海分辟为公园后，尤为修洁宜人；且沿岸植花甚多，春夏之季，杏艳桃秾，满园弄色，牡丹亦盛，散植于山坡路旁，别于他处，不作重台高拱也，每于幽深之径，忽睹国色之花，掩映欲斜迎人若笑，尊芳至此，足慰胜情。至如花光人影，容与扁舟，翠盖高张，千顷一色，风翻烟卷，尤有江湖波浪之观。门票五分。

三十九、《北京花事特刊·北京之园艺花》[1]

北京旧称花匠为花把式，其有特长者：如京西蓝靛厂之扦子刘，系以善艺扦子菊（菊之单茎独朵者曰扦子）而得名；东直门外之接手胡，系以善接各种花木而得名；更有以善烘非时之花及菜蔬而相称为薰货，相矜为巧得者，即古时所谓唐花，则多由丰台土著（丰台业花者甚多）传习而来。盖当有清升平之日，宫中陈列之鲜花，对午一换，勒为定制，各府邸及各宅第，类皆雇有花匠，四时养花，而凡得有养花之技能者，因在偏僻空旷之区开设花厂，以养花为营业，订期向各住宅租送，随时更换新花，《天咫偶闻》载记：

京师莳花人以时送花，立券而取其值，马秋药员外履泰名之曰花券，阿雨总制军林保戏赠以诗，有"片言订得林间约，一纸招来天下春"之句，此风今犹未替。

正谓此也。或由花贩沿街肩挑叫卖，或于各庙会及各街旁罗列求售。及光绪庚子年后，各街市始有开设花局者，（崇文门内花局开设最早，以其地外侨甚多，营销较易。）由门市陈列鲜花，任人择购。民元以还，此类花局渐增，并备有篮花盆、花及瓶花等类，可以随时供顾主喜庆或宴会之需。

花之种类极繁，京市花局，按时所常见者，为：牡丹、芍药、茶花、水仙、兰花、菊花、茉莉、鱼子兰、丁香、桂花、梅花、蔷薇、芙蓉、月季、榴花、碧桃、海棠、杜鹃、绣球、瑞香、玉兰、合欢、夹竹桃、晚香玉、红梅、腊梅、萱花、美人蕉、玫瑰、玉簪、迎春、鸡冠、凤仙等，约有数十种。而属于草类者，则有菖蒲、万年青、文竹、垂盆草等。属于果类者，则有桃杏、苹果、梨、香橼、西府海棠、柿、枣、葡萄、石榴等。属于树类者，则有松、柏、槐、竹、垂柳等。以上皆仅举其极普遍者，其实各花厂花局所有者，固不止此。至属于来自外洋者，如荷兰菊、五色莲、大荔花、洋水仙等，以及寻常草木之花，为各花局所自种者亦甚多。其林圃专批发大宗杨、柳、松、柏、槐、榆等秧树者，与普通花局性质又微不同。

花中之名称最伙（多）者，牡丹有姚黄、粉霞、娇红、魏紫、泼墨、点金、金带、爱云黄、气球黄、甘草黄、禁苑黄、御衣黄、状元红、朱砂红、大红绒、绣球红、西瓜瓤、映日红、锦袍红、石家红、醉胭脂、寿春红、醉仙桃、美人红、海天红、赤玉盘、鹤顶红、胭脂楼、双头红、玉楼春、醉杨妃、醉西施、轻罗红、粉绣球、观音面、半观音、政和春、紫绣球、朝天紫、乾道紫、葛巾紫、腰金紫、紫仙姑、烟笼紫、无瑕玉、玉带瑕、羊脂玉、玉绣球、白剪绒、玉天仙、水晶球、玉版白、一捻红、玉带腰、青心白、佛头青、绿边白、舞青猊诸名。中以墨者、绿者为稀，以曹州出产为多，每年大雪前后，曹州牡丹花根即运来京，不带土，根以有紫芽而圆为佳，栽时根不可屈。芍药有御衣黄、青苗黄、尹家黄、鲍家黄、碌石黄、道士黄、黄楼子、缕金囊、红都胜、霓裳红、红楼子、两色红、鬓边红、绯头红、冠群芳、簇天红、画天工、醉江红、怨春妆、紫都胜、包金紫、玉盘、玉逍逊、玉版白、玉冠子、取次妆、金系腰、金带围、合欢芳诸名。以丰台出产为多，只有红白两种。菊有百数十名，近由日本来者，更多奇特之品。其有以香胜者，为兰与茉莉。兰分建兰、杭兰、九节兰、薰兰、风兰、珍珠兰（又名鱼子兰）。若玉兰，北地则名把兰，与茉莉同，以福建

---

[1] 天津铁路局编辑，《天津铁路局旅行丛刊之一·北京花事特刊》，天津：天津铁路局，1911年，第48—52页。

产为最优，极芬芳，京市多植以售为妇女襟佩之用。

花之培餐法：曰下种，有核者宜排列，用子者应分撒，选种须置之水中，以能下沉者为良。曰分秧，于清明前后，择根旁小枝，或嫩芽，稍带其原根劈开，另以水土壅之，即活。曰接换，有对接，有偶接，有插接，接毕用麻绳与篾束之，并封以泥。曰移植，凡不易活者，须下勿伤根，上勿损叶。曰修理，或截去骈枝，或用棕绳铜丝，令其盘曲生趣；曰保护，或设蓆帐以遮风日，或移置屋内，以防雨淋，或杂以仙人掌及葱蒜之类。曰施肥料，各按花性，选用人粪、马粪、麻渣、黑豆、羊毛、马掌屑等，担以腐草、沙土并炭屑。曰辨土宜，土有沙性、胶性之分，而黄土与黑土又各有别，宜按花性择用。曰花节制，蕾大者，于其枝下相距寸许，用细签依次横插之，俟蕾小者长至相等，即拔其签，则花可同时开放。枝长者，用纸缠裹之，俟新枝或枝短者长至相齐，即去其纸，则枝可长短疏密如意，色深者用马兰草捆拢，俟色浅者长至相若，即解其捆，则花色可浓淡一致。以上所述，均系京市花匠所守之秘诀，所施各法，均由经验而来，且各花性不同，则用法亦有变通，兹姑记其梗概如此。

冬期烘花，别有烘房。房之形式，与普通花窖略同，惟房之后方有地炕，于炕前约数尺远，掘土深二三尺，将盈栽之牡丹茶花等，埋置土内，可令在春前开花。又所掘土坑中，种以香椿韭菜，或扁豆黄瓜冬瓜，亦可非时出叶结实；惟熏瓜之要诀，在绑架值瓜蔓引长时，即去其蔓之尖，上之于架。于绑架时，一手扶架，一手于蔓与架相并之处，猛将蔓压，令其裂开，急以马兰草捆紧，以次按节照捆，五六日后，则在所捆之下开花结实。牡丹以温度高为相宜，须在百度以上，黄瓜亦然。其余如香椿、扁豆、韭菜等，只须温度与水分适宜便得。

京市花业家数，崇内与东四、西四以及东城隆福寺、西城护国寺、宣外下斜街、土地庙共约有三十家之谱。至各处养花之户，散在城外四郊，与丰台十八村一带者，为数闻在百家以上，两共有工伙一千三百余人。其厂与局之店员曰伙计，向外送花者为脚夫，工资自五六元至十余元不等；至优等花匠之被雇者，有多至三四十元之月资。目下此等花匠，雇之者颇少，多已另改他业。顾京市花匠，虽富于阅历，具有特殊艺能，究非有科学之知识，果有植物学家，仿泰西人工花媒之法，俾各花皆能晒子，可多出新奇之花，又设法使各香花在北地尽量蕃（繁）殖，则京市园艺花之种类，必有增加矣。兹述大概，聊为爱花者告耳。

四十、《北京花事特刊·北京花事岁时志》[1]

九日

牡丹、芍药、蔷薇俱有花，较春时薄小，一瓶值数千钱。贵戚倡家插茉莉花。（《北京岁时记》）

四十一、《北京花事特刊·变花催花法》[2]

天然香艳，何假人为？然而好奇之士，偏于红白反常、迟早易时处显技，遂借此以作美观，如白牡丹欲其变色，沃以紫草汁则变魏紫，红花汁则变绯红。黄则取白花初放时，用新笔蘸白矾水描过，待干再以藤黄和粉调淡黄色描上，即成姚黄，恐为雨淋，复描矾水一次，色自不落。牡丹根下，置白木末，诸种花色皆起腰金；白菊蕊以龙眼壳照住，上开一小孔，每早以淀青水或胭脂水滴入花心，放时即成蓝紫色；海棠用糟水浇，开花更鲜艳而红，凡花红者而欲其白，以硫磺烧烟熏盏，盖花在内，少顷即白；芙蓉欲其异色，将白花含苞者，用水调各色于纸，蘸花蕊上，仅裹其尖，开时即成五彩。昔马塍艺花如艺粟，□驼之技名于世，往往能发非时之花，诚足以侔造化而通仙灵！凡花之早放者名堂花，其法以纸糊密室，凿地作坎，缏竹置花其上，粪土以牛溲马尿硫黄，尽培溉之功，然后置沸汤于坎中，少候汤气熏蒸，则扇之以微风，得盎然融淑之气，不数朝而自放矣，若牡丹梅花之类，无不皆然。独桂花则反是，盖桂花禀金气而生，须清凉而后放，法当置之石洞岩窦间，暑气不到之所，鼓以凉飔，养以清露，自能先时而舒矣。

---

[1] 天津铁路局编辑，《天津铁路局旅行丛刊之一·北京花事特刊》，天津：天津铁路局，1911年，第69页。
[2] 天津铁路局编辑，《天津铁路局旅行丛刊之一·北京花事特刊》，天津：天津铁路局，1911年，第90-91页。

曹州牡丹史料——报刊类

1. 采办御用药品[1]

本省新闻

采办御用药品。迩来,皇上圣躬违和,迭经御医请脉进药,药中应用鲜牡丹皮一味,太医院特在东省物色。当经抚宪迅速饬人至曹州探取,如验看之后果系精良,即派人送京。限两昼夜递到。

按：关于曹州丹皮入药的起始,曹州志乘并无记载,据山东农业大学教授、牡丹专家喻衡在当地调查后,认为：曹州牡丹刮皮卖根乃最近几十年来之事,开始于1929年,当时赵楼村花农赵守春首先把刮皮抽筋的牡丹根,运往陕西歧州出售,药名"丹皮"。[2]

根据《胶州报》所载来看,早在清朝时期,曹州丹皮已为宫廷御医重视,所以曹丹入药的历史应远早于1929年。

2. 醉吟馆遗著,二十四[3]

天香

应敏斋方伯宅中看曹州牡丹作

吸月成胎,练霞作骨,佳人独立遗世。欧碧输娇,姚黄让艳,一缕天香吹起。曹南移植,却远胜、洛英川蕊。饱领九霄雨露,压倒三春佳丽。

大好射雕馆里(射雕山馆、秀芝堂皆方伯所居题额),伴春风,芝兰庭砌。品第平泉谁似,此花如意。相见晬盘开处。(方伯去冬有抱孙之喜)祝岁岁、花前彩衣戏。看到儿孙,长宜富贵(长宜富贵见古砖文)。

3. 嵩山游记[4]

关于民国时期洛阳牡丹种植景况,1920年,民国著名旅行家、被梁启超誉为"徐霞客第二"的蒋叔南[5]曾做过一番探访,他在《嵩山游记》中对洛阳牡丹的衰落感叹再三：

---

[1] 《采办御用药品》,青岛：《胶州报》,1908年11月11日,第2版。
[2] 喻衡著：《曹州牡丹》,济南：山东人民出版社,1959年,第2页。
[3] 《醉吟馆遗著》,国学选粹,绍兴：《越铎日报》,1917年7月11日,第163期,第2版。
[4] 《嵩山游记》,天津：《大公报》(天津版),1920年7月15日,第3版。
[5] 蒋叔南(1885—1934),浙江乐清人,原名蒋希召,字叔南,别号雁荡山人、雁荡亦沧荡人、仰天窝人,以字行。清末保定陆军速成学堂第一期肄业,光复会、同盟会会员,后投身辛亥革命。1915年始,致力于开发家乡名山雁荡山。素喜旅游,被誉为中国近代第一旅行家。与康有为、梁启超、张元济、傅增湘等民国学者交好,著有《蒋叔南游记》《蒋叔南诗存》和《雁荡山志》等。

初七日，晴，十一时，皆（偕）伯衡、之初乘马进洛阳城，过马家园观牡丹。洛阳名园甲于天下，今则零落不堪，仅一马家园，大不过亩许，莳牡丹多种，黄、白、紫、墨、红、绿皆备，正在盛开，然无甚精采。洛阳牡丹名闻于世，相传武则天都洛时，北邙一带，盛种牡丹，故至今北邙山上间有奇种之牡丹产出焉。

之初引余遇其友人翁君梦如家，并偕往玉虚观、文峰阁一观。过南北大街，市街较整饬，颇繁盛，洛阳之精华斧萃于此。市上亦有古玩铺，出土陶器不少，而索价极昂。晚餮饮于商坞酒楼，驱车返军医院。

4. 崇效寺牡丹之种类·共三十种[1]

松

北京崇效寺牡丹为各省冠，且有数百年前之古株。其本之大者，径有寸余，围可半尺。昨财政部印刷局杨局长邀请各界在崇效寺看花，到者甚众。该寺牡丹盛开，以魏紫、姚黄、月下二乔、二乔争艳四种为最佳。一花两色，粉紫相间。正院之花名：凤楼、雪塔、醉石丝、豆绿、杨妃、粉西施、蓝田玉、玉重楼、青心白、银粉面、莲香白、晚香红、烟罩紫、朱盘紫、一品朱衣、二分明月、冰照红池、霜水丹楼等。左院有荷花衣、古杨妃、大浦红等。右院有美人面、观音面、梨花雪、种生红等，花朵之大，花色之艳，花本之大，虽洛阳之种不能及也。

5. 新春之牡丹[2]

牡丹，元（原）为落叶性灌木，树之高普通二三尺，由根部丛生多枝。虽古老之树，高过五六尺者极稀。此花卉，从来中国北部，如山东省曹州府，及河南省洛阳地方，产生最多。因其花极丰大浓艳，故在中国称为花中之王，颇为人所赏玩。近来因热心培养，遂产多种之良品，在日本千余年前，由中国输入，仅今在兵库县池田地方所产之牡丹，其名颇高，近来输出于欧美诸外国，其数亦不少。

牡丹又称曰富贵花，为可庆花卉之一。在冬期暖室中，使其促进花开，为新春之饰花。在北京地方，更为贵重，故每年至秋末，燻花用之牡丹，由山东运至北京。

牡丹花，当由上年已经开花之花梗基部，发生一个或二三个新芽，此新芽之顶端，即为其开花处。若不择其芽之肥大、形之整齐者，则不能得美大之花；又其根常有小指大，长一尺以上，达于二尺，若损伤过重，或中途折断者，则开花时姿势既劣，非特不能开丰大之花，且有开花中途萎缩之处。故盆栽或地栽者，由促进法，欲使其开花时，则其择苗木之花芽，及其根之肥大其良好者为要。

所称如燻牡丹者，冬期中，将牡丹放置于暖所，以促进其开花，通常有二法：由圃场所采掘之苗木，栽植于温暖之室内，欲望其开花，则为盆栽；又其他一法，在秋季时，既已盆栽者，移入于暖室，以促进其开花是也。前者在北京地方，通常所行之栽培法，所称为燻洞子者，黄瓜其他，用以促进栽培之暖室，或所用为专门室内。由山东地方所来之苗木，栽培于其室内，使其开花。例如黄（燻）洞瓜子者，其室内之温度，当保持华氏八十度，乃至八十五度。在此室内，入室后，大约四十日，即能开花。惟此促成法，不问其苗木之根之长短，及其损伤如何，给予高温或温气于其枝上之花蕾，即可使其开花，至落花后之苗木，常由其根之腐败，等开花一时，其苗即枯灭而死。然此为古来之习惯法，而就栽培学上观之，实不得不谓其不合理。至苗木继续上之改良方法，想有种种之别。后者如前所述，凡既已盆栽而培养者，将其元（原）形移置于暖室，使促进其开花法。惟此法不必如燻洞子，置之于高温地方，其室内温度、只能保持摄（华）氏五六十度，而安置之，即能渐次开花。此法较之前者，开花时期虽迟，而开花时，色泽美丽，且落花后，其培养得宜，至翌年亦能开美满之花。牡丹之开花期，当无人不知，在露天栽培者，其开花期，大抵在四月下旬，乃至五月上旬。故在冬期由促进法而使之开花者，置于室内，不接近暖炉等火气时，则能长保其开花时间。

---

[1] 松：《崇效寺牡丹之种类》，上海：《时报·第三张》，1922年5月18日，第12版。
[2] 《新春之牡丹》，北京：《顺天时报》，1925年1月1日，第15版。

6. 悔庐偶笔【三】❶

开县 彭作桢

海市

民国十四年春，寄迹蓬莱，侯君告以海市出矣。余与县署诸君，速往北城门楼上，见长川岛下，露瓦屋十余间，道相属也。县长则见大竹山旁，有轮船飘然而来，荡漾之间，忽又隐没，如此者三次。陈鲁生、陆贞木别至海边，见岛西有桥梁，行人往来其上。两岛中有一山相接，大龟则头背皆显，盖海市时时变幻，诸人所立之地不同，故所见亦异也。斜阳既落，境亦全失，余因仿《文选》中齐梁体，撰一诗。齐梁体者，在古典律之外，而别成一格者也。

闻报氤氲起，奋迅陟城楼。泛观蓬岛下，端指长山头。
遂宇既云绵，远道亦烟稠。县长久驻竢，竹岭竞□眸。
安翔吐宿雾，砰宕驶神州。杳冥如鸟逝，关漠忽星流。
鲁生与贞木，别经往沙洲。西望更波诡，旁引恣人游。
飞梁容裔立，沓嶂迟迤浮。鸐䴋❷漂绿水，曝背晃丹邱。
朋侪抒所覩，风景互相酬。曜灵西去也，斐斐气全收。

全诗用典，皆出《骚选》，当时曾邮呈吾师赵次老、柯凤老斧正，以二公皆鲁人也。又是年，蓬莱各处牡丹盛开之后，高小校牡丹，成树而无花，已绝望矣。一日忽开一朵，俯视狂喜，因赋一绝云：

身藏众绿少人知，吐艳偏逢最后时。
惹得群流齐俯首，果然一朵胜多枝。

7. 两名园牡丹皆盛放，尤以万牲园花种最奇❸

牡丹花以北京为最多，而佳者恒鲜，惟西直门外万牲园，于前清末叶，由洛阳、曹州各地选来佳种数十株，栽植于豳风堂畔，即所称牡丹亭也。论株有四五十之多，论色有七八种之异，去岁几经兵燹，幸保无恙。讵名花有知，益添人兴。今春畅茂，出人意表，一瓣而兼白绿之形，同蕊竟有紫、红之辨。而最奇者，尤为中央之墨紫，茎高五尺，一本三殊，实富贵花中之特出也。该园为保护名花起见，已搭成满院天棚，馥郁芬芳，香闻四远。当此韶华丽景，诚能于亭中品茗纵目，不啻入香园而莅蓬瀛矣。又中央公园内，培植之牡丹，近年颇称繁盛。都人士女迓来赴公园，欲先观此国色天香之名卉者，车水马龙，非常热烈，卒因春寒未消，空气枯旱，遂致花皆含苞，不轻开放。届至昨日，闻园内松荫下畦中牡丹，经此次之雨润后，现已纷然开苞竞放，芬芳馥郁，香气袭人矣。

8. 总理丧事筹备讯❹

南京：奉安委员会二十四下午开会，蒋中正主席、决议电力组进行该要案。（二十四日）

汉口：总理丧事筹备处发来灵车式样，车轮仍用普通颜色，小车顶用白色，车共三列，一压道，二运灵，三护送。汉平路局已照式赶造。（二十四日下午十一钟）

泰安：省府三十四次决议，令宣传处会同高等法院及民财教建农五厅，组织总理奉安纪念筹备会，指定陈资一为主席。十九日开会议，议决：

一、在泰山筑纪念碑，碑身三面，座五面，以象征三民五权。

二、在岱庙建总理铜像。

三、定制博山特产玻璃纪念品送京。

四、定制潍县特产嵌银纪念品送京。搜集曹州牡丹及各种花类送京。（二十三日下午九钟）

9. 奉安期，提议改四月

恐迎榇大道赶不及，鲁陕筹备纪念典礼。

---

❶ 彭作桢：《悔庐偶笔》，《晨报》，北京：1927年12月5日，第5版。
❷ 星座名，即鸐䴋。
❸ 《两名园牡丹皆盛放，尤以万牲园花种最齐》，北京：《顺天时报》，1928年4月29日，第7版。
❹ 指孙中山先生葬礼。《总理葬事筹备讯》，上海：《申报》，1929年1月25日，第7版。

【南京二十四日复旦电】敬（二十四日）奉安会议，蒋（中正）等均到，通过典礼组提案。有人提议，各迎榇大道修理不及，奉安期改为四月巧（十八日）尚未决定。月来南方多雨，改期议颇有力。

【泰安二十四日电】省府三十四次决议，令宣传处会同高等法院及民财教建农五厅，组织总理奉安纪念筹备会，指定陈资一为主席。皓日开会议，议决：

（甲）在泰山筑纪念碑，碑身三面，碑座五面。以象征三民五权。

（乙）在岱庙建总理铜像。

（丙）定制博山特产玻璃纪念品送京。

（丁）定制潍县特产嵌银纪念品送京。

（戊）搜集曹州牡丹及各种花类送京。

【西安二十四日电】教育厅因本年三月十二日系总理迎榇安葬紫金山陵寝，届时首都及各省当举行隆重典礼，特令敕各校迅速筹备，以便届时举行。❶

10. 和释戡❷蛰园❸招饮赋牡丹韵

季迟❹

蜡封水养绊松窗（杨廷秀牡丹诗：蜡封水养松窗底，未似珊栏倚半醒），曾吟香名冠旧邦。

中令考兼风廿四，将军材抵艳无双（皮袭美牡丹诗：竟夸天下无双艳）。

欲当乱际花弥贵（郑守愚牡丹诗：乱前看不足，乱后眼偏明。今世乱方毁，得赏此花弥可贵矣），政是愁来酒可降。

曹县状元如与会（曹县状元红，牡丹名），料应商略到红尘。❺

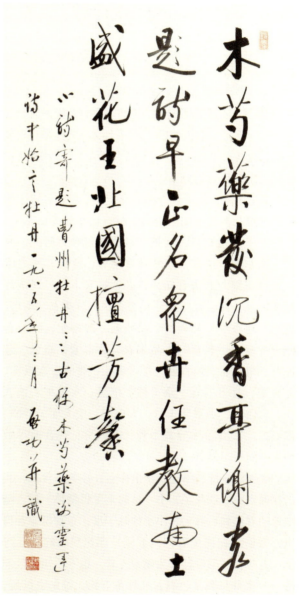

启功

---

❶《奉安期，提议改四月》，北京：《京报》，1929年1月25日，第2版。
❷ 李释戡（1888—1961），原名汰书，字蔬畦，号宣倜，福建闽县人。曾留学日本，后久居北京，精通戏曲音律，曾为梅兰芳编剧。
❸ 郭则沄（1881—1947），字啸麓，号蛰云、蛰园，福建闽侯人。辛亥革命后，历任北洋政府总统府秘书长。郭氏才华横溢，著述浩繁，多与诗词吟社雅集，为民国京津文坛核心人物之一，曾在寓所蛰园组织"蛰园诗社""蛰园律社"等多个诗词社团。
❹ 诸季迟（1876—1959），浙江杭县人，1909年选己酉科拔贡，曾任《长沙日报》经理，清史馆协修兼文牍。1956年6月被聘为中央文史研究馆馆员。参见：启功主编《中央文史研究馆馆员传略》，北京：中华书局，2001年，第148-149页。

❺ 诸季迟：《和释戡蛰园招饮赋牡丹韵》，北京：《益世报》，1932年7月31日，第9版。

11. 枣花寺里赏牡丹[1]

姹紫嫣红

狂蜂花下死，黄庭闲诵花径幽静。
如花美眷似水流年，崇效寺中半日纪

记者 尹静

【特讯】迩来既忙且懒，春将暮矣，此大好时光又被吾白白耗过。日昨与江一之、石镜蓉二先生偕往崇效寺瞻仰驰名平津之牡丹。承该寺住持越宗，殷勤招待。兹将其所谈者，详志于后。

枣花古刹，是崇效寺的前身。建于唐朝，盛于明清。牡丹花多植于明末清初，时有老和尚系山东人。牡丹产于山东曹州，故该僧对植牡丹颇有研究。其时，无非藉以遣兴，孰意数百年后，竟成北平之唯一牡丹花圃。老僧有知，亦必含笑泉下矣。现该寺共有牡丹一百余棵，共分紫燕飞霜、荷花衣、雪塔、墨葵、晚香红、鹤顶红、粉西施、醉杨妃、将春暮矣、古杨妃、魏紫、一品朱衣、葛巾紫、石绿、莲香白、梨花雪、观音面、平习面、玉带春、太极图、金凤楼、月下二乔、众（种）生黑、水月楼、仙人醉、大蒲红、烟罩紫朱盘、太极春、美人面、醉酒、青心白、二乔争艳等数十种，以墨葵、观音面等数种为外间所罕见者。

檀越宗住持，导记者步出禅室，往各院参观。我们在禅室中座谈久了，乍一站起来觉得精神一振，幽幽地随着他到后院去。小小的院子里，布置得非常得当，嫩柳已在摇曳着，树下便是那姹紫嫣红的牡丹了。有些蜜蜂围着牡丹嗡嗡地飞着。也不（知）是谁把一个蜜蜂打死了，啊，牡丹花下死，做鬼也风流，此之谓也。我们从后院出来，到正院去，正院配殿的对联，颇耐人寻味。那联是"黄庭闲诵松窗静，白鹤时行花径幽"。这时有几位赏花的女士，由我们身旁经过，其中有一位说，前几天来，花还没有开，现在已然开了。再过十天看，恐怕就要败了，光阴过得真快，我看人生也不过这样。石先生听完看了看我，我也看了看他，真是所谓，如花美眷，似水流年。江先生蹲在地上，替牡丹照像。记者与老和尚有一句没一句地闲话，我问他普通牡丹的培植法，他说："也没有什么，不过这种东西是木本肉根，性质非常弱，必须处处注意。冬天时候，以草将其围好，下并以土培之，以免伤根。牡丹花根很长，差不多本一尺高，根就有一尺半长。"

江先生照完了，我们又到东院去，与老和尚且谈且行着，询到《青松红杏图》，据谈该图系明末清出（初）时，智朴和尚所绘，智朴原系大将，继于该寺落发为僧。红杏图上，多清朝名人题跋，致成珍品，知崇效寺牡丹者，即知该寺藏有红杏图。东院的花较别处更多了，同时赏花的人也比较多，其中以深紫之墨葵，及大朵白色之美面，白色黄点之金龙黄尤佳。我们在荷花衣下，共摄一影，以留纪念。因为还有旁的事，不得已离开这清幽的所在，出了崇效寺，回头望望那座庙宇，啊，颓废性成（成性）的我，有厌弃红尘的意思了。憪憪中走出了白纸坊。

12. 名胜录·曹州府

王伯平

菏泽县里有三种很出名的产物。

（一）牡丹

牡丹这花，虽然在玩赏以外，没什么用处，但是他（它）开了花极富丽堂皇，大的直径有六七寸，差不多的花没有这样大这样丰美，不怪周濂溪[2]说他（它）"牡丹，花之富贵者也。"在别处也只是在花园种几棵而已，而在菏泽则成顷（百亩）的种。在旧历年根，牡丹地里已发了芽，便用草和泥将它包起，或用船或用车即向外

---

[1] 尹静：《枣花寺里赏牡丹》北京：《益世报（北京）》，1933年5月9日，第6版。

[2] 即北宋学者周敦颐。

运，大半到广东和南洋去的最多，据说有一个地方，开了的花能卖一块钱一朵，这样，菏泽的农民，可以收入几十万元。

（二）柿饼

柿饼是将柿子削去了皮，压起晒干以便冬天吃的，在各大都市上，鲜货铺里常见标着"曹州耿饼"，就是柿饼。因为曹州姓耿的园里的柿子最甜，并且没有筋络，制成柿饼也格外的好吃。写到这里，忽然想起一年冬天在曹州吃柿饼的事了，耿氏制的柿饼，是格外的扁，上面厚厚的一层白霜，粘（黏）性也大，把他（它）拿到炉子上一烤，白霜溶化了，发一股清凉的香美味儿，直到写这文字的时候，还垂涎着它。用柿子熬的白霜，便名为柿霜，性极凉，味清适，沁人齿颊。各处多有售者，不过耿氏所产有限，冒牌的很多。

（三）木瓜

木瓜本是热带植物，而菏泽竟产的很多。成熟后用盘子摆在屋里，有种浓烈的香气，颇宜于呼吸。用火烧着也可以吃，不过酸得很。用木瓜酿酒，味道极好，名为"木瓜露"。此外还有种大石榴名为"钢榴"，皮色黑的像钢铁一样。大的直径有五寸长，也是曹州的特产。❶

13. 山东菏泽实验县的概况调查及其筹备医药卫生之建议❷

五、经济状况

县政府全年收入，共有四十三万余元，解归省市者二十万元，其余之二十三万元，则为本县之地方经费，其分配之详情，虽不得而知，但教育费已占其大半。可见其注重教育之一斑，由以前所述教育状况条下观之，藉知教育费为十四万，其余之九万元，当作军政建设等经费。自黄河决口以来，各项建设工作。已全数停顿，故乡村之小学校，亦已停办大半，所有经费，均移归救灾之用，虽不欲此，亦无可如何也。商人之经费状况，较前益形疲敝。其主要之原因，即为农村破产，乡民既乏购买力，则货物自然停滞，此为全国一般之现象。然菏泽当此水灾之余，其情况不问可知。以经济中心之菏泽县城，于下午四时以后即无卖饭之饭馆，其人民经济情形之低落，可见一斑。

乡村人民之生活，近尤不堪言状，其所赖以生存者，即田亩之收获。但近年以来粮价日跌，粮价愈贱，则愈不易销售；愈不易销售，则尤非跌价不可。因此一年辛勤所得，尚不足地租之数，遂常年忍饥耐寒，日趋于穷困之途。往年本地之牡丹、木瓜等土产，运销广东各省，所获甚丰，近因民生凋敝，资本缺乏，其营斯业者，已渐减少矣。

14. 鲁西花县一瞥❸

花市归来香满袖，姚黄魏紫正芳菲
韩复榘楷园赏牡丹

济南通讯：菏泽为昔日曹州府城，牡丹之盛，为洛阳第二，凤（素）有花县之号。省府主席韩复榘此次视察河工，绕道该县，视察县政建设实验区，并访问牡丹。入其境，所见人家庭院阶砌遍植花木，春色正好，绚烂若锦，藤萝、木瓜到处可见，葡萄有阡陌相连至数十亩者。昨日（二十九日）为城内集期，四乡挑运藤萝花到市求售者络绎于途（因藤萝花可蒸食），实为他县所未见。闻诸地方人言，自去年遭水灾，花木毁坏甚多。最负盛名之黄河北岸某宅牡丹，亦全被淹，现城东张家花园硕果仅存，亦一番小沧桑也。韩氏昨十点在城内训话毕，偕乡建院副院长王绍常等数人，乘汽车，赴城东张家花园观花，作半日清游。出城八里即到，园阔可十亩，园内外到处花卉，园向南门，额曰"楷园"。闻该园先为岳氏，岳家中落后，售归张氏有。韩氏到时，主人适未在园，园内仅园丁二人，发辫尤长垂，供洒扫看守之职（嗣即奉韩命将发剪去）。

---

❶ 王伯平：《曹州府》，沈阳：《盛京时报》，1933年11月21日，第11版。
❷《山东菏泽实验县的概况调查及其筹备医药卫生之建议》，天津：《大公报》，1934年2月6日，第11版，仅节录"五、经济状况"。
❸《韩复榘楷园赏花纪》，天津：《益世报》（天津版），1934年5月2日，第4版。

入门有松坊一座，乃松树两株天然生成者，龙蟠虬屈，颇称难得，另有松狮一对，亦玲珑可爱。园中有藤萝、木瓜、木笔、牡丹等花，方在盛开，一望如锦。牡丹最多、共七十余种，佳种甚多。每花前多植以签牌，上书词句，如"借花常护碍人枝""名花共欣赏""名花点缀好春光"等。古人所谓姚黄、魏紫、豆绿，各仅一株，极难得也。

一种上书冰轮罩红石，亦仅一株。

红色者一种，上书春红。东坡词云"匆匆谢了春红，又东风"。

白色最佳者为梨花雪，有昆山夜夜光白者，闻夜间可以发光。有娇容三变者，一花可变深红、浅红、白三色。

其次佳种有金轮黄、点绛唇、蓝田玉、燃炉紫、醉仙桃、一斛珠、象牙红、白玉莲、大乔、二乔、七宝楼台、玉根白、丹炉颜、赵粉、朱砂蕊、梅（州）红、月娥娇、雪塔、龙眼紫、胭脂红、银水金鳞、种玉（生）红、鹤白、紫银仙、蓁红、美人面、雨过天青、春江浮景、状元红等。名既佳，字又工整，想见花主人亦风雅士也。

韩等赏玩多时，坐花下品茗，清风徐来，香满四座，有飘飘欲仙之慨。由济南随来说评书者，在此说史一折，令人忘倦。赏玩半日，始登车行。众人犹依恋不忍遽去云云。

15. 韩复榘楷园赏花纪[1]

济南讯：菏泽为昔日曹州府城，牡丹之盛，夙（素）有花县之号。省府主席韩复榘此次视察河工，绕道该县，视察县政建设实验区，并访问牡丹。入其境，所见人家庭院阶砌遍植花木，春色正好，绚烂若锦，藤萝木瓜到处可见，葡萄有阡陌相连至数十亩者。昨日（二十九日）为城内集期，四乡挑运藤萝花到市求售者络绎于途。（因藤萝花可蒸食）实为他县所未见。闻诸地方人言，自去年遭水灾，花木毁坏甚多。最负盛名之黄河北岸某宅牡丹，亦全被淹，现城东张家花园硕果仅存，亦一番小沧桑也。韩氏昨十点在城内训话毕，偕乡建院副院长王绍常等数人，乘汽车，赴城东张家花园观花，作半日清游。出城八里即到，园阔可十亩，园内外到处花卉，园向南门，额曰"楷园"。闻该园先为岳氏，岳家中落后，售归张氏有。韩氏到时，主人适未在园，园内仅园丁二人，发辫尤长垂，供洒扫看守之职（嗣即奉韩命将发剪去）。入门有松坊一座，乃松树两株天然生成者，龙蟠虬屈，颇称难得。另有松狮一对，亦玲珑可爱。园中有藤萝、木瓜、木笔、牡丹等花，方在盛开，一望如锦。牡丹最多、共七十余种，佳种甚多。每花前多植以签牌，上书种玉红、鹤白、紫银山、菱红、美人面、雨过天青、春江浮景、状元红等。名既佳，字又工整，想见花主人亦风雅士也。韩等赏玩多时，坐花下品茗，清风徐来，香满四座，有飘飘欲仙之慨。由济南随来说评书者，在此说稗史一折，令人忘倦。赏玩半日，始登车行。众人犹依恋不忍遽去云云。

16. 游安家阁看牡丹，园叟以翁覃溪题跋《曹州牡丹谱》见视，口占四首[2]

宋菊坞

龙池春色傍沈香（园在九龙池与沉香亭旧址相近），老圃生涯岁月长。
除却看花无一事，不知人世有沧桑。
镂金黄傲洛阳春，双桂楼前淡墨新。
枉被钱欧书上品，如今谁是别花人。
翁题新谱盛曹州，劫后灵光一卷留。
中有两家诗最好，赵瓯北[3]与宋商邱[4]。

（卷中樾丈芝兄各题诗二首）

剪取天香岁岁贻，小斋瓶供已多时。
康乾五彩齐生色，不羡徐黄画折枝。

---

[1]《韩复榘楷园赏花纪》，沈阳：《盛京时报》，1934年5月15日，第6版。

[2] 宋菊坞：《秦声》，西安：《秦风周报》，1935年，第1卷，第5期，第23页。
[3] 清代著名学者赵翼，常州人。
[4] 清代著名学者，宋荦，商丘人。

17. 炭火烘牡丹[1]

花，是一种助人兴趣的，不论那一种花，都单独有它的美，所以爱它的人很多，就以平市来说，不论春、夏、秋、冬，都有盛开的花，供我们来赏玩。在春天，最好的花，有牡丹、芍药，还有普通的胡蝶花、洋绣球……夏天呢？有玉兰、栀子、荷花、子午莲、凤眼兰、西蕃莲、夹竹桃……秋天就有秋海棠、桂花、菊花、代代花……到了冬天，虽然天气很冷，可是，也有许多花，可以摆在屋子里来赏玩，并且，冬天的花，发生香味的很多，如腊梅、茉莉、梅花、水仙、兰花、洋晚香玉、茶花……把它摆在屋里，是很有趣味的，所以一般人到了冬天，谁都愿意买几盆，摆在屋里闻闻香。可是，花，全要靠人来培养的得法，才能够开的茂盛，不然，今年买来的花，开完了之后，明年非但不能盛开，并且，就要渐渐的死了。你若是爱养花，知道某一种花应该用什么肥料来培植他（它）。【未完】

18. 炭火烘牡丹2[2]

浇水要多要少，那末，慢慢加以研究，花就可以年年开的茂盛，也可以越繁殖越多。我们花三四元买来的两盆花开不了几天，就白白的遭塌，也是很可惜。

我很爱养花，觉得它比较什么嗜好，都有趣味，所以对于各种普通花的培植，有小小的研究，不过，全都是由经验得来的。知道的，我就把它说出来，不知道的，决不敢来胡说。

在春天盛开的牡丹，培养的方法，比较麻烦。因为这里有水土上的关系。牡丹，出产在山东曹州府的最有名。洛阳也出产牡丹，也是很有名的，在丰台花厂也有种牡丹的。不过他的原根都是由外处来的多。在平市卖牡丹的，大多数全是由曹州府来的多。在运来的时候，根是用很少的土糊着，用旧麻包一捆一捆的捆好，先运到丰台。曹州府卖牡丹人来了之后，在花厂的人叫"牡丹客人"。把牡丹全卖在丰台各花厂，再由丰台花厂转卖平市花厂。在曹州府种牡丹的，全是论亩数种，指着它生活的很多，这是我亲眼看见的。【未完】

19. 炭火烘牡丹3[3]

每年到了春天，曹州府种牡丹就分头运到各处去卖，丰台不过是一部分而已。并且，曹州府种牡丹的赚钱，不是在春天，是在冬天。在国历新年的时候，他们把牡丹用人工薰法薰好，然后再到各处去卖。不过，在薰的时候，要有一种计算，譬如由曹州府到丰台，不用几天才能到，到了丰台之后，再有十几天耽搁，牡丹就恰好可以开。在一般讲究的人，新年倘有宴会，必然要买几盆花摆在客厅里边，本来是春天开的花，硬要叫它冬天来开，那末（么）卖牡丹的人，也就可以很赚钱了。这种用人工薰过的牡丹已经受伤了，就是开完花，勉强不死，到了第二年，不论怎样用心培植它，也是不会再开花的。所以买这种花，是很不经济的。在我们春天买来牡丹之后，必要把它栽到向阳地方，地下最少要掘三尺深，把黑土不要，碎砖瓦砾也要除掉，然后换光晒，是容易败落的。花开之后，还要用花铲把土时常来松动，到了废历立冬之先要用草把枝干捆好，外边还要用黄土泥封固了，枝干要是不很高，最好再扣上一个高花盆（缸瓦店有卖养牡丹花的花盆），因为牡丹最怕风，不这样保护它，是容易受伤的。它既不是平市出产的花，所以繁殖也极难，我们买来之后，还要留心培养，不然它是不容易开花的。【完】

20. 名胜别谈·曹州的特产木瓜石榴[4]

窥天

曹州除了牡丹以外，还有石榴同木瓜。

石榴：石榴分甜、酸两种，甜的开花是白的，酸的开花是红的。因为曹州的土壤宜于种植的关系，所以无

---

[1]《炭火烘牡丹》，济南：《华北新闻》，1935年11月16日，第6版。
[2]《炭火烘牡丹2》，济南：《华北新闻》，1935年11月17日，第6版。
[3]《炭火烘牡丹3》，济南：《华北新闻》，1935年11月18日，第6版。
[4] 窥天：《名胜别谈·曹州的特产木瓜石榴》，济南：《华北新闻》，1935年8月19日，第7版。

论城墙陂处,或田园陇间,便有很多的石榴树。不用人力有意栽培,他(它)便会自然之的很茂盛。最好的一种是叫做刚(钢)榴。特点在核小桨(浆)多,格外有种清香,耐人寻味。成熟的期间最晚,约摸在旧阴(历)的九月初旬,才能上市。

木瓜:产区在曹州的北境,年代老的,枝干粗大,结的果实小。反之年代近的,结的果实大。木瓜成熟的期间就在中秋节的前后。每当木瓜熟时,走到木瓜林里,便看累累的黄金大果,几乎要把枝干堕弯。觉得含有酸味的香气,一阵阵袭入鼻观,甚至连脑子也被浸透。

摘取木瓜的方法,是用一个布囊,挂在了长杆的一端,端上有个铁叉,对准了木瓜,猛力往上一推,木瓜自然便可以落到布囊里了。这样,不但摘取便利,并且木瓜也不至受伤。据说有红斑的木瓜,都是明代所种的木瓜树上结的。

21. 一九三五年,国民革命军阵亡将士公墓在南京灵谷寺落成,特设牡丹坛两处,全部引种曹州牡丹名种

纪念塔

由纪念馆至塔石道三十余丈,及塔四周松林隙处,补植腊梅百数十株;塔平台下,以黄杨为雕,四角植大石楠外,余亦种腊梅,塔壁淡黄,与花色相调和。首都❶冬季少花,年终春初,暗香浮动,引都人士郊游之兴焉。

牡丹坛

灵谷寺素以牡丹著名,然仅数本,非佳种;爰于新建志公殿前,砌牡丹坛二,移植山东曹州著名牡丹数十种,计百数十本,洵为巨观。坛外沿溪布假山,架小桥,循弹石路蜿蜒至小阜丛林中。登"进思亭",望纪念塔,高标林表,公墓西一景也。

将士公墓荫翡(阴翳)苍松丹枫间,已具天然之胜。加以万工池之荷花,牌楼前之海棠,志公殿之牡丹,纪念馆左右之桂,塔周之腊梅,四时之景,无不齐备,无怪中外人士之来墓凭吊者,徘徊不忍去也。❷

按:国民革命军阵亡将士公墓坐落于南京市钟山灵谷景区内,系民国时期的国殇墓园,现为全国重点文物保护单位。墓园占地约一平方公里,公墓安葬了包括北伐战争、抗日战争的阵亡将士代表。

1928年11月,中国国民党中央执行委员会决定为国民革命阵亡将士建造公墓,选址南京明代灵谷寺旧址。彼时,中山陵即将竣工,灵谷寺位于中山陵区范围,将公墓建在中山先生陵区内,含有对阵亡将士褒奖之深意。公墓安葬三年北伐战争中为国牺牲的将士。后又陆续入葬了1932年一·二八淞沪抗战、1933年长城抗战中的部分阵亡将士骸骨,并在灵谷寺基础之上修建了大门、牌楼、灵谷塔等现代建筑,构成了国家级的烈士纪念场馆。

牡丹向来被看作国花,为纪念为国捐躯的将士,公墓特在新志公殿前设立牡丹坛两座,牡丹全部引种自山东菏泽。灵谷寺始建于明朝,素以牡丹著名,民国时期的著名学者汪东❸在灵谷寺牡丹坛欣赏到来自菏泽的牡丹名种鞓红时,写下《鞓红·灵谷寺看牡丹》一首:

> 未及谷雨而开已过半,花色仅红紫粉白四种。洛花以黄者为贵,北京崇效寺有之,闻兵燹后已不存矣
>
> 买栽无地,寻幽古院。可胜却、珠帘蕊馆。
> 洛花绝异,露黄娇婉。恐别与、徐熙画卷。
> 得似唐宫,沈香亭畔。许带笑、倾城比看。
> 玉容惜醉,翠云偷展。也莫道、东君不管。

---

❶ 指南京。

❷ 中国国民党中央执行委员会建筑阵亡将士公墓筹备委员会,编辑:《国民革命军阵亡将士公墓落成典礼纪念刊》,1935年11月印,第93-94页。

❸ 汪东(1890—1963),原名东宝,后改名东,字旭初,号寄庵。早年就读于上海震旦大学,1904年东渡日本,入早稻田大学预科,毕业后入哲学馆学习。同时结识孙中山,为同盟会会员,曾参加辛亥革命。历任中央大学文学院教授、中文系主任、文学院院长。解放后,先后任苏州市政协常委、副主席、江苏省政协常委。为章太炎弟子,曾任《民报》总编辑。

22. 韩昨抵单视察，在菏泽曾赏玩牡丹[1]

韩主席[2]及顾问葛金章、姚以价，参议张连升、周子恒，第二科科长刘昭纲等，于八日早七时，在菏泽开始视察点验。由行辕（训练总监部）出发，首到西门外操场，检阅第二区民众训练。总监部第一团官兵由韩氏亲阅，连教练葛金章点验刺枪，张连升考试拳术，历一时始毕。旋集合全团官兵及民众训话，以立身、齐家、救国三事相勉励，至对于该团之步伐、精神与动作，均表满意。九时在操场内与全体官兵及绅董等共野餐，旋回行辕休息。继赴德国医院，答拜万宾来，韩主席资助该院一千元。继乃赴城北，赏玩天下称最之曹州牡丹。下午三时，回辕进餐后，乘汽车南行，七点到曹县，九日在曹县视察毕，于午后到达单县。随韩氏同行之刘昭纲，九日有两电到济，报告韩氏菏泽曹县视察情形云。

23. 名胜录·金陵的夏景[3]

宗光

早晨六点多钟，太阳还没有出的时候，是最凉快的一个时期。第一公园中山公园，里面遛鸟的人很多。一个个提着、托着鸟笼，口中唱着、或打着哨，到大树下面一坐，喂饱了鸟，将笼子挂在树枝上，看鸟笼子在风中舞着，听听鸟的歌声，耗到九点多钟才渐渐的散去。每天早晨第一公园中，总是那么热闹，除了第一公园以外，秦淮河畔的古桃叶渡和朱鹊桥边，也是遛鸟的好地方。

泛舟是夏天人们最喜欢的运动，也是最适意的消暑方法。一到日落之后，或在月光的晚上，泛舟水上，清凉宜人，没有一点热的感觉。阵阵凉风，吹散了一天的暑意，所以傍晚的时候，秦淮河和玄武湖中，游船如过江之鲫，水面上充满了人门的笑语声。月亮刚升的时候，秦淮河中的灯光，把水照通红，一道一道的灯影，在水中像金蛇乱窜似的，煞是好看。玄武湖晚上当然也有人在那里划船，不过少得多了。浩大的湖面，只有一两盏船灯，在黑暗中出没着。玄武湖中还是白天人来得多，下午三四点钟之后，湖中出赁着四百多条小划子，差不多都租得一空。不过湖面很宽阔，所以并不显得拥挤。现在湖中的荷花呢！湖中居民出产的嫩蚕豆，是春末夏初之间的一种点缀。坐在船上一面划船，一面吃蚕豆，真是其乐不可以言传了。湖中近来有人在那里设备些茶座、饭馆，在湖心的五大洲里。亚洲、美洲、欧洲、非洲、澳洲，所以一称"五洲公园"。还有别出心裁的，想方法把五洲中的竹林砍去一片，摆上茶桌，身坐翠竹之中，阴凉无比，所以来喝茶的人很多。湖中的大饭馆"玄武楼"最近也要开幕了，湖中将变更热闹了。

紫金山下的灵谷寺牡丹已经快凋谢完了，明孝陵的桃花已成过去了，黄瓜和大虾，也已到最贱的时期，都表示着现在已是夏天了。

24. 菏泽县东北约八里赵楼附近之牡丹田[4]

第十二版（乙）：菏泽县东北约八里赵楼附近之牡丹田，广数十百亩，运销全国及日本，其后面多为杏树。

25. 金边牡丹·全国仅有三株[5]

据说金边牡丹全国只有三株，一在天津，一在山东之□界，其一就在东阳。东阳是句容县的一个镇市，由南京去，在龙潭下火车，换乘黄包车一会儿工夫就到。离东阳不远，有个小地名叫"中黄墅"，这里有一个尼姑庵是明朝天官府的旧址，庵门对着鹿山，所以叫鹿山庵。但这鹿山又名叫鸡笼山，牡丹就在鹿山庵的后面。

相传明朝吏部尚书吴谦的母亲，偶然在门前闲眺的

---

[1]《韩昨抵单视察·在菏泽曾赏玩牡丹》，济南：《华北新闻》，1936年5月10日，第2版。
[2] 韩复榘。
[3] 宗光：《名胜录·金陵的夏景》，沈阳：《盛京时报》，1936年7月3日，第9版。
[4]《菏泽县东北约八里赵楼附近之牡丹田》，成都：《土壤专报》，1936年，第14期，128页。
[5]《金边牡丹》，香港：《南华日报》，1937年4月16日，第8版。

时候，见猎人逐一只鹿，由鸡笼山来，鹿向母乞庇。吴母藏鹿园中，诡对猎者谓鹿已他去，旋即纵之。次日，鹿（衔）枯柴一根来园中，以爪爬土栽之溺而去，枯柴发芽生叶，知为牡丹，遂改鸡笼山为鹿山。志异的牡丹来源这样，实似神话。其后花本肥树，如硕花开如斗，红色金边，花心一日数变，由白而红而黄而黑，一直到了洪杨[1]的时候，就连根掘起，移植天王府中，枯萎而死。讵料老根茁芽复生，既长，再掘，再萎，如是三四次，移不可移植乃止。至今每年仍开花一次，惟只三五朵，较之其初百之一耳。

据谓生朵摘下插瓶中，也能开花，同生在枝上开的一样，根叶枝瓣俱能治病。居民认为公产，一瓣一叶不敢自私，而偷窃枝根卖钱的也仍是不免，不能繁茂或由于此。每值花时，游人日多，左右居民，有趁机烧点儿开水，煮几只鸡蛋，卖给游人，解渴充饥，做点"投机生意"的。

26. 洛阳牡丹之今昔[2]

陈大白

洛阳名园，著于史乘，远之若梁冀筑园，十里九阪，石氏金谷，富丽繁华。及至宋代，园林尤盛，李文叔所著《洛阳名园记》，言之详矣。乃自靖康以后，兵燹迭经，名园灰烬，降至今日，遗迹荡然，然牡丹固犹盛也。

洛阳牡丹，欧阳修曾作《洛阳牡丹记》为之考释品名，李格非、周师厚复相继撰文记之，梅圣俞、苏轼等又为诗歌以张之，于是洛阳牡丹，遂为世所重矣。

欧阳修《洛阳牡丹记·品序》云："牡丹出丹州、延州，东出青州，南亦出越州，而出洛阳者今为天下第一。洛阳所谓丹州花、延州红、青州红者，皆彼土之尤杰者。然与洛阳花比拟，则不能敌。"是洛阳牡丹诚为天下第一也。相传北邙山又名牡丹山，竞奇斗妍，盛极一时，今则童山濯濯，尽成荒墟，其所存者，仅洛南李家楼、安乐窝、西场诸村而已！

27. 洛阳牡丹[3]

中国产牡丹区域有三，曰山西之汾阳，曰吾鲁之菏泽，曰河南之洛阳。菏泽牡丹之盛，屡见本报，不赘。兹所谈者，为洛阳牡丹之今昔。（以下与上文重复，从略）

28. 闲话牡丹：天香国色夸名种，魏紫姚黄侈艳谈[4]

牡丹，花之富贵者也。当此春光明媚之良辰，稷园之牡丹，已含苞欲放矣。稷园中牡丹有二乔者，芳名早已遍遐迩。然则，牡丹花之娇艳，无须观赏，即已可想见其仪态也。

按，欧阳公之《牡丹谱》有云："牡丹出洛阳者，天下第一，唐则天以后始盛。"小说家言，亦谓则天女皇，曾训令牡丹云："花须连夜发，莫待晓风吹。"欧阳公所谓则天以后始盛，其与武后训令，或亦不无因果关系也欤？

唐李迪为洛阳留守时，岁遣校乘驿，一日夜至京师。不过当时所进，姚黄、魏紫等数朵，此可知当时牡丹之种类必无今日之繁。贾耽《花谱》云："牡丹，唐人谓之木芍药，天宝中，得红、紫、浅红、通白四本，移植于兴庆池东沉香亭。闻花开，明皇引太真玩赏，李白进《清平乐》三章。而牡丹之名，于是乎著。"又，某笔记载称："明皇时有进牡丹者，贵妃面脂在手，印于花上。脂栽于先春馆，来岁花上有指印迹，名为一捻红云云。上述两则，可考牡丹之史的发展，后世之考牡丹者，亦多据此谈述。然另有笔记说云，隋炀帝开西苑，易州进牡丹二十种，有飞来红、袁家红、天外红、一拂黄、软条黄、延安黄等名，则可知牡丹于隋朝即已出

---

[1] 指洪秀全、杨秀清。
[2] 陈大白，《洛阳牡丹之今昔》，南京：《中央日报》，1937年5月21日，第4版。
[3] 《洛阳牡丹》，济南：《华北新闻（济南）》，1937年5月23日，第6版。
[4] 《天香国色夸名种，闲话牡丹：魏紫姚黄侈艳谈》，沈阳：《盛京时报》，1938年5月4日，第7版。

现，实不能谓为始于武则天或唐玄宗时也。

苏东坡学士于钱维演进洛下牡丹时，作诗云："洛阳相公忠孝家，可怜亦进姚黄花。"观此诗之"亦"字，又可知牡丹之入贡，亦非自李留守时始也。

钮琇之《觚剩》，有篇名《牡丹述》，纪述牡丹一段云："……余官陈之项城，去洛不五百里，而遥访所谓姚魏者，寂焉无闻，鄢陵、通许及山左曹县，闻有异种，唯亳州所产最称烂漫。亳之地，为扬豫水陆之冲，豪商富贾，比屋而居，高舸大舫，连樯而集，花时则锦幄如云，银灯不夜。游人之至者，相与接席携觞，征歌啜茗，一椽之僦，一箸之需，无不价踊百倍，浃旬喧宴，岁以为常。土人以其艺溉之工，用资赏客。每岁仲秋，多植平头紫，剪截佳本，移于其干，故花易繁，又于秋末收子布地，越六七年乃花。花能变化初本，往往更得异观，至百四十余种，可谓盛矣。然赏非胜地，莳不名园，上林无移植之荣，过客无留园之美，周子有言：'牡丹之好，宜乎众！'（见《爱莲说》）。嗟乎！岂牡丹之幸也哉。

钮氏并□述牡丹之种，兹据《觚剩》所载，择尤录之，计花之以氏名者十有八，如支家大红、瓯家榴红、武家遗爱红、雅一百、大焦白、马家黄等。（未完）

29. 闲话牡丹（续）：天香国色夸名种，魏紫姚黄侈艳谈[1]

以色名者十有六，如花红平头、御衣黄、墨羽绿、佛头青、花红胜妆、花红星翠等。以人名者十有七，如太真晚妆、洛妃妆、貂蝉轻醉、软枝醉杨妃、碧玉红妆等。以地名者有八，如汉宫春、阆苑仙姿、绣谷春魁等。以物名者二十有七，如金玉变、藕丝霓裳、醉俸桃、千张灰、一匹马、出水芙蓉、海市神珠、丹凤羽（次品）、斗珠等。以数命名者三，如第一红、十七号等；以境命名者十有二，如金岛出海、湖山映日、碧天秋月、琼楼玉宇、冰轮乍涌等。以事名者六，如泥金捷报、绿水红莲等。以品名者八，如花圣天香一品、羞花伍等。各种之末，附有"次品"。名色之艳丽，一如其花。是类花名，迄今日仍有沿用者，惟以花种日繁，才人赏花品题雅事，几无代无之，故今日牡丹之名愈见其多。

钮氏所别名类，大抵触景生情，或以其人其事，而随意命题如一匹马（以物名者），花纯色白，有以匹马易之者，名遂大著。至如姚黄、魏红，《谱》云："姚黄出于姚氏，魏花肉红色，出于魏相仁溥家，魏红即遗种也。"

王渔洋《池北偶谈》载："曹州牡丹，品类甚多，先祭酒府君尝往购得黄、白、绿数种。长山李氏独得黑牡丹一丛，云曹州止诸生某氏有之，亦不多得。"余前岁入豫，经郑州时，留居三日，闻郑地某巨宅黑牡丹三株，无缘一见，至今惜之。类此则知前代亦珍视色黑者，盖以少为贵，古今皆一理也。

梁晋竹《两般秋雨盦随笔》载，"青城（山）丈夫观前，有牡丹二株，一高十丈，号大将军。一高五丈，号小将军。"牡丹向比美人，此忽擅阃外之尊等，尤为众香国中生色，牡丹花高达十丈亦云奇矣。【完】

30. 春明花事：崇效寺及樱园牡丹次第开放[2]

连日妍晴，北京已到牡丹开时，崇效寺中的姚黄、魏紫、月下二乔、石绿、众（种）生黑、美人面、荷花衣等名种，均已盛开。中央公园牡丹，日来已渐盛开，每日游园士女云集。牡丹花芬香馥郁，艳丽动人，目下已开花者，已达三十余种，计有大魏紫、露珠粉、绿玉、秦红、清心白、白玉、美人红、赵粉、蓝田玉、大金粉、二乔、墨撒金、蒲红、胭脂红、黄气球、掌花案、海棠擎润、娇容三变、葛巾、玉妆楼、冰罩纪（红）石、大叶黄、宋白、藕丝魁、粉妆楼、甘草黄、芝红、胡红、大红薄绒、御衣黄、海棠霞灿，此外尚有丹炉焰、烟笼紫十余种未开放，日内亦可开花云。

---

[1]《闲话牡丹（续）》《天香国色夸名种：魏紫姚黄侈艳谈》，沈阳：《盛京时报》，1938年5月5日，第7版。

[2]《春明花事：崇效寺及樱园牡丹次第开放》，沈阳：《盛京时报》，1938年5月7日，第7版。

31. 闲话香江"花市"[1]

梅邺

【本报特写】香港在旧历年尾的时候，照例是有一个花市的。那是集合许多本港和邻近各地的艺花人而成的。他们贩卖的花，大约有下列的几种，牡丹、吊钟、芍药、水仙、梅花、桃花、盘桔、古树，也间有贩卖金鱼的。

按照一般人心理，牡丹有富贵花王之称，中上等人家，新春时候，没有三两盘摆在家里，便认为不够派头。这种花本来是来自东鲁的。每年在六月的时候，港中那些山东庄，便着手将花根办来，抵粤时，重新种植，每逢年尾，恰值开花，故售价颇高。通常每花一朵可售二元，值是盘中着花六七朵，则两盘牡丹便非二十多元不办。根据艺花人说，今年山东沦陷，东鲁来源断绝。今年的牡丹大多数是由天津运来的，故预料今年牡丹必贵。照最近观察，今年花市，或有牡丹二千株上市，但花之是否合时，那就全靠运气（按牡丹之未能及时开花的，多无人过问）。

吊钟则来自粤之鼎湖山，本港虽亦有野种，惟港府对采伐吊钟，是悬为禁例的。在新春时期，粤人对这种花，也是相当重视。每蕾开出钟的多寡，那便足以预兆一年时运之泰否。通常吊钟每花多是七钟，倘偶有一两枝九钟或十一钟等出现，则人们便认为异数，自信那一年的命运都是好的了。此种花在出产地极为便宜，每枝约费五七仙[2]，但在香港便不同。平常每枝可售三五毛，稍为合时的则非一元八角莫办。因普通人家，多购此花，故吊钟销流又比别种花为多，梅花、桃花往年多来自广州之花地。今年广州沦X（陷），此路来货想已不通，但沿九广路一带，植梅桃花贩不少，今年当取给于是。购此种花的多是些大商店，每枝有高至十多尺的，开时绚烂夺目，如锦如霞，经商的人用此以兆丰年。住家是很少人购买的。价格是视其枝干之大小和着花之多寡而定。最普遍的还要算是水仙花罢，此花是不论住家或商店，多购三两盘，有单托、双托之分，有蟹爪、盘龙之别，亭亭玉立，不蔓不支（枝），用作新春案头点缀，颇有心旷神怡之快。价亦不贵，每头大约三四毫。其他像芍药、菊花、盘桔古树种，当视人们心理之爱恶，以别销场之盛衰，价目也不见贵。

在往年，一到十二月中旬，花贩便忙于找地址寻铺位来摆售。港府也特别划出些不碍交通的地点，给花贩们摆档，各大公司也（有）在天台辟地售花的。今年时候已到，可是花贩们尚不见怎样起劲，这大约是各街空铺难找，二是在国难当中，花贩们是有所考虑的原故。但无论如何，香港年尾花市，是值得人们观光的。

32. 北京城的花事，现在又到极盛时候[3]

阵阵的薰风，扫荡着这北京城。桃杏花开、丁香放蕊，以致连日来稷园、北海挤满了都是赏花的人。《旧京遗事》载，"京城三月，桃花初出，满街唱卖，其声艳美"，这真可说是这都城春天的写照！看，这几天来，由煦和拂柳的春风中，送来那街头小贩叫卖着栽花的香调，"栽花来，栽江西腊、蝴蝶花呀！"腔调的抑扬婉转，真是好听悦耳。同时花是挹着成束的，各色鲜花枝，插在花瓶之内，也是案头上最佳的点缀！

北京的花事，由初春以至深冬，可说是四时无间断。初春的桃花、仲夏的荷花、暮秋的菊花、深冬的梅花，俱皆奇香幽艳，别有一番可爱，尤其日丽风和，艳春的现在，更是花事宜人的季节。像管家岭的杏花、大觉寺的玉兰、法源寺的丁香、崇效寺的牡丹，这都每年招来不少赏花的人士。据言杏花在元时以朝阳门外东岳庙及董园最负盛名。果逻洛纳新诗有"上东门外杏花开"之句，即是吟此。至明时则属西郊八里庄摩诃庵，该地杏花千株，盛极一时。朱养醇（淳）太傅曾有诗咏此庵，记当时之盛，诗曰"摩诃庵外袖吟鞭，繁杏花开十里田"，如此可见当时之盛。至玉兰，

---

[1] 梅邺：《闲话香江"花市"》，香港：《大公报》，1939年2月2日，第6版。

[2] 港市货币单位，一港元等于一百仙，一仙相当于大陆一分钱。

[3] 《北京城的花事，现在又到极盛时候》，沈阳：《盛京时报》，1939年4月18日，第2版。

则属颐和园乐寿堂前，硕大肥美，而今人则讲究以大觉寺之玉兰为最佳。该地附近管家岭，遍山杏花，花时有如香雪海，因之该庙之玉兰亦随之为人所欣赏。丁香则属法源寺，枝干老壮，遍数花朵，却非他处可比。据言该庙之丁香，已有二百年之历史。此外海棠则属法华寺及极乐寺两处，俱为明代之古刹，因之海棠亦有多年历史。

牡丹，北京以崇效寺最著名，今则属稷园，种植既多，种类亦繁，而且交通便利。《北京岁时志》说，正月间，即有牡丹等花，这不过全是些"洞子货"，经人工使之开花放蕊。崇效寺之牡丹，其中姚黄、魏紫饱经沧桑，同时亦成绝种。右安门外草桥之牡丹芍药，亦为花开盛地桥。《燕都游览志》称该地"牡丹芍药亦如稻麻"。明刘侗《帝京景物略》言，草桥地方的卖花姐，每千百散入城门，至今恐早成为陈迹了。今当连日风和日暖，三春佳节，正当桃杏花开，丁香吐蕊，牡丹含苞，都古城花事，诚盛极一时也。

33. 南郊花之寺[1]

久

北京右安门外，花畦甚多，都人无不知之。盖城内各花厂之四季名花，每取之于此也。该处风景幽雅，别具天然之美。在右安门外二里许，有三官庙者，海棠甚盛，而兰草尤有名。前清鼎盛时代，该寺每以兰草酬应宦者之门，为士大夫赏鉴焉。庙门大殿前有柿子树三株，所结之果实，其形不一，有似小鸟者，有似猪羊牛首者，俟然而剥食之，其味甚甜。据僧人云，此类树种乃得自曹州。因该庙种花匠人，每年必至山东曹州贩取牡丹等花，故携其秧回京，移植于此。该庙西院，为花之寺，其海棠为董诰所植，缘董诰因故回浙江原籍，适逢教匪滋事，不敢家居，治装赴都。当时和珅专政，不为奏明，且多刁难，董无法，不敢冒然入京，侨寓庙中，以种花为消遣，故将三官庙改

称花之寺。庙之南院有殿二楹，内祀花神，院内种植各种花草菜蔬等，地虽不广，然菊畦菜梗，亦甚清幽可爱。闻礼亲王昭梿学问渊博，但行为放荡，后以残苛褫爵，时在该处留连，为谈宴之所。其《啸亭杂录》《啸亭续录》即成于此寺云。

34. 洛阳三月花似锦，不如京朝牡丹多。畦池无数点缀名园[2]

燕

"洛阳三月花如锦，多少功夫织得成。"这是诗人对于古都洛阳的富贵花的赞赏，不想到千年以后，这如锦的富贵花，又在近代的北京，灿烂开起来了。

北京牡丹花的盛地，有丰台、崇效寺、中央公园、南海瀛台、颐和园和故宫几个地方。丰台是培植的地方，很少展览，崇效寺的名气虽高，但实际不如中央公园繁盛，颐和园和南海及故宫的，不过少数畦池，点缀名园而已。

中央公园

在民国五年即开始种植牡丹，到现在已有四十余畦，总共一千三百余株，每年在阳历四月底开始放花。全园四十余畦中，以习礼亭及来今雨轩附近的为最佳，开花最大，颜色最娇艳的如二乔、姚黄、魏紫、墨洒金、状元红等几个名种，都在这里。

该园牡丹，除了少数是稷园故物外，都是每年由曹州买来的花根。这种根并不带土，形如枯枝，名为汕根。八月至十一月，均可栽种。冬日覆以稻草，翌年二月去草施肥。花性喜（荤），应用最上猪肉煮浓得（汤），俟冷浇灌。公园花数太多，不及用肉，故例用人粪。即此，每年所需粪料之代价已达七百余元之谱。

牡丹尚有五忌：一忌尼姑及不洁妇女；二忌冰麝香、油漆气；三忌热手抚摩；四忌对花喷烟；五忌酒气

---

[1] 久：《南郊花之寺》，北京：《晨报》，1940年3月23日，第6版。

[2] 燕：《洛阳三月花似锦，不如京朝牡丹多》，北京：《晨报》，1940年5月2日，第7版。

熏蒸。犯此五忌，花即易萎，颜色顿变。如今公园牡丹，色相公开，万众接近，恐怕也忌不得这许多了。现在再谈一谈崇效寺的牡丹。

崇效寺

他（它）近右安门，为宋元时古刹，原以枣花名称都门，故又名枣花寺，其后牡丹渐盛，枣树凋零，遂皆知崇效寺有牡丹，不知昔年之枣了。崇效寺牡丹，凡一百余本，分植于东西两跨院，中庭大悲殿前亦有廿余本，其中颇多名贵之种，尤以石绿、墨葵为天下罕见之品。石绿花苞最紧，开时最迟，始呈浅绿色，飘飘然有出世之感。惟初开时如此，渐则变白矣。墨葵浓紫如墨，娇媚异常。粉西施粉白交辉，如美女之淡妆素抹。崇效寺为历代名流所重，尤以清代翰林为最，每年花开，辄往饮酒赏花，吟咏唱和。是故，崇效寺名望益增，寺中方丈每年柬请各界赏花，宣南道士，车马不绝。萧然古寺，惟（为）春天增风韵也。

35. 点缀初夏的芍药花[1]

芳轩

　　东亚的气候到了芍药开的季节，已竟是初夏了，街头单衫、军帽相继上市。而一般惜春的人，莫不有"春去何速"之感。每年牡丹盛开之后，花瓣尚未落尽，芍药即行含苞待放。一般人对于牡丹花的情感，似乎比芍药花的情感重些。因为牡丹在一般人心目中，是富贵的代表。"花开富贵""富贵满堂"等等名词，在一般人心情中，有着很大的蓄势力，而芍药呢？是草本的植物，必须每年培植。虽然芍药花开的比牡丹还鲜艳些，亦不过供人折了摆在案头而已。牡丹过去在京，并没有其他地方所产的负有盛名。洛阳牡丹之名，古书多有记载，不过最近洛阳没有多少牡丹了。过去洛阳北邙山是满山牡丹，而今只见黄土，看不见万紫千红了。山东曹州所产牡丹，也很负盛名。北京的牡丹花，多半是由曹州移植而来的，因培植得法，已茂盛异常。过去北宁铁路[2]在牡丹盛开的季节，特售廉价票，欢迎各地人士到古都来观花，更提高了花的身价。因是北京中央公园、颐和园的牡丹花，已成为故都的名胜了。

36. 点缀初夏的芍药花（续）[3]

芳轩

　　牡丹是落叶灌木，芍药则为多年生草。茎之高低，也相差不多，不过牡丹比较高一点。如果是老丛，也有高四五尺的，叶均系复叶。开花的时间，牡丹在前，芍药略后。花的颜色形式也相差不多。芍药根有赤白二色两种，可避毒气。

　　据典籍，在唐朝以前，没有牡丹之名，统称芍药，自唐以后，才分为二。以其花似芍药而干为木，又称木芍药。且有"牡丹花王，芍药花相"之说。在当时，牡丹花地位已在芍药花之上了。

　　在北京，芍药花的名气是高于一切的。按照《帝京岁时纪胜》载，"京都花木之盛，惟丰合（台）芍药甲于天下。"旧传扬州刘贡父谱三十一品，孔常父谱三十三品，王通叟谱三十九品，亦云瑰丽之观矣。今扬州遗种绝少，而京师丰台于四月间连畦接畛，倚担市者，日万余株。这游览之人，轮毂相望，惜无好事者图而谱之，如宫饰红、醉仙颜、白玉带、醉杨妃等类，虽重楼牡丹，亦难与彼。考丰台本无台，金时郊台在南城外层，人以种花为业，可见芍药在丰台之盛了。

　　现今，丰台花事不衰，今当芍药盛开之季，花贩多由丰台贩花到北京城内，卖给中上阶级，作案头装饰品。而友邦日本，更是注意插花艺术的，在北京日本人士增加的今日，芍药花销路较往年增加甚多。现今售花的，更有将白色芍药泡于红绿颜色水里，使花变成红绿颜色，鲜艳异常，巧夺天工，售价较昂，人以其颜色特殊，亦多竞相购买焉。（完）

---

[1] 芳轩：《点缀初夏的芍药花》，沈阳：《盛京时报》，1940年6月19日，第7版。

[2] 民国时期，北平到辽宁省会沈阳的一条铁路。

[3] 芳轩：《点缀初夏的芍药花·续》，沈阳：《盛京时报》，1940年6月20日，第7版。

37. 曹州有奇菊，十八种最为珍贵[1]

山东曹州，土地肥沃，牡丹、芍药甲于天下，钢榴、木瓜、耿饼、合柿尤为他处所无。《聊斋志异》之曹国夫人，即指曹州之巨大牡丹也。笔者于役黄河工段时，曾道经其处，历历可考。曹州于牡丹、芍药之外，产菊亦盛，青苗尺许，掇去其头，数日则岐（歧）出两枝。又掇之，每掇益岐，至秋，则一干可出数百余头，每株高与屋齐。朵朵丰艳，无大小之岐，人力既动，土膏亦沃，培植极尽其法。菏泽、巨野两县有最名贵者之菊华（花）十八种，为白麝香、白荔枝、银杏、银佛座、胭脂菊、桃花泛、茉莉菊、木香、十样锦、二乔、波斯菊、十美争艳、胜金黄、千叶金钱、金杯玉盘、垂金线、御衣黄、喜容千叶，为曹州之特别佳种，虽可运往外埠培植，但无论如何培养，一到他处，则枝干细小，花朵少而单薄，判若两种矣，大抵水土使然。

38. 别号一束[2]

焕卿

牡丹花之名号最多，最常见者为姚黄魏紫，为唐开元诗所尚。姚即姚崇，其家黄牡丹最佳。魏为魏征，其家以紫牡丹著名。

国色天香亦为牡丹之号，其事见唐史："玄宗殿内赏花，问陈修已曰：'京师有传唱牡丹者，谁称首？'对曰：李正封。云：'国色朝酣酒，天香夜染衣'。"

牡丹一名"鼠姑"，其说见《本草》。《枝巢编年诗稿》（夏蔚如著）卷有"鼠姑花发重提壶，花田如海人如蚁"之句，即咏崇效寺牡丹也。

又曹国夫人亦为牡丹之号，其传说，则涉神话。传谓：武则天冬日欲赏花，敕御苑各花速开。诸花皆应诏，独牡丹抗旨。则天怒，命将上林牡丹，皆掘移，贬往曹州，因称曹国夫人。今崇效寺之牡丹，即来自曹州者也。

39. 培植牡丹的经验谈：稷园花把式李登云访问记[3]

居

因崇效寺的牡丹，而联想到中央公园培植牡丹最有名的花把式李登云。这次特地找他一谈，得到很多关于牡丹的资料。他今年五十四岁，光绪三十年（1904）的时候，便离开了故乡徐水来京，到三贝子花园学习园艺。过了六七年，又到前金浦路督办沈云沛家养花，那时沈氏是该园的监督。在这时期内，他栽植牡丹，最获心得。一直到民国八年，才随沈氏赠与公园之花木，而到公园。

为购新秧，险遭不测

牡丹的产地，山东曹州最著名，本市的良本大半来自该处。廿余年前，他为了选购新奇的花秧，亲自到曹州一行。以后并曾到离曹州不远的地方，河南省境开封去采购。那次因为客栈不便，夜间宿在车站铁圈子车上。到了深更，听着四外有匪人奔车而来，接着敲砸铁门，同行的人们吓得都神不附体。这时李登云忽喊："把咱们的家伙掏出来！"匪人闻声远扬。其实车内除了牡丹秧子外，什么也没有。

牡丹性馋，嗜饮肉汤

栽植牡丹，最需好肥料，据他的经验，以煮肉之白汤为第一。可是因了价值的昂贵，平常全都用不起。他在沈家的时候，有一件颇富趣味的事情。就是主人翁特别制备一辆骡车，每天清晨到东四牌楼肉铺，购买洗肠子的水汤。车的构造和水车的样子差不多。此外每年还要买几十个猪头，在特备的三口大锅内煮熬，使成肉粥，晾冷浇上，所以花开的特别茂盛。不过，上肥料的方法要考究，丝毫不能苟且，量的多少，看花的壮弱而定。并不像一般养花者所想象的越多越好一样。除了白汤以外，芝麻饼、豆饼也是牡丹很好的食料。

植培关键，全在浇水

养牡丹的关键，全在浇水上面，水量的大小，也

---

[1]《曹州有奇菊，十八种最为珍贵》，临汾：《晋南晨报》，1940年12月6日，第3版。

[2] 焕卿：《别号一束》，北京：《晨报》，1941年5月3日，第3版。

[3]《培植牡丹的经验谈：稷园花把式李登云访问记》，北京：《晨报》，1941年5月10日，第3版。

按花的大小和壮弱而定。开春第一次浇水，可以让它尽量的饱喝一顿，以解一冬的苦渴。以后就按渴的程度，而来灌溉。观察需水的程度，是培植牡丹的秘诀，在他照料浇盆花的时候，惯以手拇指敲击花盆边沿，听声而定浇水的多少。地上栽植的，那只好以眼看了。往往看似极干需水，而实际下边还非常的阴湿，如果错浇，那非根烂而死不可。据他说，沈家在天津有五十多棵花干直径约三寸的大牡丹，因为闹水灾，由津运京，不幸在途中火车上又遇四天的豪雨，结果全死，没有一颗（棵）生还的。所以，宁可稍旱，不可过分浇水，免掉根芽腐烂。

本虽将枯，花仍可放

花的死活，在春天不容易看出来，往往有些虽然开的非常鲜艳，但是已病入膏盲（肓），仅借着枝干存储的一点养份（分），勉强支持，一俟花开，病相立发，再经几次风雨，那非"寿终正寝"不可了。所以，俗语都说牡丹是"舍命不舍花"的东西。新栽的秧子，至少经过花季以后的夏秋，才能决定它的死活。李登云因为经验极丰的缘故，随时可以看出它将来的命运。当笔者凭篱视看的时候，他指点几棵说："这几棵恐怕明年就不能相见了"。预防它的疾病，上肥料和浇水两事要下大功夫。此外就是除虫。肥料大粪里有虫子，用黑药水浇上，可以完全杀死。为预防枝叶生虫子，最好拿棉花籽饼作肥料。假设一旦发生的时候，那只可用毛刷来刷。据李登云说，除虫药水他也曾试过，结果不好，花极受伤。关于这一点，笔者觉得还有考虑的地方，也许他那次试验的时候，所选的药水品质不良，种类不对或使用方法上未臻完善。一二次的试验是不足为凭的。假设以他的经验，再参照科学的方法，将来技艺上的成就，或更有过于此。

宿舍院内，俨然医院

他在公园里管理的牡丹，一共有十八畦，每畦四五十株不等。今年掌花案开得最好，花色红，特点在花虽然开败瓣亦不落。来今雨轩前和唐花坞后各有一株。其余如状元红（来今雨轩前有两株）、藕丝魁（事务所前及来今雨轩西各有一株）、冰罩红石（事务所前及唐坞后各有一）、二乔（事务所前六株）、来今雨轩西四株）、观音面（行健会后九株，事务所前二株）和赵粉（唐花坞东五株），都是出类拔萃的佳种。此外烟笼紫珠盘、墨撒金（以上墨色），姚黄、御衣黄、黄气球（以上黄色），娇容三变、豆绿、绿玉（以上绿色），昆山夜色、清心白、白玉、宋白（以上白色），葛巾、魏紫、墨魁（以上紫色），大红剪绒、丹炉焰、胡红、秦红（以上红色），海棠擎润、醉仙桃、观音面、醉杨妃、赵粉、大金粉、瑶池春（以上粉红色），蓝田玉（以上蓝色），总共三十多种。这些花的枝叶极相似，不容易分清。可是李登云每年在牡丹方一含苞的时候，就将花的名牌标上，足证他的辨别之力强了。最后，到公园正门东，他的宿舍一看，院子里满是花木，全都衰微不堪。他说这是园子各处，所植的有病或将枯死的东西，搁在这里，经过他自己培养一个相当时期，待茂盛时再摆出去。"家畜医院"现在已很普遍，"花木医陀"这次还是初见呢。

40. 春明花事录——清代及近代花事，牡丹时期（续）[1]

芸子[2]

崇效花事，递嬗至牡丹时期，花事之盛，已达极点。婪尾春光，国色正浓，五都裙屐，联翩荙集。或排日以看花，或盍簪而觞咏，宣南盛事，以此为最矣。

寺之牡丹，天香国色，允推都中第一。结根琼岛，疏本骊山，种类不同，香艳亦异。其或疏茎散碧，其或细蕊分黄，其或红娇色褪，其或紫腻光深。名色之多，一时无匹。其名色之可纪者有，姚黄、魏紫、豆绿、石绿、雪塔、醉酒、荷花衣、白葛巾、古杨妃、玉堂春、银粉面、佛头青、众（种）生黑、粉妆楼、太极春、蓝田玉、鸭蛋青、众（种）生红、一品红、玉天仙、葛巾紫、凤头红、紫霞玉、回回春、冰照红池、二娇争艳、紫凤楼台、紫艳飞霜、烟照（罩）紫珠盘，名色凡

---

[1] 芸子：《春明花事录——清代及近代花事，牡丹时期（续）》，北京：《益世报》，1941年5月26日，第8版。
[2] 傅芸子。

二十四种。（？）此其最著者，诚大观矣。匪惟四香阁外所未尝详，即百宝栏边亦有不及备者也。

清代名流，题咏牡丹之作，纸不胜书。兹录满洲（州）诗人胜荧弹数联，以见一般（斑）。青者云："鹦哥梦醒魂俱化，燕子泥香迹尚留。"黄者云："澹品宜名石公履，天香更袭老僧衣。"赤者云："临风纵异鹏魂泣，捧日休疑鹤顶新。"白者云："富贵场中一澹泊，胭脂队里莫评量。"黑者云："临池倒影鱼吞误，背月飘香蝶宿疑。"俱典切有致，尚非浮泛之作。

寺中各色牡丹甚多，惟黑色者只一株。寺僧爱护甚至，然花质易谢，盛时不及一月，即零落尽矣。南皮张孝达❶有诗云：

一夜狂风国艳残，东皇应是护持难。
不堪重读元舆赋，如咽如悲独自看。
此即过寺看花，伤残损之作也。【未完】

41. 闲话牡丹·洛阳及曹州的牡丹 ❷

听寒外史

牡丹，花王也。每年四月，京市则牡丹业已上市，魏紫姚黄，各逞姿态。据《瓠剩》所记云，欧阳公《牡丹谱》云："牡丹出洛阳者，天下第一，唐则天以后始盛，然不进御。自李迪为留守，岁遣校乘驿，一日夜至京师，所进不过姚黄、魏花数朵。"又贾耽《花谱》云："牡丹，唐人谓之木芍药，天宝中得红、紫、浅红、通白四本，移植于兴庆池东沉香亭。会花开，明皇引太真玩赏，李白进《清平调》三章。"然考之杂志，隋炀帝开西苑，易州进牡丹二十种，有飞来红、袁家红、天外红、一拂黄、软条黄、延安黄等名。

明皇时，有进牡丹者，贵妃面脂在手，印于花上，诏栽于先春馆。来岁花上有指印迹，名为一捻红。则花之繁殖，不仅在沉香亭也。鄢陵、通许及山左曹县，间有异种。惟亳州所产，最称烂缦（漫）。亳之地为扬豫水陆之冲，豪商富贾，比屋而居，高舸大舫，连樯而集，花时则锦幄如云，银灯不夜。游人之至者，相与接席携觞，征歌啜茗，一椽之僦，一箸之需，无不价踊百倍，浃旬喧宴，岁以为常。花之种类至一百四十余种，可谓盛矣！

清余鹏年《曹州牡丹谱》谓："曹州园户，种花如种黍粟，动以顷计。东郭二十里，盖连畦接畛也。看花之局，在三月杪，花天必有飓风，欲求张饮，帘幕车马，歌吹相属，多有轻云微雨如泽国，此月盖所不能，此大恨事。园户曾不解惜花，间作棚屋者。无有花，无论宜阴宜阳，暴露于飓风烈日之前，虽弄花一年，而看花乃无五日也。"

《帝京景物略》云："右安门外草桥，土近泉居，人以种花为业，冬则温火暄之，十月中即有牡丹花。今曹州花可以火烘开者三种：曰胡氏红，曰何白，曰紫衣冠群。"

牡丹最著名者为洛阳，次即以曹州为最著。今逢花王怒放之时，故闲话两地牡丹之略于此。

42. 牡丹的娘家在哪儿？ ❸

孟君

在北平看牡丹，从前属崇效寺，现在要数中山公园了。日来公园牡丹开得正好，共十七畦，每畦四五十株，粉白姹紫，种类纷繁，不下四十余种之多，真给中山公园平添不少春色，这也是北平人的眼福。

中国古代未见牡丹之名，唐代始有专称者。论者以为中国古代原统称"芍药"，至唐时以其为木本，乃芍药别称，为"木芍药"或"牡丹"。又有人谓中国古代原无牡丹，乃唐时始自西域输入者，故牡丹始盛于长安。二说各有理由，或以后说为更可信。

按牡丹为复叶落叶乔木，以其生活条件论，原最适

---

❶ 张之洞。
❷ 听寒外史：《闲话牡丹：洛阳及曹州的牡丹》，北京：《三六九画报》1942年，第15卷，第3期，第17页。
❸ 孟君：《牡丹的娘家在哪儿？》，北京：《新生报》，1946年5月4日，第3版。

宜于生长在我国的大西北部，因为西北的气候是昼热夜寒，地势高亢而雨量稀少，这都是培植牡丹最优良的条件。所以在西北，就像兰州那个地方，牡丹并不算什么稀罕玩意儿，用不着太经心，就长的（得）好。稍事讲究的人家，庭院里都有几株。我曾在赴榆中兴隆山旅行的途中，看到一株真大的牡丹，矮矮的土墙藏不住它的娇艳，因为它的身量和房屋一般高，简直是一颗（棵）花树，要拿中山公园那颗（棵）最惹人注目的，开五十朵的大金粉来和它比，还不是小巫见大巫？由于这个比较，所以我觉得牡丹的娘家应该在西北，由于汉唐对西域的经营，后来才慢慢传入中原。而古代统称谓"芍药"之说，是不大有根据的。

编者按：历代谱牡丹者多矣，如欧阳永叔之《洛阳牡丹记》、陆放翁之《天彭牡丹谱》以及《亳州牡丹谱》《曹州牡丹谱》等，均详载花名，叙其形状，至牡丹之娘家，皆语焉不详。记得大谢[1]诗序中，曾提及"牡丹"二字，而于孟君之牡丹娘家在西北一问题，未能断定是否，爰赘数语，藉以质诸世之博雅君子。

43. 喜林[2]

广州阴历元旦，家家献花。除本地之吊钟花外，尚有山东曹州出产之牡丹盆花。花贩每年由曹州运往，渡海而南，沿途浇灌，查看温度，加意培植，总期元旦节花正开放，始能利市三倍。若早开一日，或迟开一晚，即不能满足广州社会人士之心理，价即大贬！牡丹之最好者，枝干仅一尺有半，即可开花四五朵，肥艳绝伦，团可过尺，瓣多十数层，大非北方所可见及！

六榕寺为广州有名之大寺院，相传为六祖慧能成佛之地，正殿有六祖之包骨像，殿前满布最好牡丹，多至百盆，均为各山主或许愿者所献。院内有多年老榕六株，高可十丈，粗可数围，浓阴遮天，与肥艳牡丹红绿相映，游人终日络绎不绝。

……

44. 牡丹甲天下[3]

王瘦梅

曹州牡丹甲天下，这里是牡丹的王国，读过《聊斋志异》和中国旧小说的，当可知道，在多年前这里就以牡丹出名了。这里的牡丹种类之多为全国冠，种植面积之广也骇人听闻，行销地区远至广东南洋，近至平津京沪。只要有牡丹，不消说，都是曹州去的。人人都说洛阳牡丹好，岂知曹州是娘家，曹州人常常是以此自豪的。

牡丹乡在曹州城东北七里之赵楼一带，记者曾乘吉普车到那里去做过探花郎。牡丹乡约十顷之大，松柏林立，环境幽美，只可惜人间无春，花不开，所能看到的乃是遍地香冢（牡丹天生弱质，不禁酷寒，故到冬天就埋起来）。记者仅在花乡唏嘘嗟叹了一阵，就依依返城了。

在曹州承刘汝珍将军款留了三天，二十号早晨驾车言旋，匆匆的归来，正如匆匆的去。离开曹州时，我还把头转回去怅望着这个乍晤乍别的古城，一直到云烟遮住了她的面庞，我才望着自己的归路。

怕处有鬼，偏偏车子到了危险地带的彭庄抛锚，在焦急与恐怖中修理了三个钟头，才修好了。开足马力，下午四时才到了考城。饥肠辘辘，疲惫不堪，到考城五十五军军部，承理副军长款以炸酱面，不敢久停，即再赶路。开车时已四点半了，到开封还有一百七十里，司机的焦急，记者更焦急，路上人车已很少了。一轮将要落山的红日，向着大地作着留恋的微笑。车子风驰电掣般的向着他追，他一点一点的往下沉，车子也一跳一跳的向前追，可是终于没有追上，他沉下去了。大地上呈现出隐约的黄昏景色，沙城何在？我体味着"凉风不管征衣薄，落日方知行路难"那两句诗了。

车进开封的时候，已经是万家灯火了。没办法，只得去拜访第四绥靖区司令官刘汝明将军。名片递进去，刘将军亲自笑迎了出来，他说："接到五十五军电

---

[1] 谢灵运。
[2] 《喜林》，北京：《新生报》，1946年11月28日，第3版。
[3] 王瘦梅：《巡视冀鲁豫边区·牡丹甲天下》，上海：《申报》，1946年12月2日，第9版。

话，知你今晚必住此，我已候驾多时了！"这时我也不禁笑了。

吃了晚饭，同刘将军谈了两个钟头，他把他幼年从军，壮年带兵，孤军当南口之险，走马解西安之围这些德事，历历如数家珍般的说了一遍，使我一身疲困消失净尽。我对这位雍容儒将起了无限的兴趣，最还是他催我就寝，我才去睡了。

45. 崇效寺"牡丹"[1]

痴呆

崇效寺位故都之南城外，原名枣林寺，或亦有谓枣花寺者（准之以目下之枣林前后街，当以枣林为可靠）。初本不以"富贵花"驰名燕市，更今名以后，始以牡丹名于时，无何又载于《都门记略》。而全国各地，无不知崇效之名矣。然则盍以曰：崇效耶？而实本《周易》之崇效天，卑法地而已，夫天之崇，又安可以寻丈计，圣人维时其效。而知亦崇焉，故经纬万端，宰制群动，荡荡其无极，苍苍其无垠，此其所以为崇效乎？洎夫有清同光之世，而大小臣（以翰林院国史馆为尤甚）每以风雅自诩，而诗酒自娱，故如陶然亭、崇效寺等，大都为吟哦雅集之所，如是则无为老衲，忽然送旧迎新，清净禅林，顿成花香世界。夫前迎显宦，后送达官，非为光于佛门，实图缘簿上之几两银仔子而已。后更花圃渐开，而异种时来，每于枣花香里，而冠盖如云，兰蕙馨中，而士女亲沓，此亦故都年中之一韵事也。夫崇效本不如柏林之庄严，又不如法源之宏整，故躬诣法苑，非若优婆塞之听经得入空门，岂同优婆夷之顶礼。其摩肩而来，不过看花心热，并迹而至，无惑品茗情殷，上下百有余岁。

于今为烈，此故都所以讲上崇效寺看牡丹也。夫崇效寺之牡丹，若非其他不过仅魏紫姚黄而已，若藏经楼下之雪楼与杨妃，姑不论其花，或艳丽如西子临风，或素同青娥对月，只其木本之高及人，粗及拱，均非近年物焉。再则曰：观音面，其花如芍药，色则似米色而较黄，若淡赭而微紫，真不愧人面之花也。询于沙弥，乃知名为张南皮[2]所命云。呜呼！昔年名士，赏此日之名花，花如有知，当亦觉今昔之沧桑矣。再则，朱栏笼罩，有国色一株，左则荷粉低垂，右则魏紫争艳，其旁以丝绒系小牙牌，书曰二乔争妍。此在天色（香）国色中，固已奇矣，然尚不如对面圃中之所谓太极图者。太极图高不及雪楼之半，而艳不如杨妃之妍，其花朵亦不能与二乔相比拟，然其在群芳之中，以奇而不以正，故以异乃能为鹤立鸡群也。太极图乃一花斜仄，而二色截然，一半则粉比杨妃，一半则紫同绛雪。惜乎！虽两仪划分，而四象未具，此亦美中之不足焉。又粉垣之下，有花名丹朱者，色似柘榴，色固奇矣，而名则不伦。夫丹朱尧之不孝子也，而以名此，或因其色本不正，而实不足应朱雀之形及祝融之象乎？再东有小角门一，内为荒圃，地铺沙土，上搭芦棚，中置大铁锅一。其中则满贮清水，再入棚间，则有花圃二畦皆培以黄沙，而范以朱栏。有花匠五六人，往来护视，时以喷壶洒水于棚中，其内气候则清凉殊甚。而虽风雨晦明，皆无碍曹国夫人之寄踪也。二圃则一为墨牡丹，而一为绿牡丹。墨牡丹，并非黟然如炭，而实绛色綦浓也。其花大如盆，直径盈尺，不过是单纯的大单片儿。再则绿牡丹，则与墨者成反比例，其花多不异寻常，惟颜色特异而已。夫绿牡丹之绿，非如阴阴之叶，唯色等新萍已也。斯时墨花二朵，而绿色只一，余则蓓蕾累累，而开放尚须时日焉。其地颇为肃静，较诸棚外游蜂乱舞，蛱蝶翩翩，真有霄壤之别矣。

---

[1] 痴呆：《崇效寺"牡丹"》，北京：《一四七画报》，1946年，第4卷，第1期，11页.

[2] 张之洞。

46. 崇效寺及稷园之牡丹——百年来旧都牡丹崇效第一（上）

芸子

（一）引言

牡丹为我国特产，属落叶灌木，夏初开花，品色繁多，在花中推为最艳品，姚黄、魏紫、欧碧、鞓红、天香国色，洵非虚誉。花事之盛，京师为最，昔之洛阳，今之北平，芳华所聚，莫与比伦。而旧都名园梵刹，各有珍葩，占断九城春色。惟自元明以来，历经六百余载，盛衰兴寂，颇多变迁，即如：

元廉希宪万柳堂，有名花万本，京师号为第一。吴长元《宸垣识略》云："野云廉公希宪，城外创造园亭，名花几万本，京师号为第一……"查嗣瑮《万柳堂诗》："梁国千顷牡丹红，不及廉园一万丛。未老先归贤相国，肯将花事媚东宫。"

明时梁氏园之牡丹几十亩，香闻里余。明程敏政撰《集篁》云："京师卖花人联住小南城古辽城之麓，其中最盛者曰梁氏园，园之牡丹芍药几十亩，花时云锦布地，香冉冉闻里余。"按梁园在今南新华街梁家园地方。

武清侯别业牡丹开时，有"花海"之称。孙国敉《燕都游览志》："武清侯别业，额曰清华园，广十里，园中牡丹多异种，以绿蝴蝶为最，开时足称花海……"

极乐寺国花堂，本以牡丹名。李慈铭《越缦堂日记》，同治十一年三月日记云："出西直门，至极乐寺……设宴于国花堂，堂本以牡丹名，明时甚盛，今连畦皆杂卉矣。"

清初祖氏园牡丹，花开如斗。《宸垣识略》云："祖氏园在草桥，水石亭林，擅一时之胜。游草桥丰台者，往往过焉……"

王士禛《祖将军园亭》诗之一云："亭北亭葩取次看，一枝将放倚雕阑。梁园记得春深日，斗大花开绿牡丹。"

法源寺牡丹殊盛，高三尺余。震钧《天咫偶闻》云："法源寺即古之悯忠寺庙，僧院中牡丹殊盛，高三尺余……"李莼客有《法源寺看牡丹六绝句》，其一云："看到藤花兴已阑，羸骖懒复逐长安。忽然一纸消遥叟，约向禅房饯牡丹。"其二云："杰阁丁香四照中，绿阴千丈拥琳宫。别开曲径藏春坞，暖约雕栏一面风。"其三云："锡杖经坛振法仪，珠旛高傍梵轮飞。鹊炉香到云窗外，千色花光上械衣。"其四云："随意回廊曳杖行，经楼百尺俯花晴。朱阑飘渺诸天上，钟鼓都疑下界声。"昔日牡丹之盛可知，今则只以丁香著矣。

以上为见于前贤载记吟咏之牡丹花事，考其遗迹，今均不可闻问矣。清季民初以来，旧都牡丹则推崇效寺，领袖群芳。民三之后，中山公园分畦植花，渐成后起之秀，今有花达千余株，蔚成盛观。崇效僻在宣南，每岁花时游人渐少，而稷园牡丹起而代之，遂蜚声都下，夜间复张灯观赏，尤觉盛况空前。此篇分述两处花事，旧都国花可代表矣。今虽婪尾春光，花事阑珊，然而名蓝名园名花，尚足令人牵情回想，拙稿所述，当不致贻黄花之诮也。

（二）崇效寺牡丹

崇效寺在宣南白纸坊，《顺天府志》云："崇效寺，唐刹也，在白纸坊。唐刘济舍宅为寺，地在唐城之内，元至正重葺，明天顺间修之……其方丈旧署'静观'二字，顺治丁亥王铎书。环植枣树千株，王士禛称寺为枣花寺，今尚有存者。又康熙年间有僧名雪坞者，曾种梅二株，今无闻矣。又寺中旧传四季多花，游屐颇盛。王士禛、朱彝尊辈，俱有题咏……"可见崇效寺昔时四季花事之盛。然其最著者则为枣花、丁香、牡丹也。《天咫偶闻》云："崇效寺俗名枣花寺，花事最盛。昔国初以枣花名，乾隆中以丁香名，今则以牡丹名……"

崇效寺第一期花事，盖为枣花，王士禛有《过崇效寺，访雪坞法师，看枣花》诗，其一云："祇园枣花时，招携共游散。仿佛旃檀林，吹香绿阴满。射覆叱来来，乐府歌纂纂。乐此淡忘归，林中夕阳缓。"

渔洋前诗"仿佛旃檀林，吹香丝满阴"二句，颇能写出枣花花时，寺中所之一幽静境界，令人向往。此种清游，固难为俗人道也。然而乾隆中叶，寺中枣花仅

---
① 芸子：《崇效寺及社稷园之牡丹——百年来旧都牡丹崇效寺第一（上）》，北京：《新生报》，1947年5月23日，第3版。

存数株（见《日下旧闻考》），厥后亦未见补植之记载，今更无迹可寻矣。

枣花花事寂后，第二期继之以丁香、海棠，亦曾称盛一时。嘉庆十五年，翁覃溪有《丁香》诗石刻，今嵌于藏经阁东厅事间。据其所记，阁前丁香、海棠为王渔洋、朱竹垞所植，而嘉道间海棠尤盛，诗人咏者颇多。孙原湘有《崇效寺看海棠》诗云：

> 百钱买得小辇车，飘然来看城西花。
> 离花一里见花顶，白云绕寺成红霞。
> 三间琉璃大佛殿，花光直射如来面。
> 花低僧虽自往来，袈裟常湿胭脂片。
> 茫茫人海十丈尘，梦魂隔绝江南春。
> 今朝惜花一洗眼，始觉还我花前身。
> 我欲将花迳劚取，连根欲种江南土。
> 只许佳人俊眼看，胜教老僧低眉觑。
> 花闻我言若笑来，江南岂少花枝开。
> 荒园废圃往往见，几人立马贪徘徊。
> 物无贵贱贵在少，孤根幸托长安道。
> 尚惜长安滟滟花，不如塞北青青草。
> 日午车声历历过，花间乱踏豪猪靴。
> 但教万口传名遍，那惜沾尘日日多。

世多知崇效丁香之盛，而不知海棠之盛，此诗足资证据，因特录之。其花能令诗人移情若此，则崇效海棠之艳冶繁盛可知矣。今寺中已无海棠，惟无量殿前有丁香二十余株，然亦非乾嘉种植，乃民国后寺僧越宗补者，殆欲为此寺存一掌故花焉。

第三期牡丹之盛，其始约在道咸之季。同光间，曾荒寂一时，洎清末民初复盛，寺中各院落之间均有花圃，无量殿前、大悲坛左右两院及坛后院中，几于处处植花，凡一百七八十丛。就中尤以西廊下绿栏间之姚黄一株，最为佳艳。余如东殿下之月下二乔、魏紫、鹤顶红，东院之石绿、雪塔、平习面、美人面、蓝田玉、荷花衣，后院中之一品朱衣、众（种）生黑、豆绿等十余种，亦皆为难得之嘉植。而墨绿两色前为故寺所仅有，而其年代亦最远有名，曩昔李慈铭《越缦堂日记》，同治十一年四月有一则云："寺中牡丹，昔时最盛，有绿黑二色异种。"盖历有年所矣。姚黄一株，惜已为人移去。郭蛰云《清词玉屑》云：

> 百年来京师牡丹数崇效寺，佛殿前姚黄一株高及人，花时特盛，自余见之，逾二十年矣。今春访之不见，闻为磐眼者辇去，初不甚信，读李《越缦》词谓，天宁寺绿牡丹，间岁作花，往往看不得，则前岁移入朱邸，因赋露华，后半云："春风几相识，只倚遍栏干，谁忍攀摘？赋就睡妆，偏漏宓妃消息。带辇转入朱门，可比坠楼颜色。灯影下，何时翠蛾重出。"则是事昔已有之。因和其韵云：
>
> 花天旧忆，看悄曳宫罗。倩影孤绝，几度东风香缕，研笈俱拂佛前，许换新妆，却似道家丰格。金楼佳，寻常漫数，赵红欧碧。铜盘暗绪曾识。念坠梦宣华，春好愁摘。唱到缕衣，猛断玉珰消息。叠帆载恨迢迢，怨煞画图颜色。幡影畔，空教䴖鹭呼出。亦宣南异日掌故也……

今岁蛰云先生遽归道山，露华一词所赋，可为旧都永留一掌故矣。

寺中大悲阁前，又有古楸三株，每岁与牡丹同时作花，乔干高耸，粉云映日，亦为崇效之一名植。清季朱古微先生，尝与徐芷帆、养吾昆仲宴赏其下，后养吾谢世，芷帆因作《楸阴感旧图》，以志脊鸰之戚。嗣芷帆继殁，沈太侔先生重过此寺，感念徐氏昆仲，复作《楸阴感旧图》纪念亡友。民十一二年间，太侔先生在世之时，余曾介美国友人马尔志（B. March）君将卷子摄影，今犹存全照。此图题咏甚多，可谓《青松红杏图》后，有关崇效寺故实之又一名迹，今限于篇幅，容另为文同述之。

寺中牡丹以民十五左右最盛，每岁花时，观赏者不绝于途。惟旧历四月初旬，多值风霾，晴日殊少，是为一憾。黄晦闻有《崇效寺同瘿公看牡丹》诗云：

> 海棠已过丁香尽，毋负牡丹开匝旬。
> 递岁一过尝及盛，恶风无日不愁春。

芳樽迟客僧忙煞，楸树兼花地斩新。

未了长安今日事，栏边同是旧游人。

"恶风无日不愁春"句，洵为写实之语。近十年来，老株牡丹日就枯萎，新植补种者，虽可供赏玩，然难与稷园所植诸品抗衡，且又远在宣南，交通不便，于是游人日形稀少矣。

崇效寺及稷园之牡丹——近十年来稷园牡丹名冠旧京（中）[1]

芸子

（三）稷园牡丹

中山公园原为清代之社稷坛，左倚宫阙，后滨御河，殿宇崇闳，衢路四达。自民三开办以来，锐意建设，亭榭缭曲，池沼潋泓，幽花杂蔚，茂树连阴，四季花事，迄无间断。而春季之牡丹尤称繁盛，每岁花时，名流觞咏，无日无之，游赏者络绎不绝，"出门俱是看花人"可谓斯园咏矣。

稷园牡丹，多购自鲁省之曹州。自民三以来，逐年增植，红白绿紫，已达千有七百余株。民八之后，始由著名花匠——所谓"花把式"——李登云，专一培养，年复益盛，已有凌驾崇效寺而上之势，李叟原为前津浦路督办沈云沛家之莳花人，经验宏富，尤擅栽植牡丹，稷园花事之盛，李叟盖有力焉。

稷园地势广阔，原可随处莳花，惟牡丹花性宜凉畏热，喜燥恶湿，惧烈风酷日，故多植于古柏荫下，围畦分植，又围以竹栅，覆以苇蓆，以适其性，计大小二十余畦，花事之盛当冠旧京诸园矣。兹将该园所植牡丹名目，分志如左：

烟笼紫珠盘、墨撒金（以上墨色）

姚黄、御衣黄、黄气球（以上黄色）

娇容三变、豆绿、绿玉（以上绿色）

昆山夜光、清心白、白玉、宋白（以上白色）

葛巾、魏紫、墨魁（以上紫色）

大红剪绒、状元红、丹炉焰、掌花案、胡红、秦红（以上红色）

冰罩红石、海棠擎润、醉仙桃、观音面、醉杨妃、赵粉、大金粉、瑶池春（以上粉红色）

二乔（红白色）

蓝田玉、藕丝魁（以上蓝紫色）

以上计三十二种名目，多为殊品名葩，就中尤以蓝紫色之藕丝魁（事务所前及来今雨轩之西，各有一株）。

粉红色之冰罩红石（事务所及唐花坞后，各有一株），红色之状元红（来今雨轩有两株），红白色之二乔（事务所前有六株，来今雨轩西有四株），以及姚黄、豆绿、魏紫（事务所及来今雨轩等处有之），皆为出类拔萃之嘉植，而魏紫、二乔均为数十年之老株，尤为难得之名品也。

稷园牡丹，自民三迄今，已有二十余年之历史。世人吟咏，不知凡几。惟品评之诗虽多，而可资故实者殊尠（鲜）。夏枝巢先生昔有《壬申稷园牡丹杂诗十二首》，为花写照，或赋花色之珍，或咏花态之妙，每绝之后，并系以小注，尤足为名园名花，永留一掌故。兹录十首如下，稷园牡丹，可概其盛焉。

其一云：年年芳讯报君知，叶底偷开第一枝。不信娇容三变后，夕阳犹抹淡胭脂（圃人名牡丹先开者，曰报君，知非上品也。今年先开者则为娇容三变，盖非常例）。

其二云：赵家飞燕倚新妆，第一嫦娥第一香。姊妹由来皆绝代，帐中合袂映珠光（今年赵粉最先盛开，株株皆含宝光，与林夷丈评为第一）。

其三云：几日薰风换薄裳，赵家逊位让姚黄。道经误解峰交腿，正色由来属上方（姚黄继起，有绝大者数株，皆极盛，道经峰交则黄腿）。

其四云：艳说江东大小乔，年年铜雀恨难消。亲儿公瑾皆英物，占时春风一般娇（二乔数株皆数十年老干，近岁花皆不繁，今年独盛）。

---

[1] 芸子：《崇效寺及社稷园之牡丹——百年来旧都牡丹崇效寺第一（中）》，北京：《新生报》，1947年5月30日，第3版。

崇效寺及稷园之牡丹
——近十年来稷园牡丹名冠旧京（下）[1]
芸子

其五云：东风碎碎剪猩绒，血色裙翻污酒浓。始信夺朱非正色，不须塞上拜胡红（向来胡红色最鲜艳，今年大红剪绒一种乃突过之）。

其六云：世人托绝何郎粉，邻女窥残宋玉墙。不及篱东参玉版，独饶清韵对斜阳（篱东玉板一株，离尘绝俗，余先物色得之。引示剑秋诸君，并深称赏，以较宋白、何白、白玉诸品皆俯首矣）。

其七云：老冰艳夺玫瑰紫，昆玉光同照夜珠。我叹命名真绝妙，不须求解向迂儒（千年老冰，水晶也，而罩以红石、昆石、玉也，而称其夜光，是何才士，侔色揣称，□制此佳名，可谓善状难状之态矣。然花间数文士方相与姗笑命名之不通，呜呼，余欲无言）。

其八云：杜子当年误一晚，炉飞丹走落尘埃。化身犹作化中杰，含有仙家宝气来（丹炉焰，晚出珍品。瓣作浅藕色，心晕有紫，如纯青炉花然）。

其九云：旧家风范擅华浓，不愧堂堂大国封。别有支流风韵绝，墨痕轻抹晚烟笼（魏紫皆老干，一株数十花。矫立群艳中，风格自异。别有一种曰烟笼紫，亦新来珍品，紫色上晕微墨，其开较晚云）。

其十云：枝头乍见浑疑叶，叶上相看识是花。娇小青衣原解事，不随红紫斗粉华（豆绿一种，先苞而迟放，众花开后，犹婢婷显影，正如解事青衣，玲珑娇小，于红紫烂缦中，别饶清韵，最堪珍念也。菊之绿者亦如此花，耐久而不能狂开，植物家必有说也）。

枝巢先生所咏诸花，均为稷园殊品，曲曲写来，如数家珍，良以其爱之深，故言移之媚媚。堪为斯园牡丹生色弗尠。吾人读枝巢先生之诗，如入其境，观赏名葩，亦不觉移时矣。

---

[1] 芸子：《崇效寺及社稷园之牡丹——百年来旧都牡丹崇效寺第一（下）》，北京：《新生报》，1947年6月6日，第3版。

[2] 《从开封到菏泽》，上海：《时事新报》，1947年6月7日，第3版。

47. 从开封到菏泽[2]

考城稍憩

【开封通讯】菏泽，旧曹州，为鲁西重镇，盛产牡丹，与洛阳齐名。记者五月十日晨，搭乘军车，自开封出发，晨风拂拂，麦浪婆娑，若不是汽车的颠簸，和尘沙的扑面，真令人生飘飘欲仙之感。经开封至考城，稍作休息，并探听到前面途程是否平靖。

在六十八军军部会见刘汝珍将军。经刘军长告诉我，到菏泽的路上很平定，重要据点都有国军把守。自该路打通以来，尚未出过乱子。于是便很坦然的，再上汽车驶向菏泽。

菏泽一瞥

自考城出发，一路黄沙。尤其经过旧黄河，沙岗累累，车行迟缓，飞沙如浓烟，身上顷刻集有一分厚。幸亏还准备有口罩和眼镜，否则睁眼呼吸都感困难。沿途村庄都很安谧，经过几个大镇，如大黄集、王浩囤、毕寨、刁囤，都有国军把守。对过往行人盘查甚严，各镇寨墙都修理的整整齐齐，寨外有两道壕沟，布置着重鹿砦，防守工事十分坚固。下午四时，抵达菏泽。先越过一道护城大堤，见到了菏泽城，坚壁深堑，碉堡林立。城内建筑物仍甚整齐，市荣繁盛。据云，国军初到的时候，城内仅有老弱妇孺三百余人，现在居民已增至四万人。第四绥靖区司令部设置此地，刘司官汝明在此坐镇鲁西。军民感情十分融洽，民众对刘司令官尤其爱戴，都以"老军长"呼之。因二十六年刘司令官即率六十八军驻此，留下了深刻的印象。刘氏两将军接替防务时，民众曾举行盛大欢迎会，一方面欢迎"老军长"的莅临，另方面感戴刘汝珍将军保卫菏泽，男女老幼，列队欢送，燃放爆竹，热情达于沸点。

菏泽文风甚盛，名人辈出。何思源、庞敬塘、萧之楚及"七七事变"第一个为国牺牲的赵登禹师长，都是菏泽人。学校林立，学生多至万人。鲁省驰名的"六中"就在菏泽，办理相当完善。

刘司令官住在萧之楚先生住宅，院落建筑十分考究，后院有花园小楼，外表中式，内部西式，构造精致，雅洁宜人。

走访牡丹

菏泽城东六里,一个村庄名赵楼,是产牡丹最盛的地方。种在地里,好像产棉区的棉花,一片几十亩,一望无际。它们成了普通的庄稼,失掉了它们娇嫩的体态。也没人来欣赏它们和褒扬它们。可是也有颜色的特殊,受人另眼看待,以绿、黑、黄三色为最珍贵。

据当地人谈,牡丹有两种销路。一种是药用,采用其块根之皮,名为"丹皮"。这种牡丹,不令其开花,折损其花蕾。这是牡丹中之最薄命者,这好像是硬使用妙龄女郎削发为尼,还是她变成傻大姐。

再一种,是把她们培植的芳姿如玉,运销各地,最大的销场是两广。一进腊月,便连根带芽向南运,因气候愈南愈暖,花也就愈发滋长。旧历年节,已到含苞待放的时候,普通人家都要购买一株,以作岁首清供,所谓"家家咸供富贵花",以征吉兆。这好像一个一个的攀龙附凤,当了姨太太,得其所哉。

赵楼还有一种特殊的园艺技术,是将柏树编修成人形,和牌坊、狮子形状,惟妙惟肖。(五月二十五日)

48. 记移花归卷事——民初崇效寺画卷之展观[1]

张篁溪遗稿

北平崇效寺,旧藏《红杏青松图卷》,卷中绘有僧智朴小影。智朴号拙庵和尚,明代进士,参洪承畴幕,因松山、杏山之败,落发为僧,诛苑于盘山之青沟禅院,崇效寺乃其下院。故此图卷由青沟禅院移置于此。今盘山尚有拙庵和尚墓,俗名进士坟。拙庵生前以诗文与竹垞[2]、渔洋[3]诸人酬唱。其盘山所居,额"秋月堂""巢云轩""选佛堂",诸胜久成废墟。墓以(已)被盗,《红杏青松图》于光绪丙申,为窜民所掠,流入市肆,展(辗)转入无锡杨荫北寿楠家。

余与易实甫于民国二年重阳日,商之杨君,将原图送还寺中,由寺移牡丹二株以为报。遂有移花归卷之举,传为美谈。吾友姜颖生、汪洛年,各绘《移花归卷图卷》,以纪其事,姜图伴花送杨君,汪图则留存寺中。时与会者,余与杨荫北、易实甫之外,则徐花农琪、辛仿苏耀文、姜颖生筠、黄晦闻节、汪鸥客洛年、陈哲甫明远、曾刚甫习经、饶顽石智光、李毓如钟豫、林彦博、李霖,及本寺住持妙慈和尚、莲花寺住持瑞光和尚。并公开展览,任人参观,极一时之盛。易实甫并撰《崇效寺展览会小启》。

文曰:

崇效寺,一名枣花寺,在彰仪门内白纸坊,燕京千百年古刹也。寺中牡丹芍药甚多,每岁花时,游人多宴集于此。又有古楸树数株,大可合抱。楸花满天,楸荫满地,亦可敷坐啜茗焉。墙阴嵌古碑两方,其一为隋唐时物,则寺起于隋唐以前可知矣。寺中藏《青松红杏图卷》,乃清初寺僧智朴乞名手所绘,自顺康至嘉道,名人题咏极多,几于凡知名之人无不皆有,如王渔洋、朱竹垞辈,乃其尤著者。惟雍乾两朝名人略阙。或疑其已截去一段,亦未又知。咸同光宣题者又盛。相传智朴本洪承畴部将,松山、杏山之战,智朴皆与焉。承畴降清后,智朴遂出家为僧。青松者指松山,红杏者,指杏山。借此以寓其亡国身世之感。开平王孙之菜,东坡故侯之瓜,有同慨也。又有《训难图》,亦多名人题咏,京师经乱,寺僧散去,《青松红杏卷》流落(市)肆中,为杨荫北京卿以重金得之,已十年矣。癸丑秋日,荫北慨然仍以此卷还付寺僧。余辈皆为欢喜赞叹,寺僧仁慈感其意,以牡丹、芍药数种报谢之。粤人张君篁溪本有辑刊枣花寺题咏之愿,因约同志数人,发起重阳登高日展览会,一礼拜正,并请沈佩贞、吴本兰诸女士同为发社人。红杏、青松,配以紫荚、黄菊,不大可点缀秋光耶"云云。按:当时易实甫并邀女革命家,江西吴木兰来会宴饮。并云:"吴为总统府顾问。"更口占一诗赠吴,中有句云:"慎同罗汉请观音。"其时与宴者恰十八人,而以诸人为罗汉,以观音喻吴也。

---

[1] 张篁溪:《记移花归卷事——民初崇效寺画卷之展观》,北京:《新生报》,1947年6月27日,第36期。
[2] 朱彝尊(1629—1709),浙江嘉兴人,字锡鬯,号竹垞,清初著名诗人、词家、学者、金石家、藏书家。康熙十八年(1679)举博学鸿词科,康熙二十二年(1683)入值南书房。曾参于纂修《明史》,博通经史,诗与王士禛并称为南北两大宗。
[3] 王士禛,号渔洋山人。

杨君尝贻书告余曰：

图实光绪丙申年寺僧失去，辛丑夏有人持以易钱，适先君都转长芦，随李文忠议和京师，购得之。余时展从西安，是冬北返，先君举以畀余曰："此卷幸为吾家所得，汝当为寺僧暂护守之，他日宜仍赠之寺中，留一重公案。"逾年先君解组旋里，余以是卷先君所爱，可娱老也，遂纳之箧伴归装而南，迨丙午，先君捐馆舍，始携来京师。回溯辛丑得卷之岁，此卷之暂寄余家者适十年矣。倘此后仿佛佑并拙公之灵，俾此花常好，此卷长留，余亦得附名卷末，胥皆我篁溪先生所窃矣。

是皆归卷故事，泚笔记之以为后之谈宣南掌故者告。

49. 十二月旅行（八）（曹州牡丹）[1]

方白

三、山东

三月里旅行到山东，山东省会是济南城，两条铁路线呀，看呀，方便是交通。咿呼呀呼海。

工业发达商业兴，大明湖上好风景，逛逛趵突泉呀，来呀，再逛历下亭。咿呼呀呼海。

浦（津）浦路上有泰安，天下驰名是泰山，日观峰上看呀，看呀，日出是奇观。咿呼呀呼海。

泗水河旁曲阜好，半个城厢是孔庙，石碑夹古道呀，来呀，孔林走一遭。咿呼呀呼海。

菏泽当年是曹州，黄巢故居古迹留，姚黄与魏紫呀，看呀，牡丹出风头。咿呼呀呼海。

公路中心是临沂，古迹有个五贤祠，六朝留碑版呀，在呀，古祠王羲之。咿呼呀呼海。

冀鲁交界有个德县，水陆交通甚是方便，要看兵工厂呀，来呀，城西火车站。咿呼呀呼海。

鲁西大县数聊城，杨家的古书最有名，东阿有特产呀，看呀，阿胶是大宗。咿呼呀呼海。

张博支路到博山，玻璃瓷器制造先，煤矿和铁矿呀，看呀，无限好资源。咿呼呀呼海。

有名的军港威海卫，民国十九年才收回，工厂很不少呀，造呀，橡皮与汽水。咿呼呀呼海。

芝罘半岛有烟台，古迹明朝的烽火台，啤酒葡萄酒呀，看呀，出品很不坏。咿呼呀呼海。

胶州湾内是青岛，海军基地实在好，街市多齐整呀，来呀，避暑又洗澡。咿呼呀呼海。

---

[1] 方白：《十二月旅行（八）》，上海：《民众·丛书之九》，1948年，第4期，第4-5页。

题咏菏泽牡丹诗词

宋代部分

宋·张咏[1]

劝酒惜别

春日迟迟辗碧空,绿杨红杏描春色。
人生年少不再来,莫把青春枉抛掷。
思之不可令人惊,中有万恨千愁并。
今日就花姑畅饮,座中行客酸离情。
我欲为君舞长剑,剑歌苦悲人苦厌。
我欲为君弹瑶琴,淳风死去无回心。
不如转海为饮花,为幄赢取青春片时乐。
明朝匹马嘶春风,洛阳花发胭脂红。
车驰马走狂似沸,家家帐幕临晴空。
天子圣明君正少,勿恨功名苦不早。
富贵有时来偷闲,强欢笑,莫与离忧贾生老。[2]

洛中

翠辇西巡未有期,玉楼烟锁凤参差。
可怜三月花如锦,狂杀满城年少儿。[3]

和人牡丹

桃源分散恨无期,忽忆江城见有时。
歌远醉园抛不得,几人终夜起题诗。[4]

---

[1] 张咏(946—1015),字复之,自号乖崖,菏泽鄄城人。北宋政治家、文学家。太平兴国间进士,授大理评事,知崇阳县。先后任著作佐郎、太子中允、秘书丞、荆湖北路转运使等职,太常博士。此后,累任虞部郎中、寻擢枢密直学士、知通进银台司等职。咸平二年春,同知贡举,改工部侍郎知杭州。咸平五年冬,替知永兴军府。次年,转刑部侍郎,复为枢密直学士,再知益州。著有《乖崖先生文集》等。

[2] (宋)张咏撰:《乖崖集》,影印文渊阁《四库全书》本,台北:台湾商务印书馆,1983年,第1085册,第583页。

[3] (宋)张咏撰:《乖崖集》,影印文渊阁《四库全书》本,台北:台湾商务印书馆,1983年,第1085册,第598页。

[4] (宋)张咏撰:《乖崖集》,影印文渊阁《四库全书》本,台北:台湾商务印书馆,1983年,第1085册,第599-600页。

宋·王禹偁[1]

山僧雨中送牡丹

数枝香带雨霏霏，雨里携来叩竹扉。
拟戴却休成怅望，御园曾插满头归。[2]

牡丹十六韵

艳绝百花惭，花中合面南。赋诗情莫倦，中酒病先甘。
国色浑无对，天香亦不堪。遮须施锦障，戴好上瑶簪。
苞折深擎露，枝拖翠出兰。半倾留粉蝶，微亚拂宜男。
邻妓临妆妒，胡蜂得蕊贪。忽翻晴吹动，浓睡晓烟含。
话别年经一，相逢月又三。遣吾搔白发，为尔换新衫。
　　池馆邀宾看，衙庭放吏参。
仙娥喧道院，魔女逼禅庵（道院禅庵皆公署内所有）。
乱惜寞难析，分题韵更探。歌欢殊未厌，零落痛曾谙。
　　谷雨供汤沐，黄鹂助笑谈。
　　颜生如见此，未免也醺酣（颜回不饮酒）。[3]

朱红牡丹

渥丹容貌著霓裾，何事僧轩秖一株。
应是吴宫歌舞罢，西施因醉误施朱。[4]

樱桃渐熟，牡丹已凋，恨不同时，辄题二韵

红芳落尽正无憀，吟绕空枝首重搔。
最恨东君少才思，不留檀口待樱桃。[5]

芍药花开忆牡丹绝句

风雨无情落牡丹，翻阶红药满朱栏。
明皇幸蜀杨妃死，纵有嫔嫱不喜看。[6]

和张校书《吴县厅前冬日双开牡丹歌》，依韵

君不见年年三月千丛媚，紫斓红繁夸胜异。寻常人戴满头归，醉折狂分不为贵。枝闲叶尽根空培，人情皆待明年开。化工自有呼魂术，霜前唤下琼瑶台。王母亲将金粉傅，麻姑齐借霓裳来。
主人盖是神仙才，不然此物胡为而来哉。二姬劝酒谁引满，长洲懒吏先举杯。多感同年与攀折，吟诗欲谢难轻发。青宫校书方遁迹，代我作歌如锦折。他年吾辈功业成，与君共作骑鲸客。[7]

王元之长洲种牡丹

偶学豪家种牡丹，数枝擎露出朱栏。
晚来低面开檀口，似笑穷愁病长官。[8]

暮春

索莫红芳又一年，老郎空解惜春残。
才闻莺啭夸杨柳，已被蝉声哭牡丹。
壮志休磨三尺剑，白头谁藉两梁冠。
酒樽何必劳人劝，且折余花更尽欢。[9]

---

[1] 王禹偁（954—1001），字符之，菏泽巨野人。北宋著名诗人、散文家，太平兴国间进士，历任城武县主簿、右拾遗等职。预修《太祖实录》。他又为北宋诗文革新运动之先驱，一生撰著宏富，自编《小畜集》30卷。
[2] （宋）王禹偁撰：《小畜集》，影印文渊阁《四库全书》本，台北：台湾商务印书馆，1983年，第1086册，第75页。
[3] （宋）王禹偁撰：《小畜集》，影印文渊阁《四库全书》本，台北：台湾商务印书馆，1983年，第1086册，第110页。
[4] （宋）王禹偁撰：《小畜集》，影印文渊阁《四库全书》本，台北：台湾商务印书馆，1983年，第1086册，第110-111页。
[5] （宋）王禹偁撰：《小畜集》，影印文渊阁《四库全书》本，台北：台湾商务印书馆，1983年，第1086册，第111页。
[6] （宋）王禹偁撰：《小畜集》，影印文渊阁《四库全书》本，台北：台湾商务印书馆，1983年，第1086册，第111页。
[7] （宋）王禹偁撰：《小畜集》，影印文渊阁《四库全书》本，台北：台湾商务印书馆，1983年，第1086册，第124页。
[8] （宋）范成大撰：《吴郡志》，影印文渊阁《四库全书》本，台北：台湾商务印书馆，1983年，第485册，第228页。
[9] （宋）王禹偁撰：《小畜集》，影印文渊阁《四库全书》本，台北：台湾商务印书馆，1983年，第1086册，第112页。

宋·晁补之[1]

夜合花
和李浩季良牡丹

百紫千红，占春多少，共推绝世花王。西都万家俱好，不为姚黄。谩肠断巫阳。对沉香、亭北新妆。记清平调，词成进了，一梦仙乡。

天葩秀出无双。倚朝晖，半如酣酒成狂。无言自有，檀心一点偷芳。念往事情伤。又新艳，曾说滁阳。纵归来晚，君王殿后，别是风光。[2]

次韵李秬《新移牡丹》二首

一

使君著意与深培，为向吴宫好处来。
得地且从三月晚，明年应更十分开。
溱傍芍药羞香骨，江里芙蓉妒艳腮。
云雨鸿龙总非比，沈香亭北漫相猜。

二

笑倚东风几百般，忽疑洛渚在江干。
玉容可得朝朝好？金盏须教一一乾。
送目汉皋行已失，断魂巫峡梦将残。
七闽溪畔防偷本，四照亭边更著栏。[3]

次韵李秬《约赏牡丹》

夭红浓绿总教回，更待清明谷雨催。
一朵故应偏晚出，百花浑似不曾开。
常夸西洛青屏簇，久说南滁紫线堆。
任是无情还有意，不知千里为谁来。[4]

次韵李秬《双头牡丹》

寒食春光欲尽头，谁抛两两路傍球？
二乔新获吴宫怯，双隗初临晋帐羞。
月底故应相伴语，风前各是一般愁。
使君腹有诗千首，为尔情如篆印缪。[5]

次韵李秬《赏花》

天香国色竞新奇，初过清明未觉稀。
困舞尚迎风嫋嫋，醉妆犹弄日晖晖。
飘零洛下千金价，惭愧江南百草菲。
谢守多才最怜尔，百篇能伴羽觞飞。[6]

宋·晁说之[7]

题鄜州牡丹

牡丹憎我真恶客，不解饮酒不吟诗。
欣持一尊劝花饮，那知不醉但淋漓。
尔花既醉应似我，耿耿一世几伤悲。
绿珠楼下香犹在，西子舟中意尚迟。
三尺晏婴频欲杀，尔何夭娇寻常为。
沅湘草木共憔悴，幽兰何足九畹滋。
昔人妙语不尔发，顾我安得有好辞。
晚来亦解意自足，秀色可餐吾何饥。[8]

谢季和朝议牡丹

侍无童子懒焚香，君送花来恨便忘。

---

[1] 晁补之（1053—1110），字无咎，号归来子，济州钜野（今山东菏泽市巨野）人。北宋时期文学家、官员。历任秘书省正字、校书郎，后任扬州通判，又召回秘书省供职。复起知泗州，卒于任。晁补之工书画，善为文，为苏门四学士之一，著《鸡肋集》。

[2]（宋）晁补之撰：《晁无咎词》，影印文渊阁《四库全书》本，台北：台湾商务印书馆，1983年，第1587册，第260-261页。

[3]（宋）晁补之撰：《鸡肋集》，影印文渊阁《四库全书》本，台北：台湾商务印书馆，1983年，第1118册，第530页。

[4]（宋）晁补之撰：《鸡肋集》，影印文渊阁《四库全书》本，台北：台湾商务印书馆，1983年，第1118册，第530页。

[5]（宋）晁补之撰：《鸡肋集》，影印文渊阁《四库全书》本，台北：台湾商务印书馆，1983年，第1118册，第530页。

[6]（宋）晁补之撰：《鸡肋集》，影印文渊阁《四库全书》本，台北：台湾商务印书馆，1983年，第1118册，第530页。

[7] 晁说之（1059—1129），字以道，一字伯以，自号景迂生。占籍济州钜野（今山东菏泽市巨野县），世居澶州清丰（今河南省濮阳市清丰县），北宋文学家。任通判鄜州，提点南京鸿庆宫、知成州、著作郎召，除秘书少监，兼太子谕德，除中书舍人兼太子詹事。晁说之著述丰富，有诗文、杂著、论述凡32种，今唯存文集《景迂生集》20卷及笔记《晁氏客语》1卷传世。

[8]（宋）晁说之撰：《景迂生集》，影印文渊阁《四库全书》本，台北：台湾商务印书馆，1983年，第1118册，第92页。

尽日清芬与风竞，熏炉漫使令君狂。❶

牡丹

牡丹千叶千枝并，不似荒凉在寒垣。
宜圣殿前知几许，感时肠断侍臣孙。❷

（祥符中，宜圣殿燕千叶牡丹有十数枝，宰臣戴焉，文元公时为承旨，特预赐。）

宋·晁冲之 ❸

如梦令

门在垂杨阴里，楼枕曲江春水。一阵牡丹风，香压满园花气。

沉醉，沉醉，不记绿窗先睡。❹

感皇恩

寒食不多时，牡丹初卖。小院重帘燕飞碍。昨宵风雨，只有一分春在。今朝犹自得，阴晴快。

熟睡起来，宿醒微带，不惜罗襟揾眉黛。日高梳洗，看看花阴移改。笑摘双杏子，连枝戴。❺

明代部分

明·王崇文 ❻

刘舜臣有看花之约诗，以催之

花落连朝倍忆君，名园消息断知闻。
愁怀万种与千种，春色三分过二分。
嘉会寻常先有约，吾徒童冠久成群。
平生幽兴知无极，莫负东风意思勤。❼

明·苏 ❽

南宅内牡丹

载启花朝宴，中楼锦瑟张。高才非李白，异品有姚黄。
日映疏疏影，风传冉冉香。言承环膝喜，春在颔孙堂。❾

病中牡丹盛开，感怀有作

春深抱病帘垂地，庭下花开独黯然。
正怯春寒怜丽质，况经长日度流年。
娟娟倚槛浑无赖，袅袅依人殊可怜。
拟荐金盘充贡入，东风摇曳玉栏边。❿

从弟宅内牡丹

去年花下姑苏客，今日尊前季弟拼。
芳草池塘非昨梦，故园月色好同看。
东篱谩想陶潜菊，南国虚传屈子兰。

---

❶（宋）晁说之撰：《景迂生集》卷九，影印文渊阁《四库全书》本，台北：台湾商务印书馆，1983年，第1118册，第168页。
❷（宋）晁说之撰：《景迂生集》卷七，影印文渊阁《四库全书》本，台北：台湾商务印书馆，1983年，第1118册，第135页。
❸ 晁冲之（1073—1126），字叔用，号具茨济州钜野（今山东菏泽）人，北宋江西派诗人。晁氏是北宋名门、文学世家，晁冲之的堂兄晁补之、晁说之、晁咏之都是当时著名的文学家。著有《晁具茨先生集》十六卷。
❹（宋）晁冲之撰，（宋）曾慥编：《乐府雅词》，影印文渊阁《四库全书》本，台北：台湾商务印书馆，1983年，第1489册，第239页。
❺（宋）晁冲之撰，（宋）曾慥编：《乐府雅词》，影印文渊阁《四库全书》本，台北：台湾商务印书馆，1983年，第1489册，第238页。

❻ 王崇文（1468—1520），字叔武，王珣三子。明弘治进士，授翰林院庶吉士，后改任户部主事。正德年间，任江西提学副使，后升山西参政。晚年任都察院右副都御史，巡抚保定。著有《兼山遗稿》。据《康熙兖州府曹县志卷之十三·人物志》。
❼ 政协曹县委员会点校：《曹南文献录》北京：中国文史出版社，2020年，第613页。
❽ 苏祐（1493—1573），字允吉，初号舜泽，更号谷原，山东省菏泽人，明朝嘉靖兵部尚书。苏祐一生清廉，为官刚正不阿，深受后人敬仰。有《谷原诗集》等传世。
❾（明）苏祐《谷原诗集》，明刻本，卷三上，第25页。现藏国家图书馆（善本书号：16628）。
❿（明）苏祐《谷原诗集》，明刻本，第3册，卷四上，第4页。现藏国家图书馆（善本书号：04481）。

但使常依春作主，终将持献玉为盘。[1]

上谷台中牡丹

春到花枝开不稀，姚黄魏紫尽芳菲。
清华好贮黄金屋，弱丽愁胜翠羽衣。
浥露偏怜鬟处好，行云应笑梦中非。
一尊独赏高台上，何谢栏干曲曲围。[2]

顾中翰宅内牡丹

绛纱云幕护春寒，十二阑干曲曲看。
雅丽自珍怜翰史，繁华并斗本长安。
谱翻新调频移拍，洞转欹岩故侧冠。
香色入帘堪送酒，无须重献紫芝盘。[3]

明·邢侗[4]

月下发曹南王五云书，索予题字，兼许惠牡丹，时以赴举至历下

言念心期泺水湄，到来一札月中披。
代推马粪谁何氏？身是琅琊第几枝？
白练肯邀题字遍，名花曾许带云移。
槐黄桂子三秋满，迟尔风前烂漫吹。[5]

邢侗 像

明·冯琦[6]

牡丹

数朵红云静不飞，含香含态醉春晖。
东皇雨露知多少，昨夜风前已赐绯。

明·何应瑞[7]

牡丹限韵

廿年梦想故园花，今到开时始到家。
几许新名添旧谱，因多旧种变新芽。

---

[1] （明）苏祐：《谷原诗集》，明刻本，第3册，卷四上，第5页。现藏国家图书馆（善本书号：04481）。
[2] （明）苏祐：《谷原诗集》，明刻本，第3册，卷四上，第11页。现藏国家图书馆（善本书号：04481）。
[3] （明）苏祐：《谷原诗集》，明刻本，第3册，卷四下，第6页。现藏国家图书馆（善本书号：04481）。
[4] 邢侗（1551—1612），明代书画家。字子原，山东临邑人。神宗万历进士，官至行太仆寺少卿。工书，亦工画，兼善诗文，著有《来禽馆集》。邢侗的书法深得王羲之神髓，作品为海内外所珍视。
[5] 政协曹县委员会点校：《曹南文献录》，北京：中国文史出版社，2020年，第1491页。
[6] 冯琦（1558或1559—1603或1604），字用韫，号胞南、琢庵、北海，临朐（今属山东）人，与于慎行并称"于冯"。明代诗人，作家。万历进士，改庶吉士，授编修。预修《会典》后进侍讲，充日讲官，与同官余继登共进《通鉴讲义》。后进少詹事，掌翰林院事。又迁礼部右侍郎，改吏部，官至礼部尚书。
[7] 何应瑞（1578—1644），字圣符，山东菏泽人，明朝万历进士，官至工部尚书。历任常州知府、河南督学副使、河南参政、江西按察使、江西左布政使。

摇风百态娇无定，坠露丛芳影乱斜。
为语东皇留醉客，好教晴日护丹霞。[1]

明·李悦心[2]

购牡丹

生憎南亩课桑麻，深坐花亭细较花。
闻道牡丹新种出，万钱索买小红芽。[3]

明·徐笃[4]

牡丹

不负东风用意栽，今年尤胜去年开。
全倾嫩萼粘飞絮，低压柔枝映绿苔。
漫道名下来洛下，浑如神女下阳台。
写真那借丹青手，细把新诗为尔裁。[5]

明·万爱民[6]

牡丹峰

原自华清宫里来，千家国色依天开。
玉颜不逐时光转，莫道花奴羯鼓催。[7]

清代部分

清·冯溥[8]

喜曹州刘兴甫送花

君家近洛阳，名花实繁夥。我乞数株栽，君云无不可。
不惮人力劳，千里亲封裹。策蹇君自来，惠我数百棵。
天竹珊瑚珠，黄梅异凡朵。花王领群芳，种植分右左。
吾园本硗瘠，移换同蜾蠃。远取土之宜，审视务其妥。
兼教灌溉法，阴阳殊水火。满溪色各别，畅遂如证果。
因悟花性情，凡卉有真我。菀枯问所适，疆界讵能锁。
九畹兰可滋，奚必湘之沱。明年花发时，酾酒众香裸。[9]

清·孔贞瑄[10]

《上和五色牡丹韵》十二首

奇文日渐多，轮囷五色错。异彩霞璀璨，锦涛水胶漧。
姚王偕魏后，湘瑟鼓丹索。悬知白云客，绀雪酿醈粕。
五云变态多，正开色参错。朱紫竞富贵，蓬瀛隔溁漧。
世眼分青白，□驳任辖索。却思黄鹤饮，余沥沾仙粕。
天香云汉多，灵槎莫认错。深红飞空艳，轻碧涵澄漧。
帝孙制霓裳，鲛人缫水索。愿闻黄白秘，绿字映紫粕。
织组功未多，机杼休教错。浓淡香暖健，浅深水潦漧。
青紫劳行拖，黄白费摸索。何如游绿圃，红妆侑春粕。
大巧不雕琢，何用他山错。朝霞炫红酣，春波湛绿漧。
白鸥谢樊笼，舲隼掣辖索。赤松与黄石，妙道遗糠粕。
炼石补虚空，洪炉岂铸错。蓬莱云物变，沧溟灏气漧。
青黄紫白绿，绮绣欺线索。红霞作天衣，玉液醉芳粕。
大地增物华，化工妙综错。敛苞香冉冉，放瓣露瀰瀰。

---

[1] （清）凌寿柏编纂：《新修菏泽县志·艺文二·诗歌》卷十八册，第36页，清光绪六年（1880），现藏国家图书馆（索取号：地140.211/39）。
[2] 李悦心，字澹远，少朴诚。山东曹县人。崇祯七年进士，崇祯十五年，出任陕甘巡按御史，巡按陕西甘肃，后转山西潞安兵巡副使，不久归隐。著有《染柳轩集》《修献录》。见《康熙兖州府曹县志卷之十三·人物志》。
[3] （清）康熙五十五年（1716）增刻《兖州府曹县志·物产》（影印本），卷之四，第七页。
[4] 徐笃，字墨庄，曹县人，博学能文，而尤长于诗歌。今传《墨庄诗草》二卷。见《康熙兖州府曹县志卷之十三·人物志》。
[5] 政协曹县委员会点校：《曹南文献录》，北京：中国文史出版社，2020年，第773页。
[6] 万爱民，字允济，菏泽市曹县人。曾任山阳县令、大同府通判、辽东知州等职，政绩显著。后被派往朝鲜处理王位继承问题，圆满完成任务。升任广西庆远府同知，因政绩优异被留任。著有《山阳县志》《云西志》《韫玉编》《朝鲜游稿》等。见《康熙兖州府曹县志卷之十三·人物志》。
[7] 政协曹县委员会点校：《曹南文献录》，北京：中国文史出版社，2020年，第762页。
[8] 冯溥(1609—1691)，字孔博，号易斋，益都(今属山东青州)人。清顺治进士，初授编修，后吏部侍郎。康熙间刑部尚书，拜文华殿大学士。冯是顺治入关后第一榜进士，以原官致仕，加太子太傅。著有《佳山堂诗二集》等。
[9] （清）冯溥撰：《佳山堂诗二集》，纪宝成主编：《清代诗文集汇编》，上海：上海古籍出版社，2010年，第29册，第666-667页。
[10] 孔贞瑄，山东曲阜人，字璧六，号历洲，晚号聊叟。孔子六十三代孙。顺治十八年（1661）会试副榜，由泰安学正升云南大姚知县。归后筑聊园以自乐。究心经史，精算法、韵学。卒年八十三。有《聊园文集》《操缦新说》《大成乐律全书》等。

一元含四象，隐顾谁探索。花王共酒圣，臭味胜兰粕。
春风画锦多，金紫如绣错。奇葩上苑珍，贡自西海瀣。
丹垩争闲气，元黄战戎索。待收仙掌露，醅就百花粕。
文章盛事多，锦绣云中错。铅白□丹灶，姚魏润漻瀣。
南箕代鹤驭，仙音静弦索。柳汁衣欲染，清沥余绿粕。
至文不在多，琼英石为错。赤乌兼白羽，羽衣濯清瀣。
花雾紫氤氲，香风动铃索。太素起黄钟，元酒无糟粕。
隋苑缯□□，裁剪烦金错。何如造化功，陶冶无滓瀣。
青鸾啄黄竹，白纻舞云索。试看绿丛里，紫须艳桂粕。
乾坤发精蕴，五行无缪错。水土乘木气，荣滋得沆瀣。
赤黄应逊道，玄白穷丘索。但吸秋香露，不羡天厨粕。

附：仙题五色牡丹

纯阳元韵

文章别样多，青红绿相错。白丝染黄绢，绢深柳淖瀣。
绿栏求特幸，明烛映弦索，花影动白鸥，草色凝香粕。

太白和韵

古今文章多，青白紫交错。草色沟嫩嫩，竹影泥瀣瀣。
叶律鸣黄鸟，调琴动朱索。深死涵绿柳，流水沉酒粕。

余园中有五色牡丹，常叹《清平调》后鲜佳咏，曾长清高述庵讳代善，请乩吕祖临箕，余祝求《五色牡丹诗》，濡墨立就。继请太白和韵，亦如之题，难韵□成于俄顷。居然初盛之音非中晚所得，彷彿亦非凡。近所能假托也，肃然惊悚者，久之，不揣固陋，斋心仰和，得十二首，俱邀仙评，颇见许可，附之卷末，聊以纪异，非敢效《齐谐》滋惑也，并附小诗志幸。

雅颂遗音尚可求，文坛近代几名流。
学诗月恨无唐句，初盛何缘得唱酬。

自识。[1]

清·王日高[2]

曹南看牡丹（四首）

一
自古名花说牡丹，开时车马动长安。
而今冷落花王甚，千里寻芳一道寒。

二
牡丹时节好风光，谷雨遨头花事忙。
万紫千红争献媚，栏边光识御衣黄。

三
洛阳自昔擅芳丛，姚魏天香冠六宫。
一见曹南三百种，从今不数洛花红。

四
偶从庭下见红芳，勾引春风千里装。
遮莫旁人传作笑，一生偏是为花狂。[3]

曹南看牡丹

其一
恋恋花间薄暮回，名花似为赏心开。
沉香亭畔凝妆立，百宝栏边舞佩来。
胜地重开锦步障，多情欲筑避风台。
深宫倘索金笺稿，谁疑青莲供奉才。

其二
花王果自冠群芳，嫩嫩春风细细香。
飞燕轻盈疑掌上，玉妃艳冶舞霓裳。
清平乐府传新调，富贵名葩独擅场。
莫怪少年狂若醉，马蹄终日为君忙。

三
国艳名香绝代姿，偶从宝槛露风仪。
嘉名锡自开元日，贵品成于洛下时。
石氏漫夸金谷丽，赵家不数汉宫肌。

---

[1] 纪宝成主编：(《清代诗文集汇编》，上海：上海古籍出版社，2010年，第131册，第520页。

[2] 王日高(1626—1678)，字登鲁，号北山，山东茌平县人。顺治三年（1646）进士，顺治十五年(1658)中进士，入翰林院，曾为康熙启蒙师。有《槐轩集》等传世。

[3] 纪宝成主编：《清代诗文集汇编》，上海：上海古籍出版社，2010年，第105册，第516页。

每嫌花史多轻薄，谱作杨妃与玉儿。[1]

巢云园戏集牡丹名

烂醉花前醉不休，巢云松径足淹留。
瑶池仙子交垂手，锦帐芙蓉解并头。
百宝栏干装作砌，六朝金粉结为楼。
主人知我情无厌，月落花蹊梦未周。[2]

牡丹

一

不是爱花偏有癖，只缘娇艳或难亲。
名花倾国浑闲事，醉倒花前可许人。

二

娇容艳冶泊天工，一出群芳果不同。
若使连宵当对卧，肯教容易别春风。[3]

清·王士禛[4]

余有寄怀曾钱塘吴宝厓（陈琰）二绝句之一

紫陌纷纷看牡丹，车如流水从金鞍。
那知冰雪西溪路，犹有梅花耐岁寒。[5]

耿饼

亳都柿胜紫花梅，玉雪中含虎魄胎。
肺病欲苏还怅望，姚黄欧碧不同来。[6]

清·陈廷敬[7]

向云泽自曹州以牡丹见遗赋答

春风料峭几枝斜，秾艳依然带露华。
牧佐旧为芸阁吏，曹州今有洛阳花。
写生银管曾修史，入席天香抵坐衙。
茆舍竹篱还称否，凭君相赠到烟霞。[8]

王士禛 像

---

[1] 纪宝成主编：《清代诗文集汇编》，上海：上海古籍出版社，2010年，第105册，第502页。
[2] 纪宝成主编：《清代诗文集汇编》，上海：上海古籍出版社，2010年，第105册，第502页。
[3] 纪宝成主编：《清代诗文集汇编》，上海：上海古籍出版社，2010年，第105册，第514页。
[4] 王士禛（1634—1711），字子真，一字贻上，号阮亭，又号渔洋山人，世称王渔洋。山东新城。著名清初诗人、文学家、诗词理论家。清顺治间进士，官至刑部尚书，颇有政声。有《池北偶谈》《渔洋诗话》等传世。
[5] （清）王士禛撰：《渔洋诗话》，影印文渊阁《四库全书》本，台北：台湾商务印书馆，1983年，第1483册，第847页。
[6] 政协曹县委员会点校：《曹南文献录》，北京：中国文史出版社，2020年，第1509页。
[7] 陈廷敬（1638—1712），初名陈敬，字子端、小舫、樊川，号说岩、午亭山西泽州人，清代大臣、诗人。顺治十五年进士（1658），历任多职，官至文渊阁大学士。他主持编纂《康熙字典》等，主张节俭抑制奢侈。其诗词作品收录于《参野诗选》《北镇集》《午亭文编》等。《清史稿》评其"清勤"。
[8] （清）陈廷敬撰：《午亭文编》，影印文渊阁《四库全书》本，台北：台湾商务印书馆，1983年，第1316册，第296-297页。

清·何觐

咏牡丹

纷纷姚魏斗春风，绣幄荆扉富贵同。
无限异名添旧谱，因多奇艳出新丛。
澹妆恰共归云碧，浓抹还随旭日红。
欲报花神新句得，清平逸调至今工。

清·顾嗣立

曹县

牡丹数洛阳，花谱佳名富。迩来地气迁，曹南为独秀。
鄢陵亦花县，亳城舟车凑。移根走吴越，射利俗何陋。
景山自苍然，河水甘可漱。风土饶名葩，好事盛园囿。
国色集倾城，家家错锦绣。新妆倚雕栏，飘香袭衣袖。
荟腾谷雨天，日日中醇酎。前季从北回，黄菊秋风后。
今岁自南来，荷香弄长昼。两度失花期，饥肠夜空吼。
江湖白发生，良辰愿莫酬。聊移百本归，泥封色如旧。
衔杯坐草堂，新诗供刻镂。

种花诗和双村四首·荷包牡丹

药草芊绵一串寒，锦苞颗颗露溥溥。
洛阳花品无人识，却把文无作牡丹。

清·汪懋麟

同子静舟次朝采过天坛道院看牡丹和绎堂詹事韵二首

一

骑马到仙坛，凭栏问牡丹。当风香已足，承露影能团。
绿重繁阴密，红销晚态宽。余酣真被酒，趁取夕阳看。

二

浓芳今已暮，幽赏转嫌迟。欲借春三日，还留蕊数枝。
元舆休作赋，供奉有新词。不易逢倾国，谁教缓玉厄。

和清平调三章

秀致珊珊绝世容，看来宜澹更宜浓。
去年曾醉群芳酒，一度春风今又逢。
名花相傍唱合欢，妩媚宜将醉眼看。
月下模糊认不出，恍疑仙子倚栏干。
红红白白暗飞香，相对无言系醉肠。
九十春光容易掷，东风劝驾早催妆。

清·陈万策

绿牡丹五首

其一

洛都红紫竞芳芬，一种曹州迥出群。
翠幕围来轻映日，绿萝深处蔼生云。

---

① 何觐，生卒年不详，山东曹州府菏泽县人。康熙六年丁未科进士第24名（缪彤榜）。官内阁中书舍人。
② 《新修菏泽县志·艺文二·诗歌》，清光绪六年（1880），（清）凌寿柏撰序，刻本，第卷之十八册，第93页，现藏国家图书馆（索取号：地140.211/39）。
③ 顾嗣立（1665—1722），清康熙时期的学者、诗人，字侠君，号闾丘，江苏长洲人，今苏州人。康熙五十一年（1712）进士，后改翰林院庶吉士。康熙五十三年（1714），入武英殿，纂辑《鸟兽虫鱼广义》。顾嗣立少年失学，二十岁始学诗，性轻财好施，豪于饮，成立"酒人社"，有酒帝之美誉。曾参修《佩文韵府》，辑录《元诗选》，著有《秀野草堂诗集》《闾邱诗集》等。参见：叶衍兰、叶恭绰编：《清代学者像传》，上海：上海书店出版社，2001年，第134-135页。
④ 纪宝成主编：《清代诗文集汇编》，上海：上海古籍出版社，2010年，第214册，第396页。
⑤ 荷包牡丹，罂粟科荷包牡丹属的多年生草本植物，花瓣多紫红色，花头垂向一边，花期与牡丹相近。因叶子与牡丹相似，花呈心形，像古代的荷包一样垂挂在花枝，故得名"荷包牡丹"。荷包牡丹在菏泽牡丹园多有种植，因菏泽牡丹而名传天下。
⑥ 中药"当归"的别名。
⑦ 纪宝成主编：《清代诗文集汇编》，上海：上海古籍出版社，第214册，2010年，第275页。
⑧ 汪懋麟（1639—1688），字季用，号蛟门，又号十二砚斋主人，晚号觉堂，江南扬州府江都县人。少聪颖，康熙进士，授内阁中书，后官刑部主事。汪一生平著述颇丰，今存《百尺梧桐阁诗集》《百尺梧桐阁文集》《百尺梧桐阁遗稿》《锦瑟词》。
⑨ 纪宝成主编：《清代诗文集汇编》，上海：上海古籍出版社，2010年，第151册，第568-569页。
⑩ 《新修菏泽县志·艺文二·诗歌》，清光绪六年（1880），（清）凌寿柏刻本，第卷之十八册，第93-94页，现藏国家图书馆（索取号：地140.211/39）。
⑪ 陈万策（1667—1734），字对初，号谦季，福建晋江人。康熙间进士，官至侍讲学士。著有《近道斋文集》《近道斋诗集》《馆阁丝纶》等。

花藏叶底遥难认，瓣在跗中近不分。
若傍兰闺含晓露，好将眉黛与文君。

其二

倾国名花别样妆，轻蝉绿鬓斗荣光。
踏莎行去才留影，映竹窥时但有香。
左氏何年分紫绶，姚家今日赋黄裳。
谁传鹿韭葱茏色，占断深春锦绣场。

其三

叠罗新本艳如烟，楼阁分明晕点圆。
影入渌池浑不见，棲来翠羽郁相鲜。
却胜汴郡青飞蝶，休数河阳绿睡蝉。
架上荼蘼栏外柳，浓阴一色养花天。

其四

绿暗丛中望有无，芳传曹国擅名孤。
风摇翡翠双飞翼，露浥蜻蜓午日珠。
紫陌红妆知莫并，青霓白舞也应殊。
花时若值张祠部，座上新添贵客图。

其五

百两全开尚及春，峰岚朝拥楚台神。
洗残脂粉香偏酷，点著娥眉色更新。
亭畔杨妃争解语，窗间谢女想宜颦。
何当采采堪盈菊，月幌风帘赏浃辰。❶

清·臧眉锡 ❷

红玉

辛酉春暮，因看河得过袁生圃手植牡丹数十种。内一本尤奇艳，向余求命名，并付短章于左：

西子临风日，杨妃午睡时。白疑初着粉，红似乍含脂。
一萼呈殊色，双茎嬗异姿。夜来须珍重，莫教毒龙知。❸

清·曹寅 ❹

雨中牡丹

十日笙歌兴剧阑，残枝仍耐雨中看。
香披翠幕醒初解，泪渍霞涡腻不干。
伧俗煎酥矜韵事（北人用酥煎花），锦工留谱擗清湍。
文通漫欢风流尽，容易雕簷蜡炬寒。❺

玉山僧院牡丹

旧种知名贵，重台杂卉茵。紫衣端向晓，绀宇静移春。
江露扶头重，山杯洗足频。阇黎将此意，欢喜供天人。❻

西堂新种牡丹雨夜置酒限沉香亭三字

冪䍥分丛雨未深，小轩清醉漏沉沉。
贵家风范真难近，一宴兰膏直铤金。

二

梅子杨枝绿近床，年年挤道趁春忙。
马蹄更漫嘲寒劣，湔洗门桯百宝香。

三

不废风流是此亭，移花月令按图经。
太平翰墨多清暇，预划乌丝制小屏。❼

咏花信诗廿四首·牡丹

天香不共晓风还，锦绣丛中春自然。
留取一枝酬彩笔，笙歌彻夜画栏前。❽

---

❶（清）陈万策撰：《近道斋诗集》卷二，清乾隆刻本，第1册，第3-4页，现藏国家图书馆（善本书号：19378）。
❷ 臧眉锡，字介子，号啫亭，浙江长兴人。康熙六年（1667）进士，1679至1681年间任曹县知县，善诗文，颇有政绩。
❸（清）《兖州府曹县志·艺文志》，康熙五十五年增刻，卷16，第27页。
❹ 曹寅（1658—1712）字子清，号楝亭，满正白旗人。幼为康熙伴读，后任御前侍卫，再任苏州织造、江宁织造；曾兼巡视两淮盐漕监察御使。奉敕刊刻《全唐诗》《佩文韵府》。著有《楝亭诗钞》《楝亭词钞》《楝亭文钞》。
❺（清）曹子清撰：《楝亭诗钞》，清康熙刻本，卷三第2页，第2册，现藏国家图书馆（善本书号：A03077）。
❻（清）曹子清撰：《楝亭诗钞》，清康熙刻本，卷三第8页，第2册，现藏国家图书馆（善本书号：A03077）。
❼（清）曹子清撰：《楝亭诗钞》，清康熙刻本，卷三第9-10页，第2册，现藏国家图书馆（善本书号：A03077）。
❽（清）曹子清撰：《楝亭诗钞·楝亭诗别集》，清康熙刻本，卷一第20、23页，第3册，现藏国家图书馆（善本书号：A04079）。

昔与亡友郑令看牡丹

开元寺古北平西，石子绕绕铃马啼。
绀殿尽颓花亦萎，更难墙缺补春泥。

城西看牡丹四截句

一

今年花兴赴春迟，僝僽余寒怕办诗。
孟季季旬过谷雨，画阑才见醉蜂儿。

二

佯颠做嫩一番风，剪紫裁红特意工。
来日杯觥付闲汉，不教狼藉对诗穷。

三

扫垢山旁花独幽，杙船一弄绿杨稠。
可知国色无兼美，刚数曹州又亳州。

四

壁上题诗破紫笞，花前酹酒更徘徊。
日斜莺倦出门去，收拾残香好再来。[1]

清·黄子云[2]

毛氏园观牡丹

十亩芳菲宅，名花最后看。乍疑春欲醉，可爱露难干。
倚日自矜宠，回风不受寒。
药阑频徙倚，吟望夕阳残（脱去习语方许作牡丹诗）。[3]

清·刘藻[4]

牡丹歌

春风已老众香国，冶杏夭桃无颜色。
总持春事赖花王，领袖群芳有余力。
晓露初拆紫玉芳，晚烟半护黄金蕊。
照影临池自袅袅，含香对月尤巍巍。
主人久空色香界，绿意红情已寂默。
数亩荒园自锄理，春韭秋菘是所亟。
郡圃名花人共艳，匪我思存屏异域。
去年友人致数本，不应弃置聊封殖。
岂意东皇正有情，催放天葩无吝啬。
海云凤尾幻形容，倒晕檀心费镂刻。
顿令小圃擅风光，收转春光回衔勒。
时闻柳外莺声来，唤起花魂花不识。[5]

清·钱载[6]

至曹州牡丹已过

屡与花期屡后期，花天况复妒风姨。
苍苔小院飞蝴蝶，绿树深城叫子规。
酒散独依斜月坐，春秋犹属老年思。
村村姚魏家家诧，郑重何人折几枝。[7]

---

[1]（清）曹寅撰：《楝亭诗钞》（八卷），清康熙刻本，天津图书馆藏，第8册（第10583号），第8页。

[2] 黄子云（1691—1754），字士龙，号野鸿。江苏昆山人，清代诗人。黄博通经史，与吴嘉纪、徐兰、张锡祚合称"四大布衣"。康熙间助陈梦雷纂修《古今图书集成》，与子黄昌寿同撰《华山志》。有《四书质疑》《诗经评勘》《野鸿诗稿》《长吟阁诗集》等传世。

[3]（清）黄子云撰：《野鸿诗稿》，（清）沈德潜编：《清诗别裁集·下》，北京：中华书局，1975年，第551页。

[4] 刘藻（1701—1766），初名玉麟，字麟兆，山东钜野人。雍正年间举人，曾任曹州观城县教谕，累官至云贵总督、湖广总督。著有《庆堂文集》，主编《曹州府志》。其文浑厚有力，有韩愈、柳宗元之风，流传作品如《临濮亭记》《曹州创建试院记》等。

[5]《新修菏泽县志·艺文二·诗歌》，清光绪六年（1880），（清）凌寿柏撰序，刻本，第卷之十八册，第66-67页，现藏国家图书馆（索取号：地140.211/39）。

[6] 钱载（1708—1793），字坤一，号箨石，浙江嘉兴人，清代著名诗人、画家。乾隆十七年（1752）进士，授翰林编修。工诗善画，著有《箨石斋诗集》。

[7]（清）钱载撰：《箨石斋诗集》卷三十九，清乾隆刻本，第5册，第4页。现藏国家图书馆（善本书号：09444）。

清·李中简 ❶

曹郡牡丹知名旧矣，余来以闰三月，正值花时，赋诗志慰

胜游著处系征鞍，香国来寻匝月欢。
长路雨风偏错综，故家池馆莫摧残。
锦帷春晚归余好，金带名高见似难。
可得应图红一捻，鬓丝相对卷帘看。❷

□□后牡丹四首癸巳曹州试院作

一

十郡年芳最此都，奇观真逼洛阳无。
为吟粟里园情句，乘访徐卿没骨图。
云幄深深迷凤子，锦屏冉冉上狸奴。
湘云一片笼春色，不羡仙人白玉壶。

二

始可言花不问名，酸寒无句赠倾城。
三千世界亭亭出，十二栏杆面面迎。
折束经时金谷晚，染衣永夜玉堂清。
风前舞态妨群珮，忍遣身如燕子轻。

三

不应无语葛愁人，如梦仙云隔绛津。
华屋亭台仍大姓，琐窗风月但前身。
两行银烛阑珊影，万杵元霜料峭春。
回首天涯惊绝代，海山独立迥伤神。

（余向在滇中，永昌牡丹最盛）

四

惜春百感剧纷拿，病眼于今渐不遮。
白发开樽便即事，黄金买笑漫为家。
名园地古留鸿迹，香草编长得岁华。
寄语旧游崇敬侣，三生缘证一丛花。

（丁亥侍直南苑，寓德寿寺，赋牡丹四首）❸

---

❶ 李中简（1721—1781），清直隶任丘人，字廉衣，号子静，一号文园。乾隆十三年（1748）进士，授编修。官侍讲学士，提督山东学政。工诗文，与纪晓岚齐名。著有《嘉树轩诗集》《嘉树山房诗集》等。
❷ 纪宝成主编：《清代诗文集汇编》，上海：上海古籍出版社，2010年，第348册，第603页。
❸ 纪宝成主编：《清代诗文集汇编》，上海：上海古籍出版社，2010年，第348册，第603页。

清·刘大绅 ❹

崔绍先邀看牡丹

路入轻盈杨柳湾，浓华尽在曲栏间。
氤氲荀令风前座，绰约杨妃醉后颜。
从教芝兰香别涧，笑输桃李点空山。
如何也许林泉客，率尔空山共往还。❺

牡丹行

洛阳花事既消歇，天彭亦号小西京。
当时中原已沦没，南人未到曹南城。
人间尤物不可见，姚黄魏紫空闻名。
状元得称第一种，玉楼禁苑齐争荣。
天香一品及三变，恨不欧阳同日生。
佛头之青更奇绝，春花百种谁抗衡。
造物功能亦已竭，天吴纵观心不平。
下土蝼蚁岂足数，上天何故娱饥伧。
灵犀奋勇毒龙怒，洪涛一鼓翻长鲸。
青畴绿壤卷入水，草木非敌难为勍。
嗟我不才从事晚，春风到日花间行。
眼中犹见十余种，醉倚酒瓮听流莺。

（《志》言："曹州牡丹甲于天下。"乾隆年间，黄河漫溢，少不如前，然犹冠诸郡也）

白发归来守荒径，追维往事思茂卿。

---

❹ 刘大绅（1747—1828），号寄庵，祖籍江西临川，云南宁州出生，乾隆四十五年（1780）进士。五十一年（1786）知曹县，值荒旱后，务与民休息。会河使者檄修赵王河，委办秸科三百万。大绅（以）重违农时，请缓期。当事督责益急，将按以罪。民惧，争先往纳。不数日，三百万之数已足。方曹荒旱时，民赋多逋，计四五万两有奇。至是，大吏议征逋欠，且遴能吏往督。吏至境，曰："逋赋不完，代刘令者。我也！"民大惧，昼夜输将，不数日，得三万余两。能吏以此膺上考。大绅与上官龃龉，密以病自劾，去。其后以任内失出事，削籍遣戍。初，大绅任新城，有惠政。至是，新城、曹县之人敛镪赎。大绅作《赎归引》云："出关何时无，入关亦时有。谁知七品郎官归，赎自两县百姓手。"士林争传颂之。大绅性慈和，民视之如家人父子。嘉庆十年，告养南归。其始以病归也，有送至汴梁者，有送至樊城者。继以赎归也，有送至汉阳者。最后以养归，则有送至周家口者。同治六年，奉旨编入《循良传》。见《曹南文献录卷三十》。
❺ 政协曹县委员会点校：《曹南文献录》，北京：中国文史出版社，2020年，第1535页。

花压阑干只一色，羞从临芳望华清。
辟如阿娇失恩宠，长门宫里无逢迎。
又如淮阴降侯日，与哙等伍徒自轻。
几度吟诗世不识，何时酿酒家能倾。
百药仙人下尘世，钧天无计闻韶英。
所幸苍苍尚怜惜，不教风雨来相争。
绝色宁惟老夫喜，芳容亦使山妻惊。
看花十日忘昏晓，足赏一年弄花情。
可笑柳浑不晓事，戎葵持较矜分明。❶

忆在曹南看芍药

柳阴一夕送轻塞，晓揭纱窗看药阑。
啼鸟不知人早起，声声似恐好花残。
倦游车马早还家，万里黄河去路赊。
看过牡丹春欲暮，香风吹散米囊花。❷

赋白牡丹二首

其一
同是花师手种成，开时风韵独何清。
带来一点山林气，辞得千秋富贵名。
孤鹤舞余初不辨，落霞飞尽始分明。
玉人多少含羞处，半醉朱颜薄晕生。

其二
正欲簪花雪发盈，朱阑紫槛独关情。
不因淡极春无色，却似愁深月更明。
宰相自缘金带重，山人终为白衣倾。
好将吐凤扬雄赋，写向花枝寄玉京。❸

忆牡丹芍药

蜡泪成堆卜夜欢，如山酒肉未为难。
车轮不值春三月，初日轻烟看牡丹。
芍药开残半夏生，鹧鸪飞向日边鸣。
南人久客忘归去，谁折花枝赠远行。❹

牡丹

千里金酬一万枝，骊山宫里有花师。
小园但种三千本，李鄠侯家借绿丝。
诗人邂逅便辉光，杜老成都一草堂。
日日从人乞花木，如何不可乞姚黄。❺

金碧草堂看牡丹

五柳阴翳五色爪，齐都越地久悬车。
正如海外神仙侣，何爱人家富贵花。
欲向闲中消岁月，径须藉此搅云霞。
开时不复愁风雨，朱户深深拥绛纱。
客来无地可题诗，四壁琳琅在目时。
家世人惊投辖惯，风流自毁碎琴迟。
春深细细裁花样，酒半重重唱竹枝。
情似游蜂闲不得，园丁担上蚤神驰。❻

看花吟

芍药未开牡丹残，杜鹃花下春风寒。
一年花朝有几度，如何今年竟两悮。
看花须有酒，有酒可无诗。诗人老且□，独往将何之。
人生遇合有迟早，草木区区伤怀抱。
谁□一死不复生，花开花落复何道。
诗人之诗古则有，诗人之风今无耦。
对花且为诗人悲，天道茫茫疾白首。❼

---

❶（清）刘大绅撰：《寄庵诗文抄》，抄本，云南省图书馆藏，卷三戊午，第2册（437/7242/2），第4-5页。
❷（清）刘大绅撰：《寄庵诗文抄》，抄本，云南省图书馆藏，第2册（437/7242/2），第6页。
❸王德毅编：《丛书集成续编·寄庵诗文钞三十三卷·诗抄续九》，台北：新文丰出版公司，1989年，第157册，第325页。
❹王德毅编：《丛书集成续编·寄庵诗文钞三十三卷·诗抄五》，台北：新文丰出版公司，1989年，第157册，第188页。
❺王德毅编：《丛书集成续编·寄庵诗文钞三十三卷·诗抄续六》，台北：新文丰出版公司，1989年，第157册，第280页。
❻王德毅编：《丛书集成续编·寄庵诗文钞三十三卷·寄庵诗钞续八》，台北：新文丰出版公司，1989年，第157册，第309页。
❼王德毅编：《丛书集成续编·寄庵诗文钞三十三卷·寄庵诗钞续八》，台北：新文丰出版公司，1989年，第157册，第326页。

白鹤桥孙仲球宅看牡丹

钱记欧谱读终卷,天上残云落一片。
闭门不知春色深,名花今日裁识面。
我生百事皆有缘,五十种余眼曾见。
梦中好作园林游,醒来独觉目光眴。
白鹤回翔门巷深,紫蝶黄蜂随舆转。
孙卿有力拔其尤,不在新奇态百变。
从游谁是青莲才,乘醉挥毫逐飞电。
文章羞作过眼花,声价逢时亦不贱。
三舍退避衰年人,远看云霞五色绚。[1]

题画牡丹

多染燕支不著痕,翩翩蛱蝶亦消魂。
天然绝代风流样,寄语春风莫市恩。[2]

题画白牡丹

牡丹号花王,浓艳固无比。
何为入画今见之,有如白月临秋水。
岂是旷代之逸才,不著一字得妙理。
固知千古争宠人,变态无端不可儗。
君不见,虢国夫人颜色多,淡扫娥眉入宫里。[3]

清·张祥河[4]

又赠子贞[5]二首

一

猿公[6]所到即为家,趵突泉过客帽斜。
历下同寻前度梦(余官山左粮道六年),曹州豫办次年花(近种曹州牡丹,许来岁有花)。
十枝贻我真筠管,八饼酬君只乳茶。
尘海知交能有几,开襟顿觉释槎枒。

二

士龙梦到故人家,昏暮谭元麈尾斜。
浩劫应知天厌乱,苛条那顾地栽花。
听猿实下三声泪,向佛终叨一贴茶。
起看峨眉山欲雪,愁云罩住万槎枒。[7]

清·安萃砺[8]

咏牡丹花

红灯绣幕碧阑干,珍重东风护晓寒。
富贵丛中着眼易,阳春减处赏花难。
三宵日丽黄金带,五色云烘赭玉盘。
惟有天香邀翰墨,秾花几爱世人看。[9]

清·张泰熙[10]

牡丹谱诗,时州学正竹浦苏君著有牡丹谱

北海尔雅苏夫子,古今淹贯作花史。
梓泽胜概嗟已矣,富贵园林喧济水。
一经时雨滋茂美,春风鼓舞殿桃李。

---

[1] 王德毅编:《丛书集成续编·寄庵诗文钞三十三卷·寄庵诗钞续八》,台北:新文丰出版公司,1989年,第157册,第325-326页。
[2] 王德毅编:《丛书集成续编·寄庵诗文钞三十三卷·寄庵诗钞续八》,台北:新文丰出版公司,1989年,第157册,第212页。
[3] 王德毅编:《丛书集成续编·寄庵诗文钞三十三卷·寄庵诗钞续八》,台北:新文丰出版公司,1989年,第157册,第194页。
[4] 张祥河(1785—1862),字符卿,号诗舲,今上海松江人。张照从孙,嘉庆二十五年(1820)进士。官至工部尚书。著有《小重山房初稿》《小重山房诗续录》《诗舲词录》等。
[5] 何绍基(1799—1873),字子贞,号东洲,别号东洲居,晚号蝯叟,湖南道州人。著名诗人、书法家。
[6] 猿公原指剑术高明的隐者,因为何绍基号蝯(猿)叟,这里代指何绍基。
[7] (清)张祥河:《小重山房诗词全集·怡园集》。
[8] 安萃砺,字若石,号他山,曹县人。嘉庆辛酉科拔贡。
[9] 陈嗣良修,孟广来,贾迺延纂:《光绪曹县志·艺文》,光绪十年(1884)刻本,卷十七,诗第4页。
[10] 张泰熙,字际朗,生卒不详。

或接或种竞秀起，不尽姚黄与魏紫。
或接或种竞秀起，不尽姚黄与魏紫。
大道栽培莫可揆，本深立分发英蕊。
旷观宇宙得物理，从来繁华亦尔尔。
洛阳锦绣当如此，满前绰约竟谁是。
畴昔绝盛曾知否，喟然俯首曰唯唯。[1]

清·胡惟一[2]

咏绿牡丹 七绝二首

一

洛阳踏遍尽寻常，羞煞纷纷是紫黄。
借问东君谁第一，荷衣初赐状元郎。

二

柳样宫袍翡翠妆，饶他国色漫相当。
千年惟有石家艳，金谷楼空枉断肠。[3]

清·麦廷赓[4]

咏白牡丹

百花开遍甫含芳，不羡人间倚艳妆。
春去自飘曹国雪，月明惟觉一亭香。
鹤翎叶裹条分绿，蝶粉风凝药带黄。
可是陈思能作赋，洛川神女素罗裳。[5]

清·吴景旭[6]

磊亭牡丹盛开·其六

偶阅前贤谱籍中，最称曹县状元红。
杏坛近得春为主，梓里遥将富此翁。
迢递莺花虽阻绝，依稀鹿韭尚成丛。
如今白舫无多路，早晚迟君颂酒功。[7]

清·朱曒[8]

题东山园牡丹

绿云堆里露仙芳，红玉枝头浓淡妆。
月下飞来琼岛种，风前似舞汉妃裳。
清魂留我三春梦，幽馥袭人一夜香。
漫道向时翻旧谱，再栽新句酹花王。[9]

清·成德乾[10]

过毛氏园

微吟小醉踏春行，瞥见园林百媚生。
也有天资曾识面，几多国色不知名。
芳菲莫怪美人妒，潋滟应关花史情。
坐久景闲心亦静，绿杨深处啭流莺。[11]

---

[1] 潘建荣主编：《清光绪·〈新修菏泽县志·艺文二〉》，北京：中国文史出版社，2013年，第433页。
[2] 胡惟一，生卒不详，贡生，庆云人。（清光绪·〈新修菏泽县志·艺文二〉）
[3] 潘建荣主编：《清光绪·〈新修菏泽县志·艺文二〉》，北京：中国文史出版社，2013年，第587页。
[4] 麦廷赓，生卒不详，盛际南海人。参见清光绪《新修菏泽县志·艺文二》。
[5] 潘建荣主编：《清光绪·〈新修菏泽县志·艺文二〉》，北京：中国文史出版社，2013年，第588页。
[6] 吴景旭，字旦生。浙江湖州人。有《南山堂续订诗》传世。
[7] 纪宝成主编：《清代诗文集汇编·南山堂续订诗》，上海：上海古籍出版社，2010年，第38册，第133—134页。
[8] 生卒不详。
[9] 《新修菏泽县志·艺文二·诗歌》，清光绪六年（1880），（清）凌寿柏撰序，刻本，第卷之十八册，第94页，现藏国家图书馆（索取号：地140.211/39）。
[10] 生平不详。
[11] 《新修菏泽县志·艺文二·诗歌》，清光绪六年（1880），（清）凌寿柏刻本，第卷之十八册，第93页，现藏国家图书馆（索取号：地140.211/39）。

近现代部分

李经野[1]

忆园牡丹

洛阳名花古所闻,春风今又属曹南。
忆园主人勤莳艺,万事不理花事谙。
群芳久已归管领,牡丹千本心犹贪。
抱瓮而前无机事,寄庐新修避世龛。
忝陪徐子作二仲,晓径为我开三三。
千红万紫咸退避,婪尾甘让出头地。
忆昔看花到长安,花厂近列长春寺。
园丁力侔造化功,纸窗密室储温气。
唐花果然冬先荣,金钱浪掷倾朝贵。
卖花贾尽吾乡人,年年分根远射利。
只惜经春已凋殒,弱质撩眼本柔脆。
游戏宛洛二十载,郎署浮沉饱世味。
花瓣诗谶记韩湘,廉阳远谪同潮阳。
荔丹蕉黄不适意,唯有此花是同乡。
炎荒地暖熏蒸易,顷刻真能发天香。
覆庑略为燃蕴火,不似内园分温汤。
北历燕山南百粤,宛转相从谁能忘?
花易憔悴人易老,容颜不复昔时好。
繁华阅尽浑如梦,常恐抽身苦不早。
自从移疾卧林丘,田园就荒只生愁。
树蕙蕙枯况百亩,种竹竹活芽初抽。
今朝驱车过涞阴,俾我病夫开昏眸。
身在忆园更成忆,俯仰今昔感旧游。
自笑原非富贵家,有缘却在富贵花。
乃知此生但眼福,此身端宜栖烟霞。
山馆信宿不能去,闲弄笔墨争岁华。

芳亭日落宿花影,栏外朝晖喧蜂衙。
天地自然无双艳,武林马塍休矜夸。
主人有酒旨且多,对花一醉发诗葩。[2]

次前韵

泽畔吟久歇,遗集悲郁华。
衣钵被贾生,门多长者车。
穿筑涞水阴,结想何其遐。
当春芳菲节,候已过山茶。
花王得净土,不受风尘遮。
意园真富贵,系出天潢家。
主人故好客,礼意时有加。
公门盛桃李,令我长咨嗟。
至言奋忠义,城北轩轩霞。
人事惊代谢,岁月原非赊。
今兹良宴会,天香发奇葩。
未知木芍药,能否治琼芽?
看花到洛阳,曾泛星使槎。
何如忆园里,风景应无差。
已足谷雨雨,羯鼓何须挝?
与君拼一醉,杯饮樽可污。[3]

庭前种梅一小株,已数年矣,今始着花,喜赋

庭小藏得太古春,手种花木无俗尘。
箖竹已活迸新笋,安榴结实何轮囷。
牡丹数丛间红药,春风两度香色匀。
奇花异卉不能致,寻常所得皆怀新。
寒梅横枝已三载,但见骨格空嶙岣。
深闭固拒若有意,恐非和靖作主人。
年头况值岁大寒,老木冻裂皮皆皴。
瘿仙乃独舒冷艳,耐寒肯与钝翁邻。
兴来相看两不厌,一日百回哪嫌频。

---

[1] 李经野(1855—1943),字莘夫,号曹南钝士,原属菏泽县籍,现为菏泽市曹县苏集镇土地庙村人。光绪九年(1883)进士。为官公正无私,政绩卓著。1910年,因不满时局黑暗,辞官归里,从此寄情翰墨,诗酒东篱。1911年,与徐继孺联合创办曹南诗社,掌诗社坛坫。后又主纂曲阜、单县两县县志,指导弟子姜清濯写成《汉儒学案》,主编有《曹南诗社唱和集》。

[2] 张荣昌等点校,政协曹县委员会、曹县地方史志研究中心编:《曹南诗社唱和集》,北京:线装书局,2021年,第165页。

[3] 张荣昌等点校,政协曹县委员会、曹县地方史志研究中心编:《曹南诗社唱和集》,北京:线装书局,2021年,第166页。

情意乃觉淡处永，臭味转从疏时亲。
呼儿相与为长句，勿负月地与霜晨。[1]

游皇藏峪

入山恐不深，住复穷谽谺。
桃源忘远近，渐已无人家。
山容忽苍翠，群木攒嵯岈。
林行不见日，樵斤响阴崖。
山寺知何处？容我探幽遐。
蓦惊老青檀，参天势权枒。
奇馥扑鼻观，黑蝶受风斜（峪中黑蝶甚多）。
谁知梵宇中，牡丹正发花。
一株花逾百，仙家春色奢。
吾曹知名久，未见此奇葩。
乃知方隅见，自囿徒矜夸。
银杏千年物，金碧紫烟霞。
到此洗俗态，甘饮山僧茶。
小憩复登顿，腰脚健有加。
草树愈蒙密，从古无梳爬。
幽岩藏古洞，疑可居龙蛇。
字题康熙年，摩挲几咨嗟。
攀缘历颠顶，踪迹偶麏麚。
竞秀归一览，浑忘归路赊。
今日此老眼，不受风尘遮。
安得专一壑，永谢人境哗。
万树无鸟巢，不见栖昏鸦。
（林中无一鸟巢，一奇也）[2]

陈继渔[3]

忆园牡丹，和钝士，并简莱臣

东皇辞权归帝乡，花神休迹如逃藏。
婪尾余春不我与，空忆唐宫百花王。
少年不识花事好，历下芳菲委露草。
长安看花怅离筵，洛阳满园唱懊恼。
辛亥春游齐鲁园，咏霓旧侣留四皓。
黉山遥赠芍药作，国色天香出瑶岛。
一朝风云万变态，花落几见人不老？
曹南名花领群芳，爱而不见见恨少。
昨买牡丹栽五株，一枝半开倏枯槁。
市上胭脂并幻影，场师射利柱机巧。
忆园胜景足嘉遁，主人手植逾千本。
灌凭抱瓮涞水清，开向琴台春风暖。
红云近接栖霞山，从太白游兴非浅。
雅集我负良友约，龙钟恐为花所哂。
曾读《清平调》三章，沉香亭畔调宫商。
敢讽新妆比飞燕，几忘花萼联棣棠。
何如芳园开春宴，朝赏魏紫夕姚黄。
诗心例须借福眼，四百六字光琳琅。
我和阳春日云暮，怅望风月怜色香。
色香年年新如旧，不同俗艳红紫斗。
眼花借镜看妍媸，耳食凭人说肥瘦。
回首玉京会群仙，意园老人作领袖。
庭前花品真无双，羽客觞咏杂佩绶。
清挹余芬蜂有衙，晚嗔飞英燕欲救。
哪堪春随陵谷迁，重与富贵花邂逅。
唐苑移根植名山，谪仙复为题锦绣。
客询忆园何所忆？意园别有锦囊授。
蹉跎白首抛春华，过客百年等昏昼。

---

[1] 张荣昌等点校，政协曹县委员会、曹县地方史志研究中心编：《曹南诗社唱和集》，北京：线装书局，2021年，第440页。
[2] 张荣昌等点校，政协曹县委员会、曹县地方史志研究中心编：《曹南诗社唱和集》，北京：线装书局，2021年，第461页。
[3] 陈继渔（1849—1919），字瑜轩，晚号济阴愚叟。菏泽市曹县邵庄镇陈楼村人，光绪二十一（1895）年进士。历任河南伊阳、宁陵、罗山、舞阳等县知县，期间削平冤狱，勤政爱民，得到当地百姓的爱戴和敬重。民初被推荐为曹县孔教会的会长。1913年，借曹县学宫乡贤祠开讲舍，教授经学。本条目由曹县文史学者鄞鸿供稿。

明年花发重联吟，不待开樽我来就。[1]

徐继孺[2]

涞阴精舍赏牡丹

谷雨遘时雨，鼠姑郁其华。游人日坌集，吾亦巾吾车。
名园负涞水，柳阴陟幽遐。主人迟我至，汲泉烹早茶。
新亭互崃崌，众木相亏遮。果然姚与魏，黄紫各名家。
冰雪虽微损，姿态谁能加？小山穷登顿，俯仰生叹嗟。
富贵但一瞬，此地足烟霞。精舍集群英，琴台望非赊。
令我怀高李，余风醉诗葩。人文久消歇，天阏无萌芽。
对花感荣落，身世如浮槎。君衍洧园脉，屈平得景差。
天香入美酒，狂奏渔阳挝。留欢非阿好，任人笑余污。[3]

扈于高[4]

闻钝士、悔斋将之单父，游忆园，看牡丹

春光老去命巾车，为访涞阴金事家。
羡尔名园追洛水，倩谁妙笔写烟霞？
乾坤清气樽中酒，富贵浮云眼底花。
借问忆园何所忆？于今姚魏有根芽。[5]

何树桢[6]

自汴归来，牡丹凋谢，感赋四首

小园减却洛阳春，难驻仙颜候主人。
富贵浮云原幻梦，芳华逝水想丰神。
乍逢漫恨花成阵，相对无言草作茵。
怜尔光阴容易老，家山应早返征轮。

二

粉渍脂痕露未晞，汉宫空说斗芳菲。
红颜逐队随春去，绿叶成荫带雨肥。
莺燕嗔人惭负负，蝶蜂恋汝故飞飞。
栽花珍重及时意，景物蹉跎胡不归？

三

香满园林映日华，翠帷锦幄陋唐家。
三章唱彻《清平调》，一捻开残芍药花。
名士美人谁解识，晓风落月自横斜。
书生哪有留春技，狼藉芳魂只怨嗟。

四

枝头何处觅残红，国色天香过眼空。
既谢况教经夜雨，重逢还待借春风。
一年花事悲流水，满地芳馨怅化工。
恨我来迟须细数，莫将扫去唤奚童。[7]

诗抄外编：游寓曹州学者牡丹诗选

明·彭尧谕

初作牡丹社，与张慎甫、叶茂先、陈石屋小酌，已而倪冠洲至，招罗善长入社

诸君拟作蕊宫游，诗帙茶樽竟夕留。
胜地难逢来胜友，名花何幸接名流。
丹林春老邀开径，锦洞霞鲜拥上楼。

---

[1] 张荣昌等点校，政协曹县委员会，曹县地方史志研究中心编，《曹南诗社唱和集》，北京：线装书局，2021年，第167-168页。
[2] 徐继孺(1858—1917)，字又稚，号悔斋，晚年自号苏门山人，山东曹县郑庄乡徐楼村人。十一岁中秀才，被誉为神童。光绪十四年（1888）中举，十六年（1890）中二甲第四名进士，曾任翰林院编修等职，后因追随酷吏山西巡抚毓贤杀传教士，被慈禧勒令严查，遂隐居于河南辉县苏门山，并自号苏门山人。1904年，偷偷潜回故里，深居简出，专心著述，并与李经野联合成立曹南诗社。著有《曹南文献录》，是书汇集曹州府周代以来的重要文献，并附载古曹州府一州十县（菏泽、曹县、定陶、巨野、郓城、单县、成武、濮州、范县、观城、朝城）之沿革、山水等资料，对研究鲁西南地方史极具价值。1917年5月22日夜，砀山土匪大毛、二毛兄弟数百人偷袭曹县城，徐继孺闻变出户巡视，在城墙遭流弹身亡。
[3] 政协曹县委员会点校，《徐悔斋集》，北京：线装书局，2022年，第484页。
[4] 扈于高，字翰廷，曹县人，生卒年不祥。光绪年间拔贡，与李经野交好，曹南诗社成员。
[5] 张荣昌等点校，政协曹县委员会，曹县地方史志研究中心编，《曹南诗社唱和集》，北京：线装书局，2021年，第165页。
[6] 何树桢，字右宾，菏泽人，长居开封，生卒年不祥。与李经野、徐继孺、陈继渔、姚舒密等人交好，曹南诗社成员。
[7] 张荣昌等点校，政协曹县委员会，曹县地方史志研究中心编，《曹南诗社唱和集》，北京：线装书局，2021年，第279页。

彩笔欲停香艳发，安排九锡待罗虬。[1]

牡丹社中席上，呈张慎甫社丈

欧谱虚传未足夸，天彭敢自附名家。
春前忽枉山阴掉，客里同看菟苑花。
锦洞数层妆雾雨，赤城一抹卷晴霞。
招来歌舞供吟赏，羯鼓频催笑语哗。[2]

侯太史牡丹之约不果，花下寄怀

春前期约别燕台，心许同游菟苑[3]来。
负我花时虚命驾，怀人天畔罢啣杯。
穷交独有青山在，丽句谁将白雪裁。
自笑升沉难会合，封书空向牡丹开。[4]

牡丹社罢叙别，和叶茂先韵

赋遍名花属和难，那堪国艳半凋残。
飞来细雨催人别，赊向明年作社看。
眼底风流成独笑，天涯踪迹阻同欢。
应知客散西园后，谁咏新诗到药阑。[5]

叶茂先词丈携客途所得，诸倡和诗，箫载茗一车，复至小园

艺苑深知意气存，离愁旬日长苔痕。
牡丹别后闲花社，芍药开时过菟（兔）园。
我尚有诗堪作敌，君于无佛可称尊。
重来满载云桑叶，就煮溪泉醒梦魂。[6]

和答茂先再至小园之作，用前韵

落尽春红芍药存，干风酷日损妆痕。
赏花客到苔封径，把臂莺啼竹满园。
俗薄少年轻自许，诗穷我辈漫言尊。
与君共作鸡豚社，莫便临岐黯别魂。[7]

采园中大黄小黄二色牡丹，供大士

园中有奇花，色似金鹅蕊。
朱紫虽烂然，见此尽作婢。
不奈业风吹，摘来供大士。
酌彼菩萨泉，洒以甘露水。
乃与青莲花，结盟佛界里。
方弗锦麝帏，幽香生氍毹。
名花欣有托，庶几不负尔。[8]

牡丹夜宴，传花鼓饮，同海宁雷年丈、叶广文诸友

何须置驿贡名花，座客纷传笑语哗。
洛社酒徒当百罚，渔阳鼓吏动三挝。
听歌喉转惊飞雪，观伎裙开散落霞。
到夜不知春漏尽，画灯犹照药栏斜。[9]

同游客赏芍药，俄叶茂先以茗至，复以新作示予，晚泛湖南，即事成篇

屡负牡丹约，犹逢芍药期。樱红新荐后，梅绿半酸时。
惠我尝佳茗，因君削旧诗。座中皆好事，赊月入南陂。[10]

凤毛金（牡丹，即黄绒铺锦，以下牡丹名）

檀晕初分半额黄，姚花也学内人妆。

---

[1]（明）彭尧谕著：《西园续稿》，明末刻本，卷之2，第3册，第4页。现藏国家图书馆（善本书号：16843）。
[2]（明）彭尧谕著：《西园续稿》，明末刻本，卷之2，第3册，第5页。现藏国家图书馆（善本书号：16843）。
[3] 即梁园。
[4]（明）彭尧谕著：《西园续稿》，明末刻本，卷之2，第1册，第6页。现藏国家图书馆（善本书号：16674）。
[5]（明）彭尧谕著：《西园续稿》，明末刻本，卷之2，第3册，第6页。现藏国家图书馆（善本书号：16843）。
[6]（明）彭尧谕著：《西园续稿》，明末刻本，卷之2，第3册，第9页。现藏国家图书馆（善本书号：16843）。
[7]（明）彭尧谕著：《西园续稿》，明末刻本，卷之2，第3册，第11-12页。现藏国家图书馆（善本书号：16843）。
[8]（明）彭尧谕著：《西园前稿》，明末刻本，卷之1，第2册，第19页。现藏国家图书馆（善本书号：16843）。
[9]（明）彭尧谕著：《西园续稿》，明末刻本，卷之13，第6册，第11页。现藏国家图书馆（善本书号：16674）。
[10]（明）彭尧谕著：《西园续稿》，明末刻本，卷之7，第3册，第16页。现藏国家图书馆（善本书号：16674）。

晓看露蕊工如剪，疑是霍家金凤凰。❶

蝶粉黄（即小黄）

嫩色娇姿次第妆，飞来香雾染人裳。
夜深偷赴花间约，逗引春情减蝶黄。❷

黄玉楼（即鲁府大黄）

晓起涂黄色韵嘉，天妆和露染春霞。
闲看梳掠添金粉，传出新妆自内家。❸

以黄牡丹一本送杨中岳进士

久卧蓬蒿寄此身，十年闲度牡丹春。
怀君脱赠金鹅蕊，好忆西园旧主人。❹

见车载牡丹入京

移根洛圃向京华，艳骨香魂想作花。
及到花开人不见，买春偏入五侯家。❺

访陈眉公不遇，因讯前寄牡丹，偶过乡僧，坐谈，煎桂，索饭而去

扁舟飞去浩无涯，秋兴寻君不在家。
一事关心勤致问，牡丹春发几枝花。
其二
锦树丹崖柱见寻，满山暖翠带秋阴。
主人多事贪云水，且与乡僧说少林。
其三
苍壑阴森落桂花，收来烹雨当新茶。
家人午饷雕胡饭，归拥秋帆弄晚霞。❻

雷年兄过赏牡丹，调弄杨妓，赋赠

萧条书剑强随身，拥榻宵深月作邻。
晓看牡丹同夜发，樽前恰有姓杨人。❼

牡丹名海棠魂

妖姿绮骨长仙根，露洗明妆带枕痕。
定是夜阑花睡熟，被春生摄太真魂。❽

牡丹诗和白文公，次韵

谱药何名牡，宜男故号丹。施朱夸艳质，嘘气胜芳兰。
为占三春秀，先教众卉残。傍檐悬锦麝，映竹透明玕。
憨态同眠柳，柔情伴倚栏。客怜杯索□，妓妒面凝寒。
学媚回烟视，消愁隔雾看。蜂须香不卸，蝶板粉轻弹。
经尺中边润，循规横且团。丽云垂紫密，银露宿瑶坛。
朵朵供心赏，霏霏入鼻观。似妖还似魅，邀凤复邀鸾。
解语情堪死，催妆梦始阑。无须劳置驿，便可废烧檀。
妙曲原推李，环姿只羡潘。霞飞王母节，宝压太真冠。
名许牙签记，诗宜锦字安。图成千萼集，绣出五丝攒。
晏向莺年设，樽同燕昼欢。精灵倾国色，天巧夺人官。
尚带唇脂湿，新承袖唾干。高齐石氏树，大类汉家盘。
一本春无几，千金价可判。妖魂惊叶动，仙骨作根蟠。
康乐先曾见，韩弘讵忍刊。奇葩留醉久，彩笔觉思殚。
罗幕娇难贮，尘沙恨每干。丹青开画帐，绀碧照峰峦。
畅以园林胜，兼之客座宽。抽毫追白咏，始觉和歌难。

（首句有据）❾

---

❶（明）彭尧谕著：《西园续稿》，明末刻本，卷之19，第8册，第4页。现藏国家图书馆（善本书号：16674）。
❷（明）彭尧谕著：《西园续稿》，明末刻本，卷之19，第8册，第4页。现藏国家图书馆（善本书号：16674）。
❸（明）彭尧谕著：《西园续稿》，明末刻本，卷之19，第8册，第4-5页。现藏国家图书馆（善本书号：16674）。
❹（明）彭尧谕著：《西园续稿》，明末刻本，卷之19，第8册，第24页。现藏国家图书馆（善本书号：16674）。
❺（明）彭尧谕著：《西园续稿》，明末刻本，卷之19，第8册，第24页。现藏国家图书馆（善本书号：16674）。
❻（明）彭尧谕著：《西园续稿》，明末刻本，卷之20，第8册，第4-5页。现藏国家图书馆（善本书号：16674）。
❼（明）彭尧谕著：《西园续稿》，明末刻本，卷之20，第8册，第8页。现藏国家图书馆（善本书号：16674）。
❽（明）彭尧谕著：《西园续稿》，明末刻本，卷之20，第8册，第16页。现藏国家图书馆（善本书号：16674）。
❾（明）彭尧谕著：《西园续稿》，明末刻本，卷之17，第7册，第3-4页。现藏国家图书馆（善本书号：16674）。

牡丹诗再次白公韵

暖气浓含麝，旭光照渥丹。幻容临绛树，倩笑对红兰。
张幕深妨触，催歌怕就残。赭根如紫贝，黛若点青玕。
宿酿香能醉，调饥秀可飡。效颦愁薄暮，留梦勒微寒。
命赋劳中使，承恩逼上栏。西园经手植，南国几人看。
结绮蒸霞丽，编珠裹露团。曾闻栽御苑，自合种仙坛。
名占天彭谱，游倾洛社观。浮丘应驻鹤，王母或停鸾。
移席迎朝爽，悬灯坐夜阑。镜中妆落粉，脸际晕分檀。
句慕惊人谢，樽邀掷果潘。金珠摇月珮，缨络切云冠。
狂客疑神造，佳人逗巧攒。雨莺愁独坐，风蝶梦偷安。
沧海千年变，平原十日欢。楼台连别墅，剑履列仙官。
鹦鹉喉初转，芙蓉汗渐干。轻身翻素掌，艳骨荐雕盘。
有貌从教妒，无才莫妄判。恼公花事促，结客酒钱殚。
欲返魂无力，宜驱病莫干。万枝开曙谷，五色射晴峦。
浊世凭诗洗，枯肠得酒宽。相期探国色，金尽买春难。❶

林丈入关中，就练中丞幕，因谈兴庆宫有唐时牡丹，不得出游，遥忆西园花社，又不得与，怅然为别

兴庆牡丹君见否，开元遗种至今留。
年深花骨犹看艳，日积苔痕空想游。
偏是逢春千里别，惟应作客一生休。
相思同种难同赏，那得临岐不系愁。❷

牡丹社罢，送吴中舍入都

胜事西园日劝酬，连朝花尽牡丹游。
云阴欲暮迎梅雨，天气微寒作麦秋。
蓟北征车休久滞，江南财赋不胜愁。
皇华又逐飞鸿急，汉使星明间阊楼。❸

寄怀眉公陈征君，兼讯牡丹

龙门谁道客登难，曾醉仙庐到夜阑。
尺素春裁鱼讯断，高人云卧鹤天寒。
山屏背倚藏深壑，水箭东浮下急湍。
自别名花劳记忆，欲同修竹问平安。❹

侯木庵太史邀赏芍药，兼成吟眺

新谱名花自广陵，林间五色似云蒸。
芳天锦地游难尽，艳骨明妆醉欲凭。
扶老杖分麋鹿竹，借眠床挂鹭鸶藤。
可堪处处成吟赏，笻步高斋见月棱。❺

秉烛赏牡丹，奉同马明府

西园宾客接清欢，秉烛移樽醉牡丹。
百和香中春雾重，九微烟里夜光寒。
照妆彩晕酲初解，幌梦妖魂睡未安。
莫惜兰膏频唤炷，添将蜡凤对花看。
（蜡凤有典）❻

牡丹花下，送林幼藻记室之晋中（应太原，丁守聘）

牡丹开处复离筵，啼鴂惊魂独黯然。
三晋河山迎马首，一春风雨过花前。
辞家忍作新婚别，入幕心知太守贤。
梁苑欲荒宾客尽，异时词赋有谁传？❼

牡丹已落，茂先始访，承惠新作，遂尔留赋

林亭连日待君看，把袂重经问牡丹。
客路诗篇怀我满，花时风雨惜春残。

---

❶（明）彭尧谕著：《西园续稿》，明末刻本，卷之17，第7册，第4-5页。现藏国家图书馆（善本书号：16674）。
❷（明）彭尧谕著：《西园续稿》，明末刻本，卷之14，第6册，第14-15页。现藏国家图书馆（善本书号：16674）。
❸（明）彭尧谕著：《西园续稿》，明末刻本，卷之14，第6册，第15页。现藏国家图书馆（善本书号：16674）。
❹（明）彭尧谕著：《西园续稿》，明末刻本，卷之12，第5册，第4-5页。现藏国家图书馆（善本书号：16674）。
❺（明）彭尧谕著：《西园续稿》，明末刻本，卷之12，第5册，第11页。现藏国家图书馆（善本书号：16674）。
❻（明）彭尧谕著：《西园续稿》，明末刻本，卷之9，第4册，第8-9页。现藏国家图书馆（善本书号：16674）。
❼（明）彭尧谕著：《西园续稿》，明末刻本，卷之9，第4册，第9页。现藏国家图书馆（善本书号：16674）。

翠涛新汲莓苔井，红萼将翻芍药栏。
且共分题修竹里，千秋留向兔园❶看。❷

冬日简沈叔元，时客亳南，为吕广文写牡丹屏二首（其一）

失路应逢地主贤，亳南云物望中悬。
病余涕泪孤灯夜，梦隔河山大雪天。
久客不归惊岁杪，寒花无恙发春前。
知君惯见洛阳种，彭谱争邀彩笔传。
（彭谱乃蜀中《天彭谱》，也不自予始）❸

冬日简沈叔元，时客亳南，为吕广文写牡丹屏二首（其二）

万里相依鬓发星，致君衰病复飘零。
醉图洛下千花种，卖作江南九叠屏。
旅食酸心人久客，寒天雪涕路重经。
郊坰惨淡无来雁，薄暮云垂野火青。❹

牡丹初开，家弟送酒，遂同沈元子、徐惠南小酌

露气怜新沐，花情怯半妆。
酿来松屑熟，兴到牡丹狂。
每岁多奇种，无时不异香。
徐熙画未出，夸向沈东阳。❺

归路春暮，怀马明府齐庄，每与明府作牡丹花，社遥忆落尽矣

间关忆别陪思家，客路暄萋洗面沙。
翠驿云晴沾宿雨，红亭日暮卷飞霞。
宦情无我诗应减，春兴怀人鬓有华。
奏绩定征青琐去，西园少看一年花。❻

绿牡丹·和马明府齐庄

不信人间有碧桃，染来仙萼映宫袍。
群蜂欲宿迷花叶，么凤偷藏乱羽毛。
对酒俱将杯蚁尽，开妆偏妒鬓云搔。
杨家玉磬看同色，翠幕春风弄彩毫。
（杨贵妃有绿玉磬）❼

雨中作牡丹社，柬社中诸丈

开樽共作牡丹游，把臂林泉慕饮流。
花社友朋千里至，客怀风雨一春愁。
涛翻薜荔疑沉阁，翠积莓苔欲上楼。
只恐夜来幽艳落，满阶香粉倩谁收。❽

牡丹社中调陈丈买姬，索和前作，兼呈倪、叶二丈

名花不惜借人看，日日开樽醉牡丹。
香艳满林成锦画，清平一调助情欢。
酒坛偶识陈惊座，宫伴新来贾佩兰。
莫遣行云归楚峡，留将春色护雕栏。❾

花社送陈石屋

乍听莺声莬苑时，一樽还共读君诗。
牡丹正及同游赏，芍药将开赠别离。
道出夷门春草远，风吹沙海客归迟。
空携书札逢人少，独有穷交识项斯。❿

---

❶ 梁园的别称，今在河南商丘东。
❷ （明）彭尧谕著：《西园续稿》，明末刻本，卷之9，第4册，第9-10页。现藏国家图书馆（善本书号：16674）。
❸ （明）彭尧谕著：《西园续稿》，明末刻本，卷之10，第4册，第9页。现藏国家图书馆（善本书号：16674）。
❹ （明）彭尧谕著：《西园续稿》，明末刻本，卷之10，第4册，第9-10页。现藏国家图书馆（善本书号：16674）。
❺ （明）彭尧谕著：《西园续稿》，明末刻本，第3册，卷之七，第16页。现藏国家图书馆（善本书号：16674）。
❻ （明）彭尧谕著：《西园续稿》，明末刻本，第3册，卷之八，第9页。现藏国家图书馆（善本书号：16674）。
❼ （明）彭尧谕著：《西园续稿》，明末刻本，第3册，卷之八，第10页。现藏国家图书馆（善本书号：16674）。
❽ （明）彭尧谕著：《西园续稿》，明末刻本，第3册，卷之八，第13页。现藏国家图书馆（善本书号：16674）。
❾ （明）彭尧谕著：《西园续稿》，明末刻本，第3册，卷之八，第13页。现藏国家图书馆（善本书号：16674）。
❿ （明）彭尧谕著：《西园续稿》，明末刻本，第3册，卷之八，第14页。现藏国家图书馆（善本书号：16674）。

种花曲·和陈眉公

眉公乞花于予,曾分西园佳种数本,遗之。后访眉公山中,适他之,第与此花目眺而已,怅不能语,题诗壁上而去。及花时,大宗伯董公过赏,有对花怀予之作,眉公同赋。今冬始寄此诗,予乃次韵。

日向花前浮太白,平生自喜无钱癖。
得钱到手不作家,筑舍买花武陵驿。
巨品伟观花所尊,异妆别种千余色。
梁园豪贵多花田,花主百年姓屡易。
未论倾国与倾城,一见名葩便夺席。
老同花癖眉征君,知我能诗非俗客。
不肯种豆趁年丰,常爱种花嫌土瘠。
昔时寄花佘山堂,访花人去诗留壁。
别君又复历花时,怀君思得花消息。
揭来致书花平安,醉赏春风楼百尺。
但期花神两地作芳邻,主人何用门前森画戟。
（宋东城有武陵驿,见唐诗题）[1]

种花曲（其二）

著书不解辨玄白,卧酒吞花成性癖。
却笑中原旧君臣,诏令贡花专置驿。
那信名花限地隅,间关千里无香色。
我辈事业不关心,一生爱花金不易。
春中命酒动娇歌,夜半悬灯照绮席。
每遇奇欢伴醉人,翻劳远梦思佳客。
佘山旧隐守玄心,自谓道穷觉貌瘠。
所居分得洛阳春,长句大篇题四壁。
花时忆我赠花人,胜友难逢空太息。
寄来古韵和者谁,重之不减金粟人。
与君且作种花翁,君不见,今日贵游羞执戟。[2]

林丈书言,关中牡丹花甚瘦,次陈眉公韵,以诗讯西园花社,亦次韵答之

有客双缄发太白,自言生有看花癖。
读君所作牡丹诗,惆怅春风坐荒驿。
问我西园旧社花,同谁较量花香色。
诗篇索和诚所难,杯酒向人亦不易。
每闻客到苦攒眉,强为伎留相促席。
今日始开关右书,长篇漫忆秦中客。
料汝苦吟大瘦生,风前莫笑花偏瘠。
花貌不胜西子妆,诗人尚似长卿壁。
萧条花社自深愁,寥落词场翻太息。
量才世上恐无人,急向袖中探玉尺。
如君堪敌洛阳才,纸上词锋森剑戟。[3]

明·陈继儒[4]

春日同董思翁[5]宴赏牡丹,有怀君宣先生

东佘逋翁发已白,自笑难消爱花癖。
咄哉驰送牡丹来,马不留行似驰驿。
种之竹篱东偏头,淡日轻烟笼五色。
朱阑翠幕绣帘垂,群卉低回俱辟易。
八座董翁铁石肠,赏花转盼频前席。
是谁好事逞风流,洛阳才子梁园客。
洛阳千里数寄书,首问花肥与花瘠。
去年寻我入山中,不见题诗满墙壁。
墨汁淋漓发异香,夜半犹闻花叹息。
举杯酹酒祝老彭,愿君百岁花盈尺。
天王有道花王灵,酒杯莫负髯如戟。[6]

---

[1]（明）彭尧谕著:《西园续稿》,明末刻本,第1册,卷之四,第11-12页。现藏国家图书馆（善本书号:16674）。
[2]（明）彭尧谕著:《西园续稿》,明末刻本,第1册,卷之四,第13页。现藏国家图书馆（善本书号:16674）。
[3]（明）彭尧谕著:《西园续稿》,明末刻本,第1册,卷之四,第25页。现藏国家图书馆（善本书号:16674）。
[4] 陈继儒（1558—1639）,字仲醇,号眉公、麋公,松江府华亭（今上海市松江区）人,明代著名画家、书法家、文学家。诸生出身,工诗善绘。擅墨梅、山水,画梅多册页小幅。有《梅花册》《云山卷》等传世。著有《陈眉公全集》《小窗幽记》《吴葛将军墓碑》《妮古录》。
[5] 即明代著名书法家董其昌。
[6]（明）彭尧谕著:《西园续稿》,明末刻本,第1册,卷四,第13页。现藏国家图书馆（善本书号:16674）。

清·汤右曾❶

咏斋中草木五十二首同雪子作·牡丹

种自曹州寄,名仍洛下来。
东风相(人)欺得,芍药出丰台。

清·郑板桥❷

题水墨《牡丹兰蕙图》

此是人间富贵花,山头脚下傍兰芽。
古今有德方成福,君子贤人共一家。❸

咏牡丹

十分颜色十分红,顷刻名花在眼中。
富贵若凭吾笔底,不愁天起落花风。❹

牡丹

牡丹富贵号花王,芍药调和宰相祥,
我亦终葵称进士,相随丹桂状元郎。❺

清·孙星衍❻

春及草堂看牡丹

款门两度入芳筵,煮茗清谈屏管弦。
笋味脆供微醉客,花光浓照半阴天。
闲中世事抛身外,乐处禅机在眼前。
（座中潘太史好禅）
回首曹南春似海,万丛不及一枝妍。
（去年试士曹郡,值牡丹盛开）❼

登第一楼,柬阮中丞元

曲苑芙蓉放欲齐,苏堤柳絮已停飞。
回瞻玉宇千门近（楼在行宫东畔）,平望吴山万仞低。
高处元龙时独立,上头崔灏看谁题。
他年想象平津馆,第一风流数浙西。❽

得吴太守阶书,却寄

图贼筹兵仗笔端,故人憔悴乍迁官。
山居不识干戈动,犹向曹南乞牡丹。❾

吴次升太守送牡丹至金陵,却寄

驿骑传花到恐迟,故人情重合酬诗。

---

❶ 汤右曾（1656—1722）,清浙江仁和人,字西厓。康熙二十七年进士,授编修,官至吏部侍郎,兼掌院学士。工诗,与朱彝尊并为浙派领袖。有《怀清堂集》传世。参见（清）汤右曾撰:《怀清堂集》,影印文渊阁《四库全书》本,台北:台湾商务印书馆,1983年,第1325册,第609-610页。
❷ 郑板桥（1693—1766）,原名郑燮,字克柔,又号板桥,江苏兴化人。清代著名书画家、文学家。康熙秀才,雍正十年（1732）举人,乾隆元年（1736年）进士。官曹州府范县、潍县县令,政绩显著,后客居扬州,以卖画为生,为"扬州八怪"代表性人物。
❸ 荣宏君著:《翰墨风骨郑板桥》,天津:百花文艺出版社,2019年,第313页。
❹ 菏泽市郓城县博物馆藏。
❺ 荣宏君著:《翰墨风骨郑板桥》,天津:百花文艺出版社,2019年,第80页。

❻ 孙星衍（1753—1818）,字渊如,江苏武进人,后迁居金陵。清代著名藏书家、金石目录学家、书法家、经学家。少年时与杨芳灿、洪亮吉、黄景仁以文学见长,袁枚称其为"天下奇才"。乾隆五十二年（1787）中进士,殿试榜眼,授翰林院编修,乾隆五十九年（1794）任刑部郎中,后任道台、署理按察使等职。乾隆六十年（1795）授山东兖沂曹济道,次年补山东督粮道。嘉庆十二年（1807）任山东布政使。在山东任职期间,曾多次到属下曹州欣赏牡丹,考察古迹,写下咏曹州牡丹诗多首。在其传世的《寰宇访碑录》一书中记录下多通曹州古代金石碑刻,为曹州牡丹、金石文化留下重要史料。参见:叶衍兰、叶恭绰编:《清代学者像传》,上海:上海书店出版社,2001年,第245-246页。
❼ （清）孙星衍著:王云五编:《孙渊如先生全集·济上停云集一卷》,台北:台湾商务印书馆,1968年,第439页。
❽ （清）孙星衍著:王云五编:《孙渊如先生全集·济上停云集一卷》,台北:台湾商务印书馆,1968年,第439-440页。
❾ （清）孙星衍著:王云五编:《孙渊如先生全集·冶城絜养卷上》,台北:台湾商务印书馆,1968年,第474页。

移栽堂北萧闲处,忆见曹南烂漫时。
(丁巳岁试士曹南,值牡丹正放。)
异种未容金作价,清风应与石相知
(唐陶山取廉石之意,为余题廉卉堂。)
白门四月春如海,人爱姚黄第一枝。[1]

廉卉堂

唐太守仲冕题额云,辛未之岁,渊如观察归自东省,宦橐萧然,不受属城馈赆。越数年,乐易之德,多寄土物,因以曹南牡丹植于后庭,爰取郁林廉石之义,以署其堂,且勉后人,无忘清白人之传。

移来深色花,臣门忽如市。
方愧载石人,空斋一卷峙。[2]

闭门

闭门苔绿抱幽人,桉朽书淫动一旬。
何物牡丹犹烂漫,江梅开后已无春。[3]

湖上看牡丹

春光浓入野人家,曳杖闲游日易斜。
满地繁红正零乱,牡丹只放二分花。[4]

牡丹

浓香艳质自天然,栽入楼台望若仙。
应笑东君相识晚,不教开占百花先。[5]

移家金陵即事

自看双鹤掩柴关,静看浮云出岫还。
不问苍生不携妓,谢公直是为青山。
绿杨风引到山家,拄杖寻幽日又斜。
满地繁红正零乱,牡丹不放十分花。
经时无术惜才疏,检点空楼一寸书。
北去心情浑不定,刀鱼放下忆时鱼。
翠微深处列华筵,碧涨生时荡画船。
孤负水衡赀十万,归来尽用卖文钱。[6]

梅庄访陈华南郡丞,其地本韩蕲王宅

桑柘千畦拥一村,霍山半面对层轩。
诗人不为鲈鱼去,三泖春波直到门。
清风遗阁挂藤萝,想见看山也枕戈。
不是蕲王行乐地,荒凉台榭本无多。
浓翠交窗惜不摧,繁红经雨落成堆。
牡丹到此难矜贵,只共山花一样开。
为我招邀客到时,檐花声里坐论诗。
桃源草草留宾日,那得知音共酒卮。[7]

---

[1] (清)孙星衍著:王云五编:《孙渊如先生全集·冶城集补遗一卷》,台北:台湾商务印书馆,1968年,第535页。
[2] (清)孙星衍著:王云五编:《孙渊如先生全集·冶城絜养卷上》,台北:台湾商务印书馆,1968年,第483页。
[3] (清)孙星衍著:王云五编:《孙渊如先生全集·冶城集补遗一卷》,台北:台湾商务印书馆,1968年,第526页。
[4] (清)孙星衍著:王云五编:《孙渊如先生全集·济上停云集一卷》,台北:台湾商务印书馆,1968年,第441页。
[5] (清)孙星衍著:王云五编:《孙渊如先生全集·冶城集补遗一卷》,台北:台湾商务印书馆,1968年,第511页。
[6] (清)孙星衍著,王云五编:《孙渊如先生全集·冶城集补遗一卷》,台北:台湾商务印书馆,1968年,第512页。
[7] (清)孙星衍著,王云五编:《孙渊如先生全集·冶城集补遗一卷》,台北:台湾商务印书馆,1968年,第510页。

清 · 谭莹[1]

人日[2]，独游花埭[3]观牡丹

入春数日日日晴，吹花风轻春水生。
看花打桨渡江去，牡丹临水如相迎。
杜鹃蔷薇岂不好，座有优昙皆草草。
端庄偏觉留香难，矜惜犹然得气早。
太平楼阁海霞红，髻鬟一尺娇春风。
嫣然欲放半未放，意匠惨淡经营中。
尹邢相见何曾妒，绝代人刚承雨露。
九华掩映何惺忪，七宝庄严尽呵护。
我闻曹州牡丹天下俱不如，洛阳今无三两株。一花盛衰良有数，何不渐教尤物生海隅。又闻文康冢孙始移植（见《昭代纪略》[4]）。灾祥合补花木，历书传纪载何荒唐。不见买花人家，赏花例邀客底事。繁华仅一年，此事稍怨，天公偏久久滋培。
花放若盆盎不数，攀枝十丈红参天。
复思此语等儿戏，寻常花在等闲事。
文章难处见光芒，声价重时商位置。
状元才非黎美周，作诗可有金荃酬。
别花归去花不管，痛饮待月楼船楼。
笙歌如沸倾城出，纵花宜称复何必。
书生寒俭载琴来，人日未宜宜谷日。[5]

清 · 赵新

看牡丹，赠园主赵叟

其一
此老无惭市隐名，莳花真可当春耕。
前身合是庄周蝶，安稳香中过一生。
其二
数亩闲田世守贫（艺牡丹已三世），团焦一榻仅容身。
名花似解嫌寒俭，特起楼台傲主人。
其三
买花人至日纷纷，布散天香下界闻。
过眼繁华空色相，居然富贵等浮云。
其四
活色生香著笔难，化工到此信奇观。
从今莫更伤穷薄，饱向曹南看牡丹。[6]

清 · 沈曾植[7]

壬子秋暮归里作

筑室陈三式，种树计十年。我生眇轻弱，何敢期完坚。
亦复莳花药，觊为顷刻妍。山楼海东来，玉茗西江迁。
白槿从吾久，黄榴纪行旋。磊落数盆盎，纷敷被墙堧。
世事迫流徙，芜园闷寒烟。靡然嘉植瘁，翻赖场师专。
排闼主人人，人花雨听然。周行如一梦，化蝶随翩翾。
木笔有书势，锋锋向天开。杜鹃非吾种，移植西土来。
望帝夜啼血，殊方乃同哀。森森青木香，辟恶真良材。

---

[1] 谭莹（1800—1871），字兆仁，号玉生，广东南海县人，清代文学家。道光二十四年（1861）举人。官化州训导，任琼州府学教授。1874年举进士，授翰林院编修，国史馆协修、撰修，方略馆协修等。1876年督学四川。1882年充江南乡试副考官，嗣出任云南粮储道、按察使。后以病告归，至广西隆安道卒。工诗文，熟于掌故。著有《希古堂文集》（甲、乙集）《辽史纪事本末》《芳村草堂诗抄》《于滇集》等。其子谭宗浚，清末进士，翰林院编修，为谭家菜创始人。参见，叶衍兰、叶恭绰编：《清代学者像传》，上海：上海书店出版社，2001年，第517页。

[2] 指旧历新年正月初七日，传说女娲初创世界，在创造出了鸡狗猪羊牛马等动物后，于第七日抟泥造人，所以这一天就是人类的诞生日，简称人日。因自然条件所限，广东不产牡丹。但广东人爱花，尤其喜爱富贵吉祥的牡丹，很早就有旧历新年家家买牡丹迎新的习惯。菏泽人很早就独创了每年旧历十月运载曹州牡丹到广州催花的商业模式，菏泽人俗称"下广"。谭莹生活在清中后期，跨越道光、咸丰、同治三朝，此诗描写的人日看牡丹所观赏之花即为曹州下广牡丹。

[3] 即今广州荔湾区花地，被誉为"岭南第一花乡"，种花有1000多年历史，康有为曾留下"千年花埭花犹盛"的诗句。

[4] 明末朱怀吾著，明天启六年（1626）刊本，共六卷。

[5] （清）谭莹撰：《乐志堂诗集》（卷八），清咸丰十一年（1861）六月，第九页。

[6] 《新修菏泽县志·艺文二·诗歌》，清光绪六年（1880），（清）凌寿柏撰序，刻本，第卷之18册，第97页，现藏国家图书馆（索取号：地140.211/39）。

[7] 沈曾植（1850—1922），字子培，号寐叟。浙江嘉兴人，清末著名学者、书家。沈曾植博古通今，学贯中西，犹善辽、金、元史，著有《蒙古源流笺证》《元秘史笺注》，有《海日楼诗集》《海日楼文集》《海日楼札丛》《海日楼题跋》等传世。参见，叶衍兰、叶恭绰编：《清代学者像传》，上海：上海书店出版社，2001年，第548页。

余事小白花，芳芬遍楼台。惜哉琼树枝，已作蕃厘灰。怀彼艺花人，清祠照山隈。傥收天上去，不受魔罗灾。

赣州道署琼花，宋世故物，江云卿大令植之盆盎，贻余一枝，频岁开花如聚八仙，而瓣蕊略殊，失养而槁，至可惋惜。云卿有遗爱于赣南，高安人为立祠。

牡丹曹南种，昔种横街屋。花将行卷换，根托兰陔燠。
荏苒四十年，老儿痛风木。何沉山河改，重有苌楚哭。
亳南五色花，逾淮强苞育。三年闷殊采，一夕刻芳蕚。
我已昔人非，谱宁前代录。举杯酹花前，聊为魏姚祝。
世且战蔷薇，尔无炫绯绿。蔷薇天西贵，樱花日东夸。
牡丹吾国艳，王泽风弥嘉。吾宅错三种，同时竞芳华。
春工不歧视，象译徒乖差。薜荔荫若屋，蓬藟长于人。
交柯紫荆树，兄弟相依因。庭有寄巢燕，呢喃话梁尘。
送君复几日，来往殊冬春。感此成太息，吾患乃有身。
萱背不忘忧，藤梢故牵巾。脱冠照暗井，天壤唏顽民。❶

诸季迟 ❷

和释戡❸ 蛰园❹ 招饮赋牡丹韵

蜡封水养绊松窗，（杨廷秀《牡丹》诗："蜡封水养松窗底，未似雕栏倚半醒"），曾吟香名冠旧邦。

中令考兼风廿四，将军材抵艳无双。（皮袭美《牡丹》诗："竟夸天下无双艳"。）

欲当乱际花弥贵（郑守愚《牡丹》诗：乱前看不足，乱后眼偏明。今世乱方殷，得赏此花，弥可贵矣），政是愁来酒可降。

曹县状元如与会，（曹县状元红，牡丹名），料应商略到红尘。❺

吴湖帆 ❻

天香

崇效寺牡丹移植社稷坛。用王圣与韵。

酣酒朝天，秾妆映日，物华苒苒如水。泪染铜驼，梦摇金凤，似识井瓶名字。炉香御惹，嗟细揸、痕寻玉指。一曲霓裳缥缈，昭阳许留清气。

可怜帝城纵醉。忍无言、露零珠碎。漫道艳容倾国，断肠门闭。萧寺堪谁念远。恁消息、而今换情味。秀色临风，重翻翠被。

张伯驹 ❼

小秦王·和君坦，对牡丹作

绿鬓朱颜记少年，当时人似比花妍。不知今日谁妍丑，只有狂心老更颠。

瘦金书迹足添蛇，图少词皇剩画叉。纵在牡丹江上住，穷荒不见牡丹花。

将难开罢去长安，剩有番风楝子看。凝碧池头尘土积，霓裳莫问舞高盘。

梓桑重到喜无那，才子名花此地多。洛下乡亲曾识面，还怜巷口对铜驼。

张绪当时梦少年，玉堂早遇镜花妍。风流只是无能改，到老还如柳絮颠。

---

❶（清）沈曾植著：《海日楼诗》（清刻本），卷一，第8页，现藏天津图书馆。
❷诸季迟（1876—1959），浙江杭县人，曾任《长沙日报》经理，清史馆协修兼文牍。1956年6月被聘任为中央文史研究馆馆员。参见：启功主编《中央文史研究馆馆员传略》，北京：中华书局，2001年，第148-149页。
❸李释戡（1888—1961），原名汰书，字蔬畦，号宣倜，福建闽县人。曾留学日本，后久居北京，精通戏曲音律，曾为梅兰芳编剧。
❹郭则沄（1881—1947），字啸麓，号蛰云、蛰园，福建闽侯人。辛亥革命后，历任北洋政府总统府秘书长。郭氏才华横溢，著述浩繁，多与诗词吟社雅集，为民国京津文坛核心人物之一，曾在寓所蛰园组织"蛰园诗社""蛰园律社"等多个诗词社团。
❺诸季迟：《和释戡蛰园招饮赋牡丹韵》，北京：《益世报》，1932年7月31日，第9版。
❻吴湖帆（1894—1968），出生于江苏苏州南仓桥，初名翼燕，字通骏，后更名万，字东庄，又名倩，别署丑簃，号倩庵，书画署名湖帆，斋号四欧堂、梅景书屋、玉华仙馆、宝董，近现代画家、书画鉴定家、收藏家、美术教育家、词人。
❼张伯驹（1898—1982），河南项城人，号丛碧，别号游春主人、好好先生，自称"中州张伯驹"。收藏鉴赏家、书画家、诗词学家、京剧艺术研究家。其主要藏有西晋陆机《平复帖》，隋展子虔绘画作品《游春图》等。主要著作有《丛碧词》《春游词》等词集，《甂瓺纪梦诗》《洪宪纪事诗注》《乱弹音韵辑要》《丛碧书录》《素月楼联语》等传世。张伯驹雅好牡丹，家中种有藕荷裳等牡丹名种，皆来自菏泽，有诗"过眼盛衰亦刹那，曹州更比洛阳多"，赞颂曹州牡丹。

柳发丝丝髻绾蛇，桥头摇曳傍渔叉。作花飘尽离人泪，却对花王不是花。

花开富贵报平安，老眼惟从雾里看。若是小中能现大，显微须更镜如盘。

过眼盛衰亦刹那，曹州更比洛阳多。残英落并杨花落，出塞明妃雪满驼。

转瞬少年到老年，看花能有几回妍。管他十赋中人产，买得一株不算颠。

长堤寺外路如蛇，鱼乐深池避网叉。图卷不存墙壁倒，国花堂畔已无花。

沉香亭畔说长安，一捻留痕难再看。遥想霓裳歌舞梦，琵琶声碎落珠盘。

地气寒温换刹那，六朝谁道水边多。芭蕉雪里诗人画，也似江南见骆驼。

移春时记盛唐年，独占群芳第一妍。彩笔也知输色相，画来难是上毫颠。

酒杯柳影误弓蛇，醉倚孤筇立处叉。华贵但知惊绝代，却教忘看紫藤花。

一春绮梦到槐安，更好休灯入夜看。照到如盘天上月，人间花面也如盘。

岁月百千亦刹那，作巢高似海棠多。移花接木须臾事，种树今无郭橐驼。

洛社耆英各老年，却如残片落犹妍。杨花笑尔轻狂甚，不是因风也自颠。

头虎身名到尾蛇，徘徊歧路有三叉。浮云富贵吾何有，已是枯枝不更花。

风雨无多梦亦安，杨花飘泊泪同看。可知我有相如渴，愿化金茎露一盘。

开落年年一刹那，燕京北去已无多。春风不到长城外，莫向黄沙怨骆驼。

富贵花开自岁年，镜中难见旧时妍。老来也似杨花落，入水成萍不再颠。

龙光袖里有青蛇，楼上岳阳高几叉。纵是神仙春意在，也曾三戏牡丹花。

人人欢喜岁平安，爆竹声中带醉看。曾记一枝斜插处，金银堆满水晶盘。

粉黛金输梦刹那，一遭贬谪洛阳乡。看花走马当年事，不见铜销晋代驼。

天香国色自年年，问我何如是丑妍。照入酒波人面瘦，才知今日老张颠。

朝阳闪烁幻金蛇，银锭桥西路两叉。春色不从墙里露，无人知放牡丹花。

一字评花句未安，张灯更待夜来看。秾华拂槛春风过，露满仙人掌上盘。

佳人恨少唱阿那，几日开多谢亦多。有负名花真艳绝，座宾半是背如驼。[1]

小秦王·和君坦，忆崇效寺牡丹

看花曾忆立楸阴，旧寺无人问枣林。题画布施犹恨少，姚黄一本换千金。

崇效寺，旧名枣林寺。寺藏有青松红杏图，清人题跋殆满，寺僧不轻以视人。如索观欲题其后者，须多给布施金。寺更以牡丹胜，西庑前姚黄一株，高七八尺，百年前物，美国人以一千元买去之。[2]

八宝妆·故宫牡丹

恩宠当时深雨露，咫尺日近天颜。赭袍香惹，风定却妒炉烟。金粉横披青玉案，霓裳罢舞翠云盘。醉琼筵，侍臣载笔，仙仗随銮。

无那繁华顿改，叹鼎湖去远，却换长安。记得三郎一笑，忍梦开天。含愁犹傍御砌，只留与、寻常百姓看。斜阳里，剩倩魂离影，谁问凋残。[3]

玲珑四犯·同枝巢翁雨后访稷园牡丹和原韵

羞对倾城，问两鬓霜华，添又多少。且作欢娱，同续寻芳图稿。连日雨骤沧桑瞥眼风狂，剩看取半妆犹好。更扑面柳絮濛濛，春被杜鹃啼老。

沧桑瞥眼人间小，镇销魂、苑花宫草。重来只有园丁识，当日朋欢半了。休忆梦裹霓裳，富贵应难长保。步玉阑干畔，吟未尽，啼还笑。[4]

---

[1] 张伯驹著：《张伯驹词集》，北京：中华书局，1985年，第237-237页。
[2] 张伯驹著：《张伯驹词集》，北京：中华书局，1985年，第236页。
[3] 张伯驹著：《张伯驹词集》，北京：中华书局，1985年，第28页。
[4] 张伯驹著：《张伯驹词集》，北京：中华书局，1985年，第54页。

天香·雨中牡丹

酣酒眠醒，试唐浴罢，扶时欲起犹困。翠幕堆烟，红潮卷浪，晓看隔簾痕晕。楼台锦绣，渲染似、谁家画本。珠汗脂香逐队，吴宫演成图阵。

轻梳柳丝未整，总难绾、廿番风信。怕到午晴天气，露华飘尽。便是春回有准。可忍使、倾城对衰鬓。一曲闻铃，歌来也恨。❶

南歌子·绿牡丹

颜色分鹦鹉，毛仪讶凤凰。窗纱蕉影映花光，休认成阴结子过芬芳。竹叶杯浮酒，柳衣汁染香。洛阳曾与醉千场，狂杀当时惨绿少年郎。

影映苹婆釉，光摇度母坛。色香不住有情天，悟到非花非叶是真禅。照人琉璃镜，盛来翡翠盘。封书字拟鸭头丸，好为花王夜奏乞春寒。❷

瑞鹧鸪·故宫看牡丹

艳色浓香玉砌前，与衰几换不知年。飘零敢怨芳时晚，恩宠犹思盛日全。

彩仗曾叨春步辇，珠灯回梦夜张筵。只今都了倾城恨，迸泪相看亦悯然。❸

瑞鹧鸪·和君坦，故宫看牡丹。

春光上苑锦成团，莫使迟开贬牡丹。忆妒炉烟陪御仗，恍闻玉佩降仙坛。

漫天滚雪风无定，匝地铺阴露不干。沧海何知朝市改，浓妆犹自倚阑干。❹

百宜娇·咏宅内牡丹，和君坦。

一捻嫌深，二乔输浅，云想羽衣相近。酒色朝酣，露华夜满，香袭书帷妆镜。霞痕睡脸，看净洗、胭脂红凝。悔迟眠、莫误芳期，更须连漏催醒。

收拾起珠灯书帧，移春事重思，梦寒心冷。舞絮楼台，泊花落院，来去东风无定。繁华瞬逝，怕只剩、金铃簌影。自沉吟、插竹围阑，白头双凭。❺

浣溪沙·社稷坛白牡丹

雪縠冰绡障晓寒，娥眉素面欲朝天，瑶台结队下群仙。

珠簿浑疑来燕燕，绣鞍只合赠端端，张灯还碍月中看。❻

小秦王·家内牡丹花开，约友小酌相赏

旧种三丛剩一丛，劫余已是小庭空。藕荷犹作霓裳舞，不见杨妃指捻红。

旧种藕荷裳两株、大红蕲绒一株，后被人移去藕荷裳、大红蕲绒各一株。

满院春光映酒尊，谁来一醉与销魂。绿杨先似知人意，作絮因风乱入门。

牡丹开时正柳絮飞时，飘花滚雪，极有意致。

今朝有酒老须颠，人与花皆近百年。更有楚宫当日柳，细腰学舞沈郎前。

约同馆沈老来看花，彼九十三岁，牡丹亦近百年。

曾经三日下厨房，四十年来老孟梁。相笑早非新嫁妇，重劳洗手作羹汤。

与室人潘素结袖已四十年，今约友小饮，劳其重作羹汤。❼

小秦王

甲寅谷雨后，寄庐牡丹开，前调六十余朵，招友小饮赏花。

庭院午晴日未移，游蜂争绕牡丹枝。白头吟侣无多少，小饮花开正及时。

近年来，小饮赏花亦难能可贵之事。

多病不疏有故人，看花酌酒遇佳辰。扶筇且下维摩榻，莫负芳菲梦里春。

君坦病中扶筇，由益知相伴，亦来。

牡丹时节艳阳天，有酒今朝老更颠。人寿对花花更

---

❶ 张伯驹著：《张伯驹词集》，北京：中华书局，1985年，第76-77页。
❷ 张伯驹著：《张伯驹词集》，北京：中华书局，1985年，第84页。
❸ 张伯驹著：《张伯驹词集》，北京：中华书局，1985年，第206页。
❹ 张伯驹著：《张伯驹词集》，北京：中华书局，1985年，第207页。
❺ 张伯驹著：《张伯驹词集》，北京：中华书局，1985年，第235页。
❻ 张伯驹著：《张伯驹词集》，北京：中华书局，1985年，第27页。
❼ 张伯驹著：《张伯驹词集》，北京：中华书局，1985年，第236-237页。

好，红颜白发共华年。

沈老年近百龄，能饮酒，老而益壮。

吟咏王郎有霸才，笔花开向国花开。倘能相赠端端句，应是千金换不来。

王益知不能饮，须罚其为诗。

华筵高敞对花王，豪兴犹思旧梦狂。今日周郎休顾误，金尊檀板少排场。

昔余中年盛时，牡丹时节每设宴邀诗词老辈赏花，自开至谢。赵剑秋进士曰：此真三日一小宴，五日一大宴也。夜悬纱灯，或弹琵琶、唱昆曲，酒阑人散已子夜矣。周子笃文未及赶上此时。

竹作阑干石作屏，更无结网系金铃。好花须看不须折，相赠惟能酒半瓶。

沈老归去，以半瓶酒赠之。

花边小坐醉扶头，心逐狂蜂浪蝶游。走马匆匆年少事，老来犹未减风流。

客去觉微醉，扶头坐花边，不知今日为何日也。

社稷坛中锣鼓哗，红旗摇曳卷杨花。宣南寺废煤山闭，春色谁知在我家。

牡丹昔以崇效寺盛，今以景山盛。寺废，而景山未开。社稷坛则游人喧杂，殊碍赏花。余家中一株春色自满，不更游园。

明岁当能百朵开，诗朋酒友盼重来。年年花不嫌人老，更向东风醉一回。

明岁花开或能百朵，当再作饮赏。人虽皆老，而花则不嫌也。[1]

小秦王

邀裕君、君坦、益知、笃文小酌，赏牡丹。

盛日恩荣少十全，还斟薄酒对残筵。可怜花与人同老，白首东风又一年。

荒庭瓦砾旧西涯，雕珮荷裳过梦华。珠履当时觞咏地，斜阳犹傍太平花。

戎马仓皇恨别离，故人相念寄题诗。丹青貌写端端好，忍忆常州老画师。

小醉日多酒入唇，沈郎回忆镇丰神。寿星明共春长在，百朵花迎百岁人。

开半须看莫到全，春风早趁敞华筵。女儿十五容颜好，荳蔻初逢待字年。

春短春长亦有涯，千金肯为负昌华。暂时富贵邯郸梦，不待重阳就菊花。

番风次第到将离，珍重春光合有诗。莫待飘花飞絮尽，兰陵王唱李师师。（李师师当时号白牡丹）

柳棉歌少破朱唇，八斗才无赋洛神。忍见飘零容貌改，还怜避面李夫人。[2]

周笃文[3]

菏泽牡丹喜赋四首

一

名花如浪涌狂潮，滚滚天香透九霄。
比似卿云仙界色，大平盛景喜同描。

二

洛阳花事盛千年，菏泽新香孰比妍。
万亩红芳宽似海，诗情冲破九重天。

三

牡丹香国久牵魂，未到花城已动心。
姹紫嫣红来梦里，中宵觅句有诗人。

四

八十龄翁也太痴，赏花千里任驱驰。
天香第一曹州府，妒煞神仙知不知。[4]

---

[1] 张伯驹著：《张伯驹词集》，北京：中华书局，1985年，第240-241页。
[2] 张伯驹著：《张伯驹词集》，北京：中华书局，1985年，第274页。
[3] 周笃文（1934—），字晓川，湖南汨罗人。中国新闻学院教授。从事古典文学研究四十余年，于宋词、文学训诂之学致力尤深。所撰《敦煌王帖唐临本考》《世纪诗新解》《屈氏封地考略》《高力士与李白》等文，皆自径自行，颇具影响。早年师从张伯驹、夏承焘先生习为词章创作及诗词研究，著有《影珠书屋吟稿》《周笃文诗词论丛》《宋词》《宋百家词选》《金元明清词选》《宋词三百首》《天风阁词选》及《全宋词评注》等。并曾参与创建中国韵文学会、中华诗学会、中华辞赋杂志、中华吟诵学会等。历任中华诗词学会副会长兼秘书长、董事长等职。是享受国务院特殊津贴的专家，中国诗词大会学术顾问、诗词中国杰出贡献奖和聂绀弩杯年度诗坛人物的获得者。所撰《雁栖湖会都赋》已刻碑于北京雁栖湖国际会展中心。2018年春，编者盛邀周笃文先生来菏泽观赏牡丹，先生遂有《菏泽牡丹喜赋四首》。
[4] 荣宏君著：《翰墨天香：牡丹文化两千年·历代咏牡丹诗词精选》，郑州：河南文艺出版社，2024年，第188页。

文抄

第一：《葛巾》

[清] 蒲松龄[1]

常大用，洛人。癖好牡丹。闻曹州牡丹甲齐、鲁，心向往之。适以他事如曹，因假搢绅之园居焉。而时方二月，牡丹未华，惟徘徊园中，目注句萌，以望其拆。作《怀牡丹诗》百绝。未几，花渐含苞，而资斧将匮；寻典春衣，流连忘返。

一日，凌晨趋花所，则一女郎及老妪在焉。疑是贵家宅眷，遂遄返。暮而往，又见之，从容避去。微窥之，宫妆艳绝。眩迷之中，忽转一想：此必仙人，世上岂有此女子乎！急返身而搜之，骤过假山，适与妪遇。女郎方坐石上，相顾失惊。妪以身幛女，叱曰："狂生何为！"生长跪曰："娘子必是神仙！"妪咄之曰："如此妄言，自当絷送令尹！"生大惧。女郎微笑曰："去之！"过山而去。生返，不能徙步，意女郎归告父兄，必有诟辱之来。偃卧空斋，自悔孟浪。窃幸女郎无怒容，或当不复置念。悔惧交集，终夜而病。日已向辰，喜无问罪之师，心渐宁帖。而回忆声容，转惧为想。如是三日，憔悴欲死。秉烛夜分，仆已熟眠。妪入，持瓯而进曰："吾家葛巾娘子，手合鸩汤，其速饮！"生闻而骇，既而曰："仆与娘子，夙无怨嫌，何至赐死？既为娘子手调，与其相思而病，不如仰药而死！"遂引而尽之。妪笑，接瓯而去。生觉药气香冷，似非毒者。俄觉肺膈宽舒，头颅清爽，酣然睡去。既醒，红日满窗。试起，病若失，心益信其为仙。无可夤缘，但于无人时，彷佛其立处、座处，虔拜而默祷之。

一日，行去，忽于深树内，觌面遇女郎，幸无他人，大喜，投地。女郎近曳之，忽闻异香竟体，即以手握玉腕而起，指肤软腻，使人骨节欲酥。正欲有言，老妪忽至。女令隐身石后，南指曰："夜以花梯度墙，四面红窗者，即妾居也。"匆匆遂去。生怅然，魂魄飞散，莫能知其所往。至夜，移梯登南垣，则垣下已有梯在，喜而下，果见红窗。室中闻敲棋声，伫立不敢复前，姑逾垣归。少间，再过之，子声犹繁。渐近窥之，则女郎与一素衣美人相对着，老妪亦在坐，一婢侍焉。又返。凡三往复，三漏已催。生伏梯上，闻妪出云："梯也，谁置此？"呼婢共移去之。生登垣，欲下无阶，恨悒而返。

次夕复往，梯先设矣。幸寂无人，入，则女郎兀坐，若有思者。见生惊起，斜立含羞。生揖曰："自谓福薄，恐于天人无分，亦有今夕耶？"遂狎抱之。纤腰盈掬，吹气如兰，撑拒曰："何遽尔！"生曰："好事多磨，迟为鬼妒。"言

清 蒲松龄像（蒲松龄纪念馆藏）

---

[1] 蒲松龄（1640—1715），先生姓蒲氏，名松龄，字留仙，一字剑臣，别号柳泉居士，世多称聊斋先生。生于山东淄川。清朝文学家，短篇小说家。除《聊斋志异》外，蒲松龄还有大量诗文、戏剧、俚曲以及有关农业、医药方面的著书存世。《蒲松龄年谱（一九五七年重订）》。

未已，遥闻人语。女急曰："玉版妹子来矣！君可姑伏床下。"生从之。无何，一女子入，笑曰："败军之将，尚可复言战否？业已烹茗，敢邀为长夜之欢。"女郎辞以困惰。玉版固请之，女郎坚坐不行。玉版曰："如此恋恋，岂藏有男子在室耶？"强拉之，出门而去。生膝行而出，恨绝，遂搜枕簟。冀一得其遗物，而室内并无香奁，惟床头有一水精如意，上结紫巾，芳洁可爱。怀之，越垣归。自理衿袖，体香犹凝，倾慕益切。然因伏床之恐，遂有怀刑之惧，筹思不敢复往，但珍藏如意，以翼其寻。

隔夕，女郎果至，笑曰："妾向以君为君子也，而不知寇盗也。"生曰："良有之！所以偶不君子者，第望其如意耳。"乃揽体入怀，代解裙结。玉肌乍露，热香四流，偎抱之间，觉鼻息汗薰，无气不馥。因曰："仆固意卿为仙人，今益知不妄。幸蒙垂盼，缘在三生。但恐杜兰香之下嫁，终成离恨耳。"女笑曰："君虑亦过。妾不过离魂之倩女，偶为情动耳。此事宜要慎秘，恐是非之口，捏造黑白，君不能生翼，妾不能乘风，则祸离更惨于好别矣。"生然之，而终疑为仙，固诘姓氏。女曰："既以妾为仙，仙人何必以姓名传。"问："妪何人？"曰："此桑姥。妾少时受其露覆，故不与婢辈等。"遂起，欲去，曰："妾处耳目多，不可久羁，蹈隙当复来。"临别，索如意，曰："此非妾物，乃玉版所遗。"问："玉版为谁？"曰："妾叔妹也。"付钩乃去。

去后，衾枕皆染异香。从此三两夜辄一至。生惑之，不复思归。而囊橐既空，欲货马。女知之，曰："君以妾故，泻囊质衣，情所不忍。又去代步，千余里将何以归？妾有私蓄，聊可助装。"生辞曰："感卿情好，抚臆誓肌，不足论报。而又贪鄙，以耗卿财，何以为人矣！"女固强之，曰："姑假君。"遂捉生臂，至一桑树下，指一石，曰："转之！"生从之。又拔头上簪，刺土数十下，又曰："爬之。"生又从之。则瓮口已见。女探入，出白镪近五十余两。生把臂止之，不听，又出数十余铤，生强分其半而后掩之。一夕，谓生曰："近日微有浮言，势不可长，此不可不预谋也。"生惊曰："且为奈何！小生素迂谨，今为卿故，如寡妇之失守，不复能自主矣。一惟卿命，刀锯斧钺，亦所不遑顾耳！"女谋偕亡，命生先归，约会于洛。生治任旋里，拟先归而

后逆之，比至，则女郎车适已至门。登堂朝家人，四邻惊贺，而并不知其窃而逃也。生窃自危，女殊坦然，谓生曰："无论千里外非逻察所及，即或知之，妾世家女，卓王孙当无如长卿何也。"

生弟大器，年十七，女顾之曰："是有惠根，前程尤胜于君。"完婚有期，妻忽夭殒。女曰："妾妹玉版，君固尝窥见之，貌颇不恶，年亦相若，作夫妇可称佳耦。"生闻之而笑，戏请作伐。女曰："必欲致之，即亦非难。"喜问："何术？"曰："妹与妾最相善。两马驾轻车，费一妪之往返耳。"生惧前情发，不敢从其谋。女固言："不害。"即命车，遣桑媪去。数日，至曹，将近里门，媪下车，使御者止而候于途，乘夜入里。良久，偕女子来，登车遂发。昏暮即宿车中，五更复行。女郎计其时日，使大器盛服而逆之。五十里许，乃相遇，御轮而归。鼓吹花烛，起拜成礼。由此兄弟皆得美妇，而家又日富。

一日，有大寇数十骑，突入第。生知有变，举家登楼。寇入，围楼。生俯问："有仇否？"答云："无仇。但有两事相求：一则闻两夫人世间所无，请赐一见；一则五十八人，各乞金五百。"聚薪楼下，为纵火计以胁之。生允其索金之请，寇不满志，欲焚楼，家人大恐。女欲与玉版下楼，止之不听。炫妆而下，阶未尽者三级，谓寇曰："我姊妹皆仙媛，暂时一履尘世，何畏寇盗！欲赐汝万金，恐汝不敢受也。"寇众一齐仰拜，喏声"不敢"。姊妹欲退，一寇曰："此诈也！"女闻之，反身仁立，曰："意欲何作，便早图之，尚未晚也。"诸寇相顾，默无一言。姊妹从容上楼而去。寇仰望无迹，哄然始散。

后二年，姊妹各举一子，始渐自言："魏姓，母封曹国夫人。"生疑曹无魏姓世家，又且大姓失女，何得一置不问？未敢穷诘，而心窃怪之。遂托故复诣曹，入境谘访，世族并无魏姓。于是仍馆旧主人。忽见壁上有赠曹国夫人诗，颇涉骇异，因诘主人。主人笑，即请往观曹夫人，至则牡丹一本，高与檐等。问所由名，则以此花为曹第一，故同人戏封之。问其"何种"，曰："葛巾紫也。"心愈骇，遂疑女为花妖。既归，不敢质言，但述赠夫人诗以觇之。女蹙然变色，遽出，呼玉版抱儿至，谓生曰："三年前，感君见思，遂呈身相报。今见猜疑，何可

复聚！"因与玉版皆举儿遥掷之，儿堕地并没。生方惊顾，则二女俱渺矣。悔恨不已。后数日，堕儿处生牡丹二株，一夜径尺，当年而花，一紫一白，朵大如盘，较寻常之葛巾、玉版，瓣尤繁碎。数年，茂荫成丛，移分他所，更变异种，莫能识其名。自此牡丹之盛，洛下无双焉。

异史氏曰："怀之专一，鬼神可通，偏反者亦不可谓无情也。少府寂寞，以花当夫人，况真能解语，何必力穷其原哉？惜常生之未达也！"[1]

第二：《香玉》

[清] 蒲松龄

劳山下清宫，耐冬高二丈，大数十围，牡丹高丈余，花时璀璨似锦。胶州黄生，舍读其中。一日，自窗中见女郎，素衣掩映花间。心疑观中焉得此？趋出，已遁去。自此屡见之。遂隐身丛树中，以伺其至。未几，女郎又偕一红裳者来，遥望之，艳丽双绝。行渐近，红裳者却退，曰："此处有生人！"生暴起。二女惊奔，袖裙飘拂，香风洋溢，追过短墙，寂然已杳。爱慕弥切，因题句树下云：

无限相思苦，含情对短窗。
恐归沙吒利，何处觅无双？

归斋冥思，女郎忽入，惊喜承迎。女笑曰："君汹汹似强寇，使人恐怖；不知君乃骚雅士，无妨相见。"生略叩生平，曰："妾小字香玉，隶籍平康巷。被道士闭置山中，实非所愿。"生问："道士何名？当为卿一涤此垢。"女曰："不必，彼亦未敢相逼。借此与风流士长作幽会，亦佳。"问："红衣者谁？"曰："此名绛雪，乃妾义姊。"遂相狎。及醒，曙色已红。女急起，曰："贪欢忘晓矣。"着衣易履，且曰："妾酬君作，勿笑：'良夜更易尽，朝暾已上窗。愿如梁上燕，栖处自成双。'"生握腕曰："卿秀外惠中，令人爱而忘死。顾一日之去，如千里之别。

卿乘间当来，勿待夜也。"女诺之。由此凤夜必偕。每使邀绛雪来，辄不至，生以为恨。女曰："绛姐性殊落落，不似妾情痴也。当从容劝驾，不必过急。"

一夕，女惨然入，曰："君陇不能守，尚望蜀耶？今长别矣。"问："何之？"以袖拭泪，曰："此有定数，难为君言。昔日佳作，今成谶语矣。'佳人已属沙吒利，义士今无古押衙'，可为妾咏。"诘之，不言，但有呜咽。竟夜不眠，早旦而去，生怪之。次日，有即墨蓝氏，入宫游瞩，见白牡丹，悦之，掘移径去。生始悟香玉乃花妖也，怅惘不已。过数日，闻蓝氏移花至家，日就萎悴。恨极，作哭花诗五十首，日日临穴涕洟。

一日，凭吊方返，遥见红衣人，挥涕穴侧。从容近就，女亦不避。生因把袂，相向汍澜。已而挽请入室，女亦从之。叹曰："童稚姊妹，一朝断绝！闻君哀伤，弥增妾恸。泪堕九泉，或当感诚再作，然死者神气已散，仓卒何能与吾两人共谈笑也。"生曰："小生薄命，妨害情人，当亦无福可消双美。曩频烦香玉道达微忱，胡再不临？"女曰："妾以年少书生，什九薄幸，不知君固至情人也。然妾与君交，以情不以淫。若昼夜狎昵，则妾所不能矣。"言已，告别。生曰："香玉长离，使人寝食俱废。赖卿少留，慰此怀思，何决绝如此！"女乃止，过宿而去。数日不复至。冷雨幽窗，苦怀香玉，辗转床头，泪凝枕席。揽衣更起，挑灯复踵前韵曰：

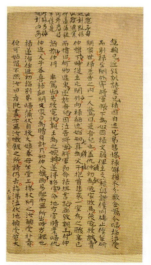

《聊斋志异》手稿

青柯亭本《聊斋志异》

---

[1]（清）蒲松龄著，于天池注，孙通海，于天池等译：《聊斋志异》，北京：中华书局，2015年，第2741-2758页.

> 山院黄昏雨，垂帘坐小窗。
> 相思人不见，中夜泪双双。

诗成自吟。忽窗外有人曰："作者不可无和。"听之，绛雪也，启户内之。女视诗，即续其后曰：

> 连袂人何处？孤灯照晚窗。
> 空山人一个，对影自成双。

生读之泪下，因怨相见之疏。女曰："妾不能如香玉之热，但可少慰君寂寞耳。"生欲与狎。曰："相见之欢，何必在此。"于至是无聊时，女辄一至。至则宴饮唱酬，有时不寝遂去，生亦听之。谓曰："香玉吾爱妻，绛雪吾良友也。"每欲相问："卿是院中第几株？乞早见示，仆将抱植家中，免似香玉被恶人夺去，贻恨百年。"女曰："故土难移，告君亦无益也。妻尚不能终从，况友乎！"生不听，捉臂而出，每至牡丹下，辄问："此是卿否？"女不言，掩口笑之。

旋生以腊归过岁。至二月间，忽梦绛雪至，愀然曰："妾有大难！君急往，尚得相见，迟无及矣。"醒而异之，急命仆马，星驰至山。则道士将建屋，有一耐冬，碍其营造，工师将纵斤矣。生急止之。入夜，绛雪来谢。生笑曰："向不实告，宜遭此厄！今已知卿，如卿不至，当以艾炷相灸。"女曰："妾固知君如此，曩故不敢相告也。"坐移时，生曰："今对良友，益思艳妻。久不哭香玉，卿能从我哭乎？"二人乃往，临穴洒涕。更余，绛雪收泪劝止，又数夕，生方寂坐，绛雪笑入曰："报君喜信，花神感君至情，俾香玉复降宫中。"生问："何时？"答曰："不知，约不远耳。"天明下榻，生嘱曰："仆为卿来，勿长使人孤寂。"女笑诺。两夜不至。生往抱树，摇动抚摩，频唤，无声。乃返，对灯团艾，将往灼树。女遽入，夺艾弃之，曰："君恶作剧，使人创痏，当与君绝矣！"生笑拥之。坐未定，香玉盈盈而入。生望见，泣下流离，急起把握。香玉以一手握绛雪，相对悲哽。及坐，生把之觉虚，如手自握，惊问之。香玉泫然曰："昔，妾花之神，故凝；今，妾花之鬼，故散也。今虽相聚，勿以为真，但作梦寐观可耳。"绛雪曰："妹来大好！我被汝家男子纠缠死矣。"遂去。

香玉款笑如前，但偎傍之间，仿佛一身就影。生悒悒不乐，香玉亦俯仰自恨，乃曰："君以白蔹屑，少杂硫黄；日酹妾一杯水，明年此日报君恩。"别去。明日，往观故处，则牡丹萌生矣。生乃日加培植，又作雕栏以护之。香玉来，感激倍至。生谋移植其家，女不可，曰："妾弱质，不堪复戕。且物生各有定处，妾来原不拟生君家，违之反促年寿。但相怜爱，合好自有日耳。"生恨绛雪不至。香玉曰："必欲强之使来，妾能致之。"乃与生挑灯至树下，取草一茎，布掌作度，以度树本，自下而上，至四尺六寸，按其处，使生以两爪齐搔之。俄见绛雪从背后出，笑骂曰："婢子来，助桀为虐耶！"牵挽并入。香玉曰："姊勿怪！暂烦陪侍郎君，一年后不相扰矣。"从此遂以为常。

生视花芽，日益肥茂，春尽，盈二尺许。归后，以金遗道士，嘱令朝夕培养之，次年四月至宫，则花一朵，含苞未放。方流连间，花摇摇欲拆，少时已开，花大如盘，俨然有小美人坐蕊中，裁三四指许。转瞬飘然欲下，则香玉也。笑曰："妾忍风雨以待君，君来何迟也！"遂入室。绛雪亦至，笑曰："日日代人作妇，今幸退而为友。"遂相谈宴。至中夜，绛雪乃去。二人同寝，款洽一如从前。

后生妻卒，生遂入山，不归。是时，牡丹已大如臂。生每指之曰："我他日寄魂于此，当生卿之左。"二女笑曰："君勿忘之。"后十余年，忽病。其子至，对之而哀。生笑曰："此我生期，非死期也，何哀为！"谓道士曰："他日牡丹下有赤芽怒生，一放五叶者，即我也"，遂不复言。子舁之归家，即卒。次年，果有肥芽突出，叶如其数。道士以为异，益灌溉之。三年，高数尺，大拱把，但不花。老道士死，其弟子不知爱惜，斫去之。白牡丹亦憔悴死，无何，耐冬亦死。

异史氏曰："情之至者，鬼神可通。花以鬼从，而人以魂寄，非其结于情者深耶？一去而两殉之，即非坚贞，亦为情死矣。人不能贞，亦其情之不笃耳。仲尼读唐棣而曰'未思'，信矣哉！"[1]

---

[1] （清）蒲松龄著，于天池注，孙通海、于天池等译：《聊斋志异》，北京：中华书局，2015年，卷11，第2957-2972页。

第三：《翼駉稗编》之《海宁相国》

[清] 汤用中❶

海宁陈相国未遇时，入都，道经曹州。适当牡丹盛开，闻富室周氏园尤艳丽，遂往观。亭中列大玻璃缸，朱鱼百头，喋喋可玩。略一摩挲，缸忽开裂。方窃惶愧，主人欢笑承迎邀入，酒馔款待极殷。展询邦族，喜溢颜色，曰："夜梦黑龙盘缸上而缸裂，今君适应其兆，他日必贵。愿以两息女❷附为婚姻。"相国辞有妻室。主人曰："即备妾媵亦无不可。"相国凤精星命，见其意诚，索二女生造推之，并夫人格也，惟次女带桃花煞，窃疑之，解玉佩一枚聘其长女。是年捷京兆，旋入词馆，迎女合卺焉。后出使，道经茌平，舆中见一女郎杂村妇行，酷似夫人，女亦频视相国。使纪纲访之，果夫人妹也。自翁故后，嫁东阿士人，早卒，连遭荒歉，遂落平康，非所愿也。相国千金赎归，重为择配，嫁满州都统，亦八座❸云。❹

第四：菏泽牡丹❺

汪曾祺❻

菏泽的出名，一是因为历史上出过一个黄巢（今菏泽城西有冤句故城，为黄巢故里，京剧《珠帘寨》说他"家住曹州并曹县"，曹州是对的，曹县不确）。一是因为出牡丹花。菏泽牡丹种植面积大，最多时曾达五千亩，一九七六年调查还有三千多亩，单是城东曹州牡丹园就占地一千亩；品种多，约有四百种。

牡丹花期短，至谷雨而花事始盛，越七八日，即阑珊欲尽，只剩一大片绿叶了。谚云："谷雨三日看牡丹。"今年的谷雨是阳历四月二十，我们二十二日到菏泽，第二天清晨去看牡丹，正是好时候。

初日照临，杨柳春风，一千亩盛开的牡丹，这真是一场花的盛宴，蜜的海洋，一次官能上的过度的饱饫。漫步园中，恍恍惚惚，有如梦回酒醒。

牡丹的特点是花大、型多、颜色丰富。我们在李集参观了一丛浅白色的牡丹，花头之大，花瓣之多，令人骇异。大队的支部书记指着一朵花说："昨天量了量，直径六十五公分"，古人云牡丹"花大盈尺"，不为过分。他叫我们用手掂掂这朵花。掂了掂，够一斤重！苏东坡诗云"头重欲人扶"，得其神理。牡丹花分三大类：单瓣类、重瓣类、千瓣类；六型：葵花型、荷花型、玫瑰花型、平头型、皇冠型、绣球型；八大色：黄、红、蓝、白、黑、绿、紫、粉。通称"三类、六型、八大色"。姚黄、魏紫，这里都有。紫花甚多，却不甚贵重。古人特重姚黄，菏泽的姚黄色浅而花小，并不突出，据说是退化了。园中最出色的是绿牡丹、黑牡丹。绿牡丹品名豆绿，盛开时恰如新剥的蚕豆。挪威的别伦·别尔生说花里只有菊花有绿色的，他大概没有看到过中国的绿牡丹。黑牡丹正如墨菊一样，当然不是纯黑色的，而是紫红得发黑。菏泽用黑花魁与烟笼紫玉盘杂交而得的冠世墨玉，近花萼处真如墨染。堪称菏泽牡丹的代表作的，大概还要算清代赵花园园主赵玉田培育出来的赵粉。粉色的牡丹不难见，但赵粉极娇嫩，为粉花上品。传至洛阳，称童子面，传至西安，称娃儿面，以婴儿笑靥状之，差能得其仿佛。

菏泽种牡丹，始于何时，难于查考。至明嘉靖年间，栽培已盛。《曹南牡丹谱》载："至明，曹南牡丹甲于海内。"牡丹，在菏泽，是一种经济作物。《菏泽县志》载："牡丹，芍药多至百余种，土人植之，动辄数十百亩，利厚于五谷。"每年秋后，"土人捆载之，南浮闽

---

❶（清）汤用中（1801—？），字芷卿，苏州府武进（今常州）人，寄籍顺天府宛平（今北京），清代小说家。汤用中出生于常州世族，其外祖父即为乾嘉时期的史学大家赵翼。有小说集《翼駉稗编》、诗集《养不知斋稿》传世。
❷ 亲生女儿。
❸ 古代俗称官员乘坐八抬大轿者为"八座"，后泛指尚书之类高官。
❹（清）汤用中著，栾保群点校：《翼駉稗编》，北京：文物出版社，2017年，第234-235页。
❺ 汪曾祺著：《汪曾祺全集》，北京：人民文学出版社，2019年，第224-226页。
❻ 汪曾祺（1920—1997），江苏高邮人，中国当代著名作家、戏剧家、京派作家的代表人物。毕业于西南联合大学，师从沈从文。著有小说集《邂逅集》，小说《受戒》《大淖记事》，被誉为中国最后一个纯粹的文人，中国最后一个士大夫。散文《端午的鸭蛋》被选入中学语文课本。本文原名《菏泽游记》，包含《菏泽牡丹》和《上梁山》上下两篇，今选其一。

粤，北走京师，至则厚值以归。"现在全国各地名园所种牡丹，大部分都是由菏泽运去的。清代即有"菏泽牡丹甲天下"之说。凡称某处某物甲天下者，每为天下人所不服。而称"菏泽牡丹甲天下"，则天下人皆无异议。

牡丹的根，经过加工，为"丹皮"，为重要的药材，这是大家都知道的。菏泽丹皮，称为"曹丹"，行市很俏。

菏泽盛产牡丹，大概跟气候水土有些关系。牡丹耐干旱，不能浇"明水"，而菏泽春天少雨。牡丹喜轻碱性沙土，菏泽的土正是这种土。菏泽水咸涩，绿茶泡了一会就成了铁观音那样的褐红色，这样的水却偏宜浇溉牡丹。

牡丹是长寿的。菏泽赵楼村南曾有两棵树龄二百多年的脂红牡丹，主干粗如碗口，儿童常爬上去玩耍，被称为牡丹王。袁世凯称帝后，曹州镇守使陆朗斋❶把牡丹王强行买去，栽在河南彰德府袁世凯的公馆里，不久枯死。今年在菏泽开牡丹学术讨论会，安徽的代表说在山里发现一棵牡丹，已经三百多年，每年开花二百余朵，犹无衰老态。但是牡丹的栽培却是不易的。牡丹的繁殖，或分根，或播种，皆可。一棵牡丹，每五年才能分根，结籽常需七年。一个杂交的新品种的栽培需要十五年，成种率为千分之四。看花才十日，栽花十五年，亦云劳矣。

参观了牡丹园，李集大队的支部书记早就摆好了笔墨纸砚，请写几个字留念，写了四句：

造化师人意，春秋在畚锸。❷
曹州天下奇，红粉黄金甲。

告别的时候，支书叫我们等一等，说是要送我们一些花，一个小伙子抱来了一抱。带到招待所，养在茶缸里，每间屋里都有几缸花。菏泽的同志说，未开的骨朵可以带到北京，我们便带在吉普车上。不想到了梁山，住了一夜，全都开了，于是一齐捧着送给了梁山招待所的女服务员。正是：菏泽牡丹携不去，且留春色在梁山。

1983年5月6日，北京

---

❶ 陆建章（1862—1918），字朗斋，安徽蒙城人，毕业于天津北洋武备学堂，北洋直系军阀将领。陆建章早年追随袁世凯，1905年后，曾任山东曹州镇总兵。1918年，被皖系军阀徐树铮诱杀于天津中州会馆。
❷ 畚锸（běn chā），泛指挖运泥土的用具。

参考书目

专著类

1. (宋)欧阳修等撰,杨林坤编:《牡丹谱》,北京:中华书局,2017年。
2. (宋)晁补之撰:《晁无咎词》,影印文渊阁《四库全书》本,台北:台湾商务印书馆,1983年。
3. (宋)晁补之撰:《济北晁先生鸡肋集》,顾凝远诗瘦阁,明崇祯八年(1635)刻本,第十八卷。
4. (宋)晁说之撰:《景迂生集》,影印文渊阁《四库全书》本,台北:台湾商务印书馆,1983年。
5. (宋)曾慥编:《乐府雅词》影印文渊阁《四库全书》本,台北:台湾商务印书馆,1983年。
6. (宋)王禹偁撰:《小畜集》,影印文渊阁《四库全书》本,台北:台湾商务印书馆,1983年。
7. (宋)范成大:《吴郡志》,卷三十。
8. (明)王象晋撰,李春强编译:《二如亭群芳谱:明代园林植物图鉴》,上海:上海交通大学出版社,2020年。
9. (明)于慎行主纂:《兖州府志·风土志》,万历二十四年(1596)刻本。
10. (明)弘治年间修纂:《曹县志》第十八卷,清光绪十一年(1885)重修。
11. (明)苏祐著:《穀原诗集》卷四,明嘉靖三十七年(1558)龚秉德刻本。
12. (明)薛凤翔著,李冬生点校:《牡丹史》,合肥:安徽人民出版社,1983年。
13. (明)彭尧谕著:《西园续稿·卷之四畏垒草目录》之《彭君宣全集》序。
14. (明)彭尧谕著:《西园前稿》,明刻本,《彭君宣全集·序》。
15. (明)谢肇淛著:《五杂俎》,上海:上海书店出版社,2009年。
16. (明)张岱著:《中国文学珍本丛书·陶庵梦忆》,贝叶山房张氏藏版,1936年。
17. (清)陈廷敬撰:《午亭文编》,影印文渊阁《四库全书》本,台北:台湾商务印书馆,1983年。
18. (清)康熙五十五年增刻《兖州府曹县志·物产》,卷之四。
19. (清)曹子清撰:《楝亭诗钞》,清康熙刻本,卷三。
20. (清)钱载:《萚石斋诗集》卷三十九,清乾隆刻本,第5册。
21. (清)翁方纲撰:《复初斋文集》全二册,北京:北京大学出版社,2023年。
22. (清)《清史稿·本纪十二》(二十九年冬十月),高宗本纪三。
23. (清)道光戊戌年(1838年)重修《观城县志·职官志》卷之六。
24. (清)赵翼,姚元之撰,李解民点校:《清代史料笔记丛刊·檐曝杂记 竹叶亭杂记·卷八》,北京:中华书局,1982年。

25. (清)刘藻撰:《曹州府志》,济南:齐鲁书社,1988年。
26. (清)朱彝尊著:《曝书亭卷》,影印文渊阁《四库全书》本,台北:台湾商务印书馆,1983年。
27. (清)王士禛撰,靳斯仁点校:《清代史料笔记丛刊·池北偶谈(全二册)》,北京:中华书局,1984年。
28. (清)王士禛著,张世林点校:《分甘余话》,北京:中华书局,1989年。
29. (清)王士禛撰:《居易录》,影印文渊阁《四库全书》本,台北:台湾商务印书馆,1983年。
30. (清)王士禛撰:《渔洋诗话》,影印文渊阁《四库全书》本,台北:台湾商务印书馆,1983年。
31. (清)陈万策撰:《近道斋诗集》,清乾隆刻本。
32. (清)周尚质编修:《曹州府志·风土志》第七卷,乾隆二十一年(1756)刻印。
33. (清)汤右曾著:《怀清堂集》,影印文渊阁《四库全书》本,台北:台湾商务印书馆,1983年。
34. 纪宝成主编:《清代诗文集汇编》,上海:上海古籍出版社,2010年。
35. (清)钱载著:《萚石斋诗集》卷三十九,清乾隆刻本,见《清代诗文集汇编》,上海:上海古籍出版社,2010年。
36. (清)凌寿柏著:《菏泽县志》卷十八,清光绪六年(1880)刻本。
37. (清)刘大绅著:《寄庵诗文钞》卷一,民国三年(1914)刻云南丛书本,见《清代诗文集汇编》,上海:上海古籍出版社,2010年。
38. (清)黄子云著:《野鸿诗稿》,北京:中华书局,1975年。
39. (清)余鹏年著:《曹南志·续艺文志》传抄秘本,江阴缪氏藏本.见余鹏年著:《曹州牡丹谱》,上海:《文艺杂志(上海1914)》1918年第13期。
40. (清)王一雪著,王睿等编,恽冰手抄本:《中国古代植物文献集成第112册·王一雪柳竹园牡丹记》,北京:北京燕山出版社,2021年。
41. (清)巨野老人著:佚名辑,清抄本,《牡丹丛书七种·河南王氏牡丹谱》七卷本,第一册,现藏国家图书馆。
42. (清)蒋廷锡,陈梦雷等辑:《钦定古今图书集成·方舆汇编·职方典》,第21卷。
43. (清)《大清一统志·史部·地理》,《曹州府,菏泽县》。
44. (清)岳浚:《山东通志·曹州府》,第二十四卷。
45. (清)谭莹撰:《乐志堂诗集》,咸丰十一年(1861)。
46. (清)蒲松龄著,于天池注,孙通海,于天池等译:《聊斋志异》,北京:中华书局,2015年。
47. (清)汤用中著,栾保群点校:《翼駉稗编》,北京:文物出版社,2017年。
48. (清)光绪六年,凌寿柏纂:《新修菏泽县志》第十八卷,首一卷,清光绪十一年(1885)刻印。
49. (清)沈曾植著:《海日楼诗》清刻本,卷一。
50. (清)孙星衍著,王云五编:《孙渊如先生全集》,台北:台湾商务印书馆,1968年。
51. (清)汪鸿于光绪三十三年(1907)修:《菏泽县乡土志》一卷。
52. (清)陈嗣良修,孟广来,贾迺延纂:《曹县志·卷四之物产志·花卉凡三十种》,光绪十年刻印。
53. (清)沈德潜编:《清诗别裁集》(下)卷三十,北京:中华书局,1975年。
54. (清)张曜等修,孙宝田等纂:《山东通志》,上海:商务印书馆影印,1933年。
55. 松圃主人抄录《菏泽赵氏桑篱园牡丹花谱》稿本,抄录时间:民国三十一年二月立春之日.荣宏君藏本。
56. 叶衍兰,叶恭绰编:《清代学者像传》,上海:上海书店出版社,2001年。
57. 赵建修抄录:《菏泽牡丹新谱》(新品种),山东菏泽,抄录时间:1974年。
58. 赵孟俭,赵世学,赵守重等编著,赵建修抄录:《菏泽牡丹全谱》(老品种),山东菏泽,抄录时间:1976年。
59. 天津铁路局编辑:《天津铁路局旅行丛刊之一·北京花市特刊》,天津:天津铁路局,1911年。
60. 王云五主编:《学圃杂疏及其他四种》,上海:商务印书馆,1937年。
61. (清)陈康琪著:《朗潜纪闻初笔·二笔·三笔》,北京:中华书局,1984年。
62. 肖鲁阳,繁书:《中国牡丹谱》北京:农业出版社,1989年。
63. 李保光,田素义编著:《新编曹州牡丹谱》,北京:中国农业科学技术出版社,1992年。

64. 王莲英主编：《中国牡丹品种图志》，北京：中国林业出版社，1997年。
65. 李保光著：《牡丹人物志》，济南：山东文化音像出版社，2000年。
66. 启功主编：《中央文史研究馆馆员传略》，北京：中华书局，2001年。
67. 中国牡丹全书编纂委员会编：《中国牡丹全书》，北京：中国社会科学技术出版社，2002年。
68. 黄裳著：《清代版刻一隅》，上海：复旦大学出版社，2005年。
69. 李嘉珏，张西方，赵孝庆等著：《中国国家地理：中国牡丹》，北京：中国大百科全书出版社，2011年。
70. 中共中央党史和文献研究院，国务院扶贫办编：《习近平扶贫论述摘编》，北京：中央文献出版社，2015年。
71. 王莲英，袁涛等著：《中国牡丹品种图志（续志）》，北京：中国林业出版社，2015年。
72. 陶湘辑：《喜咏轩丛书》，北京：联合出版公司，2015年。
73. (宋)欧阳修著，王宗堂注评：《牡丹谱》，郑州：中州古籍出版社，2016年。
74. 谭平国著：《邢侗年谱》，上海：东方出版中心，2018年。
75. 郭绍林编著：《历代牡丹谱录译注评析》，北京：社会科学文献出版社，2019年。
76. 荣宏君著：《翰墨风骨郑板桥》，天津：百花文艺出版社，2019年。
77. 汪曾祺著：《汪曾祺全集》，北京：人民文学出版社，2019年。
78. 政协曹县委员会点校：《曹南文献录》，北京：中国文史出版社，2020年。
79. 宋新立总编，王运思主编：《中国牡丹文化大系》(诗词卷·古代)，济南：山东人民出版社，2021年。
80. 政协曹县委员会、曹县地方史志研究中心编，张荣昌等点校：《曹南诗社唱和集》，北京：线装书局，2021年。
81. 李保光 编：《中国牡丹文化大系·历史卷》，济南：山东人民出版社，2021年。
82. 政协曹县委员会编：《徐悔斋集》，北京：线装书局，2022年。
83. (清)翁方纲撰：《复初斋文集：全二册》，北京：北京大学出版社，2023年。
84. 菏泽市牡丹发展服务中心编，潘守皎主编：《菏泽牡丹诗词文化》，北京：故宫出版社，2024年。
85. 喻衡著：《曹州牡丹》，济南：山东人民出版社，1959年。

报刊类

1. 《采办御用药品》，青岛：《胶州报》，1908年11月11日。
2. 醉吟馆遗著：《国学选粹》，绍兴：《越铎日报》，1917年7月11日。
3. 中国国民党、中央执行委员会建筑阵亡将士公墓筹备委员会编：《国民革命军阵亡将士公墓落成典礼纪念刊纪念刊》，南京：仁德印刷所，1935年11月，第93-94页。
4. 蒋叔南：《嵩山游记》，天津：《大公报》(天津版)，1920年7月15日。
5. 松：《崇效寺牡丹之种类》，上海：《时报·第三张》，1922年5月18日。
6. 《新春之牡丹》，北京：《顺天时报》，1925年1月1日。
7. 《两名园牡丹皆盛放，尤以万牲园花种最齐》，北京：《顺天时报》，1928年4月29日。
8. 《秦声》，西安：《秦风周报》，1935年，第一卷，第五期。
9. 《总理葬事筹备讯》，上海：《申报》，1929年1月25日。
10. 《奉安期，提议改四月》，北京：《京报》，1929年1月25日。
11. 诸季迟：《和释戢蛰园招饮赋牡丹韵》，北京：《益世报》，1932年7月31日。
12. 尹静：《枣花寺里赏牡丹》北京：《益世报(北京)》，1933年5月9日。
13. 王伯平：《曹州府》，沈阳：《盛京时报》，1933年11月21日。
14. 《韩复榘楷园赏花纪》，沈阳：《盛京时报》，1934年5月15日。
15. 《山东菏泽实验县的概况调查及其筹备医药卫生之建议》，天津：《大公报》，1934年2月6日，第11版，仅节"五、录经济状况"。
16. 《韩复榘楷园赏花纪》，天津：《益世报》(天津版)，1934年5月2日。
17. 《炭火烘牡丹》，济南：《华北新闻(济南)》，1935年

11月17日。

18. 窥天:《名胜别谈·曹州的特产》,济南:《华北新闻(济南)》,1935年8月19日。
19. 中国国民党中央执行委员会,建筑阵亡将士公墓筹备委员会编辑,南京:《国民革命军阵亡将士公墓落成典礼纪念刊》,1935年11月印,第93-94页。
20. 《韩昨抵单视察·在菏泽曾赏玩牡丹》,济南:《华北新闻(济南)》,1936年5月10日。
21. 《金边牡丹》,香港:《南华日报》,1937年4月16日。
22. 《菏泽县东北约八里赵楼附近之牡丹田》,成都:《土壤专报》,1936年,第14期,128页。
23. 《洛阳牡丹》,济南:《华北新闻(济南)》,1937年5月23日。
24. 听寒外史:《闲话牡丹:洛阳及曹州的牡丹》,《风雅颂》,第17页。
25. 《天香国色夸名种,闲话牡丹:魏紫姚黄侪艳谈》,沈阳:《盛京时报》,1938年5月4日。
26. 《闲话牡丹(续)》《天香国色夸名种:魏紫姚黄侪艳谈》,沈阳:《盛京时报》,1938年5月5日,第0007版。
27. 梅邨:《香港曹州牡丹:闲话香江"花市"》,香港:《大公报》,1939年2月2日。
28. 久:《南郊花之寺》,北京:《晨报》,1940年3月23日。
29. 芳轩:《点缀初夏的芍药花》,沈阳:《盛京时报》,1940年6月19日。
30. 芳轩:《点缀初夏的芍药花·续》,沈阳:《盛京时报》,1940年6月20日。
31. 《曹州有奇菊,十八种最为珍贵》,临汾:《晋南晨报》,1940年12月6日。
32. 燕:《洛阳三月花似锦,不如京朝牡丹多》,北京:《晨报》,1940年5月2日。
33. 芸子:《春明花事鲁·清代及近代花事》,北京:《益世报》,1941年5月26日。
34. 焕卿:《别号一束》,北京:《晨报》,1941年5月3日。
35. 芸子:《春明花事鲁·清代及近代花事》,北京:《益世报》,1941年5月26日。
36. 《培植牡丹的经验谈:稷园花把式李登云访问记》,北京:《晨报》,1941年5月10日。
37. 《喜林》,北京:《新生报》,1946年11月28日,第0003版。
38. 王瘦梅:《巡视冀鲁豫边区·牡丹甲天下》,上海:《申报》,1946年12月2日。
39. 《民众丛书之九》。
40. 痴呆:《崇效寺"牡丹"》,北京:《一四七画报》,1946年,第4卷,第1期,11页。
41. 孟君:《牡丹的娘家在哪儿?》,北京:《新生报》,1946年5月4日。
42. 《从开封到菏泽》,上海:《时事新报》,1947年,6月7日。
43. 方白:《十二月旅行(八)山东》,上海:《民众·丛书之九》,1948年,第4期,第4-5页。
44. 周家琪,喻衡:《曹州牡丹栽培调查报告》,山东农学院学报,1956年00期,第79-95页。
45. 舒迎澜:《牡丹种植八法》,武汉:花木盆景(花卉园艺),1995年,第4期,第8页。

索引

A

'安娜玛丽' 'An Na Ma Li' 573
'案红子' 'An Hong Zi' 469
'黯碎墨玉' 'An Sui Mo Yu' 550
'傲阳' 'Ao Yang' 255

B

'八宝红' 'Ba Bao Hong' 256
'八宝镶' 'Ba Bao Xiang' 240
'八千代椿' 'Ba Qian Dai Chun' 099
'八束狮子' 'Ba Shu Shi Zi' 099
'八云' 'Ba Yun' 386
'白鹤' 'Bai He' 048
'白鹤红羽' 'Bai He Hong Yu' 018
'白鹤童子' 'Bai He Tong Zi' 029
'白鹤卧雪' 'Bai He Wo Xue' 048
'白莲' 'Bai Lian' 018
'白莲香' 'Bai Lian Xiang' 023
'白妙' 'Bai Miao' 080
'白蔷薇' 'Bai Qiang Wei' 029
'白山黑水' 'Bai Shan Hei Shui' 049
'白珊瑚' 'Bai Shan Hu' 049
'白神' 'Bai Shen' 043
'白天鹅' 'Bai Tian E' 030
'白王狮子' 'Bai Wang Shi Zi' 030
'白雪公主' 'Bai Xue Gong Zhu' 019
'白雁' 'Bai Yan' 031
'白衣金带' 'Bai Yi Jin Dai' 044
'白衣天使' 'Bai Yi Tian Shi' 031
'白玉' 'Bai Yu' 050
'白玉翠' 'Bai Yu Cui' 032
'白月光' 'Bai Yue Guang' 032
'白云' 'Bai Yun' 020
'百变娇艳' 'Bai Bian Jiao Yan' 507
'百花藏娇' 'Bai Hua Cang Jiao' 323
'百花丛笑' 'Bai Hua Cong Xiao' 386
'百花妒' 'Bai Hua Du' 180
'百花娇艳' 'Bai Hua Jiao Yan' 299
'百花魁' 'Bai Hua Kui' 323
'百花齐放' 'Bai Hua Qi Fang' 387
'百花向阳' 'Bai Hua Xiang Yang' 256
'百花选' 'Bai Hua Xuan' 155
'百花迎春' 'Bai Hua Ying Chun' 087

'百花迎客' 'Bai Hua Ying Ke' 299
'百花展翠' 'Bai Hua Zhan Cui' 180
'百花紫' 'Bai Hua Zi' 470
'百鸟朝凤' 'Bai Niao Chao Feng' 099
'百园藏娇' 'Bai Yuan Cang Jiao' 324
'百园春光' 'Bai Yuan Chun Guang' 300
'百园春景' 'Bai Yuan Chun Jing' 100
'百园春色' 'Bai Yuan Chun Se' 470
'百园多娇' 'Bai Yuan Duo Jiao' 438
'百园粉' 'Bai Yuan Fen' 156
'百园粉菊' 'Bai Yuan Fen Ju' 101
'百园粉球' 'Bai Yuan Fen Qiu' 213
'百园风彩' 'Bai Yuan Feng Cai' 257
'百园芙蓉' 'Bai Yuan Fu Rong' 101
'百园富丽' 'Bai Yuan Fu Li' 101
'百园红' 'Bai Yuan Hong' 300
'百园红锦' 'Bai Yuan Hong Jin' 102
'百园红霞' 'Bai Yuan Hong Xia' 470
'百园恋春' 'Bai Yuan Lian Chun' 102
'百园墨魁' 'Bai Yuan Mo Kui' 550
'百园墨秀' 'Bai Yuan Mo Xiu' 550
'百园墨玉' 'Bai Yuan Mo Yu' 551
'百园奇观' 'Bai Yuan Qi Guan' 541
'百园群英' 'Bai Yuan Qun Ying' 387
'百园盛景' 'Bai Yuan Sheng Jing' 300
'百园十八号' 'Bai Yuan Shi Ba Hao' 103
'百园颂' 'Bai Yuan Song' 471
'百园霞光' 'Bai Yuan Xia Guang' 471
'百园雪峰' 'Bai Yuan Xue Feng' 050
'百园雪浪' 'Bai Yuan Xue Lang' 076
'百园英姿' 'Bai Yuan Ying Zi' 156
'百园玉翠' 'Bai Yuan Yu Cui' 181
'百园争彩' 'Bai Yuan Zheng Cai' 156
'百园争辉' 'Bai Yuan Zheng Hui' 339
'百园紫' 'Bai Yuan Zi' 438
'百园紫楼' 'Bai Yuan Zi Lou' 438
'百园紫秀' 'Bai Yuan Zi Xiu' 387
'邦宁紫' 'Bang Ning Zi' 472
'包公面' 'Bao Gong Mian' 551
'宝莲灯' 'Bao Lian Deng' 301
'宝石花' 'Bao Shi Hua' 257
'宝珠红' 'Bao Zhu Hong' 302
'北国风光' 'Bei Guo Feng Guang' 051

'闭月羞花' 'Bi Yue Xiu Hua' 103
'碧波夕照' 'Bi Bo Xi Zhao' 098
'碧波霞影' 'Bi Bo Xia Ying' 219
'碧波紫霞' 'Bi Bo Zi Xia' 388
'碧海龙须' 'Bi Hai Long Xu' 044
'碧海晴空' 'Bi Hai Qing Kong' 388
'碧海仙洲' 'Bi Hai Xian Zhou' 583
'碧霞' 'Bi Xia' 389
'碧玉簪' 'Bi Yu Zan' 051
'碧云' 'Bi Yun' 575
'变叶红' 'Bian Ye Hong' 324
'冰壶献玉' 'Bing Hu Xian Yu' 051
'冰凌罩红石' 'Bing Ling Zhao Hong Shi' 181
'冰凌子' 'Bing Ling Zi' 157
'冰山晚照' 'Bing Shan Wan Zhao' 076
'冰山雪莲' 'Bing Shan Xue Lian' 023
'冰映紫玉' 'Bing Ying Zi Yu' 157
'冰罩蓝玉' 'Bing Zhao Lan Yu' 593
'补天石' 'Bu Tian Shi' 638
'步步高升' 'Bu Bu Gao Sheng' 439

C

'才高八斗' 'Cai Gao Ba Dou' 258
'彩斑白' 'Cai Ban Bai' 020
'彩蝶' 'Cai Die' 364
'彩红' 'Cai Hong' 258
'彩虹' 'Cai Hong' 618
'彩绘' 'Cai Hui' 472
'彩晶球' 'Cai Jing Qiu' 182
'彩菊' 'Cai Ju' 103
'彩莲' 'Cai Lian' 087
'彩赛红' 'Cai Sai Hong' 240
'彩赛紫' 'Cai Sai Zi' 371
'彩霞' 'Cai Xia' 104
'彩霞冠' 'Cai Xia Guan' 228
'彩叶蓝玉' 'Cai Ye Lan Yu' 572
'彩衣天使' 'Cai Yi Tian Shi' 183
'彩云' 'Cai Yun' 088
'彩云飞' 'Cai Yun Fei' 341
'残雪' 'Can Xue' 052
'藏娇' 'Cang Jiao' 325
'藏叶红' 'Cang Ye Hong' 467
'藏枝红' 'Cang Zhi Hong' 325

名称	拼音	页码
'曹国夫人'	'Cao Guo Fu Ren'	104
'曹阳'	'Cao Yang'	302
'曹州红'	'Cao Zhou Hong'	259
'曹州紫'	'Cao Zhou Zi'	389
'层叠多娇'	'Ceng Die Duo Jiao'	575
'层林尽染'	'Ceng Lin Jin Ran'	531
'层中笑'	'Ceng Zhong Xiao'	440
'蟾宫折桂'	'Chan Gong Zhe Gui'	610
'常秀红'	'Chang Xiu Hong'	390
'嫦娥拜月'	'Chang E Bai Yue'	104
'嫦娥会'	'Chang E Hui'	105
'嫦娥娇'	'Chang E Jiao'	183
'嫦娥献花'	'Chang E Xian Hua'	106
'长虹'	'Chang Hong'	302
'长茎红'	'Chang Jing Hong'	260
'长茎绿心红'	'Chang Jing Lü Xin Hong'	517
'长茎紫'	'Chang Jing Zi'	441
'长茎紫葵'	'Chang Jing Zi Kui'	441
'长寿红'	'Chang Shou Hong'	473
'长寿乐'	'Chang Shou Le'	390
'长寿紫'	'Chang Shou Zi'	442
'长枝芙蓉'	'Chang Zhi Fu Rong'	106
'朝天紫'	'Chao Tian Zi'	372
'沉鱼落雁'	'Chen Yu Luo Yan'	183
'晨红'	'Chen Hong'	088
'晨辉'	'Chen Hui'	260
'晨霞'	'Chen Xia'	303
'迟白'	'Chi Bai'	077
'迟来的爱'	'Chi Lai De Ai'	442
'迟蓝'	'Chi Lan'	608
'赤鳞霞冠'	'Chi Lin Xia Guan'	473
'赤龙焕彩'	'Chi Long Huan Cai'	531
'赤龙耀金辉'	'Chi Long Yao Jin Hui'	443
'赤铜之辉'	'Chi Tong Zhi Hui'	620
'冲霄蓝'	'Chong Xiao Lan'	575
'重楼点翠'	'Chong Lou Dian Cui'	342
'重重叠叠'	'Chong Chong Die Die'	303
'出梗夺翠'	'Chu Geng Duo Cui'	214
'出梗绣球'	'Chu Geng Xiu Qiu'	508
'出水芙蓉'	'Chu Shui Fu Rong'	261
'出云红'	'Chu Yun Hong'	261
'初日之出'	'Chu Ri Zhi Chu'	303
'初赛红润'	'Chu Sai Hong Run'	240
'初赛红玉'	'Chu Sai Hong Yu'	262
'初乌'	'Chu Wu'	552
'雏鹅黄'	'Chu E Huang'	621
'雏凤羽'	'Chu Feng Yu'	621
'垂头蓝'	'Chui Tou Lan'	593
'春泛图'	'Chun Fan Tu'	185
'春风得意'	'Chun Feng De Yi'	107
'春阁'	'Chun Ge'	219
'春光'	'Chun Guang'	186
'春红娇艳'	'Chun Hong Jiao Yan'	262
'春红争艳'	'Chun Hong Zheng Yan'	372
'春花秋丽'	'Chun Hua Qiu Li'	186
'春华秋丽'	'Chun Hua Qiu Li'	158
'春晖'	'Chun Hui'	391
'春晖盈露'	'Chun Hui Ying Lu'	107
'春莲'	'Chun Lian'	088
'春柳'	'Chun Liu'	633
'春暖桃园'	'Chun Nuan Tao Yuan'	108
'春暖意浓'	'Chun Nuan Yi Nong'	327
'春秋粉'	'Chun Qiu Fen'	089
'春秋红'	'Chun Qiu Hong'	303
'春秋锦'	'Chun Qiu Jin'	538
'春秋紫'	'Chun Qiu Zi'	391
'春色'	'Chun Se'	108
'春水绿波'	'Chun Shui Lü Bo'	089
'春雪'	'Chun Xue'	023
'春雪紫玉'	'Chun Xue Zi Yu'	108
'春艳'	'Chun Yan'	304
'春意盎然'	'Chun Yi Ang Ran'	304
'春紫'	'Chun Zi'	392
'唇红'	'Chun Hong'	220
'丛中笑'	'Cong Zhong Xiao'	263
'翠点玲珑'	'Cui Dian Ling Long'	221
'翠娇容'	'Cui Jiao Rong'	186
'翠幕'	'Cui Mu'	187
'翠叶紫'	'Cui Ye Zi'	473
'翠羽丹霞'	'Cui Yu Dan Xia'	090
'翠玉迎夏'	'Cui Yu Ying Xia'	633
'村松樱'	'Cun Song Ying'	109

D

'大瓣红'	'Da Ban Hong'	241
'大瓣楼'	'Da Ban Lou'	594
'大朵蓝'	'Da Duo Lan'	611
'大合欢'	'Da He Huan'	084
'大红宝珠'	'Da Hong Bao Zhu'	263
'大红点金'	'Da Hong Dian Jin'	188
'大红夺锦'	'Da Hong Duo Jin'	304
'大红一品'	'Da Hong Yi Pin'	263
'大金粉'	'Da Jin Fen'	090
'大楼红'	'Da Lou Hong'	356
'大三'	'Da San'	584
'大桃红'	'Da Tao Hong'	090
'大雅君子'	'Da Ya Jun Zi'	392
'大眼镜'	'Da Yan Jing'	091
'大雁湖'	'Da Yan Hu'	392
'大叶红'	'Da Ye Hong'	328
'大叶蓝'	'Da Ye lan'	594
'大叶紫'	'Da Ye Zi'	474
'大展宏图'	'Da Zhan Hong Tu'	510
'大紫'	'Da Zi'	393
'大棕紫'	'Da Zong Zi'	443
'丹顶鹤'	'Dan Ding He'	264
'丹红'	'Dan Hong'	305
'丹炉焰'	'Dan Lu Yan'	305
'丹霞'	'Dan Xia'	264
'丹心'	'Dan Xin'	615
'丹皂流金'	'Dan Zao Liu Jin'	474
'淡藕丝'	'Dan Ou Si'	591
'淡雅妆'	'Dan Ya Zhuang'	091
'淡妆美'	'Dan Zhuang Mei'	110
'岛大臣'	'Dao Da Chen'	444
'岛津红'	'Dao Jin Hong'	264
'岛锦'	'Dao Jin'	642
'岛乃藤'	'Dao Nai Teng'	393
'倒晕红'	'Dao Yun Hong'	241
'帝冠'	'Di Guan'	110
'第一春'	'Di Yi Chun'	474
'第一夫人'	'Di Yi Fu Ren'	110
'叠云'	'Die Yun'	393
'蝶恋春'	'Die Lian Chun'	189
'蝶恋菊'	'Die Lian Ju'	394
'蝶舞花丛'	'Die Wu Hua Cong'	085
'丁香紫'	'Ding Xiang Zi'	475
'顶天立地'	'Ding Tian Li Di'	305
'东方红'	'Dong Fang Hong'	475
'东方锦'	'Dong Fang Jin'	517
'东方秀'	'Dong Fang Xiu'	111
'东坡挥墨'	'Dong Po Hui Mo'	553
'栋蓝负重'	'Dong Lan Fu Zhong'	111
'豆绿'	'Dou Lü'	631
'短茎红'	'Duan Jing Hong'	328
'短枝桃花'	'Duan Zhi Tao Hua'	221
'多花罗汉'	'Duo Hua Luo Han'	190
'多娇'	'Duo Jiao'	594
'多姿'	'Duo Zi'	476

E

'娥皇惠美'	'E Huang Hui Mei'	111
'鹅翎白'	'E Ling Bai'	081

F

'翻生西施'	'Fan Sheng Xi Shi'	221
'繁花闹春'	'Fan Hua Nao Chun'	476
'繁花似锦'	'Fan Hua Si Jin'	477
'繁花争春'	'Fan Hua Zheng Chun'	265
'芳纪'	'Fang Ji'	265
'飞虹流彩'	'Fei Hong Liu Cai'	342
'飞花迎夏'	'Fei Hua Ying Xia'	394
'飞天'	'Fei Tian'	112

名称	拼音	页码
'飞天紫凤'	'Fei Tian Zi Feng'	365
'飞雪迎夏'	'Fei Xue Ying Xia'	033
'飞燕粉装'	'Fei Yan Fen Zhuang'	113
'飞燕红装'	'Fei Yan Hong Zhuang'	342
'飞燕凌空'	'Fei Yan Ling Kong'	343
'绯颜女'	'Fei Yan Nü'	222
'翡翠'	'Fei Cui'	630
'翡翠荷花'	'Fei Cui He Hua'	365
'翡翠球'	'Fei Cui Qiu'	633
'粉娥多娇'	'Fen E Duo Jiao'	091
'粉娥娇'	'Fen E Jiao'	092
'粉二乔'	'Fen Er Qiao'	158
'粉冠'	'Fen Guan'	190
'粉荷'	'Fen He'	092
'粉荷飘江'	'Fen He Piao Jiang'	092
'粉华端仪'	'Fen Hua Duan Yi'	114
'粉剪绒'	'Fen Jian Rong'	222
'粉娇容'	'Fen Jiao Rong'	093
'粉蓝楼'	'Fen Lan Lou'	595
'粉蓝盘'	'Fen Lan Pan'	576
'粉蓝乔'	'Fen Lan Qiao'	610
'粉蓝球'	'Fen Lan Qiu'	608
'粉蓝双娇'	'Fen Lan Shuang Jiao'	576
'粉蓝韵'	'Fen Lan Yun'	586
'粉丽'	'Fen Li'	159
'粉莲'	'Fen Lian'	093
'粉莲王'	'Fen Lian Wang'	093
'粉玲珑'	'Fen Ling Long'	114
'粉楼报春'	'Fen Lou Bao Chun'	191
'粉楼点翠'	'Fen Lou Dian Cui'	191
'粉楼抛彩'	'Fen Lou Pao Cai'	191
'粉楼台'	'Fen Lou Tai'	229
'粉楼系金'	'Fen Lou Xi Jin'	192
'粉楼镶金'	'Fen Lou Xiang Jin'	192
'粉面佳人'	'Fen Mian Jia Ren'	115
'粉面桃花'	'Fen Mian Tao Hua'	177
'粉暮晚华'	'Fen Mu Wan Hua'	115
'粉盘托金'	'Fen Pan Tuo Jin'	175
'粉青山'	'Fen Qing Shan'	192
'粉球'	'Fen Qiu'	214
'粉球翠羽'	'Fen Qiu Cui Yu'	193
'粉狮'	'Fen Shi'	116
'粉狮子'	'Fen Shi Zi'	116
'粉塔'	'Fen Ta'	229
'粉婷绽魅'	'Fen Ting Zhan Mei'	159
'粉乌龙'	'Fen Wu Long'	222
'粉秀独步'	'Fen Xiu Du Bu'	117
'粉秀金环'	'Fen Xiu Jin Huan'	177
'粉秀颜'	'Fen Xiu Yan'	117
'粉绣宁'	'Fen Xiu Ning'	117
'粉绣球'	'Fen Xiu Qiu'	214
'粉衣天使'	'Fen Yi Tian Shi'	118
'粉羽球'	'Fen Yu Qiu'	611
'粉玉娟'	'Fen Yu Juan'	118
'粉玉雄狮'	'Fen Yu Xiong Shi'	215
'粉云翠羽'	'Fen Yun Cui Yu'	194
'粉云浮空'	'Fen Yun Fu Kong'	118
'粉云金辉'	'Fen Yun Jin Hui'	119
'粉云晴天'	'Fen Yun Qing Tian'	119
'粉云托日'	'Fen Yun Tuo Ri'	119
'粉云追月'	'Fen Yun Zhui Yue'	121
'粉中冠'	'Fen Zhong Guan'	194
'粉中蓝'	'Fen Zhong Lan'	576
'粉妆素裹'	'Fen Zhuang Su Guo'	215
'粉紫含金'	'Fen Zi Han Jin'	373
'粉紫梦蓝'	'Fen Zi Meng Lan'	595
'粉紫向阳'	'Fen Zi Xiang Yang'	465
'粉紫映金'	'Fen Zi Ying Jin'	577
'丰富多彩'	'Feng Fu Duo Cai'	122
'丰花红'	'Feng Hua Hong'	306
'风花雪月'	'Feng Hua Xue Yue'	033
'枫叶红'	'Feng Ye Hong'	394
'烽火'	'Feng Huo'	329
'凤蝉娇'	'Feng Chan Jiao'	223
'凤丹白'	'Feng Dan Bai'	020
'凤丹粉'	'Feng Dan Fen'	122
'凤冠玉翠'	'Feng Guan Yu Cui'	223
'凤毛麟角'	'Feng Mao Lin Jiao'	477
'夫初'	'Fu Chu'	553
'浮水红莲'	'Fu Shui Hong Lian'	242
'浮云'	'Fu Yun'	094
'福星堂'	'Fu Xing Tang'	395
'富贵端庄'	'Fu Gui Duan Zhuang'	517
'富贵红'	'Fu Gui Hong'	194
'富贵满堂'	'Fu Gui Man Tang'	343
'富丽堂皇'	'Fu Li Tang Huang'	122
'富山石'	'Fu Shan Shi'	561
'富态美'	'Fu Tai Mei'	123

G

名称	拼音	页码
'甘草黄'	'Gan Cao Huang'	622
'甘林黄'	'Gan Lin Huang'	615
'高杆红'	'Gao Gan Hong'	518
'阁蓝'	'Ge Lan'	586
'宫娥乔装'	'Gong E Qiao Zhuang'	242
'宫样妆'	'Gong Yang Zhuang'	478
'古班同春'	'Gu Ban Tong Chun'	159
'古城春色'	'Gu Cheng Chun Se'	622
'古铜颜'	'Gu Tong Yan'	622
'古园红'	'Gu Yuan Hong'	266
'古园遗风'	'Gu Yuan Yi Feng'	478
'谷雨白龙'	'Gu Yu Bai Long'	043
'关西乙女的舞'	'Guan Xi Yi Nü De Wu'	343
'关西玉女'	'Guan Xi Yu Nü'	306
'观音面'	'Guan Yin Mian'	195
'冠群芳'	'Guan Qun Fang'	532
'冠世红玉'	'Guan Shi Hong Yu'	329
'冠世墨玉'	'Guan Shi Mo Yu'	565
'贵妃插翠'	'Gui Fei Cha Cui'	223
'桂英挂帅'	'Gui Ying Gua Shuai'	123
'国萃'	'Guo Cui'	395
'国庆红'	'Guo Qing Hong'	242
'国色添香'	'Guo Se Tian Xiang'	266
'国香飘'	'Guo Xiang Piao'	124

H

名称	拼音	页码
'海波'	'Hai Bo'	596
'海黄'	'Hai Huang'	620
'海浪'	'Hai Lang'	596
'海棠红'	'Hai Tang Hong'	094
'海棠争润'	'Hai Tang Zheng Run'	445
'海霞'	'Hai Xia'	597
'海燕凌空'	'Hai Yan Ling Kong'	577
'海韵'	'Hai Yun'	518
'好汉歌'	'Hao Han Ge'	373
'皓芳'	'Hao Fang'	078
'何园红'	'He Yuan Hong'	307
'和田玉'	'He Tian Yu'	024
'和田玉币'	'He Tian Yu Bi'	052
'荷花翡翠'	'He Hua Fei cui'	094
'荷花绿'	'He Hua Lü'	630
'菏皓'	'He Hao'	033
'菏红'	'He Hong'	243
'菏山红'	'He Shan Hong'	395
'菏山红霞'	'He Shan Hong Xia'	396
'菏钢'	'He Yin'	125
'菏泽晨霞'	'He Ze Chen Xia'	267
'菏泽新润'	'He Ze Xin Run'	125
'菏泽玉花'	'He Ze Yu Hua'	396
'菏脂初妍'	'He Zhi Chu Yan'	125
'鹤白'	'He Bai'	078
'鹤顶红'	'He Ding Hong'	445
'鹤望蓝'	'He Wang Lan'	598
'黑豹'	'Hei Bao'	553
'黑凤凰'	'Hei Feng Huang'	538
'黑凤锦'	'Hei Feng Jin'	554
'黑夫人'	'Hei Fu Ren'	568
'黑光司'	'Hei Guang Si'	561
'黑海'	'Hei Hai'	554
'黑海金龙'	'Hei Hai Jin Long'	564
'黑海撒金'	'Hei Hai Sa Jin'	539
'黑花魁'	'Hei Hua Kui'	554
'黑龙锦'	'Hei Long Jin'	542

名称	拼音	页码
'黑幕'	'Hei Mu'	542
'黑妞'	'Hei Niu'	543
'黑绣球'	'Hei Xiu Qiu'	566
'黑燕'	'Hei Yan'	555
'黑衣天使'	'Hei Yi Tian Shi'	543
'黑衣童子'	'Hei Yi Tong Zi'	555
'红斑白'	'Hong Ban Bai'	024
'红宝石'	'Hong Bao Shi'	307
'红船初心'	'Hong Chuan Chu Xin'	243
'红到皮'	'Hong Dao Pi'	244
'红灯'	'Hong Deng'	479
'红二乔'	'Hong Er Qiao'	161
'红肥绿瘦'	'Hong Fei Lü Shou'	356
'红粉向阳'	'Hong Fen Xiang Yang'	162
'红峰'	'Hong Feng'	344
'红凤展翅'	'Hong Feng Zhan Chi'	396
'红凤照水'	'Hong Feng Zhao Shui'	344
'红光闪烁'	'Hong Guang Shan Shuo'	195
'红光献彩'	'Hong Guang Xian Cai'	340
'红荷'	'Hong He'	373
'红菏端润'	'Hong He Duan Run'	126
'红蝴蝶'	'Hong Hu Die'	267
'红花露霜'	'Hong Hua Lu Shuang'	344
'红花罗汉'	'Hong Hua Luo Han'	267
'红辉'	'Hong Hui'	519
'红辉狮子'	'Hong Hui Shi Zi'	268
'红锦缎'	'Hong Jin Duan'	397
'红菊'	'Hong Ju'	268
'红菊照水'	'Hong Ju Zhao Shui'	397
'红葵'	'Hong Kui'	397
'红莲点金'	'Hong Lian Dian Jin'	244
'红莲献金'	'Hong Lian Xian Jin'	374
'红玛瑙'	'Hong Ma Nao'	307
'红玫瑰'	'Hong Mei Gui'	330
'红梅傲霜'	'Hong Mei Ao Shuang'	479
'红梅点翠'	'Hong Mei Dian Cui'	479
'红梅飞雪'	'Hong Mei Fei Xue'	196
'红娘'	'Hong Niang'	269
'红旗漫卷'	'Hong Qi Man Juan'	374
'红麒麟'	'Hong Qi Lin'	345
'红蔷薇'	'Hong Qiang Wei'	270
'红色女神'	'Hong Se Nü Shen'	330
'红珊瑚'	'Hong Shan Hu'	308
'红狮子'	'Hong Shi Zi'	270
'红娃娃'	'Hong Wa Wa'	345
'红霞'	'Hong Xia'	398
'红霞藏翠'	'Hong Xia Cang Cui'	532
'红霞点翠'	'Hong Xia Dian Cui'	480
'红霞绘'	'Hong Xia Hui'	330
'红霞楼'	'Hong Xia Lou'	480
'红霞迎日'	'Hong Xia Ying Ri'	270
'红霞增艳'	'Hong Xia Zeng Yan'	480
'红霞争辉'	'Hong Xia Zheng Hui'	446
'红心向阳'	'Hong Xin Xiang Yang'	271
'红绣球'	'Hong Xiu Qiu'	511
'红旭'	'Hong Xu'	308
'红岩'	'Hong Yan'	244
'红艳碧蕊'	'Hong Yan Bi Rui'	162
'红艳金辉'	'Hong Yan Jin Hui'	398
'红艳艳'	'Hong Yan Yan'	271
'红雁飞舞'	'Hong Yan Fei Wu'	398
'红叶粉狮'	'Hong Ye Fen Shi'	126
'红叶蓝'	'Hong Ye Lan'	587
'红叶蓝玉'	'Hong Ye Lan Yu'	573
'红樱'	'Hong Ying'	163
'红迎春'	'Hong Ying Chun'	399
'红玉'	'Hong Yu'	308
'红玉含翠'	'Hong Yu Han Cui'	331
'红玉楼'	'Hong Yu Lou'	356
'红云'	'Hong Yun'	399
'红云擎天'	'Hong Yun Qing Tian'	400
'红韵紫阳'	'Hong Yun Zi Yang'	375
'红珠女'	'Hong Zhu Nü'	480
'红装素裹'	'Hong Zhuang Su Guo'	331
'红钻石'	'Hong Zuan Shi'	400
'宏图'	'Hong Tu'	271
'鸿运满堂'	'Hong Yun Man Tang'	126
'胡红'	'Hu Hong'	331
'湖蓝'	'Hu Lan'	375
'蝴蝶报春'	'Hu Die Bao Chun'	376
'蝴蝶探雪'	'Hu Die Tan Xue'	376
'蝴蝶舞'	'Hu Die Wu'	400
'花大臣'	'Hua Da Chen'	401
'花儿红'	'Hua Er Hong'	236
'花二乔'	'Hua Er Qiao'	639
'花蝴蝶'	'Hua Hu Die'	377
'花魂'	'Hua Hun'	402
'花競'	'Hua Jing'	127
'花脸'	'Hua Lian'	215
'花木兰'	'Hua Mu Lan'	128
'花王'	'Hua Wang'	273
'花王迎日'	'Hua Wang Ying Ri'	274
'花媳妇'	'Hua Xi Fu'	163
'花仙子'	'Hua Xian Zi'	128
'花叶双奇'	'Hua Ye Shuang Qi'	085
'花缨'	'Hua Ying'	245
'花游'	'Hua You'	245
'花园粉'	'Hua Yuan Fen'	224
'花园红'	'Hua Yuan Hong'	402
'华粉新妆'	'Hua Fen Xin Zhuang'	035
'华夏多娇'	'Hua Xia Duo Jiao'	196
'华夏一品'	'Hua Xia Yi Pin'	403
'欢聚一堂'	'Huan Ju Yi Tang'	216
'皇嘉门'	'Huang Jia Men'	562
'黄翠羽'	'Huang Cui Yu'	623
'黄冠'	'Huang Guan'	619
'黄花葵'	'Huang Hua Kui'	626
'黄金翠'	'Huang Jin Cui'	627
'黄金时代'	'Huang Jin Shi Dai'	614
'黄鹂'	'Huang Li'	616
'黄水晶'	'Huang Shui Jing'	616
'黄云叠浪'	'Huang Yun Die Lang'	620
'晖红'	'Hui Hong'	309
'辉紫楼'	'Hui Zi Lou'	481
'徽紫'	'Hui Zi'	447
'火岛鸟'	'Huo Dao Niao'	274
'火炼碧玉'	'Huo Lian Bi Yu'	345
'火炼金丹'	'Huo Lian Jin Dan'	245
'火炼金刚'	'Huo Lian Jin Gang'	543
'火炼墨玉'	'Huo Lian Mo Yu'	236
'火龙舞'	'Huo Long Wu'	309
'火鸟'	'Huo Niao'	275
'火树银花'	'Huo Shu Yin Hua'	128
'火星花'	'Huo Xing Hua'	275
'火焰山'	'Huo Yan Shan'	246

J

名称	拼音	页码
'鸡血石'	'Ji Xie Shi'	309
'鸡爪红'	'Ji Zhua Hong'	332
'箕山粉'	'Ji Shan Fen'	129
'箕山紫光'	'Ji Shan Zi Guang'	447
'吉野川'	'Ji Ye Chuan'	129
'佳丽'	'Jia Li'	130
'假葛巾紫'	'Jia Ge Jin Zi'	532
'驾御龙'	'Jia Yu Long'	404
'剪绒'	'Jian Rong'	481
'健将'	'Jian Jiang'	533
'娇红'	'Jiao Hong'	130
'娇丽'	'Jiao Li'	346
'娇容三变'	'Jiao Rong San Bian'	645
'娇妍'	'Jiao Yan'	095
'娇姿'	'Jiao Zi'	196
'巾帼风姿'	'Jin Guo Feng Zi'	163
'巾帼英姿'	'Jin Guo Ying Zi'	197
'今猩猩'	'Jin Xing Xing'	275
'金鸱'	'Jin Chi'	625
'金带白鹤'	'Jin Dai Bai He'	047
'金岛'	'Jin Dao'	619
'金阁'	'Jin Ge'	627
'金桂飘香'	'Jin Gui Piao Xiang'	053
'金环一杰'	'Jin Huan Yi Jie'	322
'金环紫'	'Jin Huan Zi'	468
'金环紫楼'	'Jin Huan Zi Lou'	468

'金环紫衣' 'Jin Huan Zi Yi' 468
'金晃' 'Jin Huang' 627
'金奖红' 'Jin Jiang Hong' 341
'金奖一品' 'Jin Jiang Yi Pin' 310
'金丽' 'Jin Li' 276
'金轮黄' 'Jin Lun Huang' 623
'金盘红' 'Jin Pan Hong' 276
'金系腰' 'Jin Xi Yao' 178
'金星红' 'Jin Xing Hong' 511
'金星闪烁' 'Jin Xing Shan Shuo' 321
'金星雪浪' 'Jin Xing Xue Lang' 053
'金星紫' 'Jin Xing Zi' 520
'金玉交章' 'Jin Yu Jiao Zhang' 624
'金玉玺' 'Jin Yu Xi' 054
'金针红袍' 'Jin Zhen Hong Pao' 332
'堇粉晚球' 'Jin Fen Wan Qiu' 216
'堇冠' 'Jin Guan' 482
'堇冠罗汉' 'Jin Guan Luo Han' 484
'堇菊' 'Jin Ju' 405
'堇楼夕照' 'Jin Lou Xi Zhao' 484
'堇玉生辉' 'Jin Yu Sheng Hui' 512
'堇云阁' 'Jin Yun Ge' 405
'堇紫向阳' 'Jin Zi Xiang Yang' 448
'锦缎' 'Jin Duan' 615
'锦冠' 'Jin Guan' 598
'锦红' 'Jin Hong' 533
'锦红缎' 'Jin Hong Duan' 405
'锦袍红' 'Jin Pao Hong' 448
'锦上添花' 'Jin Shang Tian Hua' 484
'锦绣球' 'Jin Xiu Qiu' 533
'锦绣珊瑚' 'Jin Xiu Shan Hu' 643
'锦叶桃花' 'Jin Ye Tao Hua' 131
'锦云霞衣' 'Jin Yun Xia Yi' 520
'锦帐芙蓉' 'Jin Zhang Fu Rong' 333
'进宫袍' 'Jin Gong Pao' 276
'景彩红' 'Jing Cai Hong' 333
'景玉' 'Jing Yu' 054
'竞秀' 'Jing Xiu' 131
'静心白' 'Jing Xin Bai' 055
'九天揽月' 'Jiu Tian Lan Yue' 599
'酒醉飞燕' 'Jiu Zui Fei Yan' 131
'酒醉杨妃' 'Jiu Zui Yang Fei' 465
'菊红' 'Ju Hong' 357
'巨灵红' 'Ju Ling Hong' 095
'卷瓣白' 'Juan Ban Bai' 036
'卷叶红' 'Juan Ye Hong' 357
'绝代佳人' 'Jue Dai Jia Ren' 095
'绝伦王子' 'Jue Lun Wang Zi' 406
'俊面秀美' 'Jun Mian Xiu Mei' 132
'俊艳红' 'Jun Yan Hong' 520

K

'狂欢' 'Kuang Huan' 449
'葵花红' 'Kui Hua Hong' 277
'葵花紫' 'Kui Hua Zi' 407
'魁首红' 'Kui Shou Hong' 277
'昆山夜光' 'Kun Shan Ye Guang' 055

L

'兰花冠' 'Lan Hua Guan' 592
'蓝宝石' 'Lan Bao Shi' 577
'蓝彩云' 'Lan Cai Yun' 573
'蓝翠楼' 'Lan Cui Lou' 599
'蓝芙蓉' 'Lan Fu Rong' 610
'蓝海碧波' 'Lan Hai Bi Bo' 578
'蓝蝴蝶' 'Lan Hu Die' 574
'蓝花冠' 'Lan Hua Guan' 601
'蓝花魁' 'Lan Hua Kui' 602
'蓝精灵' 'Lan Jing Ling' 587
'蓝葵' 'Lan Kui' 587
'蓝田玉' 'Lan Tian Yu' 602
'蓝熙' 'Lan Xi' 588
'蓝线界玉' 'Lan Xian Jie Yu' 603
'蓝绣球' 'Lan Xiu Qiu' 592
'蓝玉' 'Lan Yu' 588
'蓝玉生辉' 'Lan Yu Sheng Hui' 589
'蓝月' 'Lan Yue' 229
'蓝月亮' 'Lan Yue Liang' 590
'蓝紫绿心' 'Lan Zi Lü Xin' 512
'浪花' 'Lang Hua' 164
'老君炉' 'Lao Jun Lu' 277
'老来红' 'Lao Lai Hong' 278
'雷泽湖光' 'Lei Ze Hu Guang' 603
'雷泽霞光' 'Lei Ze Xia Guang' 197
'雷泽映月' 'Lei Ze Ying Yue' 578
'冷光蓝' 'Leng Guang Lan' 603
'冷美人' 'Leng Mei Ren' 485
'梨花春雪' 'Li Hua Chun Xue' 079
'梨花雪' 'Li Hua Xue' 056
'梨花映玉' 'Li Hua Ying Yu' 096
'梨园春晓' 'Li Yuan Chun Xiao' 036
'梨园春雪' 'Li Yuan Chun Xue' 056
'礼花红' 'Li Hua Hong' 247
'李园春' 'Li Yuan Chun' 224
'李园花' 'Li Yuan Hua' 198
'李园紫' 'Li Yuan Zi' 407
'立夏红' 'Li Xia Hong' 513
'立夏绿' 'Li Xia Lü' 634
'立新花' 'Li Xin Hua' 357
'丽珠' 'Li Zhu' 198
'莲鹤' 'Lian He' 037
'镰田锦' 'Lian Tian Jin' 590

'镰田藤' 'Lian Tian Teng' 579
'良辰美景' 'Liang Chen Mei Jing' 278
'烈火金刚' 'Lie Huo Jin Gang' 539
'烈焰' 'Lie Yan' 236
'麟凤' 'Lin Feng' 562
'玲珑' 'Ling Long' 247
'凌波仙子' 'Ling Bo Xian Zi' 408
'菱花晓翠' 'Ling Hua Xiao Cui' 378
'菱花湛露' 'Ling Hua Zhan Lu' 521
'琉璃贯珠' 'Liu Li Guan Zhu' 057
'柳林积雪' 'Liu Lin Ji Xue' 198
'柳叶白' 'Liu Ye Bai' 025
'柳叶粉' 'Liu Ye Fen' 199
'鲁粉' 'Lu Fen' 199
'鲁菏红' 'Lu He Hong' 522
'鲁山雄狮' 'Lu Shan Xiong Shi' 450
'露珠粉' 'Lu Zhu Fen' 199
'绿宝石' 'Lü Bao Shi' 634
'绿波' 'Lü Bo' 631
'绿波浮鹤' 'Lü Bo Fu He' 579
'绿幕隐玉' 'Lü Mu Yin Yu' 634
'绿容多变' 'Lü Rong Duo Bian' 079
'绿香球' 'Lü Xiang Qiu' 216
'绿玉' 'Lü Yu' 635
'绿洲蚕丝' 'Lü Zhou Can Si' 630
'绿洲红' 'Lü Zhou Hong' 334
'罗池春' 'Luo Chi Chun' 132
'罗春池' 'Luo Chun Chi' 310
'罗汉红' 'Luo Han Hong' 247
'洛林之血' 'Luo Lin Zhi Xie' 311

M

'麻叶红' 'Ma Ye Hong' 200
'玛瑙镶翠' 'Ma Nao Xiang Cui' 225
'满江红' 'Man Jiang Hong' 408
'满山红' 'Man Shan Hong' 378
'满天红' 'Man Tian Hong' 409
'满天星' 'Man Tian Xing' 604
'满园春光' 'Man Yuan Chun Guang' 409
'满园春色' 'Man Yuan Chun Se' 133
'玫瑰红' 'Mei Gui Hong' 311
'玫瑰香' 'Mei Gui Xiang' 379
'玫瑰紫' 'Mei Gui Zi' 451
'玫红罗袍' 'Mei Hong Luo Pao' 410
'玫红飘香' 'Mei Hong Piao Xiang' 334
'玫红向阳' 'Mei Hong Xiang Yang' 278
'煤海' 'Mei Hai' 555
'美人花' 'Mei Ren Hua' 096
'美人面' 'Mei Ren Mian' 133
'魅粉天娇' 'Mei Fen Tian Jiao' 134
'妙红' 'Miao Hong' 279

中文名	拼音	页码
'妙龄'	'Miao Ling'	165
'名望'	'Ming Wang'	237
'名媛'	'Ming Yuan'	134
'明星'	'Ming Xing'	279
'墨宝'	'Mo Bao'	556
'墨池盛金'	'Mo Chi Cheng Jin'	556
'墨池金辉'	'Mo Chi Jin Hui'	556
'墨丹'	'Mo Dan'	544
'墨剪绒'	'Mo Jian Rong'	568
'墨魁'	'Mo Kui'	485
'墨楼争辉'	'Mo Lou Zheng Hui'	566
'墨润绝伦'	'Mo Run Jue Lun'	411
'墨撒金'	'Mo Sa Jin'	539
'墨素'	'Mo Su'	557
'墨玉'	'Mo Yu'	567
'墨玉生辉'	'Mo Yu Sheng Hui'	451
'墨紫存金'	'Mo Zi Cun Jin'	546
'墨紫莲'	'Mo Zi Lian'	546
'墨紫绒金'	'Mo Zi Rong Jin'	547
'木兰还妆'	'Mu Lan Huan Zhuang'	096
'暮春红'	'Mu Chun Hong'	452

N

'南海观音'	'Nan Hai Guan Yin'	412
'南华紫光'	'Nan Hua Zi Guang'	412
'内瓣菊'	'Nei Ban Ju'	413
'霓虹焕彩'	'Ni Hong Huan Cai'	346
'凝夜紫'	'Ning Ye Zi'	453
'怒放'	'Nu Fang'	413
'暖光紫'	'Nuan Guang Zi'	414
'暖玉'	'Nuan Yu'	624

O

'藕丝魁'	'Ou Si Kui'	605
'藕丝蓝'	'Ou Si Lan'	592

P

'盘中取果'	'Pan Zhong Qu Guo'	365
'蟠桃'	'Pan Tao'	231
'彭州紫'	'Peng Zhou Zi'	523
'捧盛子'	'Peng Sheng Zi'	346
'平湖秋月'	'Ping Hu Qiu Yue'	644
'萍实艳'	'Ping Shi Yan'	334
'泼墨秀'	'Po Mo Xiu'	562
'泼墨紫'	'Po Mo Zi'	379
'葡菊照水'	'Pu Ju Zhao Shui'	280

Q

'七宝殿'	'Qi Bao Dian'	280
'七星宝珠'	'Qi Xing Bao Zhu'	232
'奇蝶'	'Qi Die'	237
'奇花献彩'	'Qi Hua Xian Cai'	593
'奇花异彩'	'Qi Hua Yi Cai'	044
'气壮山河'	'Qi Zhuang Shan He'	523
'千锤精钢'	'Qian Chui Jing Gang'	280
'千金一笑'	'Qian Jin Yi Xiao'	639
'千台粉'	'Qian Tai Fen'	134
'千褶凤冠'	'Qian Zhe Feng Guan'	534
'千褶绣球'	'Qian Zhe Xiu Qiu'	341
'浅紫幻斑'	'Qian Zi Huan Ban'	579
'蔷楼子'	'Qiang Lou Zi'	485
'乔子红'	'Qiao Zi Hong'	248
'茄花紫'	'Qie Hua Zi'	486
'茄蓝丹砂'	'Qie Lan Dan Sha'	453
'茄紫焕彩'	'Qie Zi Huan Cai'	414
'秦红'	'Qin Hong'	248
'沁田美'	'Qin Tian Mei'	135
'青翠蓝'	'Qing Cui Lan'	605
'青翠欲滴'	'Qing Cui Yu Di'	058
'青龙盘翠'	'Qing Long Pan Cui'	232
'青龙卧粉池'	'Qing Long Wo Fen Chi'	200
'青龙卧墨池'	'Qing Long Wo Mo Chi'	564
'青龙戏桃花'	'Qing Long Xi Tao Hua'	200
'青龙镇宝'	'Qing Long Zhen Bao'	347
'青山贯雪'	'Qing Shan Guan Xue'	058
'青山积雪'	'Qing Shan Ji Xue'	059
'青天粉'	'Qing Tian Fen'	135
'青香球'	'Qing Xiang Qiu'	635
'青心红'	'Qing Xin Hong'	248
'青心蓝'	'Qing Xin Lan'	574
'青照诗品红'	'Qing Zhao Shi Pin Hong'	281
'清明紫'	'Qing Ming Zi'	415
'清香白'	'Qing Xiang Bai'	059
'清香白玉翠'	'Qing Xiang Bai Yu Cui'	060
'晴空'	'Qing Kong'	486
'擎天白'	'Qing Tian Bai'	037
'擎天粉'	'Qing Tian Fen'	178
'擎天紫'	'Qing Tian Zi'	486
'群芳殿'	'Qun Fang Dian'	454
'群芳妒'	'Qun Fang Du'	335
'群乌'	'Qun Wu'	540
'群英'	'Qun Ying'	523

R

'冉冉明星'	'Ran Ran Ming Xing'	282
'人面桃花'	'Ren Mian Tao Hua'	165
'日落云'	'Ri Luo Yun'	249
'日暮'	'Ri Mu'	282
'日暖风恬'	'Ri Nuan Feng Tian'	617
'日月交辉'	'Ri Yue Jiao Hui'	569
'日月锦'	'Ri Yue Jin'	282
'肉芙蓉'	'Rou Fu Rong'	135
'如花似玉'	'Ru Hua Si Yu'	580
'软玉温香'	'Ruan Yu Wen Xiang'	201
'软枝蓝'	'Ruan Zhi Lan'	606
'瑞波功'	'Rui Bo Gong'	249
'瑞璞1号'	'Rui Pu 1 Hao'	366
'瑞璞2号'	'Rui Pu 2 Hao'	366
'瑞璞3号'	'Rui Pu 3 Hao'	085
'瑞璞美好'	'Rui Pu Mei Hao'	136
'瑞璞女皇'	'Rui Pu Nü Huang'	136
'瑞璞无瑕'	'Rui Pu Wu Xia'	038
'瑞璞湛露'	'Rui Pu Zhan Lou'	165
'瑞璞紫光'	'Rui Pu Zi Guang'	416
'瑞雪兆丰年'	'Rui Xue Zhao Feng Nian'	416

S

'赛斗珠'	'Sai Dou Zhu'	606
'赛贵妃'	'Sai Gui Fei'	137
'赛和'	'Sai He'	249
'赛玫瑰'	'Sai Mei Gui'	417
'赛墨池'	'Sai Mo Chi'	547
'赛墨魁'	'Sai Mo Kui'	557
'赛墨莲'	'Sai Mo Lian'	548
'赛羽娇子'	'Sai Yu Jiao Zi'	250
'赛月锦'	'Sai Yue Jin'	283
'赛珠盘'	'Sai Zhu Pan'	540
'三变赛玉'	'San Bian Sai Yu'	644
'三奇集盛'	'San Qi Ji Sheng'	060
'三色锦'	'San Se Jin'	217
'三阳开泰'	'San Yang Kai Tai'	557
'三英士'	'San Ying Shi'	487
'三元红'	'San Yuan Hong'	312
'山花烂漫'	'Shan Hua Lan Man'	250
'珊瑚台'	'Shan Hu Tai'	335
'珊瑚迎日'	'Shan Hu Ying Ri'	312
'珊瑚映金'	'Shan Hu Ying Jin'	138
'珊瑚照水'	'Shan Hu Zhao Shui'	313
'上巳情花'	'Shang Si Qing Hua'	138
'少女裙'	'Shao Nü Qun'	166
'少女妆'	'Shao Nü Zhuang'	166
'少帅'	'Shao Shuai'	417
'深黑紫'	'Shen Hei Zi'	534
'深紫玉'	'Shen Zi Yu'	549
'神乐狮子'	'Shen Le Shi Zi'	138
'神舟粉'	'Shen Zhou Fen'	217
'神舟紫'	'Shen Zhou Zi'	418
'神州红'	'Shen Zhou Hong'	313
'圣代'	'Sheng Dai'	167
'胜葛巾'	'Sheng Ge Jin'	524
'胜紫乔'	'Sheng Zi Qiao'	418
'盛丹炉'	'Sheng Dan Lu'	535
'盛红'	'Sheng Hong'	454

品种名	拼音	页码	品种名	拼音	页码	品种名	拼音	页码
'狮头紫'	'Shi Tou Zi'	487	'桃花王'	'Tao Hua Wang'	086	'乌金杯'	'Wu Jin Bei'	558
'狮子头'	'Shi Zi Tou'	487	'桃花仙'	'Tao Hua Xian'	143	'乌金耀辉'	'Wu Jin Yao Hui'	563
'十八号'	'Shi Ba Hao'	348	'桃花遇霜'	'Tao Hua Yu Shuang'	232	'乌龙捧盛'	'Wu Long Peng Sheng'	526
'十七春'	'Shi Qi Chun'	201	'桃花源'	'Tao Hua Yuan'	489	'乌龙卧墨池'	'Wu Long Wo Mo Chi'	535
'石榴红'	'Shi Liu Hong'	250	'桃花争春'	'Tao Hua Zheng Chun'	143	'乌龙献金'	'Wu Long Xian Jin'	559
'似荷莲'	'Si He Lian'	380	'桃花争艳'	'Tao Hua Zheng Yan'	285	'乌龙耀金辉'	'Wu Long Yao Jin Hui'	563
'似锦袍'	'Si Jin Pao'	455	'桃李争艳'	'Tao Li Zheng Yan'	313	'乌羽玉'	'Wu Yu Yu'	549
'似菊花'	'Si Ju Hua'	140	'桃园春光'	'Tao Yuan Chun Guang'	285	'乌云集盛'	'Wu Yun Ji Sheng'	565
'似绒红'	'Si Rong Hong'	489	'藤花紫'	'Teng Hua Zi'	490	'无瑕玉'	'Wu Xia Yu'	063
'似首案'	'Si Shou An'	513	'天鹅湖'	'Tian E Hu'	025	'五彩蝶'	'Wu Cai Die'	420
'守重红'	'Shou Zhong Hong'	202	'天鹅娇子'	'Tian E Jiao Zi'	569	'五彩梦裳'	'Wu Cai Meng Shang'	641
'首案红'	'Shou An Hong'	488	'天鹅绒'	'Tian E Rong'	038	'五大洲'	'Wu Da Zhou'	039
'首饰盒'	'Shou Shi He'	021	'天高云淡'	'Tian Gao Yun Dan'	143	'五心红'	'Wu Xin Hong'	316
'寿星红'	'Shou Xing Hong'	283	'天霞粉'	'Tian Xia Fen'	170	'五星红'	'Wu Xing Hong'	421
'寿之寿紫'	'Shou Zhi Shou Zi'	454	'天霞紫'	'Tian Xia Zi'	455	'五月白'	'Wu Yue Bai'	063
'淑女装'	'Shu Nü Zhuang'	176	'天香'	'Tian Xiang'	490	'五月红'	'Wu Yue Hong'	421
'疏花紫'	'Shu Hua Zi'	379	'天香夺锦'	'Tian Xiang Duo Jin'	335	'五月堇'	'Wu Yue Jin'	494
'疏叶桃花'	'Shu Ye Tao Hua'	488	'天香锦'	'Tian Xiang Jin'	491	'五月蓝'	'Wu Yue Lan'	607
'帅府红楼'	'Shuai Fu Hong Lou'	359	'天香凝露'	'Tian Xiang Ning Lu'	144	'五月雪'	'Wu Yue Xue'	632
'双蝶会'	'Shuang Die Hui'	638	'天香绣球'	'Tian Xiang Xiu Qiu'	513	'五洲红'	'Wu Zhou Hong'	526
'双河晓月'	'Shuang He Xiao Yue'	617	'天香湛露'	'Tian Xiang Zhan Lu'	203	'舞红绫'	'Wu Hong Ling'	251
'双河映月'	'Shuang He Ying Yue'	139	'天香紫'	'Tian Xiang Zi'	380			
'双红楼'	'Shuang Hong Lou'	360	'天衣'	'Tian Yi'	170	**X**		
'水晶白'	'Shui Jing Bai'	061	'天婴'	'Tian Ying'	171	'夕霞红'	'Xi Xia Hong'	494
'水晶球'	'Shui Jing Qiu'	062	'天姿国色'	'Tian Zi Guo Se'	204	'夕霞晚照'	'Xi Xia Wan Zhao'	581
'丝绒红'	'Si Rong Hong'	488	'亭亭玉立'	'Ting Ting Yu Li'	038	'夕照'	'Xi Zhao'	350
'四相簪花'	'Si Xiang Zan Hua'	097	'彤云'	'Tong Yun'	525	'西瓜瓤'	'Xi Gua Rang'	205
'四旋'	'Si Xuan'	283	'桐花紫'	'Tong Hua Zi'	492	'西江锦'	'Xi Jiang Jin'	251
'松烟起图'	'Song Yan Qi Tu'	419	'铜雀春'	'Tong Que Chun'	145	'西施蓝'	'Xi Shi Lan'	607
'宋白'	'Song Bai'	062	'铜雀台'	'Tong Que Tai'	639	'西施绾装'	'Xi Shi Wan Zhuang'	316
'苏家红'	'Su Jia Hong'	140	'童子面'	'Tong Zi Mian'	097	'西施艳妆'	'Xi Shi Yan Zhuang'	349
'素粉丽颜'	'Su Fen Li Yan'	140	'团叶紫'	'Tuan Ye Zi'	469	'西王母'	'Xi Wang Mu'	145
'素花魁'	'Su Hua Kui'	524	'托桂'	'Tuo Gui'	466	'稀叶紫'	'Xi Ye Zi'	495
						'稀叶紫魁'	'Xi Ye Zi Kui'	380
T			**W**			'曙光'	'Xi Guang'	607
'太空白'	'Tai Kong Bai'	043	'娃娃面'	'Wa Wa Mian'	205	'霞光'	'Xia Guang'	526
'太平红'	'Tai Ping Hong'	348	'晚霞余晖'	'Wan Xia Yu Hui'	419	'夏红'	'Xia Hong'	238
'太阳'	'Tai Yang'	284	'万代红'	'Wan Dai Hong'	286	'仙娥'	'Xian E'	177
'桃红点翠'	'Tao Hong Dian Cui'	202	'万叠云峰'	'Wan Die Yun Feng'	492	'仙桃'	'Xian Tao'	233
'桃红飞翠'	'Tao Hong Fei Cui'	225	'万花魁'	'Wan Hua Kui'	233	'咸池争春'	'Xian Chi Zheng Chun'	145
'桃红柳绿'	'Tao Hong Liu lü'	285	'万花盛'	'Wan Hua Sheng'	349	'香玉'	'Xiang Yu'	064
'桃红献媚'	'Tao Hong Xian Mei'	360	'万花争春'	'Wan Hua Zheng Chun'	171	'襄阳大红'	'Xiang Yang Da Hong'	336
'桃花春'	'Tao Hua Chun'	141	'万世生色'	'Wan Shi Sheng Se'	492	'祥云'	'Xiang Yun'	206
'桃花点翠'	'Tao Hua Dian Cui'	225	'万众一心'	'Wan Zhong Yi Xin'	420	'翔天'	'Xiang Tian'	422
'桃花飞雪'	'Tao Hua Fei Xue'	141	'王红'	'Wang Hong'	493	'向京红'	'Xiang Jing Hong'	456
'桃花红'	'Tao Hua Hong'	142	'卫东红'	'Wei Dong Hong'	455	'向阳红'	'Xiang Yang Hong'	252
'桃花娇艳'	'Tao Hua Jiao Yan'	348	'卫星红'	'Wei Xing Hong'	251	'小白龙'	'Xiao Bai Long'	039
'桃花锦'	'Tao Hua Jin'	489	'魏花'	'Wei Hua'	493	'小刺猬'	'Xiao Ci Wei'	609
'桃花露霜'	'Tao Hua Lou Shuang'	202	'魏紫'	'Wei Zi'	493	'小红'	'Xiao Hong'	146
'桃花扇'	'Tao Hua Shan'	168	'文公红'	'Wen Gong Hong'	314	'小胡红'	'Xiao Hu Hong'	337
'桃花盛宴'	'Tao Hua Sheng Yan'	142	'文海'	'Wen Hai'	315	'小桃红'	'Xiao Tao Hong'	286

名称	拼音	页码
'小魏紫'	'Xiao Wei Zi'	496
'小叶花蝴蝶'	'Xiao Ye Hua Hu Die'	086
'小叶紫'	'Xiao Ye Zi'	381
'小紫球'	'Xiao Zi Qiu'	514
'笑迎佳宾'	'Xiao Ying Jia Bin'	287
'笑之'	'Xiao Zhi'	065
'写乐'	'Xie Le'	456
'心里美'	'Xin Li Mei'	581
'新岛辉'	'Xin Dao Hui'	317
'新国色'	'Xin Guo Se'	381
'新娇娘'	'Xin Jiao Niang'	423
'新七福神'	'Xin Qi Fu Shen'	317
'新日月'	'Xin Ri Yue'	252
'新日月锦'	'Xin Ri Yue Jin'	287
'新社红'	'Xin She Hong'	352
'新时代'	'Xin Shi Dai'	317
'新世纪'	'Xin Shi Ji'	287
'新天地'	'Xin Tian Di'	146
'新文红'	'Xin Wen Hong'	287
'新熊谷'	'Xin Xiong Gu'	288
'新一代'	'Xin Yi Dai'	318
'星空'	'Xing Kong'	288
'杏花春雨'	'Xing Hua Chun Yu'	179
'幸福花'	'Xing Fu Hua'	466
'羞容'	'Xiu Rong'	206
'羞容西施'	'Xiu Rong Xi Shi'	146
'秀丽红'	'Xiu Li Hong'	423
'秀群芳'	'Xiu Qun Fang'	457
'绣球飘絮'	'Xiu Qiu Piao Xu'	079
'绣桃花'	'Xiu Tao Hua'	233
'旭港'	'Xu Gang'	318
'旭光'	'Xu Guang'	288
'旭日'	'Xu Ri'	289
'旭日东升'	'Xu Ri Dong Sheng'	319
'旭日升空'	'Xu Ri Sheng Kong'	581
'玄精灵'	'Xuan Jing Ling'	559
'雪瓣叠韵'	'Xue Ban Die Yun'	065
'雪豹'	'Xue Bao'	066
'雪峰'	'Xue Feng'	066
'雪桂'	'Xue Gui'	066
'雪里紫玉'	'Xue Li Zi Yu'	067
'雪莲'	'Xue Lian'	025
'雪球'	'Xue Qiu'	067
'雪染砚池'	'Xue Ran Yan Chi'	068
'雪山青松'	'Xue Shan Qing Song'	069
'雪塔'	'Xue Ta'	070
'雪映桃花'	'Xue Ying Tao Hua'	172
'雪映朝霞'	'Xue Ying Zhao Xia'	217
'雪原'	'Xue Yuan'	071
'雪原紫光'	'Xue Yuan Zi Guang'	022
'雪中笑'	'Xue Zhong Xiao'	080
'血气方刚'	'Xue Qi Fang Gang'	289

Y

名称	拼音	页码
'丫环'	'Ya Huan'	147
'鸦片紫'	'Ya Pian Zi'	367
'雅妆'	'Ya Zhuang'	218
'胭红金波'	'Yan Hong Jin Bo'	289
'胭楼争春'	'Yan Lou Zheng Chun'	360
'胭脂图'	'Yan Zhi Tu'	098
'胭脂映辉'	'Yan Zhi Ying Hui'	424
'烟笼紫'	'Yan Long Zi'	567
'艳春'	'Yan Chun'	424
'艳春红'	'Yan Chun Hong'	290
'艳春图'	'Yan Chun Tu'	424
'艳霞'	'Yan Xia'	457
'艳阳天'	'Yan Yang Tian'	253
'艳珠剪彩'	'Yan Zhu Jian Cai'	352
'艳装'	'Yan Zhuang'	319
'雁落粉荷'	'Yan Luo Fen He'	218
'焰红'	'Yan Hong'	290
'焰菊'	'Yan Ju'	291
'阳光蝴蝶'	'Yang Guang Hu Die'	086
'阳光瑞璞'	'Yang Guang Rui Pu'	253
'阳蓝'	'Yang Lan'	590
'洋红系金'	'Yang Hong Xi Jin'	291
'姚黄'	'Yao Huang'	624
'瑶池春'	'Yao Chi Chun'	207
'瑶池盛景'	'Yao Chi Sheng Jing'	147
'瑶池砚墨'	'Yao Chi Yan Mo'	565
'叶里红'	'Ye Li Hong'	319
'夜光杯'	'Ye Guang Bei'	541
'一代天骄'	'Yi Dai Tian Jiao'	292
'一捻红'	'Yi Nian Hong'	040
'一品红'	'Yi Pin Hong'	320
'一品娇艳'	'Yi Pin Jiao Yan'	292
'一品朱衣'	'Yi Pin Zhu Yi'	353
'一身正气'	'Yi Shen Zheng Qi'	425
'怡园春芳'	'Yi Yuan Chun Fang'	148
'银边红'	'Yin Bian Hong'	239
'银粉藏翠'	'Yin Fen Cang Cui'	207
'银粉金鳞'	'Yin Fen Jin Lin'	207
'银冠紫玉'	'Yin Guan Zi Yu'	072
'银红翡翠'	'Yin Hong Fei Cui'	361
'银红焕彩'	'Yin Hong Huan Cai'	353
'银红娇艳'	'Yin Hong Jiao Yan'	208
'银红菊'	'Yin Hong Ju'	148
'银红绿波'	'Yin Hong Lü Bo'	239
'银红巧对'	'Yin Hong Qiao Dui'	173
'银红球'	'Yin Hong Qiu'	208
'银红无对'	'Yin Hong Wu Dui'	149
'银红映玉'	'Yin Hong Ying Yu'	218
'银红皱'	'Yin Hong Zhou'	208
'银鳞碧珠'	'Yin Lin Bi Zhu'	496
'银丝贯顶'	'Yin Si Guan Ding'	045
'银线绣红袍'	'Yin Xian Xiu Hong Pao'	457
'银月'	'Yin Yue'	072
'英气勃勃'	'Ying Qi Bo Bo'	293
'英雄会'	'Ying Xiong Hui'	293
'莺歌红'	'Ying Ge Hong'	361
'璎珞宝珠'	'Ying Luo Bao Zhu'	227
'樱花点翠'	'Ying Hua Dian Cui'	226
'樱花粉'	'Ying Hua Fen'	150
'樱花露霜'	'Ying Hua Lu Shuang'	582
'樱色'	'Ying Se'	150
'鹦鹉粉楼'	'Ying Wu Fen Lou'	209
'鹦鹉闹春'	'Ying Wu Nao Chun'	228
'鹦鹉戏梅'	'Ying Wu Xi Mei'	209
'迎春红'	'Ying Chun Hong'	293
'迎春争瑞'	'Ying Chun Zheng Rui'	496
'迎春争润'	'Ying Chun Zheng Run'	426
'迎面笑'	'Ying Mian Xiao'	150
'迎日红'	'Ying Ri Hong'	353
'映红'	'Ying Hong'	527
'映金红'	'Ying Jin Hong'	458
'勇士'	'Yong Shi'	354
'虞姬艳装'	'Yu Ji Yan Zhuang'	294
'羽赛'	'Yu Sai'	239
'雨过天晴'	'Yu Guo Tian Qing'	607
'雨后风光'	'Yu Hou Feng Guang'	591
'玉板白'	'Yu Ban Bai'	026
'玉版华章'	'Yu Ban Hua Zhang'	040
'玉重楼'	'Yu Chong Lou'	073
'玉翠荷花'	'Yu Cui He Hua'	381
'玉翠蓝'	'Yu Cui Lan'	582
'玉点翠'	'Yu Dian Cui'	073
'玉蝶展翅'	'Yu Die Zhan Chi'	048
'玉夫人'	'Yu Fu Ren'	210
'玉芙蓉'	'Yu Fu Rong'	151
'玉冠'	'Yu Guan'	074
'玉和红'	'Yu He Hong'	426
'玉蝴蝶'	'Yu Hu Die'	368
'玉娇'	'Yu Jiao'	022
'玉娇翠'	'Yu Jiao Cui'	219
'玉兰飘香'	'Yu Lan Piao Xiang'	427
'玉楼春色'	'Yu Lou Chun Se'	210
'玉楼春雪'	'Yu Lou Chun Xue'	074
'玉楼点翠'	'Yu Lou Dian Cui'	081
'玉楼含翠'	'Yu Lou Han Cui'	210
'玉罗汉'	'Yu Luo Han'	027

名称	拼音	页码
'玉面桃花'	'Yu Mian Tao Hua'	173
'玉盘盛宴'	'Yu Pan Sheng Yan'	151
'玉盘托金'	'Yu Pan Tuo Jin'	151
'玉麒麟'	'Yu Qi Lin'	080
'玉山翠云'	'Yu Shan Cui Yun'	075
'玉山青松'	'Yu Shan Qing Song'	075
'玉田飘香'	'Yu Tian Piao Xiang'	075
'玉玺映月'	'Yu Xi Ying Yue'	625
'玉珠龙'	'Yu Zhu Long'	458
'御河鲜花'	'Yu He Xian Hua'	427
'御袍镶翠'	'Yu Pao Xiang Cui'	458
'御衣黄'	'Yu Yi Huang'	617
'圆润粉'	'Yuan Run Fen'	173
'月到中秋'	'Yue Dao Zhong Qiu'	618
'月宫仙子'	'Yue Gong Xian Zi'	583
'月宫烛光'	'Yue Gong Zhu Guang'	041
'月光'	'Yue Guang'	211
'月华'	'Yue Hua'	027
'云芳'	'Yun Fang'	337
'云梦'	'Yun Meng'	337
'云霞紫'	'Yun Xia Zi'	382
'云蒸霞蔚'	'Yun Zheng Xia Wei'	228
'云中霞光'	'Yun Zhong Xia Guang'	382

Z

名称	拼音	页码
'簪刺红球'	'Zan Ci Hong Qiu'	321
'绽绿'	'Zhan Lü'	635
'掌花案'	'Zhang Hua An'	254
'朝霞'	'Zhao Xia'	176
'朝霞迎春'	'Zhao Xia Ying Chun'	459
'朝阳红'	'Zhao Yang Hong'	294
'朝衣'	'Zhao Yi'	355
'赵粉'	'Zhao Fen'	211
'赵家红'	'Zhao Jia Hong'	338
'赵楼冰凌子'	'Zhao Lou Bing Ling Zi'	211
'赵紫'	'Zhao Zi'	497
'照雪映玉'	'Zhao Xue Ying Yu'	042
'甄嬛'	'Zhen Huan'	152
'争春'	'Zheng Chun'	098
'正红一品'	'Zheng Hong Yi Pin'	254
'脂红'	'Zhi Hong'	355
'脂红戏金'	'Zhi Hong Xi Jin'	255
'智育'	'Zhi Yu'	295
'中华红韵'	'Zhong Hua Hong Yun'	514
'种生黑'	'Zhong Sheng Hei'	564
'种生红'	'Zhong Sheng Hong'	361
'种生花'	'Zhong Sheng Hua'	645
'种生紫'	'Zhong Sheng Zi'	497
'众星捧月'	'Zhong Xing Peng Yue'	153
'皱瓣红'	'Zhou Ban Hong'	428
'皱叶红'	'Zhou Ye Hong'	339
'朱红绝伦'	'Zhu Hong Jue Lun'	498
'朱红一品'	'Zhu Hong Yi Pin'	296
'朱砂红'	'Zhu Sha Hong'	322
'朱砂垒'	'Zhu Sha Lei'	383
'珠光墨润'	'Zhu Guang Mo Run'	560
'竹叶红'	'Zhu Ye Hong'	298
'竹叶球'	'Zhu Ye Qiu'	514
'竹叶桃花'	'Zhu Ye Tao Hua'	154
'竹影玫红'	'Zhu Ying Mei Hong'	298
'竹影晚照'	'Zhu Ying Wan Zhao'	583
'转运石'	'Zhuan Yun Shi'	430
'壮红'	'Zhuang Hong'	514
'状元红'	'Zhuang Yuan Hong'	498
'状元子'	'Zhuang Yuan Zi'	499
'姿貌绝倍'	'Zi Mao Jue Bei'	355
'姊妹双娇'	'Zi Mei Shuang Jiao'	298
'姊妹探春'	'Zi Mei Tan Chun'	430
'姊妹惜春'	'Zi Mei Xi Chun'	154
'姊妹游春'	'Zi Mei You Chun'	154
'紫斑新润'	'Zi Ban Xin Run'	028
'紫蝶'	'Zi Die'	430
'紫蝶飞舞'	'Zi Die Fei Wu'	368
'紫二乔'	'Zi Er Qiao'	459
'紫凤朝阳'	'Zi Feng Chao Yang'	460
'紫凤娇艳'	'Zi Feng Jiao Yan'	383
'紫冠'	'Zi Guan'	515
'紫光阁'	'Zi Guang Ge'	460
'紫红夺金'	'Zi Hong Duo Jin'	527
'紫红剪绒'	'Zi Hong Jian Rong'	431
'紫红交辉'	'Zi Hong Jiao Hui'	461
'紫红金蕊'	'Zi Hong Jin Rui'	527
'紫红楼'	'Zi Hong Lou'	499
'紫红球'	'Zi Hong Qiu'	500
'紫红绣球'	'Zi Hong Xiu Qiu'	515
'紫红争艳'	'Zi Hong Zheng Yan'	500
'紫巾白'	'Zi Jin Bai'	076
'紫金刚'	'Zi Jin Gang'	500
'紫金冠'	'Zi Jin Guan'	501
'紫金荷'	'Zi Jin He'	383
'紫金盘'	'Zi Jin Pan'	501
'紫金袍'	'Zi Jin Pao'	431
'紫筋罗汉'	'Zi Jin Luo Han'	212
'紫锦袍'	'Zi Jin Pao'	461
'紫茎红'	'Zi Jing Hong'	321
'紫菊'	'Zi Ju'	431
'紫绢'	'Zi Juan'	461
'紫葵飞霜'	'Zi Kui Fei Shuang'	432
'紫葵向阳'	'Zi Kui Xiang Yang'	432
'紫蓝魁'	'Zi Lan Kui'	501
'紫蓝逐波'	'Zi Lan Zhu Bo'	462
'紫楼宝珠'	'Zi Lou Bao Zhu'	516
'紫楼朝阳'	'Zi Lou Chao Yang'	535
'紫楼绿碧'	'Zi Lou Lü Bi'	529
'紫楼银丝'	'Zi Lou Yin Si'	462
'紫楼子'	'Zi Lou Zi'	463
'紫罗汉'	'Zi Luo Han'	502
'紫罗袍'	'Zi Luo Pao'	432
'紫玫飘香'	'Zi Mei Piao Xiang'	384
'紫魅雍华'	'Zi Mei Yong Hua'	463
'紫盘托桂'	'Zi Pan Tuo Gui'	466
'紫鹏展翅'	'Zi Peng Zhan Chi'	530
'紫气冲天'	'Zi Qi Chong Tian'	369
'紫气东来'	'Zi Qi Dong Lai'	502
'紫裙凤冠'	'Zi Qun Feng Guan'	502
'紫绒剪彩'	'Zi Rong Jian Cai'	503
'紫绒魁'	'Zi Rong Kui'	503
'紫绒莲'	'Zi Rong Lian'	385
'紫绒球'	'Zi Rong Qiu'	516
'紫霞'	'Zi Xia'	464
'紫霞点金'	'Zi Xia Dian Jin'	503
'紫霞夺金'	'Zi Xia Duo Jin'	369
'紫霞金光'	'Zi Xia Jin Guang'	433
'紫霞绫'	'Zi Xia Ling'	385
'紫线界玉'	'Zi Xian Jie Yu'	608
'紫线女'	'Zi Xian Nü'	028
'紫绣球'	'Zi Xiu Qiu'	516
'紫艳藏金'	'Zi Yan Cang Jin'	469
'紫艳晨霜'	'Zi Yan Chen Shuang'	385
'紫艳飞霜'	'Zi Yan Fei Shuang'	504
'紫艳遇霜'	'Zi Yan Yu Shuang'	433
'紫雁凌空'	'Zi Yan Ling Kong'	434
'紫瑶台'	'Zi Yao Tai'	504
'紫叶红绫'	'Zi Ye Hong Ling'	386
'紫衣冠群'	'Zi Yi Guan Qun'	436
'紫衣天使'	'Zi Yi Tian Shi'	022
'紫衣仙子'	'Zi Yi Xian Zi'	505
'紫羽傲阳'	'Zi Yu Ao Yang'	505
'紫玉'	'Zi Yu'	505
'紫玉冠顶'	'Zi Yu Guan Ding'	505
'紫玉金辉'	'Zi Yu Jin Hui'	436
'紫玉盘'	'Zi Yu Pan'	436
'紫玉撒金'	'Zi Yu Sa Jin'	506
'紫玉生辉'	'Zi Yu Sheng Hui'	506
'紫玉祥光'	'Zi Yu Xiang Guang'	437
'紫云'	'Zi Yun'	437
'紫云绯霞'	'Zi Yun Fei Xia'	438
'紫云风波'	'Zi Yun Feng Bo'	464
'紫云仙'	'Zi Yun Xian'	507
'紫韵芍牡'	'Zi Yun Shao Mu'	464
'紫重楼'	'Zi Chong Lou'	499
'紫珠盘'	'Zi Zhu Pan'	467
'醉西施'	'Zui Xi shi'	212